城镇排水与污水处理行业职业技能培训鉴定丛书

城镇污水处理工
培训教材

北京城市排水集团有限责任公司　组织编写

中国林業出版社
·北京·

图书在版编目（CIP）数据

城镇污水处理工培训教材 / 北京城市排水集团有限责任公司组织编写. —北京：中国林业出版社，2021.3（2024.8 重印）

（城镇排水与污水处理行业职业技能培训鉴定丛书）

ISBN 978-7-5219-1055-1

Ⅰ. ①城…　Ⅱ. ①北…　Ⅲ. ①城市污水处理-职业技能-鉴定-教材　Ⅳ. ①X703

中国版本图书馆 CIP 数据核字(2021)第 034444 号

中国林业出版社

责任编辑：陈　惠

电　　话：(010) 83143614

出版发行　中国林业出版社（100009　北京市西城区刘海胡同 7 号）

https://www.cfph.net

印　　刷　北京中科印刷有限公司

版　　次　2021 年 3 月第 1 版

印　　次　2024 年 8 月第 2 次印刷

开　　本　889mm×1194mm　1/16

印　　张　17.75

字　　数　625 千字

定　　价　110.00 元

未经许可，不得以任何方式复制或抄袭本书之部分或全部内容。

版权所有　侵权必究

城镇排水与污水处理行业职业技能培训鉴定丛书
编写委员会

主　　编　郑　江

副 主 编　张建新　蒋　勇　王　兰　张荣兵

执行副主编　王增义

《城镇污水处理工培训教材》
编写人员

王佳伟　刘达克　文　洋　宗　倪　程晓菁　蒋奇海

于　澜　李　伟　李　佟　王晓爽　尹新正　魏学英

前　言

2018年10月，我国人力资源和社会保障部印发了《技能人才队伍建设实施方案（2018—2020年）》，提出加强技能人才队伍建设、全面提升劳动者就业创业能力是新时期全面贯彻落实就业优先战略、人才强国战略、创新驱动发展战略、科教兴国战略和打好精准脱贫攻坚战的重要举措。

我国正处在城镇化发展的重要时期，城镇排水行业是市政公用事业和城镇化建设的重要组成部分，是国家生态文明建设的主力军。为全面加强城镇排水行业职业技能队伍建设，培养和提升从业人员的技术业务能力和实践操作能力，积极推进城镇排水行业可持续发展，北京城市排水集团有限责任公司组织编写了本套城镇排水与污水处理行业职业技能培训鉴定丛书。

本套丛书是基于北京城市排水集团有限责任公司近30年的城镇排水与污水处理设施运营经验，依据国家和行业的相关技术规范以及职业技能标准，并参考高等院校教材及相关技术资料编写而成，包括排水管道工、排水巡查员、排水泵站运行工、城镇污水处理工、污泥处理工共5个工种的培训教材和培训题库，内容涵盖安全生产知识、基本理论常识、实操技能要求和日常管理要素，并附有相应的生产运行记录和统计表单。

本套丛书主要用于城镇排水与污水处理行业从业人员的职业技能培训和考核，也可供从事城镇排水与污水处理行业的专业技术人员参考。

由于编者水平有限，丛书中可能存在不足之处，希望读者在使用过程中提出宝贵意见，以便不断改进完善。

2020年6月

目　录

绪　论

城镇污水处理工是指从事城镇污水（再生水）处理设施运行、维护的操作人员。目前该工种的职业技能等级由低到高可分为：职业技能五级/初级工、职业技能四级/中级工、职业技能三级/高级工、职业技能二级/技师、职业技能一级/高级技师。城镇污水处理工的工作内容主要是操作沉砂、排泥、供氧、回流、投药等设备，控制城镇污水处理设施运行工艺参数，保证水质达标；巡查城镇污水处理设施、设备的运行状况，发现问题及时报告处理；调整城镇污水处理设施、设备的运行状态，以适应水质水量的变化；按照应急预案进行城镇污水处理突发事故的应急处置；对城镇污水处理设备、设施进行保养和维护，保证其正常运行；填写城镇污水处理及再生水生产运行维护记录，整理归档。污水处理工的工作范围涉及池边作业、有限空间作业、带水作业、带电作业、高处作业、吊装作业等。污水处理工必须熟知本工种所涉及的危险源及危险作业，确保安全生产。

污水处理技术具有多学科融合的特点，污水处理工需要掌握水处理专业技术知识及水处理相关的水力学、水化学、微生物学、机械、电工、工程识图等相关的基础知识。

第一章
安全基础知识

第一节　安全常识

一、常见危险源的识别

危险源的定义为：可能导致人员伤害或财务损失事故的，潜在的不安全因素；可能导致死亡、伤害、职业病、财产损失、工作环境破坏或这些情况组合的根源或状态。

（一）危险有害因素种类及来源

污水处理厂含有污泥处置部分，其危险有害因素种类及来源见表1-1。

（二）工艺过程的危险源及风险

污水处理涉及不同的工艺，相应的危险源及风险见表1-2。

表1-1　危险有害因素种类及来源

种类	来源	存在区域
物体打击	产生物体下落、抛出、破裂、飞散、人员摔伤的场所、设备和操作	施工工地、车间
车辆伤害	车辆、车辆移动及停放的牵引设备、通道	厂内道路、需要车辆进入的车间
机械伤害	运行中的机械设备	生产现场
起重机	被起吊的重物、起重机械本身	施工工地、配有起重装置的车间
触电、停电	电源装置、电气设备	变配电室、用电线路
灼烫	热源设备、加热设备、高温管道	余热回收装置、锅炉和鼓风机等设备的发热部分；热水解、干化、焚烧等设备；蒸汽、热水等管道
火灾	可燃物、易燃物、电器短路	重点是库房、宿舍和施工工地
高处坠落	存在高差2m及以上的工作地点、人员借以升降的设备装置	各项高处作业
爆炸	沼气产生、收集、脱硫、利用系统	污水井、污泥处理区
锅炉爆炸	锅炉	锅炉房
压力容器爆炸	空气压缩机、沼气存储装置、气瓶或液化气瓶	高温罐(浆化罐、反应罐、闪蒸罐)、沼气气柜
淹溺	储泥池	厂内水池、水井、地下管线和渠道
中毒和窒息	有毒有害气体产生和聚集的场所	污水井、地下连接下水道且空气不流通的地点、沼气、热水解工艺气等
雷击	高大建筑物	消化池、料仓、气柜等

表 1-2　工艺过程的危险源及风险

工艺过程(工序/人员/设备设施/场所)	危险源(危害)	风险(危险)
生产/操作人/压力容器	安全控制装置失灵潜在火灾爆炸	人员伤害
生产/操作人/变配电室	电气火灾	触电伤害
	防护用品失效	
	违章操作	
生产/操作人/天车	天车装置失灵	人员伤害
生产/操作人/构筑物	安全防护栏失效	人员溺水伤害
有限空间作业/人员/管道、阀门井	缺氧	人员伤害
	毒气排放	
化学除磷、化验、设备维修/操作人/药剂、煤油	化学品使用、储存不当	诱发火灾、人员伤害
溶药/操作人/储药装置	化学品溶液遗撒	人员绊倒摔伤、化学品腐蚀
反硝化/操作人/甲醇储药装置、管道	药剂泄漏潜在中毒及火灾爆炸	人员中毒、人员伤害
臭氧接触/操作人/臭氧装置、管道	气体泄漏潜在毒气排放	人员中毒
机械操作/操作人/泵	机器异常运转或操作不当	机械伤害
储存、生产/管理员/临时搭建房、库房、档案室、计算机房	火种意外引入诱发火灾	人员伤害
食品制作/厨师/设备	天然气泄漏潜在火灾爆炸	人员伤害
	潜在食物中毒	人员中毒
	违章操作	人员伤害
驾驶/司机/机动车(班车)	交通事故	人员伤害
生产/相关方/人员	违章操作	人员伤害
升级改造/人员/场所	误入施工区域	人员伤害

(三)其他危险源

食物中毒，夏天高温中暑、冬天低温冻伤，库房、办公场所火灾事故，设施、设备被盗事故，网络数据信息泄漏事故，与水体相关的传染性疾病暴发导致的事故，因战争、破坏、恐怖活动等突发事件导致的事故，其他可能导致发生生产安全事故的危险源。

二、常见危险源的防范

在污水处理过程中，主要的危险源包括有毒有害气体中毒与窒息、机械伤害、触电、高空跌落、溺水等。应利用工程技术控制、个人行为控制和管理手段消除、控制危险源，防止事故发生，造成人员伤害和财产损失。

(一)技术控制

技术控制是指采用技术措施对危险源进行控制，主要技术包括消除、防护、减弱、隔离、连锁和警告等措施。

(1)消除措施：消除系统中的危险源，可以从根本上防止事故的发生。但是，按照现代安全工程的观点，彻底消除所有危险源是不可能的。因此，人们往往首先选择危险性较大，并且在现有技术条件下可以消除的危险源作为优先考虑的对象。可以通过选择合适的工艺、技术、设备、设施，合理的结构形式，无害、无毒和不能致人伤亡的物料，来彻底消除某种危险源。

(2)防护措施：当消除危险源有困难时，可采取适当的防护措施，如使用安全阀、安全屏护、漏电保护装置、安全电压、熔断器、排风装置等。

(3)减弱措施：在无法消除危险源和难以预防危险发生的情况下，可采取减轻危险因素的措施，如选择降温措施、避雷装置、消除静电装置、减震装置等。

(4)隔离措施：在无法消除、预防和隔离危险源的情况下，应将作业人员与危险源隔离，并将不能共存的物质分开，如采取遥控作业，设置安全罩、防护屏、隔离操作室、安全距离等。

(5)连锁措施：当操作者操作失误或设备运行达到危险状态时，应通过连锁装置终止危险、危害发生。

(6)警告措施：在易发生故障和危险性较大的地

方，设置醒目的安全色、安全标志；必要时，设置声、光或声光组合报警装置。

(二)个人行为控制

个人行为控制是指控制人为失误，减少人的不正确行为对危险源的触发作用。人为失误的主要表现形式有：操作失误、指挥错误、不正确的判断或缺乏判断，粗心大意、厌烦、懒散、疲劳、紧张、疾病或生理缺陷，错误使用防护用品和防护装置等。

(三)管理控制

可采取以下措施对危险源实行管理控制：

1. 建立健全危险源管理的规章制度

危险源确定后，在对其进行系统分析的基础上建立健全各项规章制度，包括岗位安全生产责任制、危险源重点控制实施细则、安全操作规程、操作人员培训考核制度、日常管理制度、交接班制度、检查制度、信息反馈制度、危险作业审批制度、异常情况应急措施和考核奖惩制度等。

2. 加强安全教育培训

落实《中华人民共和国安全生产法》中安全教育培训的要求，通过新员工培训、调岗员工培训、复工员工培训、日常培训等提高职工的安全意识，增强职工的安全操作技能，避免职业危害。

3. 加强宣传告知

对日常操作中存在的危险源应提前告知，使职工熟悉伤害类型与控制措施。如在有危险源的区域设置危险源警示标牌，方便职工了解危险源(图 1-1)。

4. 明确责任，定期检查

根据各类危险源的等级，确定好责任人，明确其责任和工作，并明确各级危险源的定期检查责任。对危险源要对照检查表逐条逐项检查，按规定的方法和标准进行检查，并进行详细的记录。如果发现隐患，则应按信息反馈制度及时反馈，及时消除，确保安全生产。

5. 加强危险源的日常管理

作业人员应严格贯彻执行有关危险源日常管理的规章制度，做好安全值班和交接班，按安全操作规程进行操作；按安全检查表进行日常安全检查；危险作业需经过审批方可操作等，对所有活动均应按要求认真做好记录；按安全档案管理的有关要求建立危险源的档案，并指定专人保管，定期整理。

6. 抓好信息反馈，及时整改隐患

职工应履行义务，在发现事故隐患和不安全因素后，及时向现场安全生产管理人员或单位负责人报告。单位应对发现的事故隐患，根据其性质和严重程度，按照规定分级，实行信息反馈和整改制度，并做好记录。

重大危险源公示牌

序号	危险源名称	伤害事故	控制措施
1	起重吊装作业	物体打击、高处坠落、倾覆、倒塌	塔司、信号工持证上岗；安全交底、班前讲话；检查、保养、调试等
2	高支模板、人模板安装、拆除、吊运、存放	坍塌、物体打击、高处坠落	编制方案、班前教育、安全交底；设独立存放区、搭设存放架；施工过程监督、巡视、验收、检查吊环、索口、临时固定、支撑措施等
3	防护脚手架、作业平台搭拆和使用	坍塌、物体打击、高处坠落	编制方案、班前教育、安全交底、持证上岗；系挂安全带、检查预埋件、连墙件、卸荷钢丝绳拉接、作业层铺板严密、隔层防护搭设到位、现场巡视、现场验收等
4	临时用电	触电、火灾	选用符合国标电气产品；三级配电、逐级保护、佩戴个人防护用品、持证上岗；操作规范、临时防护措施、安全检查等
5	电气焊	火灾、触电、爆炸	持证上岗、安全交底、班前教育；电气焊作业安全操作规程、防雨防晒防砸措施；开具动火证、配备灭火器、专人监护、清理现场、切断电源等
6	高处作业	高空坠落	编制方案、安全交底、系挂安全带；临连防护、孔洞防护、安装密目网、护栏；首层、隔层防护等

图 1-1 重大危险源公示牌示例

7. 做好危险源控制管理的考核评价和奖惩

应对危险源控制管理的各方面工作制定考核标准，并力求量化，以便于划分等级。考核评价标准应逐年提高，促使危险源控制管理的水平不断提升。

(四)危险源具体防范措施

1. 有限空间作业中毒与窒息事故的防范

排水管道、渠道、格栅间、污泥处理池等工作场所，由于自然通风不良，易造成有毒有害气体积聚或含氧量不足，形成有限空间。对于有限空间内可能存在的危险气体环境，应采取各种措施消除危险源，《工贸企业有限空间作业安全管理与监督暂行规定》中对有限空间作业安全管理提出的要求如下：

1)辨识标识

对有限空间进行辨识，确定有限空间的数量、位置和危险有害因素等基本情况，建立有限空间管理台账，并及时更新。在排查出的每个有限空间作业场所或设备附近设置清晰、醒目、规范的安全警示标志，标明主要危险有害因素，警示有限空间风险，严禁人员擅自进入和盲目施救。

2)建章立制

企业应当按照有限空间作业方案，明确作业现场负责人、监护人员、作业人员及其安全职责。在实施有限空间作业前，应当将有限空间作业方案和作业现场可能存在的危险有害因素、防控措施告知作业人员。现场负责人应当监督作业人员按照方案进行作业准备。

3)专项培训

生产经营单位应建立有限空间作业审批制度、作业人员健康检查制度、有限空间安全设施监管制度；同时对从事有限空间作业的人员进行培训教育。

生产经营单位在作业前应针对施工方案，对从事有限空间危险作业的人员进行作业内容、职业危害等教育；对紧急情况下的个人避险常识、中毒窒息和其他伤害的应急救援措施教育。

4)装备配备

企业应当根据有限空间存在危险有害因素的种类和危害程度，为作业人员提供符合国家标准或者行业标准规定的劳动防护用品，并教育监督作业人员正确佩戴与使用。

对不能采用通风换气措施或受作业环境限制不易充分通风换气的场所，作业人员必须配备并使用空气呼吸器或软管面具等隔离式呼吸保护器具，严禁使用过滤式面具。佩戴呼吸器进入有限空间作业时，作业人员须随时掌握呼吸器气压值，判断作业时间和行进距离，保证预留足够的气压以返回地面。作业人员听到空气呼吸器的报警音后，必须立即返回地面。严禁使用过滤式面具，应使用自给式呼吸器。

5)作业审批

生产经营单位应建立有限空间作业审批制度、有限空间安全设施监管制度。

6)现场管理

有限空间作业现场操作应当符合下列要求：

(1)设置明显的安全警示标志和警示说明：在有限空间外敞面醒目处，设置警戒区、警戒线、警戒标志，未经许可，不得入内。

(2)通风或置换空气：对任何可能造成职业危害、人员伤亡的有限空间场所作业，应坚持“先通风、再检测、后作业”的原则，对有限空间通风，可以在带来清洁空气的同时，将污染的空气从有限空间内排出，从而控制其危害。进入自然通风换气效果不良的有限空间，应采用机械通风，通风换气次数每小时不能少于3次。发现通风设备停止运转、有限空间内氧含量浓度低于或者有毒有害气体浓度高于国家标准或者行业标准规定的限值时，必须立即停止有限空间作业，清点作业人员，撤离作业现场。

(3)气体的监测：对于有限空间要做到“三不进入”，即未进行通风不进入，未实施监测不进入，监护人员未到位不进入。进入前，应先检测确认有限空间内有害物质浓度，作业前30min，应再次对有限空间有害物质浓度采样，分析结果合格后，作业人员方可进入有限空间。作业中断超过30min，作业人员再次进入有限空间作业前，应当重新通风，检测合格后，方可再次进入。由于泵阀、管线等设施可能泄漏以及存在积水、积泥等情况，在作业过程中应对气体进行连续监测，避免突发的风险，一旦检测仪报警，有限空间内的作业人员需马上撤离。检测人员进行检测时，应当记录检测的时间、地点、气体种类、浓度等信息。检测记录经检测人员签字后存档。检测人员应当采取相应的安全防护措施，防止中毒窒息等事故发生。

(4)作业现场人员分工和职责：有限空间作业现场应明确监护人员和作业人员，作业前清点作业人员和器具，作业人员与外部要有可靠的通信联络。监护人员不得进入有限空间，不得离开作业现场，并与作业人员保持联系。存在交叉作业时，采取避免互相伤害的措施。作业结束后，作业现场负责人、监护人员应当对作业现场进行清理，撤离作业人员。

(5)发包管理：将有限空间作业发包给其他单位实施的，承包方应当具备国家规定的资质或者安全生产条件，企业应与承包方签订专门的安全生产管理协议或者在承包合同中明确各自的安全生产职责。存在多个承包方时，企业应当对承包方的安全生产工作进行统一协调、管理。工贸企业对其发包的有限空间作业安全承担主体责任，承包方对其承包的有限空间作业安全承担直接责任。

(6)应急救援：根据有限空间作业的特点，制订应急预案，并配备相关的呼吸器、防毒面罩、通信设备、安全绳索等应急装备和器材。有限空间作业的现场负责人、监护人员、作业人员和应急救援人员应当掌握相关应急预案内容，定期进行演练，提高应急处置能力。有限空间作业中发生事故后，现场有关人员应当立即报警，禁止盲目施救。应急救援人员实施救援时，应当做好自身防护，佩戴必要的呼吸器具、救援器材。

2. 触电事故的防范

污水处理的设施设备，如有质量不合格、安装不恰当、使用不合理、维修不及时、工作人员操作不规范等，都会造成设施设备的损坏，甚至造成人身触电伤害事故。

1)采用防止触电的技术措施

防止触电的安全技术措施是防止人体触及或过分接近带电体造成触电事故，以及防止短路、故障接地等电气事故的主要安全措施。具体分为直接触电防护措施与间接触电防护措施。

(1)直接触电防护措施

①绝缘：即用绝缘的方法来防止人体触及带电体，不让人体和带电体接触，从而避免触电事故发生。注意：单独用涂漆、漆包等类似的绝缘措施来防止触电是不够的。

②屏护：即用屏障或围栏防止人体触及带电体。屏障或围栏还能使人意识到超越屏障或围栏会遇到危险而不会有意触及带电体。

③障碍：即设置障碍以防止人体无意触及带电体或接近带电体，但不能防止人有意绕过障碍去触及带电体。

④间隔：即保持间隔以防止人体无意触及带电体。凡易于接近的带电体，应保持在人的手臂所及范围之外，正常时使用长大工具者，间隔应当加大。

⑤安全标志：安全标志是保证安全生产、预防触电事故的重要措施。

⑥漏电保护装置：漏电保护又称残余电流保护或接地故障电流保护。漏电保护只用作附加保护，不应单独使用，动作电流不宜超过30mA。

⑦安全电压：根据场所特点，采用相应等级的安全电压。

(2)间接触电防护措施

①自动断开电源：即根据低压配电网的运行方式和安全需要，采用适当的自动化元件和连接方法，使低压配电网发生故障时，能在规定时间内自动断开电源，防止人体接触电压的危险。对于不同的配电网，可根据其特点分别采取过电流保护(包括零接地)、漏电保护、故障电压保护(包括接地保护)、绝缘监视等保护措施。

②加强绝缘：即采用双重绝缘(或加强绝缘)的电气设备，或者采用另有共同绝缘的组合电气设备，防止其工作绝缘损坏后，在人体易接近的部分出现危险的对地电压。

③不导电环境：这种措施是防止绝缘损坏时，人体同时触及不同电位的两点。当所在环境的墙和地板均系绝缘体，以及可能出现不同电位之间的距离超过2m时，可满足这种保护措施。

④等电位环境：即将所有容易同时接近的裸露导体(包括设备以外的裸露导体)互相连接起来，以防止危险的接触电压。等电位范围不应小于可能触及带电体的范围。

⑤电气隔离：即采用隔离变压器或有同等隔离能力的发电机供电，以实现电气隔离，防止裸露导体发生故障带电时造成电击。被隔离回路的电压不应超过500V；其带电部分不能同其他电气回路或大地相连，以保持隔离要求。

⑥安全电压：根据场所特点，采用相应等级的安全电压。

2)强化电气安全教育

电气安全教育是为了使作业人员了解关于电的一些基本知识，认识安全用电的重要性，掌握安全用电的基本方法，从而能安全、有效地进行操作。如企业可以使用一些安全宣教图来强化电气安全教育。

3)正确使用电气设备

触电事故的发生是因为人体接触到带电部件或意外接触带电部件，导致电流通过人体。因此，作业人员要加强安全用电学习，并学会正确使用电气设备。

做好电气设备的管理工作：①所有电气设备都应有专人负责保养；②在进行卫生作业时，不要用湿布擦拭或用水冲洗电气设备，以免触电或使设备受潮、腐蚀而形成短路；③不要在电气控制箱内放置杂物，也不要把物品堆置在电气设备旁边。

在使用移动电具前，必须认真检查插头和电线等容易损坏的部位。搬动或移动电具前，一定要先切断电源。

4)严格遵守电气安全制度

作业中，如需拉接临时电线装置，必须向有关管理部门办理申报手续，经批准后，方可请电工装接。严禁不经请示私自乱拉乱接电线。对已批准安装的临时线路，应指定专人负责，到期即请电工拆除。

当发现电气设备出现故障、缺陷时，必须及时通知电工进行修理，其他人员一律不准私自装拆和修理电气设备。不准随便移动电气标志牌。

5)定期检查电气设备

定期检查，保证电气设备完好。一旦发现问题，要及时通知电工进行修理。

6)加强安全资料的管理

安全资料是做好安全工作的重要依据。技术资料对于安全工作是十分必要的，应注意收集和保存。

为了工作和检查方便，应绘制高压系统图、低压布线图、全厂架空线路和电缆线路布置图等图形资料。

对重要设备应单独建立资料档案。每次的检修和试验记录应作为资料保存，以便核对。

设备事故和人身安全事故的记录也应作为资料保存。

应注意收集国内外电气安全信息，并作分类保存。

3. 溺水和高空坠落事故的安全防范

高处坠落事故发生的主要原因来自人的不安全行为、物的不安全状态、管理缺陷与环境影响四个方面，高处坠落事故的主要防范措施如下：

1)控制人的因素，减少人的不安全行为

经常对从事高处作业的人员进行观察检查，一旦发现不安全情况，应及时进行心理疏导，消除其心理压力，或将其调离岗位。

禁止患高血压、心脏病、癫痫病等疾病或有生理缺陷的人员从事高处作业，应当定期给从事高处作业的人员进行体格检查，发现有高处作业疾病或有生理缺陷的人员，应将其调离岗位。

对高处作业的人员除进行安全知识教育外，还应加强安全态度教育和安全法制教育，提高其安全意识和自身防护能力，减少作业风险。

要求员工掌握安全救护技能和应急预案。

2)控制物的因素，减少物的不安全状态

污水池必须有栏杆，栏杆高度要高于 1.2m，确保其坚固、可靠，同时悬挂警示牌。

水池上的走道不能太光滑，也不能高低不平。

污水池区域必须设置若干救生圈，救生圈应拴上足够长的绳子，并定期检查和更换，以备不时之需，如图 1-2 所示。

在职工工作的通道上设置开关可靠的活动护栏，方便工作。

3)控制操作方法，防止违章行为

从事高处作业的人员应严格依照操作规程操作，杜绝违章行为。

图 1-2　设置救生圈

从事高处作业的人员禁止穿易滑的高跟鞋、硬底鞋、拖鞋等上岗或酒后作业。

从事高处作业的人员应注意身体重心，注意用力方法，防止因身体重心超出支承面而发生事故。

不准随便翻越栏杆工作，越栏工作必须穿好防护设备，并派专人监护。

4)强化组织管理，避免违章指挥

严格高处作业检查、教育制度，坚持“四勤”(即勤教育、勤检查、勤深入作业现场进行指导、勤发动群众提合理化建议)，查身边事故隐患，实现“三不伤害”(即不伤害自己、不伤害他人、不被他人伤害)的目的。

应该根据季节变化，及时调整作息时间，防止高处作业人员产生过度生理疲劳。

落实强化安全责任制，将安全生产工作实绩与年终分配考核结果联系在一起。

根据《中华人民共和国安全生产法》和《中华人民共和国建筑法》的有关规定，应当为高处作业人员购买社会工伤保险和意外伤害保险，尽量减少作业风险。

5)控制环境因素，改良作业环境

禁止在大雨、大雪和六级以上强风等恶劣天气下从事露天高空作业。

铁栅、池盖、井盖如有腐蚀损坏，须及时调换。

水池上的走道不能有障碍物、突出的螺栓根、横在道路上的东西，防止巡视时工作人员不小心绊倒。

4. 火灾爆炸事故的防范

燃烧必须同时具备三个基本条件，即可燃物、助燃物、点火源，火灾的防控在于消除其中的任意一个条件，图 1-3 为“火三角”标注。

火灾爆炸事故的主要防范措施如下：

1)加强防火防爆管理

加强教育培训，确保员工掌握有关安全法规、防火防爆安全技术知识。

定期或不定期开展安全检查，及时发现并消除安全隐患。

配备专用有效的消防器材、安全保险装置和设

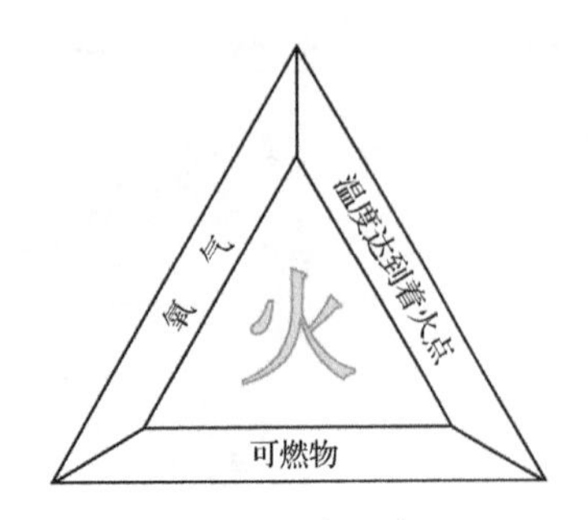

图 1-3 火三角

施，如可燃气体报警器、烟感报警器及仪表装置、室内外消火栓、消火水带、消防斧、消防标志牌等。派专人负责管理消防器材，建立台账，确保消防器材的设置符合有关法律法规和标准的规定，确保器材完好有效。

2）加强重点危险源管控

防火防爆应首先划出重点防火防爆区，重点防火防爆区的电机、设备设施都要用防爆类型的，并安装检测、报警器。进入该区禁止带火种、打手机、穿铁钉鞋或有静电工作服等，重点部位应设置防火器材。

3）消除点火源

燃烧爆炸危险区域及附近严禁吸烟。

维修动火实行危险作业审批制度，动火作业时，应做到“八不”“四要”“一清理”。

①动火前“八不”：防火、灭火措施不落实，不动火；周围的易燃杂物未清除，不动火；附近难以移动的易燃物未采取安全防范措施，不动火；盛装过油类等易燃液体的容器和管道，未经洗刷干净、排除残存的油质，不动火；盛装过气体会受热膨胀并有爆炸危险的容器和管道，不动火；储存有易燃、易爆物品的车间、仓库和场所，未经排除易燃、易爆危险，不动火；在高处进行焊接和切割作业时，其下面的可燃物品未清理或未采取安全防护措施，不动火；未配备相应的灭火器材，不动火。

②动火中“四要”：动火前要指定现场安全负责人；现场安全负责人和动火人员必须经常注意动火情况，发现不安全苗头时要立即停止动火；发生火灾及爆炸事故时，要及时扑救；动火人员要严格执行安全操作规程。

③动火后“一清理”：动火人员和现场安全责任人在动火后，应彻底落实清理现场火种，才能离开现场，以确保作业安全。

易产生电气火花、静电火花、雷击火花、摩擦和撞击火花处，应采取相应的防护措施。

4）控制易燃、助燃、易爆物

少用或不用易燃、助燃、易爆物，用时要严格依照操作规程，防止泄漏。

加强通风，降低可燃、助燃、爆炸物浓度，防止其到达爆炸极限或燃烧条件。

5. 机械伤害事故的防范

厂区依据工艺不同，在日常生产工作中会用到各种机械设备，如设备存在的隐患未及时排除，使用不当或违章操作，就可能引发机械伤害事故。

从安全系统工程学的角度来看，造成机械伤害的原因可以从人、机、环境三个方面进行分析。人、机、环境三个方面中的任何一个出现缺陷，都有可能引发机械伤害事故。因此，防范机械伤害须采取如下措施：

1）加强操作人员的安全管理

建立健全安全操作规程和规章制度。抓好三级安全教育和业务技术培训、考核。提高安全意识和安全防护技能。做到“四懂”（懂原理、懂构造、懂性能、懂工艺流程）、“三会”（会操作、会保养、会排除故障）。正确穿戴个人防护用品。按规定进行安全检查或巡回检查。严格遵守劳动纪律，杜绝违章操作或习惯性违章。

2）注重机械设备的基本安全要求

设备结构设计需合理。要求如下：

（1）在设计过程中，对操作者容易触及的可转动零部件应尽可能将其封闭，对不能封闭的零部件必须配置必要的安全防护装置。

（2）对运行中的生产设备或超过极限位置的零部件，应配置可靠的限位、限速装置和防坠落、防逆转装置；电气线路配置防触电、防火警装置。

（3）对工艺过程中会产生粉尘和有害气体或有害蒸汽的设备，应采用自动加料、自动卸料装置，并配置吸入、净化和排放装置。

（4）对有害物质的密闭系统，应避免跑、冒、滴、漏，必要时应配置检测报警装置。

（5）对生产剧毒物质的设备，应有渗漏应急救援措施等。

机械设备布局要合理。按有关规定，设备布局应达到以下要求：

（1）机械设备间距：小型设备不小于 0.7m，中型设备不小于 1m，大型设备不小于 2m。

（2）设备与墙、柱间距：小型设备不小于 0.7m，中型设备不小于 0.8m，大型设备不小于 0.9m。

（3）操作空间：小型设备不小于 0.6m，中型设备不小于 0.7m，大型设备不小于 1.1m。

（4）高于 2m 的运输线需要有牢固的防护罩。

提高机械设备零部件的安全可靠性。要求如下：

（1）合理选择结构、材料、工艺和安全系数。

（2）操纵器必须采用连锁装置或保护措施。

(3)必须设置防滑、防坠落和预防人身伤害的防护装置，如限位装置、限速装置、防逆转装置、防护网等。

(4)必须有安全控制系统，如配置自动监控系统、声光报警装置等。

(5)设置足够数量、形状有别于一般的紧急开关。

加强危险部位的安全防护。从根本上讲，对于机械伤害的防护，首先应在设计和安装时充分予以考虑，包括安全要求、材料要求、安装要求，其次才是在使用时加以注意。如：

(1)带传动通常是靠紧张的带与带轮间的摩擦力来传递运动的，它既具有一般传动装置的共性，又具有容易断带的个性，因此对此类装置的防护应采用防护罩或防护栅栏将其隔离，除2m以内高度的带传动必须采用外，带轮中心距3m以上或带宽在15cm以上或带速在9m/s以上的，即使是2m以上高度的带传动也应该加以防护。

(2)对链传动，可根据其传动特点采用完全封闭的链条防护罩，既可防尘，减少磨损，保持良好润滑，又可很好地防止伤害事故发生。

重视作业环境的改善：要重视作业环境的改善。布局要合理、照明要适宜、温湿度要适中、噪声和振动要小，具有良好的通风设施。

第二节　安全生产基本法规

一、《中华人民共和国安全生产法》相关条款

《中华人民共和国安全生产法》于2014年8月3日通过，自2014年12月1日起施行。其相关重点条款摘要如下：

第三条　安全生产工作应当以人为本，坚持安全发展，坚持安全第一、预防为主、综合治理的方针，强化和落实生产经营单位的主体责任，建立生产经营单位负责、职工参与、政府监管、行业自律和社会监督的机制。

第四条　生产经营单位必须遵守本法和其他有关安全生产的法律、法规，加强安全生产管理，建立、健全安全生产责任制和安全生产规章制度，改善安全生产条件，推进安全生产标准化建设，提高安全生产水平，确保安全生产。

第五条　生产经营单位的主要负责人对本单位的安全生产工作全面负责。

第六条　生产经营单位的从业人员有依法获得安全生产保障的权利，并应当依法履行安全生产方面的义务。

第七条　工会依法对安全生产工作进行监督。

生产经营单位的工会依法组织职工参加本单位安全生产工作的民主管理和民主监督，维护职工在安全生产方面的合法权益。生产经营单位制定或者修改有关安全生产的规章制度，应当听取工会的意见。

第十三条　依法设立的为安全生产提供技术、管理服务的机构，依照法律、行政法规和执业准则，接受生产经营单位的委托为其安全生产工作提供技术、管理服务。生产经营单位委托前款规定的机构提供安全生产技术、管理服务的，保证安全生产的责任仍由本单位负责。

第十七条　生产经营单位应当具备本法和有关法律、行政法规和国家标准或者行业标准规定的安全生产条件；不具备安全生产条件的，不得从事生产经营活动。

第十八条　生产经营单位的主要负责人对本单位安全生产工作负有下列职责：

(一)建立、健全本单位安全生产责任制；

(二)组织制定本单位安全生产规章制度和操作规程；

(三)组织制定并实施本单位安全生产教育和培训计划；

(四)保证本单位安全生产投入的有效实施；

(五)督促、检查本单位的安全生产工作，及时消除生产安全事故隐患；

(六)组织制定并实施本单位的生产安全事故应急救援预案；

(七)及时、如实报告生产安全事故。

第十九条　生产经营单位的安全生产责任制应当明确各岗位的责任人员、责任范围和考核标准等内容。生产经营单位应当建立相应的机制，加强对安全生产责任制落实情况的监督考核，保证安全生产责任制的落实。

第二十二条　生产经营单位的安全生产管理机构以及安全生产管理人员履行下列职责：

(一)组织或者参与拟订本单位安全生产规章制度、操作规程和生产安全事故应急救援预案；

(二)组织或者参与本单位安全生产教育和培训，如实记录安全生产教育和培训情况；

(三)督促落实本单位重大危险源的安全管理措施；

(四)组织或者参与本单位应急救援演练；

(五)检查本单位的安全生产状况，及时排查生

产安全事故隐患，提出改进安全生产管理的建议；

（六）制止和纠正违章指挥、强令冒险作业、违反操作规程的行为；

（七）督促落实本单位安全生产整改措施。

第二十五条　生产经营单位应当对从业人员进行安全生产教育和培训，保证从业人员具备必要的安全生产知识，熟悉有关的安全生产规章制度和安全操作规程，掌握本岗位的安全操作技能，了解事故应急处理措施，知悉自身在安全生产方面的权利和义务。未经安全生产教育和培训合格的从业人员，不得上岗作业。

生产经营单位使用被派遣劳动者的，应当将被派遣劳动者纳入本单位从业人员统一管理，对被派遣劳动者进行岗位安全操作规程和安全操作技能的教育和培训。劳务派遣单位应当对被派遣劳动者进行必要的安全生产教育和培训。

生产经营单位接收中等职业学校、高等学校学生实习的，应当对实习学生进行相应的安全生产教育和培训，提供必要的劳动防护用品。学校应当协助生产经营单位对实习学生进行安全生产教育和培训。

生产经营单位应当建立安全生产教育和培训档案，如实记录安全生产教育和培训的时间、内容、参加人员以及考核结果等情况。

第二十六条　生产经营单位采用新工艺、新技术、新材料或者使用新设备，必须了解、掌握其安全技术特性，采取有效的安全防护措施，并对从业人员进行专门的安全生产教育和培训。

第二十七条　生产经营单位的特种作业人员必须按照国家有关规定经专门的安全作业培训，取得相应资格，方可上岗作业。特种作业人员的范围由国务院安全生产监督管理部门会同国务院有关部门确定。

第二十八条　生产经营单位新建、改建、扩建工程项目（以下统称建设项目）的安全设施，必须与主体工程同时设计、同时施工、同时投入生产和使用。安全设施投资应当纳入建设项目概算。

第三十二条　生产经营单位应当在有较大危险因素的生产经营场所和有关设施、设备上，设置明显的安全警示标志。

第四十一条　生产经营单位应当教育和督促从业人员严格执行本单位的安全生产规章制度和安全操作规程；并向从业人员如实告知作业场所和工作岗位存在的危险因素、防范措施以及事故应急措施。

第四十二条　生产经营单位必须为从业人员提供符合国家标准或者行业标准的劳动防护用品，并监督、教育从业人员按照使用规则佩戴、使用。

第四十四条　生产经营单位应当安排用于配备劳动防护用品、进行安全生产培训的经费。

第五十四条　从业人员在作业过程中，应当严格遵守本单位的安全生产规章制度和操作规程，服从管理，正确佩戴和使用劳动防护用品。

第五十五条　从业人员应当接受安全生产教育和培训，掌握本职工作所需的安全生产知识，提高安全生产技能，增强事故预防和应急处理能力。

第五十六条　从业人员发现事故隐患或者其他不安全因素，应当立即向现场安全生产管理人员或者本单位负责人报告；接到报告的人员应当及时予以处理。

第八十条　生产经营单位发生生产安全事故后，事故现场有关人员应当立即报告本单位负责人。

单位负责人接到事故报告后，应当迅速采取有效措施，组织抢救，防止事故扩大，减少人员伤亡和财产损失，并按照国家有关规定立即如实报告当地负有安全生产监督管理职责的部门，不得隐瞒不报、谎报或者迟报，不得故意破坏事故现场、毁灭有关证据。

第一百一十二条　本法下列用语的含义：

危险物品，是指易燃易爆物品、危险化学品、放射性物品等能够危及人身安全和财产安全的物品。

重大危险源，是指长期地或者临时地生产、搬运、使用或者储存危险物品，且危险物品的数量等于或者超过临界量的单元（包括场所和设施）。

第一百一十三条　本法规定的生产安全一般事故、较大事故、重大事故、特别重大事故的划分标准由国务院规定。

国务院安全生产监督管理部门和其他负有安全生产监督管理职责的部门应当根据各自的职责分工，制定相关行业、领域重大事故隐患的判定标准。

第一百一十四条　本法自 2014 年 12 月 1 日起施行。

二、《建设工程安全生产管理条例》相关条款

《建设工程安全生产管理条例》于 2003 年 11 月 24 日公布，自 2004 年 2 月 1 日起施行。其相关重点条款摘要如下：

第三十条　施工单位对因建设工程施工可能造成损害的毗邻建筑物、构筑物和地下管线等，应当采取专项防护措施。

施工单位应当遵守有关环境保护法律、法规的规定，在施工现场采取措施，防止或者减少粉尘、废气、废水、固体废物、噪声、振动和施工照明对人和环境的危害和污染。在城市市区内的建设工程，施工单位应当对施工现场实行封闭围挡。

第三十二条　施工单位应当向作业人员提供安全防护用具和安全防护服装，并书面告知危险岗位的操作规程和违章操作的危害。

作业人员有权对施工现场的作业条件、作业程序和作业方式中存在的安全问题提出批评、检举和控告，有权拒绝违章指挥和强令冒险作业。

在施工中发生危及人身安全的紧急情况时，作业人员有权立即停止作业或者在采取必要的应急措施后撤离危险区域。

第三十三条　作业人员应当遵守安全施工的强制性标准、规章制度和操作规程，正确使用安全防护用具、机械设备等。

第三十六条　施工单位的主要负责人、项目负责人、专职安全生产管理人员应当经建设行政主管部门或者其他有关部门考核合格后方可任职。施工单位应当对管理人员和作业人员每年至少进行一次安全生产教育培训，其教育培训情况记入个人工作档案。安全生产教育培训考核不合格的人员，不得上岗。

第三十七条　作业人员进入新的岗位或者新的施工现场前，应当接受安全生产教育培训。未经教育培训或者教育培训考核不合格的人员，不得上岗作业。

施工单位在采用新技术、新工艺、新设备、新材料时，应当对作业人员进行相应的安全生产教育培训。

第六十九条　抢险救灾和农民自建低层住宅的安全生产管理，不适用本条例。

第七十条　军事建设工程的安全生产管理，按照中央军事委员会的有关规定执行。

第七十一条　本条例自2004年2月1日起施行。

第二章

工作现场安全操作知识

第一节　安全生产

一、劳动防护用品的功能及使用方法

劳动防护用品是保护劳动者在生产过程中的人身安全与健康所必需的一种防护性装备，对于减少职业危害、防止事故发生起着重要作用。

劳动防护用品分为特种劳动防护用品和一般劳动防护用品。特种劳动防护用品目录由应急管理部确定并公布。特种劳动防护用品需有三证，即生产许可证、产品合格证、特种劳防用品安全标志证。未列入目录的劳动防护用品为一般劳动防护用品。

劳动防护用品按防护部位分为头部防护、呼吸器官防护、眼面部防护、听觉器官防护、手部防护、足部防护、躯干防护、防坠落等用品。

(一)头部防护用品

头部防护用品是为防护头部不受外来物体打击和其他因素危害而采取的个人防护用品。根据防护功能要求，目前主要有普通工作帽、防尘帽、防水帽、防寒帽、安全帽、防静电帽、防高温帽、防电磁辐射帽、防昆虫帽等九类产品。排水作业过程中使用的头部防护用品主要是安全帽。

1. 安全帽的定义

安全帽是用于保护头部，防撞击、挤压伤害、物料喷溅、粉尘等的护具。用于防撞击时，主要用来避免或减轻在作业场所发生的高处坠落物、作业设备及设施等意外撞击对作业人员头部造成的伤害。

2. 安全帽的分类

安全帽分为以下六类：通用型、乘车型、特殊型安全帽、军用钢盔、军用保护帽和运动员用保护帽。其中，通用型和特殊型安全帽属于劳动防护用品。常见的安全帽由帽壳、帽衬和下颏带、附件等部分组成，结构如图 2-1 所示。

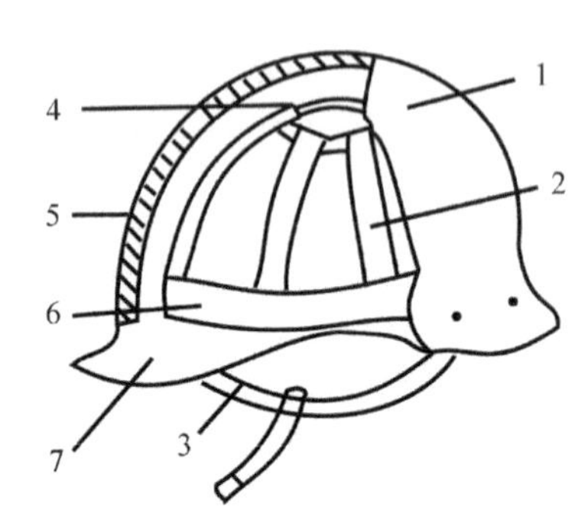

1-帽体；2-帽衬分散条；3-系带；4-帽衬顶带；
5-吸收冲击内衬；6-帽衬环形带；7-帽檐。

图 2-1　安全帽结构示意图

3. 安全帽的选用和使用方法

安全帽应选用质检部门检验合格的产品。根据安全帽的性能、尺寸、使用环境等条件，选择适宜的品类。如大檐帽和大舌帽适用于露天环境作业，小沿帽多用于室内、隧道、涵洞、井巷等工作环境。在易燃易爆环境中作业，应选择具有抗静电性能的安全帽；在有限空间作业，由于光线相对较暗，应选择颜色明亮的安全帽，以便于他人发现。

据有关统计，坠落物撞击致伤的人员中有 15% 是因安全帽使用不当造成的。所以不能以为戴上安全帽就能保护头部免受冲击伤害，在实际工作中还应了解和做到以下几点：

(1)进入生产现场或在厂区内外从事生产和劳动时，必须戴安全帽(国家或行业有特殊规定的除外；特殊作业或劳动，采取措施后可保证人员头部不受伤害并经过相关部门批准的除外)。

(2)安全帽必须有说明书，并指明使用场所，以供作业人员合理使用。

(3)安全帽在佩戴前，应检查各配件有无破损、装配是否牢固、帽衬调节部分是否卡紧、插口是否牢靠、绳带是否系紧等。若帽衬与帽壳之间的距离不在 25~50mm，应用顶绳调节到规定的范围，确认各部

件完好后，方可使用。

(4)佩戴安全帽时，必须系紧安全帽带，根据使用者头部的大小，将帽箍长度调节到适宜位置(松紧适度)。高处作业者佩戴的安全帽，要有下颏带和后颈箍，并应拴牢，以防帽子滑落与脱掉。安全帽的帽檐，必须与佩戴人员的目视方向一致，不得歪戴或斜戴。

(5)不私自拆卸帽上的部件和调整帽衬尺寸，以保持垂直间距(25~50mm)和水平间距(5~20mm)符合有关规定值，用来预防安全帽遭到冲击后佩戴人员触顶造成的人身伤害。

(6)严禁在帽衬上放任何物品；严禁随意改变安全帽的任何结构；严禁用安全帽充当器皿使用；严禁用安全帽当坐垫使用。

(7)安全帽使用后应擦拭干净，妥善保存。不应存储在有酸碱、高温(50℃以上)、阳光直射、潮湿和有化学溶剂的场所，避免重物挤压或尖物碰刺。帽壳与帽衬可用冷水、温水(低于50℃)洗涤，不可放在暖气片上烘烤，以防帽壳变形。

(8)若安全帽在使用中受到较大冲击，无论是否发现帽壳有明显断裂纹或变形，都会降低安全帽的耐冲击和耐穿透性能，应停止使用，更换新帽。不能继续使用的安全帽应进行报废切割，不得继续使用或随意弃置处理。

(9)不防电安全帽不能作为电业用安全帽使用，以免造成人员触电。

(10)安全帽从购入时算起，植物帽的有效期为一年半，塑料帽有效期不超过两年，层压帽和玻璃钢帽有效期为两年半，橡胶帽和防寒帽有效期为三年，乘车安全帽有效期为三年半。上述各类安全帽超过其一般使用期限后，易出现老化，丧失自身的防护性能。安全帽使用期限具体根据当批次安全帽的标识确定，超过使用期限的安全帽严禁使用。

(二)呼吸器官防护用品

呼吸器官防护用品是为防御有害气体、蒸气、粉尘、烟、雾从呼吸道吸入，直接向使用者供氧或清洁空气，保证尘、毒污染或缺氧环境中作业人员正常呼吸的防护用品。

呼吸器官防护用品主要有防尘口罩和防毒口罩(面罩)。防尘口罩是从事和接触粉尘的作业人员的重要防护用品，主要用于含有低浓度有害气体和蒸汽的作业环境以及会产生粉尘的作业环境。防尘口罩内部有阻尘材料，保护使用者将粉尘等有害物质吸入体内。防毒口罩(面罩)是一种保护人员呼吸系统的特种劳保用品，一般由滤毒盒或滤毒罐和面罩主体组成。面罩主体隔绝空气，起到密封作用，滤毒盒(滤毒罐)起到过滤毒气和粉尘的作用。

呼吸器官防护用品按用途分为防尘、防毒、供氧三类，按作用原理分为过滤式、隔离式两类。根据排水行业有限空间作业的特点，作业人员应使用隔离式防毒面具，严禁使用过滤式防毒面具、半隔离式防毒面具及氧气呼吸设备。一般常用的隔离式防毒面具由面罩、气管、供气源以及其他安全附件部分组成。根据结构形式，隔离式空气呼吸器具分为送风式和供氧式(自给式)，送风式的一般为长管呼吸器，自给式的主要是正压式呼吸器和紧急逃生呼吸器。

1. 长管呼吸器

长管呼吸器是通过面罩使佩戴者的呼吸器官与周围空气隔绝，并通过长管输送清洁空气供佩戴者呼吸的防护用品，属于隔绝式呼吸器中的一种。根据供气方式不同，长管呼吸器可以分为自吸式长管呼吸器、连续送风式长管呼吸器和高压送风式长管呼吸器三种。表2-1为长管呼吸器的分类及组成。

1)自吸式长管呼吸器

自吸式长管呼吸器结构如图2-2所示，由面罩、吸气软管、背带和腰带、导气管、空气输入口(低阻过滤器)和警示板等部分组成。使用时，将长管的一端固定在空气清新无污染的场所，另一端与面罩连接，依靠佩戴者自身的肺动力将清洁的空气经低压长管、导气管吸进面罩内。

表2-1　长管呼吸器的分类及组成(标准)

<table>
<tr><td>长管呼吸器种类</td><td colspan="5">系统组成主要部件及次序</td><td>供气气源</td></tr>
<tr><td>自吸式长管呼吸器</td><td rowspan="3">密合性面罩[a]</td><td>导气管[a]</td><td>低压长管[a]</td><td colspan="2">低阻过滤器[a]</td><td>大气[a]</td></tr>
<tr><td rowspan="2">连续送风式长管呼吸器</td><td rowspan="2">导气管[a]+流量阀[a]</td><td rowspan="2">低压长管[a]</td><td rowspan="2">过滤器[a]</td><td>风机[a]</td><td rowspan="2">大气[a]</td></tr>
<tr><td>空压机[a]</td></tr>
<tr><td>高压送风式长管呼吸器</td><td>面罩[a]</td><td>导气管[a]+供气阀[b]</td><td>中压长管[b]</td><td>高压减压器[c]</td><td>过滤器[c]</td><td>高压气源[c]</td></tr>
<tr><td>所处环境</td><td colspan="3">工作现场环境</td><td colspan="3">工作保障环境</td></tr>
</table>

注：a是指承受低压部件；b是指承受中压部件；c是指承受高压部件。

由于这种呼吸器是靠自身肺动力呼吸，因此在呼吸的过程中不能总是维持面罩内为微正压，当面罩内压力下降为微负压时，就有可能造成外部受污染的空气进入面罩内。

有限空间长期处于封闭或半封闭状态，容易造成氧含量不足或有毒有害气体积聚。在有限空间内使用该类呼吸器，可能由于面罩内压力下降呈现微负压状态，从而使缺氧气体或有毒气体渗入面罩，并随着佩戴者的呼吸进入人体，对其身体健康和生命安全造成威胁。此外，由于该类呼吸器依靠佩戴者自身肺动力吸入有限空间外的洁净空气，在有限空间内从事重体力劳动或长时间作业时，可能会给佩戴该呼吸器的作业人员的正常呼吸带来负担，使作业人员感觉呼吸不畅。因此，在有限空间作业时，不应使用自吸式长管呼吸器。

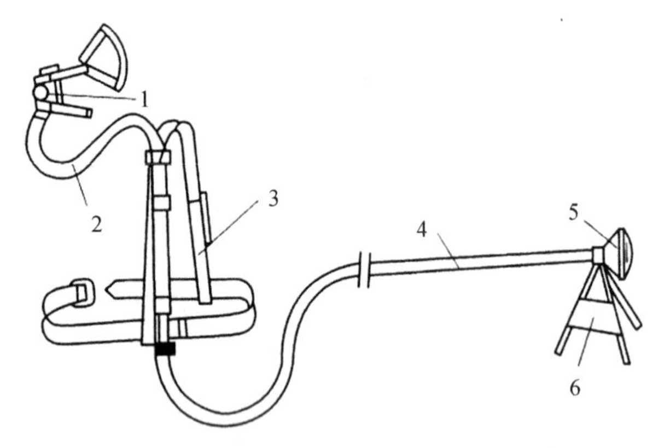

1-面罩；2-吸气软管；3-背带和腰带；4-导气管；5-空气输入口(低阻过滤器)；6-警示板。

图 2-2 自吸式长管呼吸器结构示意图

2)连续送风式长管呼吸器

根据送风设备动力源不同，连续送风式长管呼吸器分为手动送风呼吸器和电动送风呼吸器。

手动送风呼吸器无须电源，由人力操作，体力强度大，需要 2 人一组轮换作业，送风量有限，在有限空间内作业不建议长时间使用该类呼吸器。

电动风机送风呼吸器结构如图 2-3 所示，由全面罩、吸气软管、背带和腰带、空气调节袋、流量调节器、导气管、风量转换开关、电动送风机、过滤器和电源线等部分组成。

电动送风呼吸器的使用时间不受限制，供气量较大，可以同时供 1~4 人使用，送风量依人数和导气管长度而定，因此是排水管道人工清掏、井下检查等工作时常用的呼吸防护设备。在使用时，应将送风机放在有限空间外的清洁空气中，保证送入的空气是无污染的清洁空气。

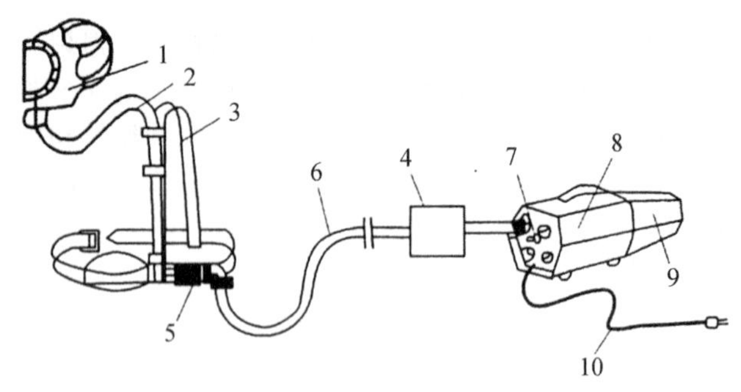

1-全面罩；2-吸气软管；3-背带和腰带；4-空气调节袋；5-流量调节器；6-导气管；7-风量转换开关；8-电动送风机；9-过滤器；10-电源线。

图 2-3 电动送风呼吸器结构示意图

3)高压送风式长管呼吸器

高压送风式长管呼吸器是由高压气源(如高压空气瓶)经压力调节装置把高压降为中压后，将气体通过导气管供给面罩供佩戴者呼吸的一种防护用品。

图 2-4 是高压送风式长管呼吸器的结构示意图，该呼吸器由两个高压空气容器瓶作为气源，当主气源发生意外中断供气时，可切换备份的小型高压空气容器供气。

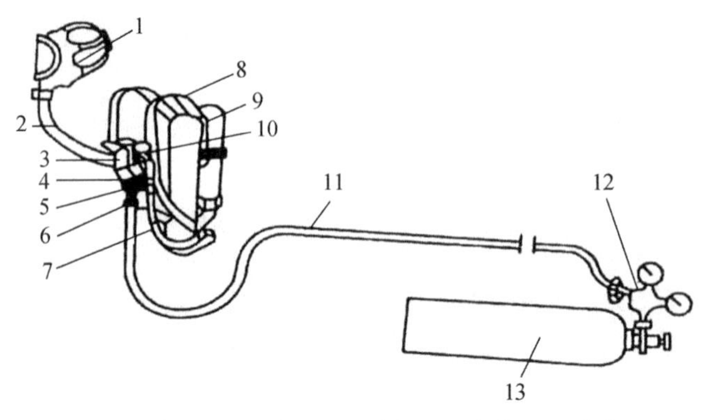

1-全面罩；2-吸气管；3-肺力阀；4-减压阀；5-单向阀；6-软管接合器；7-高压导管；8-着装带；9-小型高压空气容器；10-压力指示计；11-空气导管；12-减压阀；13-高压空气容器。

图 2-4 高压送风式长管呼吸器示意图

高压送风式长管呼吸器设备沉重、体积大、不易携带、成本高，且需要在有资质的机构进行气瓶充装，因此行业内很少选用其作为呼吸防护设备。

长管呼吸器的送风长管必须经常检查，确保无泄漏、气密性良好。使用长管呼吸器必须有专人在现场监护，防止长管被压、踩、折弯、破坏。长管呼吸器的进风口必须放置在有限空间作业环境外，空气洁净、氧含量合格的地方，一般可选择在有限空间出入口的上风向。使用空压机作气源时，为保护员工的安全与健康，空压机的出口应设置空气过滤器，内装活性炭、硅胶、泡沫塑料等，以清除油水和杂质。

2. 正压式空气呼吸器

正压式空气呼吸器是一种自给开放式空气呼吸器，既是自给式呼吸器，又是携气式呼吸防护用品。该类呼吸器通过面罩将佩戴者呼吸器官、眼睛和面部与外界环境完全隔绝，使用压缩空气的带气源的呼吸器，它依靠使用者背负的气瓶供给空气。气瓶中高压压缩空气被高压减压阀降为中压，然后通过需求阀进入呼吸面罩，并保持一个可自由呼吸的压力。无论呼吸速度如何，通过需求阀的空气在面罩内始终保持轻微的正压，以阻止外部空气进入。

正压式空气呼吸器主要适用于受限空间作业，使操作人员能够在充满有毒有害气体、蒸汽或缺氧的恶劣环境下安全地进行操作工作。空气呼吸器由面罩总成、供气阀总成、气瓶总成、减压器总成、背托总成五部分组成，结构如图 2-5 所示，实物如图 2-6 所示。

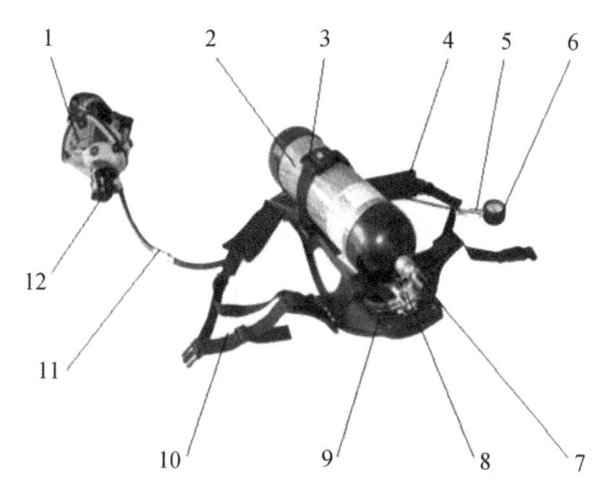

1-面罩；2-气瓶；3-带箍；4-肩带；5-报警哨；6-压力表；7-气瓶阀；8-减压器；9-背托；10-腰带组；11-快速接头；12-供气阀。

图 2-5　正压式呼吸器结构示意图

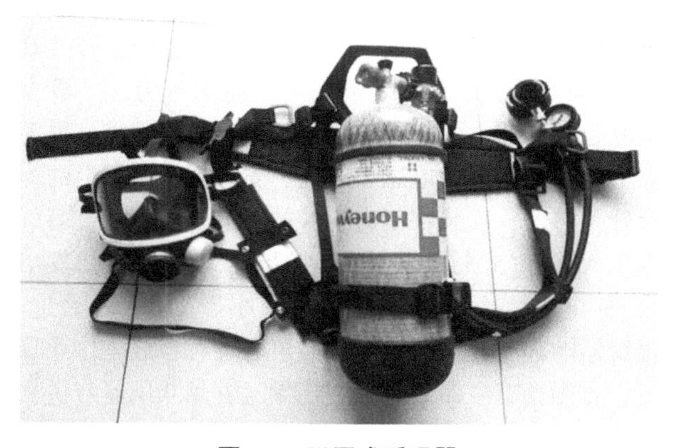

图 2-6　正压式呼吸器

1）产品性能及配件

正压式呼吸器的结构基本相同，主要由 12 个部件组成，现将各部件介绍如下：

（1）面罩总成：面罩总成有大、中、小三种规格，由头罩、头带、颈带、吸气阀、口鼻罩、面窗、传声器、面窗密封圈、凹形接口等部分组成，外观如图 2-7 所示。头罩戴在头顶上。头带、颈带用以固定面罩。口鼻罩用以罩住佩戴者的口鼻，提高空气利用率，减少温差引起的面窗雾气。面窗是由高强度的聚碳酸酯材料注塑而成的，耐磨、耐冲击、透光性好、视野大、不失真。传声器可为佩戴者提高有效的声音传递。面窗密封圈起到密封作用。凹形接口用于连接供气阀总成。

图 2-7　正压式空气呼吸器面罩

（2）气瓶总成：气瓶总成由气瓶和瓶阀组成。气瓶从材质上分为钢瓶和复合瓶两种。钢瓶用高强度钢制成。复合瓶是在铝合金内胆外加碳纤维和玻璃纤维等高强度纤维缠绕制成的，其外形如图 2-8 所示。工作压力为 25～30MPa，与钢瓶比具有重量轻、耐腐蚀、安全性好和使用寿命长等优点。气瓶从容积上分为 3L、6L 和 9L 三种规格。钢制瓶的空气呼吸器重达 14. 5kg，而复合瓶空气呼吸器一般重 8～9kg。瓶阀有两种，即普通瓶阀和带压力显示及欧标手轮瓶阀。无论哪种瓶阀都有安全螺塞，内装安全膜片，瓶内气体超压时安全膜片会自动爆破泄压，从而保护气瓶，避免气瓶爆炸造成人身危害。欧标手轮瓶阀则带有压力显示和防止意外碰撞而关闭阀门的功能。

图 2-8　正压式空气呼吸器气瓶

（3）供气阀总成：供气阀总成由节气开关、应急充泄阀、凸形接口、插板四部分组成，其外观如图 2-9 所示。供气阀的凸形接口与面罩的凹形接口可直接连接，构成通气系统。节气开关外有橡皮罩保护，当佩戴者从脸上取下面罩时，为节约用气，用大拇指按住橡皮罩下的节气开关，会有“嗒”的一声，即可关闭供气阀，停止供气；重新戴上面具，开始呼气时，供气阀将自动开启，供给空气。应急充泄阀是一个红色旋钮，当供气阀意外发生故障时，通过手动旋钮旋动1/2圈，即可提供正常的空气流量；应急充泄阀还可利用流出的空气直接冲刷面罩、供气阀内部的灰尘等污物，避免佩戴者将污物吸入体内。插板用于供气阀与面罩连接完好的锁定装置。

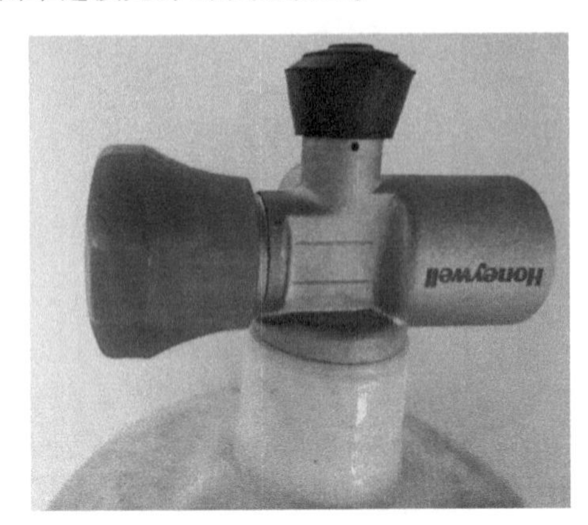

图 2-9　正压式空气呼吸器气瓶阀

(4)瓶带组：瓶带组为一快速凸轮锁紧机构，能保证瓶带始终处于一闭环状态，气瓶不会出现翻转现象。其外观如图 2-10 所示(圆圈中部分)。

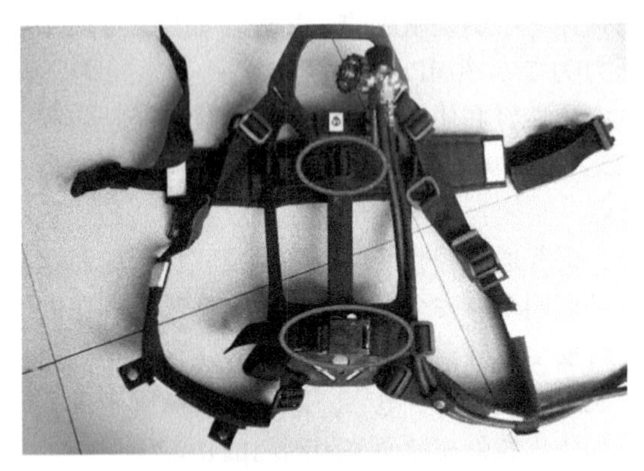

图 2-10　正压式空气呼吸器瓶带组

(5)肩带：肩带由阻燃聚酯织物制成，背带采用双侧可调结构，使重量落于使用者腰胯部位，减轻肩带对胸部的压迫，让使用者呼吸顺畅。肩带上设有宽大弹性衬垫，可以减轻对肩的压迫。其外观如图 2-11 所示。

(6)报警哨：报警哨置于胸前，报警声易于分辨。报警哨具有体积小、重量轻等特点，其外观如图 2-12 所示。

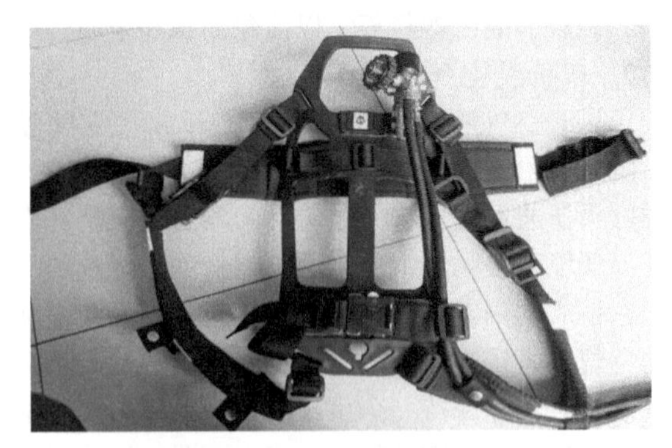

图 2-11　正压式空气呼吸器肩带

图 2-12　正压式空气呼吸器报警哨

(7)压力表：压力表的大表盘、具有夜视功能，配有橡胶保护罩，其外观如图 2-13 所示。

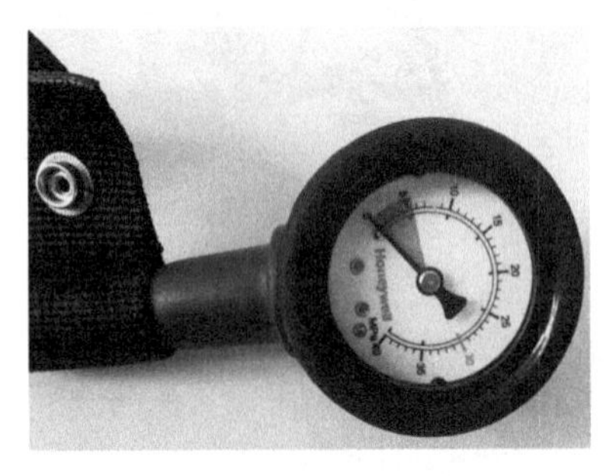

图 2-13　正压式空气呼吸器压力表

(8)减压器总成：减压器总成由压力表、报警器、中压导气管、安全阀、手轮五部分组成，其外观如图 2-14 所示。压力表能显示气瓶的压力，并具有夜光显示功能，便于在光线不足的条件下观察；报警器安装在减压器上或压力表处，安装在减压器上的为后置报警器，安装在压力表旁的为前置报警器。当气瓶压力降到(5.5±0.5)MPa 区间时，报警器开始发出报警声响，持续报警到气瓶压力小于 1MPa 时为止。报警器响起，佩戴者应立即撤离有毒有害危险作业场所，否则会有生命危险。中压导气管是减压器与供气阀组成的连接气管，从减压器出来的 0.7MPa 的空气经供气阀直接进入面罩，供佩戴者使用。安全阀是当减压器出现故障时的安全排气装置。手轮用于与气瓶连接。

图 2-14　正压式空气呼吸器减压器

(9)背托总成：背托总成由背架、上肩带、下肩带、腰肩带和瓶箍带五部分组成，其外观如图 2-15 所示(圆圈中部分)。背架起到空气呼吸器的支架作用。上、下肩带和腰带用于整套空气呼吸器与佩戴者紧密固定。背架上瓶箍带的卡扣用于快速锁紧气瓶。背托一般由碳纤维复合材料注塑成型，具有阻燃和防静电等功能。

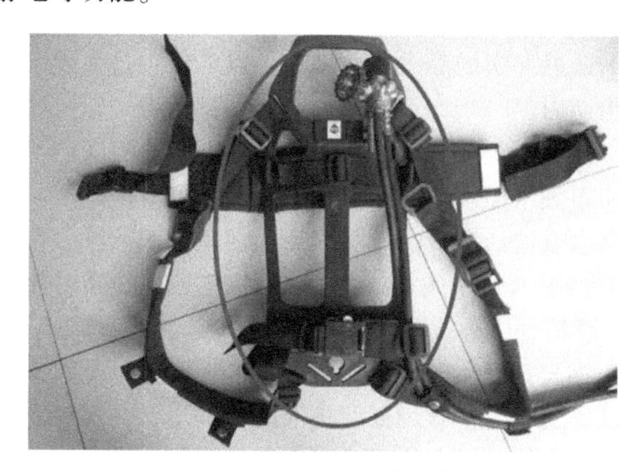

图 2-15　正压式空气呼吸器背托

(10)腰带组：腰带组卡扣锁紧、易于调节，其外观如图 2-16 所示(圆圈中部分)。

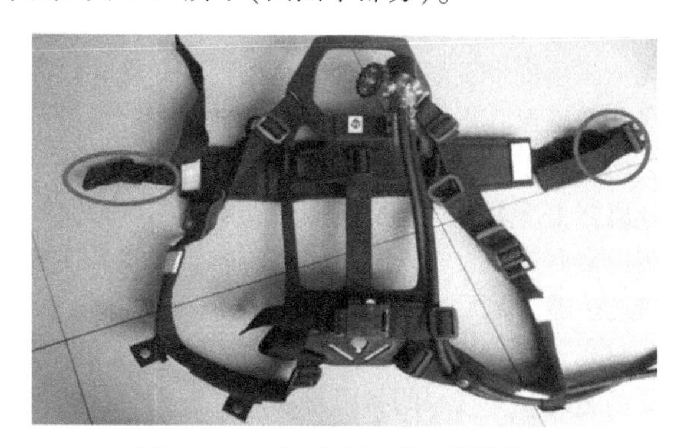

图 2-16　正压式空气呼吸器腰带组

(11)快速接头：快速接头小巧、可单手操作、有锁紧防脱功能。

(12)供给阀：供给阀结构简单、功能性强、输出流量大、具有旁路输出、体积小，其外观如图 2-17 所示。

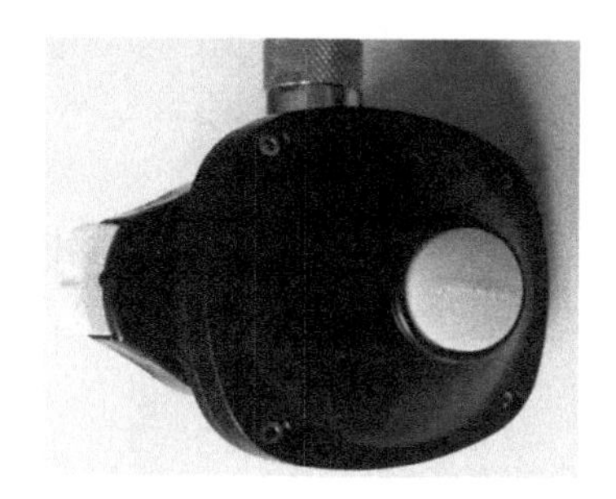

图 2-17　正压式空气呼吸器供给阀

2)使用步骤

(1)开箱检查(图 2-18)，具体操作如下：

①检查全面罩面窗有无划痕、裂纹，是否有模糊不清现象，面框橡胶密封垫有无灰尘、断裂等影响密封性能的因素存在。检查头带、颈带是否断裂、连接处是否断裂、连接处是否松动。

②检查腰带组、卡扣，必须完好无损。边检查边调整肩带、腰带长短(根据本人身体调整长短)。

③检查报警装置，检查压力表是否回零。

④检查气瓶压力，打开气瓶阀，观察压力表，指针应位于压力表的绿色范围内。继续打开气瓶阀，观察压力表，压力表指针在 1min 之内下降应小于 0.5MPa，如超过该泄漏指标，应马上停止使用该呼吸器。

⑤检查报警器。因佩戴好呼吸器后，无法检测气瓶压力是否够用，需靠报警器哨声提醒气瓶压力大小。检查方法为关闭气瓶阀，然后缓慢打开充泄阀，注意压力表指针下降至(5±0.5)MPa 时，报警器是否开始报警，报警声音是否响亮。如果报警器不发声或压力不在规定范围内，必须维修正常后才能使用。

⑥面罩气密性检查合格后，将供气阀与面罩连接好，关闭供气阀的充泄阀，深呼吸几下，呼吸应顺畅，按下供气阀上的橡胶罩保护杠杆开关 2 次，供气阀应能正常打开。

(2)正确佩戴，具体操作如下：

①使气瓶的平侧靠近自己，气瓶有压力表的一端向外，让背带的左右肩带套在两手之间。

②将呼吸器举过头顶，两手向后下弯曲，将呼吸器落下，使左右肩带落在肩膀上。

③双手扣住身体两侧肩带 D 形环，身体前倾，向后下方拉紧，直到肩带及背架与身体充分贴合。

④拉下肩带使呼吸器处于合适的高度，不需要调得过高，感觉舒服即可。

⑤插好腰带，向前收紧调整松紧至合适。

⑥将面罩长系带戴好，一只手托住面罩将面罩的口鼻罩与脸部完全贴合，另一只手将头带后拉罩住头部，收紧头带，收紧程度以既要保证气密又感觉舒

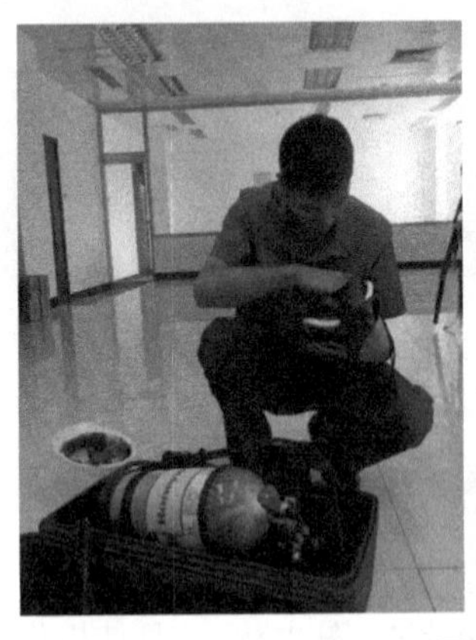
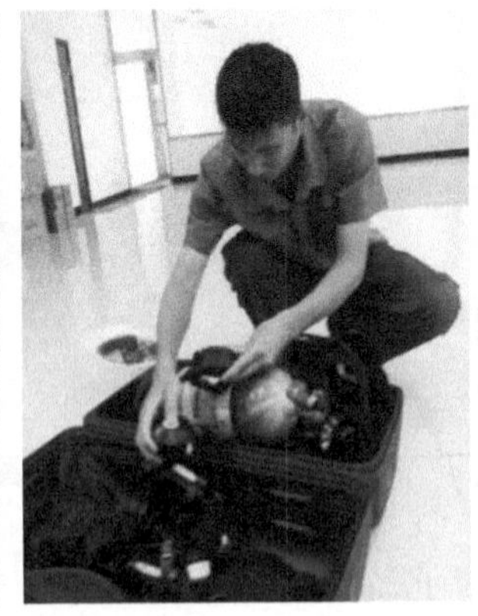
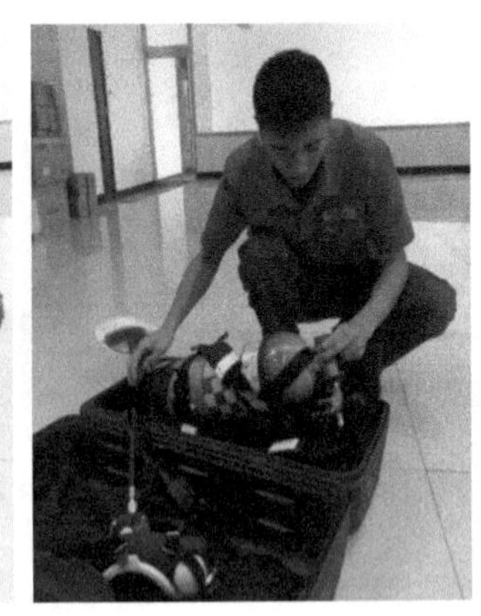

图 2-18 正压式空气呼吸器开箱检查

适、无明显的压痛为宜。

⑦必须检查面罩的气密性，用手掌封住供气阀快速接气处吸气，如果感到无法呼吸且面罩充分贴合则说明密封良好。

⑧将气瓶阀开到底回半圈，报警哨应有一次短暂的发声。同时看压力表，检查充气压力。将供气阀的出气口对准面罩的进气口插入面罩中，听到轻轻一声卡响表示供气阀和面罩已连接好。

⑨戴好安全帽，呼吸几次，无不适感觉，就可以进入工作场所。工作时注意压力表的变化，如压力下降至报警哨发出声响，必须立即撤回到安全场所。

(3)正压式呼吸器佩戴规范：一看压力，二听哨，三背气瓶，四戴罩。瓶阀朝下，底朝上；面罩松紧要正好；开总阀、插气管，呼吸顺畅抢分秒。

3)使用注意事项

不同厂家生产的正压式空气呼吸器在供气阀的设计上所遵循的原理是一致的，但外形设计却存在差异，使用过程中要认真阅读说明书。

使用者应经过专业培训，熟悉掌握空气呼吸器的使用方法及安全注意事项。正压式空气呼吸器一般供气时间在40min左右，主要用于应急救援，不适宜作为长时间作业过程中的呼吸防护用品，且不能在水下使用。在使用中，因碰撞或其他原因引起面罩错动时，应屏住呼吸，及时将面罩复位，但操作时要保持面罩紧贴脸上，千万不能从脸上拉下面罩。

空气呼吸器的气瓶充气应严格按照《气瓶安全监察规程》执行，无充气资质的单位和个人禁止私自充气。空气瓶每3年应送至有资质的单位检验1次。每次使用前，要确保气瓶压力至少在25MPa以上。当报警器鸣响时或气瓶压力低于5.5MPa时，作业人员应立即撤离有毒有害危险作业场所。充泄阀的开关只能手动，不可使用工具，其阀门转动范围为1/2圈。

空气呼吸器应由专人负责保管、保养、检查，未经授权的单位和个人无权拆、修空气呼吸器。

4)日常检查维护

(1)系统放气：首先关闭气瓶阀，然后轻轻打开充泄阀，放掉管路系统中的余气后再次关闭充泄阀。

(2)部件检查：检查供气阀、面罩、背托。检查气瓶表面有无碰伤、变形、腐蚀和烧焦。检查瓶口钢印上最近一次的静水测试日期，以确保它是在规定的使用期内。

(3)清洗消毒：背托、气瓶、减压器的清洁，只用软布蘸水擦洗，并晾干即可。面罩的清洗用温和的肥皂水或清洁液清洗。在干净温水里彻底冲洗，在空气中晾干，并用柔软干净的布擦拭。消毒可以使用70%酒精、甲醇或乙丙醇。

(4)气瓶的定检：气瓶的定期检验应由经国家特种设备安全监督管理部门核准的单位进行，定检周期一般为3年，但在使用过程中若发现气瓶有严重腐蚀等情况时，应提前进行检验。只有检验合格的气瓶才可使用。

(5)气瓶充气：气瓶充气可委托相应的充气站充气，也可自行充气。自行充气前需仔细检查充气泵油位线、三角皮带、高压软管等是否存在异常，检查电路线路，确保其正常使用，检查充气泵润滑油是否充足。均检查正常后方可为气瓶充气。充气时，首先打开分离器上冷凝排污阀，空载启动充气泵，待充气泵运转稳定后关闭排污阀，再将高压软管连接器连接到气瓶连接器。之后打开气瓶阀，充气泵给气瓶充气。当气瓶充气压力达到规定值时，关闭气瓶上的旋阀，并要迅速打开充气泵的各级排污阀，使充气泵卸载运转，排出管路内所有的高压气体及水分。最后关闭压缩机，卸下气瓶连接。

(6)在给气瓶充气前要检测气瓶的使用年限，超过气瓶使用寿命的不允许充气，防止发生气瓶爆裂。且气瓶上标注有气瓶充气压力，不可过量充气。

5)空气呼吸器的存储

空气呼吸器的存储要求室温0~30℃，相对湿度

40%~80%，避免接近腐蚀性气体和阳光直射，使用较少时，应在橡胶件涂上滑石粉。空气呼吸器需要进行交通运输时，应采取可靠的机械方式固定，避免发生碰撞。

3. 紧急逃生呼吸器

紧急逃生呼吸器是为保障作业安全，由作业人员或救援人员携带进入有限空间，帮助作业者在作业环境发生有毒有害气体中毒或突然性缺氧等意外情况时，迅速逃离危险环境的自救式呼吸器。它可以独立使用，也可以配合其他呼吸防护用品共同使用。

(1)使用方法：作业中一旦有毒有害气体浓度超标，检测报警仪发出警示，应迅速打开紧急逃生呼吸器，将面罩或头套完整地遮掩住口、鼻、面部甚至头部，迅速撤离危险环境。

(2)注意事项：紧急逃生呼吸器必须随身携带，不可随意放置。不同的紧急逃生呼吸器，其供气时间不同，一般在15min左右，作业人员应根据作业场所距有限空间出口的距离来选择。若供气时间不足以安全撤离危险环境，在携带时应增加紧急逃生呼吸器数量。

(三)眼面部防护用品

1. 眼面部防护用品的定义

眼面部防护用品是指预防烟雾、尘粒、金属火花和飞屑、热、电磁辐射、激光、化学飞溅等伤害，保护眼睛或面部的个人防护用品。

2. 眼面部防护用品的分类

眼面部防护用品种类很多，根据防护功能，大致可分为防尘、防水、防冲击、防高温、防电磁辐射、防射线、防化学飞溅、防风沙、防强光九类。眼面部防护用品主要有防护眼镜、防护眼罩和防护面罩三种类型。

排水作业常用的眼面部防护用品主要是防护眼镜。防护眼镜的防护机理一方面是高强度的镜片材料可防止金属飞屑等对眼部造成物理伤害，另一方面是镜片能够对光线中某种波段的电磁波进行选择性吸收，进而可以减少某些波长通过镜片，减轻或防止对眼睛造成伤害。防护眼镜分为安全护目镜和遮光护目镜。安全护目镜主要防有害物质对眼睛的伤害，如防冲击眼镜、防化学眼镜；遮光护目镜主要防有害辐射线对眼睛的伤害，如焊接护目镜。

3. 眼面部防护用品的使用方法

在有限空间内进行冲刷和修补、切割等作业时，沙粒或金属碎屑等异物可能进入眼内或冲击面部；焊接作业时的焊接弧光，可能引起眼部的伤害；清洗反应釜等作业时，其中的酸碱液体、腐蚀性烟雾进入眼中或冲击到面部皮肤，可能引起角膜或面部皮肤的烧伤。为防止有毒刺激性气体、化学性液体伤害眼睛和面部，须佩戴封闭性防护眼镜或安全防护面罩。

据统计，电光性眼炎在工矿企业从事焊接作业的人员中比较常见，其主要原因是挑选的防护眼镜不合适或使用的方法不正确。因此，有关的作业人员应掌握下列使用防护眼镜和面罩的基本办法：

(1)使用的眼镜和面罩必须经过有关部门的检验。

(2)挑选、佩戴合适的眼镜和面罩，以防作业时眼镜和面罩脱落或晃动，影响使用效果。

(3)眼镜框架与脸部要吻合，避免侧面漏光。必要时，应使用带有护眼罩或防侧光型眼镜。

(4)防止眼镜、面罩受潮、受压，以免变形损坏或漏光。焊接用面罩应该具有绝缘性，以防人员触电。

(5)使用面罩式护目镜作业时，累计8h至少更换1次保护片。防护眼镜的滤光片被飞溅物损伤时，要及时更换。

(6)保护片和滤光片组合使用时，镜片的屈光度必须相同。

(7)对于送风式、带有防尘、防毒面罩的焊接面罩，应严格按照有关规定保养和使用。

(8)当面罩的镜片被作业环境的潮湿烟气及作业者呼出的潮气罩住，使其出现水雾并且影响操作时，可采取下列解决措施：

①水膜扩散法：在镜片上涂上脂肪酸或硅胶系的防雾剂，使水雾均等扩散。

②吸水排除法：在镜片上浸涂界面活性剂(PC树脂系)，将附着的水雾吸收。

③真空法：对某些具有双重玻璃窗结构的面罩，可采取在两层玻璃间抽真空的方法。

(四)听觉器官防护用品

1. 听觉器官防护用品的定义

听觉器官防护用品是指能够防止过量的声能侵入外耳道，使人耳避免噪声的过度刺激，减少听力损失，预防噪声对人身造成不良影响的个体防护用品。

2. 听觉器官防护用品的分类

听觉器官防护用品主要有耳塞、耳罩和防噪声头盔三大类。耳塞和耳罩是保护人的听觉避免在高分贝作业环境中受到伤害的个人防护用品。其防护机理是应用惰性材料衰减噪声能量以对佩戴人的听觉器官进行保护；可插入外耳道内或插在外耳道的入口，适用于115dB以下的噪声环境。耳罩外形类似耳机，装在弓架上把耳部罩住使噪声衰减，耳罩的噪声衰减量可达 10~40dB，适用于噪声较高的环境。耳塞和耳罩可单独使用，也可结合使用，结合使用可使噪声衰减量比单独使用提高 5~15dB。防噪声头盔可把头部大部分保护起来，如再加上耳罩，防噪效果就更出色。这种头盔具有防噪声、防碰撞、防寒、防暴风、防冲击波等功能，适用于强噪声环境，如靶场、坦克舱内部等高噪声、高冲击波的环境。

3. 听觉器官防护用品的使用方法

佩戴耳塞时，先将耳郭向上提起，使外耳道口呈平直状态，然后手持塞柄将塞帽轻轻推入外耳道内与耳道贴合。不要用力太猛或塞得太深，以感觉适度为止，如隔声不良，可将耳塞慢慢转动到最佳位置；若隔声效果仍不好，应另换其他规格的耳塞。

佩戴耳罩要与使用人的外耳紧密接触，以免外部噪声从防噪耳罩和外耳之间的缝隙进入中耳和内耳。戴好后，调节头箍松紧度至使用者的合适位置。

使用耳塞和防噪声头盔时，应先检查罩壳有无裂纹和漏气现象。佩戴时，应注意罩壳标记顺着耳郭的形状佩戴，务必使耳罩软垫圈与周围皮肤贴合。

在使用护耳器前，应用声级计定量测出工作场所的噪声，然后算出需衰减的声级，以挑选规格合适的护耳器。

防噪声护耳器的使用效果不仅取决于这些用品质量好坏，还需使用者养成耐心使用的习惯和掌握正确的佩戴方法。如只戴一种护耳器隔声效果不好，也可以同时戴上两种护耳器，如耳罩内加耳塞等。

4. 听觉器官防护用品的注意事项

(1)耳塞、耳罩和防噪声头盔均应在进入噪声环境前佩戴好，工作中不得随意摘下。

(2)耳塞佩戴前要洗净双手，耳塞应经常用水和温和的肥皂清洗，耳塞清洗后应放置在通风处自然晾干，不可暴晒。不能水洗的耳塞在脏污或破损时，应进行更换。

(3)清洁耳罩时，垫圈可用擦洗布蘸肥皂水擦拭，不能将整个耳罩浸泡在水中。

(4)清洁干燥后的耳塞和耳罩应放置于专用盒内，以防挤压变形。在洁净干燥的环境中存储，避免阳光直晒。

(五)手部防护用品

1. 手部防护用品的定义

具有保护手和手臂的功能，供作业者劳动时戴用的手套称为手部防护用品，通常也称为劳动防护手套。

2. 手部防护用品的分类

手部防护用品按照防护功能分为十二类，即一般防护手套、防水手套、防寒手套、防毒手套、防静电手套、防高温手套、防 X 射线手套、防酸碱手套、防油手套、防振手套、防切割手套、绝缘手套。每类手套按照材料又能分为许多种。有限空间作业经常使用的是耐酸碱手套、绝缘手套和防静电手套。

3. 手部防护用品的使用方法

在作业过程中接触到机械设备、腐蚀性和毒害性的化学物质，都可能会对手部造成伤害。为防止作业人员的手部伤害，作业过程中应佩戴合格有效的手部防护用品。

首先应了解不同种类手套的防护作用和使用要求，以便在作业时正确选择，切不可把一般场合用手套当作某些专用手套使用。如把棉布手套、化纤手套等作为防振手套来用，效果很差。

在使用绝缘手套前，应先检查外观，如发现表面有孔洞、裂纹等应停止使用。

绝缘手套使用完毕，应按有关规定将其保存好，以防老化造成其绝缘性能降低。使用一段时间后应复检，合格后方可使用。使用时要注意产品分类色标，如 1kV 手套为红色、7.5kV 为白色、17kV 为黄色。

在使用振动工具作业时，不能认为戴上防振手套就安全了。应注意在工作中安排一定的时间休息，随着工具自身振频提高，可相应将休息时间延长。对于使用的各种振动工具，最好测出振动加速度，以便挑选合适的防振手套，取得较好的防护效果。

在某些场合中，所有手套大小应合适，避免手套过长，被机械绞住或卷住，使手部受伤。

操作高速回转机械作业时，可使用防振手套。进行某些维护设备和注油作业时，应使用防油手套，以避免油类对手的侵害。

不同种类手套有其特定用途的性能，在实际工作时一定要结合作业情况来正确使用和区分，以保护手部安全。

4. 手部防护用品的注意事项

(1)根据实际工作和工况环境选择合适的防护手套，并定期更换。

(2)使用前检查手套有无破损和磨蚀，绝缘手套还应检查其电绝缘性，不符合规定的手套不能使用。

(3)使用后的手套在摘取时要细心，防止手套上沾染的有害物质接触到皮肤或衣服而造成二次污染。

(4)橡胶、塑料材质的防护手套使用后应冲洗干净并晾干，保存时避免高温，必要时在手套上撒滑石粉以防粘连。

(5)带电绝缘手套用低浓度中性洗涤剂清洗。

(6)橡胶绝缘手套须保存于无阳光直晒、潮湿、臭氧、高温、灰尘、油、药品等环境，选择较暗的阴凉场所存储。

（六）足部防护用品

1. 足部防护用品的定义

足部防护用品是指防止作业人员足部受到物体的砸伤、刺割、灼烫、冻伤、化学性酸碱灼伤和触电等伤害的护具，又称为劳动防护鞋即劳保鞋（靴）。常用的防护鞋内衬为钢包头，柔性不锈钢鞋底，具有耐静压及抗冲击性能，防刺，防砸，内有橡胶及弹性体支撑，穿着舒适，保护足部的同时不影响日常劳动操作。

2. 足部防护用品的分类

按功能分为防尘鞋、防水鞋、防寒鞋、防足趾鞋、防静电鞋、防酸碱鞋、防油鞋、防烫脚鞋、防滑鞋、防刺穿鞋、电绝缘鞋、防振鞋等十三类。

3. 足部防护用品的使用方法

作业人员应根据实际工作和工况环境选择合适的防护鞋。如在存在酸、碱腐蚀性物质的环境中作业，需穿着耐酸碱的胶靴；在有易燃易爆气体的环境中作业，须穿着防静电鞋等。

使用前，要检查防护鞋是否完好，鞋底、鞋帮处有无开裂，出现破损后不得再使用。如使用绝缘鞋，应检查其电绝缘性，不符合规定的不能使用。

防护鞋应在进入工作环境前穿好。

对非化学防护鞋，在使用过程中应避免接触到腐蚀性化学物质，一旦接触应及时清除。

4. 足部防护用品的使用注意事项

（1）防护鞋应定期进行更换。

（2）勿随意修改安全鞋的构造，以免影响其防护性能。

（3）经常清理鞋底，避免积聚污垢物，特别是绝缘安全鞋，鞋底的导电性或防静电效能会受到鞋底污垢物的影响较大。

（4）防护鞋应定期进行更换。使用后清洁干净，放置于通风干燥处，避免阳光直射、雨淋和受潮，不得与酸、碱、油和腐蚀性物品存放在一起。

（七）躯干防护用品

1. 躯干防护用品的定义

躯干防护用品就是指防护服。防护服是替代或穿在个人衣服外，用于防止一种或多种危害的服装，是安全作业的重要防护部分，是用于隔离人体与外部环境的一个屏障。根据外部有害物质性质的不同，防护服的防护性能、材料、结构等也会有所不同。

2. 躯干防护用品的分类

我国防护服按用途分为：①一般作业工作服，用棉布或化纤织物制作而成，适用于没有特殊要求的一般作业场所。②特殊作业工作服，包括隔热服、防辐射服、防寒服、防酸服、抗油拒水服、防化学污染服、防X射线服、防微波服、中子辐射防护服、紫外线防护服、屏蔽服、防静电服、阻燃服、焊接服、防砸服、防尘服、防水服、医用防护服、高可视性警示服、消防服等。

3. 躯干防护用品的选择

防护服必须选用符合国家标准，并具有产品合格证的产品。防护服的类型应根据有限空间危险有害因素进行选择。例如，在硫化氢、氨气等强刺激性物质的环境中作业，应穿着防毒服；在易燃易爆场所作业，应穿着防静电防护服等。表2-2列举了几种有限空间作业常见的作业环境及适用的防护服种类。

表2-2　有限空间作业常见的作业环境及适用的防护服种类

作业环境类型	可以使用的防护服
存在易燃易爆气体（蒸汽）或可燃性粉尘	化学品防护服、阻燃防护服、防静电服、棉布工作服
存在有毒气体（蒸汽）	化学防护服
存在一般污物	一般防护服、化学品防护服
存在腐蚀性物质	防酸（碱）服
涉水	防水服

4. 躯干防护用品的使用方法

作业人员应根据实际工作和工况环境选择合适的防护服。如在低温环境工作，应穿着防寒服，道路作业须穿着反光服等。防护服在使用前须检查其功能与待工作环境是否相符，检查是否有破损，确认完好后方可使用。进入工作环境前应先穿着好防护服，在工作过程中不得随意脱下。

1）化学品防护服的使用方法

由于许多抗油拒水防护服和化学品防护服的面料采用的是后整理技术，即在表面加入了整理剂，一般须经高温才能发挥作用。因此，在穿用这类服装时，要根据制造商提供的说明书，经高温处理后再穿用。

脱卸化学品防护服时，宜使内面翻外，减少污染物的扩散，且宜最后脱卸呼吸防护用品。

化学品防护服被化学物质持续污染时，应在规定的防护性能（标准透过时间）内更换。有限次数使用的化学品防护服已被污染时，应弃用。

受污染的化学品防护服应及时洗消，以免影响化学品防护服的防护性能。

严格按照产品使用与维护说明书的要求维护防护服，修理后的化学品防护服应满足相关标准的技术性能要求。

2）静电工作服的使用方法

凡是在正常情况下，爆炸性气体混合物连续地、短时间频繁地出现或长时间存在的场所，及爆炸性气体混合物有可能出现的场所，可燃物的最小点燃能量在 0. 25mJ 以下时，应穿防静电服。

由于摩擦会产生静电，因此在火灾爆炸危险场所禁止穿、脱防静电服。

为了防止尖端放电，在火灾爆炸危险场所禁止在防静电服上附加或佩戴任何金属物件。

对于导电型的防护服，为了保持良好的电气连接性，外层服装应完全遮盖住内层服装。分体式上衣应足以盖住裤腰，弯腰时不应露出裤腰，同时应保证服装与接地体的良好连接。

在火灾爆炸危险场所穿防静电服时，必须与《个体防护装备职业鞋》(GB 21146—2007)中规定的防静电鞋配套穿用。

防静电服应保持清洁，保持防静电性能，使用后用软毛刷、软布蘸中性洗涤剂刷洗，不可损伤服装材料纤维。

穿用一段时间后，应对防静电服进行检验，若防静电性能不能符合标准要求，则不能再使用。

3)防水服的使用方法

防水服的用料主要是橡胶，使用时应严禁接触各种油类(包括机油、汽油等)、有机溶剂、酸、碱等物质。

5. 躯干防护用品的注意事项

穿戴劳保服时应避免接触锐器，防止受到机械损伤。

沾染有害物质的防护服在脱下时应仔细小心，防止有害物质碰触到皮肤造成二次污染。

防护服使用后应使用中性洗涤剂洗涤，洗后晾干，不可暴晒和火烤。

防护服存储时尽量避免折叠和挤压，应储存在避光、远离热源、温度适宜、通风干燥的环境中。化学品防护服应与化学物质隔离储存，已使用过的化学品防护服应与未使用的化学品防护服分开存储。

(八)防坠落用品

1. 防坠落用品的定义和分类

防坠落服务器是指用于防止坠落事故发生的防护用品，主要有安全带、安全绳和安全网。安全带主要用于高处作业的防护用品，由带子、绳子和金属配件组成。安全绳是在安全带中连接系带与挂点的辅助用绳。一般与缓冲器配合使用，起扩大或限制佩戴者活动范围、吸收冲击能量的作用。使用时，必须满足作业要求的长度和达到国家规定的拉力强度。安全网在高空进行建筑施工或设备安装时，在其下或其侧设置的起保护作用的网。

2. 防坠落用品的特点和使用方法

进行有限空间作业，应使用全身式安全带。全身式安全带由织带、带扣和其他金属部件组合而成，与挂点等固定装置配合使用。其主要作用是防止高处作业人员发生坠落或发生坠落后将作业人员安全悬挂，是一种可在坠落时保持坠落者正常体位，防止坠落者从安全带内滑脱，还能将冲击力平均分散到整个躯干部分，减少对坠落者下背部伤害的安全带，如图 2-19 所示。

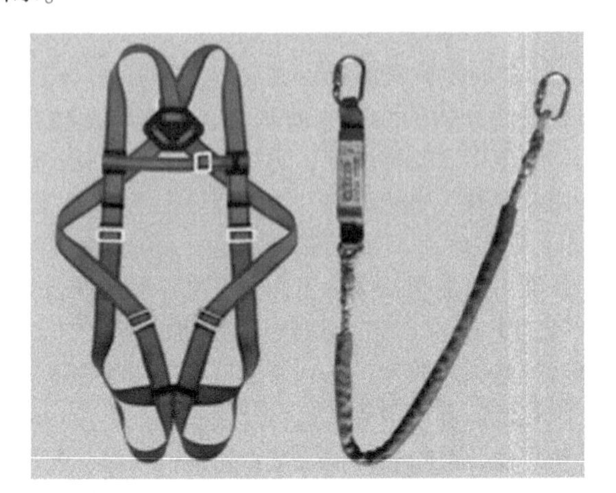

图 2-19　单挂点全身式安全带

1)安全带的选择

首先对安全带进行外观检查，看是否有碰伤、断裂和存在影响安全带技术性能的缺陷。检查织带、零部件等是否有异常情况。对防坠落用具重要尺寸和质量进行检查，包括规格、安全绳长度、腰带宽度等。

检查安全带上必须具有的标记，如制造厂名商标、生产日期、许可证编号、劳动安全标识和说明书中应有的功能标记等。检查防坠落用具是否有质量保证书或检验报告，并检查其有效性，即出具报告的单位是否为法定单位，盖章是否有效(复印无效)，检测有效期、检测结果和结论等是否符合规定。

安全带属特种劳动防护用品，因此应从有生产许可证的厂家或有特种防护用品定点经营证的商店购买。选择的安全带应适应特定的工作环境，并具有相应的检测报告。选择安全带时，应选择适合使用者身材的安全带，这样可以避免因安全带过小或过大而给工作造成不便和安全隐患。

2)安全带的检查

使用安全带前，应检查各部位是否完好无损，安全绳和系带有无撕裂、开线、霉变，金属配件是否有裂纹、腐蚀现象，弹簧弹跳性是否良好，以及其他影响安全带性能的缺陷。如发现存在影响安全带强度和使用功能的缺陷，则应立即更换。

对防坠落用具重要尺寸及质量进行检查。包括规格、安全绳长度、腰带宽度等。

检查安全带上必须具有的标记，如制造单位厂名商标、生产日期、许可证编号、安全防护标识和说明书中应有的其他功能标记等。

检查防坠落用具是否有质量保证书或检验报告，并检查其有效性，即出具报告的单位是否是法定单位，盖章是否有效（复印无效），检测有效期、检测结果及结论等。

安全带属特种劳动防护用品，因此应从有生产许可证的厂家或有特种防护用品定点经营销售资质的商店购买。

选择的安全带应适应特定的工作环境，并具有相应的检测报告。

选择安全带时一定要选择适合使用者身材的安全带，这样可以避免因安全带过小或过大而给工作造成不便或安全隐患。

3）安全带使用注意事项

安全带应拴挂于牢固的构件或物体上，应防止挂点摆动或碰撞；使用坠落悬挂安全带时，挂点应位于工作平面上方；使用安全带时，安全绳与系带不能打结使用。

高处作业时，如安全带无固定挂点，应将安全带挂在刚性轨道或具有足够强度的柔性轨道上，禁止将安全带挂在移动或带尖锐棱角的或不牢固的物件上。

使用中，安全绳的护套应保持完好，若发现护套损坏或脱落，必须加上新套后再使用。

安全绳（含未打开的缓冲器）不应超过2m，不应擅自将安全绳接长使用，如果需要使用2m以上的安全绳应采用自锁器或速差式自控器。

使用中，不应随意拆除安全带各部件，不得私自更换零部件；使用连接器时，受力点不应在连接器的活门位置。

安全带应在制造商规定的期限内使用，一般不应超过5年，如发生坠落事故，或有影响性能的损伤，则应立即更换。超过使用期限的安全带，如有必要继续使用，则应每半年抽样检验一次，合格后方可继续使用。如安全带的使用环境特别恶劣，或使用频率格外频繁，则应相应缩短其使用期限。

安全带应由专人保管，存放时，不应接触高温、明火、强酸、强碱或尖锐物体，不应存放在潮湿的地方，且应定期进行外观检查，发现异常必须立即更换，检查频次应根据安全带的使用频率确定。

二、安全防护设备的功能及使用方法

污水处理作业常用的安全防护设备主要包括：气体检测仪、三脚架、安全梯、通风设备、发电设备、照明设备、通信设备等。

（一）气体检测仪

气体检测仪是用于检测和报警工作场所空气中氧气、可燃气和有毒有害气体浓度或含量的仪器，由探测器和报警控制器组成，当气体含量达到仪器设置的警戒浓度时可发出声光报警信号。排水行业常用的气体检测仪有泵吸式和扩散式两种，由于其具有体积小、易携带、可一次性检测一种或多种有毒有害气体、显示数值速度快、数据精确度高、可实现连续检测等优点，成为有限空间作业时气体检测的主要设备。

1. 气体检测仪的种类

1）泵吸式气体检测仪

泵吸式气体检测仪是在仪器内安装采样泵或外置采样泵，通过采气管将远距离的有限空间内的气体“吸入”检测仪器中进行检测，因此其最大的特点就是能够使检测人员在有限空间外进行检测，最大程度保证人员生命安全。进入有限空间前的气体检测，以及作业过程中进入新作业面之前的气体检测，都应该使用泵吸式气体检测仪。

泵吸式气体检测仪的一个重要部件是采样泵，目前主要有三种类型的采样泵，表2-3简要列举了这三种采样泵的特点。使用泵吸式气体检测仪要注意三点：一是为将有限空间内气体抽至检测仪内，采样泵的抽力必须满足仪器对流量的需求；二是为保证检测结果准确有效，要为气体采集留有充足的时间；三是在实际使用中要考虑到随着采气导管长度的增加而带来的吸附损失和吸收损失，即部分被测气体被采样管材料吸附或吸收而造成浓度降低。

表2-3　不同形式采样泵的特点比较

采样泵形式		优点	缺点
内置采样泵		与采样仪一体，携带方便，开机泵体即可工作	耗电量大
外置采样泵	手动采样泵	无须电力供给，可实现检测仪在扩散式和泵吸式之间转换	采样速度慢；流量不稳定，影响检测结果的准确性
	机械采样泵	可实现检测仪在扩散式和泵吸式之间转换，还可更换不同流量采样泵	需要电力供给

2）扩散式气体检测仪

扩散式气体检测仪主要依靠空气自然扩散将气体样品带入检测仪中与传感器接触反应。此类气体检测仪仅能检测仪器周围的气体，可以检测的范围局限于一个很小的区域，也就是靠近检测仪器的地方。其优点是将气体样本直接引入传感器，能够真实反映环境中气体的自然存在状态；其缺点是无法进行远距离采样检测。因此，此类检测仪适合作业人员随身携带进入有限空间，在作业过程中实时检测作业周边的气体环境。

此外，扩散式检测仪加装外置采样泵后可转变为泵吸式气体检测仪，可根据作业需要灵活转变。在实际应用中，这两类气体检测仪往往相互配合、同时使用，从最大程度保证作业人员生命安全。

2. 气体检测仪的使用方法

每种气体检测仪的说明书中都详细地介绍了操作、校正等步骤，使用者应认真阅读，严格按照操作说明书进行操作。同时，气体检测仪应按照相关要求进行定期维护和强制检测。不同品牌型号的气体检测仪的使用方法大同小异，现以某一型号气体检测仪为例，介绍其作业中的操作规程。具体如下：

(1)检查气体检测仪外观是否完好，检查气管有无破损漏气，均检查完好后方可使用。

(2)在洁净空气环境中开机，完成设备的预热和自检。

(3)气体检测仪自检结束后若浓度值显示非初始值时应进行“调零”复位操作或更换仪器。

(4)气体检测仪自检正常后，开始进行实际环境监测。

(5)显示的检测数值稳定后，读数并记录。

(6)检测工作完成后，应在洁净的空气环境内待仪器内气体浓度值复位后关机。

(7)清洁仪器后妥善存放。

3. 气体检测仪的日常维护和储存

定期校准、测试和检验气体检测器。

保留所有维护、校准和告警事件的操作记录。

用柔软的湿布清洁仪器外表，勿使用溶剂、肥皂或抛光剂。

勿把检测器浸泡在液体中。

清洁传感器滤网时应摘下滤网，使用柔软洁净的刷子和洁净的温水进行清洁。滤网重新安装之前应处于干燥状态。

清洁传感器时应摘下传感器，使用柔软洁净的刷子进行清洁，勿用水清洁。

勿把传感器暴露于无机溶剂产生的气味(如油漆气味)或有机溶剂产生的气味环境下。

长时间不使用时，应将电池从气体检测仪中取出(充电电池应在电量充满后再取出)。

气体检测仪要放置在常温、干燥、密封环境中，避免暴晒。

气体检测仪的定期检验应由有资质单位进行，定检周期一般为一年，但在使用过程中若对数据有怀疑或更换了主要部件及维修后，应及时送检。只有检测合格后才可以使用。

4. 气体检测仪常见故障与排查处理

气体检测仪的常见故障和排查处理方法见表 2-4。

表 2-4　气体检测仪的常见故障和排查处理

故障现象	可能原因分析	处理方法
无输出	导线错接	重新接好
	电路故障	返厂维修
读数偏低	灵敏度下降	重新标定
	传感器失效	更换传感器
读数偏高	灵敏度上升	重新标定
	传感器失效	更换传感器
读数不稳	稳定时间不够	开机等待
	传感器失效	更换传感器
	电路故障	返厂维修
	干扰	检查探头接地是否良好
响应时间变慢	探头堵塞	清理探头

(二)三脚架

三脚架是有限空间作业中的重要设备，主要应用于竖向有限空间(如检查井)需要防坠或提升的装置，在没有可靠挂点的场所可作为临时设置的挂点。作业或救援时，三脚架应与绞盘、速差自控器、安全绳、安全带等配合使用。三脚架主要由三脚架主体、滑轮组、防坠器、安全绳、防滑链等部分组成，如图 2-20 所示。

图 2-20　三脚架

1. 三脚架的安装与使用

取出三脚架，解开捆扎带，并将其直立放置。

在使用前要对设备各组成部分(速差器、绞盘、安全绳)的外观进行目测检查，检查各零部件是否完后、有无松动，检查连接挂钩和锁紧螺丝的状况、速差器的制动功能。检查必须由使用该设备的人员进行。一旦发现有缺陷，不得继续使用该设备。

移动三脚架至需作业的井口上(底脚平面着地)。将三支柱适当分开角度，底脚防滑平面着地，用定位链穿过三个底脚的穿孔。调整长度适当后，拉紧并相互勾挂在一起，防止三支柱向外滑移。必要时，可用钢钎穿过底脚插孔，砸入地下定位底脚。

拔下内外柱固定插销，分别将内柱从外柱内拉出。根据需要选择拔出长度后，将内外柱插销孔对正，插入插销，并用卡簧插入插销卡簧孔止退。

将防坠制动器从支柱内侧卡在三脚架任一个内柱上(面对制动器的支柱，制动器摇把在支柱右侧)，并使定位孔与内柱上定位孔对正，将安装架上配备的插销插入孔内固定。

逆时针摇动绞盘手柄，同时拉出绞盘绞绳，并将绞绳上的定滑轮挂于架头上的吊耳上(正对着固定绞盘支柱的一个)。

装好滑轮组、防坠器，工作人员穿戴好安全带后与滑轮组连接妥当。将工作人员缓慢送入作业空间中。

作业完成后，通过滑轮组将工作人员缓慢拉出作业空间。拆下滑轮组、防坠器，拔出定位销，对整套设备清洁后入库存放。

2. 三脚架的使用注意事项

安装前必须检查三脚架安装是否稳定牢固，保证定位链限位有效，绞盘安装正确。

在负载情况下停止升降时，操作者必须握住摇把手柄，不得松手。无负载放长绞绳时，必须一人逆时针摇动手柄，一人抽拉绞绳；不放长绞绳时，不得随意逆时针转动手柄。

使用中绞绳松弛时，绝不允许绞绳折成死结，否则将造成绞绳损毁，再次使用时将发生事故。卷回绞绳时，尤其在绞绳放出较长时，应适当加载，并尽量使绞绳在卷筒上排列有序，以免再次使用受力时绞绳相互挤压受损。

必须经常检查设备，确保各零件齐全有效，无松脱、老化、异响；绞绳无断股、死结情况；发现异常，必须及时检修排除。

3. 三脚架的日常维护

三脚架的日常维护保养重点见表 2-5。

表 2-5　三脚架维护保养重点

内容	周期	标准
检查各部位螺栓、销钉等	1 次/周	无丢失、无损坏、无生锈
清洁检查安全绳	1 次/周	无断股、无缠绕，清洁无杂物
检查安全带	1 次/周	干净整洁、无损坏、连接良好
绞盘等旋转部位加注润滑油	1 次/月	转动灵活，润滑得当

(三)安全梯

安全梯是用于作业者上下地下井、坑、管道、容器等的通行工具，也是事故状态下逃生的通行工具。根据作业场所的具体情况，应配备相应的安全梯。有限空间作业，一般利用直梯、折梯或软梯。安全梯从制作材质上分为竹制、木制、金属制和绳木混合制；从梯子的形式上分为移动直梯、移动折梯和移动软梯。

使用安全梯时应注意以下几点：

(1)使用前，必须对梯子进行安全检查。首先，检查竹、木、绳、金属类梯子的材质是否出现发霉、虫蛀、腐烂、腐蚀等情况。其次，检查梯子是否有损坏、缺挡、磨损等情况，对不符合安全要求的梯子应停止使用；有缺陷的应修复后使用。对于折梯，还应检查其连接件、铰链和撑杆(固定梯子工作角度的装置)是否完好，如不完好应修复后使用。

(2)使用时，梯子应加以固定，避免接触油、蜡等易打滑的材料，防止梯子滑倒；也可设专人扶挡。在梯子上作业时，应设专人安全监护。梯子上有人作业时，不准移动梯子。除非专门设计为多人使用，否则梯子上只允许 1 人在上面作业。

(3)折梯的上部第二踏板为最高安全站立高度，应涂红色标志。梯子上第一踏板不得站立或超越。

(四)通风设备

有限空间作业情况比较复杂，一般要求在有毒有害气体浓度检测合格的情况下才能进行作业。但由于吸附在清理物中的有毒有害物质，在搅拌、翻动中被解析释放出来，如污水井中污泥被翻动时大量硫化氢被释放；或进行作业过程中产生有毒有害物质，如涂刷油漆、电焊等作业过程自身会散发出有毒有害物质。因此，在有限空间作业中，应配备通风设备对作业场所进行通风换气，使作业场所的空气始终处于良好状态。对存在易燃易爆的场所，所使用的通风机应采用防爆型，以保证安全。通风设备主要为风机，一般由风机机体、风管等部分组成，常与移动式发电机配合使用，如图 2-21 所示。

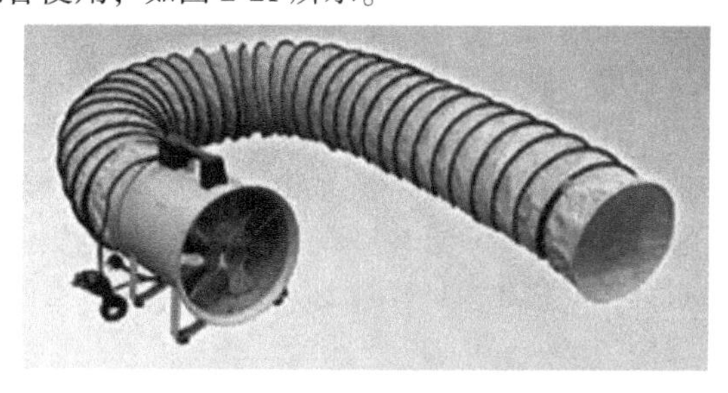

图 2-21　防爆风机

1. 风机的选择和使用

(1)风机的选择：选择风机时必须确保能够提供作业场所所需的气流量。这个气流必须能够克服整个系统的阻力，包括通过抽风罩、支管、弯管机连接处的压损。风管过长、风管内部表面粗糙、弯管等都会增加气体流动的阻力，对风机风量的要求就会更高。

(2)使用前检查：在使用前还需要检查风管是否有破损，风机叶片是否完好，电线是否有裸露，插头是否有松动，风机是否能正常运转。

2. 风机的注意事项

风机使用时应该放置在洁净的气体环境中，以防止捕集到的腐蚀性气体或蒸汽，或者任何会造成磨损的粉尘对风机造成损害。风机还应尽量远离有限空间的出入口。目前没有一个统一的关于换气次数的标准，可以参考一般工业上普遍接受的每 3min 换气一次(即 20 次/h)的换气率，作为能够提供有效通风的标准。

3. 风机的日常维护与储存

保持叶轮的清洁状态，定期除尘防锈。经常检查轴承的润滑状态，及时足量加注润滑油。检查紧固件状态，出现松动时及时拧紧。风机应保存在洁净、干燥、避免阳光直射和暴晒的环境中，且不能与油漆等有挥发性的物品存储在同一密闭空间。

(五)小型移动发电设备

在有限空间作业过程中，经常需要临时性的通风、排水、供电照明等，这些设备往往是由小型移动发电设备来保障供电。

1. 使用前的检查

检查油箱中的机油是否充足，若机油不足，发电机不能正常启动；若机油过量，发电机也不能正常工作。检查油路开关和输油管路是否有漏油、渗油现象。检查各部分接线是否裸露，插头有无松动，接地线是否良好。

2. 使用中的注意事项

使用前，必须将底架停放在平稳的基础上，运转时不准移动，且不得使用帆布等物品遮盖。发电机外壳应有可靠接地，并应加装漏电保护器，防止工作人员发生触电。启动前，需断开输出开关，将发电机空载启动，运转平稳后再接电源带负载。应密切注意运行中的发电机的发动机声音，观察各种仪表指示是否在正常范围内，检查运转部分是否正常，发电机温升是否过高。应在通风良好的场所使用，禁止在有限空间内使用。

(六)照明设备

有限空间作业环境常是容器、管道、井坑等光线黑暗的场所，因此应携带照明设备才能进入有限空间作业。这些场所潮湿且可能存在易燃易爆物质，所以照明设备的安全性显得十分重要。按照有关规定，在这些场所使用的照明设备应用 24V 以下的安全电压；在潮湿容器、狭小容器内作业应用 12V 以下的安全电压；在有可能存在易燃易爆物质的作业场所，还必须配备达到防爆等级的照明器具，如防爆头灯、防爆照明灯等，如图 2-22 所示。

图 2-22　防爆头灯

1. 防爆手电的功能和结构

防爆手电一般应用于光线较暗的工作场所，主要由 LED 光源、外壳、充电电池、开关、线路板等组成。

2. 防爆手电的使用方法

使用前检查防爆手电电量是否充足，外观是否有损坏，检查正常后进行使用。

防爆手电一般有普通光、强光、频闪模式，使用时根据需求选择合适的模式。

使用后及时清洁，使用眼镜布沾酒精等擦拭灯头。

充电时使用配套的充电器，长期不用时应每隔两个月充电一次。

严禁随意拆卸灯具的结构件，尤其是密封结构件。

防爆手电及其电池应存储于温度变化范围不大的地点，最低温不低于-20℃、最高温不高于 40℃。存储地点应干燥，避免阳光直射暴晒。

(七)通信设备

在有限空间作业中，监护者与作业者往往因距离较远或存在转角而无法直接面对面沟通，监护者无法了解和掌握作业者的情况。因此必须配备必要的通信器材，使监护者与作业者保持定时联系。考虑到有毒有害危险场所可能具有易燃易爆的特性，所配置的通信器材也应该选用防爆型，如防爆电话、防爆对讲机等，如图 2-23 所示。

图 2-23　防爆对讲机

通信设备的使用包括以下注意事项：

(1)工作中，通信设备必须随身携带且保持开机状态，不可随意关机或更改频段。

(2)严格按设备充电程序进行充电，以保障电池性能和寿命。

(3)更换设备电池时必须先将主机开关关闭，保护和延长其使用寿命。

(4)对讲机等通信设备应妥善保管，做好防尘、防潮工作。

(5)不要在雾气、雨水等高湿度环境下存放或使用。一旦设备进水，严禁按通话键，应立即关机并拆除电板。

(6)设备长时间不使用时，应每隔一段时间开机一次，以保护电池功能，延长使用寿命。

三、有限空间作业的安全知识

(一)有限空间相关概念与术语

1. 有限空间及其作业的概念

有限空间是指封闭或部分封闭，进出口较为狭窄有限，未被设计为固定工作场所，自然通风不良，易造成有毒有害、易燃易爆物质积聚或含氧量不足的空间。

有限空间作业是指作业人员进入有限空间实施的作业活动。

2. 其他相关概念

GBZ/T 205—2007《密闭空间作业职业危害防护规范》中对有限空间作业相关概念和术语进行了定义。

(1)立即威胁生命或健康的浓度(Immediately dangerous to life or health concentrations，IDLH)：是指在此条件下对生命立即或延迟产生威胁，或能导致永久性健康损害，或影响准入者在无助情况下从密闭空间逃生的浓度。某些物质对人产生一过性的短时影响，甚至很严重，受害者未经医疗救治而感觉正常，但在接触这些物质后 12 ~ 72h 可能突然产生致命后果，如氟烃类化合物。

(2)有害环境：是指在职业活动中可能引起死亡、失去知觉、丧失逃生及自救能力、伤害或引起急性中毒的环境，包括以下一种或几种情形：可燃性气体、蒸汽和气溶胶的浓度超过爆炸下限的 10%；空气中爆炸性粉尘浓度达到或超过爆炸下限；空气中含氧量低于 18% 或超过 22%；空气中有害物质的浓度超过职业接触限值；其他任何含有有害物浓度超过立即威胁生命或健康浓度的环境条件。

(3)进入：人体通过一个入口进入密闭空间，包括在该空间中工作或身体任何一部分通过入口。

(4)吊救装备：为抢救受害人员所采用的绳索、胸部或全身的套具、腕套、升降设施等。

(5)准入者：批准进入密闭空间作业的劳动者。

(6)监护者：在密闭空间外进行监护或监督的劳动者。

(7)缺氧环境：空气中，氧的体积百分比低于 18%。

(8)富氧环境：空气中，氧的体积百分比高于 22%。

(二)有限空间的分类

(1)地下有限空间：地下室、地下仓库、地窖、地下工程、地下管道、暗沟、隧道、涵洞、地坑、废井、污水池、井、沼气池、化粪池、下水道等。

(2)地上有限空间：储藏室、温室、冷库、酒糟池、发酵池、垃圾站、粮仓、污泥料仓等。

(3)密闭设备：船舱、贮罐、车载槽罐、反应塔(釜)、磨机、水泥筒库、压力容器、管道、冷藏箱(车)、烟道、锅炉等。

(三)有限空间危害因素及防控措施

污水处理过程中，常见的有限空间危害因素主要有缺氧、有毒气体、可燃气体。

1. 缺　氧

缺氧是指因组织的氧气供应不足或用氧障碍，而导致组织的代谢、功能和形态结构发生异常变化的病理过程。外界正常大气环境中，按照体积分数，平均的氧气浓度约为 20. 95%。氧是人体进行新陈代谢的关键物质，如果缺氧，人体的健康和安全就可能受到伤害，不同氧气浓度对人体的影响见表 2-6。

在有限空间内，由于内部各种原因及其结构特点，导致通风不畅，致使有限空间内的氧气浓度偏低或不足，人员进入有限空间内作业时，会极易疲劳而影响作业或面临缺氧危险。

表 2-6　不同氧气浓度对人体的影响

氧气体积浓度	影响
23.5%	最高“安全水平”
20.95%	空气中的氧气浓度
19.5%	最低“安全水平”
17%~19.5%	人员静止无影响，工作时会出现喘息、呼吸困难现象
15%~17%	人员呼吸和脉搏急促，感觉及判断能力减弱以致失去劳动能力
9%~15%	呼吸急促，判断力丧失
6%~9%	人员失去知觉，呼吸停止，数分钟内心脏尚能跳动，不进行急救会导致死亡
6%以下	呼吸困难，数分钟内死亡

2. 中　毒

由于有限空间本身的结构特点，空气不易流通，造成内部与外部的空气环境不同，致命的有毒气体蓄积。

1）有毒有害气体物质的来源

（1）存储的有毒化学品残留、泄漏或挥发。

（2）某些生产过程中有物质发生化学反应，产生有毒物质，如有机物分解产生硫化氢。

（3）某些相连或接近的设备或管道的有毒物质渗漏或扩散。

（4）作业过程中引入或产生有毒物质，如焊接、喷漆或使用某些有机溶剂进行清洁。

污水处理厂工作环境中存在大量的有毒物质，人一旦接触后易引起化学性中毒可能导致死亡。常见的有毒物质包括：硫化氢、一氧化碳、苯系物、氯气、氮氧化物、二氧化硫、氨气、易挥发的有机溶剂、极高浓度刺激性气体等。

2）常见有毒有害气体

（1）硫化氢

硫化氢（H_2S）是无色、有臭鸡蛋味的毒性气体。相对分子质量 34.08，相对密度 1.19，沸点-60.2℃、熔点-83.8℃，自燃点 260℃；溶于水，0℃时 100mL 水中可溶 437mL 硫化氢，40℃时可溶 180mL 硫化氢；也溶于乙醇、汽油、煤油、原油中，溶于水后生成氢硫酸。

硫化氢的化学性质不稳定，在空气中容易爆炸。爆炸极限为 4.3%~45.5%（体积百分比）。它能使银、铜及其他金属制品表面腐蚀发黑，与许多金属离子作用，生成不溶于水或酸的硫化物沉淀。

硫化氢不仅是一种窒息性毒物，对黏膜还有明显的刺激作用，这两种毒作用与硫化氢的浓度有关。当硫化氢浓度越低时，对呼吸道及眼的局部刺激越明显。硫化氢的局部刺激作用，是由于接触湿润黏膜与钠离子形成的硫化钠引起。当浓度超高时，人体内游离的硫化氢在血液中来不及氧化，则引起全身中毒反应。目前认为硫化氢的全身毒性作用是被吸入人体的硫化氢通过与呼吸链中的氧化型细胞色素氧化酶的三价铁离子结合，抑制细胞呼吸酶的活性，从而影响细胞氧化过程，造成细胞组织缺氧。急性硫化氢中毒的症状表现如下：

①轻度中毒时以刺激症状为主，如眼刺痛、畏光、流泪、流涕、鼻及咽喉部烧灼感，还可能有干咳和胸部不适、结膜充血、呼出气有臭鸡蛋味等症状，一般数日内可逐渐恢复。

②中度中毒时中枢神经系统症状明显，头痛、头晕、乏力、呕吐、共济失调等刺激症状也会加重。

③重度中毒时可在数分钟内发生头晕、心悸，继而出现躁动不安、抽搐、昏迷，有的出现肺水肿并发肺炎，最严重者发生“电击型”死亡。

《工作场所有害因素职业接触限值 第 1 部分：化学有害因素》（GBZ 2.1—2019）中工作场所空气中化学物质容许浓度中明确指出，硫化氢最高容许浓度为 $10mg/m^3$，不同浓度的具体影响见表 2-7。

表 2-7　不同硫化氢浓度对人体的影响

浓度/(mg/m^3)	接触时间	影响
0.035	—	嗅觉阈，开始闻到臭味
30~40	—	臭味强烈，仍能忍受；是引起症状的阈浓度
70~150	1~2h	呼吸道及眼刺激症状；吸入 2~15min 后嗅觉疲劳，不再闻到臭味
300	1h	6~8min 出现眼急性刺激性，长期接触引起肺水肿
760	15~60min	发生肺水肿，支气管炎及肺炎；接触时间长时引起头痛，头昏，步态不稳，恶心，呕吐，排尿困难
1000	数秒钟	很快出现急性中毒，呼吸加快，麻痹而死亡
1400	立即	昏迷，呼吸麻痹而死亡

（2）沼　气

沼气是多种气体的混合物，由 50%~80%的甲烷（CH_4）、20%~40%的二氧化碳（CO_2）、0%~5%的氮气（N_2）、小于 1%的氢气（H_2）、小于 0.4%的氧气

(O_2)与0.1%~3%的硫化氢(H_2S)等气体组成。空气中如含有8.6%~20.8%(按体积百分比计算)的沼气时，就会形成爆炸性的混合气体。

沼气的主要成分是甲烷，污水中的甲烷气体主要是其沉淀污泥中的含碳、含氮有机物质在供氧不足的情况下，分解出的产物。

甲烷是无色、无味、易燃易爆的气体，比空气轻，相对空气密度约0.55，与空气混合能形成爆炸性气体。甲烷对人基本无毒，但浓度过量时使空气中氧含量明显降低，使人窒息，具体影响见表2-8。

表2-8　甲烷的浓度危害

甲烷体积浓度	影响
5%~15%	爆炸极限
25%~30%	人出现窒息样感觉，若不及时逃离接触，可致窒息死亡

(3)一氧化碳

一氧化碳(CO)是一种无色、无味、易燃易爆、剧烈毒性气体，属于与空气混合能形成爆炸性混合物，遇明火、高热能引起燃烧与爆炸。

空气中一氧化碳含量达到一定浓度范围时，极易使人中毒，严重危害人的生命安全，具体影响见表2-9。中毒机理是一氧化碳与血红蛋白的亲和力比氧与血红蛋白的亲和力高200~300倍，极易与血红蛋白结合，形成碳氧血红蛋白，使血红蛋白丧失携氧的能力和作用，造成组织窒息，对全身的组织细胞均有毒性作用，尤其对大脑皮质的影响为严重。

表2-9　一氧化碳的浓度危害

一氧化碳浓度/(mg/L)	接触时间	影响
50	8h	最高容许浓度
200	3h	轻度头痛、不适
600	1h	头痛、不适
1000~2000	30min	轻度心悸
	1.5min	站立不稳，蹒跚
	2h	混乱、恶心、头痛
2000~5000	30min	昏迷，失去知觉

3. 爆炸与火灾

爆炸是物质在瞬间以机械功的形式释放出大量气体和能量的现象，压力的瞬时急剧升高是爆炸的主要特征。有限空间内，可能存在易燃或可燃的气体、粉尘，与内部的空气发生混合，可能处于爆炸极限的范围内，如果遇到电弧、电火花、电热、设备漏电、静电、闪电等点火源，将可能引起燃烧或爆炸。有限空间发生爆炸、火灾，往往瞬间或很快耗尽有限空间的氧气，并产生大量有毒有害气体，造成严重后果。

(四)污水处理厂有限空间危害

1. 污水处理厂有限空间等级划分

污水处理厂根据有限空间可能产生的危害程度不同将有限空间分为三个等级。

(1)三级有限空间：正常情况下不存在突然变化的空气危险。在进入或撤离时存在障碍或坠落危险。在该有限空间中，虽然正常情况下不存在明显的空气危险，但需要进入前的气体初始确认和连续的气体监测，预防异常情况。

(2)二级有限空间：存在突然变化的空气危险。进入或撤离时存在障碍或坠落危险，但提供直接的入口，使得工作人员能够方便地佩戴安全带，并与入口的三脚架或悬挂点始终连接。需要连续的气体监测和特别的呼吸防护。

(3)一级有限空间：属于密闭或半密闭空间，存在突然变化的空气危险。进入或撤离时存在障碍/坠落危险，无法保持安全带始终连接在悬挂点上，无法保证及时对空间内工作人员的营救。必须制订翔实的施工作业方案，配置正压呼吸器或长管送风式呼吸器，工作人员佩戴安全带和足够长度的安全绳，必要时穿戴救生衣，安全绳必须在固定点固定，需要连续的气体监测。

2. 污水处理厂常见的有限空间作业活动

污水处理厂常见的有限空间包括：坑、竖井、人孔、下水道泵站、格栅间、污泥储存或处理设施、污泥消化池或沼气储气罐、管道等，见表2-10。

表2-10　污水处理厂常见的有限空间作业部位与内容

区域	作业内容
污水管线、雨水管线、热力管线、管廊、电气管线、格栅、进退水渠道、进水泵房设备层、初沉池浮渣井、沉淀池浮渣井、砂水分离间滤液排放沟、脱水机房滤液排放沟、管廊	查看、取样、维修、清理、清捞
消防井、储泥池泄空井、储泥池人孔、浓缩池观察孔、消化池上清液阀门井、沼气冷凝水井	维护保养、检查、清理、检修
储泥池、退水渠、洗砂车间	电动阀门检修、液位计检修、校验、安装

表2-10中区域所涉及的有限空间作业操作如下：

(1)打开污水管线，检查井盖，进行液位查看或手工取样。打开雨水管线，检查井盖，进行液位查看。打开热力或电气管线，检查井盖，进行设备查看。打开格栅进退水渠道钢格板进行液位查看。

(2)打开泵前池进行查看清理和维修操作。打开进水泵房设备层钢格板进行设备查看或栅渣清理。打开初沉池浮渣井上钢格板进行查看及浮渣清掏操作。打开沉淀池浮渣井井盖进行检查及清理操作。打开砂水分离间滤液排放沟钢格板进行查看清理操作。打开脱水机房滤液排放沟钢格板进行查看清理操作。打开消防栓井盖进行消防栓维护保养、检查。

(3)打开储泥池泄空井进行阀门操作或浮渣清捞。打开储泥池人孔钢格板进行污泥浓度计校验。打开浓缩池观察孔进行浓缩池液位计清洗。打开消化池上清液阀门井盖板进行阀门操作。打开沼气冷凝水井进行抽升排水。

(4)储泥池仪表维护校验、安装。退水渠仪表维护、校准、安装。洗砂车间集砂井液位计维护。

(五)有限空间常见安全警示标识

警示标识可以有效预防事故的发生，常见与有限空间作业有关的警示标志有禁止标识、警告标识、指令标识、提示标识。

(1)禁止标识：禁止标识的含义是不准或制止某些行动，见表2-11。

表 2-11　禁止标识图形、名称及设置范围

标识图形	标识名称	设置范围和地点
	禁止入内	可能引起职业病危害的工作场所入口或泄险区周边

(2)警告标识：警告标识是指警告可能发生的危险，见表2-12。

表 2-12　警告标识图形、名称及设置范围

标识图形	标识名称	设置范围和地点
	当心中毒	使用有毒物品作业场所
	当心有毒气体	存在有毒气体的作业场所
	当心爆炸	存在爆炸危险源的作业场所
	当心缺氧	有缺氧危险的作业场所

（续）

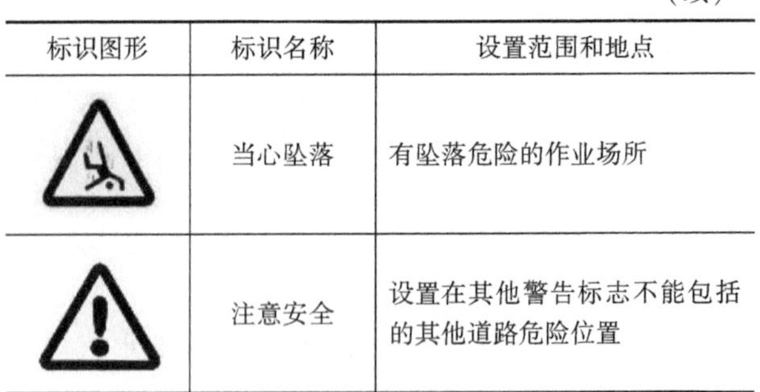

标识图形	标识名称	设置范围和地点
	当心坠落	有坠落危险的作业场所
	注意安全	设置在其他警告标志不能包括的其他道路危险位置

(3)指令标识：指令标识是指必须遵守的行为，见表2-13。

表 2-13　指令标识图形、名称及设置范围

标识图形	标识名称	设置范围和地点
必须戴防毒面具 MUST WEAR GAS DEFENSE MASK	戴防毒面具	可能产生职业中毒的作业场所
注意通风	注意通风	存在有毒物品和粉尘等需要进行通风处理的作业场所

(4)提示标识：提示标识是指示意目标方向，见表2-14。

表 2-14　提示标识图形、名称及设置范围

标识图形	标识名称	设置范围和地点
	救援电话	救援电话附近

(六)有限空间作业人员与监护人员安全职责

(1)作业负责人的职责：应了解整个作业过程中存在的危险危害因素；确认作业环境、作业程序、防护设施、作业人员符合要求后，授权批准作业；及时掌握作业过程中可能发生的条件变化，当有限空间作业条件不符合安全要求时，终止作业。

(2)监护人员的职责：应接受有限空间作业安全生产培训；全过程掌握作业者作业期间情况，保证在有限空间外持续监护，能够与作业者进行有效的操作作业、报警、撤离等信息沟通；在紧急情况时向作业者发出撤离警告，必要时立即呼叫应急救援服务，并在有限空间外实施紧急救援工作；防止未经授权的人员进入。

(3)作业人员的职责：应接受有限空间作业安全

生产培训；遵守有限空间作业安全操作规程，正确使用有限空间作业安全设施和个人防护用品；应与监护者进行有效的操作作业、报警、撤离等信息沟通。

(七)典型的有限空间安全相关事故案例

以北京某市政工程有限公司“6.1”事故作为案例进行简要介绍。

1. 事故经过

2005年6月1日晚，北京某市政工程有限公司第三项目部项目经理王某安排承德某劳务有限责任公司项目经理姚某，于当晚对小红门污水顶管工程30#污水井进行降水，次日白天进行打堵作业。当天21时左右，王某到现场口头将工作交代给承德某劳务有限责任公司项目部领工员季某后，便离开现场。当晚，领工员季某带领工人(共7名，其中5名为临时工)基本完成管线降水后，违反《北京市市政工程施工安全操作规程》，在没有采取检测及防护措施的情况下，安排民工赵某于当晚23时45分提前进行打堵作业。赵某下井后被毒气熏倒，井上作业人员黄某在未采取任何措施的情况下下井施救，也晕倒在井下，造成2人死亡。

2. 事故分析

疏通污水管道的打堵作业是高风险作业。污水管道长期堵塞，与外界隔绝，由于微生物作用，污水中散发出大量硫化氢、甲烷等有毒有害气体。打堵作业中，当打通堵头的瞬间，高浓度的有毒有害气体涌出，极易发生中毒事故，造成作业人员伤亡。

(1)直接原因：井下有毒有害气体超标，作业人员在未进行气体检测、未采取安全防护措施的情况下擅自违章作业，是导致事故发生的直接原因。

(2)间接原因：①承德某劳务有限责任公司未对作业人员进行安全教育培训，作业人员安全素质不高。6月1日晚，在30#井进行打堵作业的7名工人中，有5名工人为临时工，即未办理劳务用工手续，也未进行安全教育。②北京某市政工程有限责任公司项目部未及时对施工班组进行书面交底。项目经理王某未将作业情况向劳务公司进行书面交底，导致领工员季某在没有接到交底的情况下，擅自进行打堵作业。

3. 事故定性

这是一起有毒有害气体浓度超标，因作业人员未进行气体检测、未采取任何安全防护措施、擅自违章作业而造成的一般安全生产责任事故。

4. 应采取的安全措施

生产经营单位应建立有限空间作业审批制度并严格执行，严禁擅自进入有限空间作业。

生产经营单位在进行有限空间作业时，必须对作业人员进行培训及作业前的安全交底。

当作业场所可能存在有毒有害气体时，必须在测定氧气含量的同时测定有毒有害气体的含量，并根据测定结果采取相应的措施。作业场所的空气质量达到标准后方可作业。

作业时，作业人员必须配备并使用正压隔绝式空气呼吸器；作业现场设专人监护，发生危险时，及时进行科学施救。

四、带水作业的安全知识

(一)带水作业的危害

带水作业主要存在人员溺水和人员触电风险。溺水是由于人淹没于水中，呼吸道被水、污泥、杂草等杂质堵塞或喉头、气管发生反射性痉挛引起窒息和缺氧，也称为淹溺。淹没于水中以后，本能地出现反应性屏气，避免水进入呼吸道。由于缺氧，不能坚持屏气，被迫进行深吸气而极易使大量水进入呼吸道和肺泡，阻滞了气体交换，引起严重缺氧高碳酸血症(指血中二氧化碳浓度增加)和代谢性酸中毒。呼吸道内的水迅速经肺泡吸收到血液内。由于淹溺时水的成分不同，引起的病变也有所不同。淹溺还可引起反射性喉头、气管、支气管痉挛；水中污染物、杂草等堵塞呼吸道可发生窒息。

(二)溺水的救援知识

坠落溺水事故发生时，应遵守如下原则进行抢救：

1. 施救坠落溺水者上岸

营救人员向坠落溺水者抛投救生物品。

如坠落溺水者距离作业点、船舶不远，营救人员可向坠落溺水者抛投结实的绳索和递以硬性木条、竹竿将其拉起。

为排水性较好的人员携带救生物品(营救人员必须确认自身处在安全状态下)下水营救，营救时营救人员必须注意从溺水者背后靠近，抱住溺水者将其头部托出水面游至岸边。

2. 溺水者上岸后的应急处理

寻找医疗救护。求助于附近的医生、护士或打“120”电话，通知救护车尽快送医院治疗。

注意溺水者全身受伤情况，有无休克及其他颅脑、内脏等合并伤。急救时应根据伤情抓住主要矛盾，首先抢救生命，着重预防和治疗休克。

等待医护人员时，应对不能自主呼吸、出血或休克的伤者先进行急救，将溺水人员吸入的水空出后要及时进行人工呼吸，同时进行止血包扎等。

当怀疑有骨折时，不要轻易移动伤者。骨折部位可以用夹板或方便器材做临时包扎固定。

搬运伤员是一个非常重要的环节。如果搬运不当，可使伤情加重，方法视伤情而定。如伤员伤势不重，会采用扛、背、抱、扶的方法将伤员运走。如果伤员有大出血或休克等情况，一定要把伤员小心地放在担架上抬送。如果伤员有骨折情况，一定要用木板做的硬担架抬运。让其平卧，腰部垫上衣服垫，再用三四根皮带将其固定在木板做的硬担架上，以免在搬运中滚动或跌落。

3. *现场施救*

在医务员的指挥下，工作人员将伤员搬运至安全地带并开展自救工作。及时联络医院，将伤员送往医院检查、救护。

五、带电作业的安全知识

低压是指电压在 250V 及以下的电压。低压带电作业是指在不停电的低压设备或低压线路上的工作。

对于一些可以不停电的工作，没有偶然触及带电部分的危险工作，或作业人员使用绝缘辅助安全用具直接接触带电体及在带电设备外壳上的工作，均可进行低压带电作业。虽然低压带电作业的对地电压不超过 250V，但不能理解为此电压为安全电压，实际上交流 220V 电源的触电对人身的危害是严重的，特别是，低压带电作业使用很普遍，为防止低压带电作业对人身的触电伤害，作业人员应严格遵守低压带电作业有关规定和注意事项。

(一)低压设备带电作业安全规定

在低压设备上带电作业，应遵守下列规定：

(1)在带电的低压设备上工作，应使用有绝缘柄的工具，工作时应站在干燥的绝缘垫、绝缘站台或其他绝缘物上进行，严禁使用锉刀、金属尺和带有金属物的毛刷、毛掸等工具。使用有绝缘柄的工具，可以防止人体直接接触带电体；站在绝缘垫上工作，人体即使触及带电体，也不会造成触电伤害。低压带电作业时，使用金属工具可能引起相同短路或对地短路事故。

(2)在带电的低压设备上工作时，作业人员应穿长袖工作服，并戴手套和安全帽。戴手套可以防止作业时手触及带电体；戴安全帽可以防止作业过程中头部同时触及带电体及接地的金属盘架，造成头部接近短路或头部碰伤；穿长袖工作服可防止手臂同时触及带电和接地体引起短路和烧伤事故。

(3)在带电的低压盘上工作时，应采取防止相间短路和单相接地短路的绝缘隔离措施。在带电的低压盘上工作时，为防止人体或作业工具同时触及两相带电体或一相带电体与接地体，在作业前，将相与相间或相与地(盘构架)间用绝缘板隔离，以免作业过程中引起短路事故。

(4)严禁雷、雨、雪天气及六级以上大风天气在户外带电作业，也不应在雷电天气进行室内带电作业。雷电天气，系统容易引起雷电过电压，危及作业人员的安全，不应进行室内外带电作业；雨雪天气，气候潮湿，不宜带电作业。

(5)在潮湿和潮气过大的室内，禁止带电作业；工作位置过于狭窄时，禁止带电作业。

(6)低压带电作业时，必须有专人监护。带电作业时由于作业场地、空间狭小，带电体之间、带电体与地之间绝缘距离小，或由于作业时的错误动作，均可能引起触电事故，因此，带电作业时，必须有专人监护；监护人应始终在工作现场，并对作业人员进行认真监护，随时纠正不正确的动作。

(二)低压线路带电作业安全规定

在 400V 三相四线制的线路上带电作业时，应遵守下列规定：

(1)上杆前应先分清火线、地线，选好工作位置。在登杆前，应在地面上先分清火线、地线，只有这样才能选好杆上的作业位置和角度。在地面辨别火、地线时，一般根据一些标志和排列方向、照明设备接线等进行辨认。初步确定火线、地线后，可在登杆后用验电器或低压试电笔进行测试，必要时可用电压表进行测量。

(2)断开低压线路导线时，应先断开火线，后断开地线。搭接导线时，顺序应相反。三相四线制低压线路在正常情况下接有动力、照明及家电负荷。当带电断开低压线路时，如果先断开零线，则因各相负荷不平衡使该电源系统中性点会出现较大偏移电压，造成零线带电，断开时会产生电弧，因此，断开四根线均会带电断开。故应先断火线，后断地线，接通时，先接零线，后接火线。

(3)人体不得同时接触两根线头。带电作业时，若人体同时接触两根线头，则人体串入电路造成人体触电伤害。

(4)高低压同杆架设，在低压带电线路上工作时，作业人员与高压带电体的距离不小于表 2-15 的规定。还应采取以下措施：防止误碰、误接近高压导线的措施；登杆后在低压线路上工作，防止低压接地短路及混线的作业措施；在低压带电导线未采取绝缘措施时(裸导线)，工作人员不得穿越；严禁雷、雨、雪天气及六级以上大风天气在户外低压线路上带电作业；低压线路带电作业，必须设专人监护，必要时设杆上专人监护。

表 2-15　作业人员与高压带电体的距离

电压等级/kV	距离/m	电压等级/kV	距离/m
10	0.35	200	3
35	0.6	330	4
60~110	1.5	500	5

(三)低压带电作业注意事项

带电作业人员必须经过培训并考试合格，工作时不少于2人。

严禁穿背心、短裤、穿拖鞋带电作业。

带电作业使用的工具应合格，绝缘工具应试验合格。低压带电作业时，人体对地必须保持可靠的绝缘。

在低压配电盘上工作，必须装设防止短路事故发生的隔离措施。

只能在作业人员的一侧带电，若其他还有带电部分而又无法采取安全措施者，则必须将其他侧电源切断。

带电作业时，若已接触一相火线，要特别注意不要再接触其他火线或地线(或接地部分)。带电作业时间不宜过长。

六、危险化学品使用与管理的安全知识

(一)危险化学品的基本知识

1. 危险化学品的概念

危险化学品是指具有易燃、易爆、腐蚀、毒害、放射性等危险性质，并在一定条件下能引起燃烧、爆炸和导致人体灼伤、死亡等事故的化学物品及放射性物品。危险化学物品约有6000余种，目前常见的、用途较广的有近2000种。

2. 危险化学品的分类

危险化学品往往具有多种危险性，但是必有一种主要的即对人类危害最大的危险性。因此在对危险化学品分类时，掌握“择重归类”的原则，即根据该化学品的主要危险性来进行分类。

依据《常用危险化学品的分类及标志》(GB 13690—2009)和《危险货物分类和品名编号》(GB 6944—2012)，将危险化学品分为八大类，每一类又分为若干项，具体见表2-16。

表 2-16　危险品类别及特点

类别	名称	标志	特点	举例
第一类	爆炸品	爆炸品	受热、撞击、摩擦、遇明火等易发生爆炸	叠氮钠、黑索金、三硝基甲苯
第二类	压缩气体和液化气体	易燃气体	可压缩性与膨胀性，可与空气能形成爆炸性混合物	氢气、一氧化碳、甲烷等
		不燃气体	不可燃烧，可能有助燃性	压缩空气、氮气等
		有毒气体	毒性、窒息性和腐蚀性	氯气、氨气等

（续）

类别	名称	标志	特点	举例
第三类	易燃液体		易挥发性，易流动扩散性，受热膨胀性	汽油、苯、甲苯
第四类	易燃固体、自燃物品和遇湿易燃物品	易燃固体	燃点低，对热、撞击、摩擦敏感，易被外部火源点燃，燃烧迅速，并可能散发出有毒烟雾或有毒气体的固体	红磷、硫黄
		自燃物品	自燃点低，在空气中易于发生氧化反应，放出热量，而自行燃烧的物品	白磷、三乙基铝
		遇湿易燃物品	遇水或受潮时，发生剧烈化学反应，放出大量的易燃气体和热量的物品	钠、钾
第五类	氧化剂和有机过氧化物	氧化剂	具有强氧化性，易分解并放出氧和热量的物质	过氧化钠、高锰酸钾
		有机过氧化物	分子组成中含有过氧键的有机物，其本身易燃易爆、极易分解，对热、振动和摩擦极为敏感	过氧化苯甲酰、过氧化甲乙酮
第六类	毒害品和感染性物品		指进入肌体后，累积达一定量，能与体液和组织发生生物化学作用或生物物理学作用，扰乱或破坏肌体的正常生理功能，引起暂时性或持久性的病理改变，甚至危及生命的物品	氰化钠、氰化钾、砷酸盐

（续）

类别	名称	标志	特点	举例
第七类	放射性物品	一级放射性物品 I 7 二级放射性物品 II 7 三级放射性物品 III 7	放射性比活度大于 7.4×10^4Bq/kg 的物品	金属铀、六氟化铀、金属钍
第八类	腐蚀品	腐蚀品 8	能灼伤人体组织并对金属等物品造成损坏的固体或液体	硫酸、盐酸、硝酸

3. 危险化学品安全技术说明书

1）危险化学品安全技术说明书的概念

化学品安全技术说明书是一份关于危险化学品燃爆、毒性和环境危害以及安全使用、泄漏应急处置、主要理化参数、法律法规等方面信息的综合性文件。化学品安全技术说明书（Material Safety Data Sheet）国际上称作化学品安全信息卡，简称 MSDS 或 CSDS。

《危险化学品安全管理条例》第十四条中明确规定：生产危险化学品的，应当在危险化学品的包装内附有与危险化学品完全一致的化学品安全技术说明书，并在包装（包括外包装）上加贴或者拴挂与包装内危险化学品完全一致的化学品安全标签。

2）危险化学品安全技术说明书的主要作用

它是化学品安全生产、安全流通、安全使用的指导性文件；它是应急作业人员进行应急作业时的技术指南；为制订危险化学品安全操作规程提供技术信息；它是企业进行安全教育的重要内容；它是化学品安全技术说明书的内容。

3）危险化学品安全技术说明书的内容

该内容共包括 16 个部分，具体为：化学品及企业的标识；成分/组成信息；危险性概述；急救措施；消防措施；泄漏应急处理；操作处置与储存；接触控

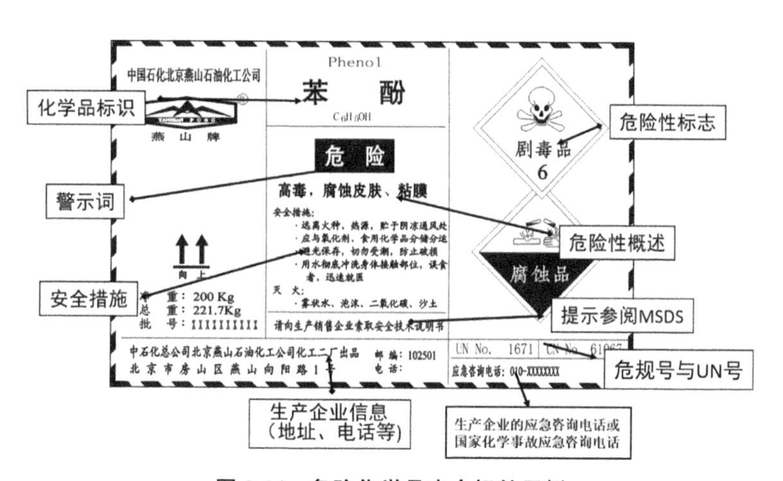

图 2-24　危险化学品安全标签示例

制与个体防护；理化特性；稳定性和反应性；毒理学信息；生态学资料；废弃处置；运输信息；法规信息；其他信息。

4. 危险化学品安全标签

《化学品安全标签编写规定》(GB 15258—2009)中规定，安全标签是用文字、图形符号和编码的组合形式，表示化学品所具有的危险性和安全注意事项，如图 2-24 所示。安全标签由生产企业在货物出厂前粘贴、挂拴、喷印在包装或容器的明显位置，若改换包装，则由改换单位重新粘贴、挂拴、喷印。

安全标签的具体内容包括：化学品和其主要有害组分标识；警示词；危险性概述；安全措施；灭火；批号；提示用户向生产销售企业索取安全技术说明书；生产企业名称、地址、邮编、电话；应急咨询电话。

污水处理工艺流程中，许多工艺单元应用了化学药剂，在运输、储存和使用过程中，可能会出现药品泄漏、喷溅等意外事故，会对人员健康造成危害。为此，员工应了解各化学品作业场所及所涉及的危险化学品，熟悉各相关危险化学品安全标签(表 2-17)。

表 2-17　污泥处理厂常用化学药剂安全标签

化学品作业场所	可能涉及的危险化学品
反硝化生物滤池	甲醇
中和反应作业场所	氢氧化钠
臭氧制备场所	液氧
混凝作业场所	硫酸铝、硫酸铝钾、铝酸钾、三氯化铁、硫酸亚铁、硫酸铁、碳酸镁、聚合氯化铝、聚丙烯酰胺
膜清洗作业场所	次氯酸钠、柠檬酸、氢氧化钠
消毒作业场所	臭氧、氯气

(二)危险化学品危险有害因素及防控措施

危险化学品中毒、污染事故的预防控制措施如下：

(1)替代：选用无毒或低毒的化学品代替有毒有害化学品，选用可燃化学品代替易燃化学品。

(2)变更工艺：采用新技术、改变原料配方，消除或降低化学品危害。

(3)隔离：将生产设备封闭起来，或设置屏障，避免作业人员直接暴露于有害环境中。

(4)通风：借助于有效的通风，使作业场所空气中有害气体、蒸汽或粉尘的浓度降低。通风分局部排风和全面通风两种。局部排风适用于点式扩散源，将污染源置于通风罩控制范围内；全面通风适用于面式扩散源，通过提供新鲜空气，将污染物分散稀释。

(5)个体防护：只能作为一种辅助性措施，是一道阻止有害物质进入人体的屏障。防护用品主要有呼吸防护器具、头部防护器具、眼防护器具、身体防护器具、手足防护用品等。

(6)卫生：卫生包括保持作业场所清洁和作业人员个人卫生两个方面。经常清洗作业场所，对废物、溢出物及时处置，作业人员养成良好的卫生习惯，防止有害物质附着在皮肤上。

危险化学品火灾爆炸事故的预防如下：

(1)防止可燃可爆混合物的形成：监控、防止可燃物质外溢泄漏；采取惰性气体保护；加强通风置换。

(2)控制工艺参数：将温度、压力、流量、物料配比等工艺参数严格控制在安全限度范围内，防止超压、超温、物质泄漏。

(3)消除点火源：远离明火、高温表面、化学反应热、电气设备，避免撞击摩擦、静电火花、光线照射，防止自燃发热。

(4)限制火灾爆炸蔓延扩散：采用阻火装置、阻火设施、防爆泄压装置及隔离措施。

(三)危险化学品的管理

危险化学品的安全标志以图案、文字说明、颜色等信息，鲜明、简单的表征危险化学品危险特性和类别，向作业人员传递安全信息的警示性资料。

危险化学品的管理应根据试剂的毒性、易燃性、腐蚀性和潮解性等不同的特点，以不同的方式妥善管理。

易燃易爆试剂应放在铁柜中，柜的顶部要有通风口，严禁在化验室内存放总量超过 20L 的瓶装易燃液体。对于一般试剂，如无机盐，应有序地存放在试剂柜内，可按元素周期系类族，或按酸、碱、盐、氧化物等分类存放。存放试剂时，要注意化学试剂的存放期限，某些试剂在存放过程中会逐渐变质，甚至形成危害物。

化学试剂必须分类隔离存放，不能混放在一起，通常把不同性质的试剂分类存放。

若存在废弃危险化学品，危险化学品废弃后，应交由具有合格资质的专业单位统一进行运输和处置，不得随意丢弃。

禁止在危险化学品储存区域内堆积可燃危险废弃物。

对危险化学品废弃物的容器、包装物，贮存、运输、处置危险化学品废弃物的场所、设施，必须设置危险废弃物识别标志。

（四）危险化学品的使用安全防护

1. 防　毒

使用前，应了解所用药品的毒性及防护措施。

操作有毒气体（如硫化氢、氯气、二氧化氮、浓氯化氢和氢氟酸等）应在通风橱内进行。

乙醚等的蒸汽会引起中毒。它们虽有特殊气味，但久嗅会使人嗅觉减弱，所以应在通风良好的情况下使用。

有些药品（如苯、汞等）能透过皮肤进入人体，应避免与皮肤接触。

高汞盐（硝酸汞）、可溶性钡盐（氯化钡）、重金属盐（如镉、铅盐）等剧毒药品，应妥善保管，使用时要特别小心。

禁止在实验室内喝水、吃东西。饮食用具不要带进实验室，以防毒物污染，离开实验室及饭前要洗净双手。

2. 防　爆

可燃气体与空气混合，当两者比例达到爆炸极限时，受到热源（如电火花）的诱发，就会引起爆炸。

使用可燃性气体时，要防止气体逸出，室内通风要良好。

操作大量可燃性气体时，严禁同时使用明火，还要防止发生电火花及其他撞击火花。

进行容易引起爆炸的实验，应有防爆措施。

严禁将强氧化剂和强还原剂放在一起。

3. 防　火

有些物质如磷、金属钠、钾、电石等，在空气中易氧化自燃。还有一些金属如铁、锌、铝等粉末，由于比表面积大也易在空气中氧化自燃。这些物质要隔绝空气保存，使用时要特别小心。

作业场所如果着火不要惊慌，应根据情况进行灭火，常用的灭火剂包括：水、沙，二氧化碳灭火器、泡沫灭火器和干粉灭火器等。可根据起火的原因选择使用，以下几种情况不能用水灭火：

（1）金属钠、钾、镁、铝粉、电石、过氧化钠着火，应用干沙灭火。

（2）比水轻的易燃液体，如汽油等着火，可用泡沫灭火器。

（3）有灼烧的金属或熔融物的地方着火时，应用干沙或干粉灭火器。

（4）电器设备或带电系统着火，可用二氧化碳灭火器

4. 防灼伤

强酸、强碱、强氧化剂等都会腐蚀皮肤，特别要防止溅入眼内。万一灼伤应及时治疗。

（五）典型的危险化学品相关事故案例

以天津港“8.12”瑞海公司危险品仓库特大火灾爆炸事故为例进行介绍。

1. 事故概要

2015年8月12日22时51分46秒，位于天津市滨海新区天津港的瑞海公司危险品仓库发生火灾，并随后引发两次剧烈的爆炸，事故造成165人遇难，8人失踪，重伤58人、轻伤740人，直接经济损失68.66亿元人民币，并造成周边空气、水和土壤等环境不同程度污染。

2. 事故经过

8月12日22时51分46秒，瑞海公司危险品仓库运抵区集装箱发生火灾，公安消防部门接警后组织灭火，但火势猛烈并迅速蔓延，23时34分06秒，危险品仓库发生第一次爆炸，23时34分37秒发生第二次更剧烈的爆炸。爆炸威力巨大，河北多地均有震感，周边十多公里范围遭受不同程度损失，爆炸中心区的房屋、车辆、集装箱等几乎全被摧毁，现场人员几乎全部遇难或重伤。爆炸后现场形成6处大火点及数十个小火点，8月14日16时40分，经过全国人民共同救援，现场明火被扑灭。

3. 事故抢险救援情况

把全力搜救人员作为首要任务，以灭火、防爆、防化、防疫、防污染为重点，统筹组织并协调解放军、武警、公安以及安监、卫生、环保、气象等相关部门力量，积极稳妥推进救援处置工作。

救援工作共动员现场救援处置的人员达1.6万多人，动用装备、车辆2000多台，其中解放军2207人，339台装备；武警部队2368人，181台装备；公安消防部队1728人，195部消防车；公安其他警种2307人；安全监管部门危险化学品处置专业人员243人；天津市和其他省区市防爆、防化、防疫、灭火、医疗、环保等方面专家938人，以及其他方面的救援力量和装备。公安部先后调集河北、北京、辽宁、山东、山西、江苏、湖北、上海8省份公安消防部队的化工抢险、核生化侦检等专业人员和特种设备参与救援处置。

4. 事故直接原因

瑞海公司危险品仓库运抵区南侧集装箱内的硝化棉由于湿润剂散失出现局部干燥，在高温（天气）等因素的作用下加速分解放热，积热自燃，引起相邻集装箱内的硝化棉和其他危险化学品长时间大面积燃烧，导致堆放于运抵区的硝酸铵等危险化学品发生爆炸。

5. 事故间接原因

1) 瑞海公司违法生产

未批先建、边建边经营危险货物堆场。在未取得立项备案、规划许可、消防设计审核、安全评价审批、环境影响评价审批、施工许可等必需的手续的情况下，在现代物流和普通仓储区域违法违规自行开工建设危险货物堆场改造项目。且边建设边经营。

无证违法经营。2014 年 1 月 12 日至 4 月 15 日、2014 年 10 月 17 日至 2015 年 6 月 22 日共 11 个月的时间里既没有批复，也没有许可证，违法从事港口危险货物仓储经营业务，并以不正当手段获得经营危险货物批复。

2) 瑞海公司违规作业

违规开展拆箱、搬运、装卸等作业。在拆装易燃易爆危险货物集装箱时，没有安排专人现场监护，使用普通非防爆叉车。

对委托外包的运输、装卸作业安全管理严重缺失。

在硝化棉等易燃易爆危险货物的装箱、搬运过程中存在用叉车倾倒货桶、装卸工滚桶码放等野蛮装卸行为。

未按要求进行重大危险源识别与登记备案。

3) 日常安全管理不到位

安全生产教育培训严重缺失。

部分装卸管理人员没有取得港口相关部门颁发的从业资格证书，无证上岗。

该公司部分叉车司机没有取得危险货物岸上作业资格证书，没有经过相关危险货物作业安全知识培训，对危险品防护知识的了解仅限于现场不准吸烟、车辆要带防火帽等，对各类危险物质的隔离要求、防静电要求、事故应急处置方法等均不了解。

未按规定制订应急预案并组织演练。

事故发生后，没有立即通知周边企业采取安全撤离等应对措施，使得周边企业的员工不能第一时间疏散，导致人员伤亡情况加重。

6. 事故责任追究

刑事立案：49 人。

行政处理：123 人。

行政处罚：5 家单位，包括事故企业和有关中介及技术服务机构等。

通报批评天津市委、市政府，并责成天津市委、市政府和交通运输部向国务院作出深刻检查。

7. 事故启示

安全是不可逾越的红线。出现重大安全事故对企业的打击是致命的，生命财产损失、社会影响等不可估量，为此各级人员必须进一步提高认识，增强责任感、危机感，做到任何决策都不能牺牲安全，凡事都想着安全。

危化品是魔鬼，是猛兽，必须“关牢锁紧”。天津港 8.12 事故，是世界上损失最大安全生产事故之一，其第二次爆炸威力，相当于震级约 2.9 级地震，爆炸当量为 21 吨三硝基甲苯(TNT)，接近 46 个战斧式巡航导弹落地爆炸威力，可见危化品的危害之大。为此，危险品相关操作必须按规办事，切实落实各项防控措施。

必须杜绝违章操作。著名的“冰山理论”说明，事故背后都隐藏着很多安全隐患和安全事件。为此，员工日常工作应严格依照规章操作，杜绝违章。

第二节　操作规程

一、安全管理制度

安全生产管理制度是一系列为了保障安全生产而制定的条文。它建立的目的主要是为了控制风险，将危害降到最小。国家法律、法规是企业制定安全生产管理制度的重要依据。随着生产的发展，新技术、新工艺、新方法、新设备不断出现，对安全生产管理工作提出了新的要求。各项规章制度是开展安全管理工作的依据和规范。

(一) 安全生产制度

安全生产管理制度包括：

(1) 安全生产检查制度和安全生产情况报告制度：安全检查是安全工作的重要手段，通过制定安全检查制度，有效发现和查明各种危险和隐患，监督各项安全制度的实施，制止违章作业，防范和整改隐患。

(2) 安全生产会议制度：组织安全生产会议，加强部门之间安全工作的沟通和推进安全管理，及时了解企业的安全状态。

(3) 安全生产教育培训制度：落实安全生产法有关安全生产教育培训的要求，规范企业安全生产教育培训管理，提高员工安全知识水平和实际操作技能。

(4) 职业健康方面的管理制度：落实《中华人民共和国职业病防治法》和《工作场所职业卫生监督管理规定》等有关规定要求，加强职业危害防治工作，减少职业病危害，维护员工和企业利益。

(5) 消防安全管理制度：落实《中华人民共和国消防法》和有关消防规定，做好防火工作，保护企业财产和员工生命财产的安全。

(6)有限空间作业安全管理规定：落实《中华人民共和国安全生产法》，规范有限空间作业的安全管理，预防和减少生产安全事故，保障作业人员的安全与健康。

(7)安全生产考核和奖惩制度：贯彻执行安全生产方针、目标，落实安全生产责任制，将安全生产目标责任考核与奖励、惩罚有机结合。

(8)危险作业审批制度：防止危险作业人员受到伤害，规范危险作业安全管理，降低和减少因违规违章操作造成的伤害事故。

(9)应急预案管理和演练制度：落实《生产安全事故应急预案管理办法》《生产经营单位安全生产事故应急预案编制导则》等有关规定要求，预防和控制潜在的事故，紧急情况发生时，做出应急预警和响应，最大限度地减轻可能产生的事故后果。

(10)生产安全事故隐患排查治理制度：落实《中华人民共和国安全生产法》相关规定，建立安全生产事故隐患排查治理长效机制，强化安全生产主体责任，加强事故隐患监督管理，防止和减少事故，保障职工生命财产安全。

(11)重大危险源检测、监控、管理制度：贯彻《中华人民共和国安全生产法》，落实“安全第一，预防为主，综合治理”的方针，加强企业安全生产工作的控制能力和事故预防能力，实现重大危险源的有效控制。

(12)劳动防护用品配备、管理和使用制度：落实《中华人民共和国安全生产法》《中华人民共和国劳动法》等法律法规要求，保护从业人员在生产过程中的安全与健康，预防和减少事故发生。

(13)安全设施、设备管理和检修、维护制度：做好安全设备设施的管理工作，确保安全设备设施正常运行，减少设备设施事故发生，确保人身和财产安全。

(14)特种作业人员管理制度：贯彻《中华人民共和国安全生产法》，加强特种人员管理工作，提供特种作业人员安全技能，防止事故发生。

(15)生产安全事故报告和调查处理制度：落实国务院《生产安全事故和调查处理条例》，规范企业生产安全事故的报告和调查处理程序。

(16)其他保障安全生产的管理制度。

(二)安全从业人员的职责与义务

1. 安全从业人员的职责

自觉遵守安全生产规章制度，不违章作业，并随时制止他人的违章作业。

不断提高安全意识，丰富安全生产知识，增加自我防范能力。

积极参加安全学习及安全培训，掌握本职工作所需的安全生产知识，提高安全生产技能，增加事故预防和应急处理能力。

爱护和正确使用机械设备，工具及个人防护用品。

主动提出改进安全生产工作意见。

有权对单位安全工作中存在的问题提出批评、检举、控告，有权拒绝违章指挥和强令冒险作业。

发现直接危及人身安全的紧急情况时，有权停止作业或者在采取可能的应急措施后，撤离作业现场。

2. 安全从业人员的义务

从业人员在作业过程中，应当遵守本单位的安全生产规章制度和操作规程，服从管理。

正确佩戴和使用劳动防护用品。

接受本职工作所需的安全生产知识的培训，提高安全生产技能，增强事故预防和应急处理能力。

发现事故隐患或者其他不安全因素时，应当立即向现场安全生产管理人员或者本单位负责人报告。

二、安全操作规程

(一)有限空间作业安全操作规程

污水处理厂进行污泥储存池、消化池、板框调理池、沼气冷凝水井、污泥和沼气管道等有限空间作业时，必须申报有限空间作业审批表，并做到“先通风、再检测、后作业”，作业流程图如图 2-25 所示。严禁未通风、检测不合格等情况实施作业。

1. 作业前

1)辨　识

是否存在可燃气体、液体或可燃固体的粉尘，避免造成火灾爆炸。

是否存在有毒、有害气体，避免造成人员中毒。

是否存在缺氧，避免造成人员窒息。

是否存在液体较高或潜在升高情况，避免造成人员淹溺。

是否存在固体坍塌，避免引起人员的掩埋或窒息危险。

是否存在触电、机械伤害等危险。

查清管径、井深、水深、上下游是否存在其他危害。

2)封　闭

作业前，应封闭作业区域并在出入口周边显著位置设置安全标志和警示标志(图 2-26、图 2-27)。

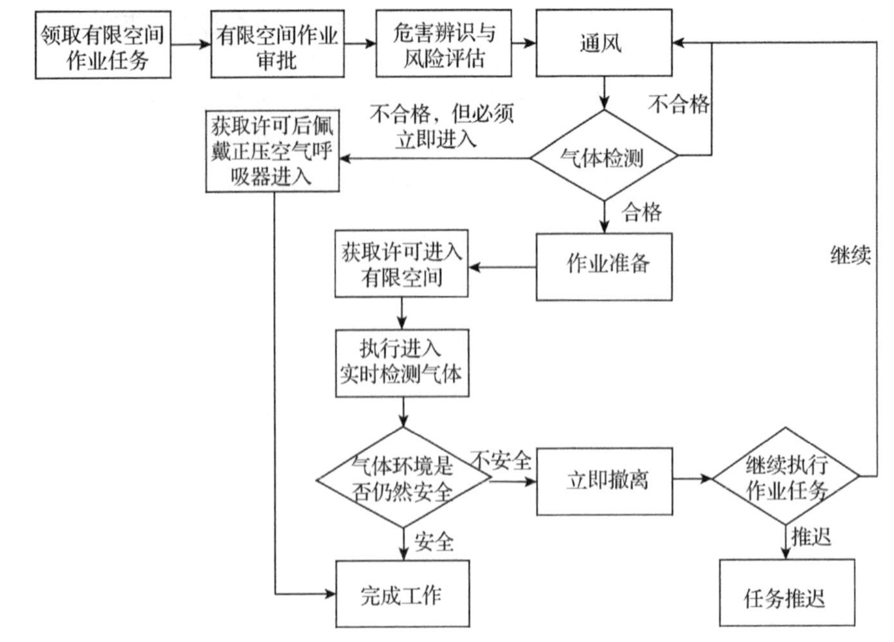

图 2-25　有限空间作业流程图

图 2-26　设置安全标志与警示标志

图 2-27　有限空间作业安全告知牌式样

3）隔　离

隔离采取加装盲板、封堵、导流等隔离措施，阻断有毒有害气体、蒸汽、水、尘埃或泥沙等威胁作业安全的物质涌入有限空间的通路，确保符合有限空间隔离要求，见表 2-18。

表 2-18　有限空间隔离要求

部位	要求
孔径	⩾0.8m
流速	⩽0.5m/s
水深	⩽0.5m
充满度	⩽50%

4）通　风

进入有限空间作业必须首先采取通风措施，保持空气流通（图 2-28），严禁用纯氧进行通风换气。

采用机械强制通风或自然通风。机械通风应按管道内平均风速不小于 0.8m/s 选择通风设备；自然通

图 2-28　有限空间通风操作

风时间应不少于 30min。

在确定有限空间范围后，首先打开有限空间的门、窗、通风口、出入口、人孔、盖板等进行自然通风。处于低洼处或密闭环境的有限空间，仅靠自然通风很难置换掉有毒有害气体，还必须进行强制通风以迅速排除限定范围有限空间内的有毒有害气体。

在使用风机强制通风时，必须确认有限空间是否处于易燃易爆环境中，若检测结果显示处于易燃易爆环境中，必须使用防爆型排风机，防止发生火灾爆炸事故。

通风时通风量应足够，保证能置换稀释作业过程中释放出来的有害物质，必须能够满足人员安全呼吸的要求。

对于有限空间通风时不易置换的死角，应采取有效措施。例如：

(1)有限空间只有一个出入口，风机放在洞口往里吹，效果不好，可接一段通风软管，直接放在有限空间底部进行通风换气。

(2)对有两个或两个以上出入口的有限空间进行通风换气时，气流很容易在出入口之间循环，形成一些空气不流通的死角。此时应设置挡板或改变吹风方向，使空气得到置换。

(3)对于不同密度的气体应采取不同的通风方式。有毒有害气体密度比空气大的(如硫化氢)，通风时应选择中下部；有毒有害气体密度比空气小的(如甲烷、一氧化碳)，通风时应选择中上部。

5)检　测

进入有限空间作业前(不得超过 30min)，必须根据实际情况先检测氧气、有害气体、可燃性气体、粉尘的浓度符合安全要求后方可进入，未经检测，严禁作业人员进入有限空间。

氧气、有毒有害气体、可燃性气体、粉尘浓度必须符合《工作场所有害因素职业接触限值　第 1 部分：化学因素》(GBZ 2.1—2019)中相关要求，方可作业，见表 2-19。

表 2-19　污泥处理厂准许进入有限空间作业环境气体条件

气体名称	最高容许浓度 /(mg/m³)	时间加权平均容许 /(mg/m³)	短时间接触容许浓度 /(mg/m³)	临界不良健康效应
氨	—	20	30	眼和上呼吸道刺激
硫化氢	10	—	—	神经毒性；强烈黏膜刺激
一氧化碳(非高原)	—	20	30	碳氧血红蛋白血症

检测时要做好记录，包括：检测时间、地点、气体种类、气体浓度等。

检测人员应在危险环境以外进行检测，可通过采样泵和导管将危险气体样品引到检测仪器。

初次进入危险环境进行检测时，需配备隔离式呼吸防护设备。

作业过程中应进行持续或定时检测。

2. 作业中

所有人员应遵守有限空间作业的职责和安全操作规程，正确使用有限空间作业安全装备和个人防护用品。

作业过程中应加强通风换气，在氧气、有害气体、可燃性气体、粉尘的浓度可能发生变化时，应保持必要的检测次数和连续检测。

作业时所用的一切电气设备，必须符合有关用电安全技术规程的要求。照明和手持电动工具应使用安全电压。

存在可燃气体的有限空间内，严禁使用明火和非防爆设备。

作业难度大、劳动强度大、时间长的有限空间作业应采取轮换人员作业。当作业人员意识到身体出现异常症状时应立即向监护者报告或自行撤离，不得强行作业。

作业现场必须设置监护人员，配备应急装备。

3. 作业后

有限空间作业结束后，应清点人数，清理现场封闭措施，撤离现场。

4. 事故应急救援

1)事前征兆

作业人员工作期间，出现精神状态不好、眼睛灼热、流鼻涕、呛咳、胸闷、头晕、头痛、恶心、耳鸣、视力模糊、气短、呼吸急促、四肢软弱乏力、意识模糊、嘴唇变紫等症状，作业人员应及时与监护人员沟通，尽快撤离。

2)处置措施

密闭空间中毒窒息事件发生后，监护人员应立即向相关人员汇报。

协助者应想办法通过三脚架、提升机、救命索把作业者从密闭空间中救出，协助者不可进入密闭空间，只有配备确保安全的救生设备且接受过培训的救援人员，才能进入密闭空间施救。

将人员救离受害地点至地面以上或通风良好的地点，等待医务人员或在医务人员未到场的情况下，进行紧急救助。

5. 有限空间作业安全防护

有限空间作业必须配备个人防中毒、窒息等防护装备，设置安全警示标志，严禁无防护监护措施作业。现场要备足救生用的安全带、防毒面具、空气呼吸器等防护救生器材，并确保器材处于有效状态。安全防护装备包括：通风设备、照明设备、通信设备、应急救援设备和个人防护用品。

(1)呼吸防护用具：防毒面具、长管呼吸器、正压式空气呼吸器、紧急逃生呼吸器等，如图 2-29 所示。

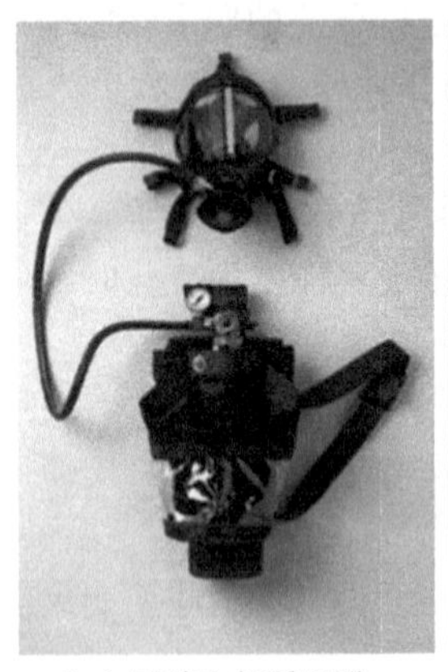

(a) 压缩空气呼吸器

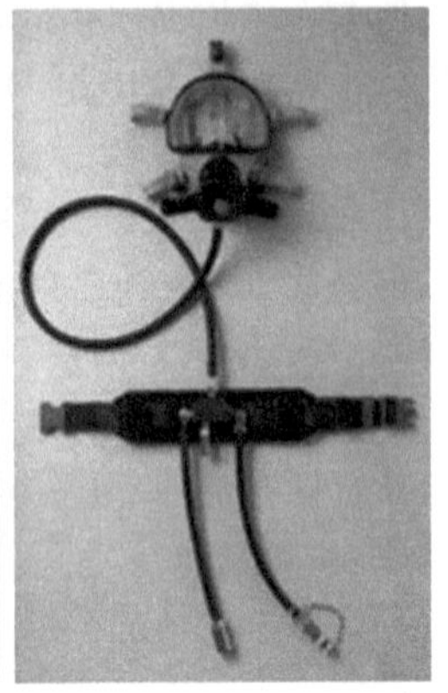

(b) 长管式呼吸器

图 2-29 呼吸防护用具

(2)防坠落用具：安全带、安全绳、自锁器、三脚架等，如图 2-30 所示。

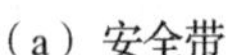

(a) 安全带

(b) 安全绳

图 2-30 防坠落用具

(3)安全器具：通风设备、照明设备、通信设备、安全梯等，如图 2-31 所示。

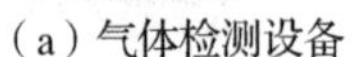

(a) 气体检测设备

(b) 通风设备

(c) 照明设备

图 2-31 安全器具

(4)其他防护用品：安全帽、防护服、防护眼镜、防护手套、防护鞋等，如图 2-32 所示。

(5)应急救援设备：正压式呼吸器、三脚架、绞盘、救生索、安全带等。

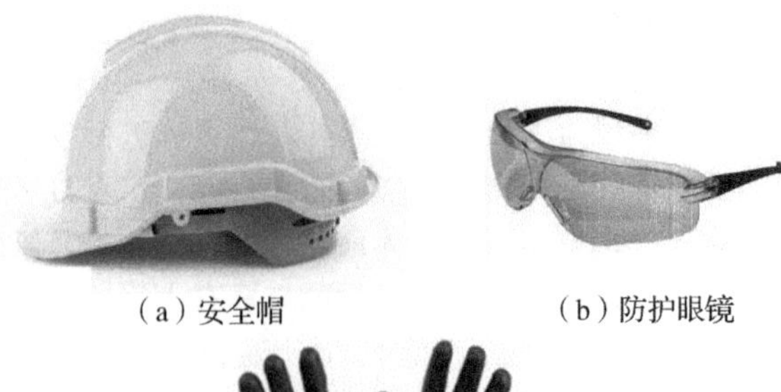

(a) 安全帽　(b) 防护眼镜

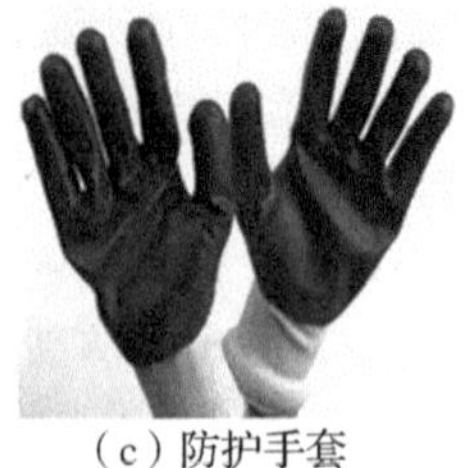

(c) 防护手套

图 2-32 安全帽、防护眼镜、防护手套

(二)用电安全操作规程

污水处理过程中，应用压缩机、加药泵、吸砂机、搅拌器等电气设备的一般安全操作规程如下：

1. 作业人员安全操作规程

操作人员应必须经过专门训练，熟悉了解设备的性能，操作要领及注意事项，考核合格后，方准进行工作。

严禁穿拖鞋、高跟鞋或赤脚上班，严禁酒后工作，进入操作现场人员必须按规定穿戴好防护用品和必要的安全防护用具。

全体人员必须严格遵守岗位责任制和交接班制度，并熟知本职工种的安全技术操作规程，在生产中应坚守岗位。

未经负责人许可，不得任意将自己的工作交给别人，更不能随意操作别人的电气设备。

人体出汗或手脚潮湿时，不要触摸灯头、开关、插头、插座和用电器具。

熟悉工作区域主空气断路器(俗称总闸)的位置，一旦发生火灾触电或其他电气事故时，应第一时间切断电源，避免造成更大的财产损失和人身伤亡。

注意电气安全距离，不进入已标识电气危险标志的场所。发生电气设备故障时，不要自行拆卸，要找持有电工操作证的电工维修。

在池上检修设备时，穿救生衣、佩戴安全带，必须有人现场监护。

公共用电设备或高压线路出现故障时，要请电力部门处理。不乱动、乱摸电气设备，不用手或导电物如铁丝、钉子、别针等金属制品去接触、试探电源插座内部。

电器使用完毕后应拔掉电源插头，插拔电源插头时不要用力拉拽电线，以防止电线的绝缘层受损造成

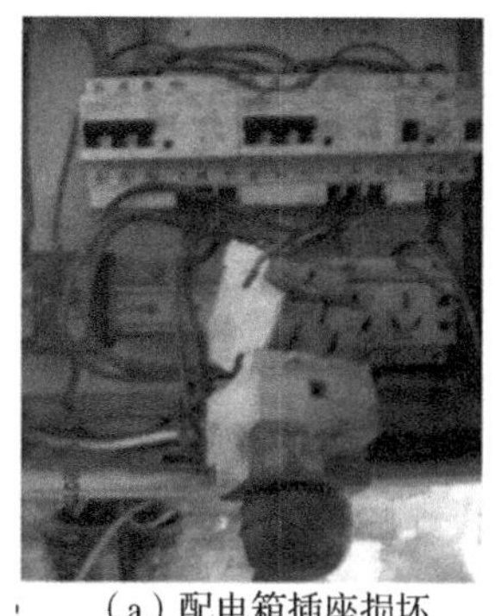

（a）配电箱插座损坏

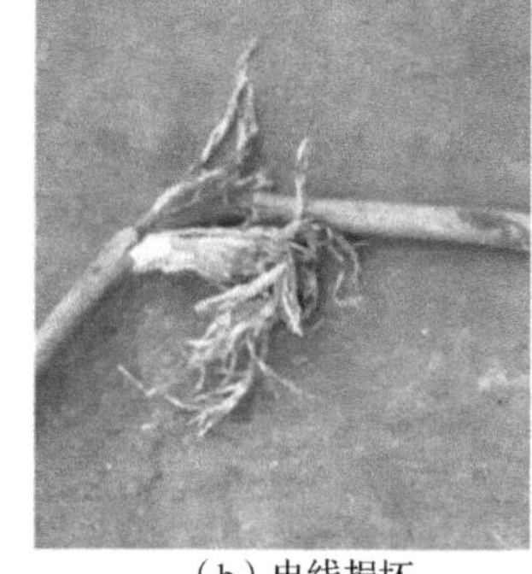

（b）电线损坏

图 2-33　电气设备损坏

触电。

使用中经常接触的配电箱、配电盘、闸刀、按钮、插座、导线等要完好无损，不得有破损或将带电部分裸露，有露头、破头的电线、电缆杜绝使用，如图 2-33 所示。

移动所有的电气设备不论固定设备还是移动设备时，必须先切断电源再移动。导线要收拾好，不得在地面上拖来拖去，以免磨损。电缆及 PVC 线被物体压住时，不要硬拉，防止将导线拉断。

各种型号的电气设备在安装完保险丝后，必须经专业电工的检查合格后方可开机使用。

压缩机使用上，紧急停车钮不属于正常停车操作，因为反复的紧急停车有可能损坏压缩机，所以只有当人身和机器本身受到伤害时，紧急停车按钮才可以被使用。

泥泵、药泵等电气设备正常运行中自动停车后，应保持操作控制柜处于原状态，并立即报告有关部门检查，在未查明故障原因前，禁止再次启动。

吸砂机的吸砂管应保持排液畅通，如遇堵塞，应立即停止桥车运转，排除堵塞后，再启动；吸砂机的运行轨道上不要有障碍物；水量大时，吸砂机的砂泵极易堵塞，此时应及时清淘砂泵。

打扫卫生、擦拭设备时，严禁用水冲洗或用湿布去擦拭电气设备，以防发生短路和触电事故。

2. 电气设备维修保养安全操作规程

所有电气设备不要随便乱动，自己使用的设备、工具，如果电气部分出了故障，应请电工修理。不得擅自修理，更不得带故障运行。

在对压缩机、泥泵、药泵等电气设备进行保养和维修时，以及清淘砂泵、吸砂机和砂水分离器时，必须严格执行停电、送电和验电制度，在总闸断开停电后(观察刀闸与主线路是否分离)，必须用验电表再测试是否有电。

在保养和维修时，必须有双人合作，一人要守在配电柜刀闸处看管以防别人误合闸，或在总闸手柄上

图 2-34　禁止合闸标志牌

悬挂禁止合闸的标识牌，如图 2-34 所示，无论保养或维修设备一律不准带电作业，还应确保有可靠的安全保护措施。

所有的用电设备配相应的电线、电路和开关，要求“一机一闸一保护”，所连用电设备禁止超负荷运行。

设备中的保险丝或线路当中的保险丝损坏后千万不要用铜线、铝线、铁线代替，空气开关损坏后应立即更换，保险丝和空气开关的大小一定要与用电容量相匹配，否则容易造成触电或电气火灾。

各种机电设备上的信号装置、防护装置、保险装置应经常检查其灵敏性，保持齐全有效，不准任意拆除或挪用配套的设备。

在一些安装、检修现场为了工作方便，往往需要用一些随时移动的照明用灯，此类灯具为行灯，其根据工作需要随时移动，工作人员也经常接触，行灯电压不得超过 36V，如锅炉、金属容器内，潮湿的地沟处等潮湿地方，金属容器内部行灯电压不得超过 12V。

3. 临时用电安全操作规程

一般禁止使用临时线。必须使用时，应经过相关管理部门批准。针对临时用电，必须注意以下事项：

一定要按临时用电要求安装线路，严禁私接乱拉，先把设备端的线接好后才能接电源，还应按规定时间拆除。

临时线路不得有裸露线，电气和电源相接处应设开关、插座，露天的开关应装在箱匣内保持牢固，防止漏电，临时线路必须保证绝缘性良好，使用负荷正确。

采用悬架或沿墙架设时，房内不得低于 2.5m，房外不得低于 4.5m，确保电线下的行人、行车、用电设备安全。

严禁在易燃、易爆、刺割、腐蚀、碾压等场地铺设临时线路。临时线一般不得任意拖地，如果确实需要必须加装可靠的套管，防止移动造成磨损而损坏电线。

移动式临时线必须采用有保护芯线的橡胶套绝缘软线，长度一般不超过 10m，单相用三芯，三相用四

芯。临时线装置必须有一个漏电开关，并且均需安装熔断器。电缆或电线的绝缘层破损处要用电工胶布包好，不能用其他胶布代替，更不能直接使用破损处接触其他东西会发生触电，禁止使用多处绝缘层破损和残旧老化的电线，以防触电。

不要把电线直接插入插座内用电，一定要接好插头，牢固地插入插座内。

4. 应急处置一般操作规程

发现有人触电时要设法及时关掉电源；或者用干燥的木棍等物品将触电者与带电的电器分开，不要用手去直接救人。

当设备内部出现冒烟、拉弧、焦味或着火等不正常现象时，应立即切断设备的电源，再实施灭火，并通知电工人员进行检修，避免发生触电事故。灭火应用黄沙、二氧化碳、四氯化碳等灭火器材，切不可用水或泡沫灭火器。救火时应注意自己身体的任何部分及灭火器具不得与电线、电器设备接触，以防危险。

(三)危险化学品存储与使用安全操作规程

1. 危险化学品的储存(表 2-20)

表 2-20　危险化学品储存要求

分类	储存要求
遇火、遇热、遇潮能引起燃烧、爆炸或发生化学反应，产生有毒气体的危险化学品	不得在露天或在潮湿、积水的建筑物中储存
受日光照射能发生化学反应引起燃烧、爆炸、分解、化合或能产生有毒气体的危险化学品	应储存在一级建筑物中，其包装应采取避光措施
压缩气体和液化气体	必须与爆炸物品、氧化剂、易燃物品、自燃物品、腐蚀性物品隔离储存
易燃气体	不得与助燃气体、剧毒气体同储；盛装液化气体的容器，属压力容器，必须有压力表、安全阀、紧急切断装置，并定期检查，不得超装
易燃液体、遇湿易燃物品、易燃固体	不得与氧化剂混合储存，具有还原性的氧化剂应单独存放
有毒物品	应储存在阴凉、通风、干燥的场所，不要露天存放，不要接近酸类物质
腐蚀性物品	包装必须严密，不允许泄漏，严禁与液化气体和气体物品混存

危险化学品应当储存在专门地点，有专人管理，双人收发、双人报关，不得于其他物资混合储存，储存方式与储存数量必须符合国家标准。

危险化学品应该分类、分堆储存，堆垛不得过高、过密，堆垛之间以及堆垛与墙壁之间，应该留出一定间距、通道及通风口。

所有试剂瓶都要有标签，有毒药品要在标签上注明，互相接触容易引起燃烧、爆炸的物品及灭火方法不同的物品，应该隔离储存。

遇水容易发生燃烧、爆炸的危险化学品，不得存放在潮湿或容易积水的地点。受阳光照射容易发生燃烧、爆炸的危险化学品，不得存放在露天或者高温的地方，必要时还应该采取降温和隔热措施。

容器、包装要完整无损，如发现破损、渗漏必须立即进行处理。

性质不稳定、容易分解和变质以及混有杂质而容易引起燃烧、爆炸危险的危险化学品，应该进行检查、测温、化验，防止自燃与爆炸。

不准在储存危险化学品的库房内或露天堆垛附近进行实验、分装、打包、焊接和其他可能引起火灾的操作。

库房内不得住人，工作结束时，应进行防火检查，切断电源。

2. 危险化学品的使用

1) 危险化学品的一般安全规程

危险化学品的使用应限量领用，做好登记。

使用人员必须了解危险化学品的特性，正确穿戴、使用各种安全防护用品用具，做好个人安全防护工作，严格按照危险化学品操作规程操作。

使用过程中暂存危险化学品的，应在固定地点分类分室存放，并做好相应的防挥发、防泄漏、防火、防盗等预防措施，应有处理泄漏、着火等应急保障设施。

搬动药品时必须轻拿轻放，严禁摔、滚、翻、掷、抛、拖拽、摩擦或撞击，以防引起爆炸或燃烧。

作业人员在每次操作完毕后，应立即用肥皂彻底清洗手、脸，并用清水漱口。

熟练掌握安全救护技能和应急预案。

2) 使用强酸、强碱及腐蚀剂的特殊安全操作规程

搬运和使用腐蚀性药品如强碱等，建议操作人员佩戴头罩型电动送风过滤式防尘呼吸器，穿橡胶耐酸碱服，戴橡胶耐酸碱手套。

搬运酸、碱前应仔细检查装运器具的强度、装酸或碱的容器是否封严、容器的位置固定是否稳。

应注意倒空的容器可能残留有害物。

稀释或制备溶液时，应把腐蚀性危险化学品加入水中，避免沸腾和飞溅。

3)使用易燃品的特殊安全操作规程

不允许将易燃危险品放置在明火附近和试验地区附近。

在贮存易着火的物质的周围不应有明火作业。

工作地点应有良好的通风，四周不可放置有可燃性的物料。

工作时要穿戴合理的防护器具，如护目镜、防护手套等。

可燃物，尤其是易挥发的可燃物，应存放在密闭的容器中，不允许用无盖的开口容器贮存。

4)液氯使用的特殊安全操作规程

(1)液氯的放置

氯瓶内压一般为0.6~0.8MPa，不能在太阳下暴晒或接近热源，防止汽化发生爆炸。

液氯和干燥的氯气对金属没有腐蚀，但通水或受潮腐蚀性能增强，所以氯瓶不能用尽用光，应保持0.05~0.1MPa的空瓶气压。

(2)氯瓶的开启

开启氯瓶前，要检查氯瓶放置的位置是否正确，保证出口朝上，即放出的是氯气而不是液氯。

开瓶时要缓慢开半圆，随后用10%氨水检查接口是否漏气，一切正常时逐渐打开，如果阀门难以开启，绝不能用锤子敲打，也不能用长柄扳手使劲扳，以防将阀杆拧断。

如果不能开启应将氯瓶情况报告上级领导，尽可能避免氯瓶泄漏的危险。

(3)加热气化

液氯变成氯气时要吸收热量，在气温较低时，液氯气化受到限制，如果因气温太低影响气化时，绝不能用火烤。

需要加热气化时，用热水缓慢加热，不能快速升温或升温太高，一般用温水连续喷淋加热。

(4)日常检查

要经常用10%的氨水检查加氧机、汇流排与氯瓶连接处是否漏气，若漏气则找专人尽快修复，不可自行修复，修复前应做好安全防护措施。

若氯气管有堵塞现象，严禁用水冲洗，在切断气源后用钢丝疏通，再用压缩空气吹扫。

3. 危险化学品的废弃

对于没有使用完的危险化学品不能随意丢弃，否则可能会引发意外事故。

对废弃的危险化学品，应依照该化学品的特性及相关规定分类、分区域收集。

对于毒性物品用完之后，留下的包装物必须严格管理，指定专人回收与管控。

(四)机械设备安全操作规程

要保证机械设备不发生安全事故，不仅机械设备本身要符合安全要求，而且更重要的是要求操作者严格遵守安全操作规程。当然机械设备的安全操作规程因其种类不同而内容各异，但其基本安全要求如下：

(1)必须正确穿戴好个人防护用品。该穿戴的必须穿戴；不该穿戴的就一定不要穿戴。例如机械加工时要求女工戴发套，如果不戴就可能将头发绞进去，同时要求不得戴手套，如果戴了，机械的旋转部分就可能将手套绞进去，将手绞伤。

(2)操作前要对机械设备进行安全检查，而且要空车运转一下，确认正常后，方可投入运行。

(3)机械设备在运行中也要按规定进行安全检查，特别是对紧固的物件看看是否由于振动而松动，以便重新紧固。

(4)机械设备严禁带故障运行，千万不能凑合使用，以防发生事故。

(5)机械设备的安全装置必须按规定正确使用，不准将其拆掉不使用。

(6)机械设备使用的刀具、工器具以及加工件等一定要装卡牢固，不得松动。

(7)机械设备在运转时，严禁用手调整；也不得用手测量零件，或进行润滑、清扫杂物等。在必须进行时，则应首先关停机械设备。

(8)机械设备运转时，操作者不得离开工作岗位，以防发生问题时，无人处置。

(9)工作结束后，应关闭开关，把刀具和工件从工作位里退出，并清理好工作场地，将零部件、工具等摆放整齐，打扫好机械设备的卫生。

(五)池边作业安全规程

污水处理厂存在曝气池、沉砂池、预浓缩池、消化池等水池，防止掉入、高处坠落与溺水尤为重要。在相关区域作业过程中，应遵从以下安全规程：

(1)在水池周边工作时，应穿救生衣，以防落入水中。

(2)在水池周边工作时，不要单独一人操作，应至少两人，有一人监护。

(3)在曝气池上工作时，应系好安全带，因曝气池的浮力比水池低，坠入曝气池很难浮起，坠落曝气池时，必须马上拽出水面，以确保安全。

(4)登高作业中，应正确佩戴与使用劳动防护用品，牢记“三件宝”(安全帽、安全带、安全网)。

(5)遇到恶劣天气时，不应登高作业，如雷雨天、大雪天等，确因抢险要登高作业，必须采取确保安全的安全措施。

(6)污水处理厂内的钢格板、铁栅栏、检查井盖、压力井盖容易被腐蚀，发现腐蚀严重、缺失、损坏时应及时更换和维修，避免人员不注意，坠入井中或地下。

(7)发现其他人坠落溺水后，应立刻呼叫专业救援人员，在确保自身安全的前提下，采用科学方式救援。

三、应急救援预案

(一)安全生产应急预案的基本知识

1. 应急管理的相关概念

(1)突发事件：《中华人民共和国突发事件应对法》将“突发事件”定义为突然发生，造成或者可能造成严重社会危害，需要采取应急处置措施予以应对的自然灾害、事故灾难、公共卫生事件和社会安全事件。

按照社会危害程度、影响范围等因素，自然灾害、事故灾难、公共卫生事件分为特别重大、重大、较大和一般四级。

(2)应急管理：为了迅速、有效地应对可能发生的事故灾难，控制或降低其可能造成的后果和影响，而进行的一系列有计划、有组织的管理，包括预防、准备、响应和恢复四个阶段。

(3)应急准备：针对可能发生的事故灾难，为迅速、有效地开展应急行动而预先进行的组织准备和应急保障。

(4)应急响应：事故灾难预警期或事故灾难发生后，为最大限度地降低事故灾难的影响，有关组织或人员采取的应急行动。

(5)应急预案：针对可能发生的事故灾难，为最大限度地控制或降低其可能造成的后果和影响，预先制定的明确救援责任、行动和程序的方案。

(6)应急救援：在应急响应过程中，为消除、减少事故危害，防止事故扩大或恶化，最大限度地降低其可能造成的影响而采取的救援措施或行动。

(7)应急保障：应急保障是指为保障应急处置的顺利进行而采取的各项保证措施，一般按功能分为人力保障、财力保障、物资保障、交通运输保障、医疗卫生保障、治安维护保障、人员防护保障、通信与信息保障、公共设施保障、社会沟通保障、技术支撑保障，以及其他保障。

2. 应急管理的意义

事故灾难是突发事件的重要方面，安全生产应急管理是安全生产工作的重要组成部分。全面做好安全生产应急管理工作，提高事故防范和应急处置能力，尽可能避免和减少事故造成的伤亡和损失，是坚持“以人为本”，贯彻落实科学发展观的必然要求，也是维护广大人民群众的根本利益、构建和谐社会的具体体现。

3. 应急预案的分类

(1)综合应急预案：综合应急预案是生产经营单位应急预案体系的总纲，主要从总体上阐述事故的应急工作原则，包括生产经营单位的应急组织机构及职责、应急预案体系、事故风险描述、预警及信息报告、应急响应、保障措施、应急预案管理等内容。

(2)专项应急预案：专项应急预案是生产经营单位为应对某一类型或某几种类型事故，或者针对重要生产设施、重大危险源、重大活动等内容而定制的应急预案。专项应急预案主要包括事故风险分析、应急指挥机构及职责、处置程序和措施等内容。

(3)现场处置方案：现场处置方案是生产经营单位根据不同事故类型，针对具体的场所、装置或设施所制定的应急处置措施，主要包括事故风险分析、应急工作职责、应急处置和注意事项等内容。

(二)应急预案的基本要素

应急预案是针对各级可能发生的事故和所有危险源制定的应急方案，必须考虑事前、事发、事中、事后的各个过程中相关部门和有关人员的职责，物资与装备的储备或配置等各方面需要。一个完善的应急预案按相应的过程可分为六个一级关键要素，包括：方针与原则、应急策划、应急准备、应急响应、现场恢复、预案管理与评审改进。其中，应急策划、应急准备和应急响应三个一级关键要素可进一步划分成若干二级小的要素，所有这些要素即构成了应急预案的核心要素。

1. 方针与原则

反映应急救援工作的优先方向、政策、范围和总体目标(如保护人员安全优先，防止和控制事故蔓延优先，保护环境优先)，体现预防为主、常备不懈、统一指挥、高效协调以及持续改进的思想。

2. 应急策划

应急策划就是依法编制应急预案，满足应急预案的针对性、科学性、实用性与可操作性的要求。主要任务如下：

(1)危险分析：目的是为应急准备、应急响应和减灾措施提供决策和指导依据，包括危险识别、脆弱性分析和风险分析。

(2)资源分析：针对危险分析所确定的主要危

险，列出可用的应急力量和资源。

(3)法律法规要求：列出国家、省、地方涉及应急各部门职责要求以及应急预案、应急准备和应急救援有关的法律法规文件，作为预案编制和应急救援的依据和授权。

3. 应急准备

应急准备是根据应急策划的结果，主要针对可能发生的应急事件，做好各项准备工作，具体包括：组织机构与职责、应急队伍的建设、应急人员的培训、应急物资的储备、应急装备的配置、信息网络的建立、应急预案的演练、公众知识的培训、签订必要的互助协议等。

4. 应急响应

应急响应是在事故险情、事故发生状态下，在对事故情况进行分析评估的基础上，有关组织或人员按照应急救援预案所采取的应急救援行动。主要任务包括：接警与通知、指挥与控制、警报和紧急公告、通信、事态监测与评估、警戒与治安、人群疏散与安置、医疗与卫生、公共关系、应急人员安全、消防和抢险、泄漏物控制等。

5. 现场恢复(短期恢复)

现场恢复包括宣布应急结束的程序；撤点、撤离和交接程序；恢复正常状态的程序；现场清理和受影响区域的连续检测；事故调查与后果评价等。目的是控制此时仍存在的潜在危险，将现场恢复到一个基本稳定的状态，为长期恢复提供指导和建议。

6. 预案管理与评审改进

包括对预案的制定、修改、更新、批准和发布做出管理规定，并保证定期或在应急演习、应急救援后对应急预案进行评审，针对实际情况的变化以及预案中所暴露出的缺陷，不断地更新、完善和改进应急预案文件体系。

(三)应急处置的基本原则

国务院发布的《国家突发事件总体应急预案》中提出了应急处置的六个工作原则，具体如下：

1.“以人为本”，安全第一

以落实实践科学发展观为准绳，把保障人民群众生命财产安全，最大限度地预防和减少突发事件所造成的损失作为首要任务。

2. 统一领导，分级负责

在本单位领导统一组织下，发挥各职能部门作用，逐级落实安全生产责任，建立完善的突发事件应急管理机制。

3. 依靠科学，依法规范

科学技术是第一生产力，利用现代科学技术，发挥专业技术人员作用，依照行业安全生产法规，规范应急救援工作。

4. 预防为主，平战结合

认真贯彻安全第一、预防为主、综合治理的基本方针，坚持突发事件应急与预防工作相结合，重点做好预防、预测、预警、预报和常态下风险评估、应急准备、应急队伍建设、应急演练等项工作，确保应急预案的科学性、权威性、规范性和可操作性。

5. 快速反应，协同应对

加强以属地管理为主的应急处置队伍建设，建立联动协调制度，充分动员和发挥乡镇、社区、企事业单位、社会团体和志愿者队伍的作用，依靠公众力量，形成统一指挥、反应灵敏、功能齐全、协调有序、运转高效的应急管理机制。

6. 依靠科技，提高素质

加强公共安全科学研究和技术开发，采用先进的监测、预测、预警、预防和应急处置技术及设施，充分发挥专家队伍和专业人员的作用，提高应对突发公共事件的科技水平和指挥能力，避免发生次生、衍生事件；加强宣传和培训教育工作，提高公众自救、互救和应对各类突发公共事件的综合素质。

第三节　安全培训与安全交底

一、安全培训

(一)培训形式及要求

安全培训由生产经营单位组织实施，采用理论学习与实际操作相结合的形式开展。生产经营单位应当进行安全培训的从业人员包括主要负责人、安全生产管理人员、特种作业人员和其他从业人员。

派遣劳动者也须进行岗位安全操作规程和安全操作技能的教育和培训。单位接收中等职业学校、高等学校学生实习的，应当对实习学生进行相应的安全生产教育和培训，提供必要的劳动防护用品。

新入职的从业人员上岗前需接受不少于 24 学时的安全生产教育和培训；单位主要负责人、安全生产管理人员、从业人员每年还应接受不少于 8 学时的在岗安全生产教育和培训；若存在换岗或离岗 6 个月以上再次回到原岗位的，上岗前应接受不少于 4 学时的安全生产教育和培训；若单位采用了新工艺、新技术、新设备，则相关人员在使用这些新工艺、新技术、新设备前，应接受相应的安全知识教育培训，培训不少于 4 学时。

(二)培训内容

1. 单位主要负责人培训内容

生产经营单位主要负责人安全培训应包括以下内容：

(1)国家安全生产方针、政策和有关安全生产的法律、法规、规章及标准。

(2)安全生产管理基本知识、安全生产技术、安全生产专业知识。

(3)重大危险源管理、重大事故防范、应急管理和救援组织以及事故调查处理的有关规定。

(4)职业危害及其预防措施。

(5)国内外先进的安全生产管理经验。

(6)典型事故和应急救援案例分析。

(7)其他需要培训的内容。

2. 安全生产管理人员培训内容

生产经营单位安全生产管理人员安全培训应当包括以下内容：

(1)国家安全生产方针、政策和有关安全生产的法律、法规、规章及标准。

(2)安全生产管理、安全生产技术、职业卫生等知识。

(3)伤亡事故统计、报告及职业危害的调查处理方法。

(4)应急管理、应急预案编制以及应急处置的内容和要求。

(5)国内外先进的安全生产管理经验。

(6)典型事故和应急救援案例分析。

(7)其他需要培训的内容。

3. 特种作业人员培训内容

生产经营单位特种作业人员安全培训应当包括熟悉有关安全生产规章制度和安全操作规程，具备必要的安全生产知识，掌握本岗位的安全操作技能，了解事故应急处理措施，知悉自身在安全生产方面的权利和义务。除此之外，特种作业人员还必须按照国家有关法律、法规的规定接受专门的安全培训，经考核合格，取得相关特种作业操作资格证书后，方可上岗作业。

4. 其他从业人员培训内容

其他从业人员应接受的安全培训内容包括本岗位安全操作、自救互救以及应急处置所需的相关技能。从业人员需经过厂级、车间级、班组级三级安全培训教育。其中，厂级安全培训应包括以下内容：

(1)本单位安全生产情况及安全生产基本知识。

(2)本单位安全生产规章制度和劳动纪律。

(3)从业人员安全生产权利和义务。

(4)有关事故案例以及事故应急救援、事故应急预案演练及防范措施等内容。

车间级安全培训应包括以下内容：

(1)工作环境及危险因素。

(2)所从事工种可能遭受的职业伤害和伤亡事故。

(3)所从事工种的安全职责、操作技能及强制性标准。

(4)自救互救、急救方法、疏散和现场紧急情况的处理。

(5)安全设备设施、个人防护用品的使用和维护。

(6)本车间安全生产状况及规章制度。

(7)预防事故和职业危害的措施及应注意的安全事项。

(8)有关事故案例。

(9)其他需要培训的内容。

班组级安全培训应包括以下内容：

(1)岗位安全操作规程。

(2)岗位之间工作衔接配合的安全与职业卫生事项。

(3)有关事故案例。

(4)其他需要培训的内容。

(三)考核评价

生产经营单位应当坚持以考促学、以讲促学，确保从业人员熟练掌握岗位安全生产知识和技能。参加安全培训的人员在完成学习后必须参加相关的考试和考核，成绩合格方可上岗工作。

二、安全交底

(一)内　容

安全交底是指作业负责人在生产作业前对直接生产作业人员进行的该作业的安全操作规程和注意事项的培训，并通过书面文件方式予以确认。安全交底在作业前进行，交底时明确作业具体任务、作业程序、作业分工、作业中可能存在的危险因素及应采取的防护措施等内容。

(二)要　求

1. 交底原则

(1)根据指导性、可行性、针对性及可操作性原则，提出足够细化可执行的操作及控制要求。

(2)确保与工作相关的全部人员都接受交底，并形成相应记录。

(3)交底内容要始终与技术方案保持一致，同时满足质量验收规范与技术标准。

(4)使用标准化的专业技术用语、国际制计量单位以及统一的计量单位；确保语言通俗易懂，必要时辅助插图或模型等措施。

(5)交底记录妥善保存，作为班组内业资料的内容之一。

2. 交底形式

安全交底可包括以下几种形式：

(1)书面交底：以书面交底形式向作业人员交底，通过双方签字，责任到人，有据可查。这种是最常见的交底方式，效果较好。

(2)会议交底：通过会议向作业人员传达交底内容，经过多工种的讨论、协商对技术交底内容进行补充完善，从而提前规避技术问题。

(3)样板或模型交底：根据各项要求，制作相应的样板或模型，以加深一线作业人员对工作的理解。

(4)挂牌交底：适用于人员固定的分项工程。将相关安全技术要求写在标牌上，然后分类挂在相应的作业场所。

以上几种形式的安全交底均需形成交底材料，由交底人、被交底人和安全员三方签字后留存备案。

(三)注意事项

安全交底过程需注意以下内容：

(1)作业人员到场后，必须参加安全教育培训及考核，考核不合格者不得进场。同时必须服从班组的安全监督和管理。

(2)进场人员必须按要求正确穿着和佩戴个人防护用品，严禁酒后作业。

(3)所有作业人员必须熟知本工种的安全操作规程和安全生产制度，不得违章作业，并及时制止他人违章作业，对违章指挥，有权拒绝。

(4)安全员须持证上岗，无证者不得担任安全员一职，坚持每天做好安全记录，保证安全资料的连续、完整，以备检查。

(5)作业班组在接受生产任务时，安全员必须组织班组全体作业人员进行安全学习，进行安全交底，未进行此项工作的，班组有权拒绝接受作业任务，并提出意见。

(6)安全员每日上班前，必须针对当天的作业任务，召集作业人员，结合安全技术措施和作业环境、设施、设备安全状况及人员的素质、安全知识，有针对性地进行班前教育，并对作业环境、设施设备认真检查，发现安全隐患，立即解决，有重大隐患的，立即上报，严禁冒险作业。作业过程中应经常巡视检查，随时纠正违章行为，解决新的隐患。

(7)认真查看作业附近的施工洞口、临边安全防护和脚手架护身栏、挡脚板、立网、脚手板的放置等安全防护措施，是否验收合格，是否防护到位。确认安全后，方可作业，否则，应及时通知有关人员进行处理。

第四节　特种作业的审核和审批

特种作业是指对操作者本人、他人及周围建(构)筑物、设备、设施、环境的安全可能造成危害的作业活动。污水处理厂的危险作业主要包括：有限空间作业、动火作业、临时用电作业、高处作业、吊装作业及国家明确的其他危险作业。

危险作业实行“先审批、后作业；谁审批、谁负责；谁主管、谁负责；谁监护，谁负责”原则，建立“及时申报、措施到位，专业审批、重点控制，属地管理、分级负责”管理机制。

一、危险作业的职责分工

各单位安全管理部门是危险作业的安全监督管理部门，负责危险作业审核及措施落实情况的监督、检查。

各单位业务管理部门按照职责分工，对其管理业务范围内的危险作业进行条件审核并签署意见。

危险作业申请单位(部室、车间、班组或相关方)是危险作业的安全责任主体，负责制定作业方案并落实现场防护措施，负责作业现场安全教育、安全交底、安全监护等工作。

二、危险作业的基本要求

各单位应当对从事危险作业的作业负责人、监护人员、作业人员、应急救援人员进行专项安全培训，培训合格后方可上岗，特种作业人员及特种设备作业人员应持证上岗。

作业前，作业负责人应针对危险性较大的项目编制作业方案，此类项目包括如下：

(1)涉及一级动火作业的作业项目。

(2)涉及二级及以上高处作业的作业项目。

(3)涉及一级吊装作业的作业项目。

(4)同时涉及两种及以上危险作业的作业项目。

(5)其他危险性较大的作业项目。

作业前，作业负责人应办理作业审批手续，并由相关责任人签名确认，包括如下：

(1)危险作业应由作业负责人提出申请，经项目负责人确认，相关管理部门审核通过，单位领导批准后方可实施。

(2)同一作业涉及进入有限空间、动火、高处作业、临时用电、吊装中的两种或两种以上时，应同时办理相应的作业审批手续，执行相应的作业要求。

(3)同一危险作业可根据作业内容、危险有害因素等方面的相似性，实施某一阶段的批量作业审批，原则上时效不超过 72h(有特殊情况说明的从其规定)。过程中作业的人员、环境、设备、内容、安全要求等任一条件可能或已经发生变化时，应重新办理审批。

(4)相关方开展危险作业时，属地单位要求执行本单位危险作业审批的，相关方应按属地单位要求执行，项目完成后，危险作业审批表由属地单位收回存档；属地单位未要求执行本单位危险作业审批的，相关方应按照其内部管理程序办理审批手续。

(5)在执行应急抢修、抢险任务等紧急情况时，在确保现场具备安全作业条件下，作业负责人应电话征得单位领导同意后方可实施危险作业。

(6)审批表不得涂改且应保存至少 1 年以上。

(7)未经审批，任何人不得开展危险作业。

在履行审批手续前，作业负责人应对作业现场和作业过程中可能存在的危险、有害因素进行辨识与评估，制定相应的安全措施。

作业前，应对安全防护设备、个体防护装备、安全警戒设施、应急救援设备、作业设备和工具进行安全检查，发现问题应立即处理。

作业前，作业负责人应根据工作任务特点有针对性地向全体作业人员进行书面交底，内容包括作业任务、作业分工、作业程序、危险因素、防护措施及应急措施等，并由作业负责人和全体作业人员签字确认。

作业人员应遵守有关安全操作规程，并按规定着装及正确佩戴相应的个体防护用品，多工种、多层次交叉作业应统一协调。

三、有限空间作业安全管理

污水处理厂运行环境中的有限空间主要包括：各类地下管线检查井、排水管道、暗沟、初期雨水池、集水池、泵前池、雨水调蓄池、封闭式格栅间、闸门井、化粪池、滚筒格栅、电缆沟等。

在有限空间场所出入口显著位置应设置安全警示标志。

作业单位应配置气体检测、通风、照明、通信等安全防护设备，呼吸防护用品、安全帽、安全带等个体防护装备，安全警戒设施及应急救援设备。设备设施应符合相应产品的国家标准或行业标准要求。防护设备以及应急救援设备设施应妥善保管，定期进行检验、维护，以保证设备设施的正常运行。

有限空间作业过程应按照《有限空间作业安全技术规范》(DB 11/T 852—2019)执行，每个作业点监护人员不少于两人。

不具备有限空间作业安全生产条件的单位，不应实施有限空间作业，应将作业项目发包给具备安全生产条件的承包单位，并签订有限空间作业安全生产管理协议，明确双方安全职责。

根据作业事故风险特点，制定有限空间作业安全生产事故专项应急救援预案或现场处置方案，并至少每年进行 1 次应急演练。

有限空间作业过程中发生事故后，现场有关人员禁止盲目施救。应急救援人员实施救援时，应当做好自身防护，佩戴隔绝式呼吸器具、救援器材。

四、动火作业安全管理

应结合本单位实际情况划定动火区及禁火区，动火区不需办理动火作业审批手续，禁火区必须办理动火作业审批手续。

禁火区动火作业分为一级动火、二级动火两个级别，具体如下：

(1)一级动火作业是指在易燃易爆生产装置、输送管道、储罐、容器等部位及其他特殊危险场所进行的动火作业。如污泥消化罐区、沼气脱硫装置及气柜区、燃气锅炉房、甲醇及液氧等化学品罐区、热水解罐区、加油站、有限空间、档案室等重点防火部位。

(2)二级动火作业是指在厂区重要部位进行的除一级动火作业以外的动火作业。如变配电室、中控室、物资库房、化验室、地下管廊、污水泵站格栅间等重要场所。

(3)遇节日、假日或其他特殊情况，动火作业应升级管理。

作业前应进行动火分析，动火分析应符合以下要求：

(1)动火分析的监测点应有代表性，在较大的设备设施内动火，应对上、中、下各部位进行监测分析；在较长的物料管线上动火，应在彻底隔绝区域内分段分析。

(2)在设备外部动火，应在不小于动火点 10m 范围内进行动火分析。

(3)动火分析与动火作业间隔一般不超过 30min，如现场条件不允许，间隔时间可适当放宽，但不应超过 60min。

(4)作业中断时间超过 60min，应重新分析，每日动火前均应进行动火分析；作业期间应随时进行检测。

(5)使用便携式可燃气体检测仪或其他类似手段进行分析时，检测设备应经标准气体用品标定合格。

动火作业应符合以下规定：

(1)动火作业应有专人监火，作业前应清除动火现场及周围的易燃物品，或采取其他有效安全防火措施，并配备消防器材，满足作业现场应急需求。

(2)动火点周围或其下方的地面如有可燃物、孔洞、窨井、地沟、水封等，应检查分析并采取清理或封盖等措施；对于动火点周围有可能泄漏易燃、可燃物料的设备，应采取隔离措施。

(3)凡在盛有或盛装过危险化学品的容器、管道等生产、储存设施上动火作业，应将其与生产系统彻底隔离，并进行清洗、置换，分析合格后方可作业。

(4)拆除管线进行动火作业时，应先查明其内部介质及其走向，并根据所要拆除管线的情况制订安全防火措施。

(5)在有可燃物构件和使用可燃物做防腐内衬的设备内部进行动火作业时，应采取防火隔绝措施。

(6)在使用、储存氧气的设备上进行动火作业时，设备内含氧量不应超过21%。

(7)动火期间距动火点30m内不应排放可燃气体；距动火点15m内不应排放可燃液体；在动火点10m范围内及用火点下方不应同时进行可燃溶剂清洗或喷漆等作业。

(8)使用气焊、气割动火作业时，乙炔瓶和氧气瓶均应直立放置，两者间距不应小于5m，两者与作业地点间距均不应小于10m，并应设置防晒设施。

(9)作业完毕应清理现场，确认无残留火种后方可离开。

(10)严禁带料、带压动火。

(11)5级以上(含5级)大风天气，禁止露天动火作业。

五、临时用电安全管理

临时用电安全管理应符合以下规定：

(1)临时用电实行“三级配电、两级保护”原则，开关箱应符合一机、一箱、一闸、一漏。属地单位用电管理部门应校验电气设备，提供匹配的动力源，一次线必须由属地单位电工搭接，二次线由作业单位电工搭接。

(2)在开关上接引、拆除临时用电线路时，其上级开关应断电上锁并加挂安全警示标志。

(3)临时用电必须按电气安全技术要求进行，应由属地单位用电管理部门检查验收后方可通电使用。

(4)临时用电设施必须做到人走断电，同时将配电箱或操作盘锁好。

(5)临时用电作业单位不应擅自向其他单位转供电或增加用电负荷，以及变更用电地点和用途。

(6)临时线路一次线到期由属地单位电工负责拆除。

(7)临时线路使用期限一般不超过15天，特殊情况下需延长使用时应办理延期手续，但最长不能超过一个月。基建施工项目的临时线路使用期限可按施工期确定。

架设临时用电线路应符合以下规定：

(1)在爆炸和火灾危害的场所架设临时线路时，应对周围环境进行可燃气体检测分析。当被测气体或蒸汽的爆炸下限大于或等于4%时，其被测浓度应不大于0.5%(体积分数)；当被测气体或蒸汽的爆炸下限小于4%时，其被测浓度应不大于0.2%(体积分数)。同时应使用相应防爆等级的电源及电气元件，并采取相应的防爆安全措施。

(2)临时线路应有一总开关，每一分路临时用电设施应安装符合规范要求的漏电保护器，移动工具、手持式电动工具应逐个配置漏电保护器和电源开关。

(3)临时线路必须采用绝缘良好的导线，线型应与负荷匹配。

(4)临时线路必须沿墙或悬空架设，穿越道路铺设时应加设防护套管及安全标志；悬空架设时应加设限高标志，线路最大弧垂与地面距离，在作业现场不低于2.5m，穿越机动车道不低于5m。

(5)临时线路必须设置在地面上的部分，应采取可靠的保护措施，并设置安全警示标志。

(6)现场临时用电配电盘、箱应有电压标识和危险标识，应有防雨措施，盘、箱、门应能牢靠关闭并能上锁。

(7)临时线路与其他设备、门窗、水管保证一定的安全距离。

(8)临时线路不得沿树木捆绑。临时线路与支撑物间、线与线间应有良好绝缘。

(9)临时用电设备应有可靠的接地(零)。

六、高处作业安全管理

高处作业分为一级、二级、三级和特级高处作业。具体如下：

(1)作业高度在$2m \leq h < 5m$时，称为一级高处作业。

(2)作业高度在$5m \leq h < 15m$时，称为二级高处作业。

(3)作业高度在$15m \leq h < 30m$时，称为三级高处作业。

(4)作业高度在 $h \geq 30m$ 时，称为特级高处作业。

高处作业应符合以下规定：

(1)在进行高处作业时，作业人员必须系好安全带、戴好安全帽，作业现场必须设置安全护梯或安全网(强度合格)等防护设施。同时应设监护人对高处作业人员进行监护，监护人应坚守岗位。

(2)高处作业的人员应熟悉现场环境和施工安全要求，患有职业禁忌证和年老体弱、疲劳过度、视力缺陷及酒后者等人员不得进行高处作业。

(3)进行高处作业的人员原则上不应交叉作业，凡因工作需要，必须交叉作业时，要设安全网、防护棚等安全设施，划定防护安全范围，否则不得作业。

(4)铺设易折、易碎、薄型屋面建筑材料(石棉瓦、石膏板、薄木板等)时，应铺设牢固的脚手板并加以固定，脚手板上要有防滑措施。

(5)高处作业所用的工具、零件、材料等必须装入工具袋，上下时手中不得拿物件，且必须从指定的路线上下，禁止从上往下或从下往上抛扔工具、物体或杂物等，不得将易滚易滑的工具、材料堆放在脚手架上，工作完毕时应及时将各种工具、零部件等清理干净，防止坠落伤人，上下输送大型物件时，必须使用可靠的起吊设备。

(6)进行高处作业前，应检查脚手架、跳板等上面是否有水、泥、冰等，如果有，要采取有效的防滑措施，当结冰、积雪严重而无法清除时，应停止高处作业。

(7)在临近有排放有毒有害气体、粉尘的放空管线或烟囱的场所进行高处作业时，作业点的有毒物浓度应在允许浓度范围内，并采取有效的防护措施。发现有毒有害气体泄漏时，应立即停止工作，工作人员马上撤离现场。

(8)高处作业地点应与架空电线保持规定的安全距离，作业人员活动范围及其所携带的工具、材料等与带电导线的最短距离大于安全距离(电压不大于10kV，安全距离为1.7m；电压为35kV，安全距离为2m；电压等级65～110kV，安全距离为2.5m；电压为220kV，安全距离为4m；电压为330kV，安全距离为5m；电压为500kV，安全距离为6m)。

(9)高处作业所用的脚手架，必须符合《建筑安装工程安全技术规程》的规定。

(10)高处作业所用的便携式木梯和便携式金属梯时，梯脚底部应坚实，不得垫高使用。踏板不得有缺挡。梯子的上端应有固定措施。立梯工作角度以75°±5°为宜。梯子如需接长使用，应有可靠的连接措施，且接头不得超过1处。连接后梯梁的强度，不应低于单梯梯梁的强度。折梯使用时上部夹角以35°～45°为宜，铰链应牢固，并应有可靠的拉撑措施。

(11)夜间高处作业应有充足的照明。

(12)遇有5级以上(含5级)大风、暴雨、大雾或雷电天气时，应停止高处作业。

七、吊装作业安全管理

吊装作业按吊装重物的质量分为两级。具体如下：

(1)一级吊装作业吊装重物的质量大于5t。

(2)二级吊装作业吊装重物的质量不大于5t。

(3)吊件质量虽不大于5t，但具有形状复杂、刚度小、长径比大、精密贵重、施工条件特殊的情况，吊装作业应按一级吊装作业管理。

(4)吊件质量虽不大于5t，但作业地点位于办公楼宇、职工宿舍、危险化学品等场所周围或临近输电线路时，吊装作业应按一级吊装作业管理。

吊装作业应符合以下规定：

(1)二级吊装作业应严格落实各项安全措施，可不用办理作业审批手续。

(2)各种吊装作业前，应预先在吊装现场设置安全警戒标识并设专人监护，非施工人员禁止入内。

(3)吊装作业前必须对各种起重吊装机械的运行部位、安全装置以及吊具、索具进行详细的安全检查，吊装设备的安全装置灵敏可靠。吊装前必须试吊，确认无误后，方可作业。

(4)吊装作业时，必须分工明确、坚守岗位，并按规定的联络信号，统一指挥。必须按规定负荷进行吊装，吊具、索具经计算选择使用，严禁超负荷运行。所吊重物接近或达到额定起重吊装能力时，应检查抽动器，用低高度、短行程试吊后，再平稳吊起。

(5)严禁利用管道、管架、电杆、机电设备等作吊装锚点。

(6)任何人不得随同吊装物或吊装机械升降。

(7)吊装作业现场的吊绳索、揽风绳、拖拉绳等应避免同带电线路接触，并保持安全距离。

(8)悬吊重物下方严禁站人、通行或工作。

(9)吊装作业中，夜间应有足够的照明。

(10)室外作业遇到大雪、暴雨、大雾及5级以上(含5级)大风时，应停止作业。

(11)在吊装作业中，有下列情况之一者不准吊装：指挥信号不明；超负荷或物体质量不明；斜拉重物；光线不足、看不清重物；重物下站人；重物埋在地下；重物紧固不牢，绳打结、绳不齐；棱刃物体没有衬垫措施；重物越人头；安全装置失灵。

第五节　突发安全事故的应急处置

一、通　则

一旦发生突发安全事故，发现人应在第一时间向直接领导进行上报，视实际情况进行处理，并视现场情况拨打 119、120、110 等社会救援电话。

二、常见事故应急处置

操作人员必须熟知的应急救援预案包括：火灾应急预案；机械伤害应急预案；有毒有害气体中毒应急预案；淹溺应急预案；高处坠落应急预案；触电应急预案。以下就常见事故应急措施做简要说明。

(一)中毒与窒息

有毒有害气体种类主要为硫化氢、一氧化碳、甲烷。窒息主要原因为受限空间内含氧量过低。一般处置程序如下：

1. 预　防

操作人员应掌握有毒有害气体相关知识，正确佩戴合适的防护用品，操作中持续进行气体含量检测，气体检测报警时，应撤离现场，及时上报。操作过程中出现污泥或污水泄漏情况，在不明情况下不得进入现场。

2. 报　警

现场一旦发现有人员中毒窒息，应马上拨打 120 救护电话，报警内容应包括：单位名称、详细地址、发生中毒事故的时间、危险程度、有毒有害气体的种类，报警人及联系电话，并向相关负责人员报告。

3. 救　护

救援人员必须正确穿戴救援防护用品后，确保安全后方可进入施救，以免盲目施救发生次生事故。迅速将伤者移至空旷通风良好的地点。判断伤者意识、心跳、呼吸、脉搏。清理口腔及鼻腔中的异物。根据伤者情况进行现场施救。搬运伤者过程中要轻柔、平稳，尽量不要拖拉、滚动。

(二)淹　溺

1. 救援要点

(1)强调施救者的自我保护意识。所有的施救者必须明确：施救者自己的安全必须放在首位。只有首先保护好自己，才有可能成功救人。否则非但救不了人，还有可能把自己的生命葬送。

(2)及时呼叫专业救援人员。专业救援人员的技能和装备是一般人所不具备的，因此发生淹溺时应该尽快呼叫专业急救人员(医务人员、涉水专业救生员等)，让他们尽快到达现场参与急救以及上岸后的医疗救助。

(3)充分准备和利用救援物品。救援物品包括救援所用的绳索、救生圈、救生衣及其他漂浮物(如木板、泡沫塑料等)、照明设备、医疗装备等，良好的救援装备能使救援工作事半功倍地完成，其效果要比徒手救援好得多。

(4)救援前与淹溺者充分沟通。得不到淹溺者的配合的救援不但很难成功，而且还能增加救援者的危险，因此救援者应首先充分与淹溺者沟通，这一点十分重要。沟通的方式可以通过大声呼唤，也可以通过手势进行，其主要沟通内容包括：告诉淹溺者救援已经在进行，鼓励淹溺者战胜恐惧，要沉着冷静，不要惊慌失措，放弃无效挣扎，还可以告诉淹溺者水中自救的方法，如向下划水的方法、踩水方法、除去身上的负重物等，同时特别还要告诉溺水者听从救援者的指挥，冷静下来配合营救，这样能取得事半功倍的效果。

2. 救援方式

1)伸手救援(不推荐)

该方法是指救援者直接向落水者伸手将淹溺者拽出水面的救援方法。适用于营救者与淹溺者的距离伸手可及同时淹溺者还清醒的情况。使用该法救援时存在很大的风险，救援者稍加不慎就容易被淹溺者拽入水中，因此不推荐营救者使用该方式救援落水者。

2)借物救援(推荐)

该方法是或借助某些物品(如木棍等)把落水者拉出水面的方法，适用于营救者距淹溺者的距离较近(数米之内)同时淹溺者还清醒的情况。其操作方法及注意点包括：救援者应尽量站在远离水面同时又能够到淹溺者的地方，将可延长距离的营救物如树枝、木棍、竹竿等物送至落水者前方，并嘱其牢牢握住。此时要注意避免坚硬物体给淹溺者造成伤害，应从淹溺者身侧横向移动交给溺者，不可直接伸向淹溺者胸前，以防将其刺伤。在确认淹溺者已经牢牢握住延长物时，救助者方能拽拉淹溺者。其姿势与伸手救援法一样，首先采取侧身体位，站稳脚跟，降低身体重心，同时叮嘱落水者配合并将其拉出。在拽拉过程中救援者如突然失去重心时应立即放开手，以免被落水者拽入水中。尽管救援者丧失了延伸物，但避免了落水，保障了自己的安全。此时应再想办法营救。

3)抛物救援(推荐)

该方法是指向落水者抛投绳索及漂浮物(如救生

圈、救生衣、木板等)的营救方法，适用于落水者与营救者距离较远且无法接近落水者、同时淹溺者还处在清醒状态的情况。其操作方法及注意点包括：抛投绳索前要在绳索前端系有重物，如可将绳索前端打结或将衣服浸湿叠成团状捆于绳索前端，这样利于投掷。此外必须事先大声呼唤与落水者沟通，使其知道并能够抓住抛投物。抛投物应抛至落水者前方。所有的抛投物均最好有绳索与营救者相连，这样有利于尽快把落水者救出。此时营救者也应注意降低体位，重心向后，站稳脚跟，以免被落水者拽入水中。

4)游泳救援(不推荐)

该方法也称为下水救援，这是最危险的、不得已而为之的救援方法，只有在上述4种施救法都不可行时，才能采用此法。因此不推荐营救者使用该方式救援落水者。

3. 上岸后的溺水者救治

迅速检查患者，包括意识、呼吸、心搏、外伤等情况，根据伤者状态进行下一步处置：

(1)对意识清醒患者实施保暖措施，进一步检查患者，尽快送医治疗。

(2)对意识丧失但有呼吸心跳患者实施人工呼吸，确保保暖，避免呕吐物堵塞呼吸道。

(3)对无呼吸患者实施心肺复苏术。

(三)机械伤害

发生机械伤害事故后，应及时报告相关负责人员，同时根据现场实际情况，大致判明受伤者的部位，拨打120或999急救电话，必要时可对伤者进行临时简单急救。

处置过程中应关注周边是否有有毒有害气体、是否可能引发触电等危险源，采取有针对性安全技术措施，避免发生次生灾害，引发二次伤害。

处理伤口的原则如下：

(1)立刻止血：当伤口很深，流血过多时，应该立即止血。如果条件不足，一般用手直接按压可以快速止血。通常会在1~2min止血。如果条件允许，可以在伤口处放一块干净且吸水的毛巾，然后用手压紧。

(2)清洗伤口：如果伤口处很脏，而且仅仅是往外渗血，为了防止细菌的深入，导致感染，则应先清洗伤口。一般可以清水或生理盐水。

(3)给伤口消毒：为了防止细菌滋生，感染伤口，应对伤口进行消毒，一般可以消毒纸巾或者消毒酒精对伤口进行清洗，可以有效地杀菌，并加速伤口的愈合。

(四)触　电

1. 断开电源

发现有人触电时，应保持镇静，根据实际情况，迅速采取以下方式，尽快使触电者脱离电源，触电者未脱离电源前不可用人体直接接触触电者。

关闭电源开关、拔去插头或熔断器。

用干燥的木棒、竹竿等非导电物品移开电源或使触电者脱离电源。

用平口钳、斜口钳等绝缘工具剪断电线。

2. 紧急抢救

当触电者脱离电源后，如果触电者尚未失去知觉，则必须使其保持安静，并立即通知就近医疗机构医护人员进行诊治，密切注意其症状变化。

如果触电者已失去知觉，但呼吸尚存，应使其在通风位置仰卧，将上衣与腰带放松，使其容易呼吸，并立即拨打120或999急救电话呼叫救援。

若触电者呼吸困难，有抽筋现象，则应积极进行人工呼吸；如果触电者的呼吸、脉搏及心跳都已停止，此时不能认为其已死亡，应立即对其进行心肺复苏；人工呼吸必须连续不断地进行到触电者恢复自主呼吸或医护人员赶到现场救治为止。

(五)火灾的应急救援

1. 初期火灾扑救

初期火灾扑救的基本方法如下：

1)冷却灭火法

冷却灭火法，就是将灭火剂直接喷洒在可燃物上，使可燃物的温度降低到自燃点以下，从而使燃烧停止。用水扑救火灾，其主要作用就是冷却灭火。一般物质起火，都可以用水来冷却灭火。

火场上，除用冷却法直接灭火外，还经常用水冷却尚未燃烧的可燃物质，防止其达到燃点而着火；还可用水冷却建筑构件、生产装置或容器等，以防止其受热变形或爆炸。

2)隔离灭火法

隔离灭火法，是将燃烧物与附近可燃物隔离或者疏散开，从而使燃烧停止。这种方法适用于扑救各种固体、液体、气体火灾。

采取隔离灭火的具体措施很多。例如，将火源附近的易燃易爆物质转移到安全地点；关闭设备或管道上的阀门，阻止可燃气体、液体流人燃烧区；排除生产装置、容器内的可燃气体、液体，阻拦、疏散可燃液体或扩散的可燃气体；拆除与火源相毗连的易燃建筑结构，形成阻止火势蔓延的空间地带等。

3)窒息灭火法

窒息灭火法，即采取适当的措施，阻止空气进入燃烧区，或惰性气体稀释空气中的氧含量，使燃烧物质因缺乏或断绝氧而熄灭，适用于扑救封闭式的空间、生产设备装置及容器内的火灾。火场上运用窒息法扑救火灾时，可采用石棉被、湿麻袋、湿棉被、沙土、泡沫等不燃或难燃材料覆盖燃烧或封闭孔洞；用水蒸气、惰性气体（如二氧化碳、氮气等）充入燃烧区域；利用建筑物上原有的门以及生产储运设备上的部件来封闭燃烧区，阻止空气进入。但在采取窒息法灭火时，必须注意以下几点：

（1）燃烧部位较小，容易堵塞封闭，在燃烧区域内没有氧化剂时，适于采取这种方法。

（2）在采取用水淹没或灌注方法灭火时，必须考虑到火场物质被水浸没后所产生的不良后果。

（3）采取窒息方法灭火以后，必须确认火已熄灭，方可打开孔洞进行检查。严防过早地打开封闭的空间或生产装置，而使空气进入，造成复燃或爆炸。

（4）采用惰性气体灭火时，一定要将大量的惰性气体充入燃烧区，迅速降低空气中氧的含量，以达窒息灭火的目的。

4）抑制灭火法

抑制灭火法，是将化学灭火剂喷入燃烧区参与燃烧反应，中止链反应而使燃烧反应停止。采用这种方法可使用的灭火剂有干粉和卤代烷灭火剂。灭火时，将足够数量的灭火剂准确地喷射到燃烧区内，使灭火剂阻断燃烧反应，同时还要采取冷却降温措施，以防复燃。

在火场上，应根据燃烧物质的性质、燃烧特点和火场的具体情况，以及灭火器材装备的性能选择灭火方法。

2. 灭火设施的使用

1）灭火器的使用

灭火器是一种轻便、易用的消防器材。灭火器的种类较多，主要有水型灭火器、空气泡沫灭火器、干粉灭火器、二氧化碳灭火器以及1211灭火器等（图2-35）。

（1）空气泡沫灭火器的使用

空气泡沫灭火器主要适用于扑救汽油、煤油、柴油、植物油、苯、香蕉水、松香水等易燃液体引起的火灾。对于水溶性物质，如甲醇、乙醇、乙醚、丙酮等化学物质引起的火灾，只能使用抗溶性空气泡沫灭火器扑救。

作业人员可以手提或肩扛的形式迅速带灭火器赶到火场，在距离燃烧物6m左右的地方拔出保险销，一只手握住开启压把，另一只手紧握喷枪，用力捏紧开启压把，打开密封或刺穿储气瓶密封片，即可从喷枪口喷出空气泡沫。灭火方法与手提式化学泡沫灭火器相同。但在使用空气泡沫灭火器时，作业人员应使灭火器始终保持直立状态，切勿颠倒或横放使用，否则会中断喷射。同时作业人员应一直紧握开启压把，不能松手，否则也会中断喷射。

（2）手提式干粉灭火器的使用

手提式干粉灭火器适用于易燃、可燃液体、气体及带电设备的初起火灾，还可扑救固体类物质的初起火灾，但不能扑救金属燃烧的火灾。

如图2-36所示，灭火时，作业人员可以手提或肩扛的形式带灭火器快速赶赴火场，在距离燃烧处5m左右的地方放下灭火器开始喷射。如在室外，应选择在上风方向喷射。

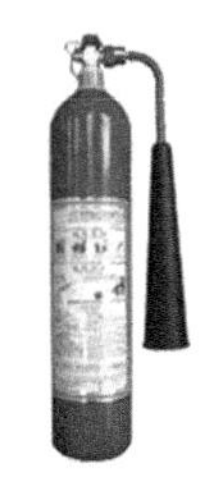

（a）手持式干粉灭火器　（b）手持式泡沫灭火器　（c）手持式二氧化碳灭火器　（d）推车式干粉灭火器

图2-35　常用的灭火器

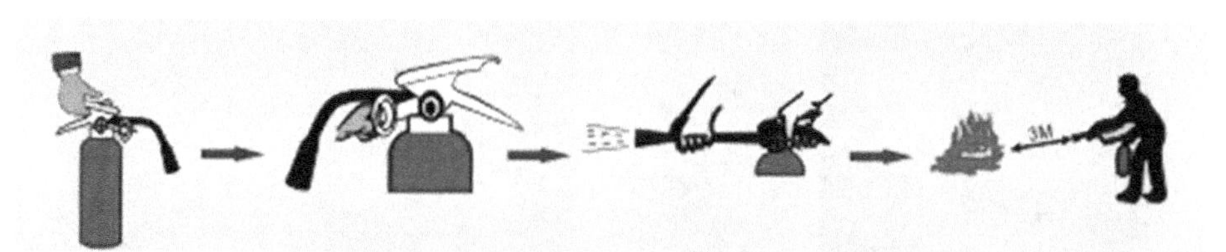

取出灭火器 → 拔掉保险销 → 一手握住压把一手握住喷管 → 对准火苗根部喷射（人站立在上风）

图2-36　干粉灭火器的使用

如果使用的干粉灭火器是外挂式储气瓶或储压式的储气瓶，操作者应一只手紧握喷枪，另一只手提起储气瓶上的开启提环；如果储气瓶的开启是手轮式的，则应沿逆时针方向旋开，并旋到最高位置，随即提起灭火器。当干粉喷出后，迅速对准火焰的根部扫射。

如果使用的干粉灭火器是内置式或储压式的储气瓶，操作者应先一只手将开启把上的保险销拔下，然后握住喷射软管前端的喷嘴部，另一只手将开启压把压下，打开灭火器进行灭火。在使用有喷射软管的灭火器或储压式灭火器时，操作者的一只手应始终压下压把，不能放开，否则会中断喷射。

灭火时，操作者应对准火焰根部扫射。如果被扑救的液体火灾呈流淌燃烧状态时，应对准火焰根部由近而远并左右扫射，直至把火焰全部扑灭。如果可燃液体在容器内燃烧，操作者应对准火焰根部左右晃动扫射，使喷射出的干粉流覆盖整个容器开口表面。当火焰被赶出容器时，操作者应继续喷射，直至将火焰全部扑灭。

(3)推车式干粉灭火器的使用

推车式干粉灭火器主要适用于扑救易燃液体、可燃气体和电器设备的初起火灾。推车式干粉灭火器移动方便、操作简单，灭火效果好。

作业人员把灭火器拉或推到现场，用右手抓住喷粉枪，左手顺势展开喷粉胶管，直至平直，不能弯折或打圈；接着除掉铅封，拔出保险销，用手掌使劲按下供气阀门；再左手把持喷粉枪管托，右手把持枪把，用手指扳动喷粉开关，对准火焰根部喷射，不断靠前左右摆动喷粉枪，使干粉覆盖燃烧区，直至把火扑灭。

(4)二氧化碳灭火器的使用

二氧化碳灭火器适用于扑灭精密仪器、电子设备、珍贵文件、小范围的油类等引发的火灾，但不宜用于扑灭钾、钠、镁等金属引起的火灾。

作业人员将灭火器提或扛到火场，在距离燃烧物5m左右的地方，放下灭火器，并拔出保险销，一只手握住喇叭筒根部的手柄，另一只手紧握启闭阀的压把。对于没有喷射软管的二氧化碳灭火器，操作者应把喇叭筒往上扳70°~90°。使用时，操作者不能直接用手抓住喇叭筒外壁或金属连线管，防止手被冻伤。

灭火时，当可燃液体呈流淌状燃烧时，操作者将二氧化碳灭火剂的喷流由近而远对准火焰根部喷射。如果可燃液体在容器内燃烧，操作者应将喇叭筒提起，从容器一侧的上部向燃烧的容器中喷射，但不能将二氧化碳射流直接冲击可燃液面，以防止将可燃液体冲出容器而扩大火势。

(5)酸碱灭火器使用

酸碱灭火器适用于扑救木、棉、毛、织物、纸张等一般可燃物质引起的火灾，但不能用于扑救油类、忌水和忌酸物质及带电设备的火灾。

操作者应手提筒体上部的提环，迅速赶到着火地点，绝不能将灭火器扛在背上或过分倾斜灭火器，以防两种药液混合而提前喷射。在距离燃烧物6m左右的地方，将灭火器颠倒过来并晃动几下，使两种药液加快混合；然后一只手握住提环，另一只手抓住筒体下部的底圈将喷出的射流对准燃烧最猛烈处喷射。随着喷射距离的缩减，操作者应向燃烧处推进。

2)消火栓的使用

消火栓是一种固定的消防工具，主要作用是控制可燃物，隔绝助燃物，消除着火源。消火栓分为地上消火栓和地下消火栓。使用前需要先打开消火栓门，按下内部火警按钮。按钮主要用于报警和启动消防泵。使用步骤如图2-37所示，过程中需要人员配合使用，一人接好枪头和水带赶往起火点，另一人则接

(a)打开或击碎消防箱门

(b)取出并展开消防水带

(c)一端连接消防栓

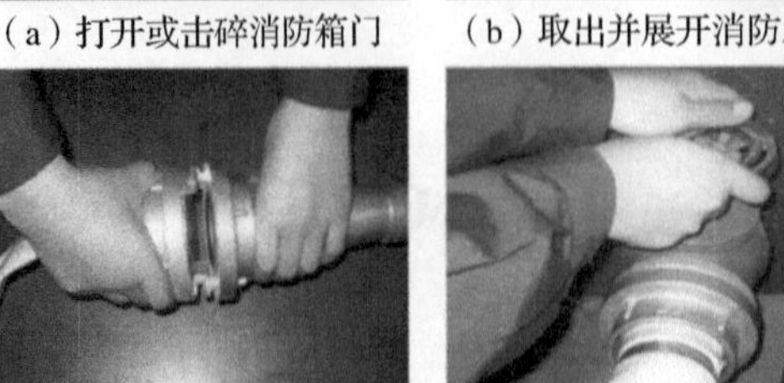

(d)另一端连接消防枪头

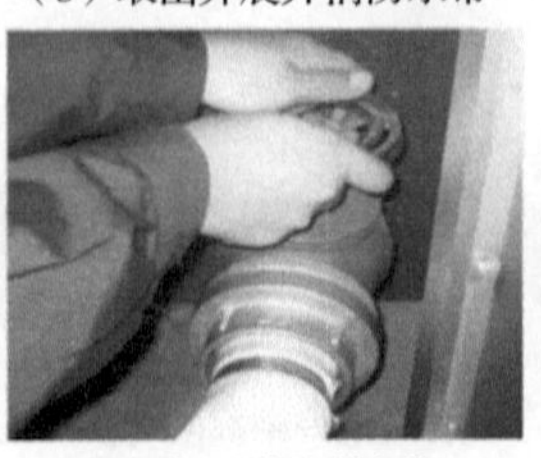

(e)打开消防栓阀门

(f)对准火焰根部进行灭火

图2-37 消火栓的使用

好水带和阀门口，再沿逆时针方向打开阀门使水喷出。

3. 电气灭火

由于电气火灾具有着火后电气设备可能带电，如不注意可能引起触电事故等特点，为此对电气灭火进行以下重要说明：

(1)电气灭火时，最重要的是先切断电源，随后采取必要的救火措施，并及时报警。

(2)进行电火处理时，必须选用合适的灭火器，并按要求进行操作，不得违规操作。应选用二氧化碳灭火器、1211 灭火器或用黄沙灭火，但应注意不要将二氧化碳喷射到人体的皮肤及身体其他部位上，以防冻伤和窒息。在没有确定电源已被切断时，绝不允许用水或普通灭火器灭火，否则很可能发次生事故。

(3)为了避免触电，人体与带电体之间应保持足够的安全距离。

(4)对架空线路等设备进行灭火时，要防止导线断落伤人。

(5)如果带电导线跌落地面，要划出一定的警戒区，防止跨步电压伤人。

(6)电气设备发生接地时，室内扑救人员不得进入距故障点 4m 以内的区域，室外扑救人员不得接近距故障点 8m 以内的区域。

4. 火速报警

火灾初起，一方面要积极扑救，另一方面要迅速报警。

1)报警对象

(1)召集周围人员前来扑救，动员一切可以动员的力量。

(2)本单位消防与保卫部门，迅速组织灭火。

(3)公安消防队，报告火警电话 119。

(4)出警报，组织人员疏散。

2)报警方法

(1)本单位报警利用呼喊、警铃等平时约定的方式。

(2)利用广播、固定电话和手机。

(3)距离消防队较近的可直接派人到消防队报警。

(4)消防部门报警。

3)火灾逃生自救

(1)火灾袭来时要迅速逃生，不要贪恋财物。

(2)平时就要了解掌握火灾逃生的基本方法，熟悉多条逃生路线。

(3)受到火势威胁时，要当机立断披上浸湿的衣物或被褥等向安全出口方向冲出去。

(4)穿过浓烟逃生时，要尽量使身体贴近地面，并用湿毛巾捂住口鼻。

(5)身上着火，千万不要奔跑，可就地打滚或用厚重的衣物压灭火苗。

(6)遇火灾不可乘坐电梯，要向安全出口方向逃生。

(7)室外着火，门已发烫，千万不要开门，以防大火蹿入室内，要用浸湿的被褥，衣物等堵塞门窗缝，并泼水降温。

(8)若所逃生线路被大火封锁，要立即退回室内，用打手电筒、挥舞衣物、呼叫等方式向窗外发送求救信号，等待救援。

(9)千万不要盲目跳楼，可利用疏散楼梯、阳台、落水管等逃生自救。也可用绳子把床单、被套撕成条状连成绳索，紧系在窗框、暖气管、铁栏杆等固定物上，用毛巾、布条等保护手心，顺绳滑下，或下到未着火的楼层脱离险境。

(六)高处坠落

事故发现人员，第一时间报告相关责任人，并根据情况拨打 120 或 999 救护电话。

高处坠落的应急措施如下：

(1)发生高空坠落事故后，现场知情人应当立即采取措施，切断或隔离危险源，防止救援过程中发生次生灾害。

(2)当发生人员轻伤时，现场人员应采取防止受伤人员大量失血、休克、昏迷等紧急救护措施。

(3)遇有创伤性出血的伤员，应迅速包扎止血，使伤员保持在头低脚高的卧位，并注意保暖。

(4)如果伤者处于昏迷状态但呼吸心跳未停止，应立即进行口对口人工呼吸，同时进行胸外心脏按压。昏迷者应平卧，面部转向一侧，维持呼吸道通畅，防止分泌物、呕吐物吸入。

(5)如果伤者心跳已停止，应进行心肺复苏。

(6)发现伤者骨折，不要盲目搬运伤者。

(7) 持续救护至急救人员到达现场，并配合急救人员进行救治。

(七)危险化学品烧伤和中毒

危险化学品具有易燃、易爆、腐蚀、有毒等特点，在使用过程中容易发生烧伤与中毒事故。化学危险品事故急救现场，一方面要防止受伤者烧伤和中毒程度的加深；另一方面又要使受伤者维持呼吸。

1. 化学性皮肤烧伤

对化学性皮肤烧伤者，应立即移离现场，迅速脱去受污染的衣裤、鞋袜等，并用大量流动的清水冲洗创面 20~30min(如遇强烈的化学危险品，冲洗的时间要更长)，以稀释有毒物质，防止继续损伤和通过伤口吸收。

新鲜创面上不要随意涂抹油膏或红药水、紫药水，不要用脏布包裹。

黄磷烧伤时应用大量清水冲洗、浸泡或用多层干净的湿布覆盖创面。

2. 化学性眼烧伤

化学性眼烧伤者，应在现场迅速用流动的清水进行冲洗，冲洗时将眼皮掰开，把裹在眼皮内的化学品彻底冲洗干净。

现场若无冲洗设备，可将头埋入盛满清水的清洁盆中，翻开眼皮，让眼球来回转动进行清洗。

若电石、生石灰颗粒溅入眼内，应当先用蘸有石蜡油(液状石蜡)或植物油的棉签去除颗粒后，再用清水冲洗。

3. 危险化学品急性中毒

沾染皮肤中毒时，应迅速脱去受污染的衣物，并用大量流动的清水冲洗至少15min，面部受污染时，要首先冲洗眼睛。

吸入中毒时，应迅速脱离中毒现场，向上风方向移至空气新鲜处，同时解开中毒者的衣领，放松裤带，使其保持呼吸道畅通，并要注意保暖，防止受凉。

口服中毒，中毒物为非腐蚀性物质时，可用催吐方法使其将毒物吐出。误服强碱、强酸等腐蚀性强的物品时，催吐反而会使食道、咽喉再次受到严重损伤，这时可服用牛奶、蛋清、豆浆、淀粉糊等。此时不能洗胃，也不能服碳酸氢钠，以防胃胀气引起胃穿孔。

现场如发现中毒者心跳、呼吸骤停，应立即实施人工呼吸和体外心脏按压术，使其维持呼吸、循环功能。

三、防护用品及应急救援器材

操作人员必须熟练使用防护用品及应急救援器材，具体包括：救援三脚架、正压式呼吸器、四合一气体检测仪、汽油抽水泵、排污泵(电泵)、对讲机、灭火器、消防栓及消防水带、五点式安全带、复合式洗眼器、防化服等。

四、事故现场紧急救护

(一)事故现场紧急救护的原则

1. 紧急呼救

当紧急灾害事故发生时，应尽快拨打电话120、999、110呼叫。

2. 先救命后治伤，先重伤后轻伤

在事故的抢救过程中，不要因忙乱或受到干扰，被轻伤员喊叫所迷惑，使危重伤员被耽误最后救出，本着先救命后治伤的原则。

3. 先抢后救、抢中有救，尽快脱离事故现场

在可能再次发生事故或引发其他事故的现场，如失火可能引起爆炸的现场、有害气体中毒现场，应先抢后救，抢中有救，尽快脱离事故现场，确保救护者与伤者的安全。

4. 先分类再后送

不管轻伤重伤，甚至对大出血、严重撕裂伤、内脏损伤、颅脑损伤伤者，如果未经检伤和任何医疗急救处置就急送医院，后果十分严重。因此，必须坚持先进行伤情分类，把伤员集中到标志相同的救护区，有的伤员需等待伤势稳定后方能运送。

5. 医护人员以救为主，其他人员以抢为主

救护人员应各负其责，相互配合，以免延误抢救时机。通常先到现场的医护人员应该担负现场抢救的组织指挥职责。

(二)事故现场紧急救护方法

1. 人工呼吸

人工呼吸适用于触电休克、溺水、有害气体中毒、窒息或外伤窒息等引起呼吸停止、假死状态者。

在施行人工呼吸前，要先将伤员运送到安全、通风良好的地点，将伤员领口解开，放松腰带，注意保持体温。腰背部要垫上软的衣服等。应先清除口中脏物，把舌头拉出或压住，防止堵住喉咙，妨碍呼吸。各种有效的人工呼吸必须在呼吸道畅通的前提下进行。

1)口对口或(鼻)吹气法

此法操作简便容易掌握，而且气体的交换量大，接近或等于正常人呼吸的气体量，效果较好。如图2-38所示，操作方法如下：

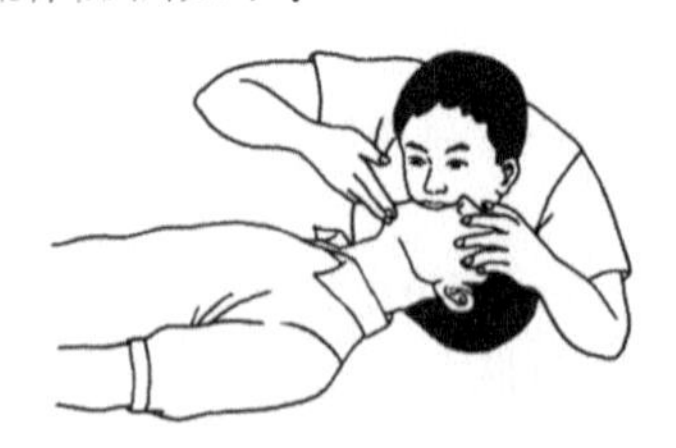

图2-38 口对口人工呼吸法

(1)病人取仰卧位，即胸腹朝天，颈后部(不是头后部)垫一软枕，使其头尽量后仰。

(2)救护人站在其头部的一侧，自己深吸一口气，对着伤病人的口(两嘴要对紧不要漏气)将气吹入，造成吸气。为使空气不从鼻孔漏出，此时可用一手将其鼻孔捏住，在病人胸壁扩张后，即停止吹气，让病人胸壁自行回缩，呼出空气。这样反复进行，每

分钟进行 14～16 次。如果病人口腔有严重外伤或牙关紧闭时，可对其鼻孔吹气（必须堵住口），即为口对鼻吹气。注意吹起时切勿过猛、过短，也不宜过长，以占一次呼吸周期的 1/3 为宜。

2）俯卧压背法

该方法气体交换量小于口对口吹气法，但抢救成功率较高。目前，在抢救触电、溺水时，现场多用此法。如图 2-39 所示，操作方法如下：

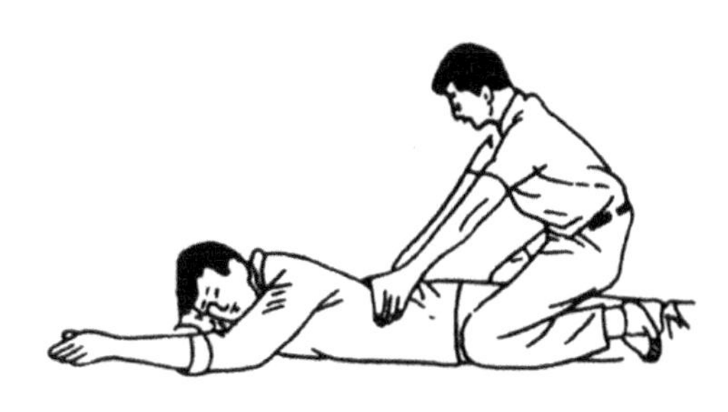

图 2-39　俯卧压背法

（1）伤病人取俯卧位，即胸腹贴地，腹部可微微垫高，头偏向一侧，两臂伸过头，一臂枕于头下，另一臂向外伸开，以使胸廓扩张。

（2）救护人面向其头，两腿屈膝跪于伤病人大腿两旁，把两手平放在其背部肩胛骨下角（大约相当于第七对肋骨处）、脊柱骨左右，大拇指靠近脊柱骨，其余 4 指稍开。

（3）救护人俯身向前，慢慢用力向下压缩，用力的方向是向下、稍向前推压。当救护人的肩膀与病人肩膀将成一直线时，不再用力。在这个向下、向前推压的过程中，即将肺内的空气压出，形成呼气，然后慢慢放松全身，使外界空气进入肺内，形成吸气。

（4）按上述动作，反复有节律地进行，每分钟 14～16 次。

3）仰卧压胸法

此法便于观察病人的表情，而且气体交换量也接近于正常的呼吸量，但最大的缺点是，伤员的舌头由于仰卧而后坠，阻碍空气的出入，在淹溺、胸外伤、二氧化硫中毒、二氧化氮中毒时，不宜采用此法。如图 2-40 所示，操作方法如下：

（1）病人取仰卧位，背部可稍垫起，使胸部凸起。

（2）救护人员屈膝跪地于病人大腿两旁，把双手分别放于乳房下（相当于第六七对肋骨处），大拇指向内，靠近胸骨下端，其余四指向外。放于胸廓肋骨之上。

（3）向下稍向前压，其方向、力量、操作要领与俯卧压背法相同。

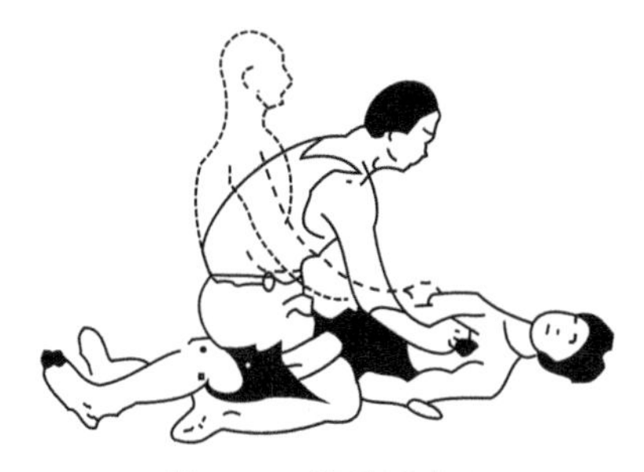

图 2-40　仰卧压胸法

2. 心脏复苏

首先判断患者有无脉搏。操作者跪于患者一侧，一手置于患者前额使头部保持后仰位，另一手以食指和中指尖置于喉结上，然后滑向颈肌（胸锁乳突肌）旁的凹陷处，触摸颈动脉。如果没有搏动，表示心脏已经停止跳动，应立即进行胸外心脏按压（图 2-41）。

（1）确定正确的胸外心脏按压位置：先找到肋弓下缘，用一只手的食指和中指沿肋骨下缘向上摸至两侧肋缘于胸骨连接处的切痕迹，以食指和中指放于该切迹上，将另一只手的掌根部放于横指旁，再将第一只手叠放在另一只手的手背上，两手手指交叉扣起，手指离开胸壁。

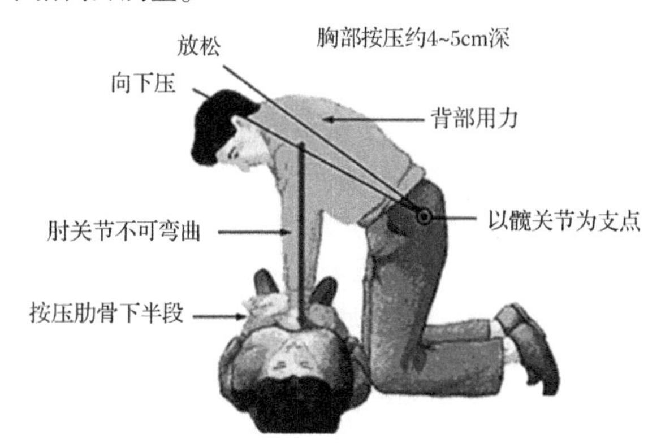

图 2-41　心脏复苏

（2）施行按压：操作者前倾上身，双肩位于患者胸部上方正中位置，双臂与患者的胸骨垂直，利用上半身的体重和肩臂力量，垂直向下按压胸骨，使胸骨下陷 4～5cm，按压和放松的力量和时间必须均匀、有规律，不能猛压、猛松。放松时掌根不要离开按压处。

3. 心肺复苏

无心搏患者的现场急救，需采用心肺复苏术，现场心肺复苏术主要分为三个步骤：打开气道，人工呼吸和胸外心脏按压。一般称为 ABC 步骤，即：A——患者的意识判断和打开气道；B——人工呼吸；C——胸外心脏按压。

按压的频率为 80～100 次/min，按压与人工呼吸的次数比例为：单人复苏 15∶2，双人复苏 5∶1，依照此频次按 A－B－C 的顺序持续循环，周而复始进

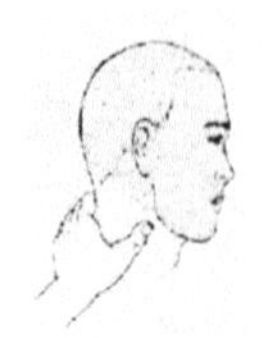

颈总动脉压迫（头面部出血）

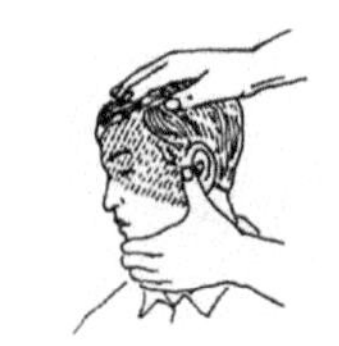

面动脉压迫（头顶部出血）

颞浅动脉压迫（颜面部出血）

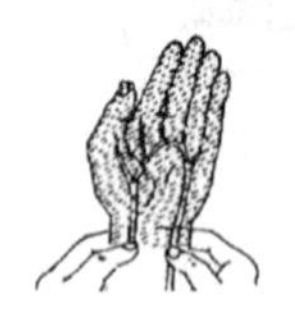

尺桡动脉压迫（手部出血）

锁骨下动脉压迫（肩腋部出血）

肱动脉压迫（前臂出血）

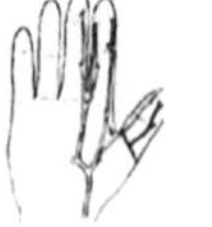

指动脉压迫（手指出血）

股动脉压迫（大腿以下出血）

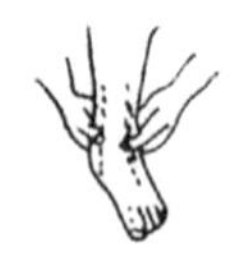

胫前后动脉压迫（足部出血）

图 2-42　指压止血法

行，直至苏醒或医护人员到位。

4. 外伤止血

出血有动脉出血、静脉出血和毛细血管出血。动脉出血呈鲜红色，喷射而出；静脉出血呈暗红色，如泉水样涌出；毛细血管出血则为溢血。

出血是创伤后主要并发症之一，成年人出血量超过 800mL 或超过 1000mL 就可引起休克，危及生命；若为严重大动脉出血，则可能在 1min 内即告死亡。因此，止血是抢救出血伤员的一项重要措施，它对挽救伤员生命具有特殊的意义。应根据损伤血管的部位和性质具体选用，常用的暂时性止血方法如下：

1）指压止血法（图 2-42）

紧急情况下用手指、手掌或拳头，根据动脉的分布情况，把出血动脉的近端用力压向骨面，以阻断血流，暂时止血。注意：此类方法只适用于头面颈部及四肢的动脉出血急救，压迫时间不能过长。

2）屈肢加垫止血法（图 2-43）

当前臂或小腿出血时，可在肘窝、腋窝内放以纱布垫、棉花团或毛巾、衣服等物品，屈曲关节，用三角巾作 8 字形固定，使肢体固定于屈曲位，可控制关节远端血流，但骨折或关节脱位者不能使用。

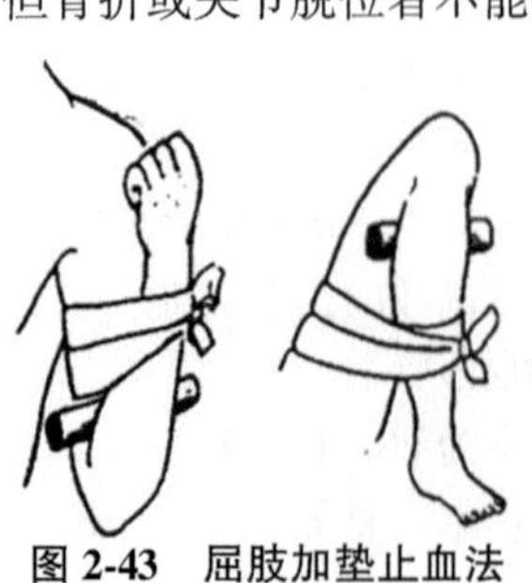

图 2-43　屈肢加垫止血法

3）止血带止血法（图 2-44）

一般用于四肢大动脉出血。可就地取材，使用软胶管、衣服或布条作为止血带，压迫出血伤口的近心端进行止血。止血带使用方法如下：

（1）在伤口近心端上方先加垫。

（2）急救者左手拿止血带，上端留 5 寸（约 16.5cm），紧贴加垫处。

（3）右手拿止血带长端，拉紧环绕伤肢伤口近心端上方两周，然后将止血带交左手中、食指夹紧。

（4）左手中、食指夹止血带，顺着肢体下拉成环。

（5）将上端一头插入环中拉紧固定。

（6）在上肢应扎在上臂的 1/3 处，在下肢应扎在大腿的中下 1/3 处。

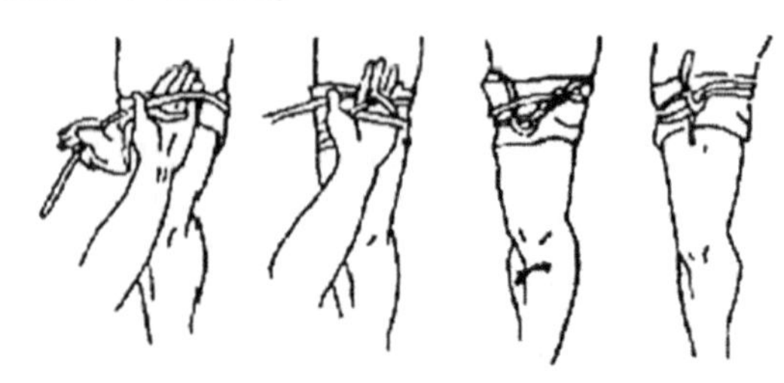

图 2-44　止血带止血法

使用止血带时应注意以下事项：

（1）上止血带的部位要在创口上方（近心端），尽量靠近创口，但不宜与创口面接触。

（2）在上止血带的部位，必须先衬垫绷带、布块，或绑在衣服外面，以免损伤皮下神经。

（3）绑扎松紧要适宜，太紧损伤神经，太松不能止血。

(4)绑扎止血带的时间要认真记录，每隔 0.5h (冷天)或者 1h 应放松 1 次，放松时间 1~2min。绑扎时间过长则可能引起肢端坏死、肾功能衰竭。

5. 创伤包扎

包扎的目的：保护伤口和创面，减少感染，减轻痛苦；加压包扎有止血作用；用夹板固定骨折的肢体时需要包扎，以减少继发损伤，也便于将伤员运送医院。

包扎时使用的材料主要包括绷带、三角巾、四头巾等，现场进行创伤包扎可就地取材，用毛巾、手帕、衣服撕成的布条等进行。包扎方法如下：

1)布条包扎法

(1)环形绷带包扎法：在肢体某一部位环绕数周，每一周重叠盖住前一周。主要用于手、腕、足、颈、额部等处以及在包扎的开始和末端固定时使用。

(2)螺旋形绷带包扎法：包扎时，作单纯的螺旋上升，每一周压盖前一周的 1/2。主要用于肢体、躯干等处的包扎。

(3)8 字形绷带包扎法：本法是一圈向上一圈向下的包扎，每周在正面和前一周相交，并压盖前一周的 1/2。多用于肘、膝、踝、肩、髋等关节处的包扎。

(4)螺旋反折绷带包扎法：开始先用环形法固定一端，再按螺旋法包扎，但每周反折一次，反折时以左手拇指按住绷带上面正中处，右手将绷带向下反折，并向后绕，同时拉紧。主要用于粗细不等部位，如小腿、前臂等处的包括。

2)毛巾包扎法

(1)下颌包扎法：先将四头带中央部分托住下颌，上位两端在颈后打结，下位两端在头顶部打结。

(2)头部包扎法：如图 2-45 所示，将三角巾的底边折叠两层约二指宽，放于前额齐眉以上，顶角拉向枕后部，三角巾的两底角经两耳上方，拉向枕后，先作一个半结，压紧顶角，将顶角塞进结里，然后再将左右底角拉到前额打结。

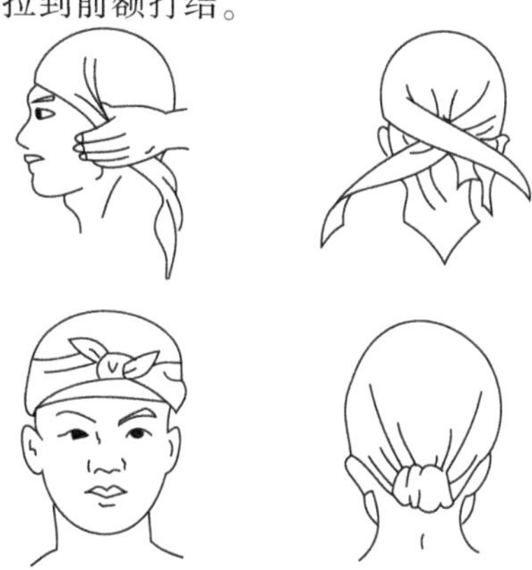

图 2-45　头部包扎法

(3)面部包扎法：在三角巾顶处打一结，套于下颌部，底边拉向枕部，上提两底角，拉紧并交叉压住底边，再绕至前额打结。包完后在眼、口、鼻处剪开小孔。

(4)手、足包扎法：如图 2-46 所示，手(足)心向下放在三角巾上，手指(足趾)指向三角巾顶角，两底角拉向手(足)背，左右交叉压住顶角绕手腕(踝部)打结。

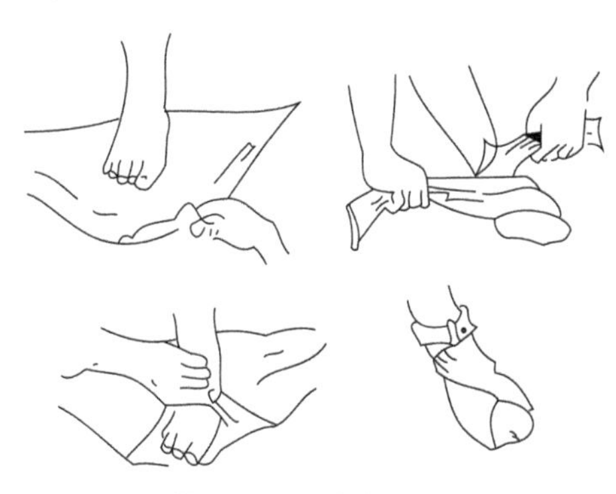

图 2-46　足部包扎法

(5)胸部包扎法：如图 2-47 所示，将三角巾顶角向上，贴于局部，如系左胸受伤，顶角放在右肩上，底边扯到背后在后面打结；再将左角拉到肩部与顶角打结。背部包扎与胸部包扎相同，仅位置相反，结打于胸部。

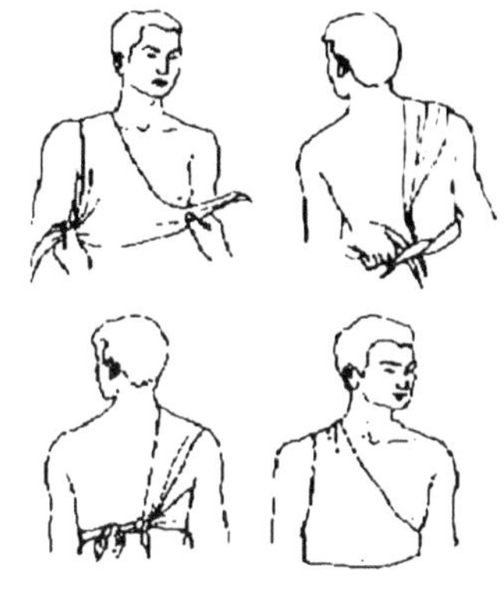

图 2-47　胸部包扎法

(6)肩部包扎法：如图 2-48 所示，单肩包扎时，将毛巾折成鸡心状放在肩上，腰边穿带在上臂固定，前后两角系带在对侧腋下打结；双肩包扎时，将毛巾两角结带，毛巾横放背肩部，再将毛巾两下角从腋下拉至前面，然后把带子同角结牢。

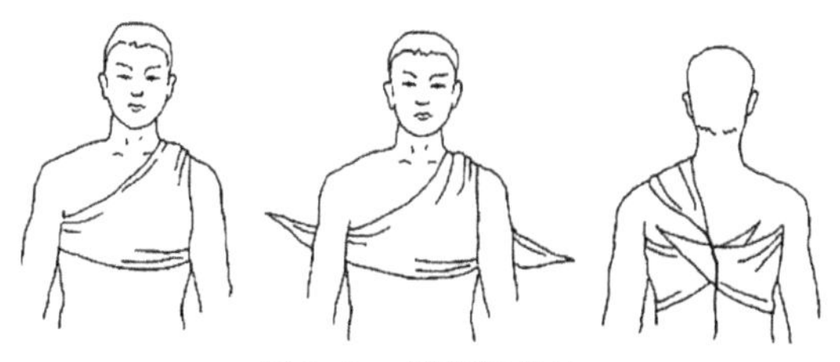

图 2-48　肩部包扎法

(7)腹部包扎法：将毛巾斜对折，中间穿小带，小带的两部拉向后方，在腰部打结，使毛巾盖住腹部。将上、下两片毛巾的前角各扎一小带，分别绕过大腿根部与毛巾的后角在大腿外侧打结。

6. 骨折固定

骨折固定可减轻伤员的疼痛，防止因骨折端移位而刺伤临近组织、血管、神经，也是防止创伤休克的有效急救措施。操作要点如下：

(1)急救骨折固定：常常就地取材，如各种木板、竹竿、树枝、木棍、硬纸板、棉垫等，均可作为固定代用品。

(2)锁骨骨折固定：最常用的方法是用三角巾将伤侧上肢托起固定。也可用8字形固定方法。即用绷带由健侧肩部的前上方，再经背部到患侧腋下，向前绕到肩部，如此反复缠绕8~10次。在缠绕之前，两侧腋下应垫棉垫或布块，以保护腋下皮肤不受损伤，血管、神经不受压迫。

(3)上臂骨折夹板固定：长骨骨折固定原则上是必须包括骨折两端的上下关节，其方法是就地取材，用木板、竹片等。根据伤员的上臂长短，取3块即可。上臂前面放置短板一块，后面放一块，上平肩下平肘，用绷带或布条上下固定。另将一块板托住前臂，使肘部屈曲90°，把前臂固定，然后悬吊于颈部。倘若没有木板等材料，可用伤员自己的衣服进行固定。即把伤侧衣服的腋中线剪开至肘部，衣服前片向上托起前臂，用别针固定在对侧胸部前。

(4)前臂骨折固定：常采用夹板固定法。即取3块小木板，根据前臂的长短分别置于掌、背面，在其下面托一块直(或平直)的小木板，上下用绷带或布条固定，然后将肘部屈曲90°，保持医生常说的“功能位”，用绷带悬吊于颈部。

(5)大腿的骨折固定：常用夹板固定法。即将两块有一定长度的木板，分别置于外侧自腋下至足跟，内侧自会阴部至踝部，然后分段用绷带固定。若现场无木板时也可采用自身固定法，即将伤肢与健肢捆扎在一起，两腿中间根据情况适当加些软垫。

(6)小腿骨折夹板固定：根据伤者的小腿的长度，取两块小木板，分别置于小腿的内、外侧，长度略过膝部，然后用绷带或者绳子予以固定。固定前应该在踝部、膝部垫以棉花、布类，以保护局部皮肤。

(7)脊柱骨折固定：脊柱骨折伤情较重，转送前必须妥善固定。对胸、腰椎骨折须取一块平肩宽的长木板垫在背部、胸部，用宽布带予以固定。颈椎骨折伤员的头部两侧应置以沙袋，或用枕头固定头部，使头部不能左右摆动，以防止或加重脊髓、神经的损伤。

7. 伤员搬运

搬运时应尽量做到不增加伤员的痛苦，避免造成新的损伤及并发症。现场常用的搬运方法有担架搬运法、单人或双人徒手搬运法等。

1)担架搬运法

担架搬运是最常用的方法，适用于路程长、病情重的伤员。担架的种类很多，有帆布担架(将帆布固定在两根长木棒上)、绳索担架(用一根长的结实的绳子绕在两根长竹竿或木棒上)、被服担架(用两件衣服或长大衣翻袖向内成两管，插入两根木棒后再将纽扣仔细扣牢)等。搬运时由3~4人将病人抱上担架，使其头向外，以便于后面抬的人观察其病情变化。

(1)如病人呼吸困难、不能平卧，可将病人背部垫高，让病人处于半卧位，以利于缓解其呼吸困难。

(2)如病人腹部受伤，要叫病人屈曲双下肢、脚底踩在担架上，以松弛肌肤、减轻疼痛。

(3)如病人背部受伤则使其采取俯卧位。

(4)对脑出血的病人，应稍垫高其头部。

2)徒手搬运法

当在现场找不到任何搬运工具而病人伤情又不太重时，可用此法搬运。常用的主要有单人徒手搬运和双人徒手搬运。

(1)单人徒手搬运法：适用于搬运伤病较轻、不能行走的伤员，如头部外伤、锁骨骨折、上肢骨折、胸部骨折、头昏的伤病员。

(2)双人徒手搬运法：一人搬托双下肢，一人搬托腰部。在不影响病伤的情况下，还可用椅式、轿式和拉车式。

第三章

基础知识

第一节　流体力学

流体力学是研究液体机械运动规律及其工程应用的一门学科。本节中介绍的流体力学知识主要包括在排水管渠水力计算、运行管理和防汛抢险中经常用到的基础概念和基础知识。

一、水的主要力学性质

物体运动状态的改变都是受外力作用的结果。分析水的流动规律，也要从分析其受力情况入手，所以研究水的流动规律，首先须对其力学性质有所了解。

（一）水的密度

密度是指单位体积物体的质量，常用符号 ρ 表示。物体密度 ρ 与物体质量 m、体积 V 的关系可用公式 $\rho=m/V$ 表示，密度单位为千克每立方米（kg/m^3）。

水的密度随温度和压强的变化而变化，但这种变化很小，所以一般把水的密度视为常数。采用在一个标准大气压下，温度为4℃时的蒸馏水密度来计算，此时 $\rho_{水}=1.0\times10^3kg/m^3$。排水工程中，雨污水的密度一般也以此为常数，进行质量和体积的换算。

因为万有引力的存在，地球对物体的引力称为重力，以 G 表示，$G=mg$，其中 g 为重力加速度。而单位体积水所受到的重力称为容重，以 γ 表示，$\gamma=G/V=mg/V=\rho g$，单位为牛每立方米（N/m^3）。

（二）水的流动性

自然界的常见物质一般可分为固体、液体和气体三种形态，其中液体和气体统称为流体。固体具有确定的形状，在确定的剪切应力作用下将产生确定的变形。而水作为一种典型流体，没有固定的形状，其形状取决于限制它的固体边界。水在受到任意小的剪切应力时，就会发生连续不断的变形即流动，直到剪切应力消失为止。这就是水的易变形性，或称流动性。

（三）水的黏滞性与黏滞系数

水受到外部剪切力作用发生连续变形即流动的过程中，其内部相应要产生对变形的抵抗，并以内摩擦力的形式表现出来，这种运动状态下的抵抗剪切变形能力的特性称为黏滞性。黏滞性只有在运动状态下才能显示出来，静止状态下内摩擦力不存在，不显示黏滞性。

水的这种抵抗剪切变形的能力以黏滞系数 $\nu_{水}$ 表示，也称黏度。黏滞系数随温度和压强的变化而变化，但随压强的变化甚微，对温度变化较为敏感。因此一般情况下，不同水温时的运动黏滞系数可按经验公式 $\nu_{水}=0.01775/(1+0.0337t+0.000221t^2)$ 计算。其中，t 为水温，以摄氏温度（℃）计，$\nu_{水}$ 以平方厘米每秒（cm^2/s）计。

在排水管渠中，由于雨污水具有黏滞性的缘故，距离管渠内壁不同距离位置的水流流速不同。一般情况下，距离管渠内壁越近的水流速越小，距离管渠内壁越远的水流速越大，如圆形管道管中心处流速最大，管内壁处流速最小。

（四）水的压缩性与压缩系数

固体受外力作用发生变形，当外力撤除后（外力不超过弹性限度时），有恢复原状的能力，这种性质称为物体的弹性。

液体不能承受拉力，但可以承受压力。液体受压后体积缩小，压力撤除后也能恢复原状，这种性质称为液体的压缩性或弹性。液体压缩性的大小以体积压缩系数 β 或体积弹性系数 K 来表示。

水在10℃下时，每增加一个大气压，体积仅压缩约十万分之五，压缩性很小。因此在排水工程中，一般不考虑水的压缩性。但在一些特殊情况下，必须考虑水受压后的弹力作用。如泵站或闸阀突然关闭，造成压力管道中水流速度急剧变化而引起水击等现象，应予以重视。

（五）水的表面张力

自由表面上的水分子由于受到两侧分子引力不平衡，而承受的一个极其微小的拉力，称为水的表面张力。表面张力仅在自由表面存在，其大小以表面张力系数 σ 来表示，单位为牛每米（N/m），即自由表面单位长度上所承受的拉力值。水温 20℃ 时，$\sigma=0.074$N/m。

在排水工程中，由于表面张力太小，一般来说对液体的宏观运动影响甚微，可以忽略不计，只有在某些特殊情况下才予以考虑。

二、水流运动的基本概念

（一）水的流态

水的流动有层流、紊流和介于上述两者之间的过渡流三种流态，不同流态下的水流阻力特性不同，在水力计算前要先进行流态判别。流态采用雷诺数 Re 表示。当 $Re<2000$ 时，一般为层流；当 $Re>4000$ 时，一般为紊流；当 $2000\leqslant Re\leqslant 4000$ 时，水流状态不稳定，属于过渡流态。

一般情况下，排水管渠内的水流雷诺数 Re 远大于4000，管渠内的水流处于紊流流态。因此，在对排水管网进行水力计算时，均按紊流考虑。

紊流流态又分为三个阻力特征区：阻力平方区（又称粗糙管区）、过渡区和水力光滑管区。在阻力平方区，管渠水头损失与流速平方成正比；在水力光滑管区，管渠水头损失约与流速的 1.75 次方成正比；而在过渡区，管渠水头损失与流速的 1.75～2.0 次方成正比。紊流三个阻力区的划分，需要使用水力学的层流底层理论进行判别，主要与管径（或水力半径）及管渠壁粗糙度有关。

在排水工程中，常用管渠材料的直径与粗糙度范围内，水流均处于紊流过渡区和阻力平方区，不会到达紊流光滑管区。当管壁较粗糙或管径较大时，水流多处于阻力平方区。当管壁较光滑或管径较小时，水流多处于紊流过渡区。因此，排水管渠的水头损失是水力计算中重要的内容。

（二）压力流与重力流

压力流输水通过封闭的管道进行，水流阻力主要依靠水的压能克服，阻力大小只与管道内壁粗糙程度、管道长度和流速有关，与管道埋设深度和坡度等无关。

重力流输水通过管道或渠道进行，管渠中水面与大气相通，且水流常常不充满管渠，水流的阻力主要依靠水的位能克服，形成水面沿水流方向降低，称为水力坡降。重力流输水时，要求管渠的埋设高程随着水流水力坡度下降。

在排水工程中，管渠的输水方式一般采用重力流，特殊情况下也采用压力流，如提升泵站或调水泵站出水管、过河倒虹管等。另外，当排水管渠的实际过流超过设计能力时，也会形成压力流。

从水流断面形式看，由于圆管的水力条件和结构性能好，在排水工程中采用最多。特别是压力流输水，基本上均采用圆管。圆管也用于重力流输水，在埋于地下时，圆管能很好地承受土壤的压力。除圆管外，明渠或暗渠一般只能用于重力流输水，其断面形状有多种，以梯形和矩形居多。

（三）恒定流与非恒定流

恒定流与非恒定流是根据运动要素是否随时间变化来划分的。恒定流是指水体在运动过程中，其任一点处的运动要素不随时间而变化的流动；非恒定流是指水体在运动过程中，其任一点处有任何一个运动要素随时间而变化的流动。

由于用水量和排水量的经常性变化，排水管渠中的水流均处于非恒定流状态，特别是雨水及合流制排水管网中，受降雨的影响，水力因素随时间快速变化，属于显著的非恒定流。但是，非恒定流的水力计算特别复杂，在排水管渠设计时，一般也只能按恒定流计算。

近年来，由于计算机技术的发展与普及，国内外已经有人开始研究和采用非恒定流计算给水排水管网的水力问题，而且得到了更接近实际的结果。

（四）均匀流与非均匀流

均匀流与非均匀流是根据运动要素是否随位置变化来划分的。均匀流是指水体在运动过程中，其各点的运动要素沿流程不变的流动；非均匀流是指水体在运动过程中，其任一点的任何一个运动要素沿流程变化的流动。

在排水工程中，管渠内的水流不但多为非恒定流，且常为非均匀流，即水流参数往往随时间和空间变化。特别是明渠流或非满管流，通常都是非均匀流。

对于满管流动，如果管道截面在一段距离内不变且不发生转弯，则管内流动为均匀流；而当管道在局部分叉、转弯与截面变化时，管内流动为非均匀流。

均匀流的管道对水流阻力沿程不变，水流的水头损失可以采用沿程水头损失公式计算；满管流的非均匀流动距离一般较短，采用局部水头损失公式计算。

对于非满管流或明(暗)渠流，只要长距离截面不变，也可以近似为均匀流，按沿程水头损失公式进行水力计算；对于短距离或特殊情况下的非均匀流动则运用水力学理论按缓流或急流计算，或者用计算机模拟。

(五)水流的水头与水头损失

1. 水　头

水头是指单位重量的水所具有的机械能，一般用符号 h 或 H 表示，常用单位为米水柱(mH_2O)，简写为米(m)。水头分为位置水头、压力水头和流速水头三种形式。位置水头是指因为水流的位置高程所得的机械能，又称位能，以水流所处的高程来度量，用符号 Z 表示。压力水头是指水流因为压强而具有的机械能，又称压能，以压力除以相对密度所得的相对高程来度量，用符号 p/γ 表示。流速水头是指因为水流的流动速度而具有的机械能，又称动能，以动能除以重力加速度所得的相对高程来度量，用符号 $v^2/2g$ 表示。

位置水头和压力水头属于势能，它们两者的和称为测压管水头；流速水头属于动能。水在流动过程中，三种形式的水头(机械能)总是处于不断转换之中。排水管渠中的测压管水头较之流速水头一般大得多，因此在水力计算中，流速水头往往可以忽略不计。

2. 水头损失

因黏滞性的存在，水在流动中受到固定界面的影响(包括摩擦与限制作用)，导致断面的流速不均匀，相邻流层间产生切应力，即流动阻力。水流克服阻力所消耗的机械能，称为水头损失，用符号 h_w 表示。当水流受到固定边界限制做均匀流动时，流动阻力中只有沿程不变的切应力，称为沿程阻力。由沿程阻力所引起的水头损失称为沿程水头损失，用符号 h_f 表示。当水流固定边界发生突然变化，引起流速分布或方向发生变化，从而集中发生在较短范围的阻力称为局部阻力。由局部阻力所引起的水头损失称为局部水头损失，用符号 h_m 表示。实际应用中，水头损失应包括沿程水头损失 h_f 和局部水头损失 h_m，即 $h_w=\Sigma h_f+\Sigma h_m$。

从产生的原理可以看出，水头损失的大小与管渠过水断面的几何尺寸和管渠内壁的粗糙度有关。

粗糙度一般用粗糙系数 n 来表示，其大小综合反映了管渠内壁对水流阻力的大小，是管渠水力计算中的主要因素之一。

管渠过水断面的特性几何尺寸，称之为水力半径，用符号 R 来表示，单位为米(m)，其计算公式为 $R=A/\chi$。其中，A 为过水断面面积，单位为平方米(m^2)；χ 为过水断面与固定界面表面接触的周界，即湿周，单位为米(m)。当水流为圆管满流时，其湿周 χ 与圆管断面周长一致，$R=0.25d$，d 为圆管直径，单位为米(m)。水力半径是一个重要的概念，在面积相等的情况下，水力半径越大，湿周越小，水流所受的阻力越小，越有利于过流。

在排水工程中，由于管渠长度较长，沿程水头损失一般远远大于局部水头损失。所以在进行水力计算时，一般忽略局部水头损失，或将局部阻力转换成等效长度的沿程水头损失进行计算。

三、水静力学

液体静力学主要是讨论液体静止时的平衡规律和这些规律的应用。所谓"液体静止"指的是液体内部质点间没有相对运动，也不呈现黏性，至于盛装液体的容器，不论它是静止的、匀速运动的还是匀加速运动的都没有关系。

(一)液体静压力及其特性

当液体静止时，液体质点间没有相对运动，故不存在切应力，但却有压力和重力的作用。液体静止时产生的压力称为静水压力，即在静止液体表面上的法向力。

液体内单位面积 ΔA 上所受到的法向力为 ΔF，如图 3-1，则 ΔF 与 ΔA 之比，称为 ΔA 表面的平均静压强 p。当微小面积 ΔA 无限缩小为一点时，则其平均静压强的极限值就是该点的静压强，见式(3-1)：

$$p=\lim_{\Delta A\to 0}\frac{\Delta F}{\Delta A} \tag{3-1}$$

式中：p——液体内单位面积上的平均静压强，Pa；

ΔA——液体内的单位面积，m^2；

ΔF——液体内单位面积上受到的法向力，N。

由此可见，液体的静压力是指作用在某面积上的总压力，而液体的静压强则是作用在单位面积上的压力(图 3-1)。由于液体质点间的凝聚力很小，不能受拉，只能受压，所以液体的静压强具有两个重要特性：①静压强的方向指向受压面，并与受压面垂直；②静止液体内任一点的静压强在各个方向上均相等。

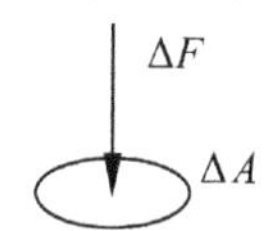

图 3-1　单位面积上的受力示意图

(二)水静力学基本方程

1. 静压基本方程式

在静止的液体中，取出一垂直的小圆柱体，如图3-2所示。已知自由液面(指液体与气体的交界面)压强为 p_0，圆柱体顶面与自由液面重合，高为 h，端面面积为 $\triangle A$。

平衡状态下，$p\triangle A=p_0\triangle A+F_G$。这里的 F_G 即为液柱的重量，$F_G=\rho gh\triangle A$。由上述两式得出式(3-2)：

$$p=p_0+\rho gh=p_0+\gamma h \quad (3\text{-}2)$$

式中：p——静止液体内某点的压强，Pa；

p_0——液面压强，Pa；

g——重力加速度，N/kg；

h——小圆柱体高度，m；

γ——液体重力密度，N/m^3。

式(3-2)即为液体静力学的基本方程。

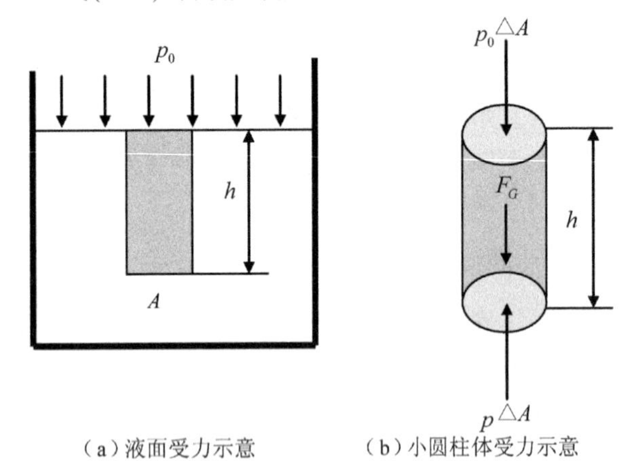

(a)液面受力示意　(b)小圆柱体受力示意

图 3-2　静止液体的受力示意

由液体静压力基本方程可知：

(1)静止液体内任一点处的压强由两部分组成，一部分是液面上的压强 p_0，另一部分是 γ 与该点离液面深度 h 的乘积。当液面上只受大气压强 p_0 作用时，点 A 处的静压强则为 $p=p_0$。

(2)同一容器中同一液体内的静压强随液体深度 h 的增加而线性地增加。

(3)连通器内同一液体中深度 h 相同的各点压强都相等。由压强相等的组成的面称为等压面。在重力作用下静止液体中的等压面是一个水平面。

2. 静压力基本方程的物理意义

静止液体中单位质量液体的压力能和位能可以互相转换，但各点的总能量却保持不变，即能量守衡。

3. 帕斯卡原理

根据静力学基本方程，盛放在密闭容器内的液体，其外加压强 p_0 发生变化时，只要液体仍保持其原来的静止状态不变，液体中任一点的压强均将发生同样大小的变化。也就是说，在密闭容器内，施加于静止液体上的压强将以等值同时传到各点，这就是静压传递原理或称帕斯卡原理。

(三)静水压强的表示方法和单位

1. 表示方法

压强的表示方法有两种：绝对压强和相对压强。绝对压强是以绝对真空作为基准所表示的压强；相对压强是以大气压力作为基准所表示的压强。由于大多数测压仪表所测得的压强都是相对压强，故相对压强也称表压强。绝对压强与相对压强的关系为绝对压强=相对压强+大气压强。

如果液体中某点处的绝对压强小于大气压强，这时在这个点上的绝对压强比大气压强小的部分数值称为：真空度，即：真空度=大气压强-绝对压强。

2. 单　位

我国法定压强单位为帕斯卡，简称帕，符号为Pa，1Pa=1N/m^2。由于Pa太小，工程上常用其倍数单位兆帕(MPa)来表示，1MPa=10^{6}Pa。

压强单位和其他非法定计量单位的换算关系为：

1at(工程大气压)= 1kg · f/cm^2 = 9. 8×10^{4}Pa

1mH$_2$O(米水柱)= 9. 8×10^{3}Pa

1mmHg(毫米汞柱)= 1. 33×10^{2}Pa

1bar(巴)= 10^{5}Pa≈1. 02kg · f/cm^2

(四)液体静压力对固体壁面的作用力

静止液体和固体壁面相接触时，固体壁面上各点在某一方向上所受静压作用力的总和，便是液体在该方向上作用于固体壁面上的力。在液压传动计算中质量力可以忽略，静压处处相等，所以可认为作用于固体壁面上的压力是均匀分布的。

当固体壁面是一个曲面时，作用在曲面各点的液体静压力是不平行的，但是静压力的大小是相等的，因而作用在曲面上的总作用力在不同的方向也就不一样。因此，必须首先明确要计算的曲面上的力。

如图3-3所示，在曲面上的液压作用力 F，就等

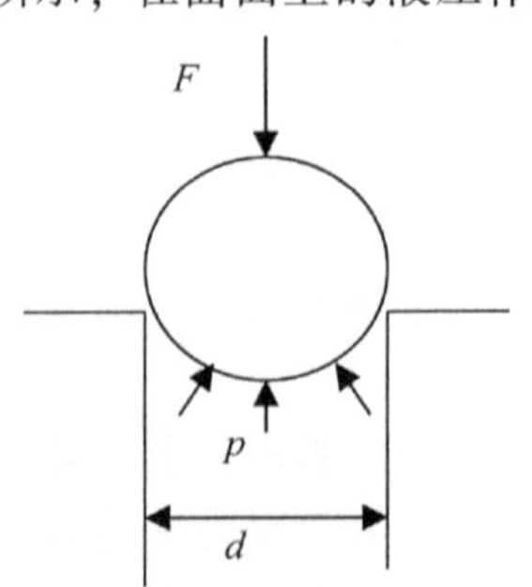

图 3-3　曲面液压作用力示意

于压力作用于该部分曲面在垂直方向的投影面积 A 与压力 p 的乘积，其作用点在投影圆的圆心，其方向向上，即 $F=pA=p(\pi d^2/4)$。其中，d 为承压部分曲面投影圆的直径。

由此可见，曲面上液压作用力在某一方向上的分力等于静压力和曲面在该方向的垂直面内投影面积的乘积。

四、水动力学

(一)基本概念

1. 理想液体、实际液体、平行流动和缓变流动

(1)理想液体：既无黏性又不可压缩的液体称为理想液体。

(2)实际液体：实际的液体，既有黏性又可压缩。

(3)平行流动：流线彼此平行的流动。

(4)缓变流动：流线夹角很小或流线曲率半径很大的流动。

2. 迹线、流线、流束和通流截面

(1)迹线：流动液体的某一质点在某一时间间隔内在空间的运动轨迹。

(2)流线：表示某一瞬时，液流中各处质点运动状态的一条条曲线。

(3)流管和流束：封闭曲线中的这些流线组合的表面称为流管。流管内的流线群称为流束。

(4)通流截面：流束中与所有流线正交的截面称为通流截面。截面上每点处的流动速度都垂直于这个面。

3. 流量和流速

(1)流量：单位时间内通过某通流截面的液体的体积称为流量。

(2)流速：单位面积内通过某通流截面的流量称为流速。

4. 流体压力

考虑流体内部某一平面，当该平面两侧流体无相对运动时，面上任一单位面积所受到的作用力称为流体压力。从微观上看，压力是分子运动对容器壁面碰撞所产生的平均作用力的表现。

(二)连续性方程

质量守恒是自然界的客观规律，不可压缩液体的流动过程也遵守质量守恒定律。假设液体作定常流动，且不可压缩，任取一流管，根据质量守恒定律，在 dt 时间内流入此微小流束的质量应等于此微小流束流出的质量，如图 3-4 所示。

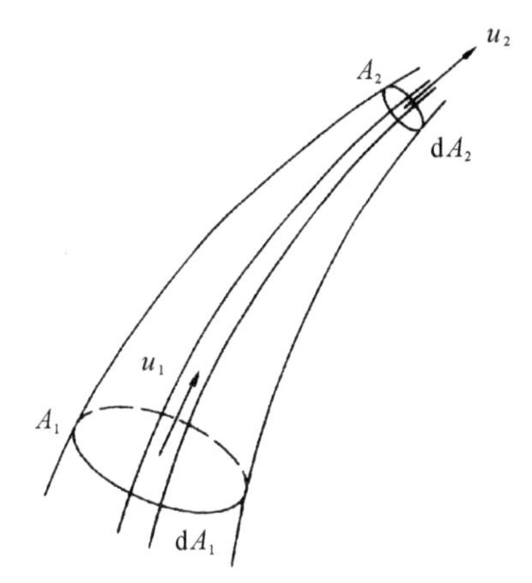

图 3-4　液体的微小流束连续性流动示意图

液体的连续性方程见式(3-3)：

$$\left.\begin{aligned}\rho u_1 dA_1 dt &= \rho u_2 dA_2 dt \\ u_1 dA_1 &= u_2 dA_2\end{aligned}\right\} \qquad (3\text{-}3)$$

式中：ρ——液体的密度，kg/m^3；

u_1、u_2——分别表示流束两端的液体的黏度，$Pa·s$；

A_1、A_2——分别表示流束两端的截面面积，m^2；

t——液体通过微小流束所用的时间，s。

对整个流管积分，得出式(3-4)：

$$\int_{A_1} u_1 dA_1 = \int_{A_2} u_2 dA_2 \qquad (3\text{-}4)$$

其中，不可压缩流体作定常流动的连续性方程见式(3-5)：

$$v_1 A_1 = v_2 A_2 \qquad (3\text{-}5)$$

由于通流截面是任意取的，则得出式(3-6)：

$$q = v_1 A_1 = v_2 A_2 = v_3 A_3 = \cdots\cdots = v_n A_n = 常数 \qquad (3\text{-}6)$$

式中：v_1——流管通流截面 A_1 上的平均流速，m/s；

v_2——流管通流截面 A_2 上的平均流速，m/s；

q——流管的流量，m^3/s。

此式表明通过流管内任一通流截面上的流量相等，当流量一定时，任一通流截面上的通流面积与流速成反比。则任一通流断面上的平均流速为式(3-7)：

$$v_i = \frac{q}{A_i} \qquad (3\text{-}7)$$

(三)伯努利方程

能量守恒是自然界的客观规律，流动液体也遵守能量守恒定律，这个规律是用伯努利方程的数学形式来表达的。

1. 理想液体微小流束的伯努利方程

为了研究方便，一般将液体作为没有黏性摩擦力的理想液体来处理。理想液体微小流束的伯努利方程见式(3-8)：

$$\frac{p_1}{\rho g}+z_1+\frac{u_1^2}{2g}=\frac{p_2}{\rho g}+z_2+\frac{u_2^2}{2g} \tag{3-8}$$

式中：$\frac{p}{\rho g}$——单位重量液体所具有的压力能，称为比压能，也叫作压力水头，m；

z——单位重量液体所具有的势能，称为比位能，也叫作位置水头，m；

$\frac{u^2}{2g}$——单位重量液体所具有的动能，称为比动能，也叫作速度水头，m。

对伯努利方程可作如下的理解：

(1)伯努利方程式是一个能量方程式，它表明在空间各相应通流断面处流通液体的能量守恒规律。

(2)理想液体的伯努利方程只适用于重力作用下的理想液体作定常活动的情况。

(3)任一微小流束都对应一个确定的伯努利方程，即对于不同的微小流束，它们的常量值不同。

伯努利方程的物理意义为：在密封管道内作定常流动的理想液体在任意一个通流断面上具有三种形成的能量，即压力能、势能和动能。三种能量的总和是一个恒定的常量，而且三种能量之间是可以相互转换的，即在不同的通流断面上，同一种能量的值是不同的，但各断面上的总能量值都是相同的。

2. 实际液体流束的伯努利方程

实际液体都具有黏性，因此液体在流动时还需克服由于黏性所引起的摩擦阻力，这必然要消耗能量。设因黏性而消耗的能量为 h_w，则实际液体微小流束的伯努利方程见式(3-9)：

$$\frac{p_1}{\rho}+z_1 g+\frac{u_1^2}{2}=\frac{p_2}{\rho}+z_2 g+\frac{u_2^2}{2}+h_w g \tag{3-9}$$

式中：p_1、p_2——液体的压强，Pa；

ρ——液体的密度，kg/m^3；

z_1、z_2——单位重量液体所具有的势能，称为比位能，也叫作位置水头，m；

g——重力加速度，m/s^2；

u_1、u_2——液体的黏度，Pa·s；

h_w——由液体黏性引起的能量损失，m。

3. 实际液体总流的伯努利方程

将微小流束扩大到总流，由于在通流截面上速度 u 是一个变量，若用平均流速代替，则必然造成动能偏差，故必须引入动能修正系数。于是实际液体总流的伯努利方程为式(3-10)：

$$\frac{p_1}{\rho}+z_1 g+\frac{\alpha_1 v_1^2}{2}=\frac{p_2}{\rho}+z_1 g+\frac{\alpha_2 v_2^2}{2}+h_w g \tag{3-10}$$

式中：α_1、α_2——动能修正系数，一般在紊流时 $\alpha=1$，层流时 $\alpha=2$。

4. 动量方程

动量方程是动量定理在流体力学中的具体应用。流动液体的动量方程是流体力学的基本方程之一，它是研究液体运动时作用在液体上的外力与其动量的变化之间的关系。液体作用在固体壁面上的力，用动量定理来求解比较方便。动量定理：作用在液体上的力的大小等于液体在力作用方向上的动量的变化率，见式(3-11)：

$$\sum F=\frac{d(mu)}{dt} \tag{3-11}$$

式中：F——作用在液体上作用力，N；

m——液体的质量，kg；

u——液体的流速，m/s。

假设理想液体作定常流动。任取一控制体积，两端通流截面面积为 A_1、A_2，在控制体积中取一微小流束，流束两端的截面面积分别为 dA_1 和 dA_2，在微小截面上各点的速度可以认为是相等的，且分别为 u_1 和 u_2。动量的变化见式(3-12)：

$$d(mu)=d(mu)_2-d(mu)_1=\rho dq dt(u_2-u_1) \tag{3-12}$$

式中：ρ——液体的密度，kg/m^3；

q——液体的流量，m^3/s；

t——液体通过微小流速所用的时间，s；

u_1、u_2——液体在两端通流截面上的流速，m/s。

微小流束扩大到总流，对液体的作用力合力见式(3-13)：

$$\sum F=\rho q(u_2-u_1) \tag{3-13}$$

将微小流束扩大到总流，由于在通流截面上速度 u 是一个变量，若用平均流速代替，则必然造成动量偏差，故必须引入动量修正系数 β。故对液体的作用力合力为式(3-14)：

$$\sum F=\rho q(\beta_2 v_2-\beta_1 v_1) \tag{3-14}$$

式中：β_1、β_2——动量修正系数，一般在紊流时 $\beta=1$，层流时 $\beta=1.33$。

五、基础水力

(一)沿程水头损失计算

管渠的沿程水头损失常用谢才公式计算，其形式见式(3-15)：

$$h_f=\frac{lv^2}{C^2R} \tag{3-15}$$

式中：h_f——沿程水头损失，m；

l——管渠长度，m；

v——过水断面的平均流速，m/s；

C——谢才系数，$\sqrt{m}$ /s；

R——过水断面水力半径，m。

对于圆管满流，沿程水头损失也可用达西公式计算，表示为式(3-16)：

$$h_f = \lambda \frac{l}{d} \frac{v^2}{2g} \tag{3-16}$$

式中：d——圆管直径，m；

g——重力加速度，m/s^2；

λ——沿程阻力系数，$\lambda = 8g/C^2$，m。

沿程阻力系数或谢才系数与水流流态有关，一般只能采用经验公式或半经验公式计算。目前，国内外较为广泛使用的主要有舍维列夫公式、海曾-威廉公式、柯尔勃洛克-怀特公式和巴甫洛夫斯基公式等，其中国内常用的是舍维列夫公式和巴甫洛夫斯基公式。

(二)局部水头损失计算

局部水头损失见式(3-17)：

$$h_j = \zeta \frac{v^2}{2g} \tag{3-17}$$

式中：h_j——局部水头损失，m；

ζ——局部阻力系数，无量纲；

v——过水断面的平均流速，m/s。

不同配件、附件或设施的局部阻力系数详见表3-1。

表3-1　局部阻力系数(ζ)

配件、附件或设施	ζ	配件、附件或设施	ζ
全开闸阀	0.19	90°弯头	0.9
50%开启闸阀	2.06	45°弯头	0.4
截止阀	3~5.5	三通转弯	1.5
全开蝶阀	0.24	三通直流	0.1

(三)非满流管渠水力计算

非满流管渠水力计算的目的在于确定管渠的流量、流速、断面尺寸、充满度、坡度之间的水力关系。非满流管渠内的水流状态基本上都处于阻力平方区，接近于均匀流。所以，在非满流管渠的水力计算中一般都采用均匀流公式，即式(3-18)：

$$\left.\begin{aligned} v &= C\sqrt{Ri} \\ Q &= Av = AC\sqrt{Ri} = K\sqrt{i} \end{aligned}\right\} \tag{3-18}$$

式中：v——过水断面的平均流速，m/s；

C——谢才系数，$\sqrt{m}$ /s；

R——水力半径，m；

i——水力坡度(等于水面坡度，也等于管底坡度)，m/m；

Q——过水断面的平均流量，m^3/s；

A——过水断面面积，m^2；

K——流量模数，$K = AC\sqrt{R}$，其值相当于底坡等于1时的流量。

式(3-18)中的谢才系数C如采用曼宁公式计算，则可表示为式(3-19)：

$$\left.\begin{aligned} v &= \frac{1}{n}\sqrt[3]{R^2}\sqrt{i} \\ Q &= A\frac{1}{n}\sqrt[3]{R^2}\sqrt{i} \\ R &= R(D,\ h/D) \\ A &= A(D,\ h/D) \end{aligned}\right\} \tag{3-19}$$

式中：n——粗糙系数，无量纲。

D——过水管道管径，m；

H——过水断面水深，m；

h/D——充满度,%。

上述速度和流量的计算公式即为非满流管渠水力计算的基本公式。

在非满流管渠水力计算的基本公式中，有Q、d、h、i和v共5个变量，已知其中任意3个，就可以求出另外2个。由于计算公式的形式很复杂，所以非满流管渠水力计算比满流管渠水力计算要繁杂得多，特别是在已知流量、流速等参数求其充满度时，需要解非线性方程，手工计算非常困难。为此，必须找到手工计算的简化方法。常用简化计算方法有利用水力计算图表进行计算和借助满流水力计算公式并通过一定的比例变换进行计算等。

(四)无压圆管的水力计算

所谓无压圆管，是指非满流的圆形管道。在排水工程中，圆形断面无压均匀流的例子最为普遍，一般污水管道、雨水管道和合流管道中大多属于这种流动。这是因为它们既是水力最优断面，又具有制作方便、受力性能好等特点。由于这类管道内的流动都具有自由液面，所以常用明渠均匀流的基本公式对其进行计算。

圆形断面无压均匀流的过水断面如图3-5所示。设其管径为d，水深为h，定义$\alpha = h/d = \sin(\theta/4)$，$\alpha$称为充满度，所对应的圆心角$\theta$称为充满角(°)。

由几何关系可得各水力要素之间的关系为：

(1)过水断面面积$A = \frac{d^2}{8}(\theta - \sin\theta)$。

(2)湿周$\chi = \frac{d}{2}\theta$。

(3)水力半径$R = \frac{d}{4}(1 - \frac{\sin\theta}{\theta})$。

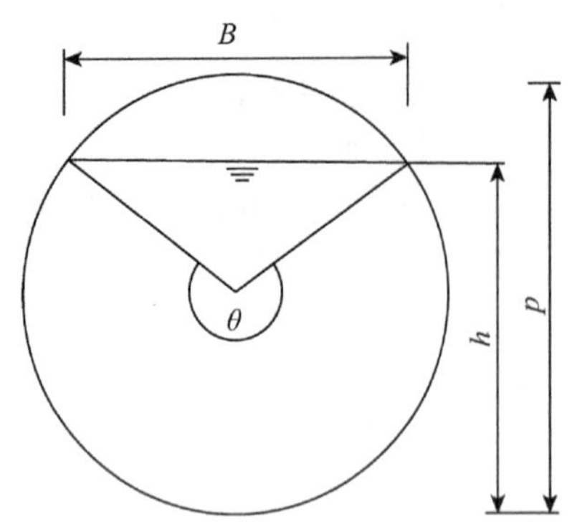

图 3-5　无压圆管均匀流的过水断面

代入式(3-19)，得出式(3-20)：

$$\left.\begin{aligned} v &= \frac{1}{n}\sqrt[3]{R^2}\sqrt{i} \\ Q &= \frac{1}{n}A\sqrt[3]{R^2}\sqrt{i} \end{aligned}\right\} \quad (3\text{-}20)$$

为便于计算，表 3-2 列出不同充满度时，圆形管道过水断面面积 A 和水力半径 R 的值。

表 3-2　不同充满度时圆形管道过水断面积和水力半径

充满度（α）	过水断面积（A）/m^2	水力半径（R）/m	充满度（α）	过水断面积（A）/m^2	水力半径（R）/m
0. 05	0. 0147d^2	0. 0326d	0. 55	0. 4426d^2	0. 2649d
0. 10	0. 0400d^2	0. 0635d	0. 60	0. 4920d^2	0. 2776d
0. 15	0. 0739d^2	0. 0929d	0. 65	0. 5404d^2	0. 2881d
0. 20	0. 1118d^2	0. 1206d	0. 70	0. 5872d^2	0. 2962d
0. 25	0. 1535d^2	0. 1466d	0. 75	0. 6319d^2	0. 3017d
0. 30	0. 1982d^2	0. 1709d	0. 80	0. 6736d^2	0. 3042d
0. 35	0. 2450d^2	0. 1935d	0. 85	0. 7115d^2	0. 3033d
0. 40	0. 2934d^2	0. 2142d	0. 90	0. 7445d^2	0. 2980d
0. 45	0. 3428d^2	0. 2331d	0. 95	0. 7707d^2	0. 2865d
0. 50	0. 3927d^2	0. 2500d	1. 00	0. 7845d^2	0. 2500d

注：表中 d 的单位为 m。

第二节　水化学

一、概　述

(一)水的含义

水(H_2O)是由氢、氧两种元素组成的无机物，在常温常压下为无色无味的透明液体。水是最常见的物质之一，是包括人类在内所有生命生存的重要资源，也是生物体最重要的组成部分。水在生命演化中起到了重要的作用。

(二)水化学的基本内容

水化学是研究和描述水中存在的各种物质(包括有机物和无机物)与水分子之间相互作用的物理化学过程。涉及化学动力学、热力学、化学平衡、酸碱化学、配位化学、氧化还原化学和它们之间相互作用等理论与实践，同时也会涉及有关物理学、地理学、地质学和生物学等相关知识。

(三)水化学的意义

研究水化学的意义主要包括：了解天然水的地球化学；研究水污染化学；开发给水工程；污水处理实现水的回归；发展水养殖；进行水资源保护和合理利用；研究海洋科学工程；研究腐蚀与防腐科学；进行水质分析与水环境监测；制定水质标准；研究水利工程与土木建筑等。

二、水化学反应

(一)中和反应

(1)中和反应：是指酸与碱作用生成盐和水的反应。例如氢氧化钠(俗称烧碱、火碱、苛性钠)可以和盐酸发生中和反应，生成氯化钠和水。

(2)实际应用：改变土壤的酸碱性、用于医药卫生、调节人体酸碱平衡、调节溶液酸碱性、处理工厂的废水等。

污水处理厂里的废水常呈现酸性或碱性，若直接排放将会造成水污染，所以需进行一系列的处理。碱性污水需用酸来中和，酸性污水需用碱来中和，如硫酸厂的污水中含有硫酸等杂质，可以用熟石灰来进行中和处理，生成硫酸钙沉淀物和水。

例如氢氧化钠被广泛应用于水处理。在污水处理厂，氢氧化钠可以通过中和反应减小水的硬度。在工业领域，是离子交换树脂再生的再生剂。氢氧化钠具有强碱性，且在水中具有相对高的可溶性。由于氢氧化钠在水中具有相对高的可溶性，所以容易衡量用量，被方便地使用在水处理的各个领域。

氢氧化钠被使用在水处理的方向有：消除水的硬度；调节水的 pH；对废水进行中和；通过沉淀消除水中重金属离子；离子交换树脂的再生。

(二)混　凝

混凝是指通过某种方法(如投加化学药剂)使水中胶体粒子和微小悬浮物聚集的过程，是水和废水处理工艺中的一种单元操作。凝聚和絮凝总称为混凝。凝聚主要指胶体脱稳并生成微小聚集体的过程，絮凝主要指脱稳的胶体或微小悬浮物聚结成大的絮凝体的过程。

影响混凝效果的主要因素如下：

(1)水温：水温对混凝效果有明显的影响。

(2)pH：对混凝的影响程度，视混凝剂的品种而异。

(3)水中杂质的成分、性质和浓度。

(4)水力条件。

混凝剂可归纳为如下两类：

(1)无机盐类：有铝盐(硫酸铝、硫酸铝钾、铝酸钾等)、铁盐(三氯化铁、硫酸亚铁、硫酸铁等)和碳酸镁等。

(2)高分子物质：有聚合氯化铝，聚丙烯酰胺等。

常用的混凝剂介绍如下：

(1)硫酸铝

硫酸铝常用的是 $Al_2(SO_4)_3 \cdot 18H_2O$，其分子量为666.41，相对密度1.61，外观为白色，光泽结晶。硫酸铝易溶于水，水溶液呈酸性，室温时溶解度大致是50%，pH在2.5以下。沸水中溶解度提高至90%以上。硫酸铝使用便利，混凝效果较好，不会给处理后的水质带来不良影响。当水温低时硫酸铝水解困难，形成的絮体较松散。

硫酸铝在我国使用最为普遍，大都使用块状或粒状硫酸铝。根据其中不溶于水的物质的含量可分为精制和粗制两种。硫酸铝易溶于水可干式或湿式投加。湿式投加时一般采用10%~20%的浓度(按商品固体重量计算)。硫酸铝使用时水的有效pH范围较窄，约在5.5~8，其有效pH随原水的硬度的大小而异，对于软水pH在5.7~6.6，中等硬度的水pH为6.6~7.2，硬度较高的水pH则为7.2~7.8。在控制硫酸铝剂量时应考虑上述特性。有时加入过量硫酸铝会使水的pH降至铝盐混凝有效pH以下，既浪费了药剂，又使处理后的水浑浊。

(2)三氯化铁

三氯化铁($FeCl_3 \cdot 6H_2O$)是一种常用的混凝剂，是黑褐色的结晶体，有强烈吸水性，极易溶于水，其溶解度随温度上升而增加，形成的矾花沉淀性能好，处理低温水或低浊水效果比铝盐好。我国供应的三氯化铁有无水物、结晶水合物和液体三种。液体、结晶水合物或受潮的无水物腐蚀性极大，调制和加药设备必须用耐腐蚀器材(不锈钢的泵轴运转几星期也即腐蚀，用钛制泵轴有较好的耐腐性能)。三氯化铁加入水后与天然水中碱度起反应，形成氢氧化铁胶体。

三氯化铁的优点是形成的矾花密度大，易沉降，低温、低浊时仍有较好效果，适宜的pH范围也较宽，缺点是溶液具有强腐蚀性，处理后的水的色度比用铝盐高。

(3)硫酸亚铁

硫酸亚铁($FeS0_4 \cdot 7H_20$)是半透明绿色结晶体，俗称绿矾，易溶于水，在水温20℃时溶解度为21%。

硫酸亚铁通常是生产其他化工产品的副产品，价格低廉，但应检测其重金属含量，保证其在最大投量时，处理后的水中重金属含量不超过国家有关水质标准的限量。

固体硫酸亚铁需溶解投加，一般配置成10%左右的重量百分比浓度使用。

当硫酸亚铁投加到水中时，离解出的二价铁离子只能生成简单的单核络合物，因此，不如含有三价铁的盐那样有良好的混凝效果。残留于水中的 Fe^{2+} 会使处理后的水带色，当水中色度较高时，Fe^{2+} 与水中有色物质反应，将生成颜色更深的不易沉淀的物质(但可用三价铁盐除色)。根据以上所述，使用硫酸亚铁时应将二价铁先氧化为三价铁，然后再起混凝作用。通常情况下，可采用调节pH、加入氯、曝气等方法使二价铁快速氧化。

当水的pH在8.0以上时，加入的亚铁盐的 Fe^{2+} 易被水中溶解氧氧化成 Fe^{3+}，当原水的pH较低时，可将硫酸亚铁与石灰、碱性条件下活化的活化硅酸等碱性药剂一起使用，可以促进二价铁离子氧化。当原水pH较低而且溶解氧不足时，可通过加氯来氧化二价铁。

硫酸亚铁使用时，水的pH的适用范围较宽，为5.0~11。

(4)碳酸镁

铝盐与铁盐作为混凝剂加入水中形成絮体随水中杂质一起沉淀于池底，作为污泥要进行适当处理以免造成污染。大型水厂产生的污泥量甚大，因此不少人曾尝试用硫酸回收污泥中的有效铝、铁，但回收物中常有大量铁、锰和有机色度，以致不适宜再作混凝剂。

碳酸镁在水中产生 $Mg(OH)_2$ 胶体和铝盐、铁盐产生的 $A1(OH)_3$ 与 $Fe(OH)_3$ 胶体类似，可以起到澄清水的作用。石灰苏打法软化水站的污泥中除碳酸钙外，尚有氢氧化镁，利用二氧化碳气可以溶解污泥中的氢氧化镁，从而回收碳酸镁。

(5)聚丙烯酰胺(PAM)

聚丙烯酰胺为白色粉末或者小颗粒状物，密度为1.32g/cm^3(23℃)，玻璃化温度为188℃，软化温度接近210℃，为水溶性高分子聚合物，具有良好的絮凝性，可以降低液体之间的摩擦阻力，不溶于大多数有机溶剂。本身及其水解体没有毒性，聚丙烯酰胺的毒性来自其残留单体丙烯酰胺(AM)。丙烯酰胺为神经性致毒剂，对神经系统有损伤作用，中毒后表现出肌体无力，运动失调等症状。因此各国卫生部门均有规定聚丙烯酰胺工业产品中残留的丙烯酰胺含量，一般为0.05%~0.5%。聚丙烯酰胺用于工业和城市污水的净化处理方面时，一般允许丙烯酰胺含量0.2%以下，用于直接饮用水处理时，丙烯酰胺含量需在0.05%以下。聚丙烯酰胺产品用途如下：

①用于污泥脱水可有效在污泥进入压滤之前进行污泥脱水，脱水时，产生絮团大，不粘滤布，压滤时不散，泥饼较厚，脱水效率高，泥饼含水率在80%以下。

②用于生活污水和有机废水的处理，在酸性或碱性介质中均呈现阳电性，这样对污水中悬浮颗粒带阴电荷的污水进行絮凝沉淀，澄清很有效。如生产粮食酒精废水、造纸废水、城市污水处理厂的废水、啤酒废水、纺织印染废水等，用阳离子聚丙烯酰胺要比用阴离子、非离子聚丙烯酰胺或无机盐类效果要高数倍或数十倍，因为这类废水普遍带阴电荷。

③用于以江河水作水源的自来水的处理絮凝剂，用量少，效果好，成本低，特别是和无机絮凝剂复合使用效果更好，它将成为治理长江、黄河及其他流域的自来水厂的高效絮凝剂。

聚丙烯酰胺可以应用于各种污水处理，针对生活污水处理使用聚丙烯酰胺一般分为两个过程，一是高分子电解质与粒子表面的电荷中和；二是高分子电解质的长链与粒子架桥形成絮团。絮凝的主要目的是通过加入聚丙烯酰胺使污泥中细小的悬浮颗粒和胶体微粒聚结成较粗大的絮团。随着絮团的增大，沉降速度逐渐增加。

(6)聚合氯化铝(PAC)

聚合氯化铝颜色呈黄色或淡黄色、深褐色、深灰色，树脂状固体。有较强的架桥吸附性能，在水解过程中，伴随发生凝聚、吸附和沉淀等物理化学过程。聚合氯化铝与传统无机混凝剂的根本区别在于传统无机混凝剂为低分子结晶盐，而聚合氯化铝的结构由形态多变的多元羧基络合物组成，絮凝沉淀速度快，适用pH范围宽，对管道设备无腐蚀性，净水效果明显，能有效去除水中色度、悬浮物(SS)、化学需氧量(COD)、生化需氧量(BOD)及砷、汞等重金属离子，广泛用于饮用水、工业用水和污水处理领域如下：

①净水处理：生活用水、工业用水。

②城市污水处理。

③工业废水、污水、污泥的处理及污水中某些杂质回收等。

④对某些处理难度大的工业污水，以聚合氯化铝为母体，掺入其他药剂，调配成复合聚合氯化铝，处理污水能得到良好的效果。

(三)氧化还原

1. 臭氧消毒

臭氧由三个氧原子组成，在常温下为无色气体，有腥臭。臭氧极不稳定，分解时产生初生态氧。

臭氧 $O_3=O_2+[O]$，[O]具有极强氧化能力，是氟以外的最活泼氧化剂，对具有较强抵抗能力的微生物如病毒、芽孢等都具有强大的杀伤力。[O]除具有强大杀伤力外，还具有很强的渗入细胞壁的能力，从而破坏细菌有机体结构导致细菌死亡。臭氧不能贮存，需现场边生产边使用。

臭氧在污水处理过程中除可以杀菌消毒外，还可以除色。

臭氧是一种强氧化剂，它能把有机物大分子分解成小分子，把难溶解物分解为可溶物，把难降解物质转化为可降解物质，把有害物质分解为无害物，从而达到污水净化的作用。污水处理中臭氧的特点如下：

(1)臭氧是优良的氧化剂，可以彻底分解污水中的有机物。

(2)可以杀灭包括抗氯性强的病毒和芽孢在内的所有病原微生物。

(3)在污水处理过程中，受污水pH、温度等条件的影响较小。

(4)臭氧分解后变成氧气，增加水中的溶解氧，改善水质。

(5)臭氧可以把难降解的有机物大分子分解成小分子有机物，提高污水的可生化性。

(6)臭氧在污水中会全部分解，不会因残留造成二次污染。

2. 紫外线消毒

紫外线具有杀菌消毒作用。其消毒优点如下：

(1)消毒速度快，效率高。

(2)不影响水的物理性质和化学成分，不增加水的臭和味。

(3)操作简单，便于管理，易于实现自动化。

紫外线消毒的缺点是：不能解决消毒后在管网中再污染问题，电耗较大，水中悬浮物杂质妨碍光线透射等。

3. 氯消毒

氯是一种黄绿色气体，在标准状态下，氯的密度约为空气密度的2.5倍，有特殊的强烈的刺鼻臭味，在常温常压下是气体，加压到5~7个大气压时就会变成液体。氯气极易溶于水。氯对人的呼吸器官有刺激性，浓度大时，起初引起流泪，每升空气中含有0.25mg浓度的氯气时，在其间停留30min即可致死，超过2.5mg/L浓度时，能短时间致死。氯气中毒能引起气管炎症，直至引起肺脏气肿、充血、出血和水肿，为防止氯气泄漏和中毒，需注意有关安全事项和操作规程。

氯消毒的目的是使致病的微生物失去活性，一般利用氯气或次氯酸。在再生水输向用户时要加入一定量的氯，以保证在运输过程中水不会被微生物污染，到达用户家中的余氯符合相关标准。

(四)气　提

气提即气提法，是指通过让废水与水蒸气直接接触，使废水中的挥发性有毒有害物质按一定比例扩散到气相中去，从而达到从废水中分离污染物的目的。

气提的基本原理：将空气或水蒸气等载气通入水中，使载气与废水充分接触，导致废水中的溶解性气体和某些挥发性物质向气相转移，从而达到脱除水中污染物的目的。根据相平衡原理，一定温度下的液体混合物中，每一组分都有一个平衡分压，当与之液相接触的气相中该组分的平衡分压趋于零时，气相平衡分压远远小于液相平衡分压，则组分将由液相转入气相。

(五)离子交换

离子交换是指借助于固体离子交换剂中的离子与稀溶液中的离子进行交换，以达到提取或去除溶液中某些离子的目的，是一种属于传质分离过程的单元操作。离子交换是可逆的等当量交换反应。

离子交换主要用于水处理(软化和纯化)；溶液(如糖液)的精制和脱色；从矿物浸出液中提取铀和稀有金属；从发酵液中提取抗生素以及从工业废水中回收贵金属等。

离子交换在水处理的应用如下：

(连续电除盐技术EDI)是一种将离子交换技术、离子交换膜技术和离子电迁移技术(电渗析技术)相结合的纯水制造技术。该技术利用离子交换能深度脱盐来克服电渗析极化而脱盐不彻底，又利用电渗析极化而使水发生电离产生H^+和OH^-实现树脂再生，来克服树脂失效后通过化学药剂再生的缺陷。EDI装置包括阴/阳离子交换膜、离子交换树脂、直流电源等设备。

EDI装置属于精处理水系统，一般多与反渗透(RO)配合使用，组成预处理、反渗透、EDI装置的超纯水处理系统，取代了传统水处理工艺的混合离子交换设备。EDI装置进水电阻率要求为0.025～0.5MΩ·cm，反渗透装置完全可以满足要求。EDI装置可生产电阻率15MΩ·cm以上的超纯水，具有连续产水、水质高、易控制、占地少、不需酸碱、环保等优点，具有广泛的应用前景。

第三节　水微生物学

一、概　述

(一)微生物的分类和特点

1. 分　类

根据一般概念，水中的微生物分成两类，即非细胞形态的微生物和细胞形态的微生物。非细胞形态的微生物主要指病毒包括噬菌体。细胞形态的微生物主要有原核生物和真核生物。原核生物主要包括细菌、放线菌和蓝藻。真核生物主要包括藻类、真菌(酵母菌和霉菌)、原生生物(肉足虫、鞭毛虫、纤毛类)和后生动物。

上述微生物中，大部分是单细胞的，其中藻类在生物学中属于植物学的范围，原生动物及后生动物属于无脊椎动物范围。严格地说，其中个体较大者，不属于微生物学范围。此外，还需注意一种用光学显微镜看不见的生物，例如病毒，一般显微镜无法分辨小于0.2μm的物体，而病毒个体一般小于0.2μm，可称为超显微镜微生物。

2. 特　点

微生物除具有个体非常微小的特点外，还具有下列几个特点：一是种类繁多。由于微生物种类繁多，因而对于营养物的要求也不相同。它们可以分别利用自然界中的各种有机物和无机物作为营养，使各种有机物合成分解成无机物，或使各种无机物合成复杂的碳水化合物、蛋白质等有机物。所以，微生物在自然界的物质过程中起着重要作用。二是分布广。微生物个体小而轻，可随着灰尘四处飞扬，因而广泛分布于土壤、空气和水体等自然环境中。因土壤中含有丰富的微生物所需的营养物质，所以土壤中微生物的种类或数量特别多。三是繁殖快。大多数微生物在几十分钟内可繁殖一代，即由一个分裂为两个，如果条件适宜，经过10h就可繁殖为数亿个。四是容易发生变异。这一特点使微生物较能适应外界环境条件的变化。

微生物的生理特性以及上述的四个特点，是废水生物处理法的依据，废水和微生物在处理构筑物中接触时，能作为养料的物质(大部分的有机化合物和某些含硫、磷、氮等的无机化合物），即被微生物利用、转化，从而使废水的水质得到改善。当然，在废水排入水体之前，还必须除去其中的微生物，因为微生物本身也是一种有机杂质。

在各类微生物中，细菌与水处理的关系最密切。细菌是微小的，单细胞的，没有真正细胞核的原核生物，其大小一般只有几微米大。一滴水里，可以包含好几万个细菌。所以要观察细菌的形态，必须要使用显微镜。但由于细菌本身是无色透明的，即使放在显微镜下看，还是比较模糊的，为了清楚地观察到细菌，目前已使用了各种细菌的染色法，把细菌染成红的、紫色或者其他颜色，这样在显微镜下，细菌的轮廓就很清楚了。细菌的外形和结构如下：

1）细菌的外形

细菌从外观、形状来看，可分为球菌、杆菌和螺旋菌三大类。

球菌按照排列的形式，又可分为单球菌、链球菌。细菌分裂后各自分散独立存在的，称单球菌；细菌分裂后成串的，称链球菌。产甲烷八叠球菌等都是球状细菌。球菌直径一般为 0.5～2μm。

杆菌一般长 1～5μm，宽 0.5～1μm。布氏产甲烷杆菌、大肠杆菌、硫杆菌等都属于这一类细菌。

螺旋菌的宽度常在 0.5～5μm，长度各异。常见的有霍乱弧菌、纤维弧菌等。

各类细菌在其初生时期或适宜的生活条件下，呈现它的典型形态，这些形态特征是鉴定菌种的依据之一。

2）细菌的结构

细菌的内部结构相当复杂。一般来说，细菌的构造分为基本结构和特殊结构两种。特殊结构只为一部分细菌所具有。

细菌的基本结构包括细胞壁和原生质体两部分。原生质体位于细胞壁内，包括细胞膜、细胞质、核质和内含物。细胞壁是细菌分类中最重要的依据之一。根据革兰氏染色法，可将细菌分为两大类，革兰氏阳性菌和革兰氏阴性菌。革兰氏阳性菌的细胞壁较厚，为单层，其组分比较均匀，主要由肽聚糖组成。革兰氏阴性菌的细胞壁分为两层。

（1）细胞壁：细胞壁是包围在细菌细胞最外面的一层富有弹性的结构，是细胞中很重要的结构单元，在细胞生命活动中的作用主要有：保持细胞具有一定的外观形状；可作为鞭毛的支点，实现鞭毛的运动；与细菌的抗原特性、致病性有关。

（2）细胞膜：细胞膜是一层紧贴着细胞壁而包围着细胞质的薄膜，其化学组成主要是脂类、蛋白质和糖类。这种膜具有选择性吸收的半渗透性，膜上具有与物质渗透、吸收、转送和代谢等有关的许多蛋白酶或酶类。

细胞膜的主要功能有：一是控制细胞内外物质的运送和交换；二是维持细胞内正常渗透压；三是合成细胞壁组分和荚膜的场所；四是进行氧化、磷酸化或光合磷酸化的产能基地；五是许多代谢酶和运输酶以及电子呼吸链主组分的所在地；六是鞭毛着生和生长点。

（3）细胞质：细胞质是一种无色透明而黏稠的胶体，其主要成分是水、蛋白质、核酸和脂类等。根据染色特点，可以通过观察染色均匀与否来判断细菌处于幼龄还是衰老阶段。

（4）核质：一般的细菌仅具有分散而不固定形态的核质。核或核质内几乎集中有全部与遗传变异有密切相关的某些核酸，所以常称核是决定生物遗传性的主要部分。

（5）内含物：内含物是细菌新陈代谢的产物，或是贮存的营养物质。内含物的种类和量随着细菌种类和培养条件的不同而不同，往往在某些物质过剩时，细菌就将其转化成贮存物质，当营养缺乏时，它们又被分解利用。常见的内含物颗粒有异染颗粒、硫粒等。例如，在生物除磷过程中，不动杆菌在好氧条件下利用有机物分解产生的大量能源，可过度摄取周边溶液中磷酸盐并转化成多聚偏磷酸盐，以异染颗粒的方式贮存于细胞内。许多硫磺细菌都能在细胞内大量积累硫粒，如活性污泥中常见的贝氏硫细菌和发硫细菌都能在细胞内贮存硫粒。

（6）细菌的特殊结构：荚膜、芽孢和鞭毛。

① 荚膜：在细胞壁的外边常围绕着一层黏液，厚薄不一。比较薄时称为黏液层，相当厚时，便称为荚膜。当荚膜物质相融合成一团块，内含许多细菌时，称为菌胶团。并不是所有的细菌都能形成菌胶团。凡是能形成菌胶团的细菌，则称为菌胶团细菌。不同的细菌形成不同形状的菌胶团。菌胶团细菌包藏在胶体物质内，一方面对动物的吞噬起保护作用，同时也增强了它随不良环境的抵抗能力。菌胶团是活性污泥中细菌的主要存在形式，有较强的吸附和氧化有机物的能力，在废水生物处理中具有较为重要的作用。一般来说，处理生活污水的活性污泥，其性能的好坏，主要可依据所含菌胶团多少、大小及结构的紧密程度来定。

② 芽孢：在部分杆菌和极少数球菌的菌体内能形成圆形或椭圆形的结构，称为芽孢。一般认为芽孢是某些细菌菌体发育过程中的一个阶段，在一定的环境条件下由于细胞核和核质的浓缩凝聚所形成的一种特殊结构。一旦遇上合适的条件可发育成新的营养

体。因此，芽孢是抵抗恶劣环境的一个休眠体。处理的有毒废水都有芽孢杆菌生长。

③ 鞭毛：是由细胞质而来的，起源于细胞质的最外层即细胞膜，穿过细胞壁伸出细菌体外。鞭毛也不是一切细菌所共有，一般的球菌都无鞭毛，大部分杆菌和所有的螺旋菌都有鞭毛。有鞭毛的细菌能真正运动，无鞭毛的细菌在液体中只能呈分子运动。

(二)微生物的生理特性

微生物的生理特性，主要从营养、呼吸、其他环境因素三方面来分析，微生物的营养是指吸收生长所需的各类物质并进行代谢生长的过程。营养是代谢的基础，代谢是生命活动的表现。

(1)微生物细胞的化学组分及生理功能：微生物细胞中最重要的组分是水，约占细胞总重量的85%，一般为70%~90%，其他10%~20%为干物质。干物质中有机物占90%左右，其主要代表元素是碳、氢、氧、氮、磷，另外约10%为无机盐分(或称灰分)。水分是最重要的组分之一，它的生理作用主要有溶剂作用、参与生化反应、运输物质的载体、维持和调节一定的温度等。无机盐，主要指细胞内存在的一些金属离子盐类。无机盐类在细胞中的主要作用是构成细胞的组成成分，酶的激活剂，维持适宜的渗透压，自氧型细胞的能源。

(2)碳源：凡是能提供细胞成分或代谢产物中碳素来源的各种营养物质称之为碳源。它分有机碳源和无机碳源两种，前者包括各种糖类、蛋白质、脂肪酸等，后者主要指CO_2。碳源的作用是提供细胞骨架和代谢物质中碳素的来源以及生命活动所需的能量。碳源的不同是划分微生物营养类型的依据。

(3)氮源：凡是能提供细胞组分中氮素来源的各种物质称为氮源。氮源也可分为两类：有机氮源(如蛋白质、氨基酸)和无机氮源。氮源的作用是提供细胞新陈代谢所需的氮素合成材料。极端情况下(如饥饿状态)，氮素也可为细胞提供生命所需的能量。这是氮源与碳源的不同。

(三)微生物的营养类型

微生物种类不同，它们所需的营养材料也不一样。根据碳源不同，微生物可分为自氧型和异养型两大类，有的微生物营养简单，能在完全含无机物的环境中生长繁殖，这类微生物属于自氧型。它们以二氧化碳或碳酸盐为碳素养料的来源(碳源)，铵盐或者硝酸盐作为氮素养料的来源(氮源)，用来合成自身成分，它们生命活动所需的能源则来自无机物或者阳光。有的微生物需要有机物才能生长，这类微生物属于异养型。它们主要以有机碳化物，如碳水化合物、有机酸等作为碳素养料的来源，并利用这类物质分解过程中所产生的能量作为进行生命活动所必需的能源。微生物的氮素养料则是无机的或有机氮化物。在自然界，绝大多数微生物都属于异养型。

根据生活所需能量来源不同，微生物又分为光能营养和化能营养两类。结合碳源的不同，则有光能自氧、化能自氧、化能异氧和光能异氧四类营养类型。

在应用微生物进行水处理过程中，应充分注意微生物的营养类型和营养需求，通过控制运行条件，尽可能地提供微生物所需的各类营养物质，最大限度地培养微生物的种类和数量，以实现最佳的工艺处理效果。如水处理中要注意进水中BOD：N：P比例。好氧生物处理中对BOD：N：P的比例要求一般为100：5：1。

(四)微生物的新陈代谢

微生物要维持生存，就必须进行新陈代谢。即指微生物必须不断地从外界环境摄取其生长与繁殖所必需的营养物质，同时，又不断地将自身产生的代谢产物排泄到外部环境中的过程。微生物的新陈代谢主要是通过呼吸作用来完成的。

根据与氧气的关系，微生物的呼吸作用分为好氧呼吸和厌氧呼吸两大类。由于呼吸类型的不同，微生物也就分为好氧型(需氧型或好气型)、厌氧型(厌气型)和兼性(兼气)型三类。好氧微生物生长时需要氧气，没有氧气就无法生存。它们在有氧的条件下，可以将有机物分解成二氧化碳和水，这个物质分解的过程称为好氧分解。厌氧微生物只有在没有氧气的环境中才能生长，甚至有了氧气还对其有毒害作用。它们在无氧条件下，可以将复杂的有机物分解成较简单的有机物和二氧化碳等，这个过程称为厌氧分解。兼性微生物既可在有氧环境中生活，也可在无氧环境中生长。在自然界中，大部分微生物属于这一类。

微生物新陈代谢的代谢产物有以下几种：气体状态，如二氧化碳、氢、甲烷、硫化氢、氨及一些挥发酸；有机代谢产物，如糖类、有机酸；分解产物，如氨基酸等；其他还有亚硝酸盐、硝酸盐等。

(五)微生物的生长繁殖

微生物在适宜的环境条件下，不断地吸收营养物质，并按照自己的代谢方式进行代谢活动，如果同化作用大于异化作用，则细胞质的量不断增加，体积得以加大，于是表现为生长。简单地说，生长就是有机体的细胞组分与结构在量方面的增加。

单细胞微生物如细菌，生长往往伴随着细胞数目的增加。当细胞增长到一定程度时，就以二分裂方式，形成两个基本相似的子细胞，子细胞又重复以上过程。在单细胞微生物中，由于细胞分裂而引起的个体数目的增加，称为繁殖。在一般情况下，当环境条件适合，生长与繁殖始终是交替进行的。从生长到繁殖是一个由质变到量变的过程，这个过程就是发育。

微生物生长最重要的因素是温度和 pH。根据最适宜生长温度的不同，微生物可分为低温、中温和高温三大类。一般来说，微生物在 pH 为中性(6~8)的条件下生长最好。微生物处于一定的物理、化学条件下，生长发育正常，繁殖速率也高；如果某一或某些环境条件发生改变，并超出了生物可以适应的范围时，就会对机体产生抑制乃至杀灭作用。

(六)影响微生物生长的环境因素

微生物的生长除了需要营养物质外，还需要适宜的生活条件，如温度、酸碱度、无毒环境等。

温度对微生物影响较大。大多数微生物生长的适宜温度在 20~40℃，但有的微生物喜欢高温，适宜的繁殖温度是 50~60℃，污泥的高温厌氧处理就是利用这一类微生物来完成的。按照温度不同，可将微生物(主要是细菌)分为低温性、中温性和高温性三类，见表 3-3。

表 3-3　水处理中不同微生物的适用工艺

类别	适宜生长温度/℃	适宜工艺
低温性微生物	10~20	水处理工艺
中温性微生物	20~40	污泥中温厌氧消化
高温性微生物	50~60	污泥好氧堆肥 污泥高温厌氧消化

对于微生物来说，只要加热超过微生物致死的最高温度，微生物就会死亡。因为，在高温下，构成微生物细胞的主要成分和推动细胞进行新陈代谢作用的生物催化剂，都是由蛋白质构成的，蛋白质受到高温，其机体会发生凝固，导致微生物死亡。

各类微生物都有适合自己的酸碱度。在酸性太强或碱性太强的环境中，一般不能生存。大多数微生物适宜繁殖的 pH 为 6~8。

各类微生物生活时要求的氧化还原电位条件不同。氧化还原条件的高低可用氧化还原电位 E 表示。一般好氧微生物要求 E 在+0.3~+0.4V 左右；而 E 值在+0.1V 以上均可生长；厌氧微生物则需要 E 值在+0.1V 以下才能生活。对于兼性微生物，E 值在+0.1V 以上，进行好氧呼吸；E 值在+0.1V 以下，进行无氧呼吸。在实际生产中，对于好氧分解系统，如活性污泥系统，E 值常在 200~600mV。对于厌氧分解处理构筑物，如污泥消化池，E 值应保持在-200~-100mV 的范围内。

除光合细菌外，一般微生物都不喜欢光。许多微生物在日光直接照射下容易死亡，特别是病原微生物。日光中具有杀菌作用的主要是紫外线。

二、水处理微生物

自然界中许多微生物具有氧化分解有机物的能力。这种利用微生物处理废水的方法称为生物处理法。由于在水处理过程总微生物对氧气要求不同，水的生物处理可分为好氧生物处理和厌氧生物处理两类。生物处理单元基本分为附着生长型和悬浮生长型两类。在好氧生物处理中，附着生长型所用反应器可以生物滤池为代表；而悬浮生长型则可以活性污泥法中的曝气池为代表。

(一)用于好氧处理的微生物

活性污泥中的微生物主要有假单胞菌、无色杆菌、黄杆菌、硝化菌等，此外还有钟虫、盖纤虫、累枝虫、草履虫等原生生物以及轮虫等后生生物。

生物滤池中的细菌主要有无色杆菌、硝化菌。原生动物中常见有钟虫、盖纤虫、累枝虫、草履虫等原生动物。此外，还有一些轮虫、蠕虫、昆虫的幼虫等。

(二)用于厌氧处理的微生物

厌氧生物处理是在无氧条件下，借助厌氧微生物(包括兼性微生物)，主要是靠厌氧菌(包括兼性菌)作用来进行的。起作用的细菌主要有两类，发酵菌和产甲烷菌。

发酵菌，是有兼性的，也有厌氧的，在自然界中数量较多，而产甲烷菌则是严格的厌氧菌，且专业性强，其对温度和酸碱度的反应都相当敏感。温度变化或环境中的 pH 稍超过适宜的范围时，就会在较大程度上影响到有机物的分解。

一般的产甲烷菌都是中温的，最适宜的温度在 25~40℃，高温性产甲烷菌的适宜温度则在 50~60℃。产甲烷菌生长最适宜的 pH 范围约为 6.8~7.2，如 pH 低于 6 或高于 8，细菌的生长繁殖将受到极大影响。

产甲烷细菌有多种形态，有球形、杆形、螺旋形和八叠球形。《伯杰氏系统细菌学手册》第九版，将近年来的产甲烷菌的研究成果进行进行总结，建立以系统发育为主的甲烷菌最新分类系统，产甲烷菌可分为 5 个大目，分别为甲烷杆菌目、甲烷球菌目、甲烷微菌目、甲烷八叠球菌目、甲烷火菌目。上述 5 个目的产甲烷菌可继续分为10个科与31个属。

目前，在厌氧消化反应器中，研究应用较多的是甲烷菌中的甲烷鬃毛菌属(*Methanosaeta*)和甲烷八叠球菌(*Methanosarcina*)这两种菌属。在工业应用中，*Methanosaeta* 在高进液量、快流动性的反应器(如UASB)中适用广泛，而 *Methanosarcina* 对于液体流动性比较敏感，主要用于固定和搅动的罐反应器。

此外，温度不同，甲烷菌属也不同。在高温厌氧消化器中就多见甲烷微菌目和甲烷杆菌目的甲烷菌。

(三)用于厌氧氨氧化的细菌

在缺氧条件下，以亚硝酸氮为电子受体，将氨氮为电子供体，将亚硝酸氮和氨氮同时转化为氮气的过程，称为厌氧氨氧化。执行厌氧氨氧化的细菌成为厌氧氨氧化菌。目前已发现的厌氧氨氧化菌均属于浮霉状菌目。

厌氧氨氧化菌形态多样，呈球形、卵形等，直径0.8~1.1μm。厌氧氨氧化菌是革兰氏阴性菌，细胞外无荚膜，细胞壁表面有火山口状结构，少数有菌毛。

厌氧氨氧化菌为化能自养型细菌，以二氧化碳作为唯一碳源，通过将亚硝酸氧化成硝酸来获得能量，并通过乙酰辅酶A(乙酰-CoA)途径同化二氧化碳。虽然有的厌氧氨氧化菌能够转化丙酸、乙酸等有机物质，但它们不能将其用作碳源。

厌氧氨氧化菌对氧敏感，只能在氧分压低于5%氧饱和的条件下生存，一旦氧分压超过18%氧饱和，其活性即受抑制，但该抑制是可逆的。

厌氧氨氧化菌的最佳生长pH为6.7~8.3，最佳生长温度为20~43℃。厌氧氨氧化菌对氨和亚硝酸的亲和力常数都低于1×10^{-4}g/(N·L)。基质浓度过高会抑制厌氧氨氧化菌活性，见表3-4。

表3-4　基质对厌氧氨氧化菌的抑制浓度

基质	抑制浓度/(mmol/L)	半抑制浓度/(mmol/L)
NH_4^+-N	70	55
NO_2^--N	7	25

注：半抑制浓度代表抑制50%厌氧氨氧化活性的基质浓度。

由于厌氧氨氧化同时需要氨和亚硝酸2种基质，在实验室反应器中或在污水处理厂构筑物中，当溶解氧浓度较低时，厌氧氨氧化菌可与好氧氨氧化菌共同存在，互惠互利。好氧氨氧化菌产生的亚硝酸用作厌氧氨氧化菌的基质，而厌氧氨氧化菌消耗亚硝酸，则可解除亚硝酸对好氧氨氧化菌的抑制。

厌氧氨氧化菌是一种难培养的微生物，生长缓慢。据科学家研究表明，在30~40℃下，其倍增时间为10~14d。如果对培养条件优化，可以缩短培养时间。但由于至今未能成功分离到纯的菌株，在某种方面制约了其应用。

(四)用于堆肥的微生物

堆肥本质上是在微生物的作用下，将废弃的有机物中的有机质，分解并转化，合成腐殖质的过程。

按照堆肥过程中的需氧程度可分为好氧堆肥和厌氧堆肥。在堆肥的不同时期，微生物种类和数量不同。

好氧堆肥的过程如图3-6所示。

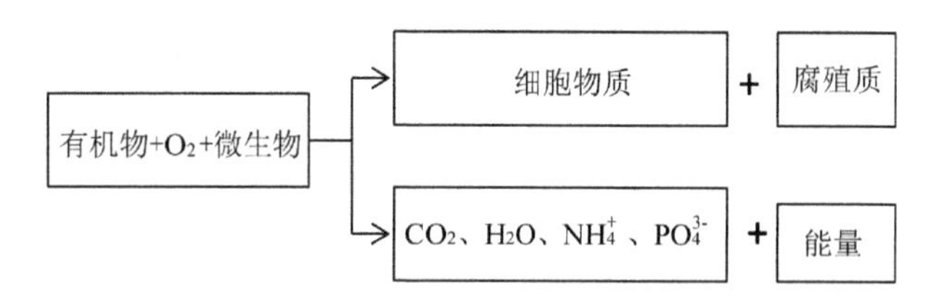

图3-6　好氧堆肥过程

1. 好氧堆肥微生物

好氧堆肥中，参与有机物生化降解的微生物包括两类：嗜温菌和嗜热菌。嗜温菌的适宜温度范围为25~40℃，嗜热菌的适宜温度单位为40~50℃。好氧堆肥按照温度变化，主要分为三个阶段：升温、高温和腐熟阶段。各阶段的微生物见表3-5。

表3-5　堆肥常见的微生物

堆肥阶段	优势微生物	种类
升温期	假单胞菌	细菌
	芽孢杆菌	
	酵母菌	真菌
	丝状真菌	
高温期	芽孢杆菌	细菌
	卡诺菌	
	链霉素	放线菌
	单孢子菌	
降温期	担子菌	真菌
	子囊菌	
	芽孢杆菌	细菌
	假单胞菌	

堆肥初期，堆层呈中温，故称中温阶段。此时，嗜温性微生物活跃，主要增殖的微生物为细菌、真菌和放线菌。堆层温度上升到45℃以上，进入高温阶段，此时，嗜温性微物受到抑制，甚至死亡，而嗜热性微生物逐渐替代嗜温性微生物的活动。在50℃左

右活动的主要是嗜热性真菌和放线菌；60℃时，仅有嗜热性放线菌与细菌活动；70℃以上，微生物大量死亡进入休眠状态，进入降温阶段。主要是在内源呼吸期，微生物活性下降，发热量减少，温度下降，嗜温性微生物再占优势，使残留难降解的有机物进一步分解，腐殖质不断增多且趋于稳定，堆肥进入腐熟阶段。

堆肥方式不同，堆肥中的优势微生物种类也不同，见表 3-6。

表 3-6 不同堆肥方式中的菌落情况

堆肥方式	初期优势菌	中期优势菌	后期优势菌
条垛式	蛭弧菌、梭菌细菌、芽孢杆菌属	β-变形菌、硝化细菌、梭状芽孢杆菌	β-变形菌、梭状芽孢杆菌、类芽孢杆菌
槽式	海洋底泥食冷菌、腐生螺旋体属、丝孢菌属	类链球菌、柱顶孢霉	类链球菌

由于微生物在堆肥过程中的角色非常重要，所以，在工程实践中，也有添加微生物菌剂的实例。通过添加微生物菌剂，提高优势菌群数量，提升有机质降解率，缩短熟化周期，提升系统效率。

2. 厌氧堆肥微生物

厌氧堆肥中有复杂有机物降解的步骤包括水解、酸化、产乙酸和产甲烷四个步骤，参与反应的微生物有水解菌、酸化菌、产乙酸菌、氢甲烷菌和乙酸甲烷菌等几个主要类群。

据研究，在厌氧堆肥中，厌氧菌将污泥中的氮转化成植物可吸收的氨氮，所以可以用厌氧堆肥过程中污泥中氨氮的变化来衡量厌氧堆肥的效果。如图 3-7 所示。

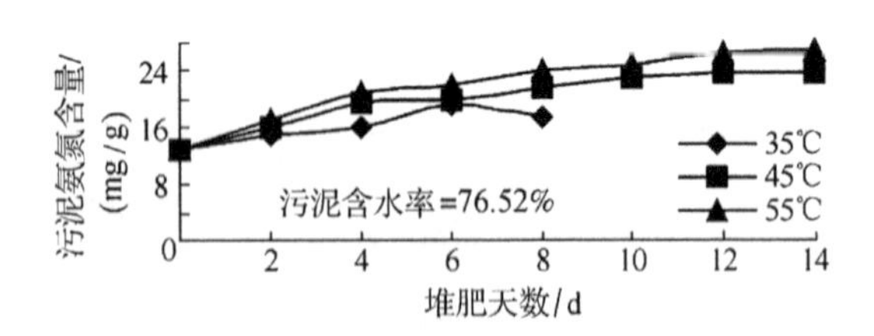

图 3-7 厌氧堆肥中不同堆肥时间污泥中氨氮的变化

此外，实验表明，污泥厌氧堆肥的最佳温度为 55℃，污泥含水率为 80%左右，堆肥时间在 6d 左右。

三、活性污泥微生物

(一) 活性污泥法中有机物的去除

流入曝气池的有机物主要由好氧细菌和兼氧细菌分解去除。分解去除的机制是细菌类通过利用分子态溶解氧呼吸，将一部分有机物氧化分解为无机的二氧化碳和水，其余大部分有机物用于合成细胞。呼吸获得的大量能量被细菌类生命活动及细胞合成所消耗。

流入曝气池的有机物、细菌和溶解氧的量处于良好的平衡状态时，有机物几乎被分解去除。平衡状态恶化，流入的有机物量比细菌所需要的多时，即使有足够的溶解氧存在，有机物也来不及分解去除，随处理水流出。此时细菌在不断增加，絮体没有絮凝性，因而在沉淀池中无法进行固液分离。若恶化继续，连细菌数量也变得难以维持。相反，有机物量比细菌所需要的少，单位数量细菌得到的能量少，细胞合成量减少。因此，曝气池的污泥停留时间延长，絮体失去絮凝性，成分散状态随处理水流出。即使有机物量比细菌所需要的少，若溶解氧量成了制约因素，溶解氧量少，分解速度慢，因而有机物量接近过多状态。

捕食游离细菌生活的是原生动物和微型后生动物等小动物。原生动物、微型动物不直接分解流入的有机物，而捕食活性污泥中的不凝性细菌，有些种类可起到提高处理水透明的作用。

(二) 细菌去除有机物的机理

好氧菌去除有机物的机理为：有机物先被吸附到细菌的表面，其中中、低分子的有机物直接被摄入到菌体内，而高分子有机物则由胞外酶将其小分子化后摄入到菌体内。摄入的一部分有机物利用分子态溶解氧，通过好氧呼吸分解成二氧化碳和水。有机物是碳水化合物时的反应式为式(3-21)：

$$C_xH_yO_z + (x + \frac{y}{4} - \frac{z}{2})O_2 \rightarrow xCO_2 + \frac{y}{2}H_2O - \Delta H \tag{3-21}$$

这个反应中产生的能量用作细菌类生命活动和细胞合成所需的能量。摄入菌体内后呼吸代谢未消耗的剩余有机物用于合成新细胞。其反应式为式(3-22)：

$$n(C_xH_yO_z) + nNH_3 + n(x + \frac{y}{4} - \frac{z}{2} - 5)O_2 \rightarrow (C_5H_7NO_2)_n + n(x-5)CO_2 + (y-4)H_2O + \Delta H \tag{3-22}$$

式中：$C_5H_7NO_2$——好氧细菌类的定性式子。

式(3-21)、式(3-22)表示流入的有机物全部被分解去除。

增殖的细菌类若因老化，细胞内能量贮存物质不足，则被细胞内的各种水解酶自氧化。反应式为式(3-23)：

$$(C_5H_7NO_2)_n + 5nO_2 \rightarrow 5nCO_2 + 2nH_2O + nNH_3 - \Delta H \tag{3-23}$$

式(3-21)～式(3-23)是曝气池中通常发生的有机

物去除机制。

（三）絮体状态与生物相的变迁

污水空曝（不投加生物，只通入空气）得到的生物种群的变迁，即摄取有机物增殖的细菌类随时间的变化，以及随有机物量与生物量之比（*F/M*）的改变，原生动物和微型动物出现的先后顺序是生物相诊断的基础。

污水空曝时，活性污泥中显示出现直接捕食流入基质的细菌类，之后出现原生动物捕食细菌类，形成微型后生动物捕食原生动物和细菌类的食物链。

（四）有机负荷状态的划分

活性污泥法是将流入的有机物通过曝气转换成生物（絮体），再分离成处理水和固体的技术。维持固液分离性能良好的絮体状态是运行管理的重要内容。最好通过观察絮体的状态就能判断曝气池的状况，但实际上相当困难。取而代之，将有机负荷状态分为5个群，通过观察不是细菌类原生动物和微型后生动物的变迁来判断絮体的指示生物。曝气池有机负荷状态分为以下5个群。

Ⅰ群：负荷非常高状态下出现的生物。

与有机物量相比，细菌量非常少，絮体处于不凝性状态。细菌类不断增殖，游离细菌多，因此，出现很多有利于捕食不凝性细菌的小型鞭毛虫类。

Ⅱ群：高负荷状态下出现的生物。

与Ⅰ群相比有机物的分解在进行，细菌量在增加，絮体正在不断形成，但处理水中还残留未分解有机物的状态。细菌类的增殖还很活跃，游离细菌多。因此，出现很多相对虫体胞口小，全身被纤毛覆盖的椭圆形活蚕豆形游泳型纤毛虫类。

Ⅲ群：负荷从高或低的状态趋向良好状态时出现的生物。

有机物进一步被氧化，处理水中已无未分解有机物。絮体的絮凝性良好，但周围还存在不凝性游离细菌，因而出现许多或在絮体周围游泳或钻入絮体内部捕食不凝性游离细菌的生物。这类生物相比虫体胞口占的比例比Ⅱ群大。

Ⅳ群：处理良好状态下出现的生物。

细菌量、有机物量和溶解氧三者处于良好的平衡状态，絮凝性好，粒径又大的絮体多起来。絮体的絮凝性变好，粒径变大就出现许多固定在絮体上，靠搅动水流捕食水中细菌类的缘毛目（钟虫属）以及前端有圆形黏性吸管，捕捉游泳小虫、吮吸虫体原生质的吸管虫目生物。

Ⅴ群：负荷低或污泥停留时间长状态下出现的生物。

相对细菌类，有机物量一直处于缺少的状态。絮体多种多样，有的呈团块状，有的分散带有解体气味，也有的仍处于良好状态。因为污泥停留时间长，出现许多接近1000μm（1mm）左右的大型游泳型生物、微型生物、身体周围有硬壳的变形虫以及有粗鞭毛、轮廓清晰的植物性鞭毛虫类等。

归纳将活性污泥法中无法依据有机负荷情况判断异常的生物相分为4类。

A类：溶解氧不足状态下出现的生物。

B类：存在死水区状态下出现的生物。

C类：引起污泥膨胀的丝状细菌。

D类：引起泡沫的生物。

例如，负荷低，污泥停留时间长的情况下能观察到Ⅴ群生物。负荷降低，减少空气量运行，曝气池的活性污泥混合不均匀，池底会出现氧气不足，这时可同时观察到Ⅴ群的生物和溶解氧不足的生物，测定出现的指示生物数量后按群和组统计，最适应环境现状生物个体数最多。根据Ⅰ～Ⅴ群和4类生物数量的统计结果，就能掌握曝气池的大致状态。指示生物中也有运动少、识别困难的种类，因此，显微镜观察要反复多次。

曝气池状态的分组和指示生物是基于悬浮活性污泥法确定的，但污水和生活污水即使使用其他处理方式，曝气池状态与指示生物的相关性基本相同。在生物膜法中，微生物固定在载体上，若生物膜表面存在许多良好状态下出现的生物，说明处理效果良好，但往往也能观察到污泥停留时间长、存在死水区域、溶解氧不足等状态下出现的生物。但若生物膜表面存在许多良好状态下出现的生物，多数情况下处理是没有问题。在同一个池内进行固液分离和氧化处理的间歇式活性污泥法中，也往往能观察到絮体内溶解氧不足状态下出现的螺旋体和贝氏硫细菌，但处理状况用活性污泥法基本相同的指标也能诊断。活性污泥法以外的处理方式，结合处理方式的特点做些说明是必要的，但基本的指示生物仍可作为参考。工业废水处理时，由于进水的生物分解难易程度，氮、磷、微量金属等营养盐的平衡状态，与生活污水不同，出现的生物种类有差别，有些设施根据原生动物和微型后生动物进行生物相诊断会有困难。不过通过不断观察，往往也能掌握这些设施的生物相特点。

（五）生物相诊断的意义

生物相种类、数量、活性是污水处理效果的重要指标。生产运行中可依据生物相快速、准确判断生物处理系统的发展趋势，继而采取针对措施及时调整工艺，以保证污水处理系统时刻在合理、高效状态下运行。

微生物是包括细菌、病毒、真菌以及一些小型的原生生物、藻类等在内的一大类生物群体，它个体微小，与人类关系密切，涵盖了有益和有害的众多种类，广泛涉及食品、医药、工业、农业、环保、体育等诸多领域。

微生物相：即微生物种类，一般泥样中可能出现的微生物有轮虫、钟虫、楯纤虫、肾形虫、吸管虫、漫游虫、线虫、游仆虫、变形虫、游离细菌等；有时还有水蚤等大型动物。根据微生物相，可大致判断泥龄及生物处理系统处理程度；判断种类后，还应分辨和记录该种微生物所属的种类(比如，钟虫，包括小口钟虫等几种类别，记录时应记录是小口钟虫)。微生物形态、特点及相应指示意义见表 3-7。

表 3-7　微生物形态、特点及相应指示意义

非活性污泥原生动物			
名称	形态	形态特点	指示意义
鞭毛虫	鞭毛 薄壳 虫体 絮体	具有 1～8 条或更多的鞭毛作为运动器官，以鞭毛游离端的圆圈状振动而运动	以游离细菌为食，适合在中污带和多污带生存，多出现在高负荷，污泥解体水质恶化之时
变形虫		体型不固定，高倍镜可见伪足和收缩泡，以其体型可变为主要特征，整体透明，移动速度慢	变形虫食性广，单细胞藻类、细菌、小型原生动物、真菌、有机碎片皆是其食物。在低负荷，污泥解体正在进行时大多能观察到
草履虫	胞口	体型较大呈圆筒型，后半中间最宽阔，前半部腹面有一凹下的口沟，中沟底部有一椭圆形的胞口，身体布满纤毛	主要以细菌为食，最适宜的生存环境是中污性和多污性。大量出现在几乎检测不到溶解氧的环境中，每当活性污泥净化程度较差时出现
肾形虫	胞口	身体呈肾形，右缘是个身体半圆形的弯曲，后端比较圆，饥饿时比较细，口位于身体中间偏前的左缘中部，口前庭成一个较浅的洼窝，在口周围纤毛均匀	主要以细菌为食，最常出现在生化需氧量(BOD)负荷在 0.5kg 左右的高负荷状态下
尾丝虫	尾毛	身体呈圆形，长度和宽度比例约为 2:1，通常前半部分较后半部分窄；前端平截而常有少许下陷，后端宽阔较浑圆；外部表膜具有纵长的条纹，在后端有一根长长的尾毛	以细菌为主要食物，属于中污性种类，在活性污泥中经常出在高负荷低溶氧的状态下，一般处理水 BOD 负荷较高
表壳虫		壳的背腹面呈圆形，似表盖，侧面看则腹部肩平整个壳呈半圆形。壳通常呈褐色也有黄色，有指状伪足，从壳体伸出，数目不会超过 5 个或 6 个	以鞭毛虫和藻类为主要食物，寡污性水体是其最佳的生存环境，经常出现在活性污泥低 BOD 负荷、污泥龄过长的情况下，同时也是硝化反应出现的标志

（续）

名称	形态	形态特点	指示意义
漫游虫	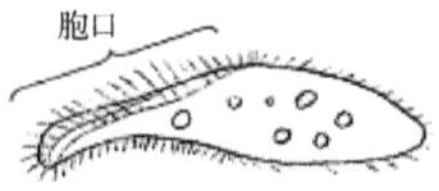	身体细长的片状或柳叶刀状，最宽处位于中部，从中部向前后两端瘦削；颈部相当长，胞口在颈部的腹面；纤毛分布在身体单侧	是一种肉食性的毛虫，以鞭毛虫和其他小型纤毛虫为食，在自然界最适合是中污性和多污性水体，经常出现在活性污泥系统恢复期间
管叶虫	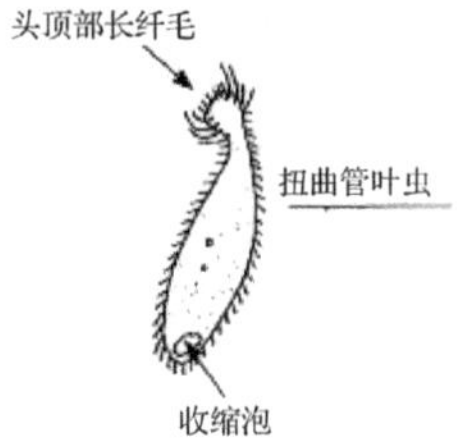	身体纵长，长度约为宽度的4倍，呈矛头状或形似针叶片，高度扁平，柔韧易变，经常做滑翔式的游泳，三分之一的前部突出地变细形成一“颈部”，后端少许稍细而浑圆，纤毛分布全身，内质含有不少粒体	以细菌为主要食物，亦捕食小型原生动物，主要出在活性污泥处于最佳状态，是判活性污泥从坏转好或是转向恶化的要参考
裂口虫	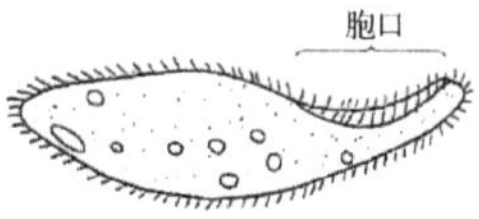	体型偏扁呈烧瓶状，前端有一微向侧弯的长颈，胞口在颈部的腹缘，裂缝状，全身纤毛分布均匀，沿裂口状的胞口处有较长的纤毛	以固着型纤毛虫为食物的肉食性原动物，经常出现在水质BOD较低的时候，是判断水质是否良好的指示性物体
斜管虫		身体较透明，呈不规则的椭圆形，后半部分比前半部分要宽；背面或多或少凸出，胞口圆形位于腹面靠近前端，伸缩泡比较多，不规则的分别在身体周围	以藻类和细菌为食，环境适应能力较强，主要出现在活性污泥由恶化状态到恢复期间
吸管虫	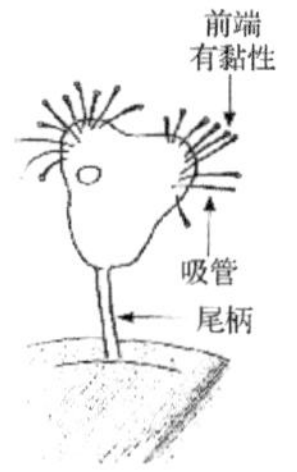	有体、柄，其身体扁平，接近三角形或圆形，在前端形成吸管	属于肉食性原生动物，出现时BOD多半比较低或污泥趋向解体前后，亦是硝化作用出现的指示

活性污泥类原生动物

名称	形态	形态特点	指示意义
钟虫	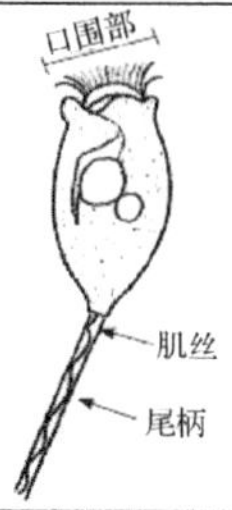	虫体形似倒吊钟形或椭圆形，靠尾柄部分收缩虫体，尾内有肌丝，无分支，单独固定在絮体上	以细菌为食，有时亦兼食单细胞藻类，大量出现在水质良好的时候，处理水BOD在15mg/L以下
累枝虫	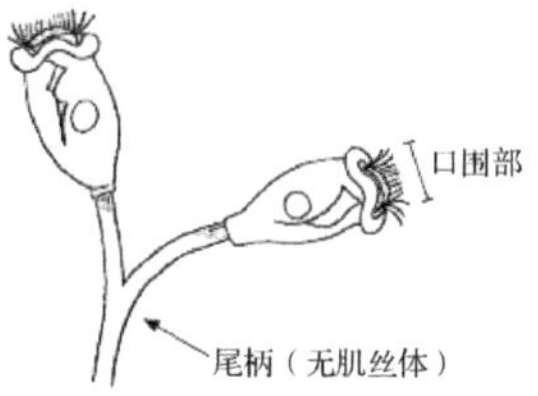	呈半圆状的群体，尾柄中无肌丝，每个虫体收缩的时候，虫体的后部呈皱状，虫体收缩时由于尾柄上没有肌丝面不会收缩	以细菌为食，有时亦兼食单细胞藻类，大量出现在水质良好的时候，处理水BOD在16mg/L以下
独缩虫	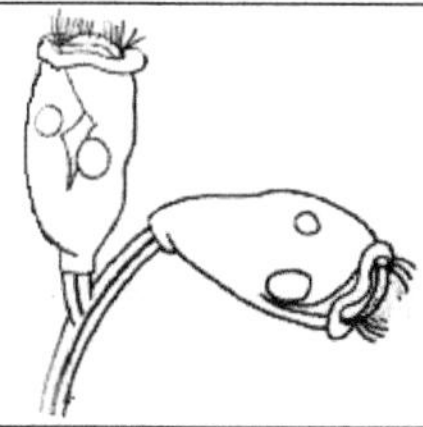	具有分支尾柄相连的群体，尾柄中有互不相连的肌丝，即使一个细胞受到刺激，其他细胞也不收缩	以细菌为食，有时亦兼食单细胞藻类，大量出现在水质良好的时候，处理水BOD在17mg/L以下

（续）

名称	形态	形态特点	指示意义
盖纤虫	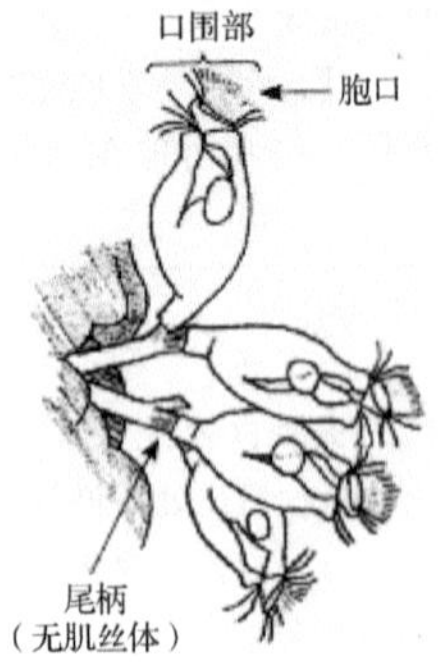 口围部 胞口 尾柄 （无肌丝体）	形成由分支尾柄相连的群体，尾柄中无肌丝，与累枝虫相同，不同的是胞口的小口圆盘从口围部开始斜向突出，尾柄细	以细菌为食，常出现在0.2～0.4kg BOD/(kg MLSS·d)负荷，处理水质良好下出现
楯纤虫	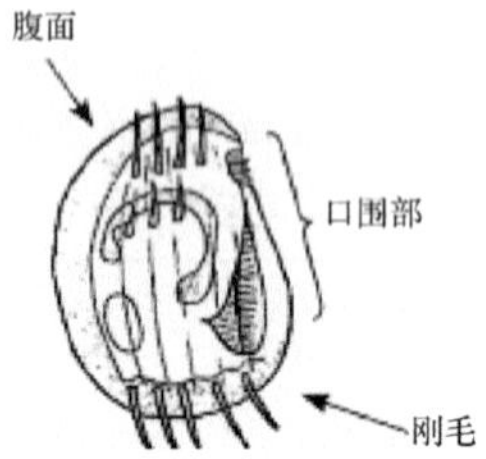 腹面 口围部 刚毛	呈卵圆形，腹面扁平，背面有隆起，表膜坚硬而无屈伸性。在虫体腹面布满刚毛，围绕絮体旋转，用腹面刚毛扒取絮体周边的细菌捕食	常出现在污泥状态良好至污泥解体期，对化学物质较为敏感，可作为有毒物质判断标准
游仆虫	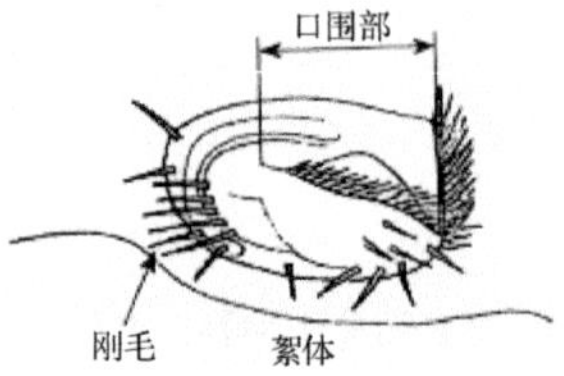 口围部 刚毛 絮体	呈扁平的长椭圆形或卵圆形，腹面平坦而背面隆起，有从前端开始达到体长1/3宽的口围部，虫体前后有多根刚毛，与楯纤虫一样，用前部刚毛掐碎絮体捕食	经常出现在BOD负荷较低的时候，在污泥停留时间长或解体已发生时大多能观察到
鳞壳虫	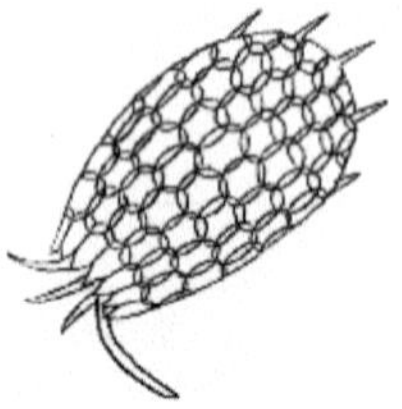	呈卵圆形，具有透明有规则的硅酸质鳞片或小板块构成的壳	经常出现在BOD负荷较低，溶解氧浓度高的状态下，污泥解体大量产生
轮虫	 纤毛环 3根趾	轮虫与单细胞原生动物不同，属于多细胞小动物，轮虫可依据这两个特有3根趾，吻状突起上有眼点来识别轮虫	是寡污带和污水处理效果较好指示生物，从有机负荷低，污泥解体开始之后都能观察到。故其大量出现时应注意污泥是否老化
线虫	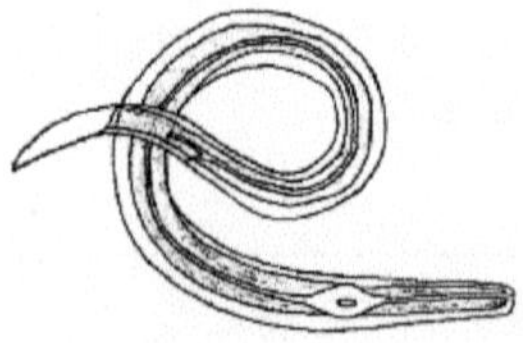	像蚯蚓那样做拱曲运动，体呈细长周身不具纤毛	线虫有好氧与厌氧型，出现环境与负荷无关，曝气池中有大量污泥堆积时出现

注：图片引自《污水处理的生物相诊断》，（日）株式会社西原环境著，赵庆祥、长英夫译。

曝气池生物相诊断是根据出现的生物种类和数量来判断曝气池状态的一种技术。污水处理厂中存在的生物是通过雨水等各种途径混入下水道，最终汇集到污水处理厂的。微生物只有适应环境的种类才能生存，因此，混入进来的生物中适应曝气池环境的微生物种类才能繁殖，环境发生变化，能够生存的微生物也会变迁。若预先找到了增殖微生物（指示生物）种类与适应环境之间的基本规律，那么观察出现微生物的种类和数量（生物相），就能判断曝气池的状态。

通常的水质分析数值在连续处理过程中只能表示取样点的状态。为取得有代表性的平均值可进行多点采样，但仍有局限性，例如假定有少量有毒物质混入了污水处理厂，除非毒物混入时间与取样时间重叠，否则难以掌握是否有毒物混入。而用生物相诊断只要曝气池的生物受到毒物影响，毒物混入后就能推测出来。生物相诊断即使出现的生物种类发生了变化，因为它的尸体和痕迹还在，过去的状态大致也能判断出来。同时，掌握初始增殖生物就能预测继续保持相同条件的未来。进行水质管理时，将日常检测项目、水质试验和活性污泥法试验的结果与生物相诊断结合起来判断十分重要。

第四节　工程识图

一、识图基本概念

（一）投影概念

物体在光源的照射下会出现影子。投影的方法就是从这一自然现象中抽象出来，并随着科学技术的发展而发展起来的。在制图中，把光源称为投射中心，光线称为投射线，光线的射向称为投射方向，落影的平面（如地面、墙面等）称为投影面，影子的轮廓称为投影，用投影表示物体的形状和大小的方法称为投影法。

由一点放射的投影线所产生的投影称为中心投影，由相互平行的投影线所产生的投影称为平行投影。根据投影线与投影面的角度关系，平行投影又分为正投影和斜投影，如图 3-8、图 3-9 所示。

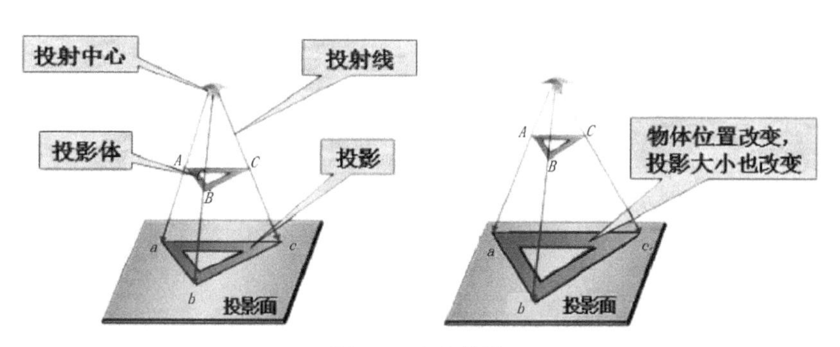

图 3-8　中心投影

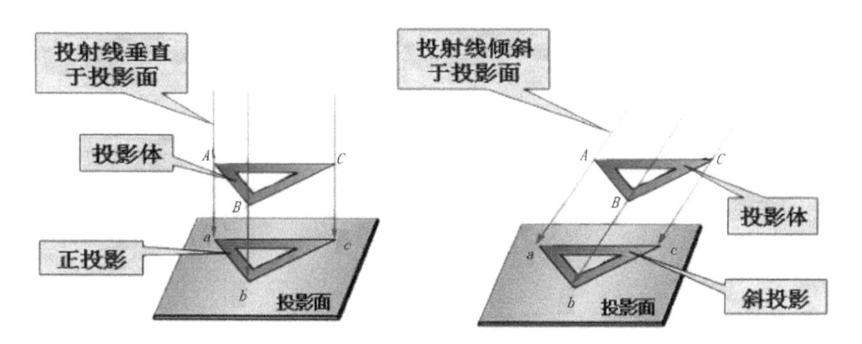

图 3-9　平行投影

(二)正投影与三视图

1. 正投影原理

正投影属于平行投影的一种，如前所述，如有一束平行光线垂直照射在一个平面上，在光线和平面之间放置一个平行于平面的物体，那么这个物体必然在这个平面上留下一个与这个物体形状相同，大小相等的影子。在工程制图中把这束平行的光线称为投影线，把这个平面称为投影面，把这个物体称为投影体，而且这个影子就是该物体的正投影。将物体用平行投影法分别投到一个或多个互相垂直的投影面上，这样所得到的图形称为正投影图。

2. 正投影性质

一般的工程图纸都是按照正投影的原理绘制的，即假设投影线互相平行并垂直于投影面。正投影具有以下基本性质：

(1)全等性：当空间直线或平面平行于投影面时，其投影反映直线的实长或平面的实形，这种投影性质称为全等性(图 3-10)。

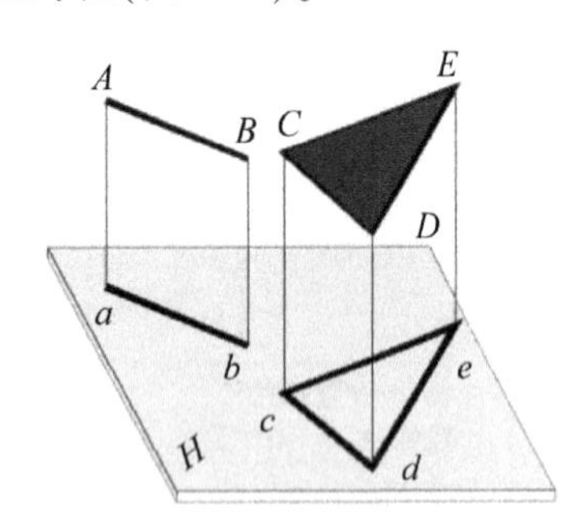

图 3-10 正投影的全等性

(2)积聚性：当直线或平面垂直于投影面时，其投影积聚为一点或一条直线，这种投影性质称为积聚性(图 3-11)。

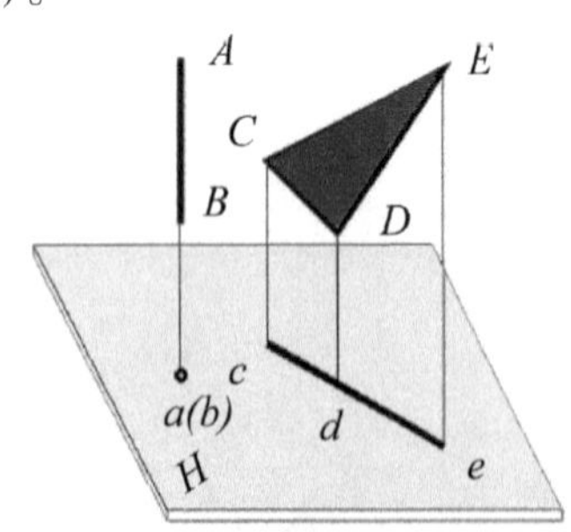

图 3-11 正投影的积聚性

(3)类似性：当空间直线或平面倾斜于投影面时，其投影仍为直线或与之类似的平面图形，其投影的长度变短或面积变小，这种投影性质称为类似性(图 3-12)。

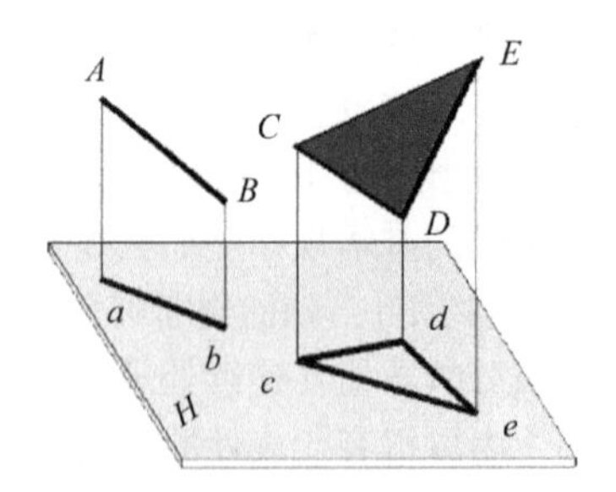

图 3-12 正投影的类似性

3. 三视图

由几何学可知，一个物体由长、宽、高三维的量构成，因此可用三个正投影面分别反映出物体含有长度的正立面(*V*)、含有宽度的水平面(*H*)、含有高度的侧立面(*W*)的三维不同外形表面，分别表示出物体形状，称为该物体三面投影。其正面投影称正视图、水平投影称俯视图、侧面投影称侧视图。而投影面之间交线称为投影轴。*H* 面与 *V* 面交线为 *X* 轴、*H* 与 *W* 面交线为 *Y* 轴、*V* 与 *W* 面交线为 *Z* 轴，*X*、*Y*、*Z* 三轴交于一点 *O* 称为原点。

该物体三面投影可完全表达出某工程构筑物可见部分的轮廓外部形状；并可根据各部位尺寸，按照一定比例画在图纸上，这就是工程图中的三视图，如图 3-13 所示。三视图特性见表 3-8。

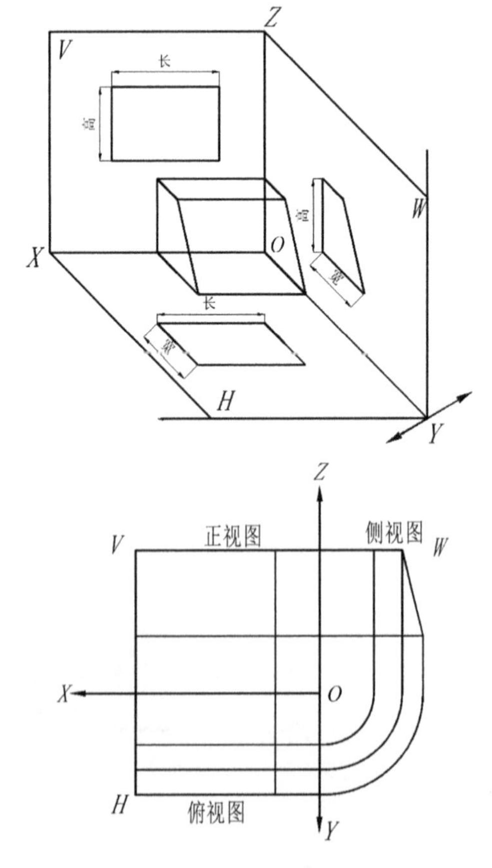

图 3-13 正视图

表 3-8　三视图特性

名称	特征	三视图	简化视图
长方体	各表面是长方形且相邻各面互相垂直	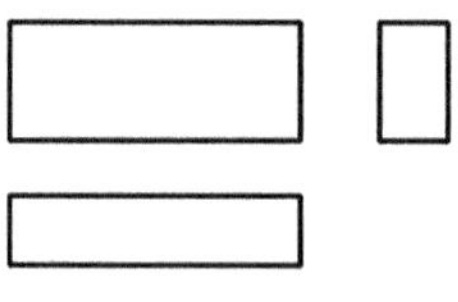	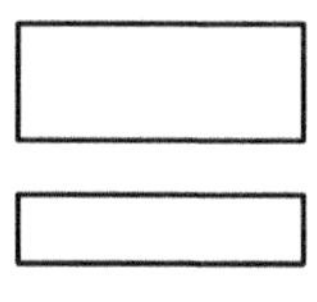
六棱柱	顶、底面是正六边形，六个棱面是长方形且与顶、底面垂直	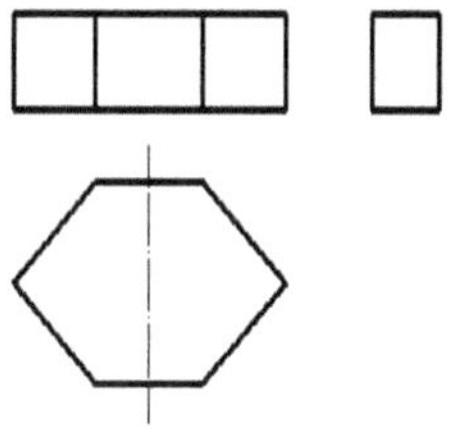	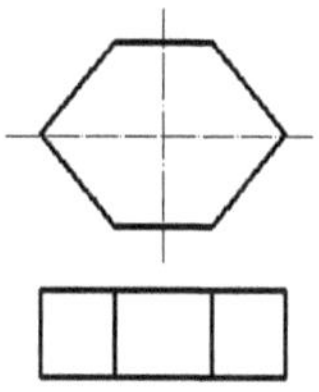
圆柱	两端面是圆，表面四周是柱面，且和两端面垂直	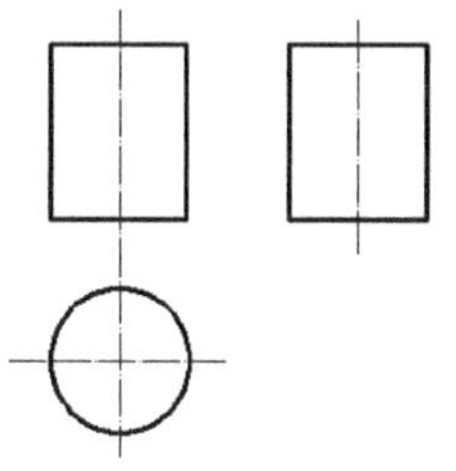	
圆锥	端面是点、底面是圆、表面是锥面，轴线和底面垂直	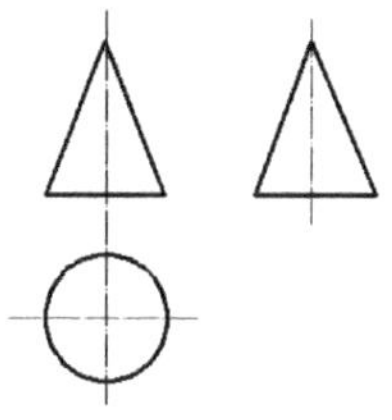	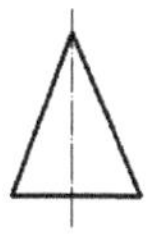
圆台	两端面是大小不同的圆，表面是锥面，轴线与端面垂直	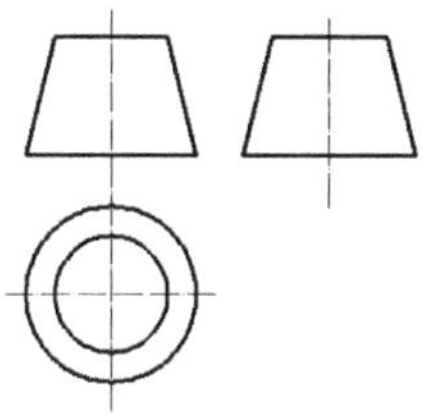	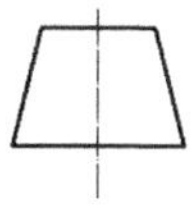
球	球体从各方面看都是圆	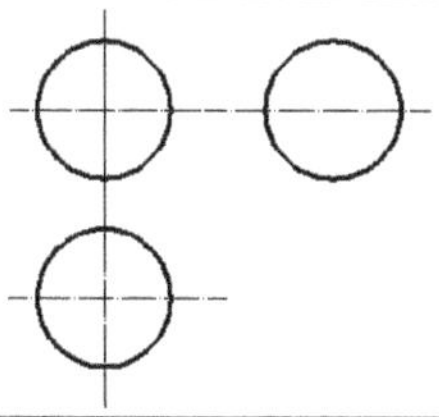	
圆筒	它可看成圆柱体中间再去掉一个圆柱体	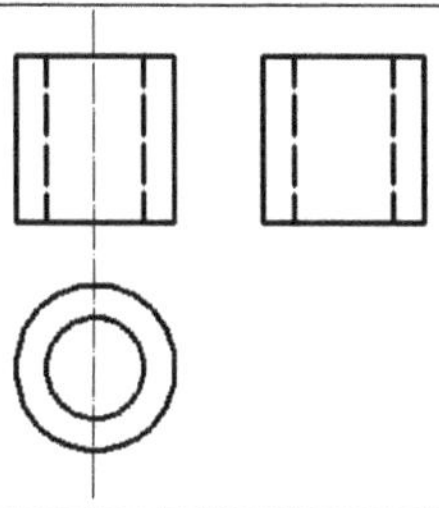	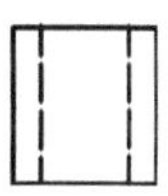

(1)正视图：由物体正前方向，反映物体表面形状的投影面，称为正面图或正视图。在此投影面上，能反映出物体长度、高度尺寸和形状。

(2)俯视图：由物体上面俯视，反映出物体宽度表面形状的投影面，称为平面图或俯视图。在此投影图上，能反映出物体宽度与长度尺寸和形状。

(3)侧视图：由物体侧面方向反映物体高度表面形状的投影面，称为侧面图或侧视图，在此投影图上，能反映出物体高度和宽度尺寸与形状。

(三)轴测投影原理与方法

1. 轴测投影原理

正投影可以表达物体的长、宽、高的尺寸与形状，为此通常分别画出三个方向(立、平、侧)视图。而每一种视图又分别表示物体某一方向尺寸与表面形状，但整个物体形状与尺寸不能完整地表示出来。轴测投影和正投影一样，是物体对于一个平面采用平行投影法画出的立体图形，但可以直接表示出物体形状和长、宽、高三个方向的尺寸。因此其直观性强，缺点是量度性差，一般只用于指导少数特殊或新构筑物的施工。

2. 轴测投影方法

轴测图的关键是“轴”和“测”的两个问题。“轴”是用三个方向坐标反映物体放置的位置方向。“测”是在各方向坐标轴上，按照一定比例量测物体尺寸，反映出物体的尺寸状况。如果三测比例相同称为等测投影。其中二测比例相同称为二测投影。三测比例均不相同称为三测投影。一般轴测投影有两种表示方法，即正轴测投影和斜轴测投影。现分述如下：

1)正轴测投影

正轴测投影或称为等角轴测投影，其原理是 X、Y、Z 三根坐标轴的轴间角相等，均为 120°。其轴向变形系数相等，均为 1∶1，如图 3-14 所示。

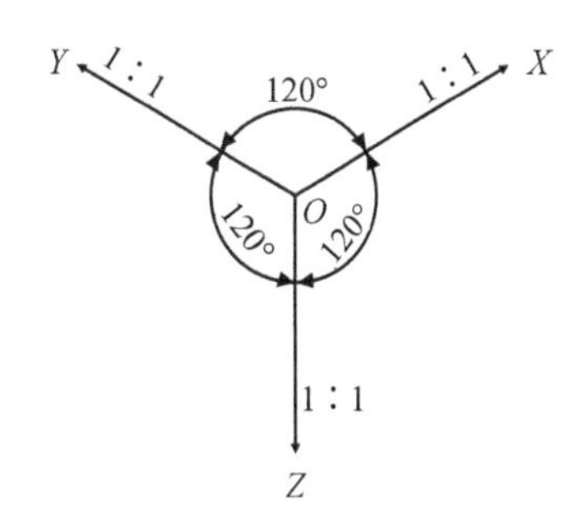

图 3-14　正轴测投影图

例如：物体的三视图如图 3-15 所示，用正轴测投影表示此物体，如图 3-16 所示。

2)斜轴测投影

斜轴测投影原理是 X、Y、Z 三根坐标轴的轴间角不等，轴变形系数也不同。即其中有轴方向坐标尺寸，按其余两轴的 1/2、2/3 或 3/4 比例来反映实物

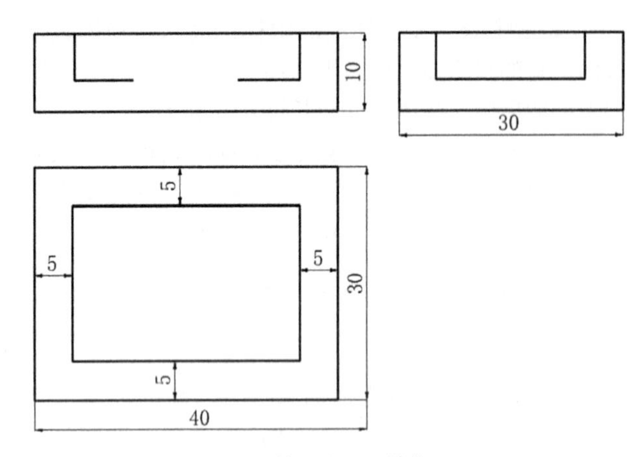

图 3-15　物体三视图(单位：mm)

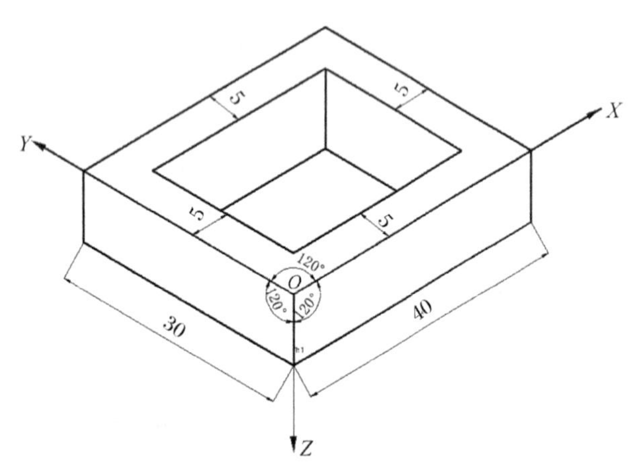

图 3-16　物体正轴测图(单位：mm)

尺寸。根据物体不同面平行于轴测投影面状况，可分为正面斜轴测投影和水平斜轴测投影两种，现分述如下：

(1)正面斜轴测投影

物体的正立面平行于轴测投影面，其投影反映为实形，*X*、*Z* 轴平行于投影面均不变形为原长，其轴间角为 90°，*Y* 轴斜线与水平线夹角为 30°、45°或 60°，轴变形系数一般考虑定为 1/2，如图 3-17 所示。

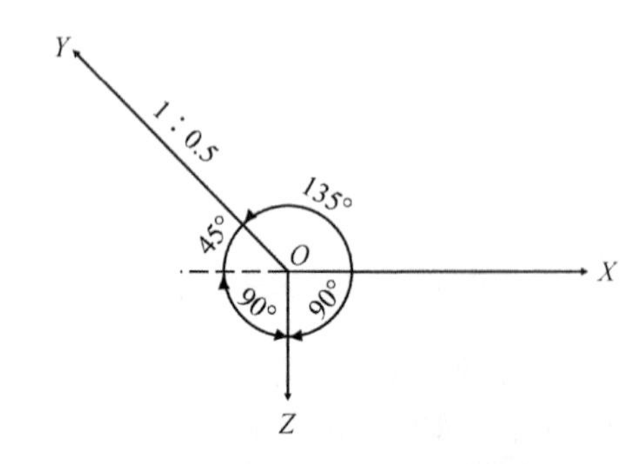

图 3-17　正面斜轴测投影图

例如：将图 3-15 对应的物体用正面斜轴测投影表示，如图 3-18 所示。

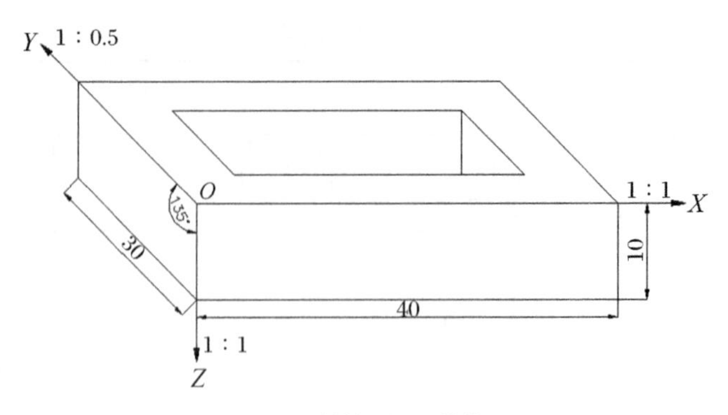

图 3-18　正面斜轴测图(单位：mm)

(2)水平斜轴测投影

物体的水平面平行于轴测投影面，其投影反映实形，*X*、*Y* 轴平行轴测投影面均不变形为原长，其轴间角为 90°，与水平线夹角为 45°，*Z* 轴为垂直线，轴变形系数一般考虑定为 1/2，如图 3-19 所示。

若平面垂直于投影面，其投影成为直线。

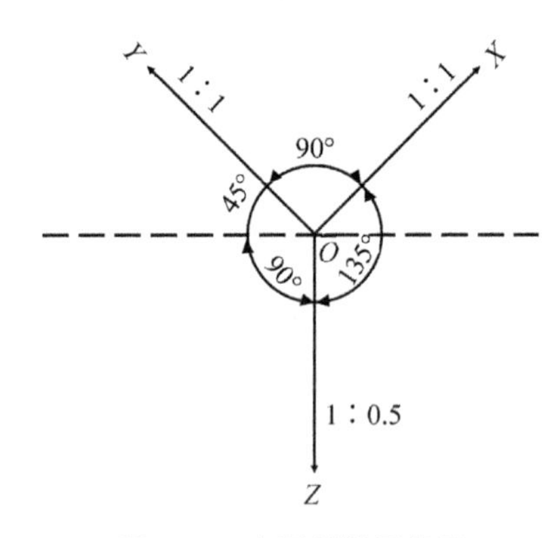

图 3-19　水平斜轴测投影

依上所述，当给出投影条件在投影面上时，可以得出投影体与投影相互几何图形特性和变化。

例如：将图 3-15 对应的物体用水平斜轴测投影表示，如图 3-20 所示。

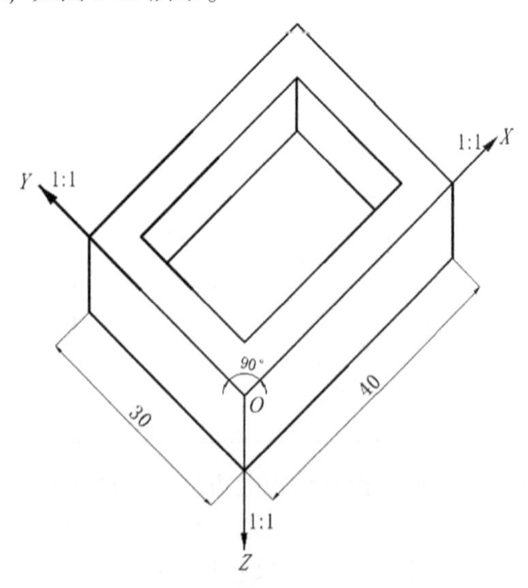

图 3-20　水平斜轴测图(单位：mm)

(四) 标高投影

1. 投影概念

在排水工程中，经常需要在一个投影面上给出地面起伏和曲面变化形状，即给出物体垂直与水平两个方向变化情况。这就需要用标高投影方法来解决。一般物体水平投影确定后，它的立面投影主要是提供投影物体的高度位置。如果投影物体各点高度已知后，将空间的点按正投影法投影到一个水平面上，并标出高度数值，使在一个投影面上表示出点的空间位置，即可确定物体形状与大小，此种方法称为标高投影。

如图 3-21 所示，若空间 A 点距水平面(H)有 4 个单位，则 A 点在 H 面投影 a_4 按其水平基准面的尺寸单位和绘图比例就可确定 A 点空间位置，即自 a_4 引水平基准面(H)垂直线按比例大小量取 4 个单位定出空间 A 点的高度。

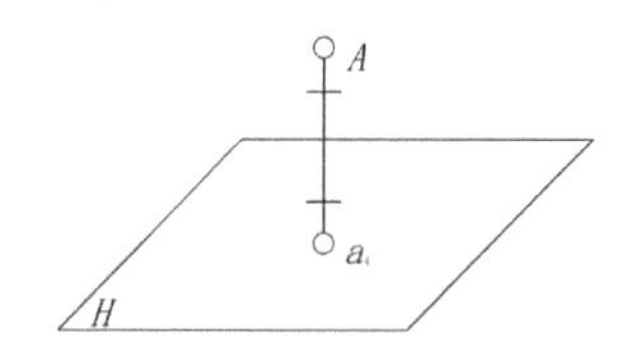

图 3-21　点标高投影

2. 地面标高投影——等高线

物体相同高度点的水平投影所连成的线，称为等高线。一般采用一个水平投影面，用若干不同的等高线来显示地面起伏或曲面形状(图 3-22)。

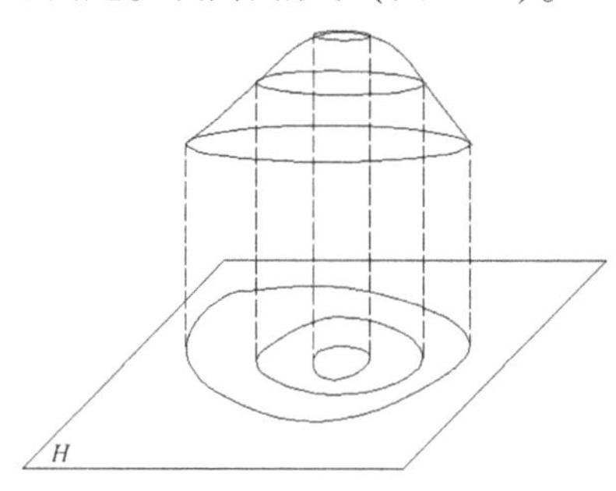

图 3-22　地形图

地面标高投影特性如下：

(1) 等高线是某一水平面与地面交线，因此它必是一条闭合曲线。

(2) 每条等高线上高程相等。

(3) 相邻等高线之间的高度差都相等。

(4) 相邻等高线之间间隔疏远程度，反映着地表面或物体表面倾斜程度。

(五) 剖面图

三视图可以清楚地表示出构造物可见部分的外形轮廓与尺寸。其构造物内部看不见的部分一般用虚线来表示；但是当物体内部比较复杂，在三视图上用大量虚线来表示，会使图形不清晰。因此采用切断开的办法，把物体内部需要的部分的构造状况暴露出来，使大多数虚线变成实线，采用这种方法绘出所需要物体某一部位切断面的视图称为剖视图。只表示出切断面的图形称为剖面图，简称剖面。所以剖面图是用来表示物体某一切开部分断面形状的。因此剖面与剖视的区别在于：剖面图只绘出切口断面的投影，而剖视图则即绘出切口断面又绘出物体其余有关部分结构轮廓的投影。现将剖视情况分述如下。

1. 按剖开物体方向分类

可分为纵剖面和横剖面，如图 3-23 所示。

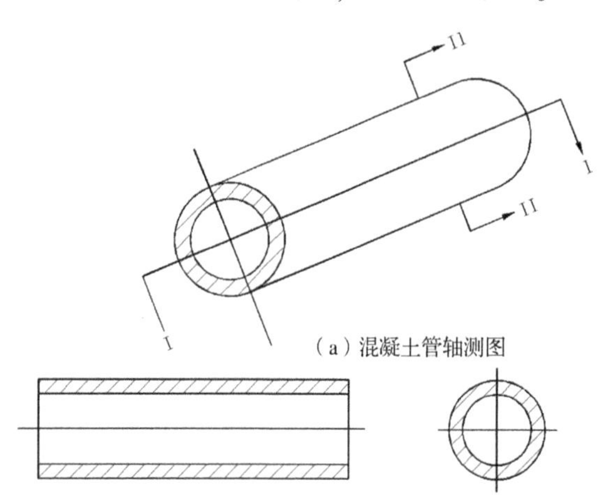

图 3-23　物体纵剖面和横剖面图

2. 按剖视物体的方法分类

(1) 全剖视：由一个剖切平面，把某物体全部剖开所绘出的剖视图。它能清楚地表示出物体内部构造。一般当物体外形比较简单，而内部构造比较复杂时，采用全剖视(图 3-24)。

(2) 半剖视：当物体有对称平面时，垂直于对称平面的投影面上的投影，可以由对称中心线为界，一半画出剖视图来表示物体内部构造情况，另一半画出物体原投影图，用以表示外部形状，这种剖面方法叫半剖视。如图 3-25 所示，有一混凝土基础，其三面图左右都对称，为了同时表示基础外形与内部构造情况，采用半剖视方法。

(3) 局部剖视：如只表示物体局部的内部构造，不需全剖或半剖，但仍保存原物体外形视图，则采取局部剖视方法，称为局部剖视图。

(4) 斜剖视：当物体形状与空间有倾斜度时，为了表示物体内部构造的真实形状，可采用斜剖视方法来表示。

(5) 阶梯剖视：由两个或两个以上的相互平行的剖切平面进行剖切，用这种方法所绘出的图形叫阶梯

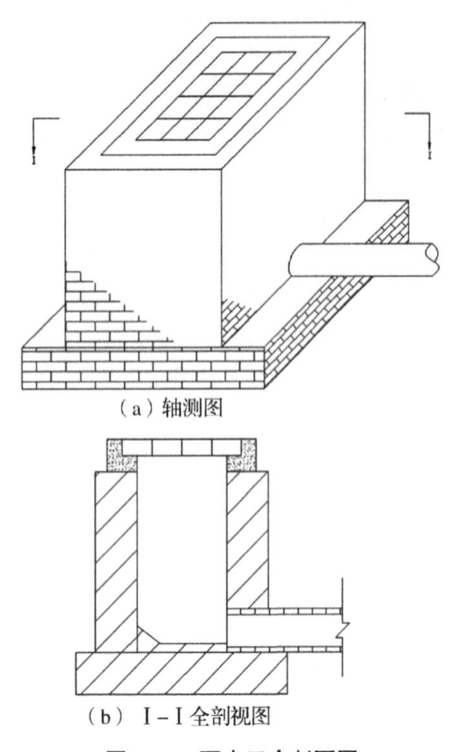
(a) 轴测图

(b) Ⅰ－Ⅰ全剖视图

图 3-24　雨水口全剖面图

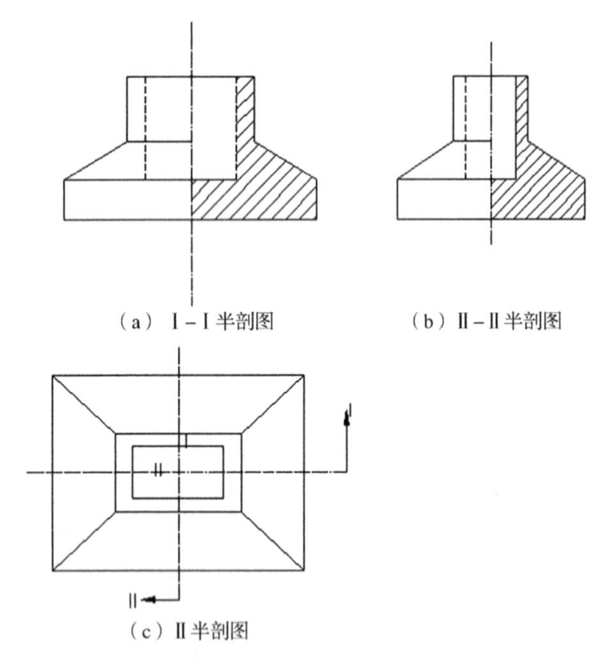

(a) Ⅰ－Ⅰ半剖图　　(b) Ⅱ－Ⅱ半剖图

(c) Ⅱ半剖图

图 3-25　半剖面

剖视图。

(6)旋转剖视：用两个相交的剖切平面，剖切物体后，并把它们旋转到同一平面上，用这种剖视方法所得到的剖视图，称为旋转剖视图。

3. 按剖面图在视图上的位置分类

(1)移出剖面：剖面图绘在视图轮廓线外，称为移出剖面。

(2)重合剖面：剖面图直接绘在视图轮廓线内，称为重合剖面。

二、识图基本知识

(一)图纸尺寸、比例、方向

在工程图纸上除绘出物体图形外，还必须注明各部分的尺寸大小。我国统一规定，工程图一律采用法定计量单位。由于排水工程以及构筑物各部分实际尺寸很大，而图纸尺寸有限，这就必须把实际尺寸加以缩小若干倍数后，才能绘在图纸上并加以注明。而图纸比例尺寸大小，以图纸上所反映构造物的需要而定，一般情况下采用以下比例：

(1)排水系统总平面图比例为 1：2000 或 1：5000。

(2)排水管道平面图比例为 1：500 或 1：1000。

(3)排水管道纵断面图比例纵向为 1：50 或 1：100。

(4)排水管道横断面图比例横向为 1：500 或 1：1000。

(5)附属构筑物图比例为 1：20～1：100。

(6)结构大样比例为 1：2～1：20。

图纸上地形、地物、地貌的方向，以图纸指北针为准，一般为上北、下南、左西、右东。

(二)线　条

为了使图纸上地形地物主次清晰，应用各种粗、细、实、虚线条来加以区分。一般常用的线条双有下数种，见表 3-9。

表 3-9　常用的线条

线条类型	线型	符号
构筑物中心线	点细线	— - — - — - —
构筑物隐蔽轮廓线	虚粗线	▬ ▬ ▬ ▬ ▬
构筑物主要轮廓线	实粗线	━━━━━━━━
地物地貌现状和标注尺寸线	最细线	————————

(三)图　例

为了便于统一识别同一类型图纸所规定出统一的各种符号来表示图纸中反映的各种实际情况。

1. 地形图符号

在地形图中一般可分地物符号、地貌符号和注记符号三种。

1)地物符号

地面上铁路、道路、水渠、管道、房屋、桥梁等地物，在图上按比例缩小后标注出来，被称为比例符号。它反映地物尺寸、方向、位置。但有些地物按比例缩小后画不出来而且又很重要，如独立树木、水井、窑洞、路口等，只能标注位置、方向，不能反映出尺寸大小称为非比例符号。然而比例符号和非比例符号不是固定不变的，它们与图纸选用的比例大小有关，一般地物符号有下列数种，见表 3-10。

表 3-10　地物符号

类型	符号	类型	符号
三角点	 点号/标高	台阶	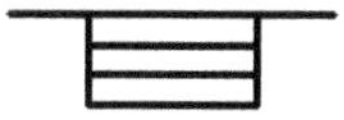
导线点	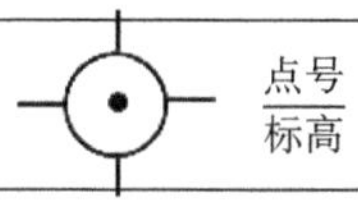 点号/标高	地下管道检查井	
水准点	 点号/标高	消火栓	
雨水口　平箅式	 单　双　多	边坡	
雨水口　偏沟式	 单　双　多	堤	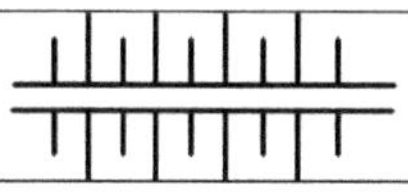
雨水口　联合式	 单　双　多	地下管线：街道规划管线	
雨水口　平立结合式	 单　双　多	地下管线：上水管道	
房屋建筑物	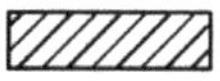	地下管线：污水管道	
临时建筑物	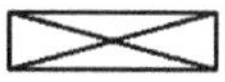	地下管线：雨水管道	
一般照明杆	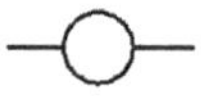	地下管线：燃气管道	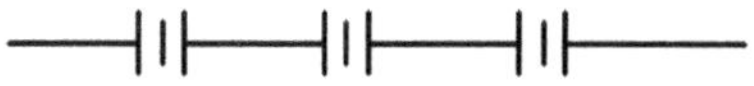
高压电力杆	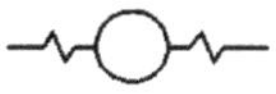	地下管线：热力管道	
铁路		地下管线：电信管道	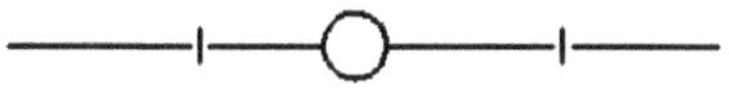
道路		地下管线：电力管道	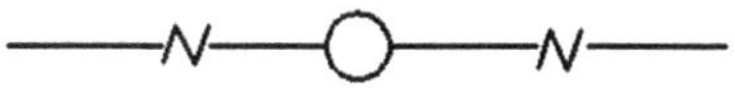
水渠	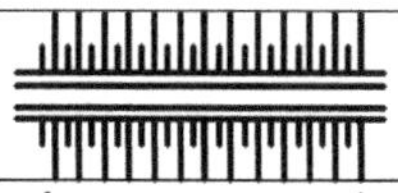	电缆：照明	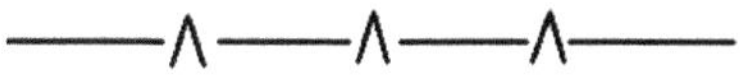
桥梁	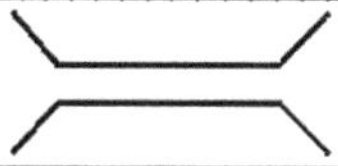	电缆：电信	
窑洞		电缆：广播	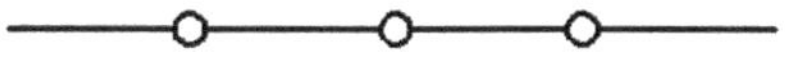
围墙	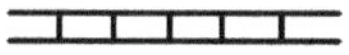	工业管道	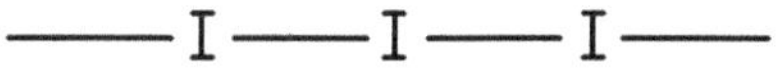
临时围墙			

2) 地貌符号

表示地形起伏变化和地面自然状况的各种符号，一般有以下数种，见表 3-11。

3) 注记符号

在工程图上，用文字表示地名、专用名称等；用数字表示屋层层数、地势标高和等高线高程；用箭头表示水流方向等都称为注记符号。

2. 地形图图例

在地形图中图例一般分为建筑材料图例和排水附件图例。

1) 建筑材料图例

用以表示构筑物的材料结构情况，见表 3-12。

表 3-11 地貌符号

类型	符号	类型	符号
一般土路		土埂	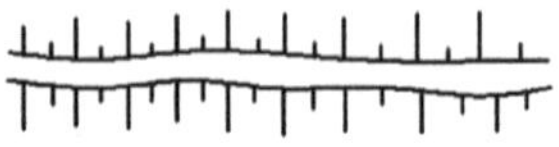
人行小道		沟渠	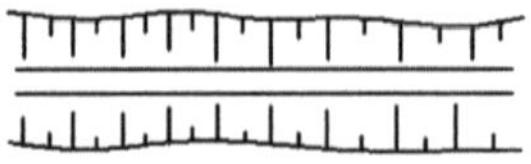
坟地	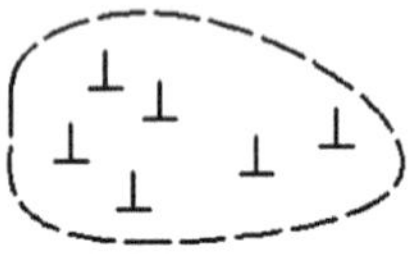	固然边坡	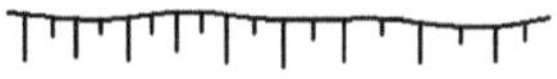
土坡梯田	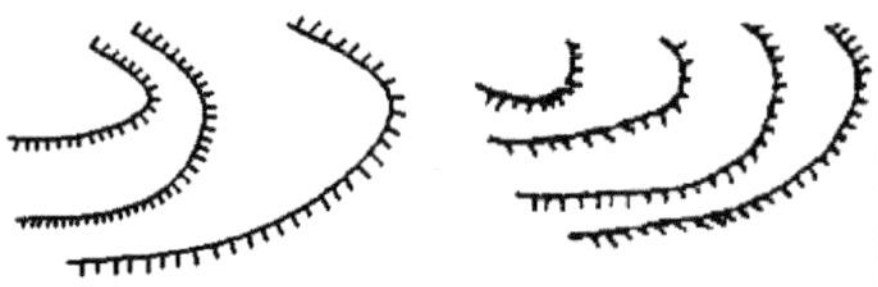	等高线	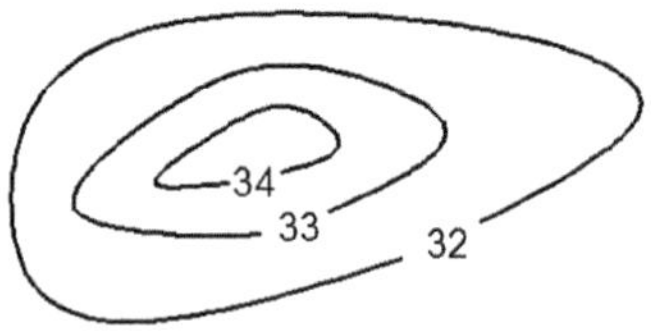 34 33 32

表 3-12 建筑材料图例

类型	符号	类型	符号
素土夯实（密实土壤）	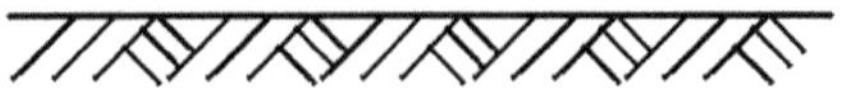	块石砌体	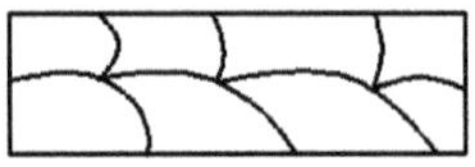
级配砂石	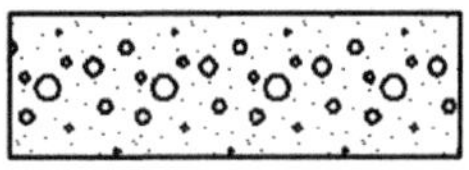	碎石底层	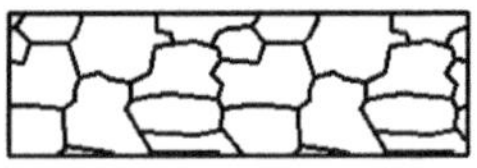
水泥混凝土	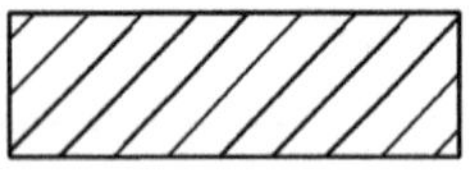	沥青路面	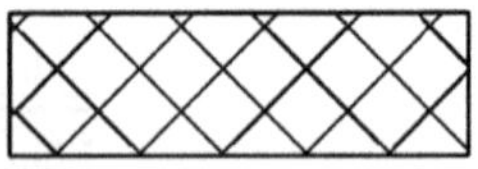
砂土		砖、条石砌体	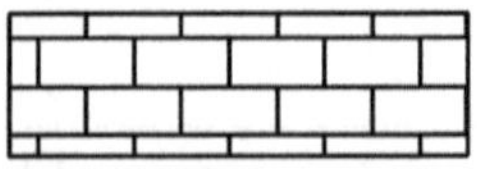
石灰石	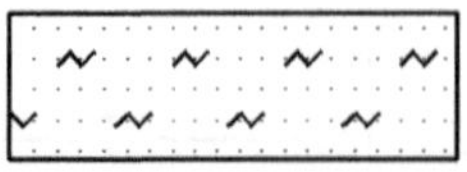	木材	
石材	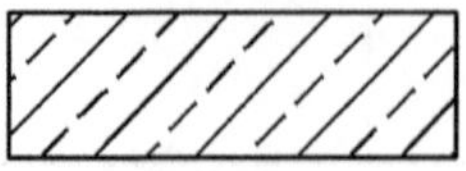		

2)排水附件图例

(1)管道附件的图例(表 3-13)

表 3-13　管道附件的图例

名称	图例
管道固定支架	
管道滑动支架	
挡墩	
Y 型除污器	

(2)管道连接的图例(表 3-14)。

表 3-14　管道连接的图例

名称	图例	备注
法兰连接		
管堵		
法兰堵盖		
三通连接		
四通连接		
盲板		
管道交叉		在下方和后面的管道应断开

(3)阀门的图例(表 3-15)。

表 3-15　阀门的图例

名称	图例	备注	名称	图例	备注
闸阀			气动阀		
角阀			减压阀		左侧为高压端
三通阀			旋塞阀	平面　系统	
四通阀			底阀		
截止阀	DN≥50　DN<50		球阀		
电动阀			隔膜阀		
液动阀			气开隔膜阀		

（续）

名称	图例	备注	名称	图例	备注
气闭隔膜阀			弹簧安全阀		
温度调节阀			平衡锤安全阀		
压力调节阀			自动排气阀	平面 系统	
电磁阀			浮球阀	平面 系统	
止回阀			延时自闭冲洗阀		
消声止回阀			吸水喇叭口	平面 系统	
蝶阀			疏水器		

(4)排水构筑物的图例(表 3-16)。

表 3-16 排水构筑物

名称	图例	备注	名称	图例	备注
雨水口		单口	水封井		
		双口	跌水井		
阀门井 检查井			水表井		

(5)排水专用所用仪表的图例(表 3-17)。

表 3-17 排水专用所用仪表的图例

名称	图例	名称	图例
温度计		压力表	
自动记录压力表		压力控制器	
水表		自动记录流量计	
转子流量计		真空表	

（续）

名称	图例	名称	图例
温度传感器	— — ┤T├ — —	压力传感器	— — ┤P├ — —

(四)尺寸标注

工程图中，除了依比例画出建筑物或构筑物等的形状外，还必须标注完整的实际尺寸，以作为施工的依据。图样的尺寸应由尺寸界线、尺寸线、尺寸起止符号和尺寸数字组成。

尺寸标注由有以下几点组成：

(1)尺寸界线：表明所标注的尺寸的起止界线。

(2)尺寸线：用来标注尺寸的线称为尺寸线。

(3)尺寸起止符号：尺寸线与尺寸界线的交点为尺寸的起止点，起止点上应画出尺寸起止符号。

(4)尺寸数字：图上标注的尺寸数字是物体的实际尺寸，它与绘图所用的比例无关；尺寸数字字高一般为3. 5mm或2. 5mm。尺寸线的方向有水平、竖直和倾斜三种。

基本几何体一般应标注长、宽、高三个方向的尺寸。具有斜截面和缺口的几何体，除应注出基本几何体的尺寸外，还应标注截平面的定位尺寸。截平面的位置确定后，立体表面的截交线是也就可以确定，所以截交线必标注尺寸。

三、排水工程识图

排水管道工程图一般有排水系统总平面图、管道平面图、管道纵断面图、管道横断面图和排水管道附属构筑物结构图五种。

(一)排水系统总平面图

排水系统总平面图表示某一区域范围内，排水系统的现状和管网布置情况，其具体内容包括：

(1)流域面积：在地形总平面图上，反映出总干管流域面积范围，确定出水流方向。

(2)流域面积范围内水量分布：依地形状况，划分出各管段的排水范围，水流方向。各段支线排水面积之和应等于总干管的流域面积。

(3)管网布置和干支线设置情况：根据流域面积和水量分布，确定出管网布置和支干线设置。总平面图示例如图3-26所示。

(二)管道平面图

管道平面图主要表示管道和附属构筑物在平面上的位置，其示例如图3-27所示，具体内容如下：

1)排水管道的位置及尺寸：管道的管径和长度，排水管道与周围地物的关系。

2)管道桩号：桩号排列自下游开始，起点为K 0 +000，向上游依次按检查井间距排列出管道桩号，直到上游末端最后一个检查井作为管道终点桩号。

3)检查井位置与编号如下：

(1)检查井位置一般应用三种方法来表示：栓点法、角度标注法、直角坐标法。

(2)检查井的井号编制是自上游起始检查井开始，依次顺序向下游方向进行编号，直到下游末端检查井为止。

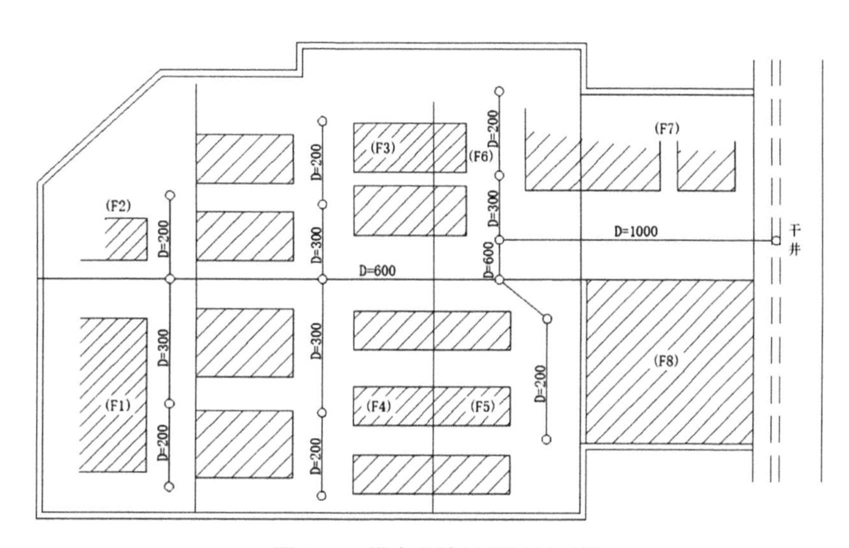

图3-26　排水系统总平面图示例

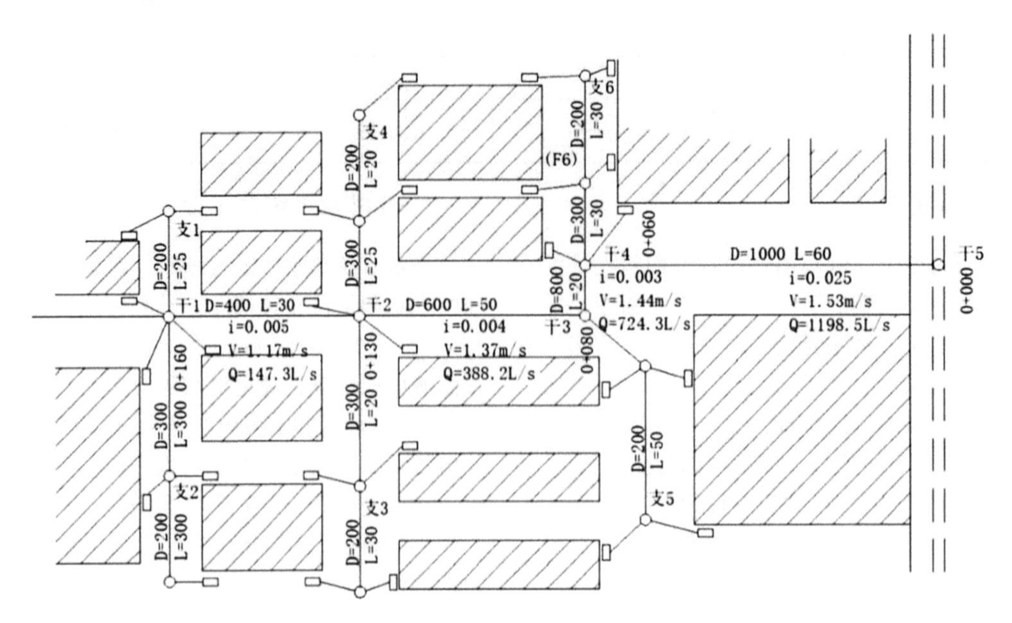

图 3-27 管道平面图示例

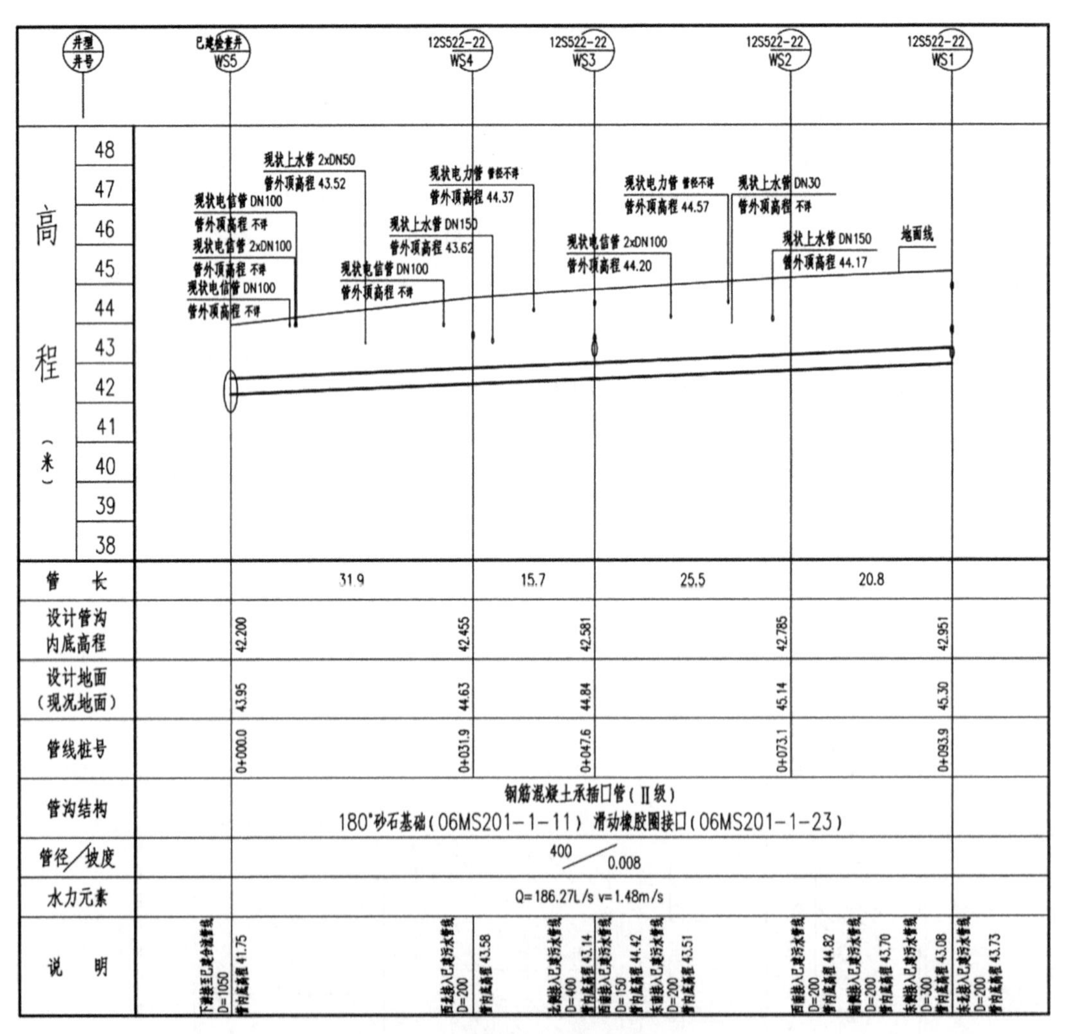

图 3-28 排水管道纵断面示意图

4) 进、出水口的内容如下：

(1) 进、出水口的地点位置与结构形式。

(2) 雨水口的地点位置、数量与形式。

(3) 雨水口支管的位置、长度、方向与接入的井号。

(4) 管道及其附属构筑物与地上、地下各种建筑物、管线的相对位置(包括方向与距离尺寸)。

(5) 沿线临时水准点设置的位置与高程情况。

(三) 管道纵断面图

主要表示管道及附属构筑物的高程与坡降情况，如图 3-28 所示。具体内容如下：

1) 排水管道的各部分位置与尺寸

(1) 管径与长度：管道总长度与各种管径长度，决定于管网布置中干管与各支管的长度，它取决于汇水区域的水量分布情况。各种井距间的管道长度，取决于检查井的设置情况。

(2) 高程与坡度：高程包括地面高程和管底高程，表示管道埋深与覆土情况。坡降表示管道中水力坡降与合理坡降的情况。

2) 管道结构状况

(1) 管道种类与接口处理：所使用的管道材料及断面形式包括普通混凝土管、钢筋混凝土管、砖砌方沟等。接口处理方法包括钢丝网水泥砂浆抹带接口、沥青卷材接口、套环接口等。

(2) 管道基础和地基加固处理：管道基础包括混凝土通基(90°、135°、180°)等。地基加固处理包括人工灰土、砂石层、河卵石垫层等。

3) 检查井的井号、类型与作用

(1) 检查井的井号：自上游向下游顺序排列，区分出干线井与支线井的井号。

(2) 检查井类型：如圆形井、方形井、扇形井。并区分出雨水井、污水井与合流井。

(3) 检查井作用：如直线井、转弯井、跌水井、截流井等。

4) 管道排水能力：表示出各井距间管道的水力元素即流量(Q)、流速(V)的状况，给使用与养护管理方面提供出最基本数据。

5) 进出水口、雨水口、支线接入检查井的井号、标高、位置与预留管线的方向、管径等。

6) 管道与各种地下构筑物和管线的标高、相互位置关系。

7) 临时设置的水准点位置与高程等。

(四) 管道横断面图

主要表示排水管道在城市街道上水平与垂直方向具体位置。反映排水管道同地上、地下各种建筑物和管线相对位置与相互关系的状况，以及排水管道合理布置的程度(图 3-29)。

(五) 管道与附属构筑物示意图

建筑物排放的污水和雨水的管道结构图，一般都是利用三视图原理和各种剖视方法来反映下水道构筑物的结构状况，一般常用下列结构图：

(1) 管道基础与管道接口结构图(图 3-30)

(2) 进出水口、雨水口示意图(图 3-31)

(3) 检查井示意图(以矩形为例、图 3-32)

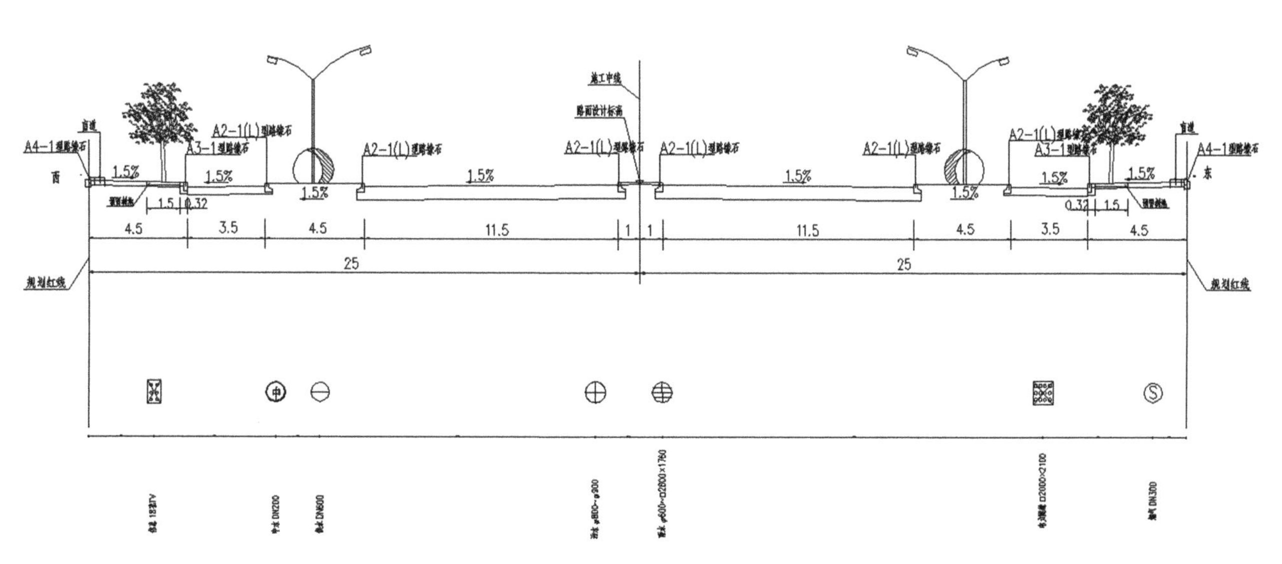

图 3-29　管道横断面示意图

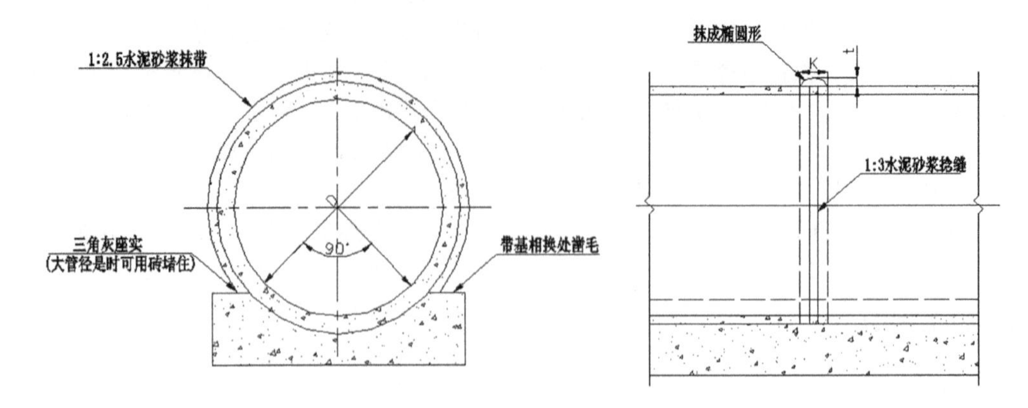

图 3-30　90°混凝土基础水泥砂浆抹带接口示意图

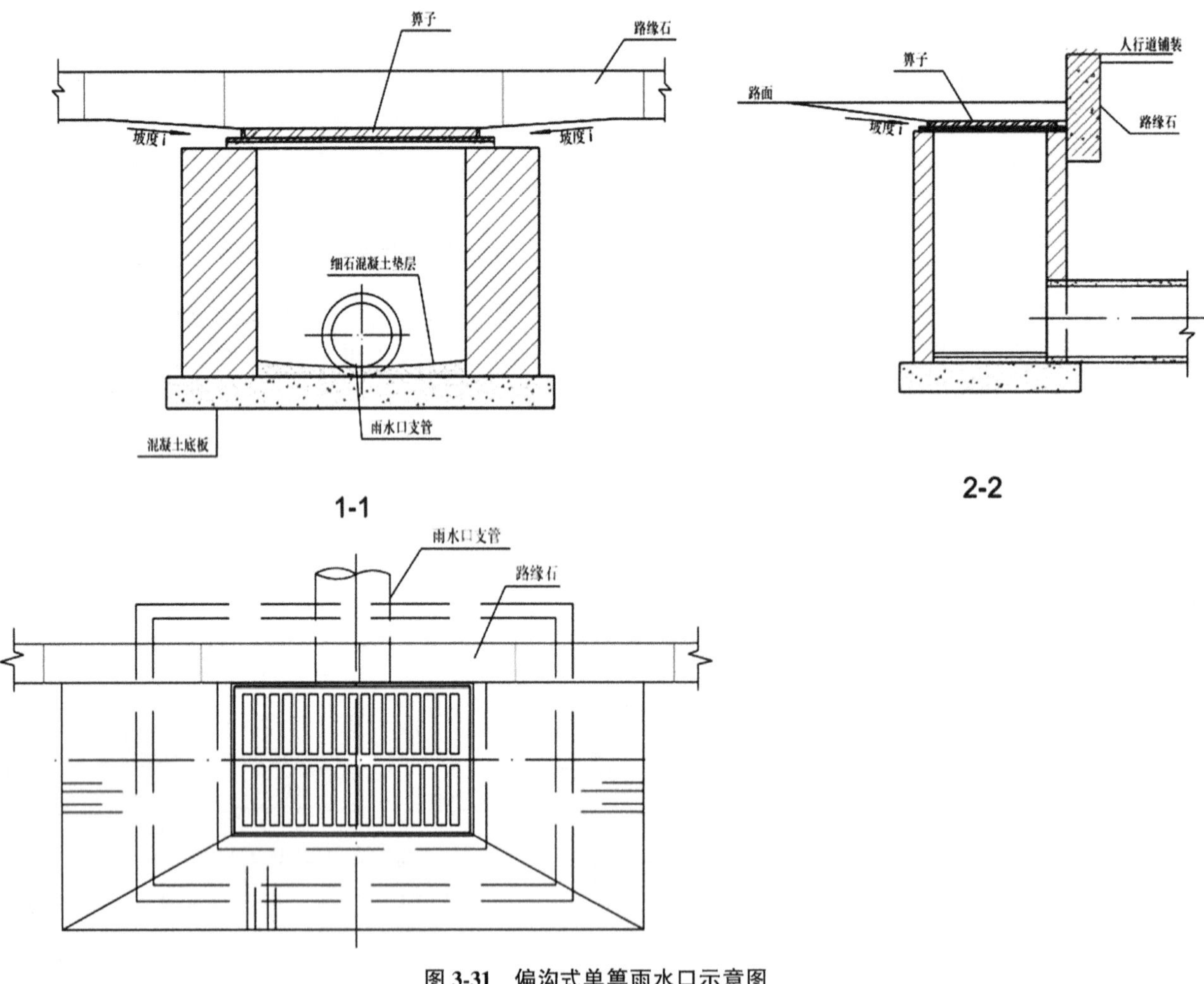

图 3-31　偏沟式单箅雨水口示意图

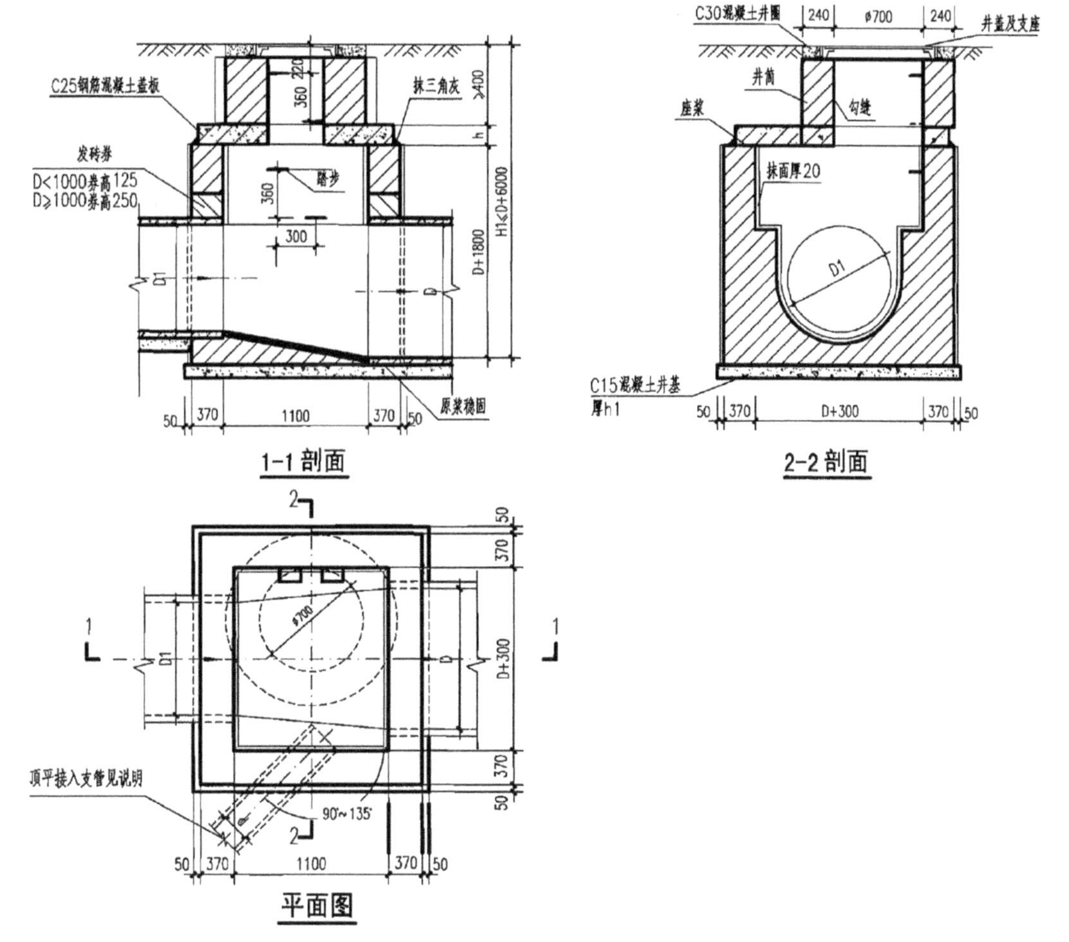

图 3-32 矩形检查井示意图

(4)钢筋混凝土盖板配筋示意图(图 3-33)。

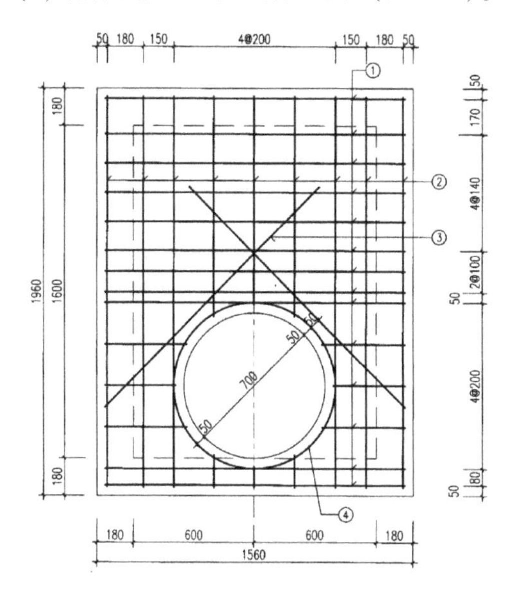

图 3-33 矩形检查井盖板配筋示意图

(5)管道加固示意图(图 3-34)。

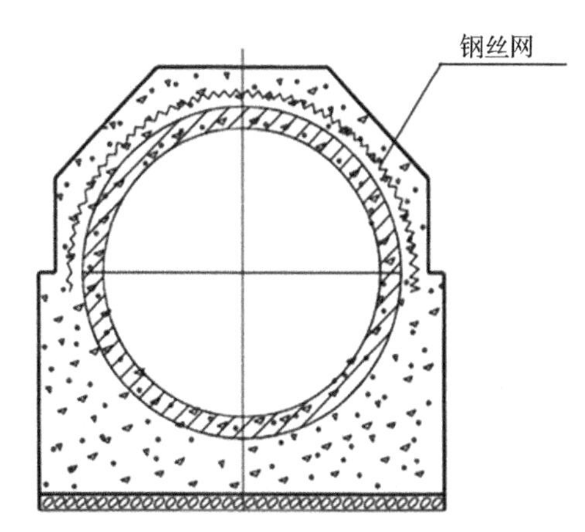

图 3-34 普通混凝土管满包混凝土加固示意图

(覆土<0.7m，H=6~8m)

四、排水工程制图

(一)制图的步骤

(1)图面布置：首先考虑好在一张图纸上要画几个图样，然后安排各个图样在图纸上的位置。图面布置要适中、匀称，以获得良好的图面效果。

(2)画底图：常用 H～3H 等铅笔，画时要轻、细，以便修改。目前多数制图者已采用计算机绘图，因此，画底稿时用细线即可。

(3)加深图线：底稿画好后要检查一下，是否有错误和遗漏的地方，改正后再加深图线。常用 HB、B 等稍软的铅笔加深，并应正确掌握好线型。计算机绘图时将细线加粗即可。

(二)排水管道工程图绘制方法及要点

排水管道工程图的绘制，是在已经掌握了制图的基本原理与规定画法的基础上，根据排水管道工程的设计要求、设计思想而用工程图的形式书面表达的一种方法。下面就以排水管道工程图的平面图、纵断图及结构图为例，简述其绘制方法及步骤。

1. 平面图

(1)选择绘图比例，布置绘图位置：根据确定的绘图比例和图面的大小，选用适当的图幅。制图前还应考虑图面布置的均称，并留出注写尺寸、井号、指北针、说明及图例等所需的位置。

(2)绘制主干线：根据设计意图及上、下游管线位置，确定主干线位置，并绘于图纸上。

(3)绘制支线及检查井：根据现况确定支线接入位置，根据干线管径大小确定检查井井距，并将支线及检查井绘制于图面上。

(4)加粗图线：将绘制完的图线检查一下，将不需要的线条除去，按国标规定的线型及画法加粗图线。

(5)标注尺寸及注写文字：按照平面图所应包括的内容，注写井号、桩号、管线长度、管径等；标注管线与其他建筑物或红线的相对位置，对于转折点的检查井应有栓桩；标注与管线相连的上下游现况管线的名称及管径；绘制指北针、说明及图例。

(6)检查：当图纸绘制完成后，还要进行一次全面的检查工作，看是否有画错或画得不好的地方，然后进行修改，确保图纸质量。

(7)出图：使用 AutoCAD 画图的，需要设置适当的出图比例，然后打印输出。

2. 纵断图

(1)确定绘图比例：根据管线长度及管径大小，确定纵断图绘制的横向及纵向比例。

(2)确定并绘制高程标尺：根据所确定的纵向比例及下游管的埋深，绘制高程标尺。

(3)绘制现况地面线：按照实测的地面高程，根据不同的纵横向比例，绘出现况地面线。

(4)绘制管线纵断面：根据下游管底高程，按照所确定的坡度，计算出各检查井的管底高程，并标于图上，将其连接起来，即为管线的管底位置。根据管径大小及纵向比例，即可绘出管线的纵断面图。

(5)绘制与管线交叉或顺行的其他地下物的横、纵断面。

(6)加粗图线：将绘制完的图线检查一下，看看有没有同现状地下物相互影响的地方，上下游相接处是否合乎标准，并及时调整。然后按国标规定的线型及画法加粗图线。

(7)标注尺寸及注写文字：注写管径、长度、坡度、高程及桩号等。标注检查井井号及井型。注写水准点及说明性文字。

(8)确定管道种类及接口形式：根据管道材料、管径(或断面)及埋深，确定管道基础形式、接口方法，并标于图上。

(9)标注水力元素：根据管道种类、管道坡度等，确定水力元素即流量、流速、充满度，并将其标注在图中。

(10)检查：图纸绘制完成后，进行一次全面的检查工作，看是否有画错或画得不好的地方，然后进行修改，确保图纸质量。

(11)出图：使用 AutoCAD 画图的，需要设置适当的出图比例，然后打印输出。建议在图纸空间布局中，打印输出在模型空间中各个不同视角下产生的视图。

3. 结构图

(1)选择最能表达设计要求的视图：根据构筑物的特点，选适宜的剖视图。任何剖视图都要确定剖切位置，剖切位置选择的原则是选择最能表达结构物几何形状特点、最能反映尺寸距离的剖切平面。

(2)选择绘图比例，布置视图位置：根据确定的绘图比例和图面的大小选择适当的图幅，制图前还应考虑图面布置的匀称，并留出注写尺寸、代号等所需的位置。

(3)画轴线：即定位线。轴线可确定单个图形的位置，以及图形中各个几何体之间的互相位置。

(4)画图形轮廓线：以轴线为准，按尺寸画出各个几何图形的轮廓线，画轮廓线时，先用淡铅笔轻轻画出，待细部完成后再加深。如用计算机制图，先使用细线，最后加粗即可。

(5)画出其他各个细部：凡剖切到的部分及可见到的各个部分，均需一一绘出。

(6)加深图线：底稿完成以后要检查一下，将不需要的线条擦去，按国标规定的线型及画法加深图线。例如：凡剖切到的轮廓线为 0.6～0.8mm 的粗实线，未剖到的轮廓线为 0.4mm 的中实线，尺寸标注线为 0.2mm 的细实线等。总的要求是轮廓清楚、线型准确、粗细分明。

(7)标注尺寸及注写文字：尺寸标注必须做到正确、完整、清晰、合理。不论图形是缩小还是放大，图样中的尺寸仍应按实物实际的尺寸数值注写，标注尺寸应先画尺寸界线，尺寸线和起止点，再注写尺寸数字。

(8)检查：当图样完成后，还要进行一次全面的检查工作，看是否有画错或画得不好的地方，然后进行修改，确保图纸质量。

(9)出图：使用 AutoCAD 画图的，需要设置适当的出图比例，然后打印输出。建议在图纸空间布局中打印输出在模型空间中各个不同视角下产生的视图。

五、排水工程竣工图绘制

目前，大部分竣工图的编制是利用施工图来编制的。竣工图的编制工作，可以说是以施工图为基础，以各种设计变更文件及实测实量数据为补充修改依据而进行的。竣工图反映的实际施工的最终状况。

(一)绘制排水管道竣工图的技术要求

平面图的比例尺一般采用 1：500~1：2000。平面图中应包括平面图绘制一般要素外，还应绘制以下内容：

(1)管线走向、管径(断面)、附属设施(检查井、人孔等)、里程、长度等，以及主要点位的坐标数据。

(2)主体工程与附属设施的相对距离及竣工测量数据。

(3)现状地下管线及其管径、高程。

(4)道路永中、路中、轴线、规划红线等。

(5)预留管、口及其高程、断面尺寸和所连接管线系统的名称。

纵断面图内容，应包括相关的现状管线、构筑物(注明管径、高程等)，及根据专业管理的要求补充必要的内容。

(二)竣工图的绘制方法

绘制竣工图以施工图为基本依据，按照施工图改动的不同情况，采用重新绘制或利用施工图改绘成竣工图。

1. 重新绘制

有以下情况应重新绘制竣工图：

(1)施工图纸不完整，而具备必要的竣工文件资料。

(2)施工图纸改动部分，在同一幅图中覆盖面积超过 1/3，以及不宜利用施工图改绘清楚的图纸。

(3)各种地下管线(小型管线除外)。

2. 利用施工图改绘竣工图

有以下情况可利用施工图改绘成竣工图：

(1)具备完整的施工图纸。

(2)局部变动，如结构尺寸、简单数据、工程材料、设备型号等及其他不属于工程图形改动，并可改绘清楚的图纸。

(3)施工图图形改动部分，在同一幅图中覆盖图纸面积不超过 1/3。

(4)小区支、户线工程改动部分，不超过工程总长度的 1/5。

利用施工图改绘竣工图的基本方法有如下两种：

(1)杠改法：对于少量的文字和数字的修改，可用一条粗实线将被修改部分划去。在其上方或下方(一张图纸上要统一)空白行间填写修改后的内容(文字或数字)。如行间空白有限，可将被修改点全部划去，用线条引到空处，填写修改后的情况。对于少量线条的修改，可用“×”号将被修改掉的线条划去，在适当的位置上画上修改后的线条，如有尺寸应予标注。

(2)贴图更改法：施工图由于局部范围内文字、数字修改或增加较多、较集中，影响图面清晰；线条、图形在原图上修改后使图面模糊不清，宜采用贴图更改法。即将需修改的部分用别的图纸书写绘制好，然后粘贴到被修改的位置上。重大工程一般宜采用贴图更改法。

不论用何种方法绘制排水管道工程的竣工图，如设计管道轴线发生位移、检查井增减、管底标高变更或管径发生变化等，除均应注明实测实量数据外，还应在竣工图中注明变更的依据及附件，共同汇集在竣工资料内，以备查考。

当检查井仍在原设计管线的中心线位置上，只是沿中心线方向略有位移，且不影响直线连接时，则只需在竣工图中注明实测实量的井距及标高即可。

(三)竣工图编制的注意事项

竣工图的编制必须做到准确、完整和及时，图面应清晰，并符合长期安全保管的档案要求，具体应注意以下几点：

(1)完整性：即编制范围、内容、数量应与施工图相一致。在施工图无增减的情况下，必须做到有一张施工图，就有一张相应的竣工图；当施工图有增加时，竣工图也应相应增加；当施工图有部分被取消时，则需在竣工图中反映出取消的依据；当施工图有变更时在竣工图中应得到相应的变更。如施工中发生质量事故，而作处理变更的，亦应在竣工图中明确表示。

(2)准确性：增删、修改必须按实测实量数据或原始资料准确注明。数据、文字、图形要工整清晰，隐蔽工程验收单、业务联系单、变更单等均应完整无缺，竣工图必须加盖竣工图标记章，并由编制人及技术负责人签证，以对竣工图编制负责。标记章应盖在图纸正面右下角的标题栏上方空白处，以便于图纸折叠装订后的查阅。

(3)及时性：竣工图编制的资料，应在施工过程中及时记录、收集和整理，并作妥善的保管，以便汇集于竣工资料中。

第四章
城镇排水系统概论

第一节　排水系统的作用与发展概况

一、排水系统的作用

人们在生活和生产中，使用着大量的水。水在使用过程中会受到不同程度的污染，改变原有的化学成分和物理性质，这些水称作污水或废水。废水按照来源可以分为生活污水、工业废水和降水。工业废水和生活污水含有大量有害、有毒物质和多种细菌，严重污染自然环境，传播各种疾病，直接危害人民身体健康。自然降水若不能及时排除，也会淹没街道而中断交通，使人们不能正常进行生活和生产。在城市和工业企业中，应当有组织且及时地排除上述废水和雨水，否则可能污染和破坏环境，甚至形成公害，影响生活和生产以及威胁人民健康。废水和雨水的收集、输送、处理和排放等设施以一定方式组合成的总体，称为排水系统。

二、城镇排水系统发展概况

(一)国外排水行业的发展概况

1. 创建阶段

19世纪，中期西方国家先后发展了现代城市给水排水系统。英国早期的排水工艺只是建造管渠工程，将污水、废水和雨水直接排入水体。到1911年德国已建成70座污水处理厂，在其后的半个世纪里城市排水系统的发展较为缓慢，例如，1957年西德的家庭污水入网率仅50%，1961年日本东京仅为21.2%。

2. 发展和治理阶段

20世纪60—70年代开始，西方国家投入大量财力铺设污水管道，修建污水处理厂，提高污水的收集率和处理率，并对工业污水、污水处理厂尾水的排放作了严格的控制(又称“点源”治理)。例如：1979年东京污水入网率达到70%；1987年前西德污水的入网率已达到95%，污水处理率达到86.5%，城市居民人均污水管长达4m。然而城市水环境的质量仍然不尽人意，研究中发现，传统的排水观念造成人们长期以来认为，合流管渠中的污水被暴雨稀释(稀释比约1∶5~1∶7)，溢流后不会再危害水体，事实上并非如此。1960—1962年，在英国北安普敦的调查发现，暴雨之初，原沉淀在合流管渠内的污泥被大量冲起，并经溢流井溢入水体即所谓的“第一次冲刷”。此后，人们提高了溢流井内的堰顶高程以减少溢流量，但这样做又增加了管渠内的沉积物，一旦被更大暴雨冲起、挟入溢流，进入水体仍然会造成污染。

3. 暴雨管理阶段

为了进一步改善城市水体的水质，自20世纪70年代起都在致力于此项工作。首先是对雨污混合污水在溢流前进行调节、处理及处置，使之溢流后对水体的水质影响在控制的目标之内。例如美国一些州，要求混合污水在溢流之前就地做一级处理，并对每个溢流口因超载而未加处理的混合污水溢流次数加以限制(如华盛顿州每个溢流口每年1次，旧金山市为4次)；其次是对污染严重地区雨水径流的排放做了更严格的要求，如工业区、高速公路、机场等处的暴雨雨水要经过沉淀、撇油等处理后才可以排放。在已有二级污水处理厂的合流制排水管网中，适当的地点建造新型的调节、处理设施(滞留池、沉淀池等)是进一步减轻城市水体污染的关键性补充措施。它能拦截暴雨初期“第一次冲刷”出来的污染物送往污水处理厂处理，减少混合污水溢流的次数、水量和改善溢流的水质，以及均衡进入污水处理厂混合污水的水量和水质，它也能对污染物含量较多的雨水作初步处理。

国外的实践表明，为了进一步改善受纳水体的水质，将合流制改造为分流制，其费用高昂且效果有限，而在合流制系统中建造上述补充设施则较为经济而有效。国外排水体制的构成中带有污水处理厂的合流制仍占相当高的比例，如西德 1987 年其比例为 71.2%，且该国专家认为通常应优先采用合流制，分流制要建造两套完整的管网，耗资大、困难多，只在条件有利时才采用。至 20 世纪 80 年代末，西德建成的调节池已达计划容量的 20%，虽然其效果难以量化，但是送到处理厂的污泥量增加了、河湖的水质有了显著的改善。据估计，用这种方式处理雨水的费用与用污水处理厂不相上下。

为了实现对暴雨雨水的管理，必须对雨水径流过程有更深入的认识、准确的预测和模拟。目前常用的排水系统水力模拟软件有：①英国环境部及全国水资源委员会的沃林福特软件（Wallingford），它是在 20 世纪 60 年代的过程线方法——TRRL 程序的基础上发展起来的，可用于复杂径流过程的水量计算和模拟、管理设计优化，并含有修正的推理方法。②美国陆军工程师兵团水文学中心的“暴雨”模型（Storage, Treatment, Over flow, Runoff Model，简称 STORM），该程序可以计算径流过程、污染物的浓度变化过程，适用于工程规划阶段对流域长期径流过程的模拟。③美国环保局的雨水管理模型（Storm Water Management Model，简称 SWMM），它能模拟降雨和污染物质经过地面、排水管网、蓄水和处理设施，最终到达受纳水体的整个运动、变化的复杂过程，可作单一事件或长期连续时期的模拟。④德国汉诺威水文研究所的 HE 软件（HYSTEM-EXTRAN，简称 HE），可用于模拟排水管网中的降雨径流过程和污染物扩散过程，是全德国境内使用最广泛的流体动力学排水管网计算程序，可以计算水力基础数据如径流量和水位，以及污染物在地表和管网中的扩散过程。这些雨水模型软件在西方国家城市排水工程中的应用已非常普遍。例如，早在 1975 年英国就有 96% 的雨水管渠设计使用了 TRRL 程序，而在现阶段的暴雨雨水管理中更是离不开计算机和相关软件了。

（二）中国古代排水事业的发展概况

1. 中国古代排水管渠的起源与发展

人类在公元前 2500 年创造了古代的排水管道，在 20 世纪初期创造了污水处理，在 20 世纪中期创造了水回用技术。排水工程的内涵由排水管道发展到水处理，由水处理发展到再生水循环回用，前后有将近 4500 多年的历史。在此期间中国的先民们首先在史前龙山文化时期造就了陶土排水管道，开创了人类的排水工程事业。城垣排水是古代文化的重要组成部分，也是人类文明的重要进程。

2. 中国古代排水管道种类及特点

中国最早的城垣遗址，出现在史前新石器时代的晚期。当时城垣内的排水系统，主要是地面自流，明沟排水。

进入了铜石并用时代的晚期时，由于封闭型城垣的长期发展以及民们物质文化水平的提高，河南省淮阳市平粮台的先民们（约为公元前 2500 年），首先将城垣中的雨水，由地面自流排水发展为采用小型地下陶土排水管。从此在排水系统中开创性地增加了排水管道的内涵。

随着历史的变革与社会的发展，社会生产力得到了解放，排水管道逐步得到了发展。偃师商城是商代前期（其年代约为公元前 1600—公元前 1400 年）的都城遗址，城垣内开始出现了石砌排水暗沟；有较狭窄的全部用石块垒砌的小型石砌排水暗沟遗迹；也有沿城内的路网、贯通全城完整的大型石、木结构排水暗沟遗迹。

到了西汉时，已步入封建社会，并已进入铁器时代。社会生产力又有了长足的发展，城垣规模不断扩大。汉长安城的排水管道设施种类繁多，有圆形陶土排水管、五角形陶土排水管，并首次出现了拱形砖结构的砖砌排水暗沟，这是中国最早修建的大型砖砌排水暗沟。

由此可见，排水管道在城垣建设中已经形成不可缺少的一项基础设施。

为了纵观古代排水管道发展的历程，表 4-1 按照纪年体系整理出“中国古代排水管道遗迹资料表”。

依照表 4-1 的资料及有关文史、考古的报道，从公元 2500 年到公元前 190 年，前后约 2300 年，排水管道先后出现了陶土排水管道、木结构排水暗沟、石砌排水暗沟、卵石排水暗沟以及砖砌排水暗沟等 5 个种类，现依次叙述如下。

表 4-1 中国古代排水管道遗迹资料表

时代分期	朝代与纪年	排水管道名称	管道种类概要
铜石并用时代晚期	相当文献记载的史前帝喾时代（约公元前 2500 年，河南龙山文化时期）	平粮台陶土排水管道	三孔圆形陶土排水管（倒品字形）、每孔断面 $0.04m^2$、总断面 $0.12m^2$
青铜时代早期	夏王朝中、后期，商代前期（公元前 1900—公元前 1500 年）	二里头木结构排水暗沟	木结构排水暗沟、石砌排水暗沟及圆形陶土排水管

（续）

时代分期	朝代与纪年	排水管道名称	管道种类概要
青铜时代中期	商代前期(公元前 1600 —公元前 1400 年)	偃师商城石砌排水暗沟	石砌排水暗沟(木盖板)、断面 3.0m^2 及木结构排水暗沟、圆形陶土排水管
	商代前期(公元前 1600—公元前 1400 年)	郑州商城石砌排水暗沟	石砌排水暗沟及圆形陶土排水管
	商代后期(公元前 1300—公元前 1046 年)	安阳殷墟陶土排水管道	圆形陶土排水管
青铜时代晚期	西周时期(公元前 11 世纪)	沣京陶土排水管道	圆形陶土排水管
	西周时期(约公元前 1045 年)	琉璃河燕都卵石排水暗沟	卵石排水暗沟、断面 0.84m^2 及圆形陶土排水管
	西周时期(约公元前 900 年)	周原卵石排水暗沟	卵石排水暗沟及圆形陶土排水管
	西周时期(约公元前 850 年)	齐国故城石砌排水暗沟	15 孔石砌排水暗沟(每孔断面 0.2m^2)、总断面 3.0m^2 及圆形陶土排水管
	东周时期(公元前 770—公元前 256 年)	雒邑陶土排水管道	圆形陶土排水管
	东周时期(公元前 403—公元前 221 年)	燕下都陶土排水管道	圆形陶土排水管
铁器时代	战国末期至秦王朝时期(公元前 247—公元前 208 年)	秦皇陵陶土排水管道	五孔五角形陶土排水管(每孔断面 0.11m^2)、总断面 0.55m^2 及圆形陶土排水管
	秦王朝时期(公元前 221—公元前 206 年)	阿房宫陶土排水管道	三孔圆形陶土排水管(品字形)、总断面 0.12 m^2 及五角形陶土排水管
	汉朝时期(公元前 195—公元前 190 年)	汉长安城砖砌排水暗沟	砖砌排水暗沟(顶部发砖券)、断面 2.24m^2 及五角形陶土排水管、圆形陶土排水管
	隋唐时期(581—582 年)	唐长安城砖砌排水暗沟	砖砌排水暗沟(顶部发砖券)、断面 1.04m^2 及圆形陶土排水管

1)陶土排水管道

已发现的陶土排水管道有两种类型陶土排水管道：一种为圆形陶土管，另一种为五角形陶土管。

圆形陶土管，此管道很原始，从没有榫口，发展到有管套承插接口。从每节管长 35~45cm，到每节管长 100cm。从直管到三通管，再到直角弯管。经过漫长的岁月，陶土管逐步得到改进与完善。

圆形陶土管的内径一般为 22cm，断面面积约为 0.04m^2。它的管径小，能够排泄的雨水流量也少，所以只适宜用于排除流量较小的地区。

由于大型圆形陶土管制作困难，也易压碎，为增大排水流量，先民们巧妙地拼装成三孔圆形陶土管，用以排除大流量。这种三孔圆形陶土管，前后发掘出正“品”字形和倒“品”字形两种拼装的形式，如图 4-1、图 4-2 所示。

图 4-1 平粮台三孔圆形陶土排水管道(倒“品”字形)

图 4-2 阿房宫三孔圆形陶土排水管道(正“品”字形)

除了圆形陶土管，另一类型是五角形陶土管。五角形陶土管是在秦汉时期形成的，该管道通高 45~47cm，底边宽 40~43cm，管壁厚 7cm，全长 65~68cm。它的单孔断面面积约为 0.11m^2。它是圆形陶土管断面面积的 3 倍，相应排水的流量也较大，并且可以简单地拼装成两孔、三孔、四孔、五孔等形式(单孔构造如图 4-3 所示)。从而进一步提高排水流量，适应不同层次的流量需求。这种陶土管采用的是预制装配式结构，构思非常独特巧妙。它的缺点是制造复杂、管壁厚、成本高。

图 4-3 咸阳市西汉帝陵五角形陶土排水管道(单孔)

2)木结构排水暗沟

这是继"平粮台陶土排水管道"之后，发掘出最早的另一种排水暗沟。这是在当时的生产条件下，采用丰富的天然木材，巧妙搭建成的排水暗沟，以便适应大流量排水时的需求。这种排水暗沟，显然比较原始，不能耐久，流水也不顺畅。

3)石砌排水暗沟

石砌排水暗沟，在夏商周时期主要是采用天然石块即毛石垒砌而成，有如下三种形式：

第一种形式是较狭窄的石砌排水暗沟；暗沟的两侧沟墙及盖板，均采用天然石块垒砌，如"二里头石砌排水暗沟"及"郑州商城石砌排水暗沟"。

第二种形式是沟体较宽的石砌排水暗沟，暗沟的两侧沟墙用天然石块垒砌，并且在沟墙中夹砌木桩，支撑上面的木梁，木梁上再铺木材作为沟顶盖板，形成暗沟。贯通偃师商城的石砌排水暗沟就是这种类型。

第三种形式是多孔石砌排水暗沟。在原齐国故城，发掘出一座 15 孔石砌排水暗沟。15 个矩形石砌水孔，分上、中、下 3 层排列。水孔一般高 50cm、宽 40cm。每孔的两侧沟墙、盖板、底板均是采用天然石块互相搭接、垒砌而成。下层水孔的沟顶盖板，是上层水孔的底板(图 4-4)。齐国先民们巧妙地采用

图 4-4 原齐国故城 15 孔石砌排水暗沟

多孔石砌暗沟，使过水总面积达到了 $3m^2$，满足了排除大流量雨水时的需求。避开由于排水流量大，若采用大型单孔暗沟，带来沟顶盖板建筑结构的技术难题。这座石砌排水暗沟，水力条件合理、石材耐久，说明设计是成功的。缺点是体积庞大、不易清理。

4)卵石排水暗沟

这也是利用天然材料砌筑的排水暗沟。它是采用天然鹅卵石作为暗沟底部与侧墙的建筑材料，木材作为沟顶盖板，堆砌而形成较大的排水管道。

5)砖砌排水暗沟

汉长安城的砖砌排水暗沟，是中国目前发掘出最早的一座砖砌排水暗沟。暗沟的两侧墙体和底板、采用砖石混合结构，石材采用料石。顶部用发砖券，为拱形砖结构。这种拱形砖顶科学地解决了大型排水暗沟顶部的建筑结构问题。这在排水管道建筑结构的发展，是一项很有意义的突破。

根据以上的阐述，中国古代排水管道发展中的特点，大致有以下 3 个：

(1)圆形陶土管，一直是延续应用最广泛的一种排水管道，在各个朝代、各个时期、不同地区的城垣、皇宫以及庭院中，都曾发掘出许多这种管道。

(2)早期的矩形排水暗沟，由于缺乏有效的生产技术手段，大多数是采用天然木材、天然石块、天然鹅卵石等建造而成。夏商周时期，在一些古城遗址中，出现了许多木结构排水暗沟、石砌(毛石)排水暗沟以及卵石排水暗沟的遗迹。

(3)为适应排除大流量雨水的需求，人们一直在追求排水管道的变革和改进。由于城垣在不断扩大、建筑规模在增大、排水流量也在大幅增加。为了适应排除城垣中出现的大流量雨水，先民们对排水管道采取了许多加大管道、增加排水断面的工程措施；从三孔圆形陶土排水管到五孔五角形陶土排水管道，再到 15 孔石砌排水暗沟，再到采用天然材料建造矩形排水暗沟，一直到建造拱形砖顶的砖砌排水暗沟等变化。显然，先民们一直在探求解决能够排除大流量雨水，而且又性能最佳的排水管道。

砖砌排水暗沟的出现，是排水管道发展中的重要突破。西汉初年(公元前 195—公元前 190 年)，在汉长安城遗址中，出现了最早的砖砌排水暗沟。为了分析砖砌排水暗沟形成及其发展的历史背景，表 4-2 将汉代以来砖砌排水暗沟的遗迹状况予以整理。

表 4-2　砖砌排水暗沟发掘资料表

朝代	时间	地点	排水管道概要
西汉	公元前 202—公元 9 年	西安	西面城墙至城门附近的城墙下，发掘出断面尺寸宽约 1.2m，高约 1.4m 的砖砌排水暗沟；另外在南面城墙西安门附近的城墙下，也发掘出一座宽约 1.6m，高约 1.4m 的砖砌排水暗沟。两座暗沟的沟墙、底板是用砖和石材砌筑。顶部都用发砖券，为拱形砖结构的砖砌排水暗沟
六朝(吴、东晋、宋、齐、梁、陈)	229—589 年	南京	在建康宫城遗址中，发现了一条穿过道路的拱顶砖砌排水暗沟，可能是东晋时修建
隋、唐	581—582 年	西安	含光门遗址以西的城墙下，发掘出一座大型砖砌排水暗沟，其沟顶采用的是拱形结构，沟宽 0.6m，全高 1.8m，沟墙与拱顶的砖砌体结构厚度均为 0.95 m。沟内设有三根 10cm 方铁粗柱作为铁栅，防范外人穿过
	618—907 年	洛阳	在唐东都洛阳定鼎门遗址的西城墙下部，也发现了一处相同类型的砖砌排水暗沟，其沟顶也是采用拱形结构，暗沟内也设有铁栅防范外人穿过
北宋	960—1127 年	赣州	著名的福寿砖砌排水暗沟，简称福寿沟。福寿沟宽约 0.9m，高约 1.8m，其中福沟长约 11.6km，寿沟长约 1 km，福寿沟的主沟总长约 12.6km，沟墙为砖砌体，沟顶为石盖板，全城采用地下管道排除雨水。这是古代赣州的重要排水基础设施，且直到 20 世纪 50 年代仍然在养护、维修使用中
南宋	1127—1279 年	杭州	南宋临安御街遗址(今杭州中山中路南段)中，发掘出两处砖砌排水暗沟。一处内宽 0.3m，高 0.9m，长约 2.15m。沟壁为砖砌体，沟顶覆盖石板。另一处内宽 0.15m，高 0.15m，长约 2.15m。沟壁用长方砖平砌，再用相同规格的长方砖封盖，长方砖的规格为 33cm×10cm×5cm
	1162—1233 年		南宋临安恭圣仁烈皇后庭院遗迹中，发掘出一条砖砌排水暗沟和庭院以外相通。暗沟为方形，宽 0.3m，高 0.29m。沟底、沟壁均为砖砌体，沟顶用透雕的方砖封堵。透雕花纹为假山、松枝和两只猴子
元	1206—1368 年	北京	健德门以西(今花园路段)发掘出一处砖砌排水暗沟的水关，基础由 7 层条石垒砌而成，顶部的拱券和两壁均为青砖砌筑，洞高 3.45m。其中有一块条石上刻有“至元五年(1268 年)二月石匠作头”的标记
			肃清门以北(今学院路西端)也发掘出一处砖砌排水暗沟水关，暗沟宽 2.5m，直墙高 1.25m；全高 2.5m，暗沟顶部的拱券直径 2.5m。沟底和两壁用条石铺砌，拱顶为砖砌体。暗沟按照宋代“营造法式”设计、施工。暗沟内设有菱形铁栅棍，铁栅棍的间距为 10~15cm，防范外人穿过
			光照门以南(今东土城转角楼处)也发掘出一处与肃清门处相同的拱券砖砌排水暗沟水关遗址
明清	1368—1911 年	北京	所有排水主干渠，穿过城墙下的水关排入护城河时，大部分也是采用砖砌排水暗沟。在内城就有 6 座排水水关，其中 5 座采用拱顶式砖砌排水暗沟，另外 1 座采用过梁式砖砌排水暗沟，沟墙均为砖砌体，沟顶为条石盖板。每座水关均设 2~3 层铁栅栏，防范外人穿过。根据乾隆五十一年(1786 年)的丈量统计数据，明清时期北京城区的砖砌暗沟和排水明渠等，当时总计长达 429km
		汉口	乾隆四年(1739 年)汉口开埠时，首先在汉正街修建了一条长 3441m，宽、高各 1.66m 的砖砌方形排水暗沟，上盖花岗岩长条石，条石的顶面作为路面，每隔 20m 留一窨井，上盖铁板，便于清掏
		上海	19 世纪开埠初，租界在辟路的同时，在路旁挖明沟或建暗渠。同治元年(1862 年)起，英租界先从当时的中区(今黄浦区东部)开始进行规划和建设雨水排水管道；其中延安东路前身为洋泾浜(即小河沟)。19 世纪 60 年代起，在其系统内，工部局在广东路、山东路、云南南路等地区修建了砖砌排水暗沟。19 世纪中叶，工部局在泥城浜(今西藏中路)排水系统内，修建了芝罘路、劳合路(今六合路)和广西路等砖砌排水暗沟
		天津	光绪二十七年(1901 年)开埠期间，拆毁了旧城墙，改建为四条环城马路，同时填平了城濠。于光绪二十九年(1903 年)，为解决填平后城内排水出路，在南城濠建造了第一条大型砖砌排水暗沟，名“官沟”

从上述的资料中可以看出：砖砌排水暗沟在古代城垣排水系统中，已逐渐发展成为重要的通用排水设施。

3. 古代城垣排水系统的布局及特点

由于城垣文化的发展，社会经济的需求，导致排水管道的出现与增多，同时又陆续充实、组成了比较完整的排水系统。

1) 排水系统的主要功能及设施

史前城垣中的排水系统，主要是采用地面自流的排水方式。自从龙山文化时期平粮台出现了陶土排水管以后，古代城垣中的排水系统开始进入采用明渠和地下排水管道两者相结合的阶段。

古代，在生活过程中产生的泔水一般是随意洒泼到庭院或排入渗井。粪便排除的方式，从宫廷到平民，大多地区都采用干厕。粪便的收集和清运，或背或挑，或车运或船运至粪场，经简易处置后多作农肥。潜水、粪便的这种传统清除方式，一直沿用到清朝末年，也很少有水冲厕所，更没有排除生活污水、粪便的专用污水管道。因此，古代城垣中的排水系统，其主要功能是排除雨水。

当时的城区，人口密度一般都较低，与排水系统相关联的河湖水体，自然净化的能力较强，水质清澈，基本未受污染。

2) 城垣排水系统的布置方式

古代在城垣中布置的排水系统，在商周时期已经逐步形成两种基本方式。第一种方式是排水系统的主干线采用明渠，沿主干线接收两旁的排水管道、支沟的排水后，当主干线的排水明渠，在穿过城墙下的水关时采用排水暗沟，然后再接入尾闾河段。第二种方式是排水系统的主干线采用管道、暗沟，沿干管接收支线的排水后，直接穿过城墙排入护城河。

古代城垣中的排水系统，常用的是第一种布置方式，并一直沿用到近代。

由于城垣的扩大与发展，各种排水设施也日趋完善，雨水经城区路网中的明渠或排水干管将宫廷、院落、街道的排水支管以及支沟的雨水汇流后，再通过预埋在城墙下的管道、暗沟，排入护城河，形成排水系统与路网系统相互结合的布局。并逐步发展为与引水系统、湖泊雨水调蓄等系统互相结合、更为完整的规划布置。

3) 古代排水系统中的雨水调蓄方式

在汉长安城中，排水系统与之相连的湖泊雨水调蓄系统，主要是进行径流调节，其作用是拦洪削峰，以保持下游管渠的流量在一定的范围内正常运行。这是在古代湖泊雨水调蓄系统中出现的第一种调蓄方式，也是通用的一种调蓄方式。另外还有第二种调蓄方式，调蓄目的是待机排水，古城赣州的调蓄系统就是采用了这种调蓄方式。

如前所述，北宋赣州古城的福寿沟是全城排除雨水的主要地下管道，其设施非常完整。赣州位于江西省的章江与贡江的交汇处，排水暗沟共有12个出口，就近分别进入章、贡两江。在各个出口处，共建造了12座“水窗”。“水窗”即为拍门，它是一种单向阀。它的功能是：当章、贡两江水位高时自动关闭拍门面板，防止江水倒灌。两江水位低时自动打开拍门面板，将暗沟中的雨水排入章、贡两江。在福寿沟所经之处又和沿线众多的湖泊，池塘连成一体，组成了排水网络中的蓄水库，形成湖泊雨水调蓄系统。调蓄的目的是当江河水位达到一定的高度时，利用“水窗”临时将雨水拦蓄在湖泊、池塘以及管渠中，待江河水位下降后再行排除，形成待机排水系统。巧妙地根据章、贡两江水位适时地排除城区的积水。

另外赣州古城是宋代一座封闭型的砖砌城垣。当发生水灾时，可以阻挡洪水进入城内。而章、贡两江的洪水，由于排水暗沟出口处造有“水窗”，可以阻挡江水倒流到城内，因而古城可以减轻或避免灾害，使城内保持稳定。赣州古城的各种排水设施，构思独特、设计巧妙，形成了有特点的、可调蓄的排水系统。

从以上的资料可以看出：古代当时对排水系统和与之相连的湖泊雨水调蓄系统，已具备了完整的、科学的规划设计手段。

4) 古代排水系统中的附属设施

随着排水管道的应用与发展，排水系统中的附属设施也逐渐增多，如在二里头古城遗址中发掘出石砌渗水井。在齐国故城出现了排水明渠穿过城墙下的“水关”。在秦咸阳发现有排水池，池中有地漏，下接90°弯曲的陶土管，弯曲的陶土管再与排水管道相连。在汉长安城长乐宫的皇宫庭院遗址中，发现其管线中设置有沉砂井。在唐长安城含光门遗址的砖砌排水暗沟水关内，设有3根10cm方铁粗柱作为铁栅，防范外人穿过铁栅水关设施（图4-5）。在赣州古城的砖砌排水暗沟出口处造有“水窗”，可防止江水倒灌。

在北京故宫的庭院排水系统中，发现有“沟眼”“钱眼”。“沟眼”是地面明沟遇有台阶或建筑物，在

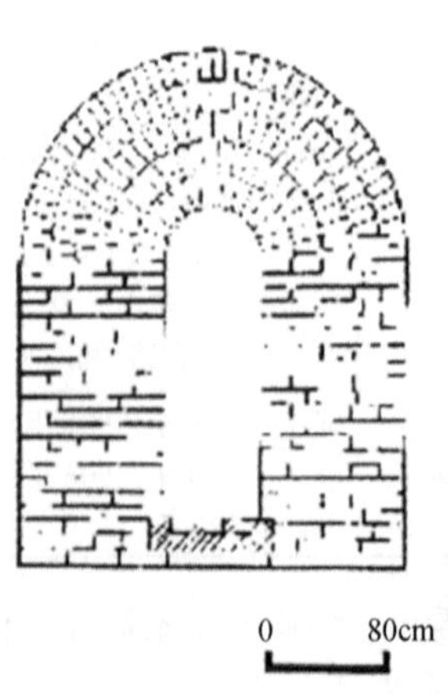

图4-5　唐长安城含光门砖砌排水暗沟
（左图为砖砌体结构断面示意图）

其下设置的过水涵洞设施，“钱眼”是雨水由地面流进地下管道的入口设施，这种入水口多为方石板雕成明、清铜币形，即外圆中方的5个空洞，可以进水，也就是雨水口。在乾隆年代，汉口汉正街的砖砌排水暗沟中，每隔20m有一座窨井(检查井)，上盖铁板，便于清掏等。

5)中国古代排水管道在世界文明进展中的历史意义

中国是世界上最早出现排水管道的国家，早期在世界各地，先后出现了三种陶土管道：在公元前2500年左右，中国河南省的平粮台古城遗址，首先出现了圆形陶土排水管。在公元前1650—公元前1450年，文明古国希腊的克里特岛出现了圆锥形陶土排水管道。在公元前211年左右时，中国陕西省西安市的秦始皇陵，出现了五角形陶土排水管道。很明显中国是世界上最早出现这种承插管道接口的国家。平粮台出现的圆形陶土排水管，它的连接方式，采用的是承插接口。这种接口方式，设计工艺非常巧妙，彼此套接，就可成为一条管道。是一个非常先进的接口方式，它在制作上有特殊的要求。管体和管头接口的同心度、管壁厚度等，必须按设计规定严格执行。陶土管的承插接口方式，已经延续使用了数千年，一直沿用至今。目前在许多其他管材的圆形管道接口中，如铸铁管道、塑料管道、预应力钢筋混凝土管道、球墨铸铁管道等，也都是采用这种接口方式。

(三)中国当代排水事业的发展概况

中华人民共和国成立以后，随着城市和工业建设的发展，城市排水工程的建设有了很大的发展。为了改善人民居住区的卫生环境，中华人民共和国成立初期，除对原有的排水管渠进行疏浚外，曾先后修建了北京龙须沟、上海肇家浜、南京秦淮河等十几处管渠工程。在其他许多城市也有计划地新建或扩建了一些排水工程。在修建排水管渠的同时，还开展了污水、污泥的处理和综合利用的科学研究工作，修建了一些城市污水处理厂。

改革开放以后，随着城市化进程的加快和国家对环境保护重视程度的不断加强，城市水环境污染问题日益得到重视。国家适时调整政策，规定在城市政府担保还贷条件下，准许使用国际金融组织、外国政府和设备供应商的优惠贷款，推动了一大批城市新建排水设施，较好的控制了城市水污染。同时，立法要求建设、完善城市排水管网和污水处理设施，并对社会环境质量标准，以及结合中国经济、技术条件，对制定国家及地方的污染物排放标准等工作做出了规定。并制定排污收费制度，开始征收排污费和城市排水设施有偿使用费，明确要求城市排水设施有偿使用费专款专用，用于排水设施的维修养护、运行和建设。城市排水设施建设得到较快发展，各城市修建的排水工程数量不断增加，工程规模不断加大，我国城市排水管道总量有了大幅地提高。

进入21世纪以来，我国排水事业有了长足进步，在环境保护和污水治理方面也取得了一定的经验，但由于历史欠账太多，总体水平仍然比较落后，与发达国家相比尚有差距。

第二节　排水系统体制

一、排水系统体制

在城市和工业企业中的生活污水、工业废水和雨水可以采用同一管道系统来排除，也可采用两个或两个以上各自独立的管道系统来排除，这种不同的排除方式所形成的排水系统称为排水体制。排水体制一般分为合流制、分流制和混流制。

(一)合流制排水体制

合流制排水体制指将生活污水、工业废水和雨水混合在同一个管渠内排除的系统。最早出现的合流制排水系统，是将收集的混合污水不经处理直接就近排入水体，国内外很多老城市以往几乎都是采用这种合流管道系统。

但由于污水未经无害化处理就排放，使受纳水体遭受严重污染。现在常采用末端截流方式对合流制排水系统进行分流改造。这种系统是在临河岸边建造一条截流干管，同时在合流干管与截流干管相交前或相交处设置截流井和溢流井，并在截流干管下游修建污水处理厂。晴天和降雨初期所有污水和雨污混合水可通过截流管道输送至污水处理厂，经处理后排入水体。随着降雨的延续，雨水径流量也逐渐增加，当雨污混合水的流量超过截流管的截流能力后，将有部分雨污混合水经溢流井溢出，直接排入水体(图4-6)。截流式合流制排水系统实现了晴天和降雨初期污水不入河，但降雨过程中仍会有部分雨污混合水未经处理直接排放入河，对受纳水体造成污染，这是它的严重缺点。

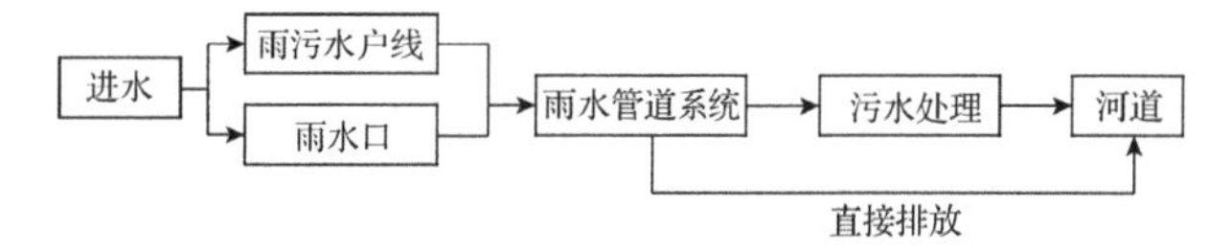

图4-6　合流制排水体制

目前，国内外在对合流制排水系统实施分流制改造时，普遍采用末端截流式分流方式，但在条件允许的情况下，应对采取末端截流式分流的合流制系统的溢流污染进行调蓄控制。

(二)分流制排水体制

分流制排水体制是指将生活污水、工业废水和雨水分别在两个或两个以上各自独立的管道内排除的系统。由于排除雨水方式的不同，分流制排水系统又分为分流制和不完全分流制两种排水系统。

1. 完全分流制

按污水性质，采用两个各自独立的排水管渠系统进行排除。生活污水与工业废水流经同一管渠系统，经过处理，排入外界水体；而雨水流经另一管渠系统，直接排入外界水体。新建大中城市多采用完全分流排水体制(图 4-7)。

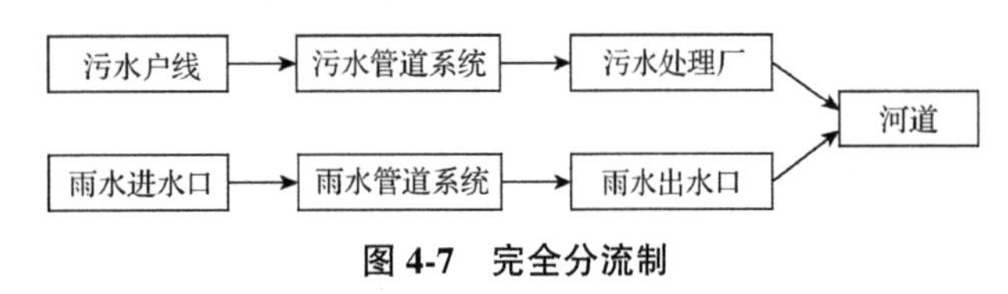

图 4-7 完全分流制

2. 不完全分流制

完全分流制具有污水排水系统和雨水排水系统，而不完全分流只具有污水排水系统，未建完整雨水排水系统。雨水沿天然地面、街道边沟、原有沟渠排泄，或者为了补充原有雨水渠道输水能力的不足而建部分雨水管道，待城市进一步发展完善后，再修建雨水排水系统，变成完全分流制(图 4-8)。

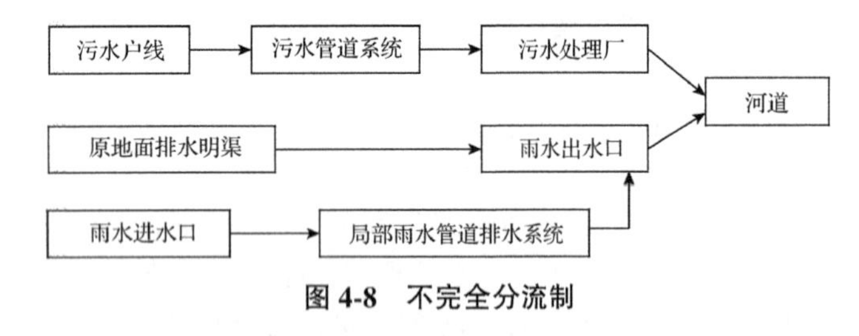

图 4-8 不完全分流制

(三)混流制排水体系

混流制排水体制是指在同一城市内，有时因地制宜的分成若干个地区，采用各不相同的多种排水体制。

合理地选择排水系统的体制，是城市和工业企业排水系统规划和设计的重要问题。它不仅从根本上影响排水系统的设计、施工、维护管理，而且对城市和工业企业的规划和环境保护影响深远，同时也影响排水系统工程的总投资和初期投资费用，以及维护管理费用。通常，排水系统体制的选择应首先满足环境保护的需要，根据当地条件通过技术、经济比较后确定。因此，应当根据城市和工业企业发展规划、环境保护、地形现状、原有排水工程设施、污水水质与水量、自然气候与受纳水体等因素，在满足环境卫生条件下，综合考虑确定。

二、排水系统组成

(一)城市污水排水系统

城市污水排水系统包括室内污水管道系统及设备、室外污水管道系统、污水泵站及压力管道、污水处理厂、出水口及事故排出口。

1. 室内污水管道系统及设备

其作用是收集生活污水，并将其送至室外居住小区的污水管道中。在住宅及公共建筑内，各种卫生设备既是人们用水的容器，也是承受污水的容器，还是生活污水排水系统的起端设备。生活污水从这里经水封管、出户管等室内管道系统流入室外居住小区管道系统。

2. 室外污水管道系统

分布在地面下的依靠重力流输送污水至泵站、污水处理厂或水体的管道系统。它包括居住小区管道系统和街道管道系统，以及管道系统上的附属构筑物。

居住小区污水管道系统(亦称专用污水管道系统)指敷设在居住小区内，连接建筑物出户管的污水管道系统。它分为接户管、小区支管和小区干管。接户管是指布置在建筑物周围接纳建筑物各污水出户管的污水管道。小区污水支管是指布置在居住组团内与接户管连接的污水管道，一般布置在组团内道路下。小区污水干管是指在居住小区内接纳各居住组团内小区支管流来污水的污水管道。一般布置在小区道路或市政道路下。居住小区污水排入城市排水系统时，其水质必须符合《污水排入城镇下水道水质标准》。居住小区污水排出口的数量和位置，要取得城镇排水主管部门的同意。

街道污水管道系统(亦称公共污水管道系统)指敷设在街道下，用以排除从居住小区管道排出的污水，一般由支管、干管、主干管等组成。支管是承受居住小区干管流来的污水或集中流量排出污水的管道。干管是汇集输送支管流来污水的管道。主干管是汇集输送由两个或两个以上干管流来污水，并把污水输送至泵站、污水处理厂或通至水体出水口的管道。

污水管道系统上常设的附属构筑物有检查井、跌水井、倒虹管等。

3. 污水泵站及压力管道

污水一般以重力流排除，但往往受地形等条件的限制而无法排除，这时就需要设泵站。压送从泵站出来的污水至高地自流管道的承压管段称为压力管道。

4. 污水处理厂

处理和利用污水、污泥的一系列构筑物及附属构筑物的综合体称为污水处理厂。城市污水处理厂一般设置在城市河流的下游地段，并与居民点或公共建筑保持一定的卫生防护距离。

5. 出水口及事故排出口

污水排入水体的渠道和出口称为出水口，它是整个城市污水排水系统的终点设施。事故排出口是指在污水排水系统的途中，在某些易于发生故障的组成部分前，所设置的辅助性出水渠，一旦发生故障，污水就通过事故排出口直接排入水体。

（二）工业废水排水系统

1. 车间内部管道系统和设备

主要用于收集各生产设备排出的工业废水，并将其排送至车间外部的厂区管道系统中。

2. 厂区管道系统

敷设在工厂内，用以收集并输送各车间排出的工业废水的管道系统。厂区工业废水的管道系统，可根据具体情况设置若干个独立的管道系统。

3. 污水泵站及压力管道

主要用于将厂区管道系统内的废水提升至废水处理站。

4. 废水处理站

废水处理站是厂区内回收和处理废水与污泥的场所。在管道系统上，同样也设置检查井等附属构筑物。在接入城市排水管道前宜设置检测设施。

（三）雨水排水系统

1. 建筑物的雨水管道系统和设备

主要用于收集工业、公共或大型建筑的屋面雨水，将其排入室外雨水管渠系统中。

2. 居住小区或工厂雨水管渠系统

用于收集小区或工厂屋面和道路雨水，并将其输送至街道雨水管渠系统中。

3. 街道雨水管渠系统

用于收集街道雨水和承接输送用户雨水，并将其输送至河道、湖泊等水体中。

4. 排洪沟

排洪沟指为了预防洪水灾害而修筑的沟渠。在遇到洪水灾害时能够起到泄洪作用。一般多用于矿山企业生产现场，也可用于保护某些建筑物或者工程项目的安全，提高抵御洪水侵害的能力。

5. 出水口

出水口是指管渠排入水体的排水口，有多种形式，常见的有一字式、八字式和门字式。

第三节　常见排水设施

一、排水管渠

排水管渠是城市排水系统的核心组成部分，一般分为管道和沟渠两大类。

二、检查井

检查井是连接与检查管道的一种必不可少的附属构筑物，其设置的目的是为了使用与养护管渠的需要。

（一）检查井设置条件

检查井的设置条件如下：

（1）管道转向处。

（2）管道交汇处。

（3）管道断面和坡度变化处。

（4）管道高程改变处。

（5）管道直线部分间隔距离为 30～120m。其间距大小决定于管道性质、管径断面、使用与养护上的要求而定。

检查井在直线管渠段上的最大间距，一般可按表 4-3 选用。

表 4-3　检查井最大间距

管径或暗渠净高/mm	最大间距/m	
	污水管道	雨水（合流）管道
200～400	40	50
500～700	60	70
800～1000	80	90
1100～1500	100	120
1500～2000	120	120

注：数据参照 GB 50014—2006。

（二）检查井类型

（1）圆形（井直径 $\Phi=1000\sim1100$mm）：一般用于管径 $D<600$ mm 管道上。

（2）矩形（井宽 $B=1000\sim1200$mm）：一般用于管径 $D>700$mm 管道上。

（3）扇形（井扇形半径 $R=1000\sim1500$mm）：一般用于管径 $D>700$mm 管道转向处。

(三)检查井与管道的连接方法

(1)井中上下游管道相衔接处：一般采取工字式接头，即管内径顶平相接和管中心线相接(流水面平接)。不论何种衔接都不允许在井内产生壅水现象。

(2)流槽设置：为了保持整个管道有良好的水流条件，直线井流槽应为直线型，转弯与交汇井流槽应成为圆滑曲线型，流槽宽度、高度、弧度应与下游管径相同，至少流槽深度不得小于管径的 1/2，检查井底流槽的形式如图 4-9 所示。

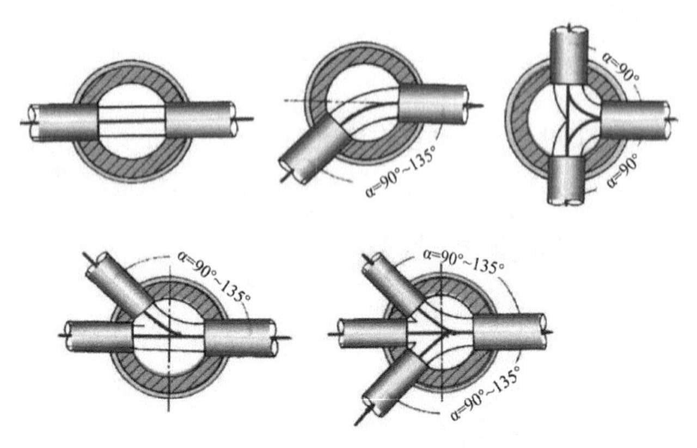

图 4-9 检查井底流槽的形式

(四)检查井构造及材料

检查井井身的构造一般有收口式和盖板式两种。收口式检查井，是指在砌筑到一定高度以后，逐行回收渐砌渐小直至收口至设计井口尺寸的形式，一般可分为井室、渐缩部和井筒三部分。盖板式检查井，是指直上直下砌筑到一定高度以后，加盖钢筋混凝土盖板，在盖上留出与设计井口尺寸一致的圆孔的形式，可分为井室和井筒两部分。

为了便于人员检修出入安全与方便，其直径不应小于 0.7m，井室直径不应小于 1m，其高度在埋深许可时一般采用 1.8m。

检查井井身可采用砖、石、混凝土或钢筋混凝土、砌块等材料。检查井井盖一般为铸铁或钢筋混凝土材料，在车行道上一般采用铸铁。为防止雨水流入，盖顶略高出地面。井座采用铸铁、钢筋混凝土或混凝土材料制作。

三、雨水口

雨水口是在雨水管渠或合流管渠上收集雨水的构筑物。雨水口的设置位置应能保证迅速有效的收集地面雨水。一般应在交叉路口、路侧边沟的一定距离处以及没有道路边石的低洼地方设置，以防止雨水漫过道路或造成道路及低洼地区积水而妨碍交通。

雨水口的构造包括进水箅、井筒和连接管三部分，如图 4-10 所示；箅条交错排列的进水箅如图 4-11 所示。

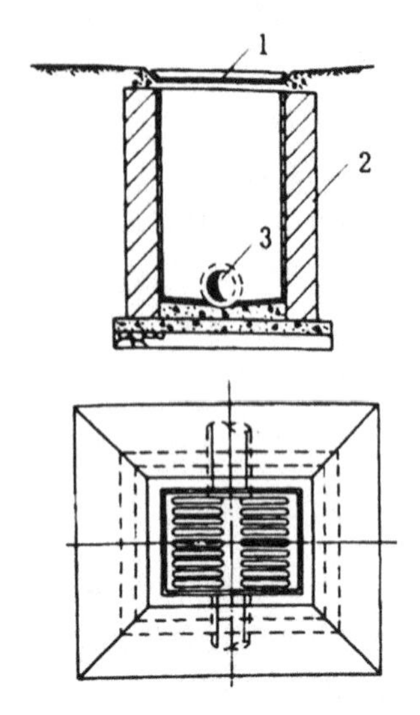

1-进水箅；2-井筒；3-连接管。

图 4-10 平箅雨水口

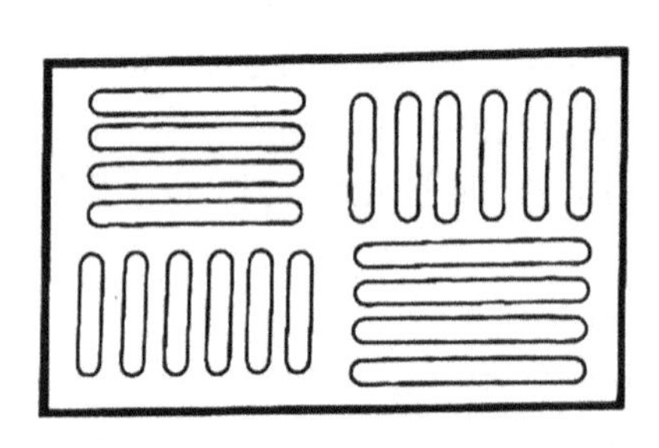

图 4-11 箅条交错排列的进水箅

雨水口的进水箅可用铸铁或钢筋混凝土、石料制成。采用钢筋混凝土或石料进水箅可节约钢材，但其进水能力远不如铸铁进水箅，有些城市为加强钢筋混凝土或石料进水箅的进水能力，把雨水口处的边沟沟底下降数厘米，但给交通造成不便，甚至可能引起交通事故。

雨水口按进水箅在街道上的设置位置可分为：①边沟雨水口，进水箅稍低于边沟底水平放置；②边石雨水口，进水箅嵌入边石垂直放置；③联合式雨水口，在边沟底和边石侧面都安放进水箅。各类又分为单箅、双箅、多箅等不同形式，双箅联合式雨水口如图 4-12 所示。

雨水口的井筒可用砖砌或用钢筋混凝土预制，也可采用预制的混凝土管。雨水口的深度一般不宜大于 1m，在有冻胀影响的地区，雨水口的深度可根据经验适当加大。

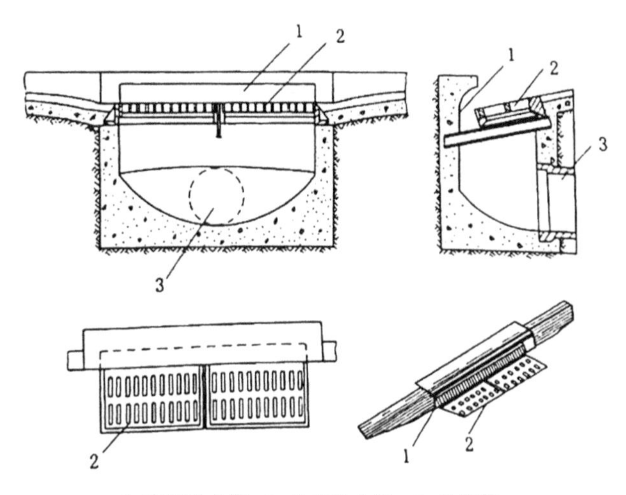

1-边石进水箅；2-边沟进水箅；3-连接管。

图 4-12 双箅联合式雨水口

雨水口的底部可根据需要做成有沉泥井或无沉泥井的形式，有沉泥井的雨水口可截留雨水所夹带的沙砾，避免它们进入管道造成淤塞。但是沉泥井往往需要经常清除，增加养护工作量，通常仅在路面较差、地面积秽很多的街道或菜市场等地方，才考虑设置有沉泥井的雨水口。

雨水口以连接管与街道排水管渠的检查井相连。当排水管直径大于 800mm 时，也可在连接管与排水管连接处不另设检查井，而设连接暗井。连接管的最小管径为 200mm，坡度一般为 0.01，长度不宜超过 25mm，接在同一连接管上的雨水口一般不宜超过 3 个。

四、特殊构筑物

(一)跌水井

跌水井也叫跌落井，是设有消能设施的检查井。当上下游管道高差大于 1m 时，为了消能，防止水流冲刷管道，应设置跌水井。跌水井的跌水方式与构造如下：

1. 跌水方式

(1)内跌水：一般跌落水头较小，上游跌水管径不大于跌落水头，在不影响管道检查与养护工作的管道上采用(图 4-13)。

(2)外跌水：对于跌落水头差与跌水流量较大的污水管和合流管道上，为了便于管道检查与养护工作，一般都采用外跌水方式(图 4-14)。

2. 跌水井构造

一般跌水井一次跌落不宜过大，需跌落的水头较大时，则采取分级跌落的办法，跌水井分竖管式、竖槽式、阶梯式三种(图 4-15~图 4-17)。

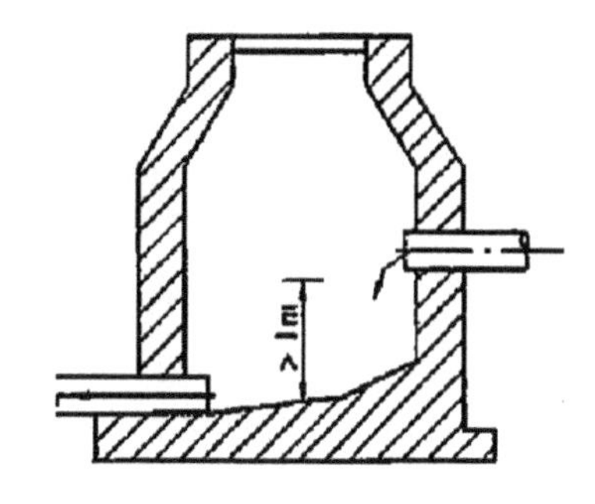

图 4-13 内跌水井

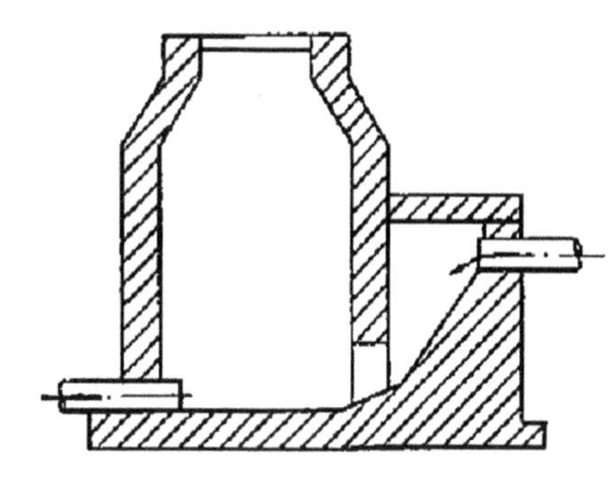

图 4-14 外跌水井

(二)溢流井

溢流井一般用于合流管道，当上中游管道的水量达到一定流量时，由此井进行分流，将过多的水量溢流出去，以防止由于水量过分集中某一管段处而造成倒灌、检查井冒水危险或污水处理厂和抽水泵站发生超负荷运转现象。通常溢流井采用跳堰和溢流堰两种形式，如图 4-18 所示。

(三)截流井

在改造老城区合流制排水系统时，一般在合流管道下游地段与污水截流管相交处设置截流井，使其变成截流式合流制排水系统。截流井的主要作用是正常情况下截流污水，当水量超过截流管负荷时进行安全溢流。常见截流井形式有堰式、槽式、槽堰结合式、漏斗式等(图 4-19)。

(四)冲洗井

在污水与合流管道较小管径的上、中游段，或管道起始端部管段内流速不能保证自净时，为防止管道淤塞可设置冲洗井，以便定期冲洗管道。冲洗井中的水量，可采用上游污水自冲或自来水与污水冲洗，达到疏通下水道的目的即可。

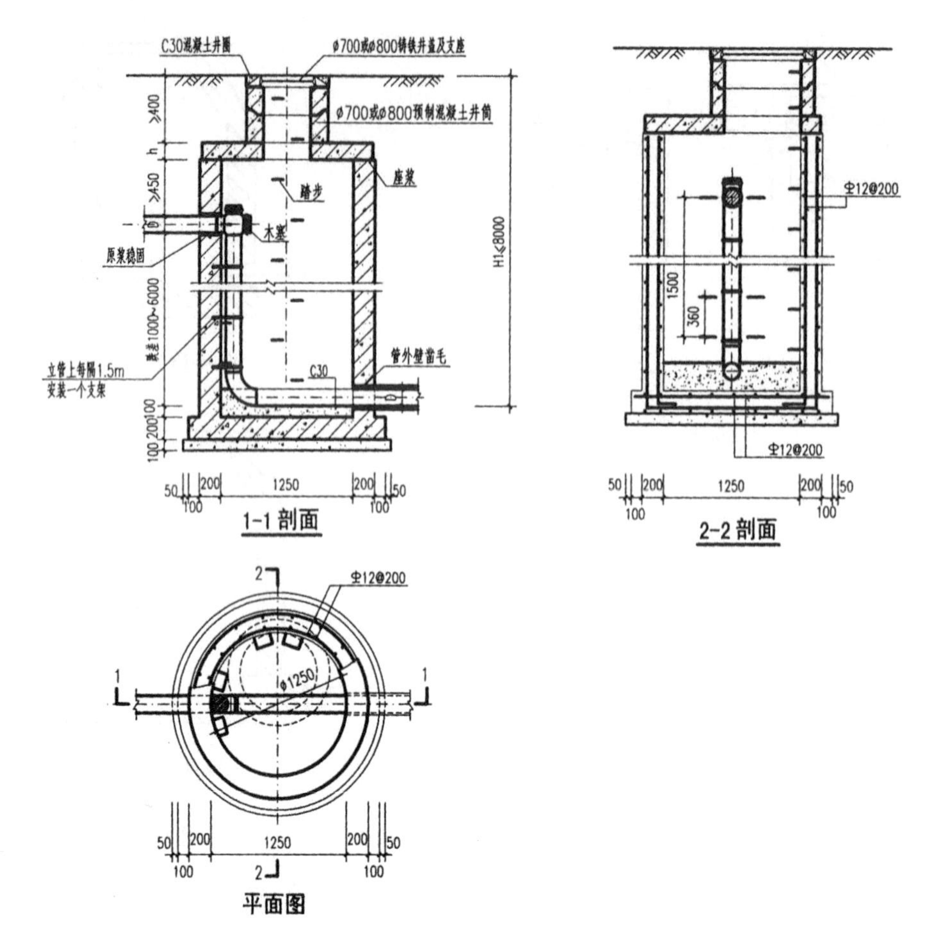

图 4-15　竖管式跌水井平面示意图

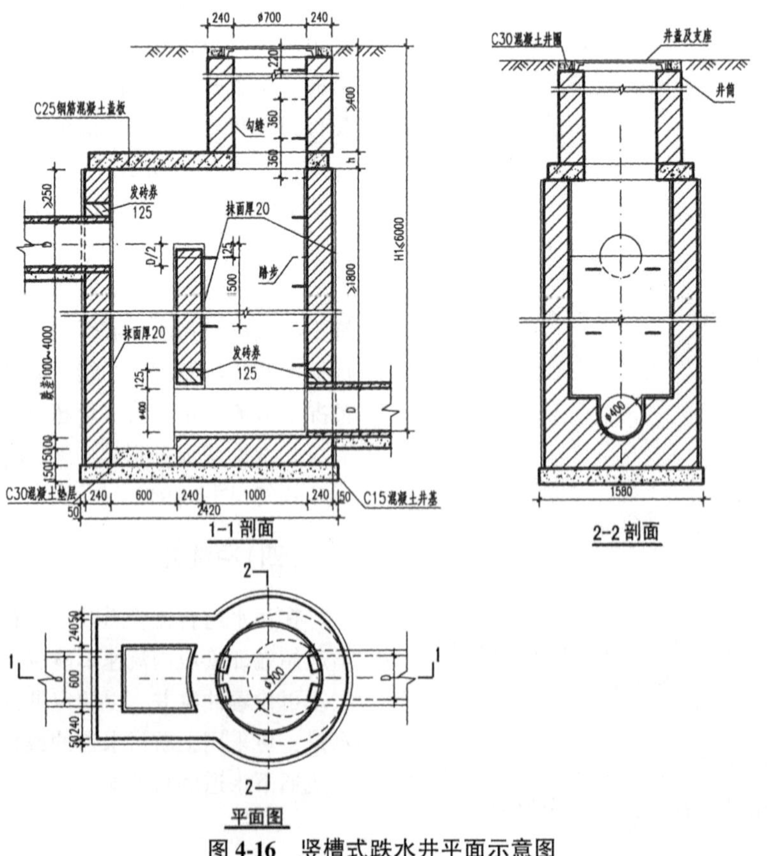

图 4-16　竖槽式跌水井平面示意图

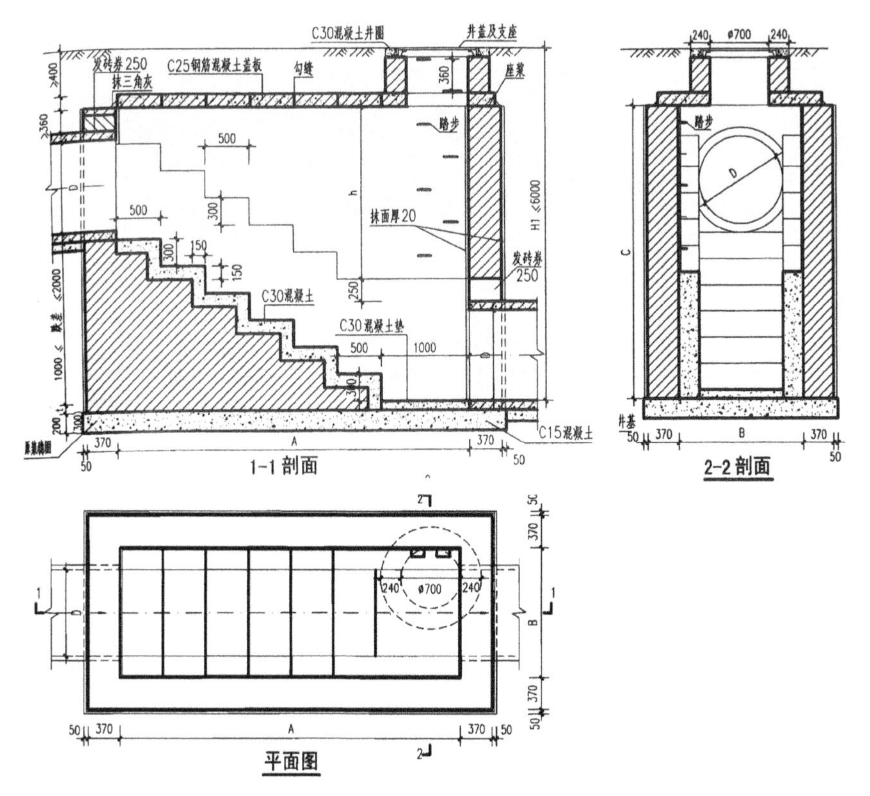

图 4-17　阶梯式跌水井平面示意图

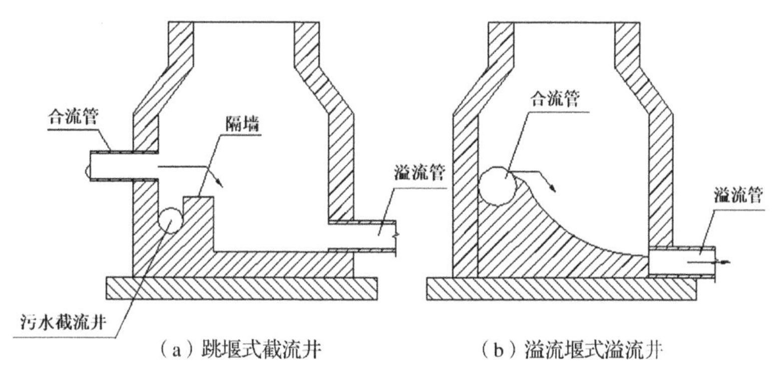

图 4-18　溢流井形式

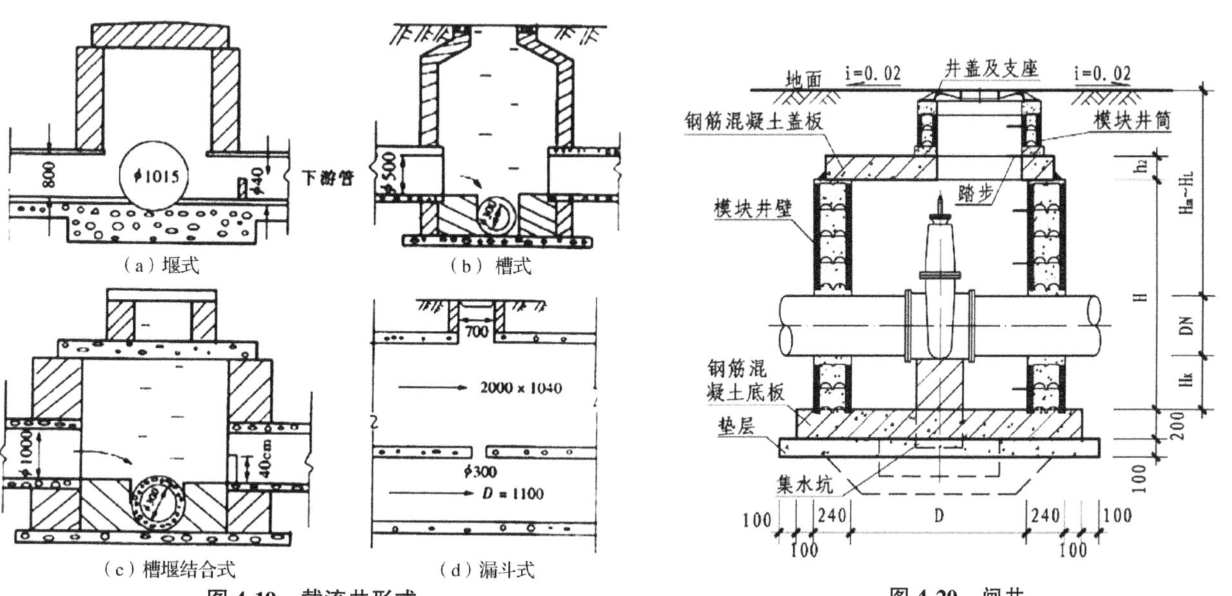

图 4-19　截流井形式

图 4-20　闸井

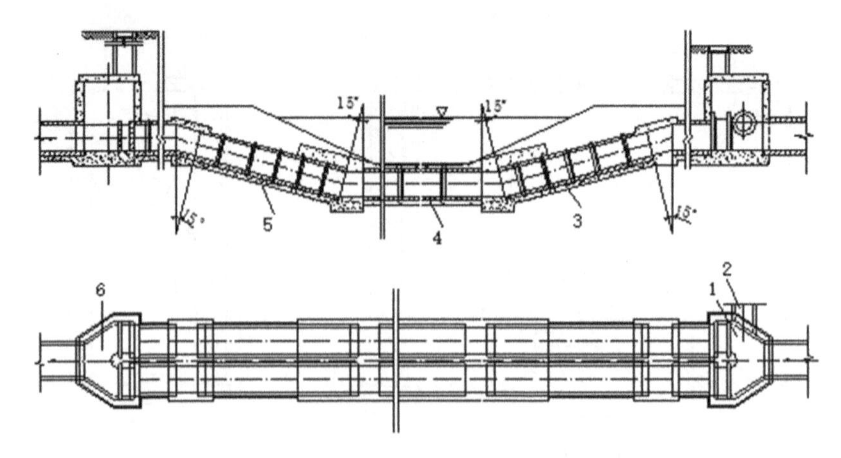

1-进水井；2-事故排除；3-下行管；4-平行管；5-上行管；6-出水井。

图 4-21 倒虹吸

(五)沉砂井

沉泥井主要用于排水管道中，是带有沉泥槽的检查井。可将排水管道中的砂、淤泥、垃圾等物在沉泥槽中沉淀，方便清理，以保持管道畅通无阻。

应根据各地情况，在排水管道中每隔一定距离的检查井和泵站前一检查井设沉泥槽，深度宜为 0.3～0.5m。对管径小于 600mm 的管道，距离可适当缩短。设计上一般相隔 2～3 个检查井设 1 个沉泥槽。

(六)闸　井

闸井一般设于截流井内、倒虹吸管上游和沟道下游出水口部位，其作用是防止河水倒灌、雨期分洪，以及维修大管径断面沟道时断水，闸井(图 4-20)，一般有叠梁板闸、单板闸、人工启闭机开启的整板式闸，也有电动启闭机闸。

(七)倒虹吸

当管道遇到障碍物必须穿越时，为使管道绕过某障碍物，通常采用倒虹吸方式(图 4-21)。此处水流中的泥沙容易在此部位沉淀淤积堵塞管道。因此一般设计流速不得小于 1.2m/s。根据养护与使用要求应设双排管道。并在上游虹吸井中设有闸槽或闸门装置，以利于管道养护与疏通工作。

(八)通气井

污水管道污水中的有机物，在一定温度与缺氧条件下，厌气发酵分解产生甲烷、硫化氢、二氧化碳、氯化氢等有毒有害气体，它们与一定体积空气混合后极易燃易爆。当遇到明火可发生爆炸与火灾，为防止此类事故发生和保护下水道养护人员操作安全，对有此危害的管道，在检查井上设置通风管或在适宜地点设置通气井予以通风，以确保管道通风换气。

(九)排河口

(1)淹没式排河口：这种方式多用于排放污水和经混合稀释的污水。

(2)非淹没式排河口：此种多用于排放雨水或经过处理的污水。其位置应设置在城市水体下游，并且有消能防冲刷措施。在构造形式上，一般为一字式(图 4-22)、八字式(图 4-23)和门字式(图 4-24)三种形式，可用砖砌、石砌或混凝土砌筑。

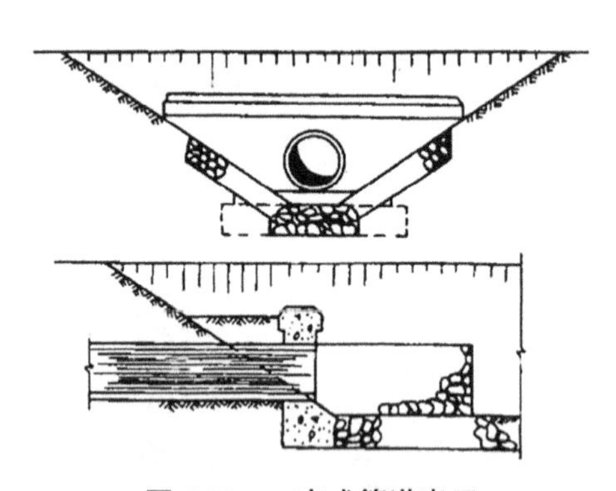

图 4-22 一字式管道出口

(十)围　堰

围堰是指在水利工程建设中，为了建造永久性水利设施，修建的临时性围护结构。其作用是防止水和土进入建筑物的修建位置，以便在围堰内排水，开挖基坑，修筑建筑物。一般主要用于水工建筑中，除作为正式建筑物的一部分外，围堰一般在用完后拆除。围堰高度必须高于施工期内可能出现的最高水位。

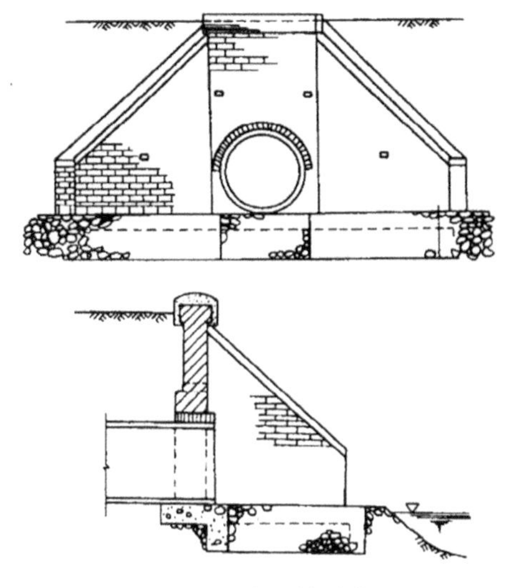

图 4-23　八字式管道出口

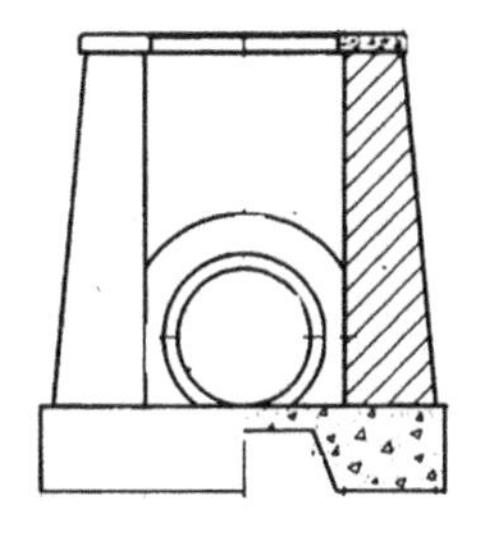

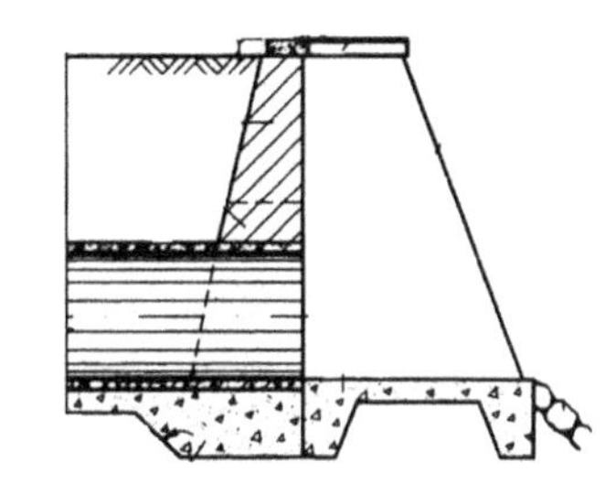

图 4-24　门字式管道出口

五、泵　站

当管道的上游水头低、下游水头高时，为使上游低水头改变成下游高水头，需要在变水头的部位加设抽水泵站，采用人为的方法提高管道中的水位高度。抽水泵站一般可分为雨水泵站、污水泵站与合流泵站三类，并由以下部分组成：

(1)泵房建筑：设泵站的地点，泵房的建筑结构形式。

(2)进水设施：包括格栅和集水池。

(3)抽水设备：水泵，水泵型号、流量、扬程、功率应满足上游来水所需抽升水量和抽升高度的要求；电动机，电动机功率应稍大于水泵轴功率，其大小要相互适应。

(4)管道设施：进水管道、出水管道和安全排水口。

(5)电气设备：包括电器启动和制动逆行控制系统。

(6)起重吊装设备：用以适应设备安装与维修工作需要。

六、调蓄池

调蓄池一般分为雨水调蓄池和合流调蓄池。

雨水调蓄池是一种用于雨水调蓄和储存雨水的收集设施，占地面积大，可建造于城市广场、绿地、停车场等公共区域的下方，也可以利用现有的河道、池塘、人工湖、景观水池等设施。主要作用是把雨水径流的高峰流量暂时存入其中，待流量下降后，再从雨水调蓄中将雨水慢慢排出，以削减洪峰流量，实现雨水利用，避免初期雨水对下游受纳水体的污染，控制面源污染。特别是在下凹式桥区、雨水泵站附近设置带初期雨水收集池的调蓄池，既能规避雨水洪峰，实现雨水循环利用，避免初期雨水污染，又能对排水区域间的排水调度起到积极作用。

合流调蓄池主要设置于合流制排水系统的末端，采用调蓄池将截流的合流污水进行水量和水质调蓄，既能减少对污水处理厂造成冲击负荷，保证污水处理厂的处理效果，又能提高截流量、减少合流制溢流对水体的污染。

第五章
城镇污水处理概述

第一节　城镇污水的主要污染物及处理方法

一、主要污染物

(一)城镇水污染的危害

水体污染会带来生态环境恶化、生态平衡破坏等一系列问题，造成植物大面积枯萎、物种灭绝、人类患病甚至死亡等严重后果。水中污染物种类繁多，包括无机污染物、有机污染物和病原微生物等。污染物通过饮用水或食物链进入人体，使人急性或慢性中毒，还会引发多种传染病。无机污染中，重金属超标会使人急性或慢性中毒，甚至诱发癌症。被镉污染的水、食物，人饮食后会造成肾、骨骼病变，摄入硫酸镉20mg，就会造成死亡。铅造成的中毒会引起贫血、神经错乱。六价铬有很大毒性，会引起皮肤溃疡，还有致癌作用。砷会使许多酶受到抑制或失去活性，造成机体代谢障碍、皮肤角质化，引发皮肤癌。有机污染物包括有机磷、有机氯、稠环芳烃等。有机磷农药会造成神经中毒。有机氯农药会在脂肪中蓄积，对人和动物的内分泌、免疫功能、生殖机能均造成危害。稠环芳烃多数具有致癌作用。此外，受污染水体中含有各类病毒、细菌、寄生虫等病原微生物，据统计，世界上85%的疾病与水中的病原微生物有关。伤寒、霍乱、痢疾、胃肠炎、脊髓灰质炎、甲型病毒性肝炎等由水中的致病菌引起，它们通过水传播而暴发流行传染病，危害大且持续时间长。

(二)城镇污水的组成

污水是在生产、生活中排放的受一定污染的水的总称。污水主要有生活污水、工业废水和初期雨水等。

1. 生活污水

生活污水是指居民日常生活中排出的废水，主要包括粪便水、洗浴水、洗涤水和冲洗水等，主要来源于居住建筑和公共建筑。

生活污水中含有较多的有机物，例如，蛋白质、动植物脂肪、碳水化合物、氨氮以及病原微生物寄生虫卵等。随着社会的发展，人类的废弃、排泄物与生活污水混为一体使污水结构趋于复杂并使处理效果的难度增加。这类污水需经过处理后才能排放至自然水体，用于农田灌溉或再利用。

2. 工业废水

工业废水，是指从工业生产过程中排放出的污水，它来自工厂的生产车间与厂矿。由于各种工业生产的工艺、原材料、使用设备的用水条件等不同，工业废水的性质繁杂多样。如循环冷却系统的排污水，只受到轻度污染，稍做处理便可回收利用；而在使用过程中受到严重污染的水，其中大多对人体或自然具有危害性，有些含有大量的有机物，有些含有氰化物、铅、汞等有毒物质，还有些含有放射性物质，这些污水感官性状指标(如色、味、泡沫)都十分恶劣。

相对生活污水，工业废水水质水量差异较大，通常具有浓度高、毒性大等特性，不易使用通用技术或工艺来处理，需要其在排放前在厂内处理到一定程度。

3. 初期雨水

初期雨水，顾名思义就是降雨初期时的雨水。一般是指地面10~15mm已形成地表径流的降水。由于降雨初期，雨水溶解了空气中的大量酸性气体、汽车尾气、工厂废气等污染性气体，降落地面后，又由于冲刷屋面、沥青混凝土道路等，使得前期雨水中含有大量的污染物质，前期雨水的污染程度较高，甚至超出普通城市污水的污染程度。经雨水管直排入河道，给水环境造成了一定程度的污染。

如果将初期雨水直接排入自然承受水体，将会对水体造成非常严重的污染，必须对前期雨水进行弃流处理，可以设置初期弃流过滤装置，将降雨初期雨水弃流至污水管道，降雨后期污染程度较轻的雨水经过截污挂篮截留水中的悬浮物、固体颗粒杂质后，可以直接排入自然承受水体，有效地保护自然水体环境。

4. 地下水渗入

地下水，是指赋存于地面以下岩石空隙中的水，狭义上是指地下水面以下饱和含水层中的水。在国家标准《水文地质术语》(GB/T 14157—1993)中，地下水是指埋藏在地表以下各种形式的重力水。

地下水是水资源的重要组成部分，由于水量稳定，水质好，是农业灌溉、工矿和城市的重要水源之一。但在一定条件下，地下水的变化也会引起沼泽化、盐渍化、滑坡、地面沉降等不利自然现象。

地下水通过排水管道进入污水收集系统，对污水有一定的稀释作用，从而使得污水处理厂的污水浓度降低，对污水处理厂的运行和处理效果造成冲击。城市排水管道地下水渗入量是指地下水通过排水管道机器附属的相关构筑物渗入排水管道系统中的水量。

(三)城镇污水的水质指标

污水水质指标通常可分为三类：物理指标、化学指标、生物指标。

1. 物理指标

1)水　温

城镇污水的水温相对较稳定，一般在10~20℃。冬季较气温高，夏季较气温低。城镇污水水温突变可能是工业废水排放造成的，水温明显降低可能是因为雨水大量排入引起的。

2)总固体

总固体(Total Solid，简称TS)是指在一定温度下将水样蒸发至干时所残留的固体物质的总量，也称蒸发残留物。按水中固体的溶解性质可分为溶解性固体(Dissolved Solid，简称DS)和悬浮性固体(Suspended Solid，简称SS)。溶解性固体是指溶于水的各种无机物质和有机物质的总和。在水质分析中，对水样进行过滤操作，滤液在103~105℃下蒸干后所得到的固体物质即为溶解性固体。悬浮性固体是指能被滤器截留的固体物质总量，其中在600℃的高温下灼烧后挥发掉的质量为挥发性悬浮固体(Volatile Suspended Solid，简称VSS)，VSS可以粗略代表悬浮固体中有机物的含量；灼烧后剩余的部分物质为不可挥发性悬浮物，可以粗略代表悬浮固体中无机物的含量。

3)浊　度

浊度是表示水样的透光性能的指标，由水中的泥沙、黏土、微生物等细微的无机物和有机物及其他悬浮物导致通过水样的光线被散射或吸收，从而不能直接穿透水样所造成的，一般每升蒸馏水中含有1mg二氧化硅(SiO_2)时，对特定光源透过所发生的阻碍程度为1个浊度，称为杰克逊度(JTU)。浊度计是利用水中悬浮杂质对光具有散射作用的原理制成的，其测得的浊度是散射浊度，单位为NTU。

4)色　度

色度是对天然水或处理后的各种水进行颜色定量测定时的指标。天然水经常显示出浅黄、浅褐、黄绿等不同颜色。产生颜色的原因是由于溶于水的腐殖质、有机物或无机物质造成的。水的颜色有真色和表色之分。真色是由于水中所含有溶解性物质或胶体物质所致，除去水中悬浮物后所呈现的颜色即为真色。表色是由溶解物质、胶体物质共同引起的颜色。

城镇污水的正常颜色一般为灰褐色，但事实上其颜色通常变化不定，这取决于城镇管网中的排水条件及排入的工业废水的成分的影响。维护不到位的管网系统，由于污水在下水道中停留时间过长，可能会发生厌氧反应，流到污水处理厂的颜色会变暗或发黑。

浊度与色度虽然都是水的光学性质，但它们是有区别的。色度是由水中的溶解物质所引起的，而浊度则是由水中不溶解物质引起的。所以，有的水样色度很高但并不混浊，反之亦然。一般说来，水中的不溶解物质愈多，浊度愈高，但两者之间并没有直接的定量关系。因为浊度是一种光学效应，它的大小不仅与不溶解物质的数量、浓度有关，而且还与这些不溶解物质的颗粒大小、形状和折射指数等性质有关。

水的物理指标还有气味、电导率等。

2. 化学指标

1)化学需氧量

化学需氧量(COD)是以化学方法测量水样中需要被氧化的还原性物质的量。污水中能被强氧化剂氧化的物质(一般为有机物)的氧当量。在河流污染和工业废水的性质研究以及废水处理厂的运行管理中，它是一个重要且能较快测定的有机物污染参数，常以符号COD表示。

一般测量化学需氧量所用的氧化剂为高锰酸钾或重铬酸钾，使用不同的氧化剂得出的数值也不同，因此需要注明检测方法。为了统一具有可比性，各国都有一定的监测标准。我国规定的污水检验标准采用重铬酸钾作为氧化剂，记COD_{Cr}，单位mg/L。$K_2Cr_2O_7$

氧化能力很强，能使污水中的85%~95%以上的有机物被氧化。

2)生化需氧量

生化需氧量(BOD)是在指定的温度和时间段内，微生物在分解、氧化水中有机物的过程中所需要的氧的量。生化需氧量的单位一般用mg/L表示。由于城市污水中有机物的种类繁多，现有技术难以分别测定各类有机物的含量。但污水中大多数的有机污染物在微生物作用下氧化分解时皆需要氧，且有机物的数量与耗氧量的大小成正比。故生化需氧量成为广泛使用的污水水质指标。

污水中有机物的分解过程一般可分为两个阶段。第一阶段为碳化阶段，即有机物中的碳被氧化为二氧化碳，有机物中的氮转化为氨氮的过程。碳化阶段消耗的氧量成为碳化需氧量；第二阶段为硝化阶段，即氮在硝化细菌的作用下被氧化为亚硝酸根和硝酸根的过程。硝化阶段消耗的氧量成为硝化需氧量。

微生物分解有机物的速率与温度和时间有关，为了使测定的BOD具有可比性，现行标准《水质五日生化需氧量(BOD_5)的测定与接种法》(HJ 505—2009)中规定，将污水在20℃下培养5天，作为生化需氧量测定的标准条件。即为在此条件下测量所得结果即为五日生化需氧量，记作BOD_5。

3)有机氮

有机氮是水中蛋白质、氨基酸、尿素等含氮有机物总量的一个水质指标。若使有机氮在有氧条件下进行生物氧化，可逐步分解为NH_3、NH_4^+、NO_2^-、NO_3^-等形态，NH_3和NH_4^+成为氨氮，NO_2^-为亚硝酸盐氮，NO_3^-为硝酸盐氮。

4)无机氮

(1)氨氮：以游离氨(NH_3)和离子氨(NH_4^+)形式存在的氮。

(2)硝态氮：以硝酸根形式存在的氮，在有氧环境中最稳定的含氮化合物，也是含氮有机化合物经无机化作用最终阶段的分解产物。

(3)亚硝态氮：以亚硝酸根形式存在的氮，亚硝态氮是氮循环的中间产物，在氧和微生物的作用下，可被氧化成硝态氮，在缺氧条件下可被还原成氨态氮。

5)凯氏氮

凯氏氮是有机氮和氨氮的总和。

6)总　氮

包括有机氮和无机氮(氨氮、亚硝态氮和硝态氮)。总氮属于植物性营养物质，是导致湖泊、水库等缓流水体富营养化的主要物质。

7)总　磷

总磷是污水中各类有机磷与无机磷的总和。与总氮类似，磷也是属于植物性营养物质，是导致水体富营养化的主要物质。

8)总有机碳

总有机碳(TOC)是间接表示水中有机物含量的一种综合指标，其显示的数据是污水中有机物的总含碳量，单位以碳(C)的mg/L表示。

一般城市污水的TOC可达200mg/L，工业污水的TOC范围较宽，最高的可达几万毫克每升，污水经过二级生物处理后的TOC一般小于50mg/L。

9)pH

pH指水中氢离子浓度的大小，即$pH=-lg[H^+]$。城市污水的pH呈中性，一般为6.5~7.5。其pH的突然大幅度变化，不论是升高还是降低，通常是由于工业废水的大量排入造成的。

10)有毒物质

水中有毒物质主要包括氰化物、汞、砷化物、镉、铬、铅、酚等，它们的含量均作为单独的水质指标。

3. 卫生学指标

卫生学指标主要包括细菌总数、大肠菌群数等。

细菌总数是指1mL水中所含的各种细菌的总数；大肠菌群数是指1L水中的大肠菌群个数。

二、主要处理方法

按照作用的原理分类，可分为物理法、化学法、生物法和物理化学法。

(一)物理法

物理法，是指利用物理作用来分离废水中呈悬浮状态的污染物质，在处理过程中不改变污染物的化学性质。常用的物理法有格栅、筛网、调节、沉淀、澄清、气浮等。

1. 筛滤截留

筛滤截留法是污水物理处理法的一种。利用留有孔眼的装置或由某种介质组成的滤层截留污水中的悬浮固体的方法。常见的使用设备如下：

(1)格栅：用以将污水中的大块污染物(树枝、木塞等)拦截出来，防止其堵塞后续单元的机泵或工艺管线。

(2)筛网：用以截阻、去除污水中的纤维、纸浆等较细小的悬浮物。

(3)布滤设备：用以截阻、去除污水中的细小悬浮物。

(4)砂滤设备：用以过滤截留更为微细的悬浮物。

2. 调　节

(1)作用：平缓水质水量的波动。利用调节原理建立的污水处理设施主要是调节池，可以分为水量调节池和水质调节池。

(2)处理效果：与调节池的容积和构造有关。

(3)流程中的设置位置：在主要处理单元之前。

3. 澄　清

(1)作用：固液分离，利用澄清原理建造的水处理设施是澄清池，与沉淀池的区别是，澄清池是将絮凝和沉淀两个过程综合于一个构筑物中完成的。

(2)处理对象：含悬浮物较低的污水，去除其中悬浮物。

(3)流程中的设置位置：常用于给水处理中，过滤之前。

(4)机械搅拌澄清池：主要由第一絮凝池和第二絮凝池及分离室三部分组成。加过药剂的原水在第一絮凝室和第二絮凝室内与高浓度的回流泥渣相接触，达到较好的絮凝效果，结成大而重的絮凝体，在分离室中进行分离。

4. 气　浮

气浮是指向水中通入空气，产生微小气泡，气泡与细小悬浮物之间互相黏附，利用气泡的浮力，上升到水面，形成泡沫或浮渣，从而使水中的悬浮物得以分离的一种水处理方法。

(1)作用：固液分离或液液分离。

(2)去除对象：污水中密度$<1g/cm^3$的悬浮物、油类和脂肪，并用于污泥浓缩。

(3)流程中的设置位置：混凝后的固液分离，生物处理后的固液分离，污泥浓缩的固液分离。

5. 沉　淀

沉淀是指水中的悬浮物质在重力的作用下下沉，从而与水分离，水质得到澄清的处理方法。按照水中悬浮物的浓度、性质的不同，沉淀可以分为以下四种类型：

(1)自由沉淀：在沉淀的过程中悬浮物之间不互相碰撞，颗粒的形状、尺寸和密度在沉淀过程中基本保持不变。

(2)絮凝沉淀：在沉淀的过程中，悬浮物颗粒之间相互凝聚，悬浮物的形状不断变化、粒径和密度不断增加，沉降速度也不断增加。

(3)成层沉淀：在沉淀的过程中，悬浮物各自保持自己的相对位置不变，成为一个整体向下沉淀，悬浮物与污水之间形成一个清晰的液固界面。

(4)压缩沉淀：一般发生在成层沉淀后，上层颗粒在重力的作用下，把下层颗粒间隙中的游离水挤出，使颗粒间更加紧密。通过这种拥挤与自动压缩，污水中的悬浮固体浓度进一步提高。

四种沉淀的发生与水中的悬浮物浓度有关。沉砂池中砂粒的沉淀过程属于自由沉淀；活性污泥在二沉池中及浓缩池的沉淀过程，实际上都是按照上述介绍顺序依次进行的。沉淀初期属于絮凝沉淀，中期属于成层沉淀。

6. 过　滤

通常用于深度处理中，作用在于进一步去除污水中的SS，同时还能减小的COD、TN、色度等，如结合使用化学除磷药剂能够实现对总磷的去除。

过滤的原理为使污水强制通过多孔性过滤介质，将其中的悬浮固体颗粒加以截留，从而分离水中的悬浮污染物，澄清水质。

常用过滤设施包括滤布滤池、砂滤池等。

(二)化学法

化学法是指利用化学反应来去除污水中的污染物或将其转化为无害物质，通常可达到比物理法更高的净化程度。常用的处理方法有中和、混凝、絮凝、化学沉淀、氧化还原和消毒。

1. 中　和

用化学法去除水中的酸或碱，使其pH达到中性左右的过程称为中和。中和处理的目的主要是避免对水管造成腐蚀，减少对受纳水体水中生物的危害，以及对后续采用生物处理时能够保证微生物处于最佳生长环境。

酸性污水的中和方法有利用碱性污水或碱性废渣进行中和、投加碱性药剂及通过有中和性能的滤料过滤三种方法。碱性污水的中和方法有利用酸性废水或酸性废渣进行中和、投加酸性药剂等。

2. 混凝絮凝

水中的胶体颗粒和悬浮物表面常常有电荷。带有相同电荷的颗粒，会因静电排斥作用而难于相互碰撞聚结生成较大的颗粒。向水中投加药剂——混凝剂，混凝剂能在水中生成与胶体颗粒表面电荷相反的荷电物质，从而能中和胶体带的电荷，减小颗粒间的排斥力，促使胶体及悬浮物聚结成易于下沉的大的絮凝体，这种水处理方法称为混凝。

将具有链状构造的高分子物质投入水中，高分子物质的链状分子能吸附于胶体和悬浮物颗粒表面，将两个以上的颗粒连接起来，构成一个更大的颗粒，当生成的絮体颗粒足够大时，便易于沉淀下来而从水中除去，这称为水的絮凝。能使水中胶体和悬浮物颗粒絮凝下来的药剂，称为絮凝剂。

在城市生活饮用水的处理中，混凝和絮凝是去除地表水中混浊物质最常用的处理方法。混凝和絮凝在工业污水处理中也应用甚广。

3. 化学沉淀

化学沉淀，是指向水中投加某些化学药剂，使之与水中溶解性物质发生化学反应，生成难溶化合物，再进行固液分离，从而除去水中污染物的方法。主要用于在污水处理中去除重金属（如汞、锌、镉、铬、铅、铜等）和某些非金属（如砷、氟等）离子态污染物。对于危害性极大的重金属污水，迄今为止化学沉淀法仍然是最为重要的一种处理方法。

根据采用的沉淀剂和反应生成物不同，可将重金属化学沉淀法分为氢氧化物沉淀法、硫化物沉淀法和铁氧体沉淀法等。

4. 氧化还原、消毒

对水中的有毒物质进行氧化或还原，使这些物质经过氧化或还原后转化为无害或无毒的存在，或使之转化为容易从水中分离去除的形态，称为氧化法或还原法。

天然水体和城市污水、工业废水中都含有大量病原微生物，消毒的目的就是将这些病原微生物杀灭。常用的消毒剂有氯和臭氧等。

5. 气　提

气提法，是指利用水蒸气，通过水层的水溶液蒸汽压超过外压时的沸腾作用和液体，不断向气泡内蒸发扩散的作用，使水中的挥发性溶解物质（例如挥发酚等）不断从水中分离出来的过程。

（1）含酚废水的处理：气提法最早用于从含酚污水中回收挥发酚，可采用两段塔逆流回收。气提脱酚工艺简单，对处理高浓度的污水（含酚 1g/L 以上）可以达到经济上收支平衡，而且不会产生二次污染，但是，经气提后的污水中一般仍含有高浓度（约 400mg/L）的残余酚，必须进一步处理。另外，由于再生段内喷淋的热碱液腐蚀性很强，必须采取防腐措施。

（2）含硫废水的处理：石油炼制厂的含硫废水中含有大量的硫化氢（高达 10g/L）、氨（高达 5g/L），另外还有酚类、氰化物和氯化铵等，一般先用气提处理，然后再用其他方法进行处理。

（3）含氰废水的处理：含氰废水经气提和碱液吸收后，可以回收氰化钠和黄血盐钠。

（三）生物法

自然界中存在着大量的微生物，它们通过自身新陈代谢的生理功能，氧化分解环境中的有机物并将其转化为稳定的无机物。污水的生物处理法就是在微生物的这一生理功能的基础上，采取相应的人工措施，创造有利于微生物生长繁殖的良好环境，进一步增强微生物的新陈代谢功能，从而使得污水中的有机污染物和植物性营养物得以降解去除。

生物法分为好氧生物处理法和厌氧生物处理法。

1. 好氧生物处理

好氧生物处理是指在好氧状态下将有机物氧化成二氧化碳、硝酸盐、水、硫酸根等稳定物质，常见的好氧法有活性污泥法和生物膜法。

1）活性污泥法

活性污泥法的原理是通过对污水中的有机物进行吸附、生理代谢和絮凝作用从而对有机物进行降解。活性污泥法在分解大量有机物的同时，又可以使运转效率高，调节 pH，出水水质较好，因而被广泛采用。生物法处理煮练污水中，活性污泥法的使用最为普遍。但活性污泥法的剩余污泥处理一直是个难题，据资料报道，在国外一般污泥处理或处理费用占整个污泥处理厂运行费用 50%～70%，国内也占到 40% 左右。

2）生物膜法

生物膜法主要特点是微生物附着在介质“滤料”表面，形成生物膜，污水同生物膜接触之后，溶解的有机污染物被微生物吸附转化为水（H_2O）、二氧化碳（CO_2）、氨气（NH_3）和微生物细胞物质，这样污水就能得到很好的净化。这种技术主要用于从污水中去除溶解性有机污染物。

从其使用范围分析，生物膜法处理系统在中小规模的城镇污水中应用最为广泛，采用的处理构筑物有高负荷生物滤池和生物转盘。伴随新型填料的不断开发以及配套技术的进一步完善，生物膜法工艺技术的发展较好。这和其本身的处理效率高、耐冲击负荷性能好、产泥量低、操作简单等优势有密切关系。

2. 厌氧生物处理

污水的厌氧生物处理是指在没有游离氧的情况下，微生物进行无氧呼吸，将大分子有机物分解成稳定、简单的小分子有机物的处理方法。对于浓度不高且其中有机物结构复杂、难以生化的煮炼污水，处理的目的主要不是降低 COD，而是提高可生化性，通常利用厌氧过程的第一、第二阶段的水解酸化反应，来完成污水的初步处理，是煮炼污水目前常用的厌氧处理技术之一。相对于好氧法，厌氧法处理污水的应用范围更广，既可用于高浓度有机污水处理，又可用于低浓度的有机污水处理，污泥量少，仅为好氧法的 1/10~1/6。

厌氧生物处理法具体过程是指在厌氧细菌或者是兼性细菌作用的帮助下将污泥中的有机物进行分解，最终产生 CH_4 和 CO_2 等气体。但是这种方法的使用范围是有局限的，通常情况下仅仅被用于污泥处理。这是因为这种方法有自身的缺陷，处理效率非常低，并且速度慢，同时还因为甲烷菌对环境的要求非常严格，而且控制起来也是比较困难。

最近这些年能源危机以及环境污染问题的不断加重，厌氧生物处理法被越来越多的人认可并应用到实际操作中，这种既能节能又能产能的方式有效地帮助缓解了建得起污水处理厂却养不起的情况。所以，厌氧生物处理法无论是理论研究还是实际应用都取得了非常大的进展，一些新的厌氧生物处理技术，如厌氧生物滤池、厌氧转盘、厌氧膨胀床、上流式厌氧污泥床反应器等随之诞生。

厌氧生物处理法在实际操作过程中有许多限制因素，如比较低的污染物浓度和低温，但是经过长时间的改进试验，这些限制因素基本上都得到了比较好的解决。现在，厌氧生物处理法的发展趋势是和其他生物处理方法联合使用，例如，厌氧—好氧复合工艺等等，这样的方式具有投资量少、节省能源、污泥产量少以及出水水质好等一系列的明显优势。现在厌氧生物处理法正在向着处理低浓度有机污水的方向发展，这样既能达到脱磷脱氮的效果，又能确保运行和维护工作便捷，同时还能更好地促进我国经济的发展。

(四)物理化学法

物理化学法是指利用物理化学的原理和化工单元操作以去除水中的杂质。处理的对象主要包括：水中无机的或有机的(难于生物降解的)溶解的或胶体物质，尤其适合处理杂质浓度很高的污水以回收原料，也适合于对杂质浓度很低的污水进行深度处理。

水中的污染物在处理过程或自然界的变化过程中，通过相转移作用而达到去除的目的，这种处理或变化工程称为物理化学过程。污染物在物理化学过程中可以不参与化学变化或化学反应，直接从一相转移到另一相，也可以经过化学反应后再转移，因此在物理化学处理过程中可能伴随着化学反应，但不一定总是伴随化学反应。常见的物理化学处理法有吸附法、离子交换法、过滤及膜分离法等。

1. 吸　附

一种物质(吸附质)附着在另一种物质(吸附剂)表面上的过程称为吸附。使水与固体接触剂相接触，并使污染物吸附于吸附剂上，然后再将水与吸附剂进行分离，最终可使污染物从水中被分离出去。吸附过程既可发生在液—固之间，又可发生在气—固或气—液之间。

吸附法可有效完成对水的多种净化功能，例如，脱色、脱臭、脱除重金属离子、放射性元素，脱除多种难以用一般方法处理的剧毒或难生物降解的有机物等。

利用吸附法进行水处理，具有适应范围广、处理效果好、可回收有用物料、吸附剂可再生利用等特点；同时吸附法对进水的预处理要求较为严格，系统庞大、操作复杂、运行费用较高。

2. 离子交换

离子交换是指用离子交换剂上的离子和水中离子进行交换而除去水中有害离子的方法。离子交换剂是一种不溶于水的固体颗粒状物质，它能够从电解质溶液中吸收某种阳离子或阴离子，而把本身所含有的另一种相同电荷的离子等量地释放到溶液中去，即与溶液中的离子进行等量的离子交换。按照所交换的离子种类，离子交换剂可分为阳离子交换剂和阴离子交换剂两大类。

离子交换法在工业废水中可用于去除或回收各种重金属，以及放射性废水的处理。

3. 膜分离

利用膜将水中的物质(微粒、分子、离子)分离出去的方法统称为水的膜分离技术。在膜分离技术中，以水中的物质透过膜来达到处理目的时称为渗析，以水透过膜来达到处理目的时称为渗透。膜分离技术有渗透、电渗析、反渗透、扩散渗透、纳滤、超滤、微孔过滤等。

(1)电渗析：电渗析是在外加直流电场作用下，利用离子交换膜的选择透过性(即阳膜只允许阳离子透过，阴膜只允许阴离子透过)，使水中阴阳离子做定向移动，从而达到离子从水中分离的一种物理化学过程。电渗析法常用于水中脱盐，例如，进行苦咸水的淡化，或为制作纯水的前处理等。

(2)反渗透：如果把纯水和水溶液用半透膜隔开，半透膜只允许水透过而不允许溶质透过，这时就可以看到水透过膜流动的现象。若是纯水和溶液都处于同一压力下，则水将透过膜从纯水一侧流入溶液的另一侧，这种现象称为渗透。再不附加外力的情况下，渗透现象一直进行到溶液一侧的水面高出纯水一侧水面的高度产生的静水压力恰可抵消水由纯水向溶液流动的趋势，在溶液一侧外加的压力若超过溶液的渗透压，就会产生一种相反的现象，使渗透改变方向，溶液一侧的水将透过膜而流向纯水的一侧，这种现象称为反渗透。反渗透可用于海水和苦咸水淡化，在工业废水处理中也可用于有用物质的浓缩回收。反渗透膜多为致密膜、非对称膜和复合膜，目前用于水处理的反渗透膜主要有醋酸纤维素膜和芳香族聚酰胺膜两大类。

(3)超滤、微滤：超滤又称超过滤，用于截留水中胶体大小的颗粒，而水和低分子量溶质则允许透过膜。其机理是筛孔分离，因此可根据去除对象选择超滤膜的孔径。当膜的孔径增大到 0.1μm 以上时，称为微滤膜。水经微滤膜过滤时，微滤膜通过筛选作用，可去除尺寸大于膜孔的颗粒物，所以尺寸小于膜孔的无机盐和有机物都难于被截留，细菌也只能被部分地截留，所以微滤膜主要能去除颗粒尺寸比膜孔更大的黏土、悬浮物、藻类、原生生物等。

(五)污水处理方法的组合原则

污水处理方法从流程和工艺组合上应遵循"先易后难，先简后繁"的原则。也就是说，首先去除大块的垃圾以及漂浮物，然后再依次去除悬浮固体、胶体物质及溶解性物质，即先物理法再化学法和生化法，某种污水具体采用哪种处理工艺，还要根据污水的水质、水量、经济效益及排放要求等共同决定。必要时还需要进行科学实验，以确定适合工艺。

第二节　城镇污水处理的程度分级和常用工艺

一、程度分级

按照处理程度分类，可分为一级处理、二级处理和深度处理。

(1)一级处理：主要采用物理方法，如格栅、沉砂池、初次沉淀池等，去除对象为污水中的悬浮物，一般可以去除 50%左右的悬浮物和 25%～30%左右的 BOD_5。

(2)二级处理：物理法+生物法，去除对象主要是有机污染物，一般 BOD_5 的去除率可以在 90%以上，出水的 BOD_5 在 20mg/L 以下，有些还可以去除氮、磷等营养元素。

(3)深度处理：为了满足高标准的受纳水体要求或以回用为目的。主要采用物理化学法及生物法。

二、常用工艺

污水处理常用工艺流程如图 5-1 所示，本节重点介绍生物处理工艺。

如果含氮磷较多的污水排到湖泊或海湾等相对封闭的水体则会产生富营养化，导致水体水质恶化或湖泊退化，影响其生态环境和使用功能。因此，在生物处理工艺中，对污水中的 BOD_5 和 SS 进行有效去除的同时，还应根据需要考虑污水的脱氮除磷。

采用化学法或物理化学法可以有效地脱氮除磷，如折点加氯或吹脱工艺可以有效地去除氨氮；采用混凝沉淀或选择性离子交换工艺可以去除磷。但总起来看，这些方法的运行费用都较高，不适于水量很大的城镇污水处理。因此，城镇污水的脱氮除磷大量采用

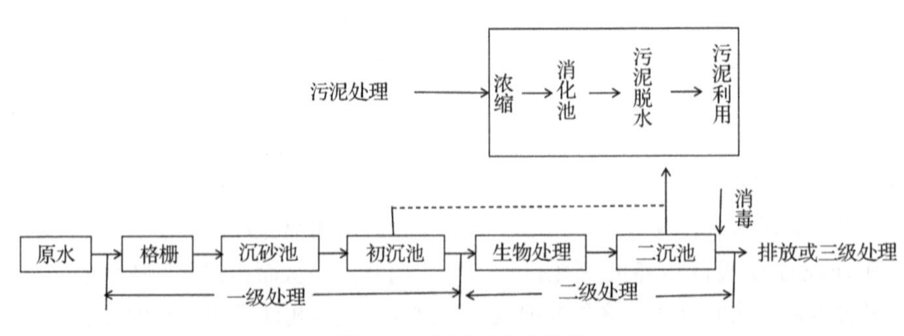

图 5-1　常用工艺流程图

的还是生物处理工艺。

在污水处理中，根据受纳水体的水质要求及其他客观情况，生物脱氮除磷可以分成以下几个层次：去除有机氮和氨氮；去除总氮(包括有机氮和氨氮及硝酸盐)；去除磷(包括有机磷和无机磷酸盐)；去除有机氮和氨氮，并去除磷；去除总氮和磷(即完全的脱氮除磷)。

在生物处理过程中，常用以下工艺：

(一)生物硝化工艺

有的处理厂除 BOD_5 和 SS 以外，对于氮来说，只要去除有机氮和氨氮即可，在出水中允许氮以硝酸盐的形式存在，此时可在传统活性污泥工艺的基础上采用硝化工艺。

生物硝化作用是利用化能自养微生物将氨氮氧化成硝酸盐的一种生化反应过程。硝化作用由两类化能自养细菌参与，亚硝化单胞菌首先将氨氮 NH_4^+-N 氧化成亚硝酸盐 NO_2^--N，硝化杆菌再将 NO_2^--N 氧化成稳定状态的硝酸盐 NO_3^--N。后者反应较快，一般不会造成 NO_2^--N 的积累。在实践中可以简单地理解成硝化作用是硝化细菌将 NH_4^+-N 氧化成 NO_3^--N 的过程。反应过程如下：

$$NH_4^+ + 2O_2 \xrightarrow{\text{硝化细菌}} NO_3^- + 2H^+ + H_2O$$

式中的 NH_4^+ 在污水中95%以上以 NH_4^+-N 形式存在。另外还有一个概念，生物氨化是指微生物将有机氮转化为氨氮的生物过程。一般的异养微生物都能进行高效的氨化作用，在传统活性污泥工艺中，伴随 BOD_5 的去除，一般的异养微生物都能进行高效的氨化作用，生物硝化工艺流程与传统活性污泥工艺流程完全一样，只是工艺参数不同。以去除 BOD_5 为主的传统活性污泥工艺是中等负荷，而生物硝化工艺是低负荷或超低负荷，也称为延时曝气，是传统活性污泥工艺的一种变形，其流程如图 5-2 所示。在曝气池内，BOD_5 被分解转化，有机氮同时被氨化成 NH_3-N，然后与进水原有的 NH_3-N 一起被硝化成 NO_3^--N。

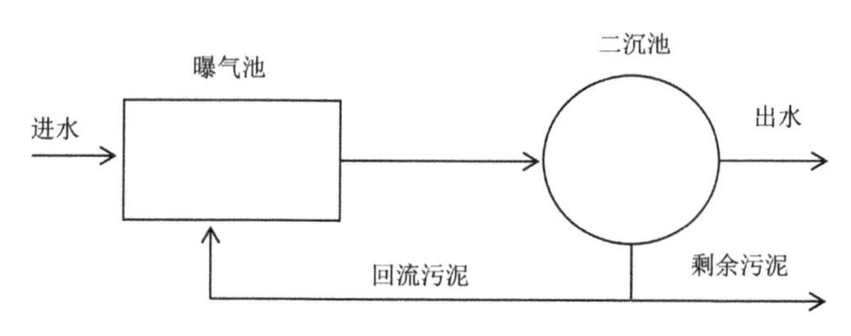

图 5-2 生物硝化工艺流程图

(二)生物反硝化工艺

有的处理厂除要求有效去除 BOD_5 和 SS，并通过生物硝化去除有机氮和氨氮以外，还要求去除硝酸盐，即不允许出水存在任何形式的氮。此时，应在生物硝化工艺的基础上，采用生物反硝化工艺。

生物反硝化是指污水中的硝酸盐在缺氧条件下，被微生物还原为氮气(N_2)的生化反应过程，参与这一生化反应的微生物是反硝化细菌，这是一类大量存在于活性污泥中的兼性异养菌如产碱杆菌、假单胞菌、无色杆菌等菌属。在好氧状态下，反硝化菌能进行好氧生物代谢氧化分解有机污染物，去除 BOD_5；在无分子氧但存在硝酸盐的条件下，反硝化细菌能利用 NO_3^- 中的氧(又称为化合态或硝态氧)，继续分解代谢有机污染物去除 BOD_5，并同时将 NO_3^- 中的氮转化为 N_2 这个过程可用以下反应式表示：

$$NO_3^- + \text{有机物} \xrightarrow{\text{反硝化细菌}} N_2\uparrow + N_2O + OH^-$$

原污水中的氮几乎全部以有机氮和氨氮形式存在，首先须通过生物硝化将其转化成硝酸盐，然后利用生物反硝化将其转化成氮气逸出污水，以达到脱氮的目的。因此，生物脱氮工艺是生物硝化和生物反硝化的综合，常用的单级生物脱氮工艺流程如图 5-3 所示。

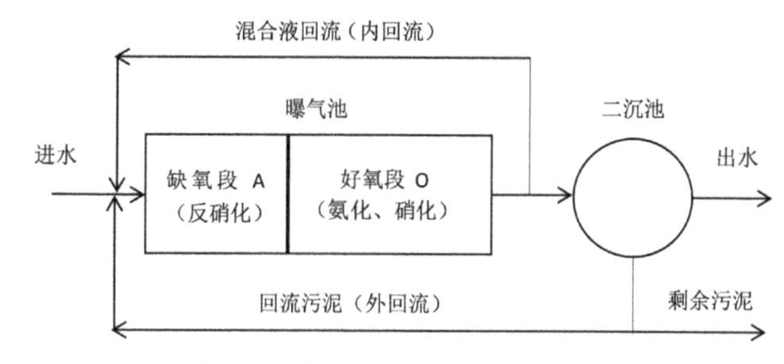

图 5-3 单级生物脱氮工艺流程图

(三)厌氧—好氧生物除磷工艺

有些处理厂在去除 BOD_5 和 SS 的同时，还要求去除污水中的磷。此时可采用厌氧好氧生物除磷工艺也称为 A-O 除磷工艺。

20 世纪 70 年代中期，人们在传统活性污泥工艺的运行管理中，发现一类特殊的兼性细菌，在好氧状态下能超量地将污水中的磷吸入体内，使体内的含磷量超过 10%，有时甚至高达 30%，而一般细菌体内的含磷量只有 2%左右。这类细菌后来被广泛地用于生物除磷，称之为聚磷菌或摄磷菌。最初只发现不动杆菌属的某些细菌具有聚磷作用，现在已发现并分离出 60 多种细菌和真菌都具有聚磷作用。

现在广泛采用的 A−O 生物除磷工艺主要就是利用了聚磷菌的聚磷作用，其工艺流程如图 5-4 所示。污水中的磷有很多存在形式，但主要为正磷酸盐 PO_4^{3-}−P、聚磷酸盐和有机磷。进入处理厂的污水中，绝大部分聚磷酸盐和有机磷被水解或矿化成了 PO_4^{3-}−P。污水中剩余的有机磷和聚磷酸盐在进入生物处理系统后，也将被水解或矿化成 PO_4^{3-}−P，被聚磷菌摄取而去除。在工艺流程中，聚磷菌交替地处于厌氧状态和好氧状态。在厌氧状态下聚磷菌能吸收污水中的乙酸、甲酸、丙酸及乙醇等极易生物降解的有机物质，贮存在体内作为营养源，同时将体内存贮的聚磷酸盐以 PO_4^{3-}−P 的形式释放出来，以便获得能量。

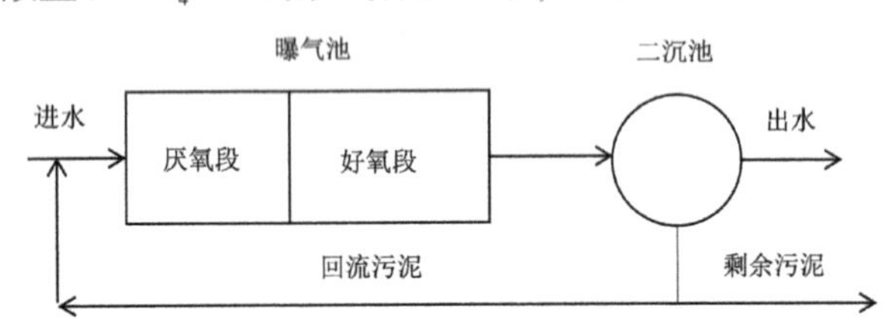

图 5-4 A−O 生物除磷工艺流程图

(四) A−A−O 生物脱氮除磷工艺

A−A−O 生物脱氮除磷工艺是传统活性污泥工艺、生物硝化及反硝化工艺和生物除磷工艺的综合。在该工艺中，BOD_5、SS 和以各种形式存在的氮和磷将一并被去除。

A−A−O 生物脱氮除磷系统的活性污泥中，菌群主要由硝化菌、反硝化菌和聚磷菌组成，专性厌氧和一般专性好氧菌等菌群基本被淘汰。在好氧段，硝化细菌将入流中的氨氮及由有机氮氨化成的氨氮，通过生物硝化作用，转化成硝酸盐；在缺氧段反硝化细菌将内回流带入的硝酸盐通过生物反硝化作用转化成氮气进入大气中，从而达到脱氮的目的；在厌氧段，聚磷菌释放磷，并吸收低级脂肪酸等易降解的有机物；而在好氧段，聚磷菌超量吸收磷，并通过剩余污泥的排放，将磷去除。以上三类细菌均具有去除 BOD_5 的作用，但 BOD_5 的去除实际上以反硝化细菌为主。

(五) 生物脱氮除磷改良工艺

1. Bardenpho 工艺

Bardenpho 工艺流程如图 5-5 所示。与 A−O 脱氮工艺的区别是在曝气池末端又增设了一个缺氧段和一个好氧段，因而也称为四区工艺。缺氧段Ⅱ的作用是精脱氮将缺氧段Ⅰ中未脱去的氮进一步脱掉，好氧段的作用是提高 DO 值，防止二沉池内产生反硝化同时亦可改善污泥沉降性能。Bardenpho 工艺的脱氮率可高达 90%~95%，因而是一种强化脱氮工艺。

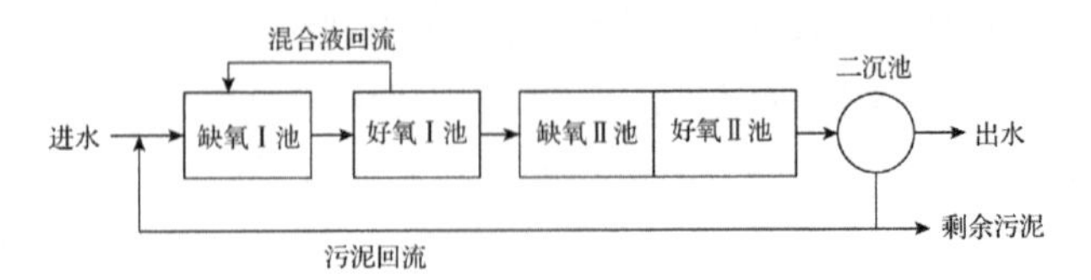

图 5-5 Bardenpho 工艺流程图

2. Phoredox 工艺

Phoredox 工艺流程如图 5-6 所示。该工艺系在 Bardenpho 工艺基础上，增加了一个厌氧段，使之在高效脱氮的同时，获得一定的除磷效果，因而 Phoredox 也称为改良 Bardenpho 工艺。

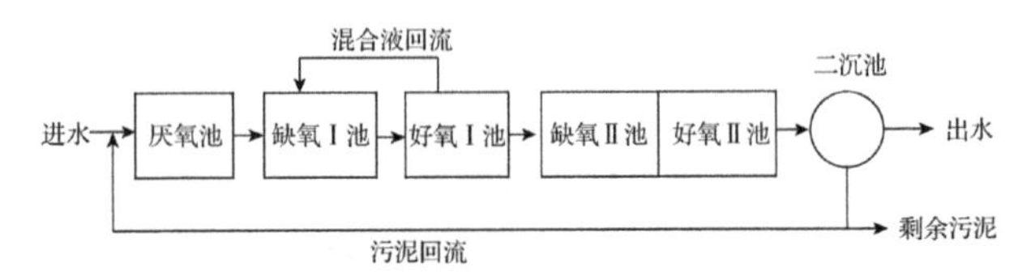

图 5-6 Phoredox 工艺流程图

3. UCT 工艺

UCT 工艺流程如图 5-7 所示。该工艺与 A−A−O 工艺的区别在于，回流污泥首先进入缺氧段，而缺氧段部分出流混合液再回至厌氧段。通过这样的修正，可以避免回流污泥中的 NO_3^-−N 回流至厌氧段，干扰磷的厌氧释放而降低磷的去除率。回流污泥带回的 NO_3^-−N 将在缺氧段中被反硝化。当入流污水的 BOD_5/TKN 或 BOD_5/TP 较低时，应改成 UCT 工艺，以防 NO_3^-−N 回流至厌氧段，产生反硝化细菌与聚磷菌争夺溶解性 BOD_5，该工艺可使脱氮和除磷效率都在 70%以上。

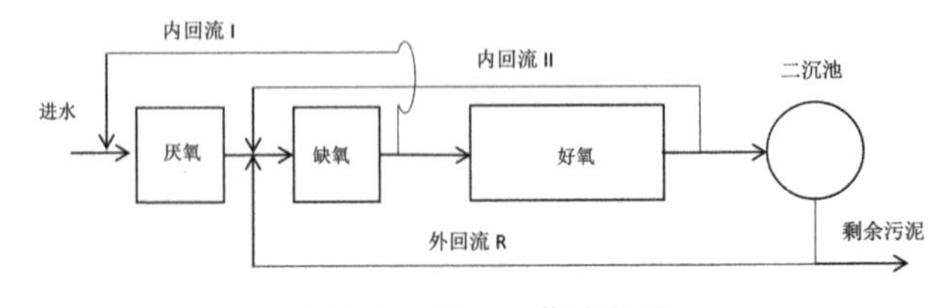

图 5-7 UCT 工艺流程图

4. MUCT 工艺

MUCT 工艺流程如图 5-8 所示。该工艺系在 UCT 工艺的基础上将缺氧段一分为二，形成两套独立的内回流。因而 MUCT 是 UCT 的改良工艺。进行这样改良的原因包括：一是两套内回流交叉，控制缺氧段的停留时间；二是避免 DO 自好氧段经缺氧段进入厌氧段，干扰磷的释放。

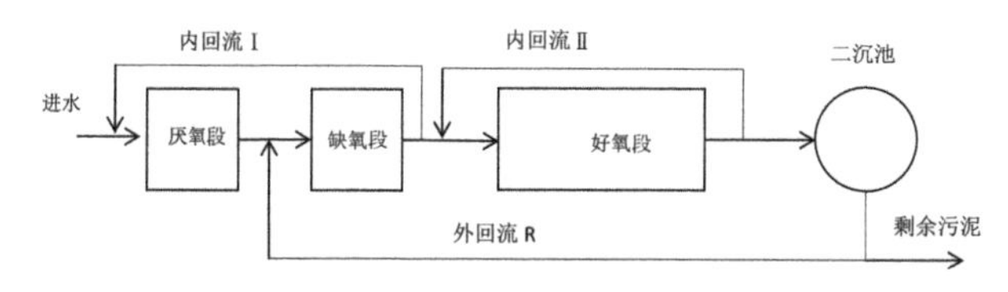

图 5-8　MCT 工艺流程图

5. SBR 工艺

序列间歇式活性污泥法(Sequencing Batch Reactor Activated Sludge Process，简称 SBR)，是一种按间歇曝气方式来运行的活性污泥污水处理技术。

SBR 的主要特征是在运行上的有序和间歇操作，其技术核心就是 SBR 反应池，该池集均化、初沉、生物降解、二沉等功能于一体，无污泥回流系统。与传统污水处理工艺相比，SBR 技术用时间分割的操作方式替代了空间分割的操作方式，用非稳定生化反应替代了稳态生化反应，用静置理想沉淀替代传统的动态沉淀。

SBR 工艺 的污水处理机理与活性污泥法相同。SBR 是在单一的反应器内，按时间顺序进行进水、反应(曝气)、沉淀、排水、待机(闲置)五个阶段的操作，从进水到待机为一个周期。这种周期周而复始，完成序批式处理。

(1)进水期：污水在该时段内连续进入处理池，直到达到最高运行液位，并且借助于池底泵的搅动，使废水和池中活性污泥充分混合。此时活性污泥中菌胶团(由细菌、藻类、原生动物、后生动物等组成)将对污水中的有机物产生吸附作用，COD_{cr} 和 BOD_5 为最大值。

(2)反应期：进水达到设定的液位后，开始曝气，采用推流曝气或完全混合曝气方式，使污水中的有机物与池中的微生物充分吸收氧气，水中的溶解氧(DO)达到最大值，COD_{cr} 不断降低。可根据去除 BOD_5、硝化、反硝化、除磷等需要改变曝气、搅拌的操作方式。

(3)静置期：既不曝气也不搅拌，反应池处于静沉状态，进行高效的泥水分离，COD_{cr} 降为最小值，随着水中的溶解氧不断降低，厌氧反应也在进行。

(4)排水期：排除曝气池沉淀后的上清液，留下活性污泥，作为下一个周期的菌种。

(5)闲置期：恢复活性污泥活性，排出剩余污泥。

6. 氧化沟工艺

氧化沟又称氧化渠或循环曝气池，因其构筑物是呈封闭状的沟渠而得名。氧化沟工艺是活性污泥法的一种改良，它把连续环式反应池作为生化反应器，混合液在其中连续循环流动。氧化沟采用带方向控制的曝气和搅拌装置，向混合液充氧和传递水平速度，从而形成循环流动。

1)普通氧化沟

普通氧化沟属于低负荷延时活性污泥法，能适应水质和水量的变化，处理效果稳定，剩余污泥量少，污泥稳定程度高。

普通氧化沟的工艺特点如下：

(1)氧化沟内有推流和完全混合流两种液态。

(2)氧化沟内有明显的溶解氧梯度。

(3)用氧化沟可以不设初沉池。

(4)氧化沟是延时曝气法的一种特殊形式，它的池体狭长，池深较浅，在沟槽中设有表面曝气装置。

(5)曝气装置的转动推动沟内液体迅速流动，具有曝气和搅拌两个作用，沟中混合液流速约为 0.3~0.6m/s，使活性污泥呈悬浮状态。

2)奥贝尔(Orbal)氧化沟

奥贝尔氧化沟是由若干同心渠道组成的多渠道氧化沟系统，渠道呈圆形或椭圆形。污水先引至中心或最外面的沟渠，在其中不断循环流动的同时可以淹没输水口从一条渠道顺序流入下一条渠道。每一条渠道都是一个完全混合的反应器，整个系统相当于若干个完全混合反应器串联在一起，污水最后从最外面或中心的渠道流出。三个环形沟渠相对独立，溶解氧分别控制在 0mg/L、1mg/L、2mg/L，其中外沟渠容积达 50%~60%，处于低溶解氧状态，大部分有机物和氨氮在外沟渠氧化和去除。内沟道体积约为 10%~20%，维持较高的溶解氧(2mg/L)，为出水把关。在各沟渠横跨安装有不同数量转碟曝气机，进行供氧兼有较强的推流搅拌作用。

Orbal 氧化沟具有以下优点：

(1)Orbal 氧化沟采用曝气转盘，水深可达 3.5~4.5m，同时可借助在各沟中配置不同数目的曝气盘，变化输入每一槽的供氧量。

(2)Orbal 氧化沟呈圆形或椭圆形的平面形状，比沟渠较长的氧化沟更能利用水流惯性，节省能耗。

(3)多渠串联的形式可减少水流的短路现象。

7. A-B 工艺

A-B 工艺由 A 段与 B 段组成两段串联运行，如图 5-9 所示。A-B 工艺中不设初沉池，污水经预处理之后，直接进入 A 段曝气池。A 曝池排出的混合液在中沉池进行泥水分离，A 曝池、中沉池及其回流和排泥组成 A 段处理系统。中沉池出水进入 B 段曝气池继续进行处理，B 曝池混合液排入二沉池进行泥水分离，B 曝、二沉池及其回流和排泥组成 B 段处理系统。

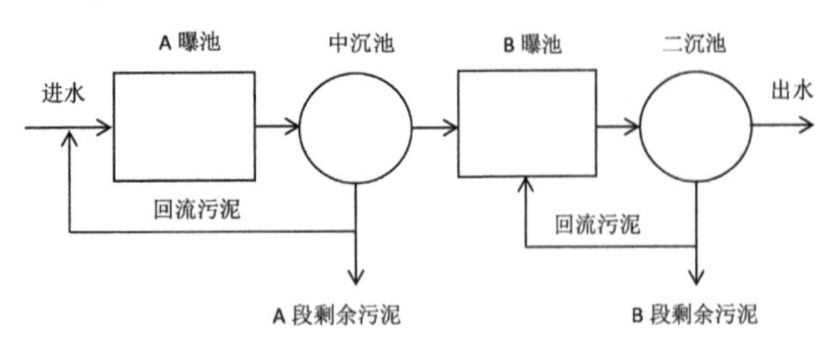

图 5-9　A-B 工艺流程图

在以上工艺参数下运行时，BOD_5 的去除率可在 90%以上，其中 A 段去除率在 40%~60%；SS 的去除率可达 95%以上，其中 A 段 SS 的去除率在 60%~75%。另外，A-B 工艺有效地，总除磷率可达 70%。其中 A 段除磷率可达 40%~50%。由于 B 段的污泥负荷较低，因而 B 段能较充分地完全硝化，一方面使 BOD_5 降低，另一方面也为脱氮提供了基础。

第三节　城镇污水处理新工艺

除前述的常见处理工艺之外，近些年一些新技术也逐渐出现，这些新技术在一定程度上进一步提高了处理效率、降低了运行成本、节约了占地面积。

一、厌氧氨氧化工艺

厌氧氨氧化（ANAMMOX）工艺是一种新型的生物脱氮工艺，它的出现为生物脱氮带来了新的理念与方法。自从 1995 年 Mulder 等在反硝化流化床反应器中发现厌氧氨氧化反应以来，环境领域和微生物领域掀起了一股研究的热潮，极大地推动了厌氧氨氧化工艺的应用。

厌氧氨氧化存在于自然环境中，并在大气氮循环中起重要作用，如图 5-10 所示，约 50%氮气都是由厌氧氨氧化贡献的，其广泛存在于有固氮作用发生的缺氧环境中。氮素转化的两条基本途径是好氧条件下的氨氧化（即硝化过程）和厌氧条件下的硝酸盐根还原（即反硝化过程），这是两个不同的基本过程。在这两个过程的基础上，硝酸盐还原还有一条捷径。硝酸盐还原成亚硝酸盐后，不是继续还原成气体物质，而是有一部分亚硝酸盐还原成氨，这个过程为硝酸盐异化还原成铵（Dissimilatory Nitrate Reduction to Ammonium，简称 DNRA），此过程还伴有亚硝酸盐氮的短暂积累和一氧化二氮（N_2O）排放。在 20 世纪 90 年代初，研究者发现好氧条件下同样可以进行反硝化，称之为好氧反硝化。在微生物研究方面也打破了硝化菌和反硝化菌的严格界限。此外，厌氧氨氧化菌亦存在于各种淡水河海洋水体中，并且是主要或唯一起固氮作用的菌群。

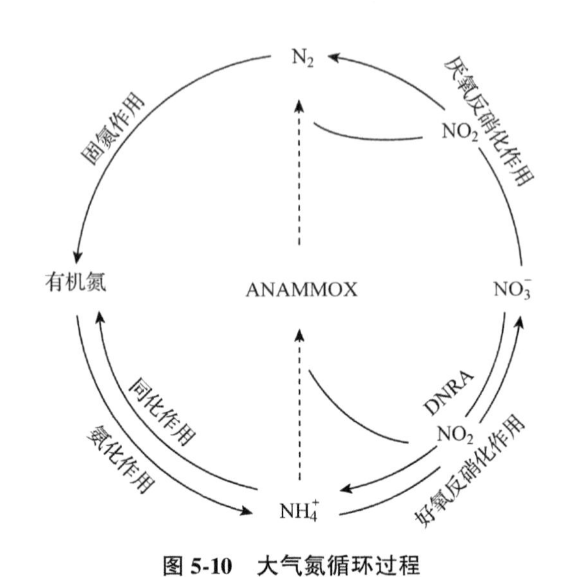

图 5-10　大气氮循环过程

（一）反应原理与优势

厌氧氨氧化工艺，是基于化能自养型菌的新型生物脱氮工艺，可直接以 NO_2^- 或 NO_3^- 为电子受体，将 NH_4^+ 直接转化为氮气。反应过程如下所示：

$$NH_4^+ + 1.32NO_2^- + 0.066HCO_3^- + 0.13H^+ \longrightarrow 1.02N_2 + 0.26NO_3^- + 0.066CH_2O_{0.5}N_{0.15} + 2.03H_2O$$

厌氧氨氧化工艺与传统脱氮工艺相比具有以下明显的优势：

（1）厌氧氨氧化菌以亚硝酸盐为电子受体，脱氮过程中不需要有机碳源。

（2）硝化过程只需将 1/2 的氨氮氧化至亚硝酸盐，约节省曝气能耗 50%。

（3）厌氧氨氧化菌为化能自养菌，在脱氮过程中污泥产量仅为传统硝化反硝化污泥产量的 10%左右，大大节省后续污泥处置费用。

（4）厌氧氨氧化工艺应用于高氨氮污水处理中，可较大幅度节省运行费用，产生显著的经济效益。

（5）厌氧氨氧化工艺与传统工艺相比，可减少温室气体二氧化碳的排放，环境效益明显。

(二)影响因素

1. 氨 氮

虽然氨氮是厌氧氨氧化的电子供体，但其浓度过高对厌氧氨氧化菌会有抑制作用。当氨氮浓度高于1g·N/L时，ANAMMOX反应不受抑制。然而，有研究者却发现过高的氨氮浓度会抑制ANAMMOX反应。研究学者发现氨氮的半抑制浓度为770mg/L，且游离氨(FA)是真正的抑制剂。游离氨是温度和pH函数，随着两者的增加而升高。文献报道中如此宽泛的抑制浓度(13~1000mg/L)使得归纳氨氮抑制作用变得困难。唯一可以确定的是，操作条件(pH、温度、系统设计等)、污泥的物理结构和微生物群落在工艺运行中起着重要作用。

2. 亚硝酸盐氮

NO_2^--N是ANAMMOX反应中的电子受体，是影响ANAMMOX工艺稳定性的因素之一。因为它可以与有毒的不带电的分子HNO_2互相平衡。已有文献报道，高浓度的NO_2^--N会抑制微生物活性，其抑制阈值低于氨氮。换句话说，ANAMMOX更易受NO_2^--N抑制。基于不同实验条件和操作模式，NO_2^--N抑制浓度范围在5~280mg/L。不同操作条件下ANAMMOX的NO_2^--N抑制的研究结果见表5-1。

3. 氧 气

厌氧氨氧化菌是严格厌氧菌，对溶解氧(DO)敏感。研究发现，DO的抑制与反应系统有关，如颗粒污泥对氧的忍耐力强于非颗粒污泥，因为在颗粒污泥内部存在微厌氧区。氧气也会引起其他微生物与厌氧氨氧化菌的竞争，如硝化菌，其生长速度高于厌氧氨氧化菌(0.6~1.0d^{-1})。低浓度的DO也会引起亚硝化与压氧氨氧化菌的同时发生，导致亚硝酸盐氮的积累。

4. 有机物

厌氧氨氧化菌是化能自养微生物，CO_2是其唯一碳源。因而，进水中碳酸氢盐浓度对于厌氧氨氧化菌的培养尤为重要。通常，适当地添加无机碳源会促进厌氧氨氧化菌的生长及加强厌氧氨氧化菌的活性。而有机物是ANAMMOX反应的另一重要抑制物。然而，一些含氮量高的废水，如垃圾渗滤液、养殖场废水、味精废水中均含有大量有机物。了解有机物对ANAMMOX的抑制机理，将有助于其在含氮和有机物废水处理中的应用。表5-2列举了各种有机物对ANAMMOX的抑制。

有机物对ANAMMOX的抑制主要依赖于浓度，高浓度有机物抑制压氧氨氧化菌活性，而低浓度有机物对ANAMMOX并不会产生明显的副作用，反而会促进生物反应过程。

表5-1 ANAMMOX的NO_2^--N的抑制研究

反应器	操作模式	接种污泥	停留时间/h	进水pH	温度/℃	NO_2^--N浓度/(mg/L)	抑制作用
SBR	—	ANAMMOX污泥	—	—	—	>100	抑制
血清瓶	序批式	硝化生物膜	—	7.0	37	>185	失活
ABF	连续流	ANAMMOX污泥	3	7.2	37	>280	抑制
Monod测试瓶	序批式	固定床反应器中污泥	—	—	36	>274	抑制
柱形反应器	连续流	ANAMMOX污泥	1~24	—	30	>750	抑制
UBF	连续流	厌氧颗粒污泥	9.1	6.8	35±1	380	-31%[a]
UBF	连续流	反硝化絮状污泥	15.3	6.8	35±1	390	-85%[a]
SBR	连续流	ANAMMOX污泥	24	—	30	<240	无抑制
UASB	连续流	ANAMMOX颗粒污泥	14.2	6.8	35±1	280	抑制
摇瓶	序批式	ANAMMOX污泥	—	7.8	37	224	抑制
EGSB	连续流	ANAMMOX颗粒污泥	1.5~8.0	6.8~7.0	35±1	768	-24%[a]

注：[a] 表示对总氮去除率的抑制。

表 5-2 有机物对 ANAMMOX 的抑制研究

反应器	操作模式	有机物质	浓度/(mg/L)	抑制作用
UASB	连续流	COD	>300	失活
UASB	连续流	蔗糖	700	-98%
UASB	半连续	预硝化后的猪粪废水	>237	抑制
UASB 测试瓶	半连续	半硝化后的猪粪废水	>290	抑制
FBR	序批式	葡萄糖	1[a]	活性增加
厌氧反应器	序批式和连续流	葡萄糖	0.5~3[a]	无显著影响
厌氧反应器	序批式和连续流	甲酸盐/乙酸盐/丙氨酸	0.5~3[a]	无显著影响
厌氧反应器	序批式和连续流	丙酸盐	<3[a]	无显著影响
摇瓶	序批式	乙酸盐	10[a]	无显著影响
摇瓶	序批式	乙酸盐	25[a]	-22%
摇瓶	序批式	乙酸盐	50[a]	-70%

注:[a] 表示的单位为 mol/L。

二、好氧颗粒污泥工艺

好氧颗粒污泥(Acrobic granular sludge，简称 AGS)是指肉眼直观可见的团粒状污泥结构，粒径大于0.2mm，结构致密，是活性污泥微生物通过自凝聚形成的一种生物膜，如图 5-11 所示。通过对普通活性污泥进行淘洗筛选，并结合运行参数控制即可获得好氧颗粒污泥。

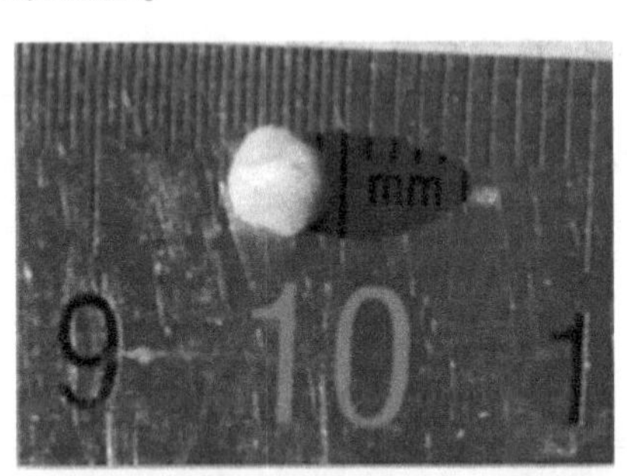

(a)肉眼观察

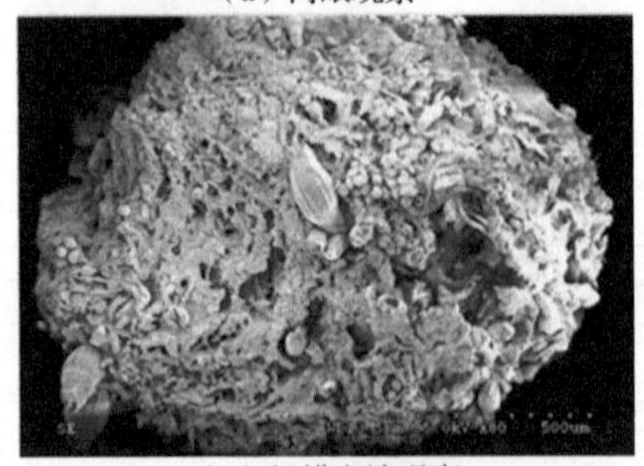

(b)扫描电镜观察

图 5-11 好氧颗粒污泥影像

好氧颗粒污泥微生物菌群组成及功能与普通活性污泥相似。但是，好氧颗粒污泥呈致密的类球状结构，从颗粒表面到颗粒核心区依次形成了“好氧—缺氧—厌氧”环境，如图 5-12 所示，为多种微生物共存提供了良好的微生态环境，有利于不同功能菌同时发挥作用，从而更大程度地实现同步硝化反硝化脱氮以及生物除磷。

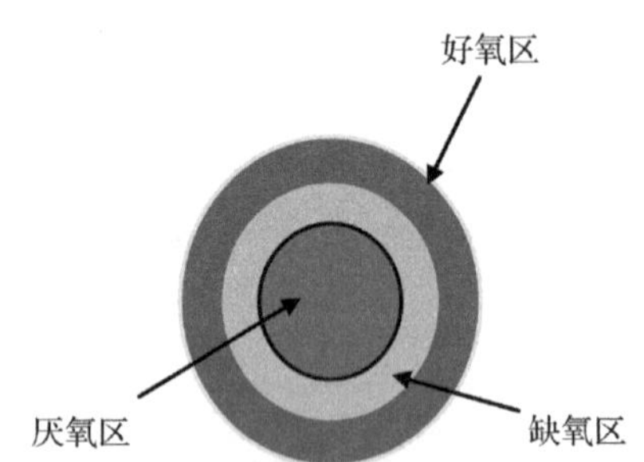

图 5-12 好氧颗粒污泥内部结构示意图

好氧颗粒污泥法常借助间歇工艺方式运行，如采用 SBR 池、CAST 池等，反应池本身也是沉淀池，结构紧凑，节省占地面积，运行方式与间歇流工艺相似，好氧颗粒污泥工艺与活性污泥工艺示意如图 5-13 所示。

好氧颗粒污泥结构致密，与普通活性污泥相比同体积内的微生物量高 2~5 倍，沉淀速度是普通活性污泥的 10 倍，节省沉淀时间；占地面积比 A-A-O 工艺节省 30%以上；生物量高，可达 8~15g/L，避免了污泥膨胀问题，出水水质好，耐冲击负荷能力强；池形结构简单，易于维护；较传统工艺可节省能耗 20%以上。

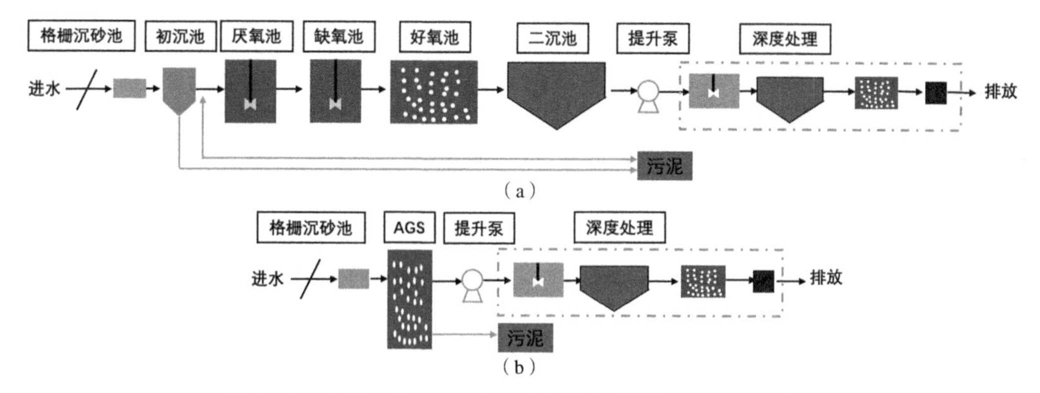

图 5-13　活性污泥(a)工艺与好氧颗粒污泥工艺(b)示意图

三、缺氧—好氧—兼氧工艺

缺氧—好氧—兼氧工艺(A-O-E 工艺)内环(A 区)是前置厌氧段，中间环(O 区)是好氧硝化段，外环(E 区)是内源反硝化段。

污水首先进入 A 区，水中的有机物进行初步的降解，水中的硝酸盐进行反硝化反应。二沉池的部分污泥外回流输送回 A 区，来保证 A 区足够的硝酸盐，进行反硝化反应，生成氮气和一氧化二氮排入大气，达到脱氮的目的；另外，一部分有机物在厌氧菌的作用下初步降解。

A 区的混合污水通过溢流口进入 O 区，有机物进一步降解，硝化细菌将流入 O 区的污水中的有机氮转换成氨氮，并通过硝化反应生成硝酸盐和水。

最后，O 区的混合液通过池底的通道进入 E 区，进入 E 区的有机物浓度很低。在 E 区，混合液被间断的曝气，微生物就自身氧化，减少污泥产量；混合液中的硝酸盐在此段中进一步反硝化，彻底脱氮。

A-O-E 工艺不但有去除 BOD 和脱氮的功能，还有除磷的作用。

四、生物滤池

生物滤池是根据土壤自净原理，结合污水灌溉的实践基础，由较原始的间歇砂滤池和接触滤池发展而来的生物处理技术。污水流经由碎石、塑料、陶粒等制成的填料构成的生物处理构筑物，与填料表面生长的微生物膜接触，通过膜上的微生物代谢作用使污水得到净化。

生物滤池的滤料可以选择塑料、火山岩、陶粒等材质，滤料的材质应满足的要求包括：比表面积大、孔隙率高、强度大、化学物理稳定性好、生物附着性强、不易堵塞、价格低廉。

生物滤池的结构通常由池体、滤料层、承托层、布水系统、布气系统、反冲洗系统、出水系统、管道与自控系统构成。

第四节　我国有关城镇污水处理的标准规范

水污染物排放标准是根据水环境质量标准及污染治理技术、经济条件而对排入水环境的有害物质和产生危害的各种因素所作的限制性规定，是对污染源排放进行控制的标准。

目前，《污水排入城镇下水道水质标准》和《城镇污水处理厂污染物排放标准》是现行水污染物排放标准的重要组成部分，此外，还有污泥处理处置利用方面的《污泥产物土地应用标准》，下面进行简单介绍。

一、国家标准

（一）《污水排入城镇下水道水质标准》(GB/T 31962—2015)

CJ 3082—1999 是国家于 1999 年制定的标准，已作废，被《污水排入城镇下水道水质标准》(CJ 343—2010)代替，目前的最新标准为 2016 年 8 月 1 日实施的《污水排入城镇下水道水质标准》(GB/T 31962—2015)。

本标准规定了污水排入城镇下水道的水质、取样与监测要求，适用于向城镇下水道排放污水的排水户和个人的排水安全管理。

（二）《城镇污水处理厂污染物排放标准》(GB 18918—2002)

为贯彻《中华人民共和国环境保护法》《中华人民共和国水污染防治法》《中华人民共和国海洋环境保护法》《中华人民共和国大气污染防治法》《中华人民共和国固体废物污染环境防治法》，促进城镇污水处理厂的建设和管理，加强城镇污水处理厂污染物的排放控制和污水资源化利用，保障身体健康，维护良好的生态环境，结合我国《城市污水处理及污染防治技术政策》，制订本标准。

本标准规定了城镇污水处理厂出水、废气排放和污泥处置(控制)的污染物限值，适用于城镇污水处理厂出水、废气排放和污泥处置(控制)的管理。

二、地方标准

根据《中华人民共和国环境保护法》《中华人民共和国水污染防治法》《中华人民共和国海洋环境保护法》和有关规定，各地方结合实际情况制定地方污染物排放标准，例如，天津市城镇污水处理厂水污染物排放标准(DB 12/599—2015)、北京市城镇污水处理厂水污染物排放标准(DB 11/890—2012)、上海市污水综合排放标准(DB 31/199—2009)、广东省地方标准水污染物排放标准(DB 44/26—2001)等。

三、污泥产物土地应用标准

目前，我国已制定的污泥产物土地利用相关的法律法规或技术指南有7项，国家标准有6项，城建行业标准有3项(表5-3)。

表5-3 我国现行的污泥处理处置相关法规、政策及标准

类别	名称	发布年份
法律法规或技术政策	《中华人民共和国水污染防治法》	2008(2017年修订)
	《中华人民共和国固体废物污染环境防治法》	2020
	《城镇污水处理厂污泥处理处置及污染防治技术政策(试行)》(建城[2009]23号)	2009
	《城镇污水处理厂污泥处理处置技术指南(试行)》	2011
	《城镇污水处理厂污泥处理处置污染防治最佳可行技术指南(试行)》(HJ-BAT-002)	2010
	《城镇排水与污水处理条例》	2013
	《水污染防治行动计划》	2015
国家标准	《农用污泥中污染物控制标准》(GB 4284)	2018
	《城镇污水处理厂污染物排放标准》(GB 18918)	2002
	《城镇污水处理厂污泥处置分类》(GB/T 23484)	2009
	《城镇污水处理厂污泥泥质》(GB 24188)	2009
	《城镇污水处理厂污泥处置园林绿化用泥质》(GB/T 23486)	2009
	《城镇污水处理厂污泥处置土地改良用泥质》(GB/T 24600)	2009
行业标准	《有机肥料》(NY 525)	2012
	《城镇污水处理厂污泥处置农用泥质》(CJ/T 309)	2009
	《城镇污水处理厂污泥处置林地用泥质》(CJ/T 362)	2011

我国污泥土地利用相关标准较早的有原城乡建设环境保护部1984年出台的《农用污泥中污染物控制标准》(GB 4284—1984)。原国家质量监督检验检疫总局2009年发布了《城镇污水处理厂污泥处置园林绿化用泥质》(GB/T 23486—2009)、《城镇污水处理厂污泥处置土地改良用泥质》(GB/T 24600—2009)；住房和城乡建设部在2007—2011年相继发布了《城镇污水处理厂污泥处置园林绿化用泥质》(CJ 248—2007)、《城镇污水处理厂污泥处置土地改良用泥质》(CJ/T 291—2008)、《城镇污水处理厂污泥处置农用泥质》(CJ/T 309—2009)、《城镇污水处理厂污泥处置林地用泥质》(CJ/T 362—2011)等一系列与污泥土地利用相关的标准。

其中，2007年制订的《城镇污水处理厂污泥处置园林绿化用泥质》标准，规定了城镇污水处理厂污泥园林绿化利用的泥质理化指标、营养指标、污染物浓度限值和卫生学指标，对种子发芽指数的要求、使用后对土壤理化性质的影响等，以及取样和监测等技术要求。

2011年制订的《城镇污水处理厂污泥处置 林地用泥质》标准适用于城镇污水处理厂污泥处置时对林地用泥质的要求，规定了城镇污水处理厂污泥产品林地用的泥质、取样和检测等要求。污泥的林地利用不直接涉及食物链，因此对重金属、有机污染物等指标的要求比《城镇污水处理厂污泥处置 农用泥质》(CJ/T 309—2009)的低。与园林绿化的场地相比，污泥林地用的场地较远离人类活动场所，对污泥中的一些污染物限值没有《城镇污水处理厂污泥处置 园林绿化用泥质》(CJ 248—2007)要求的那么高。对泥质的理化指标(杂物含量)也在农用泥质基础上放宽。但考虑到林地用的特殊场合，标准中规定了施用场地的坡度要求。该标准的发布实施，也完善住房和城乡建设部已经出台的城镇污水处理厂污泥处置系列标准，弥补原来系列标准中没有涵盖的利用途径，为我国污泥的处置提供可供选择的新途径，并防止其产生二次污染，提高了资源化和循环利用水平。

第六章 城镇污水处理工艺单元

第一节 预处理和一级处理单元

一、功能介绍

污水预处理是污水进入传统的沉淀、生物等处理之前，根据后续处理流程对水质的要求而设置的预处理设施，是污水处理厂的咽喉。对于城镇污水集中处理厂和污染源内分散污水处理厂，预处理主要包括格栅、筛网、沉砂池、砂水分离器等处理设施。而对于某些工业废水在进入集中或分散污水处理厂前，除要进行上述一般的预处理外，还要进行水质水量的调节处理和其他一些特殊的预处理，如中和、捞毛、预沉、预曝气等。若预处理工艺不达标，造成栅渣过多，会对后续的处理设备损耗大。

二、工艺原理及过程

预处理和一级处理的去除对象为漂浮物、悬浮物等，常采用的设备设施主要有格栅、沉砂池、沉淀池等，工艺流程如图 6-1 所示。

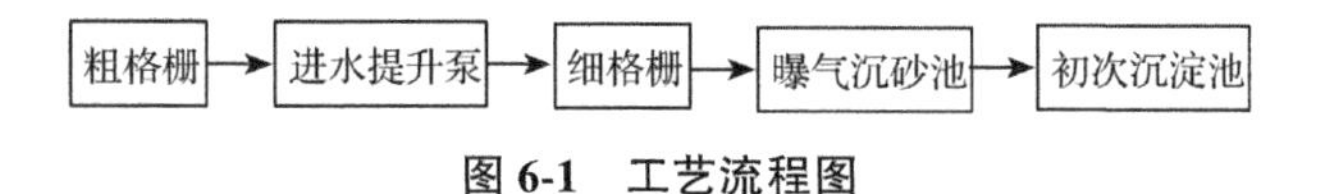

图 6-1 工艺流程图

(一)格 栅

格栅由一组平行的金属栅条或者筛网制成，安装在污水渠道、泵房集水井的进口处或者污水处理厂的端部，用以截流较大的悬浮物或者漂浮物，以便减轻后续处理构筑物的处理负荷，并使之正常运行。

格栅可分为平面格栅与曲面格栅两种。

平面格栅由栅条与框架组成，基本形式如图 6-2 所示。图中 A 型是栅条布置在框架的外侧，适用于机械清渣或者人工清渣；B 型是栅条布置在框架的内侧，在格栅的顶部设有起吊架，可将格栅吊起，进行人工清渣。平面格栅的基本参数与尺寸包括宽度 B、长度 L、间隙净空隙 e、栅条至外边框的距离 b。可根据污水渠道、泵房集水井进口管道大小选用不同参数值。平面格栅的基本参数与尺寸见表 6-1。

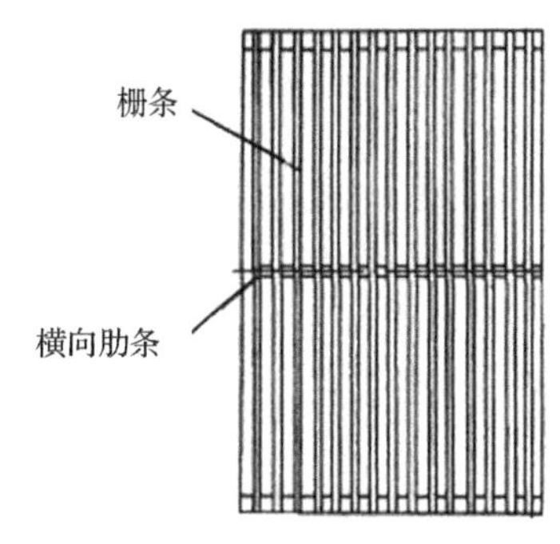

图 6-2 平面格栅基本形式

表 6-1 平面格栅的基本参数与尺寸

名称	数值
格栅宽度(B)/m	600、800、1000、1200、1400、1600、1800、2000、2200、2400、2600、2800、3000、3200、3400、3600、3800、4000，用移动除渣机时，B>4000
格栅长度(L)/m	600、800、1000、1200…，以 200 为一级增长，上限值决定于水深
间隙净宽(e)/mm	10、15、20、25、30、40、50、60、80、100
栅条至外边框距离(b)/m	b 值按下式计算：$b=\dfrac{B-10n-(n-1)e}{2}$，$b \leqslant d$ 式中：B——格栅宽度，m；n——栅条根数；e——间隙净宽，mm；d——框架周边宽度，m

曲面格栅可以分为固定曲面格栅与旋转鼓式格栅两种，图 6-3(a)为固定曲面格栅，利用渠道水流速度推动除渣桨板；图 6-3(b)为旋转鼓式格栅，污水从鼓筒内向外流，栅渣由冲洗水管冲入渣槽内排除。

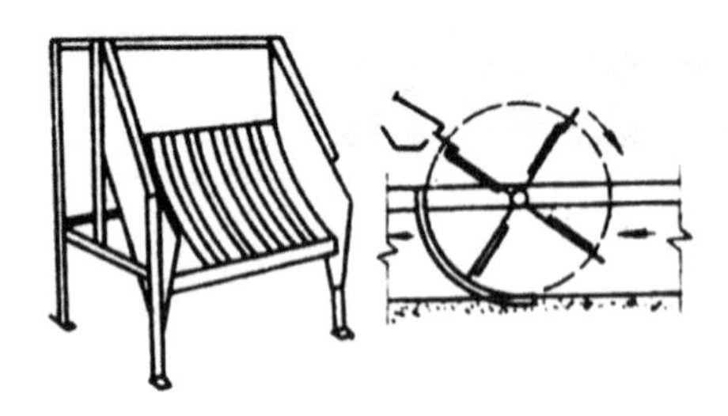

(a) 固定曲面格栅

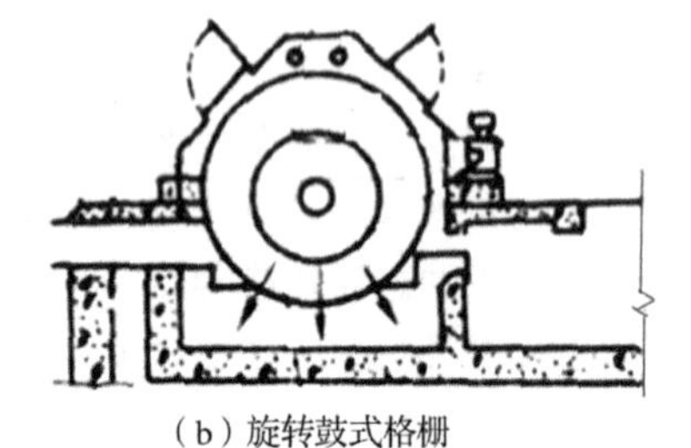

(b) 旋转鼓式格栅

图 6-3 曲面格栅基本形式

(二)沉砂池

污水在迁移、流动和汇集过程中不可避免会混入泥砂，污水中的砂如果不预先沉降分离去除，则会影响后续处理设备的运行。沉砂池主要用于去除污水中粒径大于 0.2mm，密度大于 2.65t/m^3 的砂粒，以保护管道、阀门等设施免受磨损和阻塞。其工作原理是以重力分离为基础，主要有平流沉砂池、曝气沉砂池、旋流沉砂池等。

(1)平流沉砂池：平流式沉砂池由入流渠、出水渠、闸板、水流部分及沉砂斗组成，如图 6-4 所示，它具有截流无机颗粒效果较好、工作稳定、构造简单、排沉砂较方便等优点。

(2)曝气沉砂池：曝气沉砂池的主要特点是沉砂中有约 15%的有机物，使沉砂的后续处理难度增加。因此须配洗砂机，把排沙经清洗后，有机物含量低于 10%，称为清洁砂，曝气沉砂池结构如图 6-5 所示。

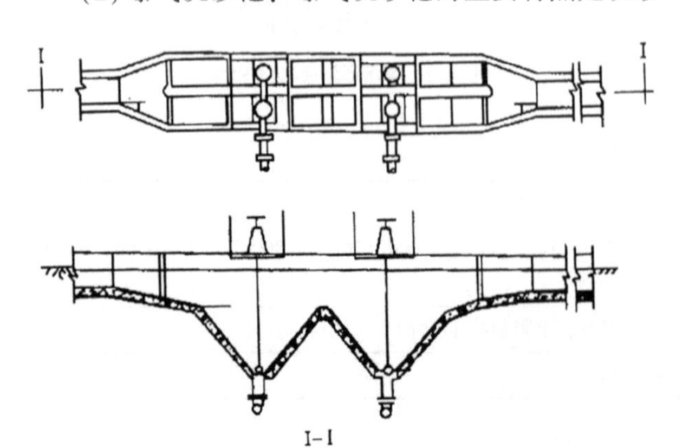

图 6-4 平流式沉砂池结构示意图(单位：mm)

(3)旋流沉砂池：旋流沉砂池利用机械力控制水流流态与流速，加速砂粒的沉淀并使有机物随水流带走。沉砂池由流入口、流出口、沉砂区、砂斗及变速箱电动机、压缩空气传送管、砂输送管和排砂管组成。污水由入流口切线方向流入沉砂区，利用电动机带动转盘和斜坡叶片，由于所受离心力的不同，把砂粒甩向池壁，掉入砂斗，有机物被送回污水中。调整转速及气量，达到最佳沉砂效果。运行人员可以根据每日除砂量做出判断，依据实际情况做出调整方向并具体实施，主要操作为电机频率调整和气量大小调整。

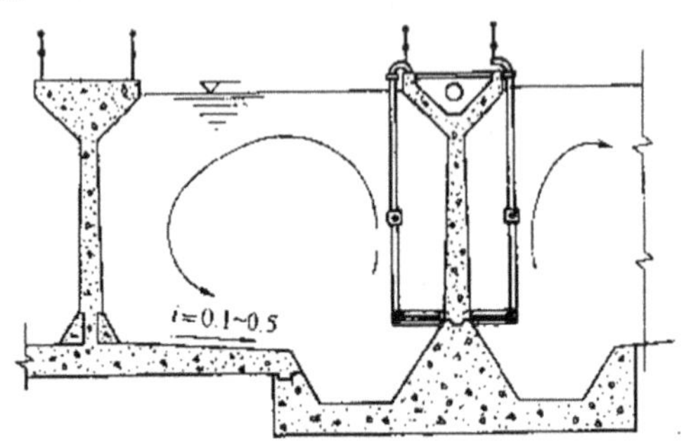

图 6-5 曝气沉砂池结构示意图

(三)初次沉淀池

初次沉淀池是污水处理中第一次沉淀的构筑物，主要用以降低污水中的悬浮固体浓度。用于一级处理的沉淀池，通称初次沉淀池。初次沉淀池与二次沉淀池的区别在于初次沉淀池一般设置在污水处理厂的沉砂池后、曝气池前，而二次沉淀池一般设置在曝气池后、深度处理或排放前。初次沉淀池是一级污水处理厂的主体构筑物，或作为二级污水处理厂的预处理构筑物设在生物处理构筑物的前面。

初沉池的工艺原理是将污水在池内进行初次沉淀，去除污水中部分 SS 和 BOD_5，沉降于池底的污泥通过刮泥机的往复运行，被刮至泥斗中，再经螺杆泵组排至浓缩池及再生水车间浓缩机房。

初沉池的主要作用是去除 50%~60%的 SS，使污水 BOD_5 降低 25%~35%，去除漂浮物质，均和水质。

根据初沉池结构及工艺设计要求，一般控制以下三个参数：

(1)表面负荷：初沉池的水力表面负荷一般为 1~2m^3/(m^2·h)。对于一般城市污水的初沉池当后续工艺为活性污泥法时，采用 1.3~1.7m^3/(m^2·h)，当后续工艺为生物滤池等膜工艺时，采用 0.85~

$1.2m^3/(m^2 \cdot h)$。

(2)停留时间：污水在初沉池内的水力停留时间也是初沉池运行的一个重要参数。只有足够的停留时间，才能保证良好的絮凝效果，获得较高的沉淀效率。城市污水初沉池的停留时间一般为1.5~2.0h。

(3)出水堰板溢流负荷：溢流堰负荷≤$103m^3/h$。

初沉池的工艺控制主要通过改变水力表面负荷、水力停留时间和出水堰板溢流负荷来控制。当水量发生变化时，投入运行的初沉池数量相应发生变化，以达到工艺的优化调控和节能增效。运行参数超出上述运行范围时，应增减初沉池运行组数或调整初沉排泥时间。

如图6-6所示，初次沉淀池由流入装置、流出装置、沉淀区、缓冲层、污泥区及排泥装置等组成。流入装置由设有侧向或槽底潜孔的配水槽、挡流板组成，起均匀布水与消能作用。挡流板入水深不小于0.25m，水面以上0.15~0.2m，距流入槽0.5m。流出装置由流出槽与挡板组成。

流出槽设自由溢流堰，溢流堰严格水平，既可保证水流均匀，又可控制沉淀池水位。为此溢流堰常采用锯齿形堰，如图6-7所示，溢流堰最大负荷不宜大于2.9L/(m·s)(初次沉淀池)、1.7L/(m·s)(二次沉淀池)。为了减少负荷、改善出水水质，溢流堰可采用多槽沿程布置，如要阻挡浮渣流走，流出堰可用潜孔出流。出流挡板入水深0.3~0.4m，距溢流堰0.25~0.5m。缓冲层的作用是避免已沉污泥被水流搅起以及缓解冲击负荷。

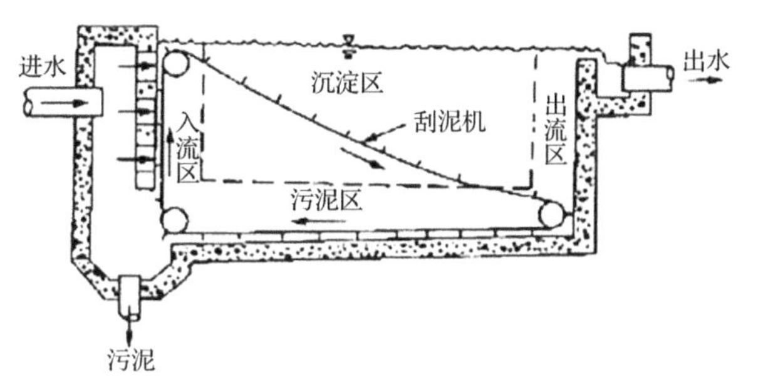

图6-6　初次沉淀池

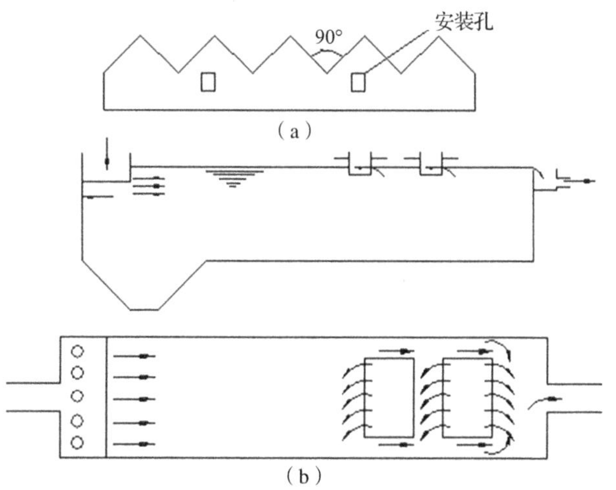

图6-7　溢流堰及多槽出流装置图

泥区起贮存、浓缩和排泥的作用。排泥装置与方法一般包括：

(1)静水压力法：利用池内的静水位，将污泥排出池外。排泥管直径$d=200mm$，插入污泥斗，上端伸出水面以便清通。静水压力$H=1.5m$水柱(初次沉淀池)、0.9m(活性污泥法后二次沉淀池)、1.2m(生物膜法后二次淀池)。为了使池底污泥能滑入污泥斗，池底坡度$i=0.01~0.02$，也可采用多斗式平流沉淀池，以减小深度。

(2)机械排泥法：链带式刮泥机如图6-8所示，链带装有刮板，沿池底缓慢移动，速度约1m/min，把沉泥缓缓推入污泥斗，当链带刮板转到水面时，又可将浮渣推向流出挡板处的浮渣槽。链带式的缺点是机件长期浸于污水中，易被腐蚀，且难维修。行走小车刮泥机小车沿池壁顶的导轨往返行走，使刮板将沉泥刮入污泥斗，浮渣刮入浮渣槽。由于整套刮泥机都在水面上，不易腐蚀，易于维修。被刮入污泥斗的沉泥，可用静水压力法或螺旋泵排出池外。

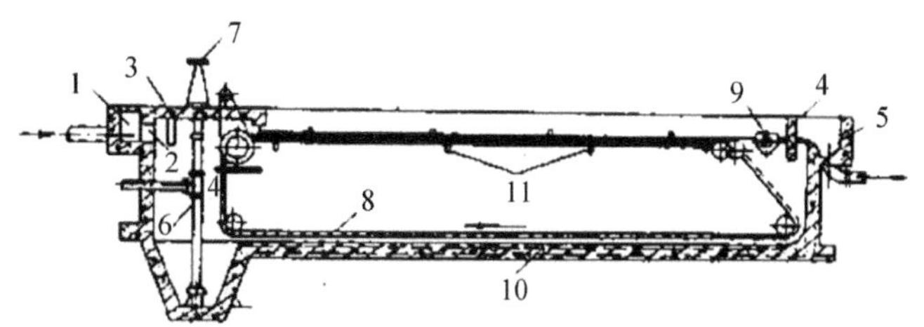

1-进水槽；2-进水孔；3-进水挡流板；4-出水挡流板；
5-出水槽；6-排泥管；7-排泥阀门；8-链带；
9-排渣管槽；10-导轨；11-支撑。

图6-8　链带式刮泥机的平流式沉淀池

上述两种机械排泥法，主要适用于初次沉淀池。当平流式沉淀池用作二次沉淀池时，由于活性污泥的相对密度小，含水率高达99%以上，呈絮状，不能被刮除，故可采用单口扫描泵吸式，使集泥与排泥同时完成。

由于排泥方法可得到较好的解决，故平流式沉淀池可用作次沉淀池，如把曝气池的出口直接作为二次沉淀池的入口，则可使污水处理厂的总水头损失大大减小。采用机械排泥法时，平流式沉淀池可采用平底，池深也可大大减小。设计内容包括流入装置、流出装置、沉淀区、污泥区、排泥和排浮渣设备选择等。

如前所述，实际沉淀池存在着水流在池宽与深度方向不均匀及紊流，流态与理想沉淀池大不相同。故不能完全按沉淀理论进行设计，而是以沉淀试验为依据并参考同类沉淀池的运行资料进行设计。

初沉池的巡检与维护要点如下：

(1)如果出现出水三角堰板有堰口被浮渣堵死现象，应及时清除。三角堰板每个出水口流量要均匀，如不均匀，应及时通过调节装置调整堰板的水平度，保证出流均匀。观察各池上的溢流量是否相同，如有差别，可调节初沉池的进水闸门，使进入每个池的流量分配均匀。如有个别池组运行状态有差别，可根据不同池组的运行状态和出水水质进行差异化调整。

(2)巡视初沉池池面有无大量浮泥，特别是夏季，如发现池面有大量浮泥且有大量气泡产生，说明污泥腐败严重，应及时排泥。

(3)经常巡视初沉池进水、出水水质，若出水水质变黑或恶化，应及时调整，防止影响后续工艺。

(4)经常从排泥管上取样口取样观察污泥的颜色。当颜色变黑或者已呈黑色，说明污泥已腐败，应加速排泥。

(5)应勤观察设备是否有异响，是否有部件松动，如有则及时处理，以免影响正常运行。

(6)当格栅或者沉砂池运行不正常时，应注意砂在初沉池内的沉积，采取措施防止砂或渣堵塞泵管。

(7)当离心机、热水解、厌氧氨氧化工艺运行不正常时，泥区回流液的含固量增加，应相应增加初沉池的排泥量。

(8)发现初沉池排泥中颜色或者气味异常时，注意检查是否进水含有有毒物质，如有应将污泥进入热水解后跨越硝化直接进行脱水，以免发生微生物中毒。

(9)初沉池 SS 去除率下降时，二级处理的负荷会增加，应注意增大回流或者增加曝气量。

(10)当初沉池泄空时，大量易腐败污泥进入提升泵房集水池，会产生硫化氢等有毒有害气体，泵房应适当增加抽升量，将排空水抽升走。

(11)如现场发现初沉池个别池组运行状态不佳，或者各个池组运行状态差距较大，可适当调整初沉池进水负荷，以免发生跑泥现象。

第二节　二级处理及其强化处理单元

二级处理通常由曝气池和沉淀池构成，也可以用膜分离技术取代沉淀池，以膜生物反应器(MBR)作为二级处理单元，二级处理实质上是自然界水体自净的人工强化模拟。其实际操作流程是废水和回流的活性污泥将会一起进入曝气池，并逐步形成混合液。这种方法拥有较高的处理能力，同时还具有出水水质好等明显优势。在很长的一段时间内，城镇生活污水大多数都采用的是活性污泥法，到目前为止，这种方法是世界各国应用最广的一种生物处理流程。

一、曝气池

(一)工艺参数及影响因素

1. 生物硝化系统

1)污泥负荷(F/M)和污泥龄(SRT)

生物硝化属于低负荷工艺，F/M 一般都在 0.15kg BOD/(kg MLVSS · d)以下。负荷越低，硝化进行得越充分，NO_2^--N 向 NO_3^--N 转化的效率就越高。有时为了使出水 NH_3^--N 非常低，甚至采用 F/M 为 0.05kg BOD/(kg MLVSS · d)的超低负荷。

与低负荷相对应，生物硝化系统的 SRT 一般较长，这主要是因为硝化细菌增殖速度较慢，世代周期长，如果不保证足够长的 SRT，硝化细菌培养较慢，也就得不到硝化效果。实际运行中，SRT 控制取决于温度等因素。但一般情况下，要得到理想的硝化效果，SRT 至少应在 8d 以上。

2)回流比(R)与水力停留时间(T_a)

生物硝化系统的回流比一般较传统活性污泥工艺大，这主要是因为生物硝化系统的活性污泥混合液中已含有大量的硝酸盐，如果回流比太小，活性污泥在二沉池的停留时间就较长，容易产生反硝化导致污泥上浮。生物硝化系统曝气池的水力停留时间一般也较传统活性污泥工艺长，至少应在 8h 以上。这主要是因为硝化速率较有机污染物的去除速率低得多，因而需要更长的反应时间。

3)溶解氧(DO)

硝化工艺混合液的 DO 浓度应控制在 2.0mg/L 以上，一般为 2.0~3.0mg/L，当 DO 浓度<2.0mg/L 时，硝化将受到抑制。当 DO 浓度<1.0mg/L 时，硝化将受到完全抑制并趋于停止，生物硝化系统须维持高浓度 DO，其原因是多方面的。首先，硝化细菌为专性好氧菌，无氧时即停止生命活动。其次，硝化细菌的摄氧速率较分解有机物的细菌低得多，如果不保持充足的氧量，硝化细菌将“争夺”不到所需要的氧。另外，绝大多数硝化细菌包埋在污泥絮体内，只有保持混合液中较高的溶解氧浓度，才能将溶解氧“挤入”絮体内便于硝化菌摄取。一般情况下，将每克 NH_4^+-N 转化成 NO_3^--N 约需 4.57g 氧，对于典型的城市污水，生物硝化系统的实际供氧量一般较传统活性污泥工艺高 50%以上，具体取决于进水中的凯氏氮(TKN)

浓度。

4）硝化速率（NR）

生物硝化系统一个专门的工艺参数是硝化速率，是指单位重量的活性污泥每天转化的氨氮量，一般用NR表示，单位一般为8g NH_3－N/（g MLVSS·d）。NR值取决于活性污泥中硝化细菌所占的比例和温度等很多因素，典型值为0.02g NH_3－N/（g MLVSS·d），即每克活性污泥每天大约能将0.02g NH_3－N转化成NO_3^-－N。

5）BOD_5/TKN对硝化的影响

TKN是指水中有机氮与氨氮之和，入流污水中BOD_5与TKN之比是影响硝化效果的一个重要因素。BOD_5/TKN越大，活性污泥中硝化细菌所占的比例越小，硝化速率NR也就越小，在同样运行条件下硝化效率就越低；反之，BOD_5/TKN越小，硝化速率越高。典型城市污水的BOD_5/TKN大约为5～6，此时活性污泥中硝化细菌的比例约为5%；如果污水的BOD_5/TKN增至9，则硝化细菌比例将降至3%；如果BOD_5/TKN降至3，则硝化细菌的比例可高达9%。其次，BOD_5/TKN变小时，由于硝化细菌比例增大，部分会脱离污泥絮体而处于游离状态，在二沉池内不易沉淀导致出水混浊。综上所述，BOD_5/TKN过小时，虽硝化速率提高但出水清澈度下降；而BOD_5/TKN过大时，虽清澈度提高，但硝化速率下降。因而，对某一生物硝化系统来说，存在一个最佳BOD_5/TKN值。很多处理厂的运行实践发现BOD_5/TKN最佳范围为2～3。

6）pH和碱度对硝化的影响

硝化细菌对pH反应很敏感，pH在8～9时，其生物活性最强，当pH<6.0或>9.6时，硝化菌的生物活性将受到抑制并趋于停止。在生物硝化系统中，应尽量控制混合液的pH>7.0，当pH<7.0时硝化速率将明显下降；当pH<6.5时，则必须向污水中加碱。

7）有毒物质对硝化的影响

某些重金属离子、络合阴离子、氰化物以及一些有机物质会干扰或破坏硝化细菌的正常生理活动。当这些物质在污水中的浓度较高便会抑制生物硝化的正常进行。例如，当铅离子>0.5mg/L、酚>5.6mg/L、硫脲>0.076mg/L时，硝化均会受到抑制。当NH_3－N浓度>200mg/L时，也会对硝化过程产生抑制，但城市污水中一般不会有如此高的氨氮浓度。

8）温度对硝化的影响

硝化细菌对温度的变化也很敏感，在5～35℃的范围内，硝化菌能进行正常的生理代谢活动，并随温度的升高生物活性增大。在30℃左右，其生物活性增至最大，而在低于5℃时，其生理活动会完全停止。在生物硝化系统的运行管理中，当污水温度低于15℃时，硝化速率会明显下降，当温度低于10℃时，已经启动的硝化系统可以勉强维持。但如果硝化系统被破坏，然后在10℃以下重新启动，培养硝化菌将是非常困难的。

在冬季为保证一定的硝化效果，可以采用增大SRT的方法来应对低温对硝化的影响。一般来说，当污水温度在16℃以上时，采用8～10d的泥龄即可；但当温度低于16℃时，应将SRT增加至15～25d。

2. 生物除磷系统

1）*F/M*与SRT

A-O生物除磷工艺是一种高*F/M*低SRT系统。这是因为磷的去除是通过排放剩余污泥完成的。*F/M*较高时，SRT较小，剩余污泥排放量也就较多，因而在污泥含磷量一定的条件下除磷量也就越多。但SRT不能太低，必须以保证BOD_5的有效去除为前提。另外，SRT对污泥的含磷量也有影响，一般认为SRT在7～10d时，污泥中的含磷量最高，但并不意味着必须在这个范围内运行。

2）回流比（*R*）

总起来看A-O除磷系统的*R*不宜太低，应保持足够的*R*，尽快将二沉池内的污泥排出，防止聚磷菌在二沉池内遇到厌氧环境发生磷的释放。在保证快速排泥的前提下，应尽量降低*R*，以免缩短污泥在厌氧段的实际停留时间影响磷的释放。A-O除磷系统的污泥沉降性能一般都良好，*R*在50%～70%即可保证快速排泥。

3）水力停留时间（T_a）

污水在厌氧段的水力停留时间一般为1.5～2.0h。若停留时间太短，一是不能保证磷的有效释放，二是污泥中的兼性酸化菌不能充分地将污水中的大分子有机物（如葡萄糖）分解成低级脂肪酸（如乙酸），以供聚磷菌摄取，从而也会影响磷的释放。若停留时间太长，不但没有必要，还可能产生一些副作用。

4）溶解氧（DO）

厌氧段应尽量保持严格的厌氧状态，实际运行中应控制过多DO浓度在0.2mg/L以下。因为聚磷菌只有在严格厌氧状态下，才进行磷的释放，如果存在过多DO，则聚磷菌将首先利用DO吸收磷或进行好氧代谢，这样就会大大影响其在好氧段对磷的吸收。大量实践证明，只有保证聚磷菌在厌氧段有效地释放磷，才能使之在好氧段充分地吸收磷，从而保证应有的除磷效果。放磷越多则吸磷越多，放磷量与吸磷量成正比。厌氧状态下聚磷菌每多释放1mg磷，进入好氧状态后就可多吸收2.0～2.4mg磷。好氧段的DO

应保持在2.0mg/L以上，一般控制在2.0~3.0mg/L，这是因为聚磷菌只有在绝对好氧的环境中才能进行大量吸收磷。

5) BOD_5/TP

TP是指总磷。一般认为，要保证除磷效果应控制进入厌氧段的污水中BOD_5/TP>20，以保证聚磷菌对磷的有效释放。如前所述，聚磷菌大多为不动杆菌属，其生理活动较弱，只能摄取有机物中极易分解的部分，即只能吃“极可口”的食物，例如，乙酸等挥发性脂肪酸。对于BOD_5中的大部分有机物，如固态的BOD_5部分、胶态的BOD_5部分，聚磷菌是不能吸收的。甚至对已溶解的葡萄糖，聚磷菌也“懒”得摄取，因而在运行控制中，如能测得BOD_5中极易分解的那部分有机物量，将是非常有用的，但实际中很难办得到。国外一些处理厂运行控制中，常将$SBOD_5$(溶解性BOD)/TP作为控制指标，$SBOD_5$是溶解性BOD_5或滤过性BOD_5，应控制$SBOD_5$/TP>20。

6) pH

pH对磷的释放和吸收有不同的影响，在pH=4.0时，磷的释放速率最快，当pH>4.0时，释放速率降低，pH>8.0时，释放速率将非常缓慢。在厌氧段，其他兼性菌将部分有机物分解为脂肪酸，会使污水的pH降低，从这一点来看，对磷的释放也是有利的。pH在6.5~8.5时，聚磷菌能在好氧状态下有效地吸收磷，且pH=7.3左右时，吸收速率最快。

(二)工艺运行要点

1. 巡检要点

(1)要经常检查与调整曝气池配水系统和回流污泥的分配系统，确保进入各系列或各池之间的污水和污泥均匀。

(2)曝气池的边角处一般仍会飘浮部分浮渣，应及时清除。

(3)定期观测曝气池的泡沫发生情况以及扩散器堵塞情况，以便及时处理。

(4)曝气池一般在地下较深，如果地下水位较高，当池子放空时，应注意先降水位再放空，以免漂池。

(5)应注意及时修复或更换损坏的曝气池栏杆，以免出现安全问题。

2. 工艺运行控制指标

1)入流水量

进入系统的污水量需要精确，可以准确确定后续工艺调整方案，它是整个活性污泥系统运行控制的基础。

2)回流污泥量与回流比

回流污泥量是从二沉池补充到曝气池的污泥量，常用Q表示。Q是活性污泥系统的一个重要的控制参数，通过有效调节Q，可以改变工艺运行状态，保证运行的正常。回流比是回流污泥量与入流污水量之比，常用R表示见式(6-1)：

$$R=\frac{Q_R}{Q} \tag{6-1}$$

式中：Q_R——回流污泥量，m^3/h；

Q——入流污水量，m^3/h。

R保持相对恒定，是一种重要的运行方式。回流比R也可以根据实际运行需要加以调整，传统活性污泥工艺的R一般为25%~100%。

3)混合液悬浮固体和回流污泥悬浮固体

混合液悬浮固体是指混合液中悬浮固体的浓度，通常用MLSS表示。MLSS可以近似表示曝气池内活性微生物的浓度，这是运行管理的一个重要控制参数。当流入污水的BOD增高时，一般应提高MLSS，即增大曝气池内的微生物量，去处理增多了的有机污染物质。实际测得的MLSS，是混合液的滤过性残渣，活性污泥絮体内的活性微生物量、非活性的有机物和无机物都被滤纸截留，而包括在所测得的MLSS中，因此MLSS值实际比活性微生物的浓度值要大。回流污泥悬浮固体是指回流污泥中悬浮固体的浓度，通常用RSS表示，它近似表示回流污泥中的活性微生物浓度。如上所述，运行管理中应尽量采用RSS，即回流污泥挥发性悬浮固体。

传统活性污泥法的MLSS夏季在3000~4000mg/L，冬季在4000~5000mg/L，而RSS则取决于回流比R的大小，以及活性污泥的沉降性能和二沉池的运行状况。

4)剩余污泥排放量及污泥龄

如从曝气池排放剩余活性污泥，则其浓度为混合液的污泥浓度MLVSS；如果从回流污泥系统内排放剩余活性污泥，则其浓度为RSS。绝大部分处理厂都从回流污泥系统排泥，只有当二沉池入流固体量严重超负荷时，才考虑从曝气池直接排放，剩余污泥排放是活性污泥系统运行控制中一项最重要的操作。

污泥龄是指活性污泥在整个系统内的平均停留时间，一般用SRT表示。因为活性微生物基本上“包埋”在活性污泥絮体中，因此污泥龄也就是微生物在活性污泥系统内的停留时间。控制污泥龄是选择活性污泥系统中微生物的种类的一种方法。不同种类的微生物，具有不同的世代期。硝化杆菌的世代期一般为5d，因此要在系统内培养出硝化杆菌，将氨氮硝化成硝态氮，则必须控制SRT>5d。通过调节SRT，可以选择合适的微生物年龄，使活性污泥既有较强的分解代谢能力，又有良好的沉降性能。传统活性污泥工艺一般控制 SRT 在 3～5d。活性污泥泥龄为活性污泥系统内的总活性污泥量与每天从系统内排除的活性污泥量之比，准确地应按式(6-2)计算：

$$SRT = \frac{M_a + M_e + M_R}{M_w + M_e} \tag{6-2}$$

式中：M_a——曝气池内的活性污泥量，m^3；

M_c——二沉池内的污泥量，m^3；

M_R——回流系统的污泥量，m^3；

M_w——每天排放的剩余污泥量，m^3；

M_e——二沉池出水每天带走的污泥量，m^3。

5)曝气池调控判断因素

曝气池的调控判断因素有颜色和气味。正常的活性污泥外观为黄褐色，可闻到土腥味。土腥味是由微生物分解代谢过程中分泌出的土臭素和异冰片(龙脑)所致。在曝气作用下，这两种物质被吹脱到大气中，产生土腥味。微生物分解能力越强，即生物活性越高，土腥味越浓。这里应强调的是，黄褐色和土腥味只是活性污泥正常的指标之一，而不是唯一指标。因此，不是黄褐色或不是土腥味的活性污泥一定不正常，应分析产生的原因，但有土腥味且黄褐色的活性污泥不一定正常。如发生膨胀的活性污泥一般也是黄褐色，也具有土腥味。

6)活性污泥的耗氧速率

活性污泥的耗氧速率是指单位重量的活性污泥在单位时间内所能消耗的溶解氧量，一般用 SOUR 表示，单位常采用 mg O_2/(g MLVSS · h)。SOUR 也称为活性污泥的呼吸速率或消化速率，它是衡量活性污泥的生物活性的一个重要指标。如果 F/M 较高，或 SRT 较小，则活性污泥的生物活性也较高，其 SOUR 值也较大。反之，F/M 较低，SRT 太大，其 SOUR 值也较低。SOUR 在运行管理中的重要作用在于指示入流污水是否有太多难降解物质，以及活性污泥是否中毒。一般说，污水中难降解物质增多，或者活性污泥由于污水中的有毒物质而中毒时，SOUR 值会急剧降低，应立即分析原因并采取措施，否则出水会超标。

7)污泥沉降比

污泥沉降比是指曝气池的混合液在 100mL 的量筒中，静置 30min 后，沉降污泥与混合液的体积之比，一般用 SV_{30} 表示。SV_{30} 是衡量活性污泥沉降性能和浓缩性能的一个指标。对于某一浓度的活性污泥，SV_{30} 越小，说明其沉降性能和浓缩性能越好。正常的活性污泥，其 MLSS 浓度在 3000～5000mg/L 时，SV_{30} 一般在 20%～35%的范围内。实际上，正常的活性污泥在沉降 30min 以后，一般都能达到最终沉降状态，在以后 1～2h 内，泥水界面不再下降。因此，两种沉降速度及沉降性能差别很大的活性污泥会有相同的 SV_{30} 值，但两种浓缩性能不同的污泥肯定不会有相同的 SV_{30} 值。有的处理厂采用 5min 沉降比作为污泥的沉降性能指标，因为沉降性能不同的 SV_5 值相差很大，因此可以认为 SV_5 是活性污泥的一个沉降性能指标，而 SV_{30} 主要是一个浓缩性能指标。

8)污泥的体积指数和密度指数

污泥的体积指数是指曝气池混合液在 1000mL 的量筒中，静置 30min 以后，1g 活性污泥悬浮固体所占的体积，常用 SVI 表示，单位为 mL/g。SVI 与 SV_{30} 存在以下关系，见式(6-3)：

$$SVI_{30} = \frac{SV_{30}}{MLSS} \times 10000 \tag{6-3}$$

SVI 定衡量污泥沉降性能的指标，SVI 值越大，沉降性能越差，但是吸附性能好；反之 SVI 值越小，沉降性能越好，而吸附性能越差。一般认为，在传统活性污泥工艺中，SVI 值在 100 左右最好。

9)活性污泥的生物相

生物相包括两个部分，一部分是观察原生动物和后生动物等指示生物的数量及种类变化。不同质量的活性污泥中存在不同的指示生物，通过指示生物的观察，可以间接评价活性污泥质量；另一部分是观察活性污泥中丝状菌的数量，不同质量的活性污泥中丝状菌的量是不同的，通过丝状菌数量的测量，也可间接反映活性污泥的质量。

活性污泥丝状菌长度测量有一套标准的程序，大体上是取一定体积的混合液样，稀释至在显微镜下能辨清每一个菌丝为止，测量被稀释的样品中伸出污泥絮体的所有丝状菌的长度，乘以稀释倍数即为活性污泥丝状菌长度。但是，并不是丝状菌越少越好，因为丝状菌在污泥絮体中起骨架作用。当丝状菌长度小于 0.5m/(g MLSS)时，该种活性污泥虽沉降速度非常快，但形不成泥水界面，出水混浊。丰度测量是将混合液在显微镜下直接观察丝状菌的多少。按照丝状菌在污泥絮体上的丰富程度，将丰度分级如下：

第 0 级：没有，所有絮体上都未见到丝状菌。

第 a 级：很少，在个别絮体上发现丝状菌。

第 b 级：一些，不是所有絮体上都有丝状菌。

第 c 级：一般，所有絮体上都有菌丝，但密度较低，每个絮体上有 1～5 根菌丝。

第 d 级：较多，所有絮体上都有菌丝，中等密度，每个絮体上有 5～20 根菌丝。

第 e 级：丰富，所有絮体上都有菌丝，密度很高，每个絮体上菌丝超过 20 根。

第 f 级：大量，大量菌丝形成丝网。

当活性污泥丝状菌丰度在 a～d 级时，污泥沉降浓缩能良好。当为 e 或 f 级时，活性污泥处于膨胀状态沉降性能恶化。当处于 0 级，即未发现丝状菌时，活性污泥絮体较松散，极易被曝气设备和回流设备打碎而形成很小的絮体。这种污泥在沉降时很可能沉速较快，但往往形成不了泥水界面，上清液浑浊。对于某一特定的处理厂，当活性污泥系统运行正常时，其生物相也基本保持稳定，如果出现变化，则指示活性污泥出现了质量问题，应进一步镜检观察并采取处理措施。一般生物相微生物的种类繁多，其分类及命名方法也非常复杂。从实际出发，运行人员一般应熟练掌握活性污泥中最常见及普遍存在的微型指示生物及其变化规律，即一般生物相。

正常的活性污泥中，一般都存在以下几种微型指示生物：变形虫鞭毛虫、草履虫、钟虫、轮虫线虫。这些微生物中的某一种或几种是否占优势以及比例的多少，取决于工艺运行状态。在开始培养活性污泥的初期，活性污泥很少或基本没有，此时镜检会发现存在大量的变形虫。另外，当入流污水量增大对系统造成水力冲击负荷时，入流中工业废水比例增大或污泥处理区的上清液、滤液大量回流对系统造成污染冲击负荷时，变形虫也会大量出现。当变形虫占优势时，对污水很少或基本没有处理效果。在超高负荷(高 F/M，低 SRT)的活性污泥系统中，鞭毛虫将占优势，出水质量很差。但在活性污泥的培养过程中，鞭毛虫出现并占优势，则说明活性污泥已经出现，正向良性方向发展。在一般高负荷活性污泥系统中，草履虫将占优势，此时的处理效果也不好。在活性污泥培养过程中，随着污泥的增多，继鞭毛虫之后，草履虫将成为优势种类。在中等负荷的活性污泥系统中，钟虫将占优势，此时活性污泥发育正常，沉降性能及生物活性良好，出水水质较高，处理效果好。在活性污泥培养过程中，出现钟虫并占优势，说明活性污泥已培养正常。在低负荷延时曝气活性污泥系统中(如氧化沟工艺)，轮虫和线虫将占优势，此时出水中可能挟带大量的针状絮体。对于氧化沟等类型的延时曝气工艺来说，轮虫和线虫的大量出现表明活性污泥正常；而对传统活性污泥工艺来说，则指示应及时排泥。

3. 控制方式

1)回流污泥系统的控制

回流系统的控制有三种方式：保持回流量 Q 恒定；保持回流比 R 恒定；定期或随时调节回流量 Q 及回流比 R，使系统状态处于最佳。不同方式适合于不同的情况。

目前，有相当多的处理厂运行中保持回流量 Q 不变，但应认识到，这只适应于入流污水量 Q 相对恒定或波动不大的情况。如 Q 变化较大，会出现一系列的问题，因为 Q 的变化会导致活性污泥量在曝气池和二沉池内的重新分配。一方面，当 Q 增大时，部分曝气池的活性污泥会转移到二沉池，使曝气池内 MLSS 降低，而实际此时曝气池内需要更多的 MLSS 去处理增加了的污水，MLSS 的不足会严重影响处理效果；另一方面，二沉池内污泥量增加会导致泥位上升，造成污泥流失，同时，Q 增加导致二沉池水力负荷增加，进一步增大了污泥流失的可能性。Q 减小时，部分活性污泥会从二沉池转移到曝气池，使曝气池 MLSS 升高，但此时曝气池实际上并不需要太多的 MLSS，因为入流污水量减少，进入曝气池的有机物也减少了。保持回流量 Q 恒定，能允许入流污水量在多大范围内变化，取决于很多实际因素。如入流 BOD_5、二沉池与曝气池容积之比及污泥的沉降性能。运行人员应摸索出本厂允许的入流污水量的波动幅度，在允许范围内尽量不调节回流量。

如果保持回流比 R 恒定，在剩余污泥排放量基本不变的情况下，可保持 MLSS、F/M 以及二沉池内泥位 L，基本恒定，不随入流污水量 Q 的变化而变化，从而保证相对稳定的处理效果。

第三种方式是定期或随时调节回流比和回流量，保持系统始终处于最佳状态。这种方式是稳定运行所必的，但操作量较大，一些处理厂实施较困难。按照二沉池的泥位调节回流比，首先应根据具体情况选择一个合适的泥位 L，亦即选择一个合适的污泥层厚度 H。泥层厚度一般控制为 0.5~1.5m，在保障出水 SS 达标的前提下尽量降低回流污泥的 DO。

在运行管理中，回流比作为应付突发情况的一种暂时手段是很有用的。例如，当发现二沉池泥水界面突然升至很高时，可迅速增大回流比，将泥水界面降下来，保证不造成污泥流失。然后再分析原因，寻找其他措施，待问题解决之后，再将回流比调回原值。回流比虽可长期保持恒定，但必须每天检查其是否合理，如不合理，可随时做调整。

2)活性污泥系统调度

在运行管理中，经常要进行运行调度，对一定水质水量的污水，确定投运曝气池、二沉池、鼓风机的数量，以及回流能力，每天污泥排放量。运行调度方案可按以下程序编制：

(1)确定水量和水质：即准确测定污水流量 Q，入流污水的 BOD_5 及有机污染物的大体组成。

(2)确定有机负荷 F/M：应结合本厂的运行实践借助一些实验手段，选择最佳的 F/M 值。一般来说，污水温度较高时，F/M 可高一些，反之，温度较低时，F/M 应低一些。对出水水质要求较高时，F/M 应低一些，反之，可高一些。当污水中工业废水成分较多，有机污染物质较难降解时，F/M 应低一些，反之，可高一些。传统活性污泥工艺的 F/M 一般在 0.2~0.5kg BOD/(kg MLVSS · d)范围内。

(3)确定混合液污泥浓度 MLVSS：MLVSS 值取决于曝气系统的供氧能力以及二沉池的泥水分离能力。从降解污染物质的角度来看，MLVSS 应尽量高一些，但当 MLVSS 太高时，要求混合液的 DO 值也就越高，前已述及，在同样的供氧能力时维持较高的 DO 值需要较多的空气量，而一些处理厂的曝气系统难以达到要求。另外，当 MLVSS 太高时，要求二沉池有较强的泥水分离能力，一些处理厂的二沉池表面积相对较小，难以提供充足的泥水分离能力。因此，应根据处理厂的实际情况，确定一个最大 MLVSS 值，以其作为运行调度的基础。传统活性污泥工艺的 MLVSS 值一般为 1200~2600mg/L，而 MLSS 值一般为 1500~3000mg/L，当 MLVSS 或 MLSS 超过以上范围时，处理厂必须有充足的供氧能力和泥水分离能力。

(4)确定曝气池投运的数量，可用式(6-4)计算：

$$n=\frac{Q\times \mathrm{BOD_i}}{F/M\times \mathrm{MLVSS}\times V_a}\tag{6-4}$$

式中：Q——曝气池入流污水量，m^3/d；

BOD_i——曝气池入流污水的生化需氧量，mg/L；

F/M——食微比(污泥负荷)，kg BOD/(kg MLVSS · d)；

MLVSS——混合液挥发性悬浮固体浓度，mg/L；

V_a——每条曝气池的有效容积，m^3。

从式中可看出，有机负荷 F/M 值越低，投运曝气池的数量就越多。同样，MLVSS 越低，需要投运曝气池数也越多。

3)曝气系统的控制

传统活性污泥工艺采用的是好氧过程，因而必须供给活性污泥充足的溶解氧。这些溶解氧应既能满足活性污泥在曝气池内分解有机污染物的需要，也能满足活性污泥在二池及回流系统内的需要。另外，曝气系统还应充分起到混合搅拌的作用，保证活性污泥与污水中的有机污染物充分混合接触，并保持悬浮状态。不同种类的曝气系统控制方式不同。

鼓风曝气系统的控制参数是曝气池污泥混合液的 DO 浓度，控制变量是鼓入气池内的空气量 Q。Q 越大，即曝气量越多，混合液的 DO 值也越高。传统活性污泥工艺中，F/M 较小时，MLVSS 较高，DO 值也应适当提高。一些处理厂控制曝气池出口混合液的 DO 值大于 3mg/L，以防止污泥在二沉池内厌氧上浮。前已述及，DO 是通过单纯的扩散进入微生物体内的，DO 从混合液扩散进入污泥絮体，再扩散进入微生物体内，每个过程都需要推动力，因而保持较高的 DO 值，对于保证微生物获得充足的氧也是有好处的。但 DO 值不能太高，对于同样的供氧量来说，要保持较高的 DO 值，则需要较多的曝气量，从而使曝气效率降低，浪费能源。当维持 DO 值不变时，曝气量 Q 的变化主要取决于入流污水的 BOD_5，BOD_5 越高，Q 越大，反之越小。大型污水处理厂一般都采用计算机控制系统自动调节 Q，保持 DO 恒定在某一值。Q 的调节可通过改变鼓风机的投运台数以及调节单台风机的风量来实现，小型处理厂则一般人工调节。目前，供氧量与曝气量在各种工艺条件下的计算已有成熟的方法，但较复杂。在运行控制中，可用式(6-5)估算实际曝气：

$$Q_a=\frac{f_0\times(\mathrm{BOD_i}-\mathrm{BOD_e})\times Q}{300E_a}\tag{6-5}$$

式中：BOD_i——曝气池入流污水的 BOD_5，mg/L；

BOD_e——曝气池出水污水的 BOD_5，mg/L；

Q——入流污水量，m^3/d 或 m^3/h；

f_0——耗氧系数，指单位 BOD 被去除所消耗的氧量，与 F/M 有关；当 F/M 为 0.2~0.5kg BOD(kg MLVSS · d)时，f_0 可取 1.0；当 $F/M<0.15$kg BOD/(kg MLVSS · d)时，f_0 可取 1~1.2；

E_a——曝气效率，E_a 值与扩散器的种类、曝气池水深、入流水质、混合液的 DO 值温度等因素有关系。

二、二次沉淀池

二次沉淀池是接纳生化处理的出水，用以沉淀生物悬浮固体获得澄清水的装置。在活性污泥法中，从曝气池流出的混合液在二次沉淀池中进行泥水分离和污泥浓缩，澄清后的出水溢流外排，浓缩的活性污泥部分回流至曝气池，其余作为剩余污泥外排。在生物膜法中，脱落的生物膜随滤池出水在二次沉淀池中进行泥水分离。二次沉淀池多采用辐流式沉淀池，如图 6-9 所示。

如果二沉池设置得不合理，即使生物处理的效果很好，混合液中溶解性有机物的含量已经很少，混合液在二沉池进行泥水分离的效果不理想，出水水质仍有可能不合格。如果污泥浓缩效果不好，回流到曝气池的微生物量就难以保证，曝气混合液浓度的降低将会导致污水处理效果的下降，进而影响出水水质。

二次沉淀池内的沉淀形式较为复杂，沉淀初期为絮凝沉淀，中期为成层沉淀，后期为压缩沉淀及污泥浓缩。工艺控制要点如下：

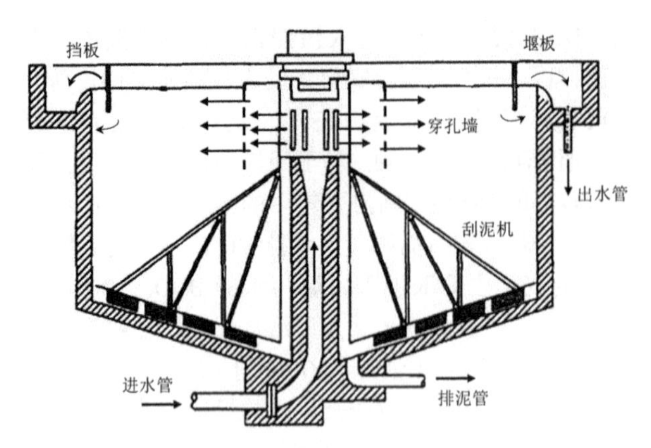

图 6-9 辐流式沉淀池

(1)二沉池泥位测量，每周至少两次，确保泥位低于 1.5m；再确保回流污泥溶解氧浓度<0.8mg/L。同时，在二沉池吸泥机运行过程中及大水量时段，不会发生跑泥现象，影响出水水质。

(2)每天现场巡视二沉池吸泥机，观察吸泥机是否正常运行，吸泥管是否堵塞，出泥不畅等异常现象。如果是吸泥机故障则及时维修，如果是吸泥管堵塞则及时疏通管线。

(3)二沉池出水侧转刷是否有脱落或者故障现象，现场巡视发现后及时处理，以免影响后续工艺。

(4)若出水堰或出水集水槽内藻类附着太多，操作运行人员及时清除这些藻类。

(5)水量调平，通过调整二沉池进水闸门，使各二沉池进水量均衡，避免造成个别池组水量太大，引起二沉池跑泥现象；进水量突然增加，使二沉池表面水力负荷升高，导致上升流速加大、影响活性污泥的正常沉降，水流夹带污泥碎片经出水堰溢出。充分发挥调节池的作用，使进水尽可能均衡。如有异常须停运池组，及时将其他运行池组投入使用并均衡进水量。

(6)发现二沉池出水中 SS 增加，活性污泥膨胀使污泥沉降性能变差，泥水界面接近水面，部分污泥碎片经出水堰溢出。应通过分析污泥膨胀的原因，逐一排除。

(7)调节二沉池排泥阀，观察排泥情况是否通畅，如堵塞应及时疏通。通过泥位测量结果及时调整运行。

(8)应经常检查与调整出水堰板的平整度，保持堰板平整，防止短流。应保持堰板与池壁之间密合，不漏水，及时排除浮渣并经常用水冲洗浮渣斗。挂在堰板上的浮渣也应及时人工清除，出水槽上的生物膜应及时清除，没有除磷功能的处理厂，在阳光充足的季节生物膜生长会异常旺盛，可参考国外部分处理厂在出水渠上部设遮阳棚，防止生物膜繁殖。

三、膜生物反应器

膜生物反应器(Membrane Bio-Reactor，简称 MBR)是将膜分离技术中的超滤、微滤或纳滤膜组件与污水生物处理中的生物反应器相互结合而形成的新型污水处理技术。

(一)运行参数

影响 MBR 膜系统运行的主要参数包括跨膜压差、吹扫气量、污泥浓度、污泥性质、剩余污泥排除量、污泥沉降性能等。

(1)跨膜压差：建议使用的跨膜压力≤0.05MPa，过大的跨膜压差会引起膜的不可逆污染。

(2)吹扫气量：MBR 膜池通过曝气冲刷膜表面，合理的气水比可实现膜污染的有效缓解，应结合污泥浓度、水温等调节合适的气水比、气量等。

(3)污泥浓度(MLSS)：正常的膜池 MLSS 在 6000~8000mg/L。MLSS 过高时，会造成膜丝表面积泥现象。

为了维持稳定的运行，应对操作单元的进水和产水流量、产水浊度、MLSS、膜池水位等。

(二)控制要点

当膜池内高液位时，应减小进水量；由于进水泵房至膜池流线需要一定时间，因此膜池液位宜设置过高或过低报警，以防溢流或暴露出膜组器干抽。

应保证每个膜池内和每个组器内的曝气尽量和污泥回流量均匀，如有不均匀现象，则应查明原因。可通过 SV_{30} 指标，确定各膜池污泥浓度的均匀性。

应定期检查膜组器链接的风管、水管的密封性，防止漏风或漏水；同时应检查膜组器外观的完整性。

控制好氧池 MLSS 稳定在 4000~8000mg/L 时，可以打开进水提升泵，将曝气池中的泥水混合物推进至膜池。

污水进入膜池前，确认要进行曝气操作的膜池主管阀门处于关位，支管上所有与膜组件相连的阀门处于开位，其他未安装膜组件的阀门处于关位。开启风机对膜池曝气，防止膜池中的曝气管堵塞。

进水前确认已安装膜组件的膜池的进水闸门全部打开。调整鼓风机风量，将池内的溶氧量控制在 2mg/L 以上。

确认所有膜廊道曝气量均匀，所有膜箱曝气良好，并没有污泥累积在膜丝上。

通过调节膜池回流泵的频率，可控制膜池、好氧区的污泥浓度比例。

检查吹扫气空气量是否为标准量，以及是否均匀。发现异常、有明显的布气不均匀时，进行必要的措施：如清洗吹扫气管，检查鼓风机以及调整。

第三节 深度处理单元

深度处理是水污染处理的重要处理阶段，主要作用是进一步处理二级处理出水中未能达到排放标准标的污染物，主要包括硝酸盐氮、氨氮、COD、SS、色度、病原微生物、病毒等。

深度处理出水根据不同的出水标准，可作为中水供水、河湖补足水、景观补充用水、农用灌溉水等用水。

一、工艺原理及过程

(一)深度脱氮工艺

1. 曝气生物滤池(BAF-C/N)

1)工艺原理

进水经泵房提升后，进入硝化生物滤池，在滤池中进行曝气，通过滤料中附着的好氧微生物，分解氧化水中的氨氮及残留的易降解有机物。因此，经过曝气生物滤池，水中的氨氮、磷及有机物等污染物可得到较好地去除。曝气生物滤池如图6-10所示。

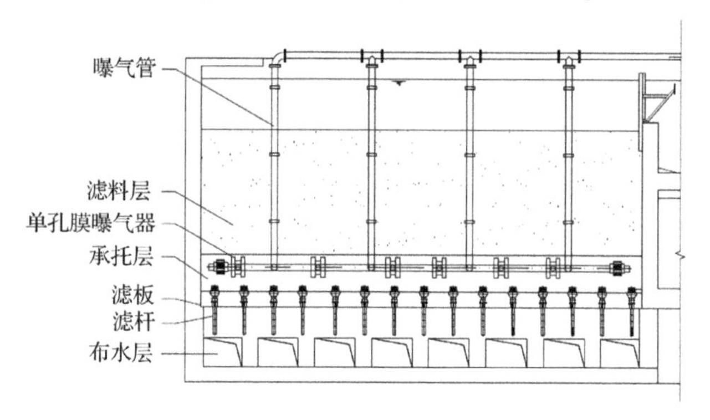

图6-10 曝气生物滤池

2)系统组成及作用

(1)提升泵系统：提升泵将水提升至曝气生物滤池进水渠，流经曝气生物滤池。提升泵房采用湿式泵房的形式，一般与生物滤池合建。主要设备包括提升泵、进水闸门。

(2)滤池过滤系统：滤池进水由分配水渠道从总进水渠配水。生物滤池过滤采用上向流，即从分配水渠流入滤池底部，经滤杆均匀分配后向上流经承托层、滤料层，从出水口流出。多组滤池出水汇合至出水池，在储水池及出水池内充氧，使水中溶解氧提高到2~3mg/L，通过渠道流出滤池系统。

为了保护生物滤池的滤头，防止其阻塞，应在生物滤池前设置细格栅，间隙1~1.2mm，主要拦截藻类等黏附性杂质。

曝气管路和空气扩散器设在承托层，在过滤产水阶段，由离心鼓风机供气，滤池表面溶解氧维持在5mg/L以上。

滤池承托层选用鹅卵石，层高20cm。滤料选用球形轻质多孔陶粒或火山岩颗粒，粒径4~6mm，层高2.5~3m，微生物附着在滤料层。

(3)反冲洗系统：每系列滤池设置一套反冲洗设施，包括反冲洗风机、水泵、反冲水排水泵，设在设备间内，反冲洗水采用储水池中的水，即反硝化生物滤池出水。反冲洗水废水池建在滤池下层。反冲洗废水排入滤池下方的反洗废水池，通过水泵排出滤池系统另行处理。

2. 反硝化生物滤池(BAF-DN)

1)工艺原理

前端处理出水经泵提升后，进入反硝化生物滤池，滤料中附着的微生物利用水中残留有机物及外加碳源，在缺氧环境中降解硝酸盐氮，释放氮气。由于微生物的同化作用，会吸收进水中部分磷，而化学除磷药剂产生的沉淀也将大部分被滤料截留、吸附。因此，经过生物滤池，水中的硝酸盐氮、磷及有机物等污染物可得到较好地去除。反硝化生物滤池如图6-11所示。

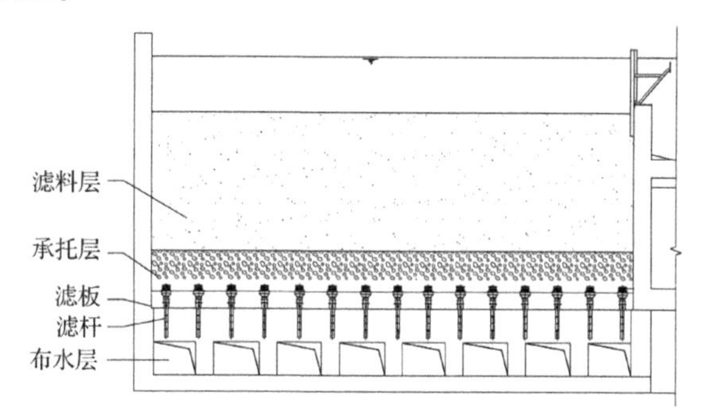

图6-11 反硝化生物滤池

2)系统组成及作用

(1)提升泵系统：提升泵将污水处理区的出水提升至生物滤池进水渠，流经反硝化生物滤池进入膜车间。提升泵房采用湿式泵房的形式，一般与生物滤池合建。主要设备包括提升泵、进水闸门。

(2)滤池过滤系统：滤池进水由分配水渠道从总进水渠配水。生物滤池过滤采用上向流，即从分配水渠流入滤池底部，经滤杆均匀分配后向上流经承托层、滤料层，从出水口流出。多组滤池出水汇合至出水池，在储水池及出水池内充氧，使水中溶解氧提高到2~3mg/L，通过渠道流出滤池系统。

为了保护生物滤池的滤头，防止其阻塞，应在生物滤池前设置细格栅，间隙1~1.2mm。

滤池承托层选用鹅卵石，层高20cm。滤料选用球形轻质多孔陶粒或火山岩颗粒，粒径4~6mm，层高2.5~3m，微生物附着在滤料层。

(3)反冲洗系统：每系列滤池设置一套反冲洗设施，包括反冲洗风机、水泵、反冲水排水泵，设在设备间内。反冲洗水采用储水池中的水，即反硝化生物滤池出水。反冲洗水和气流经布水布气室，通过滤杆均匀分布在滤池底部，由下至上冲起滤料，通过旋转摩擦作用将滤料上的微生物擦洗下来，随水流流出滤池，排出SS、剩余污泥等物质，降低过滤池压。反冲洗水废水池建在滤池下层。反洗废水排入滤池下方的反洗废水池，通过水泵排出滤池系统另行处理。

(4)甲醇加药系统：由于二级生物处理的出水中可生化利用的有机物较少，硝酸盐氮浓度较高，接近20mg/L，而反硝化过程需要消耗有机物，因此需要补充优质碳源。碳源种类众多，包括甲醇、醋酸钠、乙酸等，其中甲醇应用较为广泛，且成功调试案例最多。

滤池的碳源投加点可设在生物滤池上的总进水渠或每个滤池的分配水渠口，可根据工况选择开启。总进水渠投加碳源可稳定保证每个滤池碳源投加均匀，但无法做到每个滤池精细调控，且配水廊道有一定的碳源损失；分池投加碳源可降低配水廊道的碳源损失，但存在阀门故障带来的运行稳定性低问题。

甲醇加药系统含甲醇储罐区、碳源加药间、碳源加压泵房、控制室、泡沫消防泵房等部分。甲醇储罐采用地埋式；碳源加药间由地上碳源加药间、碳源加压泵房、控制室组成；泡沫消防泵房为地上车间。

(5)除磷加药系统：再生水处理区设置化学处理药剂投加系统，作为生物同化作用除磷的补充措施，确保出水总磷含量达标。化学除磷产生的沉淀在生物滤池中通过过滤、截留和吸附等方式去除。化学除磷药剂投加点设在生物滤池上的进水渠处。

3. 深床反硝化滤池

1)工艺原理

深床反硝化滤池是深床滤池的一种，处理对象多为小规模污水处理工程，且主要要用于TN质量浓度低于5mg/L的反硝化作用。其生物脱氮作用原理与普通反硝化生物滤池原理相近，可参照反硝化生物滤池。但深床反硝化滤池的形式结构与普通生物滤池有较大差别。

2)系统组成及作用

(1)滤池过滤系统：滤池进水由多条管道输入配水廊道，从廊道溢流进入滤池上部。生物滤池过滤采用重力流，即从配水廊道流入水面，通过重力流经过滤料层、承托层，最终从滤池底部出水。滤料采用天然石英砂，粒径2~3mm，层高2.5~3m，微生物附着在滤料层。

(2)反冲洗系统：每系列滤池设置一套反冲洗设施，包括反冲洗风机、水泵、反冲水排水泵，设在设备间内；反冲洗水采用储水池中的水，即深床滤池出水。反冲洗气、水经过布水布气管道，通过滤砖由下向上流进滤池，将滤料冲起。反冲洗水废水池建在滤池下层。反洗废水排入滤池下方的反洗废水池，通过水泵排出滤池系统另行处理。

(二)过滤工艺

1. 滤布滤池工艺

1)工艺原理

水经进水闸门，通过进水可调堰后进入滤布滤池进行过滤处理。滤池中装有滤盘，上覆滤布，滤布吸附水流中的固体颗粒，并在外层形成颗粒层，水流通过滤布外侧进入，流向中心管至出水口，滤布滤池图如图6-12所示。

图6-12 滤布滤池实物图

2)系统组成及作用

滤布滤池主要由进水井、进水渠道、滤池、出水渠道、出水井、反冲洗系统和排泥系统组成，如图6-13所示。过滤期间，过滤转盘处于静态，有利于污泥的池底沉积。当滤布上的固体颗粒增多，过水阻力增加，滤池内水位上升，当水位上升到一个特定值后，进行反冲洗。

清洗期间，过滤转盘以0.5r/min的速度旋转。抽吸泵负压抽吸滤布表面，吸除滤布上积聚的污泥颗粒，过滤转盘内的水自里向外被同时抽吸，并对滤布起清洗作用。瞬时冲洗面积仅占全过滤转盘面积的1%左右。反冲洗过程为间歇。

清洗时，2个过滤转盘为1组，通过自动切换抽吸泵管道上的电动阀控制，纤维转盘滤池一个完整的清洗过程中各组的清洗交替进行，其间抽吸泵的工作是连续的。当进水水质突然之间恶化，池内液为迅速上升到反洗液位，清洗时同时启动多台反冲洗泵，对多组过滤转盘进行反冲洗，直至反冲洗周期恢复正常。在反冲洗过程中，驱动电机带动滤布转动，离心泵将滤后水通过反冲洗吸头在滤布另一侧进行冲洗收集。高速反向水流将滤布上的固体颗粒去除，恢复滤布的过水能力。

2. 砂滤池工艺

1）工作原理

滤池闲置期，石英砂在自身重力作用下，处于压实状态。运行初期，原水首先从进水阀进入配水渠，然后沿配水槽跌落经石英砂过滤后由滤池底部的清水管流出滤池。随着运行时间的延长，石英砂截留杂质越来越多，滤层阻力不断增大，滤池水位逐渐上升，当滤池水位上升到一定高度后，滤池过滤效果明显下降，此时需对滤池进行反冲洗。

反冲洗时，石英砂滤料在重力和水流作用下处于膨化状态，反洗下来的泥水进入排水槽（进水时为配水槽），由反冲洗水排水阀门将反冲洗水排走。反冲洗结束后，石英砂滤料在重力作用下沉降压实，形成上稀下密的过滤层，更有利于杂质的截留。

2）系统组成及作用

砂池系统组成（图 6-14）主要包括：进水泵房、砂滤池池体及管廊、反冲洗废水池、反冲洗泵、反冲洗风机等。

砂滤池进水通过进水提升泵提升后，均匀分配至各砂滤池单体，通过砂滤池处理后，出水进入后续处理构筑物。砂滤池由进水渠、滤池和管廊组成，滤池底部中间设排水槽，排水槽下部为反冲洗配水、配气渠道。

3. 超滤工艺

1）工艺原理

超滤工艺是通过超滤膜的过滤作用去除水中残留的细小颗粒物、胶体、微生物等。其原理是以压力为动力的膜分离过程原理，如图 6-15 所示，它通过膜表面的微孔结构对物质进行选择性分离。混合液在外界推动力（压力）作用流经膜表面时，水中胶体、颗粒和分子量相对较高的物质被截留，而水和小分子溶质透过膜。

2）工艺过程

上一级工艺的处理出水进入膜过滤车间泵房集水井内，由泵房内加压泵提升，送至膜车间，经膜过滤处理，去除水中的颗粒物、胶体、微生物等，出水进入后续的处理设施。进水渠处设溢流堰，未能进入膜系统的水将溢流走。

水泵采用变频调速控制，调节水量、水压的变化。为保证过滤系统的安全运行，在加压泵后和膜系统前设置自清洗过滤器，过滤器过滤精度为 200μm，减少较大颗粒物对过滤膜正常运行的危害。

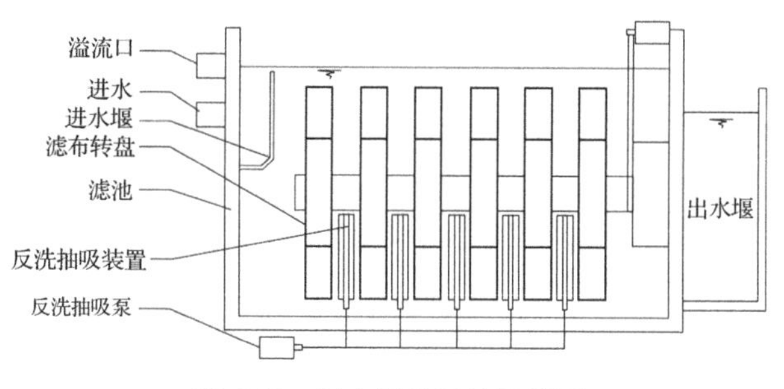

图 6-13　滤布滤池系统示意图

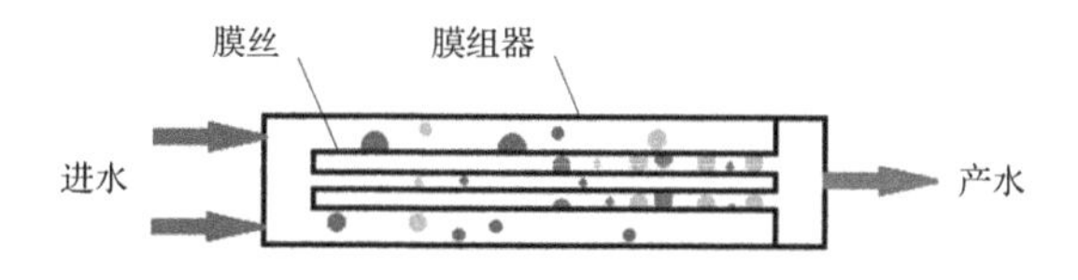

图 6-15　超滤膜过滤原理示意图

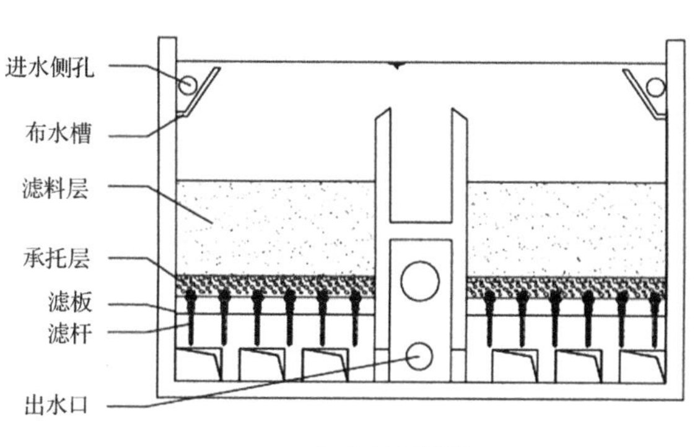

（a）过滤状态

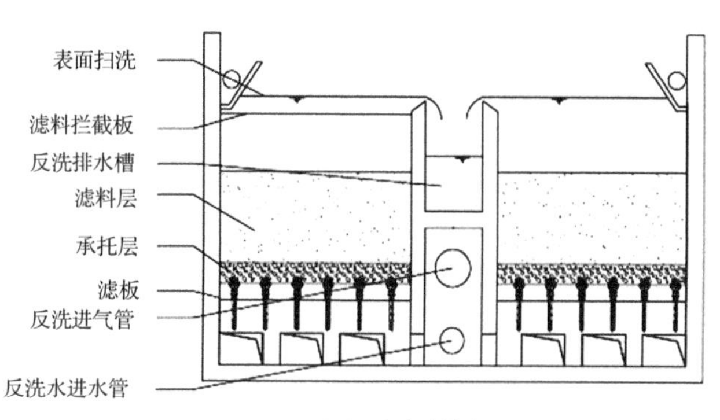

（b）反冲洗状态

图 6-14　V 形砂滤池系统及运行原理示意图

膜系统运行时，进水经自清洗过滤器、进水控制阀进入膜组件。每组膜组件产生的透过液通过出水管收集到共用的膜产水总管(渠)中，排出膜过滤处理系统。膜系统的产水小部分流至反洗水池内，为膜系统提供反冲洗用水。在产水过程中进行周期性的反冲洗，用于去除膜表面积累的固体物质，反洗过程中同时采用空气擦洗。

膜系统还需要进行化学清洗。化学清洗有两种方式：维护性清洗和恢复性清洗。维护性清洗的清洗持续时间较短，采用较低的化学药品浓度、清洗频率较高。其目的在于保持膜的透水性和延长恢复性清洗周期。恢复性清洗的清洗持续时间比维护性清洗长，采用化学药品浓度较高，清洗频率较低。其目的在于恢复膜的透水性。

化学清洗过程采用的两种化学药剂为次氯酸钠和柠檬酸。次氯酸钠用于去除有机和生物污堵物质，柠檬酸用于去除无机污堵物质。

膜系统反洗过程中的产水被快速排放到反洗排水池，采用反洗排水泵将水排出。化学清洗液产生的废水，排入中和池，经药剂中和后，排至反洗排水池。

(三)脱色消毒工艺

1. 臭氧接触工艺

1)工艺原理

臭氧接触工艺用于对再生水的臭氧氧化，利用臭氧的强氧化性，对再生水起到脱色、除臭和灭活微生物等作用。

2)系统组成及作用

臭氧接触工艺系统物组成包括臭氧接触池、尾气破坏器、臭氧制备车间、氧气制备车间或液氧储罐等。

接触池为加盖钢筋混凝土水池，接触池渠道内布置微气泡曝气系统，如图 6-16 所示。

接触池内未溶解的臭氧需重新还原变为氧气，避免对大气环境造成污染。采用热触媒式臭氧尾气破坏装置进行处理，将空气中残留臭氧还原为氧气，使尾气破坏装置出口处臭氧浓度低于 0. 1mg/L。

臭氧制备车间，车间内安装臭氧制备设备。采用

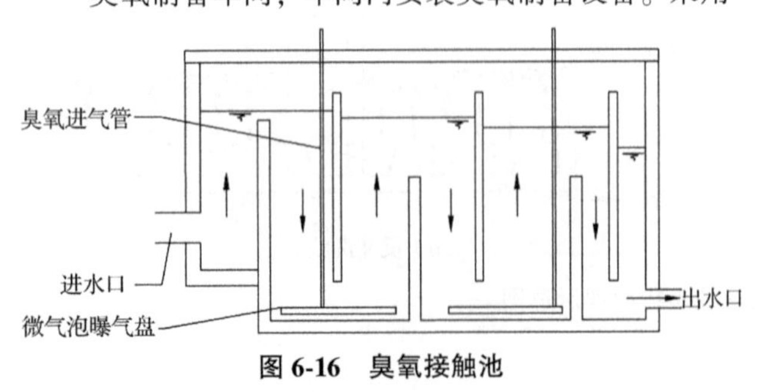

图 6-16　臭氧接触池

高压电离氧气方法制备臭氧，送至臭氧接触池。

氧气制备车间，车间内安装现场制氧设备。采用变压吸附空分制氧，为臭氧制备车间内臭氧发生器提供气源。

液氧储罐作为臭氧制备车间的备用气源，在现场制氧设备不能正常供气时，给臭氧制备车间提供氧气。

2. 加氯消毒工艺

1)工艺原理

再生水的加氯消毒处理是为了防止清水池和输水管道中细菌生长，保证再生水管网消毒和管网末梢的余氯要求。常用加氯消毒药剂包括次氯酸钠、二氧化氯等。

2)系统组成及作用

(1)次氯酸钠投加系统

次氯酸钠投加系统主要由储药池、液位计、流量计、加药泵、加药管线等组成。储药池加盖防止气味泄漏，池体内侧有防腐涂层。次氯酸钠药剂一般为药剂车配送至厂内，药剂浓度一般为 10% 的溶液。加药方式使用加药泵直接投加，投加点一般设在清水池前。

(2)二氧化氯投加系统

二氧化氯制备系统由二氧化氯制备间及储药间组成。二氧化氯制备间内安装二氧化氯发生器，配套加压水泵、氯酸钠化料器、盐酸储罐及氯酸钠罐。制取原料盐酸及氯酸钠，分别储存在盐酸储罐及氯酸钠储罐内。通过计量泵分别从储罐中抽吸计量药剂，在二氧化氯发生器中，两种原料经过反应生成二氧化氯及氯的混合溶液。水射器将生成的溶液与经水泵加压的再生水混合，经过厂区加氯管沟将其投加到加氯接触池内。

加氯系统及检测仪表采用 PLC 监控。当系统发生堵塞或外部动力水、电条件缺失时，安全系统立即动作，停止供料，并释放反应器内部异常压力；安全系统同时还具有断料、断流自动报警并停机的功能。

在二氧化氯制备间内设漏氯报警仪，当制备间内含氯浓度超标时，漏氯报警仪发出信号报警。

3. 紫外消毒工艺

紫外消毒工艺是指利用紫外线照射对再生水出水消毒。其主要是通过紫外线对微生物(细菌、病毒、芽孢等病原体)的辐射损伤和破坏核酸的功能使微生物致死，从而达到消毒的目的。具有不投加化学药剂、不增加水的臭味、不产生有毒有害的副产物、消毒速度快、效率高、设备操作简单、便于运行管理和实现自动化等优点。

紫外消毒工艺系统组成包括紫外灯模组、镇流器、水位控制器(可调堰)等以及在线清洗、自控监测等配套系统。

二、工艺运行要点

（一）曝气生物滤池运行参数（表6-2）

表6-2　曝气生物滤池运行参数

运行过程	项目	参数
运行	滤料高度	2.5m
	设计水温	14~24℃
	曝气生物滤池滤速	4.3~4.8m/h
	硝酸盐氮容积负荷	<0.45kg NH_4-N/(m^3·d)
反冲洗	水反冲洗强度	<2m^3/(m^2·h)
	气反洗强度	<54m^3/(m^2·h)
	反冲洗步骤	气洗、气水联合、水洗
	反冲洗循环次数	1~2次
	反冲洗周期	12~24h

（二）反硝化生物滤池运行参数（表6-3）

表6-3　反硝化生物滤池运行参数

运行过程	项目	参数
运行	滤料高度	2.5~3m
	设计水温	14~24℃
	反硝化生物滤池滤速	<8.4m/h
	硝酸盐氮容积负荷	<1.1kg NO_3-N/(m^3·d)
反冲洗	水反冲洗强度	<25m^3/(m^2·h)
	气反洗强度	<54m^3/(m^2·h)
	反冲洗步骤	气洗、气水联合、水洗
	反冲洗循环次数	1~2次
	反冲洗周期	12~24h
药剂	碳源种类	甲醇、乙酸钠等
	硝酸盐去除量	<10mg NO_3-N/L
	碳源投加浓度	<33mg甲醇/L
	碳源产泥量	14t DS/d
	化学药剂种类	硫酸铝
	化学除磷浓度	从1.0mg/L降至0.3mg/L
	最大加药浓度	3.5mg AL_2O_3/L
	最大产泥量	7.3t DS/d

注：DS代表污泥干重。

（三）砂滤池运行参数（表6-4）

表6-4　砂滤池运行参数

运行过程	项目	参数
运行	滤料高度	1.2m
	平均滤速	5.5m/h
	强制滤速	6.0m/h
反冲洗	气洗强度	16L/(s·m^2)
	气水联合冲洗强度	4L/(s·m^2)
	水冲洗强度	4L/(s·m^2)
	表面扫洗强度	1.8L/(s·m^2)
	反冲洗步骤	气水联合、水洗、表面扫洗

（四）超滤膜技术运行参数（表6-5）

表6-5　超滤膜技术运行参数

运行过程	项目	参数
运行	常用膜通量范围	50~100L/(m^2·h)
	跨膜压力范围	30~150kPa
	过滤时最高跨膜压力	200kPa
	最大进水压力	300kPa
	错流过滤回流量	10%~30%
反冲洗	反冲洗方式	气水反冲洗
	设计反冲洗频率	48次/d
	反冲洗时的擦洗空气压力	≤150kPa
	反洗通量	0.5~1.5倍的产水通量
	反洗气体流量	8~12m^3/h(每支)
	反洗操作模式	每个周期30min
维护性清洗	维护性清洗(CEBW)方式	低浓度柠檬酸或次氯酸钠溶液循环冲洗
	维护性清洗占用时间	50min(含冲洗时间)
	柠檬酸酸CEBW频率	1次/(1~3d)
	次氯酸钠CEBW频率	1次/(1~3d)
	CEBW清洗流量	1~2m^3/支膜组件
	维护性清洗浓度	300~500ppm*
恢复性化学清洗	化学清洗(CIP)方式	柠檬酸溶液与次氯酸钠溶液交替循环冲洗
	CIP历时（酸洗或次氯酸钠洗）	90~180min
	CIP酸洗频率	1次/(30~90d)
	CIP次氯酸钠清洗频率	1次/(30~90d)
	CIP循环流量	1~3m^3/支膜组件
	化学清洗浓度	1000~3000ppm
	每种加药清洗液最佳使用温度范围	20~30℃
	每种加药清洗液加热温度	20~30℃

注：*1ppm=0.001‰，下同。

反冲洗时，开反冲洗水泵和滤池底部的反冲洗水阀，反洗水逆流而上，待石英砂充分膨化后，开鼓风机，待风机工作稳定后，打开进气阀反冲洗水排水阀门，对滤料进行气、水反冲，5~8min后，关闭进气阀和鼓风机，仅对滤料进行水反冲，2~4min后，冲洗结束，关闭冲洗水泵、反冲洗水阀，打开原水进水阀，进行表面扫洗，1~4min后，扫洗结束，关闭反冲洗水排水阀门，打开清水阀，滤池进入下一周期的工作。

(五)紫外消毒工艺

根据再生水的用途不同，消毒的要求也有区别：用于景观河道补水或工业循环冷却水补水的再生水，要求粪大肠菌群数≤500个/L，紫外线有效照射剂量大于30mJ/cm^2；用于市政杂用水的再生水，总大肠菌群数≤3个/L，紫外线有效照射剂量大于80mJ/cm^2。池体水力停留时间20min。

紫外线消毒进水透射率应大于30%，固体悬浮物(SS)浓度应不大于10mg/L，浊度应不大于5NTU。

纯机械式自动清洗系统清洗频率应为10~30min/次，应每0.5~1年更换清洗头。机械加化学式自动清洗系统清洗频率应每日1次，并应每5年更换清洗头。

第七章
相关知识

第一节　电工基础知识

一、电学基础

(一) 电学的基本物理量

1. 电　量

自然界中的一切物质都是由分子组成的，分子又是由原子组成的，而原子是由带正电荷的原子核和一定数量带负电荷的电子组成的。在通常情况下，原子核所带的正电荷数等于核外电子所带的负电荷数，原子对外不显电性。但是，用一些办法，可使某种物体上的电子转移到另外一种物体上。失去电子的物体带正电荷，得到电子的物体带负电荷。物体失去或得到的电子数量越多，则物体所带的正、负电荷的数量也越多。

物体所带电荷数量的多少用电量来表示。电量是一个物理量，它的单位是库仑，用字母 C 表示。1C 的电量相当于物体失去或得到 6.25×10^{18} 个电子所带的电量。

2. 电　流

电荷的定向移动形成电流。电流有大小和方向。

1) 电流的方向

人们规定正电荷定向移动的方向为电流的方向。金属导体中，电流是电子在导体内电场的作用下定向移动的结果，电子流的方向是负电荷的移动方向，与正电荷的移动方向相反，所以金属导体中电流的方向与电子流的方向相反，如图 7-1 所示。

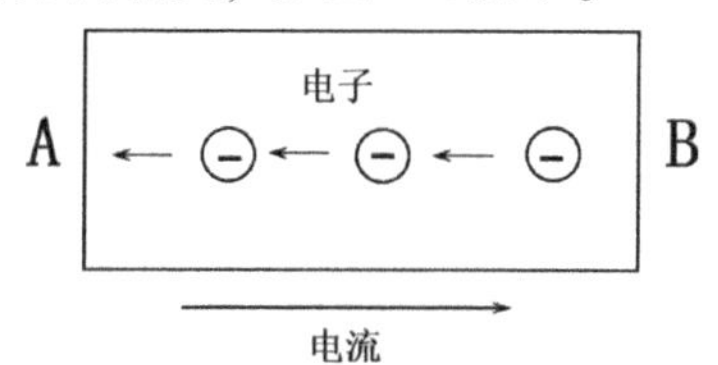

图 7-1　金属导体中的电流方向

2) 电流的大小

电学中用电流强度来衡量电流的大小。电流强度就是单位时间内通过导体截面的电量。电流强度用字母 I 表示，计算公式见式(7-1)：

$$I=\frac{Q}{t} \tag{7-1}$$

式中：I——电流强度，A；

Q——在时间 t 内，通过导体截面的电荷量，C；

t——时间，s。

实际使用时，人们把电流强度简称为电流。电流的单位是安培，简称安，用 A 表示。如果 1s 内通过导体截面的电荷量为 1C，则该电流的电流强度为 1A。实际应用中，除单位安培外，还有千安(kA)、毫安(mA)和微安(μA)等。它们之间的关系为：$1kA=10^3A$，$1A=10^3mA$，$1mA=10^3\mu A$。

3. 电　压

从图 7-2(a)可以看到水由 A 槽经 C 管向 B 槽流去。水之所以能在 C 管中进行定向移动，是由于 A 槽水位高，B 槽水位低所致；A、B 两槽之间的水位差即水压，是实现水形成水流的原因。与此相似，当图 7-2(b)中的开关 S 闭合后，电路里就有电流。这是因为电源的正极电位高，负极电位低。两个极间电位差(电压)使正电荷从正极出发，经过负载 R 移向负极形成电流。所以，电压是自由电荷发生定向移动形成电流的原因。在电路中电场力把单位正电荷由高

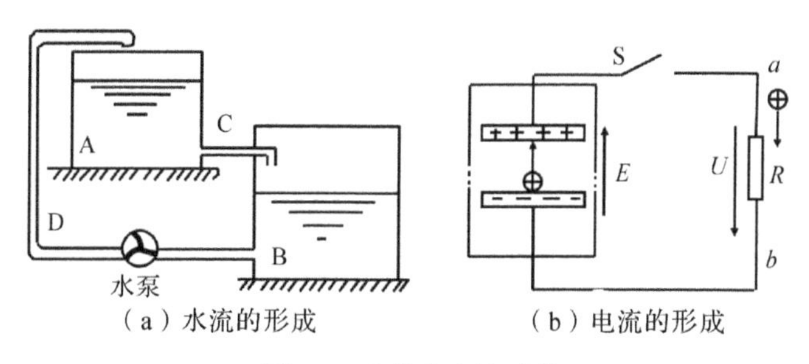

图 7-2　水流和电流形成

电位 a 点移向低电位 b 点所做的功称为两点间的电压，用 U_{ab} 表示。所以电压是 a 与 b 两点间的电位差，它是衡量电场力做功本领的物理量。

电压用字母 U 表示，单位为伏特，电场力将 1C 电荷从 a 点移到 b 点所做的功为 1 焦耳(J)，则 ab 间的电压值就是 1 伏特，简称伏，用 V 表示。常用的电压单位还有千伏(kV)，毫伏(mV)等。它们之间的关系为：$1kV = 10^3V$，$1V = 10^3mV$。

电压与电流相似，不但有大小，而且有方向。对于负载来说，电流流入端为正端，电流流出端为负端。电压的方向是由正端指向负端，也就是说负载中电压实际方向与电流方向一致。在电路图中，用带箭头的细实线表示电压的方向。

4. 电动势、电源

在图 7-2(a)中，为使水在 C 管中持续不断地流动，必须用水泵把 B 槽中的水不断地泵入 A 槽，以维持两槽间的固定水位差，也就是要保证 C 管两端有一定的水压。在图 7-2(b)中，电源与水泵的作用相似，它把正电荷由电源的负极移到正极，以维持正、负极间的电位差，即电路中有一定的电压使正电荷在电路中持续不断地流动。

电源是利用非电力把正电荷由负极移到正极的，它在电路中将其他形式能转换成电能。电动势就是衡量电源能量转换本领的物理量，用 E 表示，它的单位也是伏特，简称伏，用 V 表示。

电源的电动势只存在于电源内部。人们规定电动势的方向在电源内部由负极指向正极。在电路中也用带箭头的细实线表示电动势的方向，如图 7-2(b)所示。当电源两端不接负载时，电源的开路电压等于电源的电动势，但两者方向相反。

生活中用测量电源端电压的办法，来判断电源的状态。如测得工作电路中两节 5 号电池的端电压为 2.8V，则说明电池电量比较充足。

5. 电　阻

一般来说，导体对电流的阻碍作用称为电阻，用字母 R 表示。电阻的单位为欧姆，简称欧，用字母 Ω 表示。如果导体两端的电压为 1V，通过的电流为 1A，则该导体的电阻就是 1Ω。常用的电阻单位还有千欧(kΩ)、兆欧(MΩ)等。它们之间的关系为：$1k\Omega = 10^3\Omega$，$1M\Omega = 10^3k\Omega$。

应当强调指出：电阻是导体中客观存在的，它与导体两端电压变化情况无关，即使没有电压，导体中仍然有电阻存在。实验证明，当温度一定时，导体电阻只与材料及导体的几何尺寸有关。对于两根材质均匀、长度为 L、截面积为 S 的导体而言，其电阻大小可用式(7-2)表示：

$$R = \rho \frac{L}{S} \tag{7-2}$$

式中：R——导体电阻，Ω；

L——导体长度，m；

S——导体截面积，mm^2；

ρ——电阻率，Ω·m。

电阻率是与材料性质有关的物理量。电阻率的大小等于长度为 1m，截面积为 $1mm^2$ 的导体在一定温度下的电阻值，其单位为欧米(Ω·m)。例如，铜的电阻率为 $1.7\times10^{-8}\Omega\cdot m$，就是指长为 1m，截面积为 $1mm^2$ 的铜线的电阻是 $1.7\times10^{-8}\Omega$。几种常用材料在 20℃时的电阻率见表 7-1。

表 7-1　几种常用材料在 20℃时的电阻率

材料名称	电阻率/(Ω·m)
银	1.6×10^{-8}
铜	1.7×10^{-8}
铝	2.9×10^{-8}
钨	5.5×10^{-8}
铁	1.0×10^{-7}
康铜	5.0×10^{-7}
锰铜	4.4×10^{-7}
铝铬铁电阻丝	1.2×10^{-6}

从表中可知，铜和铝的电阻率较小，是应用极为广泛的导电材料。以前，由于我国铝的矿藏量丰富，价格低廉，常用铝线作输电线。但由于铜线有更好的电气特性，如强度高、电阻率小，现在铜制线材被更广泛应用。电动机、变压器的绕组一般都用铜材。

6. 电功、电功率

电流通过用电器时，用电器就将电能转换成其他形式的能，如热能、光能和机械能等。把电能转换成其他形式的能称为电流做功，简称电功，用字母 W 表示，单位是焦耳，简称焦，用 J 表示。电流通过用电器所做的功与用电器的端电压、流过的电流、所用的时间和电阻有以下的关系，见式(7-3)：

$$\left.\begin{aligned} W &= UIt \\ W &= I^2Rt \\ W &= \frac{U^2}{R}t \end{aligned}\right\} \tag{7-3}$$

式中：U——电压，V；

I——电流，A；

R——电阻，Ω；

t——时间，s；

W——电功，J。

电流在单位时间内通过用电器所做的功称为电功

率，用 P 表示。其数学表达式见式(7-4)：

$$P=\frac{W}{t} \tag{7-4}$$

将电功的表示公式代入上式得到式(7-5)：

$$\left.\begin{array}{l}P=\dfrac{U^2}{R}\\P=UI\\P=I^2R\end{array}\right\} \tag{7-5}$$

若电功单位为 J，时间单位为 s，则电功率的单位就是 J/s。J/s 又称为瓦特，简称瓦，用 W 表示。在实际工作中，常用的电功率单位还有千瓦(kW)、毫瓦(mW)等。它们之间的关系为：$1kW=10^3W$，$1W=10^3mW$。

从电功率 P 的计算公式中可以得出如下结论：

(1)当用电器的电阻一定时，电功率与电流平方或电压平方成正比。若通过用电器的电流是原电流的 2 倍，则电功率是原功率的 4 倍；若加在用电器两端电压是原电压的 2 倍，则电功率是原功率的 4 倍。

(2)当流过用电器的电流一定时，电功率与电阻值成正比。对于串联电阻电路，流经各个电阻的电流是相同的，则串联电阻的总功率与各个电阻的电阻值的和成正比。

(3)当加在用电器两端的电压一定时，电功率与电阻值成反比。对于并联电阻电路，各个电阻两端电压相等，则各个电阻的电功率与各个电阻的阻值成反比。

在实际工作中，电功的单位常用千瓦小时(kW·h)，也称为度。1kW·h 是 1 度，它表示功率为 1kW 的用电器 1h 所消耗的电能，即：$1kW\cdot h=1kW\times1h=3.6\times10^6J$。

例 7-1：已知一台 42 英寸(1 英寸=2.54cm)等离子电视机的功率约为 300W，平均每天开机 3h，若每度电费为人民币 0.48 元，问 1 年(以 365 天计算)要交纳多少电费？

解：电视机的功率 $P=300W=0.3kW$

电视机 1 年开机的时间 $t=3\times365=1095h$

根据式(7-4)，电视机 1 年消耗的电能 $W=Pt=0.3\times1095=328.5kW\cdot h$

则 1 年的电费为 $328.5\times0.48=157.68$ 元

7. 电流的热效应

电流通过导体使导体发热的现象称为电流的热效应。电流的热效应是电流通过导体时电能转换成热能的效应。

电流通过导体产生的热量，用焦耳—楞次定律表示，见式(7-6)：

$$Q=I^2Rt \tag{7-6}$$

式中：Q——热量，J；

I——通过导体的电流，A；

R——导体电阻，Ω；

t——电流通过导体的时间，s。

焦耳—楞次定律的物理意义是：电流通过导体所产生的热量，与电流强度的平方、导体的电阻及通电时间成正比。

在生产和生活中，应用电流热效应制作各种电器。如白炽灯、电烙铁、电烤箱、熔断器等在工厂中最为常见；电吹风、电褥子等常用于家庭中。但是电流的热效应也有其不利的一面，如电流的热效应能使电路中不需要发热的地方(如导线)发热，导致绝缘材料老化，甚至烧毁设备，导致火灾，是一种不容忽视的潜在祸因。

例 7-2：已知当 1 台电烤箱的电阻丝流过 5A 电流时，每分钟可放出 1.2×10^6J 的热量，求这台电烤箱的电功率及电阻丝工作时的电阻值。

解：根据式(7-4)，电烤箱的电功率为：

$$P=\frac{W}{t}=\frac{Q}{t}=\frac{1.2\times10^6}{60}=20kW$$

根据式(7-5)，电阻丝工作时电阻值为：

$$R=\frac{P}{I^2}=\frac{20000}{25}=800\Omega$$

(二)电　路

1. 电路的组成及作用

电流所流过的路径称为电路。它是由电源、负载、开关和连接导线 4 个基本部分组成的，如图 7-3 所示。电源是把非电能转换成电能并向外提供电能的装置。常见的电源有干电池、蓄电池和发电机等。负载是电路中用电器的总称，它将电能转换成其他形式的能。如电灯把电能转换成光能；电烙铁把电能转换成热能；电动机把电能转换成机械能。开关属于控制电器，用于控制电路的接通或断开。连接导线将电源和负载连接起来，担负着电能的传输和分配的任务。电路电流方向是由电源正极经负载流到电源负极，在电源内部，电流由负极流向正极，形成一个闭合通路。

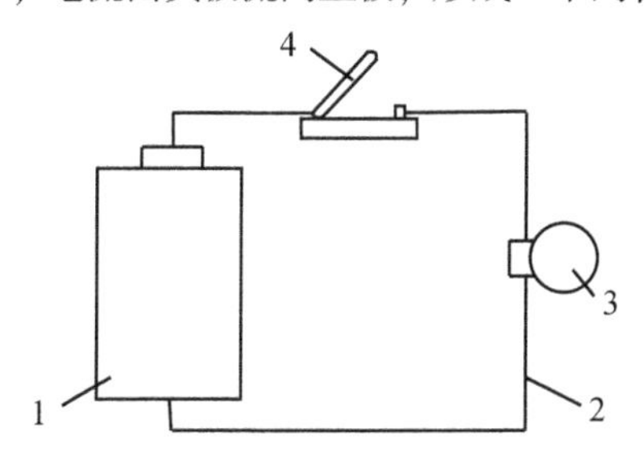

1-电源；2-导线；3-灯泡；4-开关。

图 7-3　电路的组成

2. 电路图

在设计、安装或维修各种实际电路时，经常要画出表示电路连接情况的图。如图7-3所示的实物连接图，虽然直观，但很麻烦。所以很少画实物图，而是画电路图。所谓电路图就是用国家统一规定的符号，来表示电路连接情况的图。如图7-4所示是图7-3的电路图。

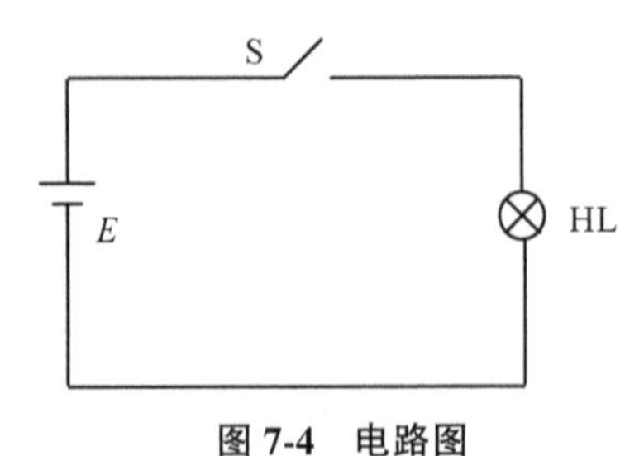

图7-4 电路图

表7-2是几种常用的电工符号。

表7-2 几种常用的电工符号

名称	符号	名称	符号
电池	—┤├—	电流表	—(A)—
导线	———	电压表	—(V)—
开关	—/ —	熔断器	—▭—
电阻	—▭—	电容	—┤├—
照明灯	—⊗—	接地	⏚

3. 电路状态

电路有3种状态：通路、开路、短路。

通路是指电路处处接通。通路也称为闭合电路，简称闭路。只有在通路的情况下，电路才有正常的工作电流；开路是指电路中某处断开，没有形成通路的电路。开路也称为断路，此时电路中没有电流；短路是指电源或负载两端被导线连接在一起，分别称为电源短路或负载短路。电源短路时电源提供的电流比通路时提供的电流大很多倍，通常是有害的，也是非常危险的，所以一般不允许电源短路。

(三)电磁基本知识

1. 磁现象

早在2000多年前，人们就发现了磁铁矿石具有吸引铁的性质。人们把物体能够吸引铁、钴、镍及其合金的性质称为磁性，把具有磁性的物体称为磁体。磁体上磁性最强的位置称为磁极，磁体有两个磁极：即南极和北极，通常用S表示南极(常涂红色)，用N表示北极(常涂绿色或白色)。条形、蹄形、针形磁铁的磁极位于它们的两端。值得注意的是任何一个磁体的磁极总是成对出现的。若把一个条形磁铁分割成若干段，则每段都会同时出现南极、北极。这称为磁极的不可分割性。磁极与磁极之间存在的相互作用力称为磁力，其作用规律是同性磁极相斥，异性磁极相吸。一根没有磁性的铁棒，在其他磁铁的作用下获得磁性的过程称为磁化。如果把磁铁拿走，铁棒仍有的磁性则称为剩磁。

2. 磁场、磁感应

磁体周围存在磁力作用的空间称为磁场。人们经常看见两个互不接触的磁体之间具有相互作用力，它们是通过磁场这一特殊物质进行传递的。磁场之所以是一种特殊物质，是因为它不是由分子和原子等粒子组成的。虽然磁场是一种看不见、摸不着的特殊物质，但通过实验可以证明它的存在。例如，在一块玻璃板上均匀地撒些铁粉，在玻璃板下面放置一个条形磁铁。铁粉在磁场的作用下排列成规则线条，如图7-5(a)所示。这些线条都是从磁铁的N极到S极的光滑曲线，如图7-5(b)所示。人们把这些曲线称为磁感应线，用它能形象描述磁场的性质。

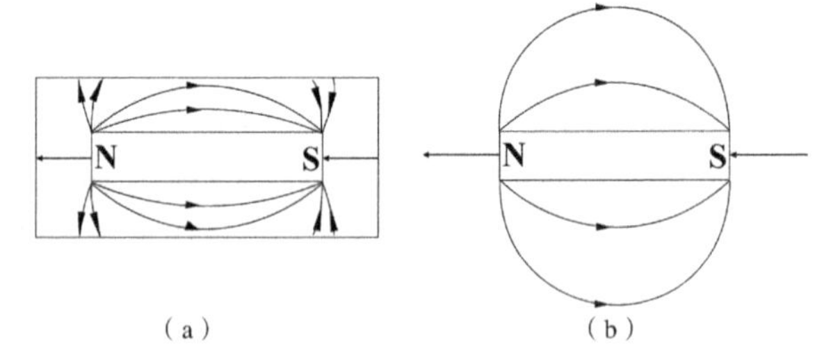

图7-5 铁粉在磁场作用下的排列

实验证明磁感应线具有下列特点：

(1)磁感应线是闭合曲线。在磁体外部，磁感应线从N极出发，然后回到S极，在磁体内部，是从S极到N极，这称为磁感应线的不可中断性，如图7-6所示。

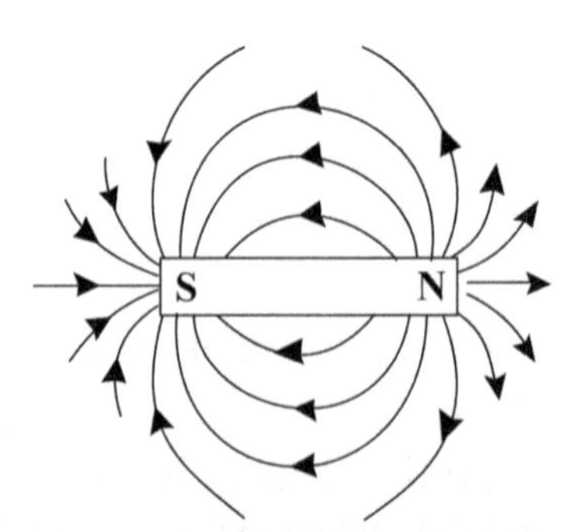

图7-6 磁体内外磁感应线走向

(2)磁感应线互不相交。这是因为磁场中任何一点磁场方向只有一个。

(3)磁感应线的疏密程度与磁场强弱有关。磁感应线稠密表示磁场强，磁感应线稀疏表示磁场弱。

3. 磁通量、磁感应强度

在磁场中，把通过与磁场方向垂直的某一面积的磁感应线的总数目，称为通过该面积的磁通量，简称磁通，用 Φ 表示。磁通量的单位是韦伯，简称韦，用 Wb 表示。

磁感应强度是用来表示磁场中各点磁场强弱和方向的物理量，用 B 表示。垂直通过单位面积的磁感应线的数目称为该点的磁感应强度。它既有大小，又有方向。在磁场中某点磁感应强度的方向，就是位于该点磁针北极所指的方向，它的大小在均匀磁场中可由式(7-7)表示：

$$B=\frac{\Phi}{S} \tag{7-7}$$

式中：B——磁感应强度，T；

Φ——磁通量，Wb；

S——垂直于磁感应线方向通过磁感应线的面积，m^2。

式(7-7)说明磁感应强度的大小等于单位面积的磁通。如果通过单位面积的磁通越多，则磁感应线越密，磁场也越强，反之磁场越弱。磁感应强度的单位是 Wb/m^2，称为特斯拉，简称特，用 T 表示。

4. 磁导率

实验证明，铁、钴、镍及其合金对磁场影响强烈，具有明显的导磁作用。但是自然界绝大多数物质对磁场影响甚微，导磁作用很差。为了衡量各种物质导磁的性能，引入磁导率这一物理量，用 μ 表示。磁导率的单位为亨利/米(H/m)。不同物质有不同的磁导率。在其他条件相同的情况下，某些物质的磁导率比真空中的强，另一些物质的磁导率比真空中的弱。

经实验测得，真空的磁导率为 $\mu_0=4\pi\times10^{-7}$ H/m，是常数。

为了便于比较各种物质的导磁性能，把各种性质的磁导率与真空中的磁导率进行比较，引入相对磁导率这一物理量。任何一种物质的磁导率与真空的磁导率的比值称为相对磁导率，用式(7-8)表示：

$$\mu_r=\frac{\mu}{\mu_0} \tag{7-8}$$

相对磁导率没有单位，只是说明在其他条件相同的情况下，物质的磁导率是真空磁导率的多少倍。

根据各种物质的磁导率的大小，可将物质分成3类。

(1) $\mu_r<1$ 的物质称为反磁物质，如铜、银等。

(2) $\mu_r>1$ 的物质称为顺磁物质，如空气、铝等。

(3) $\mu_r>>1$ 的物质称为铁磁物质，如铁、钴、镍及其合金等。

由于铁磁物质的相对磁导率很高，所以铁磁物质被广泛地应用于电工技术方面(如制作变压器、电磁铁。电动机的铁心等)。表7-3中列出了几种铁磁物质的相对磁导率，供参考。

表7-3　几种铁磁物质的相对磁导率

铁磁物质名称	相对磁导率(μ_r)
钴	174
镍	1120
退火的铁	7000
软钢	2180
硅钢片	7500
镍铁合金	60000
坡莫合金	115000

(四)常用电学定律

1. 欧姆定律

1)一段电阻电路的欧姆定律

所谓一段电阻电路是指不包括电源在内的外电路，如图7-7所示。

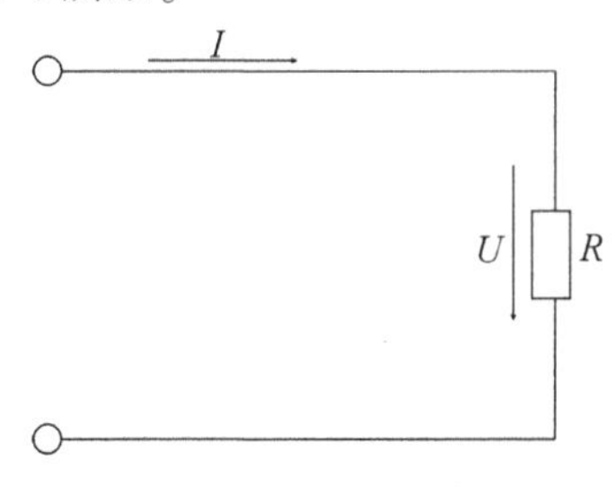

图7-7　一段电阻电路

实验证明，两段电阻电路欧姆定律是指流过导体的电流强度与这段导体两端的电压成正比；与这段导体的电阻成反比。其数学表达式见式(7-9)：

$$I=\frac{U}{R} \tag{7-9}$$

式中：I——导体中的电流，A；

U——导体两端的电压，V；

R——导体的电阻，Ω。

在式(7-9)中，已知其中两个量，就可以求出第三个未知量；公式又可写成另外两种形式：

(1)已知电流、电阻，求电压，见式(7-10)：

$$U=IR \tag{7-10}$$

(2)已知电压、电流，求电阻，见式(7-11)：

$$R=\frac{U}{I} \tag{7-11}$$

例7-3：已知1台直流电动机励磁绕组在220V电压作用下，通过绕组的电流为0.427A，求绕组的电阻。

解：已知电压 $U=220V$，电流 $I=0.427A$，根据式(7-11)，可得：

$$R=\frac{U}{I}=\frac{220}{0.427}\approx 515.2\Omega$$

2)全电路欧姆定律

全电路是指含有电源的闭合电路。全电路是由各段电路连接成的闭合电路。如图7-8所示，电路包括电源内部电路和电源外部电路，电源内部电路简称内电路，电源外部电路简称外电路。

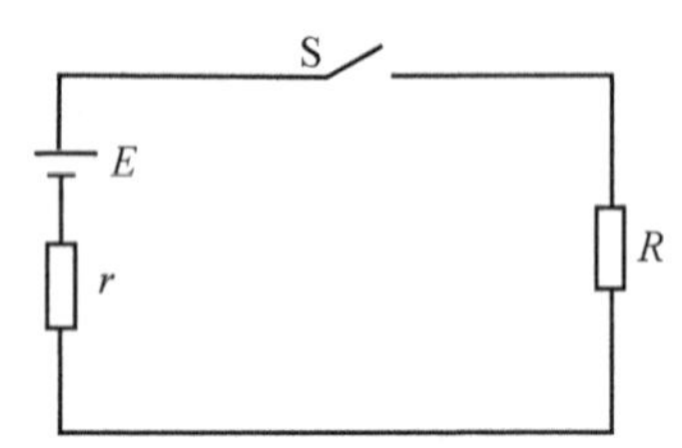

图7-8 简单的全电路

在全电路中，电源电动势 E、电源内电阻 r、外电路电阻 R 和电路电流 I 之间的关系为式(7-12)：

$$I=\frac{E}{R+r} \tag{7-12}$$

式中：I——电路中的电流，A；

E——电源电动势，V；

R——外电路电阻，Ω；

r——内电路电阻，Ω。

上式是全电路欧姆定律。定律说明电路中的电流强度与电源电动势 E 成正比，与整个电路的电阻($R+r$)成反比。

将式(7-12)变换后得到式(7-13)：

$$E=IR+Ir=U+Ir \tag{7-13}$$

式中：U——外电路电压，V。

外电路电压是指电路接通时电源两端的电压，又称为路端电压，简称端电压。这样，公式的含义又可叙述为：电源电动势在数值上等于闭合回路的各部分电压之和。根据全电路欧姆定律研究全电路的3种状态时，全电路中电压与电流的关系是：

(1)当全电路处于通路状态时，由式(7-13)可以得出端电压为：$U=E-Ir$，可知随着电流的增大，外电路电压也随之减小。电源内阻越大，外电路电压减小得越多。在直流负载时需要恒定电压供电，所以总是希望电源内阻越小越好。

(2)当全电路处于开路状态时，相当于外电路电阻值趋于无穷大，此时电路电流为零，开路内电路电阻电压为零，外电路电压等于电源电动势。

(3)当全电路处于短路状态时，外电路电阻值趋近于零，此时电路电流称为短路电流。由于电源内阻很小，所以短路电流很大。短路时外电路电压为零，内电路电阻电压等于电源电动势。

全电路在3种状态下，电路中电压与电流的关系见表7-4。

表7-4 电路中电压与电流的关系

电路状态	负载电阻	电路电流	外电路电压
通路	$R=$常数	$I=\frac{E}{R+r}$	$U=E-Ir$
开路	$R\to\infty$	$I=0$	$U=E$
短路	$R\to 0$	$I=\frac{E}{r}$	$U=0$

通常电源电动势和内阻在短时间内基本不变，且电源内阻又非常小，所以可近似认为电源的端电压等于电源电动势。不特别指出电源内阻时，就表示其阻值很小忽略不计。但对于电池来说，其内阻随电池使用时间延长而增大。如果电池内阻增大到一定值时，电池的电动势就不能使负载正常工作了。如旧电池开路时两端的电压并不低，但装在电器里，却不能使电器工作，这是由于电池内阻增大所致。

2. 电阻的串联、并联电路

1)电阻的串联电路

在一段电路上，将几个电阻的首尾依次相连所构成的一个没有分支的电路，称为电阻的串联电路。如图7-9(a)所示是电阻的串联电路。图7-9(b)是图7-9(a)的等效电路。电阻的串联电路有以下特点：

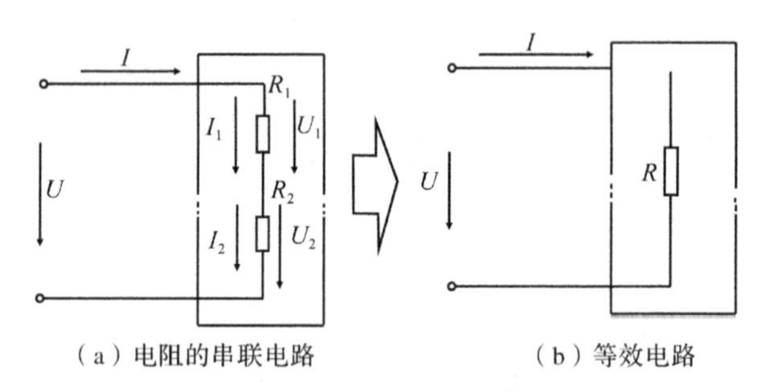

(a)电阻的串联电路 (b)等效电路

图7-9 电阻的串联电路及等效电路

(1)串联电路中流过各个电阻的电流都相等，用式(7-14)表示：

$$I=I_1=I_2=I_3=\cdots=I_n \tag{7-14}$$

(2)串联电路两端的总电压等于各个电阻两端的电压之和，用式(7-15)表示：

$$U=U_1+U_2+\cdots+U_n \tag{7-15}$$

(3)串联电路的总电阻(即等效电阻)等于各串联的电阻之和，用式(7-16)表示：

$$R=R_1+R_2+\cdots+R_n \tag{7-16}$$

根据欧姆定律得出，$U_1=IR_1$，$U_2=IR_2$，…，$U=$

IR 可以得出式(7-17)：

$$\frac{U_1}{R_1}=\frac{U_2}{R_2}=\cdots=\frac{U}{R} \tag{7-17}$$

或者式(7-18)：

$$\frac{U_1}{U}=\frac{R_1}{R}=\frac{U_2}{U}=\frac{R_2}{R} \tag{7-18}$$

式(7-17)和式(7-18)表明，在串联电路中，电阻的阻值越大，这个电阻所分配到的电压越大；反之，电压越小，即电阻上的电压分配与电阻的阻值成正比。这个理论是电阻串联电路中最重要的结论，用途极其广泛。例如，用串联电阻的办法来扩大电压表的量程：

在如图 7-9(a)所示的，电路中，将 $R=R_1+R_2$ 代入式(7-18)中，得出式(7-19)：

$$\left.\begin{aligned}U_1&=\frac{R_1}{R_1+R_2}U\\U_2&=\frac{R_2}{R_1+R_2}U\end{aligned}\right\} \tag{7-19}$$

利用式(7-19)可以直接计算出每个电阻从总电压中分得的电压值，习惯上就把这两个式子称为分压公式。

电阻串联的应用极为广泛。例如：

①用几个电阻串联来获得阻值较大的电阻。

②用串联电阻组成分压器，使用同一电源获得几种不同的电压。如图 7-10 所示，由 R_1 ~ R_4 组成串联电路，使用同一电源，输出 4 种不同数值的电压。

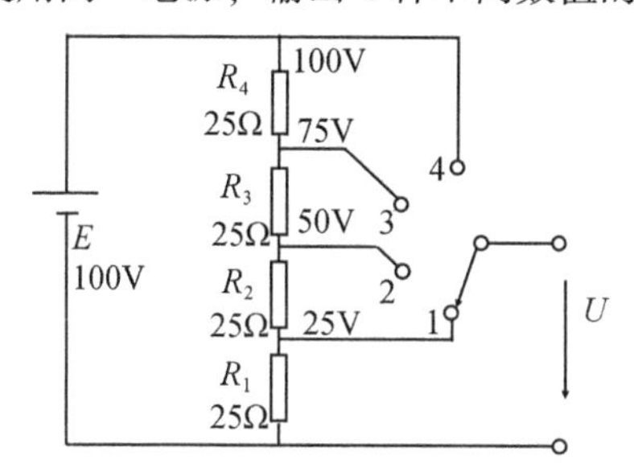

图 7-10　电阻分压器

③当负载的额定电压(标准工作电压值)低于电源电压时，采用电阻与负载串联的方法，使电源的部分电压分配到串联电阻上，以满足负载正确的使用电压值。例如，一个指示灯额定电压 6V，电阻 6Ω，若将它接在 12V 电源上，必须串联一个阻值为 6Ω 的电阻，指示灯才能正常工作。

④用电阻串联的方法来限制调节电路中的电流。在电工测量中普遍用串联电阻法来扩大电压表的量程。

2)电阻的并联电路

将两个或两个以上的电阻两端分别接在电路中相同的两个节点之间，这种连接方式称为电阻的并联电路。如图 7-11(a)所示是电阻的并联电路，图 7-11(b)是图 7-11(a)的等效电路。电阻的并联电路有如下特点：

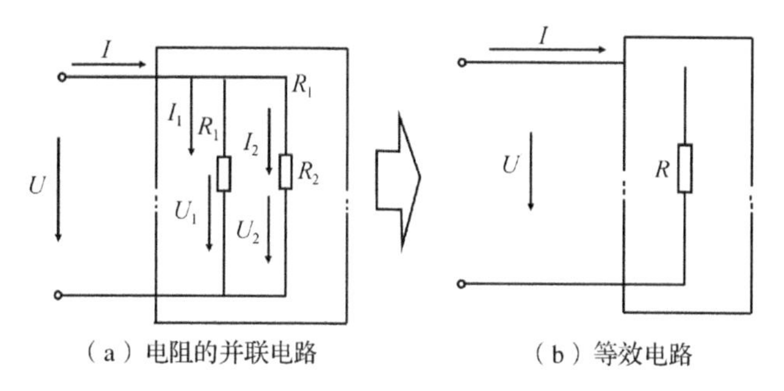

图 7-11　电阻的并联电路及等效电路

(1)并联电路中各个支路两端的电压相等，即式(7-20)：

$$U=U_1=U_2=\cdots=U_n \tag{7-20}$$

(2)并联电路中总的电流等于各支路中的电流之和，即式(7-21)：

$$I=I_1+I_2+I_3+\cdots+I_n \tag{7-21}$$

(3)并联电路的总电阻(即等效电阻)的倒数等于各并联电阻的倒数之和，即式(7-22)：

$$\frac{1}{R}=\frac{1}{R_1}+\frac{1}{R_2}+\cdots+\frac{1}{R_n} \tag{7-22}$$

若是两个电阻并联，可求并联后的总电阻为式(7-23)：

$$R=\frac{R_1R_2}{R_1+R_2} \tag{7-23}$$

可以得出式(7-24)：

$$\left.\begin{aligned}\frac{I_1}{I_n}&=\frac{R_n}{R_1}\\\frac{I}{I_n}&=\frac{R_n}{R}\end{aligned}\right\} \tag{7-24}$$

上述公式表明，在并联电路中，电阻的阻值越大，这个电阻所分配到的电流越小，反之越大，即电阻上的电流分配与电阻的阻值成反比。这个结论是电阻并联电路特点的重要推论，用途极为广泛，例如，用并联电阻的办法，扩大电流表的量程。

电阻并联的应用，同电阻串联的应用一样，也很广泛。例如：

①因为电阻并联的总电阻小于并联电路中的任意一个电阻，因此，可以用电阻并联的方法来获得阻值较小的电阻。

②由于并联电阻各个支路两端电压相等，因此，工作电压相同的负载，如电动机、电灯等都是并联使用，任何一个负载的工作状态既不受其他负载的影

响，也不影响其他负载。在并联电路中，负载个数增加，电路的总电阻减小，电流增大，负载从电源取用的电能多，负载变重；负载数目减少，电路的总电阻增大，电流减小，负载从电源取用的电能少，负载变轻。因此，人们可以根据工作需要启动或停止并联使用的负载。

③在电工测量中应用电阻并联方法组成分流器来扩大电流表的量程。

3. 左手定则

电磁力方向（即导线运动方向）、电流方向和磁场方向三者相互垂直。因为电磁力的方向与磁场方向及电流方向有关。所以，用左手定则（又称电动机定则）来判定三者之间的关系。

左手定则的内容是：伸平左手，使大拇指与其余四指垂直，手心对着N极，让磁感应线垂直穿过手心，四指的指向代表电流方向，则大拇指所示的方向就是磁场对载流直导线的作用力方向，如图7-12所示。

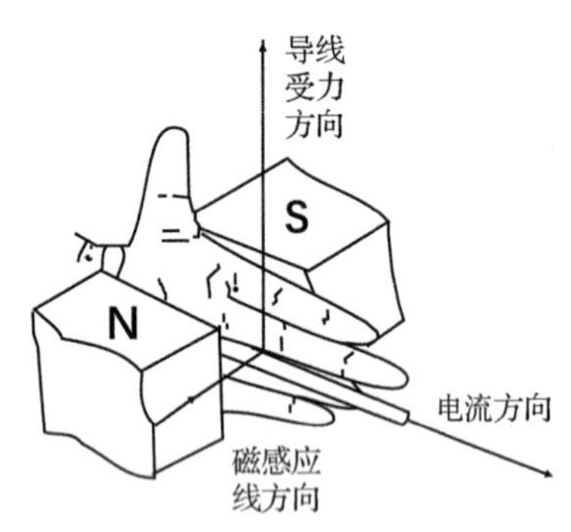

图7-12 左手定则

实验证明，在匀强磁场中，当载流直导线与磁场方向垂直时，磁场对载流直导线作用力的大小，与导线所处的磁感应强度、通过直导线的电流以及导线在磁场中的长度的乘积成正比，表示见式（7-25）：

$$F = BIL \tag{7-25}$$

式中：B——磁感应强度，Wb/m^2；

I——直导线中通过的电流，A；

L——直导线在磁场中的长度，m；

F——直导线受到的电场力，N。

4. 右手定则

通电直导线周围磁场方向与导线中的电流方向之间的关系可用安培定则（又称右手螺旋定则）进行判定。其具体内容是：右手拇指指向电流方向，贴在导线上，其余四指弯曲握住直导线，则弯曲四指的方向就是磁感应线的环绕方向（图7-13）。

实验证明，通电直导线四周的磁感应线距直导线越近，磁感应线越密集，磁感应强度越大，反之，磁感应线越稀疏，磁感应强度越小。导线中通过电流越

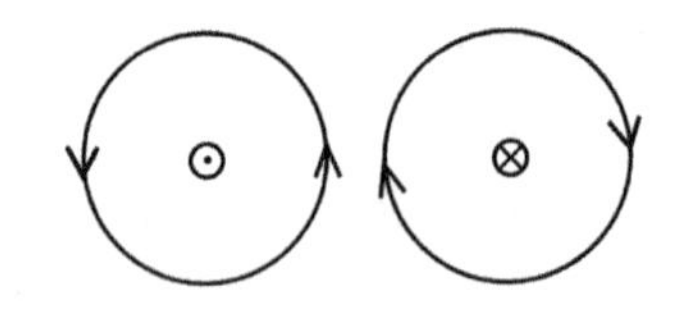

（a）通电直导线与周围磁场的关系

（b）右手螺旋定则

图7-13 直导线周围的磁场方向

大，靠近直导线的磁感应线越密集，磁感应强度越大；反之，导线中通过电流越小，靠近直导线的磁感应线越稀疏，磁感应强度越小。

通电螺线管磁场方向，与螺线管中通过的电流方向的关系，用右手螺旋定则进行判定，如图7-14所示。

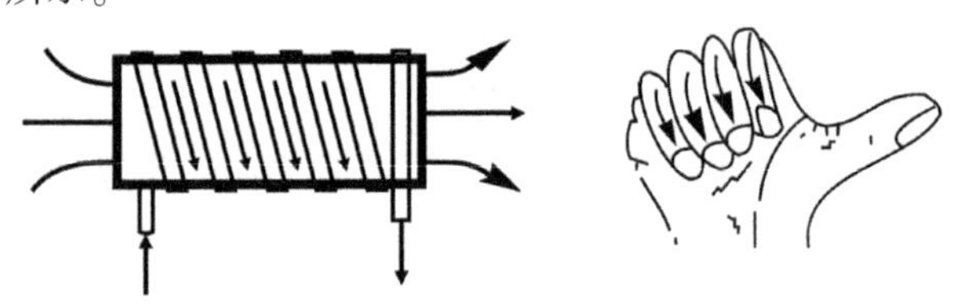

图7-14 右手螺旋定则

右手螺旋定则的内容是：用右手握住螺线管，让弯曲的四指所指的方向与螺线管中流过的电流方向一致，那么拇指所指的那一端就是螺线管的N极。由图7-14可知，通电螺线管的磁场与条形磁铁的磁场相似。因此，一个通电螺线管相当于一块条形磁铁。

总之，凡是通电的导线，在其周围必定会产生磁场，从而说明电流与磁场之间有着不可分割的联系。电流产生磁场的这种现象称为电流的磁效应。

5. 法拉第电磁感应定律

感应电动势的大小，取决于条形磁铁插入或拔出的快慢，即取决于磁通变化的快慢。磁通变化越快，感应电动势就越大；反之就越小。磁通变化的快慢，用磁通变化率来表示。例如，有一单匝线圈，在 t_1 时刻穿过线圈的磁通为 Φ_1，在此后的某个时刻 t_2，穿过线圈的磁通为 Φ_2，那么在 t_2-t_1 这段时间内，穿过线圈的磁通变化量见式（7-26）：

$$\Delta\Phi = \Phi_2 - \Phi_1 \tag{7-26}$$

因此，单位时间内的磁通变化量，即磁通变化率见式（7-27）：

$$\frac{\Delta\Phi}{\Delta t} = \frac{\Phi_2 - \Phi_1}{t_2 - t_1} \tag{7-27}$$

在单匝线圈中产生的感应电动势的大小见式（7-28）：

$$e = \left|\frac{\Delta\Phi}{\Delta t}\right| \tag{7-28}$$

式中的绝对值符号，表示只考虑感应电动势的大小，不考虑方向。

对于多匝线圈来说，因为通过各匝线圈的磁通变化率是相同的，所以每匝线圈感应电动势大小相等。因此，多匝线圈感应电动势是单匝线圈感应电动势的 N 倍，表示见式(7-29)：

$$e = N\left|\frac{\Delta\Phi}{\Delta t}\right| \tag{7-29}$$

式中：e——多匝线圈感应电动势，V；

N——线圈匝数；

$\Delta\Phi$——线圈中磁通变化量，Wb；

Δt——磁通变化 $\Delta\Phi$ 所用的时间，s。

公式说明，当穿过线圈的磁通发生变化时，线圈两端的感应电动势的大小只与磁通变化率成正比。这就是法拉第电磁感应定律。

6. *楞次定律*

法拉第电磁感应定律，只解决了感应电动势的大小取决于磁通变化率，但无法说明感应电动势的方向与磁通量变化之间的关系。穿过线圈的原磁通的方向是向下的。

如图 7-15(a)所示，当磁铁插入线圈时，线圈中的原磁通量增加，产生感应电动势。感应电流由检流计的正端流入。此时，感应电流在线圈中产生一个新的磁通。根据安培定则可以判定，新磁通与原磁通的方向相反，也就是说，新磁通阻碍原磁通增加。

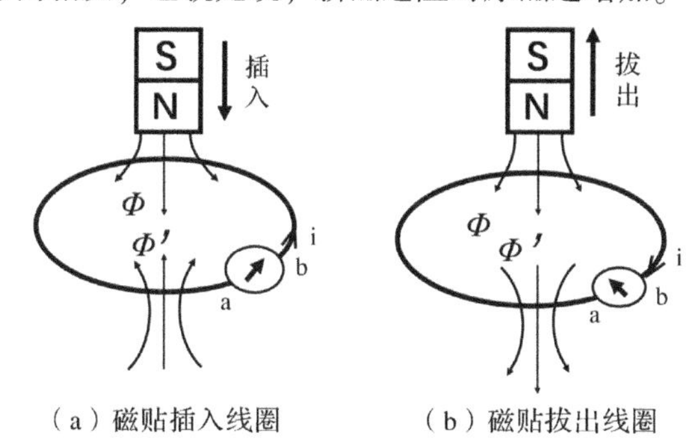

（a）磁贴插入线圈　　（b）磁贴拔出线圈

图 7-15　感应电动势方向的判断

如图 7-15(b)所示，当磁铁由线圈中拔出时，线圈中的原磁通减少，产生感应电动势，感应电流由检流计的负端流入。此时，感应电流在线圈中产生一个新的磁通，根据安培定则判定，新磁通与原磁通的方向是相同的，也就是说，新磁通阻碍原磁通的减少。

经过上述讨论得出一个规律：线圈中磁通变化时，线圈中产生感应电动势，其方向是使它形成的感应电流产生新磁通来阻碍原磁通的变化。也就是说，感应电流的新磁通总是阻碍原磁通的变化。这个规律被称为楞次定律。

应用楞次定律来判定线圈中产生感应电动势的方向或感应电流的方向，具体方法步骤如下：

(1)首先明确原磁通的方向和原磁通的变化(增加或减少)的情况。

(2)根据楞次定律判定感应电流产生新磁通的方向。

(3)根据新磁通的方向，应用安培定则(右手螺旋定则)判定出感应电动势或感应电流的方向。

(五)自感与互感

1. 自　感

自感是一种电磁感应现象，下面通过实验说明什么是自感。如图 7-16(a)所示，有两个相同的灯泡。合上开关后，灯泡 HL1 立刻正常发光。灯泡 HL2 慢慢变亮。其原因是在开关 S 闭合的瞬间，线圈 L 中的电流是从无到有，线圈中这个电流所产生的磁通也随之增加，于是在线圈中产生感应电动势。根据楞次定律，由感应电动势所形成的感应电流产生的新磁通，要阻碍原磁通的增加；感应电动势的方向与线圈中原来电流的方向相反，使电流不能很快地上升，所以灯泡 HL2 只能慢慢变亮。

如图 7-16(b)所示，当开关 S 断开时，HL 灯泡不会立即熄灭，而是突然一亮然后熄灭。其原因是在开关 S 断开的瞬间，线圈中电流要减小到零，线圈中磁通也随之减小。由于磁通变化在线圈中产生感应电动势。根据楞次定律；感应电动势所形成的感应电流产生的新磁通，阻碍原磁通的减少，感应电动势方向与线圈中原来的电流方向一致，阻止电流减少，即感应电动势维持电感中的电流慢慢减小。所以灯泡 HL 不会立刻熄灭。

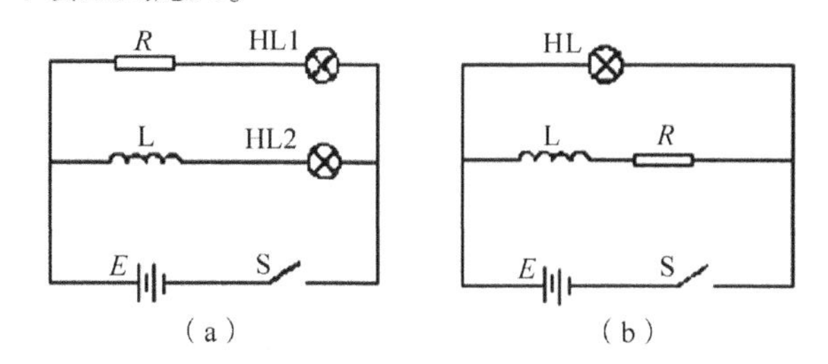

（a）　　（b）

图 7-16　自感实验电路

通过两个实验可以看到，由于线圈自身电流的变化，线圈中也要产生感应电动势。把由于线圈自身电流变化而引起的电磁感应称为自感应，简称自感。由自感现象产生的电动势称为自感电动势。

为了表示自感电动势的大小，引入一个新的物理量——自感系数。当一个线圈通过变化电流后，单位电流所产生的自感磁通数，称为自感系数，也称电感量，简称电感，用 L 表示。电感是测量线圈产生自感磁通本领的物理量。如果一个线圈中流过 1A 电流，能产生 1Wb 的自感磁通，则该线圈的电感就是 1 亨利，简称亨，用 H 表示。在实际使用中，常采用较小的单位有毫亨(mH)、微亨(pH)等。它们之间的关系为：$1H = 10^3 mH$，$1mH = 10^3 \mu H$。

电感 L 是线圈的固有参数，它取决于线圈的几何尺寸以及线圈中介质的磁导率。如果介质磁导率恒为常数，这样的电感称为线性电感，如空心线圈的电感 L 为常数；反之，则称为非线性电感，如有铁心的线圈的电感 L 不是常数。

自感在电工技术中，既有利又有弊。如日光灯是利用镇流器(铁心线圈)产生自感电动势提高电压来点亮灯管的，同时也利用它来限制灯管电流。但是，在有较大电感元件的电路被切断瞬间，电感两端的自感电动势很高，在开关刀口断开处产生电弧，烧毁刀口，影响设备的使用寿命；在电子设备中，这个感应电动势极易损坏设备的元器件，必须采取相应措施，予以避免。

2. 互　感

互感也是一种电磁感应现象。图 7-17 中有两个互相靠近的线圈，当原线圈电路的开关 S 闭合时，原线圈中的电流增大，磁通也增加，副线圈中磁通也随之增加而产生感应电动势，检流计指针偏转，说明副线圈中也有电流。当原线圈电路开关 S 断开时，原线圈中的电流减小，磁通也减小，这个变化的磁通使副线圈中产生感应电动势，检流计指针向相反方向偏转。

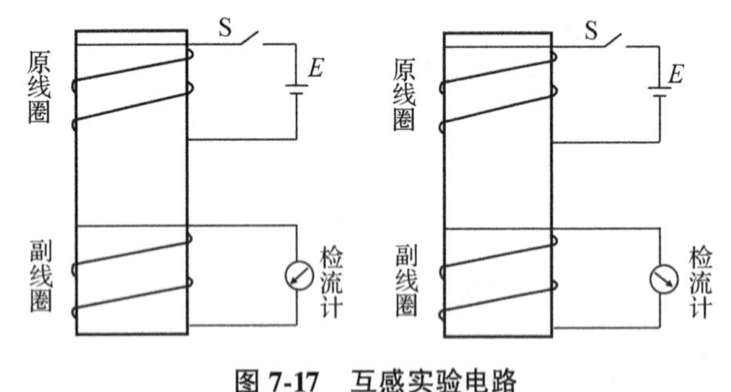

图 7-17　互感实验电路

这种由于一个线圈电流变化，引起另一个线圈中产生感应电动势的电磁感应现象，称为互感现象，简称互感。由互感产生的感应电动势称为互感电动势。

人们利用互感现象，制成了电工领域中伟大的电器——变压器。

二、电工基础

电工是一种特殊工种，不仅作业技能的专业性强，而且对作业的安全保护有特殊要求。因此，对从事电工作业的人员，在上岗前，都必须进行作业技能和安全保护的专业培训，经过考核合格后，才允许上岗作业。从各个国家的情况来看，均由从事电力供应的电力部门来承担这任务。不仅电力系统内的电工须经培训，各企业的电工同样需经过培训，合格后才准从事电工行业。

(一) 正弦交流电路

1. 正弦交流电三要素

1) 周期、频率、角频率

交流电变化一周所需要的时间称为周期，用 T 表示，单位是秒(s)，较小的单位有毫秒(ms)和微秒(μs)等。它们之间的关系为：$1s = 10^3 ms = 10^6 \mu s$。

周期的长短表示交流电变化的快慢，周期越小，说明交流电变化一周所需的时间越短，交流电的变化越快；反之，交流电的变化越慢。

频率是指在一秒钟内交流电变化的次数，用字母 f 表示，单位为赫兹，简称赫，用 Hz 表示。当频率很高时，可以使用千赫(kHz)、兆赫(MHz)、吉赫(GHz)等。它们之间的关系为：$1kHz = 10^3 Hz$，$1MHz = 10^3 kHz$，$1GHz = 10^3 MHz$。

频率和周期(T)一样，是反映交流电变化快慢的物理量。它们之间的关系见式(7-30)：

$$\left.\begin{aligned} f &= \frac{1}{T} \\ T &= \frac{1}{f} \end{aligned}\right\} \tag{7-30}$$

我国农业生产及日常生活中使用的交流电标准频率为 50Hz。通常把 50Hz 的交流电称为工频交流电。

交流电变化的快慢除了用周期和频率表示外，还可以用角频率表示。所谓角频率是指交流电每秒钟变化的角度，用 ω 表示，单位是弧度每秒(rad/s)。周期、频率和角频率的关系见式(7-31)：

$$\omega = \frac{2\pi}{T} = 2\pi f \tag{7-31}$$

2) 瞬时值、最大值、有效值

正弦交流电(简称交流电)的电动势、电压、电流，在任一瞬间的数值称为交流电的瞬时值，分别用 e、u、i 表示。瞬时值中最大的值称为最大值。最大值也称为振幅或峰值。在波形图中，曲线的最高点对应的纵轴值，即表示最大值。分别用 E_m、U_m、I_m 表示电动势、电压、电流的最大值。它们之间的关系见式(7-32)：

$$\left.\begin{aligned} e &= E_m \sin\omega t \\ u &= U_m \sin\omega t \\ i &= I_m \sin\omega t \end{aligned}\right\} \tag{7-32}$$

由上式可知，交流电的大小和方向是随时间变化的，瞬时值在零值与最大值之间变化，没有固定的数值。因此，不能随意用一个瞬时值来反映交流电的做功能力。如果选用最大值，就夸大了交流电的做功能力，因为交流电在绝大部分时间内都比最大值要小。这就需要选用一个数值，能等效地反映交流电做功的能力。为此，引入了交流电的有效值这一概念。

正弦交流电的有效值的定义：如果一个交流电通过一个电阻，在一个周期内所产生的热量，和某一直流电流在相同时间内通过同一电阻产生的热量相等，那么，这个直流电的电流值就称为交流电的有效值。正弦交流电的电动势、电压、电流的有效值分别用 E、U、I 表示。通常所说的交流电的电动势、电压、电流的大小都是指它的有效值，交流电气设备铭牌上标注的额定值、交流电仪表所指示的数值也都是有效值。本书在谈到交流电的数值时，如无特殊注明，都是指有效值。理论计算和实验测试都可以证明，它们之间的关系见式(7-33)：

$$\left.\begin{aligned} E &= \frac{E_m}{\sqrt{2}} = 0.707E_m \\ U &= \frac{U_m}{\sqrt{2}} = 0.707U_m \\ I &= \frac{I_m}{\sqrt{2}} = 0.707I_m \end{aligned}\right\} \qquad (7\text{-}33)$$

3）相位、初相、相位差

如图 7-18 所示，两个相同的线圈固定在同一个旋转轴上，它们相互垂直，以某一角速度做逆时针旋转，在 AX 和 BY 线圈中产生的感应电动势分别为 e_1 和 e_2。

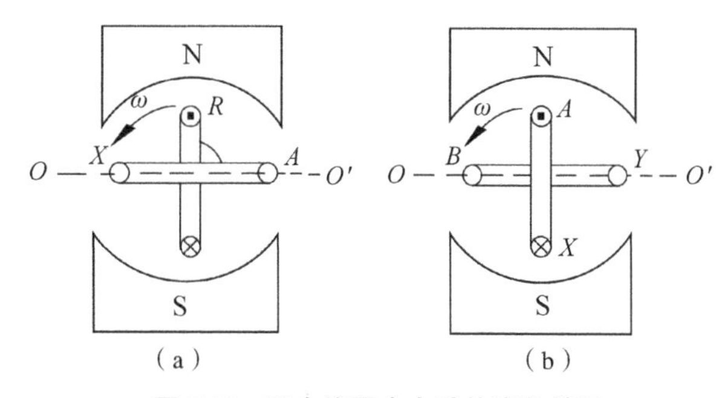

图 7-18 两个线圈中电动热变化情况

当 $t=0$ 时，AX 线圈平面与中性面之间的夹角 $\varphi_1=0°$，BY 线圈平面与中性面之间的夹角 $\varphi_2=90°$。由式(7-32)得到，在任意时刻两个线圈的感应电动势分别为：

$$e_1 = E_m\sin(\omega t + \varphi_1)$$
$$e_2 = E_m\sin(\omega t + \varphi_2)$$

其中 $\omega t+\varphi_1$ 和 $\omega t+\varphi_2$ 是表示交流电变化进程的一个角度，称为交流电的相位或相角，它决定了交流电在某一瞬时所处的状态。$t=0$ 时的相位称为初相位或初相。它是交流电在计时起始时刻的电角度，反映了交流电的初始值。例如，AX、BY 线圈的初相分别是 0°，90°。在 $t=0$ 时，两个线圈的电动势分别为 $e_1=0$，$e_2=E_m$。两个频率相同的交流电的相位之差称为相位差。令上述 e_1 的初相位 $\varphi_1=0°$，e_2 的初相位 $\varphi_2=90°$，则两个电动势的相位差为：

$$\Delta\varphi = (\omega t + \varphi_2) - (\omega t + \varphi_1) = \varphi_2 - \varphi_1$$

可见，相位差就是两个电动势的初相差。

从图 7-19 和图 7-20 所示可以看出，初相分别为 φ_1 和 φ_2 的频率相同的两个电动势的同向最大值，不能在同一时刻出现。就是说 e_2 比 e_1 超前 φ 角度达到最大值，或者说 e_1 比 e_2 滞后 φ 角度达到最大值。

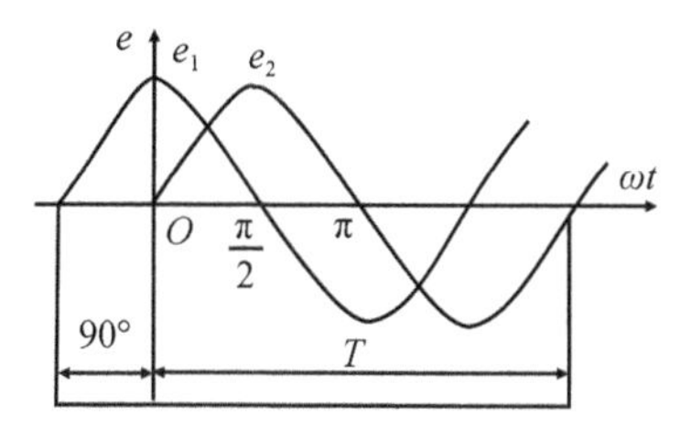

图 7-19 电动势波形图

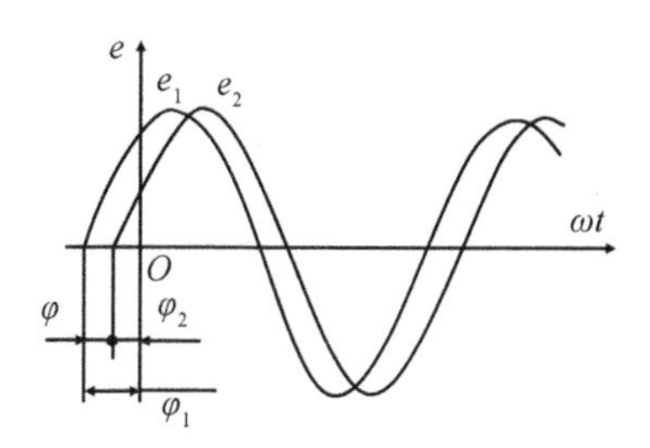

图 7-20 e_1 与 e_2 的相位差

综上所述，一个交流电变化的快慢用频率表示；其变化的幅度，用最大值表示；其变化的起点用初相表示。

如果交流电的频率、最大值、初相确定后，就可以准确确定交流电随时间变化的情况。因此，频率、最大值和初相称为交流电的三要素。

2. 正弦交流电表示方法

正弦交流电的表示方法有三角函数式法和正弦曲线法两种。它们能真实地反映正弦交流电的瞬时值随时间的变化规律，同时也能完整地反映出交流电的三要素。

(1)三角函数式法：正弦交流电的电动势、电压、电流的三角函数式表示方法见式(7-32)，若知道了交流电的频率、最大值和初相，就能写出三角函数式，用它可以求出任一时刻的瞬时值。

(2)正弦曲线法(波形法)：正弦曲线法就是利用三角函数式相对应的正弦曲线，来表示正弦交流电的方法。

如图 7-21 所示，横坐标表示时间 t 或者角度 ω，纵坐标表示随时间变化的电动势瞬时值。图中正弦曲线反映出正弦交流电的初相 $\varphi=0$，e 最大值 E_m，周期 T 以及任一时刻的电动势瞬时值。这种图也称为波形图。

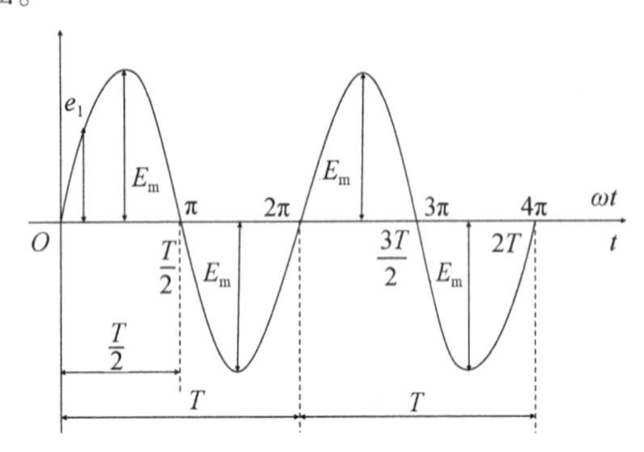

图 7-21　正弦曲线表示法

(二)三相交流电路

1. 三相电动势的产生

三相交流电是由三相发电机产生的，如图 7-22 所示是三相发电机的结构示意图。它由定子和转子组成。在定子上嵌入三个绕组，每个绕组称为一相，合称三相绕组。绕组的一端分别用 U_1、V_1、W_1 表示，称为绕组的始端，另一端分别用 U_2、V_2、W_2 表示，称为绕组的末端。三相绕组始端或末端之间的空间角为 120°。转子为电磁铁，磁感应强度沿转子表面按正弦规律分布。

当转子以匀角速度 ω 逆时针方向旋转时，在三相绕组中分别感应出振幅相等，频率相同，相位互差 120°的三个感应电动势，这三相电动势称为对称三相电动势。三个绕组中的电动势分别为：

$$e_U = E_m \sin\omega t$$

$$e_V = E_m \sin(\omega t - 120°)$$

$$e_W = E_m \sin(\omega t + 120°)$$

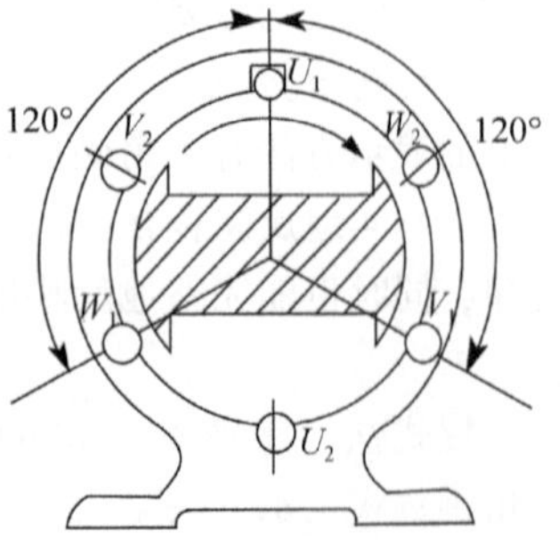

图 7-22　三相交流发电机机构示意图

显而易见，V 相绕组的比 U 相绕组的落后 120°，W 相绕组的比 V 相绕组的落后 120°。

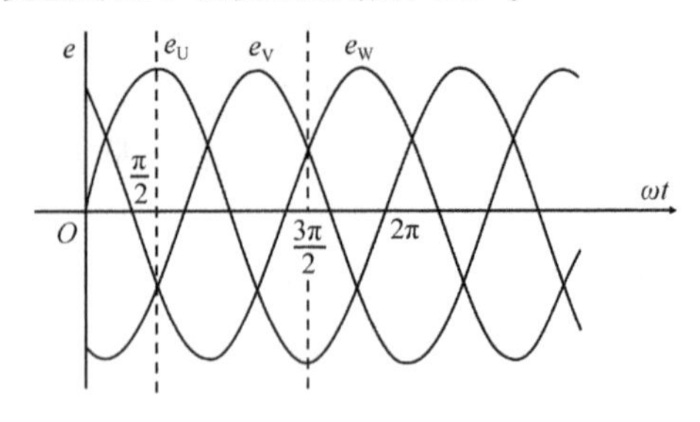

图 7-23　三相电动势波形图

如图 7-23 所示是三相电动势波形图。由图可见三相电动势的最大值和角频率相等，相位差 120°。电动势的方向是从末端指向始端，即 U_2 到 U_1，V_2 到 V_1，W_2 到 W_1。

在实际工作中经常提到三相交流电的相序问题，所谓相序就是指三相电动势达到同向最大值的先后顺序。在图 7-23 中，最先达到最大值的是 e_U，其次是 e_V，最后是 e_W；它们的相序是 $U—V—W$，该相序称为正相序，反之是负序或逆序，即 $U—W—V$。通常三相对称电动势的相序都是指正相序，用黄、绿、红三种颜色分别表示 U、V、W 三相。

2. 三相电源绕组联结

三相发电机的每相绕组都是独立的电源，均可以采用如图 7-24 所示的方式向负载供电。这是三个独立的单相电路，构成三相六线制，有六根输电线，既不经济又没有实用价值。在现代供电系统中，发电机三相绕组通常用星形联结或三角形联结两种方式。但是，发电机绕组一般不采用三角形接法而采用星形接法或 Y 形接法，如图 7-24 所示。公共点称为电源中点，用 N 表示。从始端引出的三根输电线称为相线或端线，俗称火线。从电源中点 N 引出的线称为中线。中线通常与大地相连接，因此，把接地的中点称为零点，把接地的中线称为零线。

如果从电源引出四根导线，这种供电方式称为星接三相四线制；如果不从电源中点引出中线，这种供电方式称为星接三相三线制。

电源相线与中线之间的电压称为相电压，在图 7-24

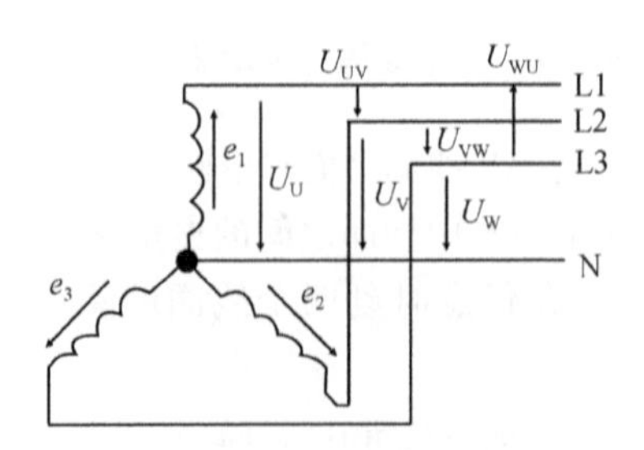

图 7-24　三相电源的星形接法

中用 U_U、U_V、U_W 表示，电压方向是由始端指向中点。

电源相线之间的电压称为线电压，分别用 U_V、U_{VW}、U_{WU} 表示。电压的正方向分别是从端点 U_1 到 V_1，V_1 到 W_1，W_1 到 U_1。

三相对称电源的相电压相等，线电压也相等，则相电压 $U_{相}$与线电压 $U_{线}$之间的关系为：$U_{线}=\sqrt{3}U_{相}\approx 1.7U_{相}$。此关系式表明三相对称电源星形联结时，线电压的有效值约等于相电压有效值的 1.7 倍。

3. 三相交流电路负载的联结

在三相交流电路中，负载由三部分组成，其中，每两部分称为一相负载。如果各相负载相同，则称为对称三相负载；如果各相负载不同，则称为不对称三相负载。例如，三相电动机是对称三相负载，日常照明电路是不对称三相负载。根据实际需要，三相负载有两种连接方式，星形（Y 形）联结和三角形（△形）联结。

1）负载的星形联结

设有三组负载 Z_U、Z_V、Z_W，若将每组负载的一端分别接在电源三根相线上，另一端都接在电源的中线上，如图 7-25 所示，这种连接方式称为三相负载的星形联结。图中 Z_U，Z_V，Z_W 为各相负载的阻抗，N 为负载的中性点。

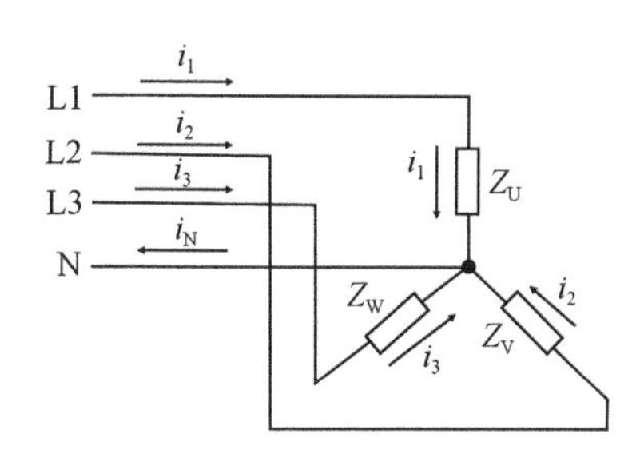

图 7-25　三相负载的星形联结图

由图 7-25 可见，负载两端的电压称为相电压。如果忽略输电线上的压降，则负载的相电压等于电源的相电压；三相负载的线电压就是电源的线电压。负载相电压 $U_{相}$与线电压 $U_{线}$间的关系为：$U_{线Y}=\sqrt{3}U_{相Y}$，$U_{线}=\sqrt{3}U_{相}\approx 1.7U_{相}$。

星接三相负载接上电源后，就有电流流过相线、负载和中线。流过相线的电流 I_U、I_V、I_W 称为线电流，统一用 $I_{线}$表示。流过每相负载的电流 I_U、I_V、I_W 称为相电流，统一用 $I_{相}$表示。流过中线的电流 I_N 叫做中线电流。

如果图 7-25 所示中的三相负载各不相同（负载不对称）时，中线电流不为零，应当采取三相四线制。如果三相负载相同（负载对称）时，流过中线的电流等于零，此时可以省略中线。如图 7-26 所示是三相对称负载星形联结的电路图。可见去掉中线后，电源

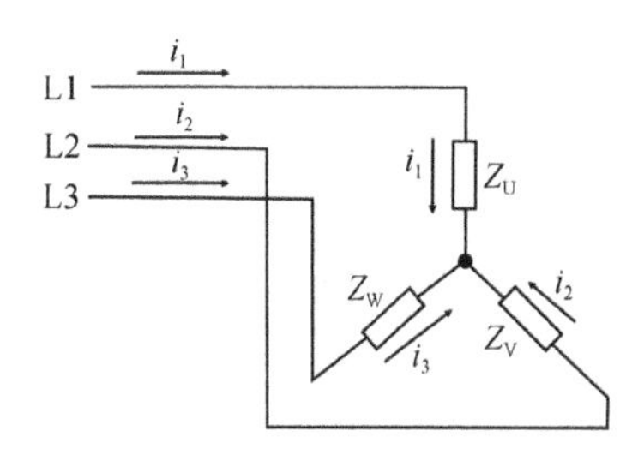

图 7-26　三相对称负载的星形联结图

只需三根相线就能完成电能输送，这就是三相三线制。三相对称负载呈星形联结时，线电流 $I_{线}$等于相电流 $I_{相}$，即：$I_{线Y}=I_{相Y}$。

在工业上，三相三线制和三相四线制应用广泛。对于三相对称负载（如三相异步电动机）应采用三相三线制，对于三相不对称的负载，如图 7-27 所示的照明线路，应采用三相四线制。

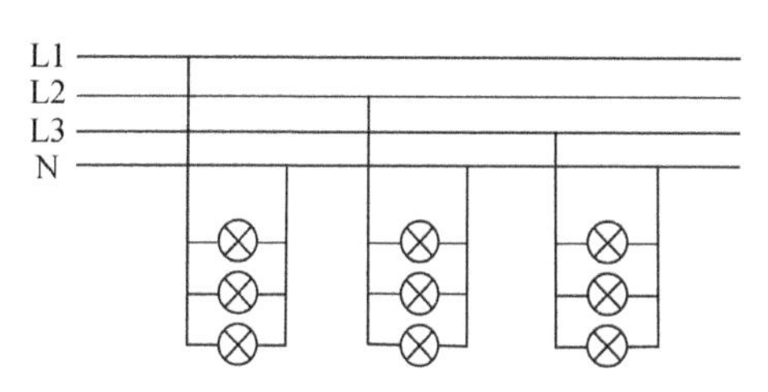

图 7-27　三相四线制照明电路

值得注意的是，采用三相四线制时，中线的作用是使各相的相电压保持对称。因此，在中线上不允许接熔断器，更不能拆除中线。

2）负载的三角形联结

设有三相对称负载 Z_U、Z_V、Z_W，将它们分别接在三相电源两相线之间，如图 7-28 所示，这种连接方式称为负载的三角形联结。

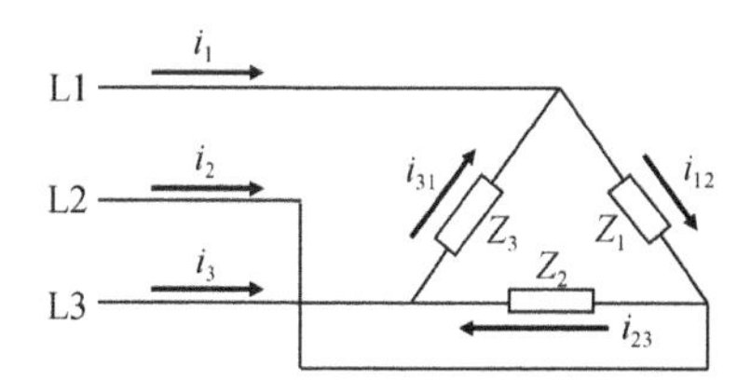

图 7-28　负载的三角形联结图

负载呈三角形联结时，负载的相电压就是电源的线电压 $U_{线}$，即：$U_{相\triangle}=U_{线\triangle}$。

当对称负载呈三角形联结时，电源线上的线电流 $I_{线}$有效值与负载上相电流 $I_{相}$有效值的关系为：$I_{线\triangle}=\sqrt{3}I_{相\triangle}\approx 1.7I_{相\triangle}$。

分析了三相负载的两种联结方式后，可以知道，负载呈三角形联结时的相电压约是其呈星形联结时的相电压的 1.7 倍。因此，当三相负载接到电源时，究竟是采用星形联结还是三角形联结，应根据三相负载

的额定电压而定。

三、电力系统

由于电力目前还不能大量储存，其生产、输送、分配和消费都在同一时间内完成，因此，必须将各个环节有机地联成一个整体。这个由发电、送电、变电、配电和用电组成的整体称为电力系统。

(一)电力系统的组成

电力系统是由发电厂、变电所、电力线路和电能用户组成的一个整体。供配电系统是电力系统的电能用户，也是电力系统的重要组成部分。它由总降变电所、高压配电所、配电线路、车间变电所或建筑物变电所和用电设备组成。总降变电所是含企业电能供应的枢纽。它将35~110kV的外部供电电源电压降为6~10kV高压配电电压，供给高压配电所、车间变电所和高压用电设备。

高压配电所集中接受6~10kV电压，再分配到附近各车间变电所或建筑物变电所和高压用电设备。一般情况负荷分散厂区的大型企业设置高压配电所。

通常把发电和用电之间属于输送和分配的中间环节称为电力网。电力网是由各种不同电压等级的电力线路和送变电设备组成的网络，是电力系统的重要组成部分，是发电厂和用户不可缺少的中心环节。电力网的作用是将电能从发电厂输出并分配到用户处。

电力网包含输电线路的电网称为输电网，包含配电线路的电网称为配电网。输电网由35kV及以上的输电线路与其相连的变电所组成的。它的作用是将电能输送到各个地区的配电网，然后输送到大型工业企业用户。配电网是由10kV及以下的配电线路和配电变电所组成。它的作用是将电力分配到各类用户。

电力线路按其用途分为输电线路和配电线路；按其架设的方式分为架空线路和电缆线路，按其传输方式分为交流线路和直流线路。

(二)电力系统基本要求

1. 保证电能质量

电压和频率是衡量电能质量的重要指标。电压、频率过高或过低都会影响工厂企业的正常生产，严重时，会造成人身事故、设备损坏，影响电力系统的稳定性。

1)电压偏移对发电机及用电设备的影响

当发电机的电压比额定值高5%，则定子绕组中的电流比额定值低5%，这两种情况发电机出力保持不变。电压过高，使发电机、电动机绝缘老化，甚至击穿；使白炽灯寿命缩短，若电压升高5%，灯泡寿命缩短一半，使用电设备也有可能损坏，对带铁芯的用电设备，由于电压升高，使铁芯过饱和，其无功损耗增加。

当发电机电压低于额定值90%运行时，其铁芯处于未饱和状态，使电压不能稳定，当励磁电流稍有变化，电压就有很大变化，可能损坏并列运行的稳定性，引起振荡或失步。

电压过低时，使用户的电动机运行情况恶化。因为电动机的电磁转矩正比于电压的平方，因此当电压下降时，转矩降低更为严重。当电压降至额定电压的30%~40%，电动机带不动负载，转矩下降较大，自动停转。正在启动的电机可能启动不起来。电压下降造成电动机定子电流增加，运行中温度升高，甚至将电动机烧毁。

电压过低使照明设备不能正常发光。如白炽灯的电源电压降低5%时，其发光效率降低18%；如电源电压降低10%，则降低约35%。

GB/T 12325—2008《电能质量　供电电压偏差》规定供电电压偏差的限值为：

35kV及以上供电电压正、负数偏差绝对值之和不超过标称电压的10%。

20kV及以下三相供电电压偏差为标称电压的±7%。

220V单项供电电压偏差为标称电压的+7%，-10%。

对供电点短路容量较小，供电距离较长以及对供电电压偏差有特殊要求的用户，由供用电双方协议确定。

2)频率偏移对发电机和用电设备的影响

频率也是供电的质量标准之一。我国电力系统的额定频率为50Hz。根据《电力工业技术管理法规》规定，在300万kW以上的系统中，频率的变动不超过±0.2Hz；在不足300万kW的系统中频率的变动不得超过±0.5Hz。

频率过高使发电机转速增加。发电机的频率与转子转速成正比，所以当频率升高时，转子的转速增加，使其离心力增加，使转子机械强度受到威胁，对安全运行十分不利。

当电力系统有功负荷增加，并大于发电厂的出力时，电力系统的频率就要降低，当频率降得过低时，就会影响电力系统安全运行，发电机出力就要受到限制。

低频率运行，用户所有电动机的转速降低，将会影响冶金、化工、机械、纺织等行业的产品质量。

2. 保证供电可靠性

电力系统中各种动力设备和电气设备都可能发生各种故障，影响电力系统的正常运行，造成用户供电中断，给工农业生产和国民经济带来重大损失，影响现代化建设的速度，影响人民的正常生活。衡量供电可靠性的指标，一般以全部用户平均供电时间占全年时间的百分数来表示。

(三)电力系统的额定电压

电压是电能质量的重要标志之一，电压偏移超过允许范围，用电设备的正常运行就会受到影响。因此，用电设备最理想的工作电压就是它的额定电压。额定电压是指在规定条件下，保证电器正常工作的工作电压值，电气设备长期运行且经济效果最好。

我国规定的三相交流电网和电力设备的额定电压，见表7-5。

表7-5　我国交流电网和电力设备的额定电压

单位：kV

分类	电网额定电压	发电机额定电压	变压器	
			一次线圈	二次线圈
低压	0.22	0.23	0.22	0.23
	0.38	0.4	0.38	0.4
高压	3	3.15	3~3.15※	3.15~3.33※※
	6	6.3	6.0~6.3	6.3~6.6
	10	10.5	10~10.5	10.5~11
	35	—	35	38.5
	110	—	110	121

注：※是指变压器一次线圈挡内3.15kV、6.3kV、10.5kV电压适用于和发电机端直接连接的升压变压器和降压变压器。

※※是指变压器二次线圈挡内3.3kV、6.6kV、11kV电压适用于阻抗值在7.5%以上的降压变压器。

电网(线路)的额定电压只能选用国家规定的额定电压，它是确定各类电气设备额定电压的基本依据。用电设备的额定电压与同级电网的额定电压相同。

1)发电机的额定电压

发电机的额定电压 U_{NG} 为线路额定电压 U_N 的105%，即 $U_{NG}=1.05U_N$(图7-29)。

2)变压器的额定电压

(1)变压器一次绕组的额定电压：变压器一次绕组接电源，相当于用电设备。与发电机直接相连的升

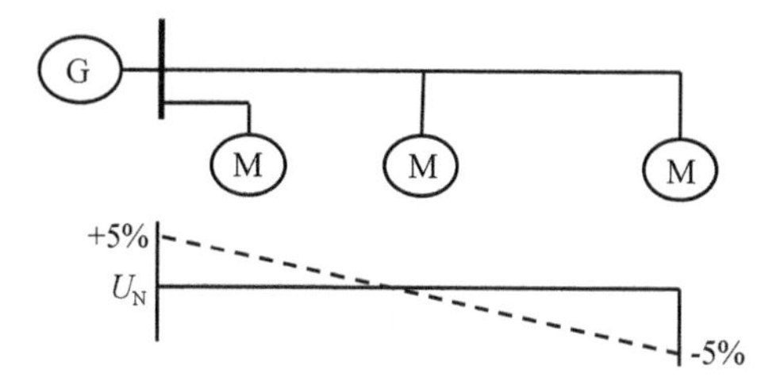

图7-29　发电机的额定电压

压变压器的一次绕组的额定电压应与发电机的额定电压相同。连接的线路上的降压变压器的一次绕组的额定电压应与线路的额定电压相同。

(2)变压器二次绕组的额定电压：变压器的二次绕组向负荷供电，相当于发电机。二次绕组电压应比线路的额定电压高5%，而变压器二次绕组额定电压是指空载时电压。但在额定负荷下，变压器的电压降为5%。因此，为使正常运行时变压器二次绕组电压较线路的额定电压高5%，当线路较长(如35kV及以上高压线路)，变压器二次绕组的额定电压应比相连线路的额定电压高10%；当线路较短时(直接向高低压用电设备供电，如10kV及以下线路)，二次绕组的额定电压应比相连线路额定电压高。如图7-30所示。

(四)电力系统中性点接地方式

三相交流电系统的中性点是指星形联结的变压器或发电机的中性点。中性点的运行方式有三种：中性点不接地系统、中性点经消弧线圈接地系统、中性点直接接地系统(中性点经电阻接地的电力系统)。前两种为小接地电流系统，后一种为大接地电流系统。

我国3~63kV系统，一般采用中性点不接地运行方式。当3~10kV系统接地电流大于30A；20~63kV系统接地电流大于10A时，应采用中性点经消弧线圈接地的运行方式。110kV及以上系统和1kV以下低压系统采用中性点直接接地运行方式。中性点的运行方式对电力系统的运行影响显著。它主要取决于单相接地时电气设备绝缘要求及对供电可靠性的要求，同时还会影响电力系统二次侧的继电保护及监测仪表的选择与运行。

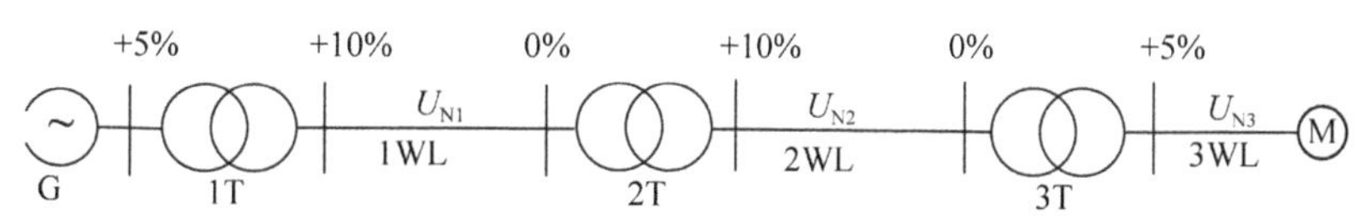

图7-30　二次绕组的额定电压

1. 中性点不接地的电力系统

中性点不接地系统的特点是当中性点不接地的电力系统发生单相接地时，系统的三个线电压不论其相位和量值都没有改变，因此系统中的所有设备仍可照常运行，相对地提高了供电的可靠性。但是这种状态不能长此下去，以免在另一相又接地形成两相接地短路，这将产生很大的短路电流，可能损坏线路和设备。因此，这种中性点不接地系统必须装设单相接地保护或装设绝缘监视装置。当系统发生单相接地故障时，发出警报信号或指示，以提醒运行值班人员注意，及时采取措施，查找和消除接地故障；如有备用线路，则可将重要负荷转移到备用线路上去。当发生单相接地故障危及人身和设备安全时，单相接地保护装置应进行跳闸动作。

中性点不接地系统缺点在于因其中性点是绝缘的，电网对接地电容中储存的能量没有释放通路。当接地电容的电流较大时，在接地处引起的电弧就很难自行熄灭，在接地处还可能出现所谓间隙电弧，即周期地熄灭与重燃的电弧。由于对地电容中的能量不能释放，造成电压升高，从而产生弧光接地过电压或谐振过电压，其值可达很高的倍数，对设备绝缘造成威胁。由于电网是一个具有电感和电容的振荡回路，间歇电弧将引起相对地的过电压，容易引起另一相对地击穿，而形成两相接地短路。所以必须设专门的监察装置，以便使运行人员及时地发现一相接地故障，从而切除电网中的故障部分。

在电压为3~10kV的电力网中，单相接地时的电容电流不允许大于30A，否则，电弧不能自行熄灭；在20~60kV的电力网中，间歇电弧所引起的过电压，数值更大，对于设备绝缘更为危险，而且由于电压较高，电弧更难自行熄灭，在这些电网中，单相接地时的电容电流不允许大于10A；与发电机有直接电气联系的3~20kV的电力网中，如果要求发电机带单相接地运行时，则单相接地电容电流不允许大于5A。

当不满足上述条件时，常采用中性点经消弧线圈接地或直接接地的运行方式。

2. 中性点经消弧线圈接地方式

在中性点不接地系统中，当单相接地电流超过规定的数值时，电弧将不能自行熄灭，为了减小接地电流，造成故障点自行灭弧条件，一般采用中性点经消弧线圈接地的措施。目前，在35~60kV的高压电网中多采用此种运行方式。如果消弧线圈可以正确运行，则是消除电网因雷击或其他原因而发生瞬时单相接地故障的有效措施之一。

1)中性点经消弧线圈接地的系统正常状态

在正常工作时，中性点的电位为零，消弧线圈两端没有电压，所以没有电流通过消弧线圈。当某一相发生金属性接地时，消弧线圈中就会有电感电流流过，补偿了单相接地电流，如果适当选择消弧线圈的匝数，就使消弧线圈的电感电流和接地的对地电容电流大致相等，就可使流过接地故障电流变得很小，从而减轻电弧的危害。

2)中性点经消弧线圈接地的系统故障状态

当发生单相完全接地时，其电压的变化和中性点不接地系统完全一样，故障相对地的电压变为零，非故障相对地电压值升高2.5~3倍，各相对地的绝缘水平是按照线电压设计的，因为线电压没有变化，不影响用户的工作可以继续运行2h，值班人员应尽快查找故障并且加以消除。

3)消弧线圈的补偿方法

在单相接地故障时，根据消弧线圈产生的电感电流对容性的接地故障电流，补偿的程度，可分为三种补偿方式：完全补偿、欠补偿和过补偿。

(1)完全补偿：就是消弧线圈产生的电感电流刚好等于容性的接地电容电流，在接地故障处的电流等于零，不会产生电弧。

(2)欠补偿：就是由消弧线圈产生的电感电流略小于接地故障处流过的容性接地故障电流，在接地处仍有未补偿完的容性接地故障电流流过。产生电弧的情况由电流的大小决定。电流较小就不会产生稳定电弧，一般要求补偿到不会产生电弧为止。

(3)过补偿：就是由消弧线圈产生的电感电流(I_L)略大于接地故障处流过的容性接地故障电流(I_C)，在发生完全接地故障时，接地处有感性电流流过，过补偿时，流过接地故障处的电流也不大，一般也要求补偿到不会产生电弧为止。

3. 中性点经电阻接地的电力系统

随着城市电网的发展，电网结构有了很大变化，电缆线路的占比逐年上升，城市中心区出现了以电缆为主的配电网。许多城市配电网的对地电容已经超过200A，结构紧凑的全封闭GIS电器和氧化锌避雷器已经广泛使用，这类进口设备也逐渐增多，在此情况下，采用中性点不接地或经消弧线圈接地方式会带来许多问题。因此中性点经电阻接地方式也被愈来愈广泛的使用。

采用中性点经消弧线圈接地方式，切合电缆线路时电容电流变化较大，需要及时调整消弧线圈的调谐度，操作麻烦，并要求熟练的运行维护技术。同时因电网中电缆增多，电容电流很大，要求消弧线圈的补偿容量随之增大，很不经济。

原有中性点接地方式的电网的过电压高，持续时间长，包括工频过电压，弧光接地过电压，各种谐振过电压。它们对设备绝缘和氧化锌避雷器的安全运行是严重的威胁。对各电网中大量的进口设备的绝缘威胁更大。这些进口设备本来是适用于中性点接地系统的，和中性点绝缘系统设备相比，绝缘水平低一级，价格便宜的多，但必须降低系统过电压。

原有的中性点接地方式单相接地故障电流小，难以实现快速选择性接地保护。使过电压持续时间长，对绝缘不利。而电缆一旦发生单相接地，其绝缘不能自行恢复，不及时切掉故障，容易使故障扩大。中性点经电阻接地按接地的方式有高电阻接地、中电阻接地、低电阻接地三种方式。

1）高电阻接地

按美国 IEEE 142—2007 标准：在接地系统中，通常有目的地用接入电阻来限制接地故障电流在 10A 以下，使本系统电流继续流过一段时间而不致加重设备的损坏，高电阻接地系统的电阻设计应满足 $R_0 \leqslant X_{co}$，R_0 为系统每相的零序电阻，X_{co} 为系统中每相对地分布电容之和，以限制电弧接地故障时暂态过电压。采用高电阻接地能使接地故障电流限制到足够低的数值，目的是要达到不要求立即切除故障的水平。这个不要求立即切除故障便是推荐采用高电阻接地方式的主要原因。

采用高电阻接地方式的条件为：

（1）单相接地后立即清除故障而且停电，否则会对工业企业造成废品，损坏机器设备，人身伤亡或释放出危害环境的物质，酿成火灾或爆炸。

（2）备有接地故障检测和定位的系统。

（3）有合格人员运行和维护的系统。

（4）高电阻接地允许带故障运行的时间一般可达 2h。

高阻接地方式的特点和优点：

（1）抑制单相接地过电压：单相接地故障发生后，其中性点偏移最大值为相电压，暂态过电压小于 2.5 倍相电压，使高频分量的频率明显降低，可有效抑制高频熄弧重燃过电压，使单相接地故障点电流对零序电压的超前角远小于 90°，衰减时间常数明显降低。

（2）既能带故障短时间继续供电，又能提供带故障检测和对接地故障点定位条件。

（3）大量减少设备损坏。

（4）消除大部分谐振现象。

（5）跨步电压、接触电压低。

（6）减少人身伤害事故。

（7）简化设备。

由于电流小，允许带故障运行的时间较长，所以对继电保护要求不太高，一般仅用作于报警。

若用 Y/△接线变压器作人工接地点，电阻一般接于△二次侧，占用空间小阻值也低，但要求通流容量高。

若用 Z 型变压器时，电阻直接接入 Z 型变压器中性点与地之间，此时要求阻值大，通流容量小，可装配氧化锌避雷器，由于它能耐受工频过电压，残压也低，对系统安全有利。

2）中性点经小电阻接地

中电阻和低电阻之间没有统一的界限，一般认为单相接地故障时通过中性点电阻的电流 10～100A 时为低电阻接地方式。中性点经中电阻和低电阻接地方式适用于以电缆线路为主、不容易发生瞬时性单相接地故障的、系统电容电流比较大的城市配网、发电厂用电系统及大型工矿企业。其主要特点是在电网发生单相接地时，能获得较大的阻性电流，这种方式的优点：能快速切除单相接地故障，过电压水平低，谐振过电压发展不起来，电网可采用绝缘水平较低的电气设备；单相接地故障时，非故障相电压升高较小，发生为相间短路的概率较低；人身安全事故及火灾事故的可能性均减少；此外，还改善了电气设备运行条件，提高了电网和设备运行的可靠性。

大的故障接地电流会引起地电位升高超过安全允许值，干扰通行，供电可靠性受影响。对供电可靠性，可采取以下措施：

（1）在部分架空线路馈线上，设置自动重合闸。

（2）尽快加速架空线路电缆化改造。

（3）对电缆配网进行改造，按 $N+1$ 的结构模式组成环网。

（4）逐步对配网进行改造，为配网自动化创造条件，在对故障点进行自动检测的基础上实现遥控和遥信，缩短单相接地故障的恢复时间。

3）低电阻接地电阻值的选择

（1）按限制单相接地短路电流小于三相短路电流的条件选取，见式（7-34）：

$$R_n = \frac{U_e}{1.732KI_d} \tag{7-34}$$

式中：R_n——接地电阻的阻值，Ω；

U_e——线电压，V；

K——系数，根据各电网要求选取；

I_d——三相短路电流，A。

（2）按单相接地故障时限制过电压倍数 $K \leqslant 2.5$ 的条件选择：根据计算和试验分析，当流经接地电阻 R_n 的电流 $I_r \geqslant 1.5I_d$ 时，就能把单相接地过电压倍数限制在 2.5 倍以内，这时，接地电阻的阻值 $R_n = U_e/1.732I_r$。

（3）根据对通信干扰不产生有害影响选择。

(4)按保证接触电压和跨步电压不超过安全规程要求选择。

4. 中性点直接接地的电力系统

中性点直接接地方式，即是将中性点直接接入大地。该系统运行中若发生一相接地时，就形成单相短路，其接地电流很大，使断路器跳闸切除故障。这种大电流接地系统，不装设绝缘监察装置。恢复其他无故障部分的系统正常运行。

中性点直接接地的系统在发生一相接地时其他两相对地电压不会升高，因此这种系统中的供用电设备的相绝缘只需按相电压考虑，而不必按线电压考虑。这对 110kV 以上超高压系统是很有经济技术价值的，因为高压电器特别是超高压电器的绝缘问题是影响其设计和制造的关键问题。

至于低压配电系统，TN 系统和 TT 系统均采到中性点直接接地的方式，而且引出有中性线或保护线，这除了便于接单相负荷外，还考虑到安全保护的要求，一旦发生单相接地故障，即形成单相短路，快速切除故障，有利于保障人身安全，防止触电。

电源侧的接地称为系统接地，负载侧的接地称为保护接地。国际电工委员会(IEC)标准规定的低压配电系统接地有 IT 系统、TT 系统、TN 系统三种方式。

现低压接地系统常用五种形式：TN-C、TN-S、TN-C-S、IT、TT，其各自的特点如下：

1)TN 方式供电系统

TN 方式供电系统是将电气设备的外露导电部分与工作中性线相接的保护系统，称作接零保护系统，用 TN 表示。当电气设备的相线碰壳或设备绝缘损坏而漏电时，实际上就是单相对地短路故障，理想状态下电源侧熔断器会熔断，低压断路器会立即跳闸使故障设备断电，产生危险接触电压的时间较短，比较安全。TN 系统节省材料、工时，应用广泛。

TN 方式供电系统中，按国际标准 IEC 60364 规定，根据中性线与保护线是否合并的情况，TN 系统分为 TN-C、TN-S、TN-C-S。

(1)TN-C 方式供电系统：本系统中，保护线与中性线合二为一，称为 PEN 线。如图 7-31 所示，TN-C 整个系统的中性线与保护线是合一的。

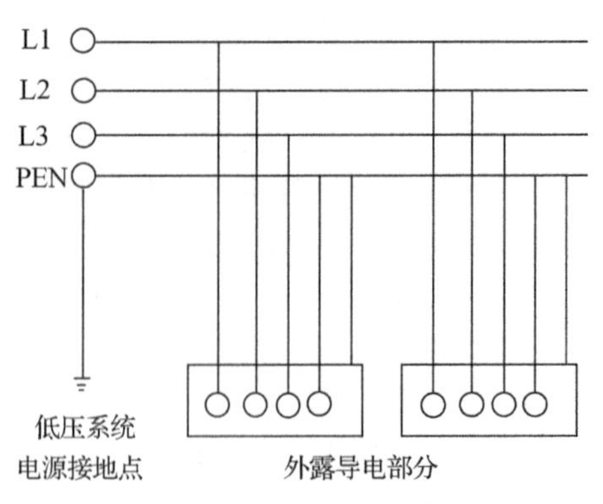

图 7-31 TN-C 系统

优点：TN-C 方案易于实现，节省了一根导线，且保护电器可节省一极，降低设备的初期投资费用；发生接地短路故障时，故障电流大，可采用过流保护电器瞬时切断电源，保证人员生命和财产安全。

缺点：线路中有单相负荷，或三相负荷不平衡，以及电网中有谐波电流时，由于 PEN 中有电流，电气设备的外壳和线路金属套管间有压降，对敏感性电子设备不利；PEN 线中的电流在有爆炸危险的环境中会引起爆炸；PEN 线断线或相线对地短路时，会呈现相当高的对地故障电压，可能扩大事故范围；TN-C 系统电源处使用漏电保护器时，接地点后工作中性线不得重复接地，否则无法可靠供电。

(2)TN-S 方式供电系统：本系统中，专用保护线(PE 线)和工作中性线(N 线)严格分开，称作 TN-S 供电系统，如图 7-32 所示。整个系统的中性线与保护线是分开的。

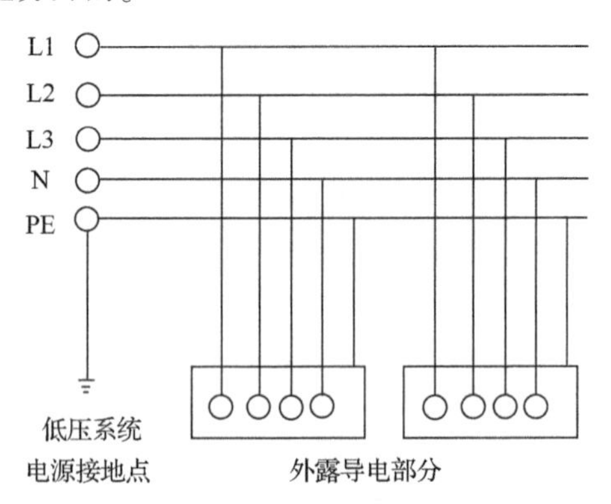

图 7-32 TN-S 系统

优点：正常时即使工作中性线上有不平衡电流，专用保护线上也不会有电流。适用于数据处理和精密电子仪器设备，也可用于爆炸危险场合；民用建筑中，家用电器大都有单独接地触点的插头，采用 TN-S 系统，既方便，又安全；如果回路阻抗太高或者电源短路容量较小，需采用剩余电流保护装置 RCD 对人身安全和设备进行保护，防止火灾危险；TN-S 系统供电干线上也可以安装漏电保护器，前提是工作中性线(N 线)不得有重复接地。专用保护线(PE 线)可重复接地，但不可接入漏电开关。

缺点：由于增加了中性线，初期投资较高；TN-S 系统相对地短路时，对地故障电压较高。

(3)TN-C-S 方式供电系统：本系统是指如果前部分是 TN-C 方式供电，但为考虑安全供电，二级配电箱出口处，分别引出 PE 线及 N 线，即在系统后部分二级配电箱后采用 TN-S 方式供电，这种系统总称为 TN-C-S 供电系统(图 7-33)。系统有一部分中性线与保护线是合一的。

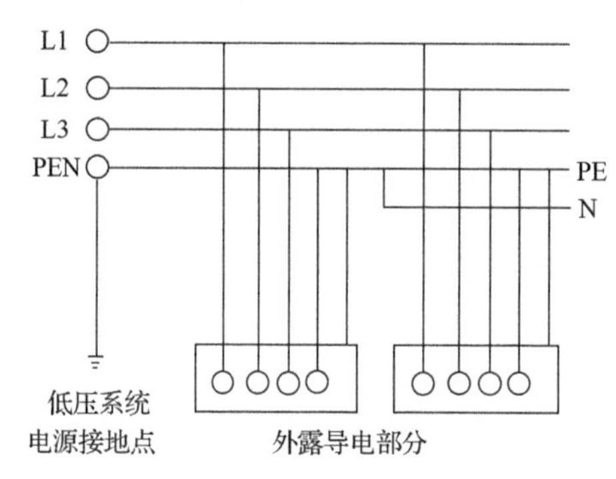

图 7-33 TN-C-S 系统

工作中性线(N 线)与专用保护线(PE 线)相联通,联通后面 PE 线上没有电流,即该段导线上正常运行不产生电压降;联通前段线路不平衡电流比较大时,在后面 PE 线上电气设备的外壳会有接触电压产生。因此,TN-C-S 系统可以降低电气设备外露导电部分对地的电压,然而又不能完全消除这个电压,这个电压的大小取决于联通前线路的不平衡电流及联通前线路的长度。负载越不平衡,联通前线路越长,设备外壳对地电压偏移就越大。所以要求负载不平衡电流不能太大,而且在 PE 线上应作重复接地;一旦 PE 线作了重复接地,只能在线路末端设立漏电保护器,否则供电可靠性不高;对要求 PE 线除了在二级配电箱处必须和 N 线相接以外,其后各处均不得把 PE 线和 N 线相连,另外在 PE 线上还不许安装开关和熔断器;民用建筑电气在二次装修后,普遍存在 N 线和 PE 线混用的情况,事实上混用使 TN-C-S 系统变成 TN-C 系统,后果如前述。鉴于民用建筑的 N 线和 PE 线多次开断、并联现象严重,形成危险接触电压的情况机会较多,在建筑电器的施工与验收中需重点注意。

2)IT 方式供电系统

系统的电源不接地或通过阻抗接地,电气设备的外壳可直接接地或通过保护线接至单独接地体。如图 7-34 所示。

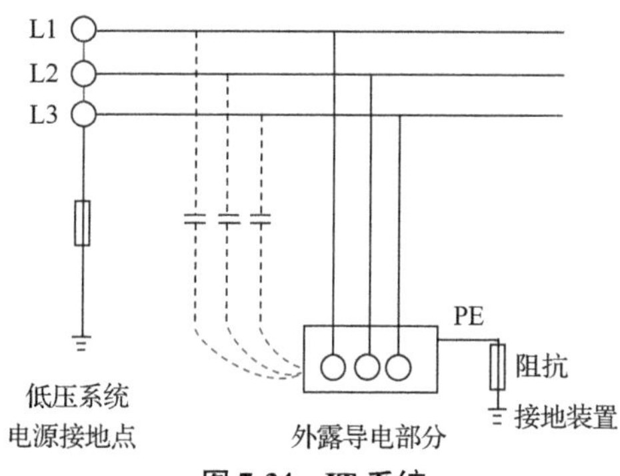

图 7-34 IT 系统

优点:运用 IT 方式供电系统,由于电源中性点不接地,相对接地装置基本没有电压。电气设备的相线碰壳或设备绝缘损坏时,单相对地漏电流较小,不会破坏电源电压的平衡,一定条件下比电源中性点接地的系统供电可靠;IT 方式供电系统在供电距离不是很长时,供电的可靠性高、安全性好。一般用于不允许停电的场所,有连续供电要求的地方,例如,医院的手术室、地下矿井、炼钢炉、电缆井照明等处。

缺点:如果供电距离很长时运用 IT 方式供电,如图 7-34 所示,电气设备的相线碰壳或设备绝缘损坏而漏电时,由于供电线路对大地的分布电容会产生电容电流,此电流经大地可形成回路,电气设备外露导电部分也会形成危险的接触电压;TT 方式供电系统的电源接地点一旦消失,即转变为 IT 方式供电系统,三相、二相负载可继续供电,但会造成单相负载中电气设备的损坏;如果消除第一次故障前,又发生第二次故障,如不同相的接地短路,故障电流很大,非常危险,因此对一次故障探测报警设备的要求较高,以便及时消除和减少出现双重故障的可能性,保证 IT 系统的可靠性。

3)TT 方式供电系统

本系统是指电力系统中性点直接接地,电气设备外露导电部分与大地直接连接,而与系统如何接地无关。专用保护线(PE 线)和工作中性线(N 线)要分开,PE 线与 N 线没有电的联系。正常运行时,PE 线没有电流通过,N 线可以有工作电流。在 TT 系统中负载的所有接地均称为保护接地,如图 7-35 所示。整个系统的中性线与保护线是分开的。

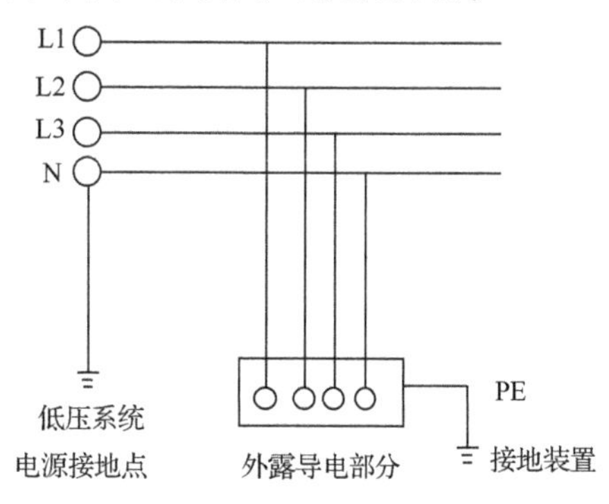

图 7-35 TT 系统

优点:TT 供电系统中当电气设备的相线碰壳或设备绝缘损坏而漏电时,由于有接地保护,可以减少触电的危险性;电气设备的外壳与电源的接地无电气联系,适用于对电位敏感的数据处理设备和精密电子设备;故障时对地故障电压不会蔓延。

缺点:短路电流小,发生短路时,短路电流保护装置不会动作,易造成电击事故;受线路零序阻抗及接地处过渡电阻的影响，漏电电流可能比较小，低压断路器不一定能跳闸，会造成漏电设备的外壳对地产生高于安全电压的危险电压，一般需要设漏电保护器作后续保护；由于各用电设备均需单独接地，TT系统接地装置分散，耗用钢材多，施工复杂较为困难；TT供电系统在农村电网应用较多，因一相一地的偷电方式，是造成电源出口处漏电保护器频繁动作的主要原因；如果工作中性线断线，健全相电气设备电压升高，会导致成批电器设备损坏。因此《架空绝缘配电线路设计技术规程》(DL/T 601—1996)中10.7规定：中性点直接接地的低压绝缘线的中性线，应在电源点接地。在干线和分支线的终端处，应将中性线重复接地。三相四线供电的低压绝缘线在引入用户处，应将中性线重复接地。

(五)电力负荷等级介绍

电力负荷是指电能用户的用电设备在某一时刻向电力系统取用的电功率总和。

1. 负荷定义及分级

负荷是指所有用电设备的功率和，是电力系统运行的重要组成部分。供电系统的电力负荷应根据对供电可靠性的要求及中断供电在对人身安全、经济损失上所造成的影响程度进行分级，并应符合下列规定：

符合下列情况之一时，应视为一级负荷：

(1)中断供电将造成人身伤害时。

(2)中断供电将在经济上造成重大损失时。

(3)中断供电将影响重要用电单位的正常工作。

在一级负荷中，当中断供电将造成人员伤亡或重大设备损坏或发生中毒、爆炸和火灾等情况的负荷，以及特别重要场所的不允许中断供电的负荷，应视为一级负荷中特别重要的负荷。

符合下列情况之一时，应视为二级负荷：

(1)中断供电将在经济上造成较大损失时。

(2)中断供电将影响较重要用电单位的正常工作。

不属于一级和二级负荷者应为三级负荷。

2. 各级负荷供电要求

一级负荷的供电电源要求如下：

(1)一级负荷应由双重电源供电；当一个电源发生故障时，另一个电源不应同时受到损坏。

(2)一级负荷中特别重要的负荷供电，除由双重电源供电外，尚应增设应急电源，并严禁将其他负荷接入应急供电系统。

二级负荷的供电电源要求如下：

二级负荷供电系统应做到当电力变压器或线路发生常见故障时，不致中断供电或中断供电能及时恢复。

三级负荷无明确要求。

(六)负荷计算常用方法

1. 负荷计算内容

电气负荷是供配电设计所依据的基础资料。通常电气负荷是随时变动的。负荷计算的目的是确定设计各阶段中选择和校验供配电系统及其各个元件所需的各项负荷数据，即计算负荷。计算负荷是一个假想的，在一定的时间间隔中的持续负荷；它在该时间中产生的特定效应与实际变动负荷的效应相等。计算负荷通常按其用途分类。不同用途的计算负荷应选取不同的负荷效应及其持续时间，并采用不同的计算原则和方法，从而得出不同的计算结果。

(1)需要负荷或最大负荷：需要负荷或最大负荷也可统称计算负荷，在各个具体情况下，计算负荷分别代表有功功率、无功功率、视在功率、计算电流等。用以按发热条件选择电器和导体，计算电压损失、电压偏差及网络损耗；通常取"半小时最大负荷"作为需要负荷。这里30min是按中小截面导体达到稳定温升的时间考虑的。

(2)平均负荷：年平均负荷用于计算电能年消耗量。

(3)尖峰电流：尖峰电流是用以计算电压波动、选择和整定保护器件、校验电动机的启动条件，通常尖峰电流取单台或一组用电设备持续1s左右的最大负荷电流，即启动电流的周期分量；在校验瞬动元件时，还应考虑启动电流的非周期分量。

2. 负荷计算方法

负荷计算的方法主要有需要系数法、二项式系数法、利用系数法、单位面积功率法和单位指标法。我国目前普遍采用的确定用电设备级计算负荷的方法为需要系数法和二项式系数法。需要系数法方便简单，计算结果基本符合实际。当用电设备台数较多，各台设备容量相差不悬殊时，宜采用需要系数法，其多用于二线、配变电所的负荷计算。

二项式系数法应用的局限性较大，但在确定设备台数较少而设备容量差别很大的分支二线的计算负荷时，较需要系数法更为合理，且计算也较为简便。

1)需要系数法

在负荷计算时，应将不同工作制用电设备的额定功率换算成为统一计算功率。泵站的水泵电机为主要设备，应按连续工作制考虑，其功率应按电机额定铭牌功率计算。短时或周期工作制电动机的设备功率应统一换算到负载持续率(ε)为25%以下的有功功率，应按式(7-35)计算：

$$P_N = P_r \frac{\varepsilon_r}{0.25} = 2P_r\sqrt{\varepsilon_r} \quad (7\text{-}35)$$

式中：P_N——用电设备组的设备功率，kW；

P_r——电动机额定功率，kW；

ε_r——电动机额定负载持续率，kW。

采用需要系数法计算负荷，应符合下列要求：

（1）设备组的计算负荷及计算电流应按式（7-36）计算：

$$\left.\begin{aligned} P_{js} &= K_X P_N \\ Q_{js} &= P_{js}\tan\varphi \\ S_{js} &= \sqrt{P_{js}^2 + Q_{js}^2} \\ I_{js} &= \frac{S_{js}}{\sqrt{3}U_r} \end{aligned}\right\} \quad (7\text{-}36)$$

式中：P_{js}——用电设备有功计算功率，kW；

K_X——需要系数，按表7-6的规定取值；

Q_{js}——用电设备无功计算功率，kW；

$\tan\varphi$——用电设备功率因数角的正切值，按表7-6的规定取值；

S_{js}——用电设备视在计算功率，kW；

I_{js}——计算电流，A；

U_r——用电设备额定电压或线电压，kV。

表7-6　用电设备系数

用电设备组名称	需要系数（K_X）	$\cos\varphi$	$\tan\varphi$
水泵	0.75~0.85	0.80~0.85	0.75~0.62
生产用通风机	0.75~0.85	0.80~0.85	0.75~0.62
卫生用通风机	0.65~0.70	0.80	0.75
闸门	0.20	0.80	0.75
格栅除污机、皮带运输机、压榨机	0.50~0.60	0.75	0.88
搅拌机、刮泥机	0.75~0.85	0.80~0.85	0.75~0.62
起重器及电动葫芦（ε=25%）	0.20	0.50	1.73
仪表装置	0.70	0.70	1.02
电子计算机	0.60~0.70	0.80	0.75
电子计算机外部设备	0.40~0.50	0.50	1.73
照明	0.70~0.85	—	—

（2）变电所的计算负荷应按式（7-37）计算：在确定多组用电设备的计算负荷时，应考虑各组用电设备的最大负荷不会同时出现的因素，计入一个同时系数K_Σ。

$$\left.\begin{aligned} P_{js} &= K_{\Sigma P}\sum(K_X P_N) \\ Q_{js} &= K_{\Sigma Q}\sum(K_X P_N\tan\varphi) \\ S_{js} &= \sqrt{P_{js} + Q_{js}} \end{aligned}\right\} \quad (7\text{-}37)$$

式中：$K_{\Sigma P}$、$K_{\Sigma Q}$——有功功率、无功功率同时系数，分别取0.8~0.9和0.93~0.97。

2）二项式系数法

二项式系数法较需要系数法更适于确定设备台数较少而容量差别较大的低干线和分支线的计算负荷系数。二项式系数认为计算负荷由两部分组成，一部分是由所有设备运行时产生的平均负荷bP_N；另一部分是由于大型设备的投入产生的负荷cP_x，x为容量最大设备的台数，其中，b，c称为二项式系数。二项式系数也是通过统计得到的负荷计算的二项式系数法，用二项式系数法进行负荷计算时的步骤与需用系数法相同，计算公式如下：

（1）单组用电设备组中设备台数≥3台时的计算负荷见式（7-38）：

$$P_c = b\sum_{i=1}^{n} P_{Ni} + cP_x \quad (7\text{-}38)$$

式中：P_c——有功功率，kW；

P_{Ni}——用电设备组中每台设备的额定功率，kW；

P_x——用电设备组中x台大型设备的额定功率，kW；

b、c——二项式系数。

（2）多组用电设备组的计算负荷：

①有功计算负荷见式（7-39）：

$$P_{30} = \sum(bP_e) + (cP_x)_{max} \quad (7\text{-}39)$$

②无功计算负荷见式（7-40）：

$$Q_{30} = \sum(bP_e\tan\varphi) + (cP_x)_{max}\tan\varphi_{max} \quad (7\text{-}40)$$

式中：P_{30}——有功功率，kW；

Q_{30}——无功功率，kW；

P_e——用电设备组中每台设备的平均额定功率，kW；

$\tan\varphi$——最大附加负荷$(cP_x)_{max}$的设备组的平均功率因数角的正切值。

P_{30}和Q_{30}的“30”是指导线截面的发热按照允许30min运行，因此负荷计算时采用30min最大负荷作为计算负荷。

3）其他方法

利用系数是求平均负荷的系数。通过利用系数K_X，平均利用系数K_{xav}，有效台数n_{eq}，附加系数等可确定计算负荷。

（1）利用系数：一般情况下，当用电设备组确定后，其最大日负荷曲线也就确定了，利用系数计算公式见式（7-41）。

$$K_X = \frac{P_{av}}{\sum_{i=1}^{n} P_{Ni}} \quad (7\text{-}41)$$

式中：K_X——利用系数；

P_{av}——各用电设备组平均负荷的有功功率，kW；

$\sum_{i=1}^{n} P_{Ni}$——各用电设备组设备功率之和。

(2)附加系数：为了便于比较，从发热角度出发，不同容量的用电设备需归算为同一容量的用电设备，于是可得其等效台数，计算公式见式(7-42)。

$$\left.\begin{aligned} P_c &= K_{\sum P} K_d \sum_{i=1}^{n} P_{Ni} \\ Q_c &= P_c \tan\varphi \\ S_c &= \sqrt{P_c^2 + Q_c^2} \\ I_c &= \frac{S_c}{\sqrt{3}U_r} \end{aligned}\right\} \quad (7\text{-}42)$$

式中：P_c——有功功率，kW；

$K_{\sum P}$——有功同时系数，对于配电干线所供范围的计算负荷，$K_{\sum P}$取值范围一般都在0.8~0.9；对于变电站总计算负荷，$K_{\sum P}$取值范围一般在0.85~1；

K_d——需用系数；

P_{Ni}——用电设备组中每台用电设备的额定功率，kW；

Q_c——无功功率，kW；

S_c——视在功率，kW；

$\tan\varphi$——用电设备功率因数角的正切值；

I_c——电气设备电流，A；

U_r——电气设备额定电压，kV。

(3)系数法的计算步骤如下：

①单组用电设备组中设备台数≥3台时的计算负荷先由式(7-41)求出平均负荷。

②再由附加系数求计算负荷。附加系数由设备等效台数n_{eq}和利用系数K_X得到式(7-43)和式(7-44)：

$$P_{av} = K_X \sum_{i=1}^{n} P_{Ni} \quad (7\text{-}43)$$

$$Q_{av} = P_{av} \tan\varphi \quad (7\text{-}44)$$

③多组用电设备组的计算负荷：当供电范围内有多个性质不同的设备组时，设备等效台数n_{eq}为所有设备的等效台数；利用系数K_X以各组设备组的加权利用系数K_{xav}替换，同样使用附加系数表可以查得附加系数K_{ad}。有功功率计算公式为式(7-45)：

$$P_c = K_{ad} K_{xav} \sum_{m=1}^{m} \sum_{n=1}^{n} P_{Nij} \quad (7\text{-}45)$$

加权利用系数为式(7-46)：

$$K_{xav} = \frac{\sum_{m=1}^{m} P_{avj}}{\sum_{m=1}^{m} \sum_{n=1}^{n} P_{Nij}} \quad (7\text{-}46)$$

式中：$\sum_{m=1}^{m} P_{avj}$——各组设备平均功率之和，kW；

$\sum_{m=1}^{m} \sum_{n=1}^{n} P_{Nij}$——各组设备额定功率之和，kW。

4)各种计算法优缺点

(1)指标法中除了住宅用电量指标法外的其他方法一般只用作供配电系统的前期负荷估算。

(2)需用系数法计算简单，是最为常用的一种计算方法，适合用电设备数量较多，且容量相差不大的情况，组成需用系数的同时系数和负荷系数都是平均的概念，若一个用电设备组中设备容量相差过于悬殊，大容量设备的投入对计算负荷起决定性的作用，这时需用系数计算的结果很可能与大容量设备投入时的实际情况不符，出现不合理的结果。影响需用系数的因素非常多对于运行经验不多的用电设备，很难找出较为准确的需用系数值。

(3)二项式系数法考虑问题的出发点就是大容量设备的作用，因此当用电设备组中设备容量相差悬殊时，使用二项式系数法可以得到较为准确的结果。

(4)利用系数法是通过平均负荷来计算负荷，这种方法的理论依据是概率论与数理统计，因此是一种较为准确的计算方法，但利用系数法的计算过程相对繁琐。

(5)目前民用建筑用电负荷的二项式系数法和利用系数法经验值尚不完善，这两种方法主要用于工业企业的负荷计算。

(6)根据负荷计算方法得出的计算结果往往偏大，这是因为：

①负荷计算的基础数据偏大，在选择电气设备时，一般都是按最不利的负荷情况选择，常常还在此基础上加保险系数，使得设备容量偏大。

②负荷计算所用的计算系数偏大。在作负荷计算时，各种系数都是以求出负荷曲线上持续30min最大负荷给出的，对于大多数电气设备讲，显然过于保守。

(七)短路电流的计算

短路是电力系统最为常见的故障之一，它是由供配电系统中相导体之间或相导体与地之间不通过负载阻抗发生了直接电气连接所产生的。在供配电系统中，可能发生的短路类型有四种，分别为三相短路、两相短路、单相短路、两相接地短路。

1. *短路电流计算方法*

(1)以系统元件参数的标幺值计算短路电流，适用于比较复杂的系统。

(2)以系统短路容量计算短路电流，适用于比较简单的系统。

(3)以有名值计算短路电流，适用于1kV及以下的低压网络系统。

(4)计算短路电流时，电路的分布电容不予考虑。

2. 短路电流计算要求

短路电流计算中应以系统在最大运行方式下三相短路电流为主；应以最大三相短路电流作为选择、校验电器和计算继电保护的主要参数。同时也需要计算系统在最小运行方式下的两相短路电流作为校验继电保护、校核电动机启动等的主要参数。短路电流计算时所采用的接线方式，应为系统在最大及最小运行方式下导体和电器安装处发生短路电流的正常接线方式。短路电流计算宜符合下列要求：

(1)在短路持续时间内，短路相数不变，如三相短路持续时间内保持三相短路不变，单相接地短路持续时间内保持单相接地短路不变。

(2)具有分接开关的变压器，其开关位置均视为在主分接位置。

(3)不计弧电阻。

3. 高压短路电流计算

高压短路电流计算时，应考虑对短路电流影响大的变压器、电抗器、架空线及电缆等因素的阻抗，对短路电流影响小的因素可不予考虑。

高压短路电流计算宜按下列步骤进行：

(1)确定基准容量 $S_j = 100\text{MV}\cdot\text{A}$，确定基准电压 $U_j = U_p$（U_p 为电网线电压平均值）。

(2)绘制主接线系统图，标出计算短路点。

(3)绘制相应阻抗图，各元件归算到标幺值。

(4)经网络变换等计算短路点的总阻抗标幺值。

计算三相短路周期分量及冲击电流等。

4. 低压网络短路电流计算步骤

(1)画出短路点的计算电路，求出各元件的阻抗（图7-36）。

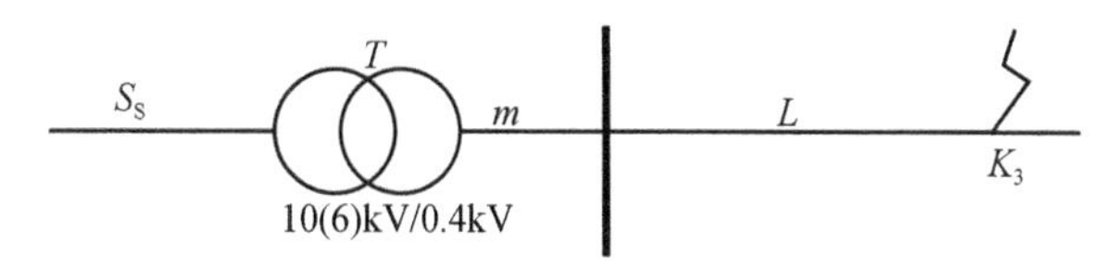

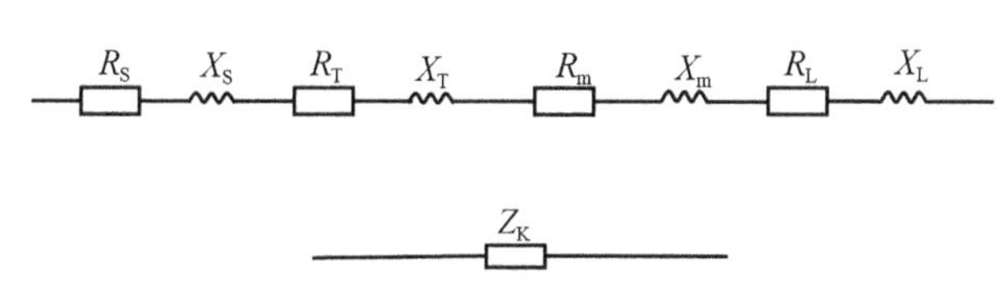

图7-36 三相短路电流计算电路

(2)变换电路后画出等效电路图，求出总阻抗。

(3)低压网络三相和两相短路电流周期分量有效值按式(7-47)计算。

$$\left.\begin{aligned} I''_3 &= \frac{\frac{CU_n}{\sqrt{3}}}{Z_k} = \frac{\frac{1.05U_n}{\sqrt{3}}}{\sqrt{R_k^2 + X_k^2}} = \frac{230}{\sqrt{R_k^2 + X_k^2}} \\ R_k &= R_s + R_T + R_m + R_L \\ X_k &= X_s + X_T + X_m + X_L \end{aligned}\right\} \tag{7-47}$$

式中：I''_3——三相短路电流的初始值，A；

C——电压系数，计算三相短路电流时取1.05；

U_n——网络标称电压或线电压(380V)，V；

Z_k、R_k、X_k——分别为短路电路总阻抗、总电阻、总电抗，mΩ；

R_s、X_s——分别为变压器高压侧系统的电阻、电抗(归算到400V侧)，mΩ；

R_T、X_T——分别为变压器的电阻、电抗，mΩ；

R_m、X_m——分别为变压器低压侧母线段的电阻、电抗，mΩ；

R_L、X_L——分别为配电线路的电阻、电抗，mΩ。

只要 $\sqrt{\frac{R_T^2 + X_T^2}{R_S^2 + X_S^2}} \geqslant 2$，变压器低压侧短路时的短路电流周期分量不衰减 $I_k = I''_3$。

(4)短路冲击电流按式(7-48)计算。

$$\left.\begin{aligned} I_{sh} &= \sqrt{2}K_{sh}I'' \\ I_{sh} &= I''\sqrt{1 + 2(K_{sh} - 1)^2} \end{aligned}\right\} \tag{7-48}$$

式中：I_{sh}——短路冲击电流，A；

K_{sh}——短路电流冲击系数。

(5)两相短路电流按式(7-49)计算：

$$\left.\begin{aligned} I''_2 &= 0.866I''_3 \\ I_{K2} &= 0.866I_{K3} \end{aligned}\right\} \tag{7-49}$$

式中：I''_2——两相短路电流的初始值，A；

I_{K2}——两相短路稳态电流，A；

I_{K3}——三相短路稳态电流，A。

5. 短路电流计算结果的应用

短路电流计算结果主要有以下几方面的应用：①电气接线方案的比较与选择；②正确选择和校验电气设备；③继电保护的选择、整定及灵敏系数校验；④计算软导线的短路摇摆；⑤接地装置的设计及确定中性点接地方式；⑥正确选择和校验载流导体；⑦三分之一分裂导线间隔棒的间距；⑧验算接地装置的接触电压与跨步电压。

6. 影响短路电流的因素

影响短路电流的因素主要有以下几种：①系统电

压等级；②主接线形式以及主接线的运行方式；③系统的元件正负序阻抗及零序阻抗大小(变压器中性点接地点多少)；④是否加装限流电抗器；⑤是否采用限流熔断器、限流低压断路器等限流型电器，能在短路电流达到冲击值之前完全熄灭电弧起到限流作用。

(八)电工测量

电工常用携带式仪表主要有万用表、钳形电流表及兆欧表。

1. 万用表的应用

万用表可用来测量直流电流、直流电压、交流电流、交流电压、电阻、电感、电容。音频电平及晶体三极管的电流放大系数 β 值等。如图 7-37、图 7-38 所示。

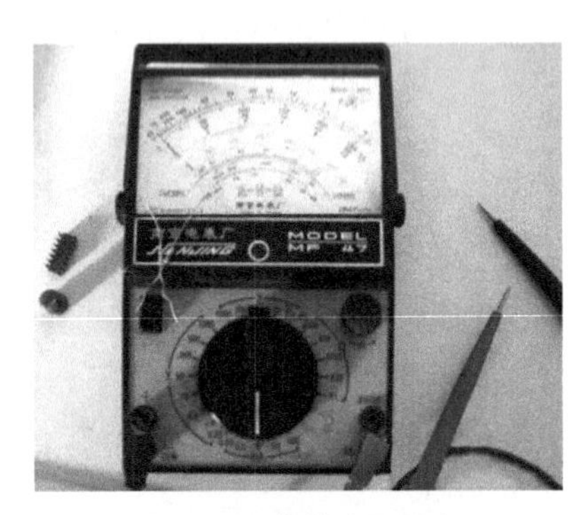

图 7-37 指针式万用表

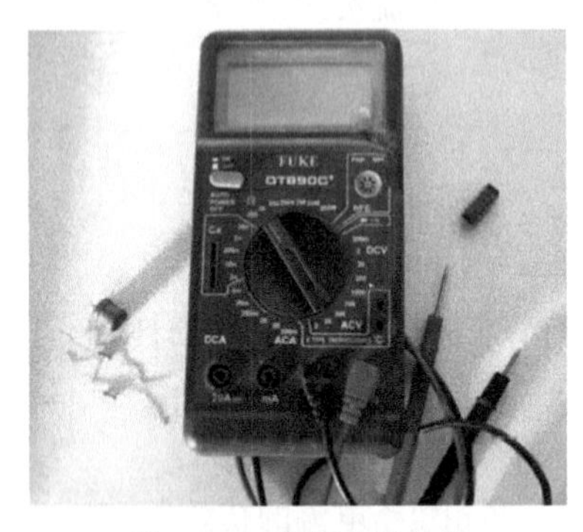

图 7-38 数字式万用表

1)万用表的使用方法

(1)端钮(或插孔)选择要正确：红色测试棒连接线要接到红色端钮上(或标有"+"号的插孔内)，黑色测试棒连接线要接到黑色端钮上(或标有"-"号的插孔内)。有的万用表备有交直流电压为 2500V 的测量端钮，使用时黑色测试棒仍接黑色端钮，而红色测试棒接到 2500V 的端钮上。

(2)转换开关位置选择要正确：根据测量对象转换开关转到相应的位置，有的万用表面板上有两个转换开关；一个选择测量种类；一个选择测量量程。使用时应先选择测量种类，然后选择测量量程。

(3)量程选择要合适：根据被测量的大致范围，将转换开关转至适当的量限上，若测量电压或电流时，最好使指针指在量程的 1/2～2/3 范围内，这样读数较为准确。

(4)正确进行读数：在万用表的标度盘上有很多标度尺，它们分别适用于不同的被测对象。因此测量时在对应的标度尺上读数的同时，应注意标度尺读数和量程挡的配合，以避免差错。

(5)欧姆挡的正确使用：

①选择合适的倍率挡：测量电阻时，倍率挡的选择应以使指针停留在刻度线较稀的部分为宜，指针越接近标度尺的中间部分，读数越准确，越向左、刻度线越密，读数的准确度越差。

②调零：测量电阻之前，应将两根测试棒碰在一起，同时转动"调零旋钮"，使指针刚好指在欧姆标度尺的零位上，这一步骤称为欧姆挡调零。每换一次欧姆挡，测量电阻之前都要重复这一步骤，从而保证了测量的准确性，如果指针不能调到零位，说明电池电压不足，需要更换。

③不能带电测量电阻：测量电阻时万用表是电池供电的，被测电阻决不能带电，以免损坏表头。

④注意节省干电池：在使用欧姆挡间歇中，不要让两根测试棒短接，以免浪费电池。

2)使用万用表应注意的事项

(1)使用万用表时要注意手不可触及测试棒的金属部分，以保证安全和测量的准确度。

(2)在测量较高电压或大电流时，不能带电转动转换开关，否则有可能使开关烧坏。

(3)万用表用完以后，应将转换开关转到"空挡"或"OFF"挡，表示已关断。有的表没有上述两挡时可转向交流电压最高量程挡，以防下次测量时疏忽而损坏万用表。

(4)平时要养成正确使用万用表的习惯，每当测试棒接触被测线路前应再一次全面检查，观察各部分位置是否有误，确实没有问题时再进行测量。

2. 钳形电流表的应用

钳形电流表按结构原理不同分为磁电式和电磁式两种，磁电式可测量交流电流和交流电压；电磁式可测量交流电流和直流电流。如图 7-39 所示。

1)钳形电流表的使用方法和注意事项

(1)在进行测量时用手捏紧扳手即张开，被测载流导线的位置应放在钳口中间，防止产生测量误差，然后放开扳手，使铁心闭合，表头就有指示。

(2)测量时应先估计被测电流或电压的大小，选择合适的量程或先选用较大的量程测量，然后再视被测电流、电压大小减小量程，使读数超过刻度的

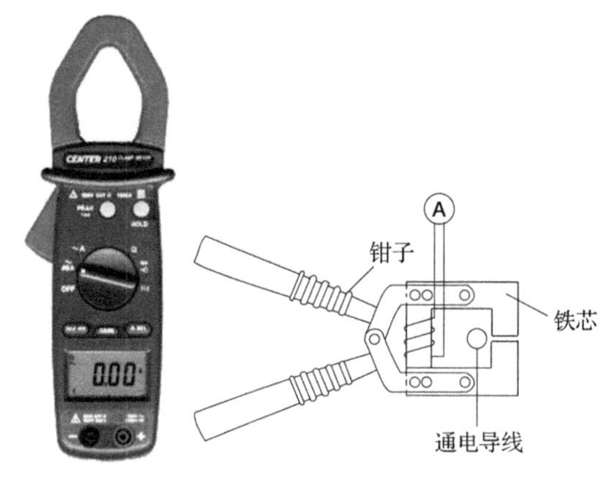

图 7-39　钳形电流表

1/2，以便得到较准确的读数。

(3)为使读数准确，钳口两个面应保证很好的接合，如有杂声，可将钳口重新开合一次，如果声音依然存在，可检查在接合面上是否有污垢存在，如有污垢，可用汽油擦干净。

(4)测量低压可熔保险器或低压母线电流时，测量前应将邻近各相用绝缘板隔离，以防钳口张开时可能引起相间短路。

(5)有些型号的钳形电流表附有交流电压刻度，测量电流、电压时应分别进行，不能同时测量。

(6)不能用于高压带电测量。

(7)测量完毕后一定要把调节开关放在最大电流量程位置，以免下次使用时由于未经选择量程而造成仪表损坏。

(8)为了测量小于5A以下的电流时能得到较准确的读数，在条件许可时可把导线多绕几圈放进钳口进行测量，但实际电流数值应为读数除以放进钳口内的导线根数。

2)钳形电流表在几种特殊情况下的应用

用钳形电流表测量绕线式异步电动机的转子电流时，必须选用电磁系表头的钳形电流表，如果采用一般常见的磁电系钳形电流表测量时，指示值与被测量的实际值会有较大出入，甚至没有指示，其原因是磁电系钳形表的表头与互感器二次线圈连接，表头电压是由二次线圈得到的。根据电磁感应原理可知，互感电动势的计算见式(7-50)。

$$E_2 = 4.44fW\Phi_m \qquad (7\text{-}50)$$

式中：E_2——互感电动势，V；

f——电流变化的频率，Hz；

W——互感系数，H；

Φ_m——磁通量，Wb。

由式(7-50)看出，互感电动势的大小与频率成正比。当采用此种钳形表测量转子电流时，由于转子上的频率较低，表头上得到的电压将比测量同样工频电流时的电压小得多(因为这种表头是按交流50Hz的工频设计的)。有时电流很小，甚至不能使表头中的整流元件导通，所以钳形表没有指示，或指示值与实际值有很大误差。

如果选用电磁系的钳形表，由于测量机构没有二次线圈与整流元件，被测电流产生的磁通通过表头，磁化表头的静、动铁片，使表头指针偏转，与被测电流的频率没有关系，所以能够正确指示出转子电流的数值。

用钳形电流表测量三相平衡负载时，会出现一种奇怪现象，即钳口中放入两相导线时的指示值与放入一相导线时的指示值相同，这是因为在三相平衡负载的电路中，每相的电流值相等，表示为$I_u=I_v=I_w$。若钳口中放入一相导线时，钳形表指示的是该相的电流值，当钳口中放入两相导线时，该表所指示的数值实际上是两相电流的相量之和，按照相量相加的原理，$I_1+I_3=-I_2$，因此指示值与放入一相时相同。

如果三相同时放入钳口中，当三相负载平衡时，$I_1+I_2+I_3=0$，即钳形电流表的读数为零。

3. 兆欧表的应用

兆欧表俗称摇表或摇电箱，是一种简便、常用的测量高电阻直接式携带型摇表，用来测量电路、电机绕组、电缆及电气设备等的绝缘电阻。表盘的上标尺刻度以“MΩ”为单位。兆欧表可分为手摇发电机型、用交流电作电源型及用晶体管直流电源变换器作电源的晶体管兆欧表。目前常用的是手摇发电机型。

1)兆欧表测量绝缘电阻的方法

(1)线路间绝缘电阻的测量：被测两线路分别接在线路端钮“L”上和地线端钮“E”上，用左手稳住摇表，右手摇动手柄，速度由慢逐渐加快，并保持在120r/min左右，持续1min，读出兆欧数。

(2)线路对地间绝缘电阻的测量：被测线路接于“L”端钮上，“E”端钮与地线相接，测量方法同上。

(3)电动定子绕组与机壳间绝缘电阻的测量：定子绕组接“L”端钮上，机壳与“E”端钮连接。

(4)电缆缆心对缆壳间绝缘电阻的测量：将“L”端钮与缆心连接，“E”端钮与缆壳连接，将缆心与缆壳之间的内层绝缘物接于屏蔽端钮“G”上，以消除因表面漏电而引起的测量误差。

2)兆欧表的使用注意事项

(1)在进行测量前先切断被测线路或设备电源，并进行充分放电(约需2~3min)以保障设备及人身安全。

(2)兆欧表接线柱与被测设备间连接导线不能用双股绝缘线或胶线，应用单股线分开单独连接，避免因胶线绝缘不良而引起测量误差。

(3)测量前先将兆欧表进行一次开路和短路试验，检查兆欧表是否良好。若将两连接线开路，摇动手柄，指针应指在“∞”(无穷大)处；把两连接线短接，指针应指在“0”处。说明兆欧表是良好的，否则兆欧表是有问题的。

(4)测量时摇动手柄的速度由慢逐渐加快并保持120r/min左右的速度，持续1min左右，这时才是准确的读数。如果被测设备短路、指针指零，应立即停止摇动手柄，以防表内线圈发热损坏。

(5)测量电容器及较长电缆等设备的绝缘电阻后，应立即将“L”端钮的连接线断开，以免被测设备向兆欧表倒充电而损坏仪表。

(6)禁止在雷电时或在邻近有带高压电的导线或设备时用兆欧表进行测量。只有在设备不带电又不可能受其他电源感应而带电时才能进行测量。

(7)兆欧表量程范围的选用一般应注意不要使其测量范围过多的超出所需测量的绝缘电阻值，以免读数产生较大的误差。例如，一般测量低压电气设备的绝缘电阻时可选用0~200MΩ量程的表，测量高压电气设备或电缆时可选用0~2000MΩ量程的表。刻度不是从零开始，而且从1MΩ或2MΩ起始的兆欧表一般不宜用来测量低压电器设备的绝缘电阻。

(8)测量完毕后，在手柄未完全停止转动和被测对象没有放电之前，切不可用手触及被测对象的测量部分并拆线，以免触电。

3)兆欧表的选用方法

(1)目前常用国产兆欧表的型号与规格如表7-7所示。表中所列为手摇发电机型，最高电压为2500V，最大量程为10000MΩ。若需要更高电压和更大量程的可选用新型ZC 30型晶体兆欧表，其额定电压可达5000V，量程为100000MΩ。

表7-7 常用兆欧表的型号与规格

型号	额定电压/V	级别	量程范围/MΩ
ZC 11-6	100	1.0	0~20
ZC 11-7	250	1.0	0~50
ZC 11-8	500	1.0	0~100
ZC 11-9	50	1.0	0~200
ZC 25-2	250	1.0	0~250
ZC 25-3	500	1.0	0~500
ZC 25-4	1000	1.0	0~1000
ZC 11-3	500	1.0	0~2000
ZC 11-10	2500	1.5	0~25000
ZC 11-4	1000	1.0	0~5000
ZC 11-5	2500	1.5	0~10000

(2)兆欧表的选择：主要是选择兆欧表的电压及其测量范围，表7-8列出了在不同情况下选择兆欧表的要求。

表7-8 兆欧表的电压及测量范围的选择

被测对象	被测设备的额定电压/V	所选兆欧表的电压/V
弱电设备、线路的绝缘电阻	100以上	50~100
线圈的绝缘电阻	500以下	500
线圈的绝缘电阻	500以上	1000
发电机线圈的绝缘电阻	380以下	1000
电力变压器、发电机、电动机绝缘电阻	500以上	1000~2500
电气设备的绝缘电阻	500以下	500~1000
电气设备的绝缘电阻	500以上	2500
瓷瓶、母线、刀闸的绝缘电阻	—	2500~5000

4)接地电阻的测量(图7-40)

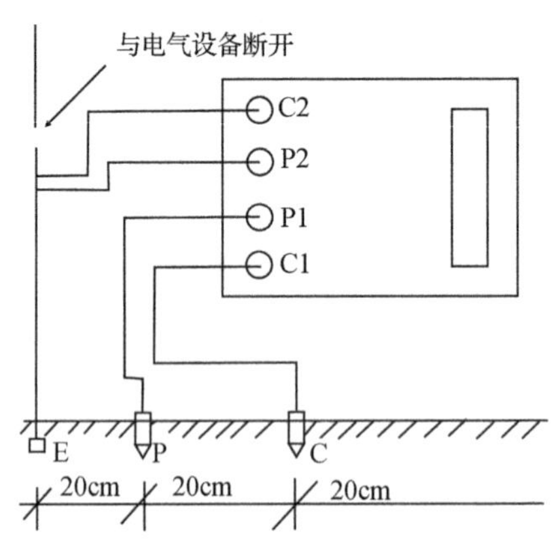

图7-40 接地电阻的测量

(1)被测接地E(C2、P2)和电位探针P1及电流探针C1依直线彼此相距20m，使电位探针处于E、C中间位置，按要求将探针插入大地。

(2)用专用导线将端子E(C2、P2)、P1、C1与探针所在位置对应连接。

(3)开启电源开关“ON”，选择合适挡位轻按，该挡指示灯亮，表头LCD显示的数值即为被测得的接地电阻值。

5)土壤电阻率测量(图7-41)

测量时在被测的土壤中沿直线插入四根探针，并使各探针间距相等，各间距的距离为L，要求探针入地深度为$L/20$cm，用导线分别从C1、P1、P2、C2端子按出分别与4根探针相连接。若测出电阻值为R，则土壤电阻率按式(7-51)计算：

$$\rho = 2\pi RL \tag{7-51}$$

式中：ρ——土壤电阻率，Ω·cm；

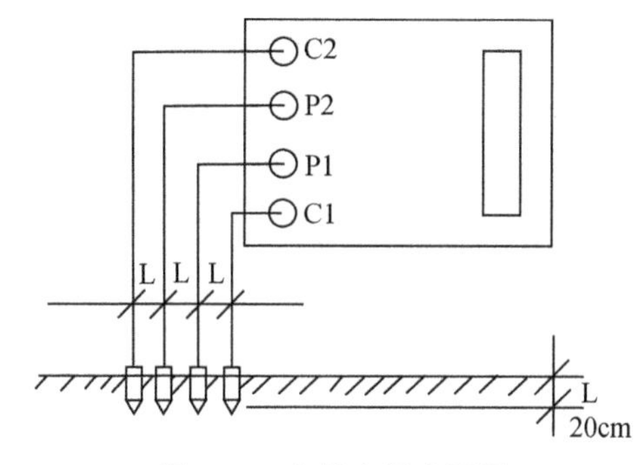

图 7-41 土壤电阻率测量

L——探针与探针之间的距离，cm；

R——电阻仪的读数，Ω。

用此法则得的土壤电阻率可以近似认为是被埋入区域的平均土壤电阻率。

6)测量注意事项和维护保养措施

(1)测量保护接地电阻时，一定要断开电气设备与电源连接点。在测量小于 1Ω 的接地电阻时，应分别用专用导线连在接地体上，C2 在外侧，P2 在内侧，如图 7-42 所示：

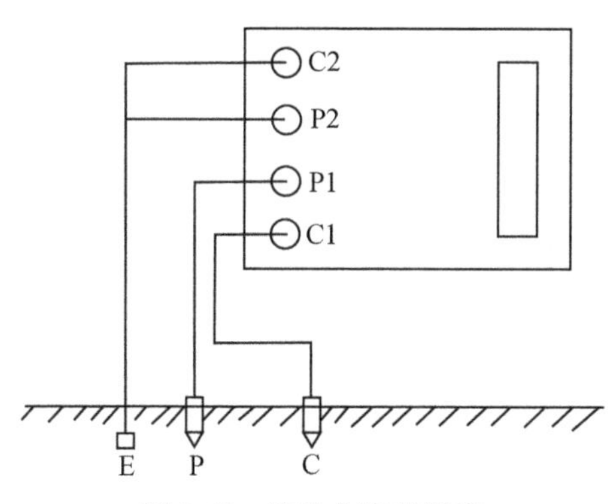

图 7-42 接地电阻的测量

(2)测量接地电阻时最好反复在不同的方向测量 3~4 次，取其平均值。

(3)测量大型接地网接地电阻时，不能按一般接线方式测量，可参照电流表、电压表测量法中的规定选定埋插点。

(4)若测试回路不通或超量程时，表头显示“1”，说明溢出，应检查测试回路是否连接好或是否超量程。

(5)本表当电池电压低于 7.2V 时，表头显示欠压符号“←”，表示电池电压不足，此时应插上电源线由交流供电或打开仪器后盖板更换干电池。

(6)如果使用可充电池时，可直接插上电源线利用本机充电，充电时间一般不低于 8h。

(7)存放保管本表时，应注意环境温度和湿度，应放在干燥通风的地方为宜，避免受潮，应防止酸碱及腐蚀气体，不得雨淋、暴晒、跌落。

四、城镇排水泵站供配电基本知识

(一)排水泵站配电系统的主要功能及规模

配电系统主要有三个功能，首先是将输电系统的电能输送到配电系统，其次是将电压降低至当地适用电压，最后是在发生故障时，通过隔离故障单元，保护整个电网。

泵站规模的调查应根据城市雨水、污水系统专业规划和有关排水系统所规定的范围、设计标准，经工艺设计的综合分析计算后确定泵站的近期规模，包括泵站站址选择和总平面布置。泵站平面布置图中应包括泵房、集水间、调蓄池、附属构筑物。附属构筑物主要包括配电室、值班室。排水泵站规模决定了排水泵站供电系统的规模。

(二)排水泵站供电系统设计调整依据

排水泵站配电室也是电气系统的一部分，必须按照电气设计规范进行设计。泵站的供配电设计工程首先要确定泵站的用电负荷，应根据泵站的规模、工艺特点、泵站总用电量(包括动力设备用电和照明用电)等计算泵站负荷，所以设计前对这些因素必须进行调查，调查主要包括：泵站规模的调查；工艺的调查(包括工程性质、工艺流程图、工艺对电气控制的要求)；用电量的调查(包括机械设备正常工作用电、设备规格、型号、工作制、仪表监控用电、正常工作照明、安全应急照明、室外照明、检修用电及其他场所的照明)；发展规划的调查(包括近期建设和远期发展的关系，远近结合，以近期为主，适当考虑发展的可能)；环境调查(包括周围环境对本工程的影响以及本工程实施后对居民生活可能造成的影响进行初步评估)。其次按照现行的设计规范进行设计，目前主要电气设计规范如下：

《民用建筑电气设计规范》(JGJ 16—2008)

《供配电系统设计规范》(GB 50052—2009)

《建筑照明设计标准》(GB 50034—2013)

《低压配电设计规范》(GB 50054—2011)

《3~110kV 高压配电装置设计规范》(GB 50060—2008)

《20kV 及以下变电所设计规范》(GB 50053—2013)

《爆炸危险环境电力装置设计规范》(GB 50058—2014)

《电力装置的继电保护和自动装置设计规范》(GB 50062—2008)

《建筑物防雷设计规范》(GB 50057—2010)

《自动化仪表选型设计规定》(HG/T 20507—2000)

《仪表系统接地设计规定》(HG/T 20513—2000)

《控制室设计规定》(HG/T 20508—2014)

《工业建筑供暖通风与空气调节设计规范》(GB 50019—2015)

《建筑给水排水设计标准》(GB 50015—2019)

《建筑灭火器配置设计规范》(GB 50140—2019)

《建筑给水排水及采暖工程施工质量验收规范》(GB 50242—2002)

《泵站设计规范》(GB 50265—2010)

(三)配电室位置与形式选择

1. 配变电所位置选择

变电所的设置应根据下列要求经技术经济比较后确定：①进出线方便；②接近负荷中心；③接近电源侧；④设备运输方便；⑤不应设在有剧烈震动的或高温的场所；⑥不宜设在多尘或有腐蚀气体的场所，如无法远离，不应设在污染源的主导风向的下风侧；⑦不应设在有爆炸危险环境或火灾危险环境的正上方和正下方；⑧变电所的辅助用房，应根据需要和节约的原则确定。有人值班的变电所应设单独的值班室。值班室与高压配电室宜直通或经过通道相通，值班室应有门直接通向户外或通向走道。

2. 配变电所的类型

排水泵站的变配所大多是10kV变电所，一般为全户内或半户内独立式结构，开关柜放在屋内，主变压器可放置屋内或屋外，依据地理环境条件因地制宜。10kV及以下变配电所按其位置分类主要有以下类型：①独立式变配电所；②地下变配电所；③附设变配电所；④户外变电所；⑤箱式变电站。

3. 高压配电室结构布置

配电装置宜采用成套设备，型号应一致。配电柜应装设闭锁及连锁装置，以防止误操作事故的发生。带可燃性油的高压开关柜，宜装设在单独的高压配电室内。当高压开关柜的数量为6台及以下时，可与低压柜设置在同一房间。

高压配电室长度超过7m时，应设置两扇向外开的防火门，并布置在配电室的两端。位于楼上的配电室至少应设一个安全出口通向室外的平台或通道。并应便于设备搬运。

高压配电装置的总长度大于6m时，其柜(屏)后的通道应有两个安全出口。高压配电室内各种通道的最小宽度(净距)应符合表7-9的规定。

表7-9 高压配电室内通道的最小宽度(净距)

单位：m

装置种类	操作走廊(正面)		维护走廊(背面)	通往防爆间隔的走廊
	设备单列布置	设备双列布置		
固定式高压开关柜	2.0	2.5	1.0	1.2
手车式高压开关柜	单车长+1.2	双车长+1.0	1.0	1.2

4. 电力变压器室的布置规定

(1)每台油量为100kg及以上的三相变压器，应装设在单独的变压器室内。

(2)室内安装的干式变压器，其外廓与墙壁的净距不应小于0.6m；干式变压器之间的距离不应小于1m，并应满足巡视、维修的要求。

(3)变压器室内可安装与变压器有关的负荷开关、隔离开关和熔断器。在考虑变压器布置及高、低压进出线位置时，应使负荷开关或隔离开关的操动机构装在近门处。

(4)变压器室的大门尺寸应按变压器外形尺寸加0.5m。当一扇门的宽度为1.5m及以上时，应在大门上开宽0.8m、高1.8m的小门。

5. 低压配电室的布置规定

低压配电设备的布置应便于安装、操作、搬运、检修、试验和监测。低压配电室长度超过7m时，应设置两扇门，并布置在配电室的两端。位于楼上的配电室至少应设一个安全出口通向室外的平台或通道。

成排布置的配电装置，其长度超过6m时，装置后面的通道应有两个通向本室或其他房间的出口，如两个出口之间的距离超过15m时，其间还应增加出口。

低压配电室兼作值班室时，配电装置前面距墙不宜小于3m。成排布置的低压配电装置，其屏前后的通道最小宽度应符合表7-10的规定。

表7-10 低压配电装置室内通道的最小宽度

单位：m

装置种类	单排布置		双排对面布置		双排背对背布置	
	屏前	屏后	屏前	屏后	屏前	屏后
固定式	1.5	1.0	2.0	1.0	1.5	1.5
抽屉式	2.0	1.0	2.3	1.0	2.0	1.5

电容器室布置应符合下列规定：室内高压电容器组宜装设在单独房间内。当容量较小时，可装设在高压配电室内。但与高压开关柜的距离不应小于1.5m。

室内高压电容器组宜装设在单独的房间内。当容量较小时可装设在高压配电室内。

成套电容器柜单列布置时，柜正面与墙面之间的距离不应小于1.5m；双列布置时，柜面之间的距离不应小于2m。装配式电容器组单列布置时，网门与墙距离不应小于1.3m；双列布置时，网门之间距离不应小于1.5m。长度大于7m的电容器室，应设两个出口，并宜布置在两端。门应外开。

6. 泵房内设备的布置规定

根据水泵类型、操作方式、水泵机组配电柜、控制屏、泵房结构形式、通风条件等确定设备布置。电动机的启动设备宜安装于配电室和水泵电机旁。机旁控制箱或按钮箱宜安装于被控设备附近，操作及维修应方便，底部距地面1.4m左右，可固定于墙、柱上，也可采用支架固定。格栅除污机、压榨机、水泵、闸门、阀门等设备的电气控制箱宜安装于设备旁，应采用防腐蚀材料制造，防护等级户外不应低于IP65，户内不应低于IP44。臭气收集和除臭装置电气配套设施应采用耐腐蚀材料制造。

1)泵站场地内电缆沟、井的布置规定

(1)泵房控制室、配电室的电缆应采用电缆沟或电缆夹层敷设，泵房内的电缆应采用电缆桥架、支架、吊架或穿管敷设。

(2)电缆穿管没有弯头时，长度不宜超过50m，有一个弯头时，穿管长度不宜超过20m；有两个弯头时，应设置电缆手井，电缆手井的尺寸根据电缆数量而定。

2)泵站照明光源选择的规定(表7-11)

(1)宜采用高效节能新光源。泵房、泵站道路等场地照明宜选用高压钠灯。

(2)控制室、配电间、办公室等场所宜选用带节能整流器或电子整流器的荧光灯。

(3)露天工作场地等宜选用金属卤化物灯。

3)泵站照明灯具选择的规定及照度要求(表7-11)

(1)在正常环境中宜采用开启型灯具。

(2)在潮湿场合应采用带防水灯头的开启型灯具或防潮型灯具。

(3)灯具结构应便于更换光源。

(4)检修用的照明灯具应采用Ⅲ类灯具，用安全特低电压供电，在干燥场所电压值不应大于50V。

(5)在潮湿场所电压值不应大于25V。

(6)在有可燃气体和防爆要求的场合应采用防爆型灯具。

表7-11　泵站最低照度标准

工作场所	工作面名称	规定照度的被照面	一般工作照度/lx	事故照度/lx
泵房间、格栅间	设备布置和维护地区	离地0.8m水平面	150	10
中控室	控制盘上表针、操作屏台、值班室	控制盘上表针	200	30
		控制台水平面	500	
继电保护盘、控制屏	屏前屏后	离地0.8m水平面	100	5
计算机房、值班室	设备上	离地0.8m水平面	200	10
高、低压配电装置，母线室，变压器室	设备布置和维护地区	离地0.8m水平面	75	3
机修间	设备布置和维护地区	离地0.8m水平面	60	—
主要楼梯和通道	—	地面	10	0.5

4)照明设备(含插座)的布置规定

(1)室外照明庭院灯高度宜为3.0~3.5m，杆间距宜为15~25m。

(2)路灯供电宜采用三芯或五芯直埋电缆。变配电所灯具宜布置在走廊中央。

(3)灯具安装在顶棚下距地面高度宜为2.5~3.0m，灯间距宜为灯高度的1.8~2倍。当正常照明因故停电，应急照明电源应能迅速地自动投入。

(4)当照明线路中单相电流超过30A时，应以380V/220V供电。每一单相回路不宜超过15A，灯具为单独回路时数量不宜超过25个；对高强气体放电灯单相回路电流不宜超过30A；插座应为单独回路，数量不宜超过10个(组)。

(四)排水泵站供电方式

配电系统应根据工程用电负荷大小、对供电可靠性的要求、负荷分布情况等采用不同的接线方法。常用的配电系统接线方式有放射式、树干式、环式或其他组合方式。对10kV/6kV配电系统宜采用放射式。对泵站内的水泵电机应采用放射式配电。对无特殊要求的小容量负荷可采用树干式配电。配电系统采用放射式时，供电可靠性高，发生故障后的影响范围较小，切换操作方便，保护简单，便于管理，但所需的配电线路较多，相应的配电装置数量也较多，因而造价较高。放射式配电系统接线又可分为单回路放射式和双回路放射式两种。前者可用于中、小城市的二、三级负荷给排水工程；后者多用于大、中城市的一、二级负荷给排水工程。10kV 及以下配电所母线绝大部分为单母线或单母线分段。因一般配电所出线回路较少，母线和设备检修或清扫可趁全厂停电检修时进行。此外，由于母线较短，事故很少，因此，对一般泵站建造的配、变电所，采用单母线或单母线分段的接线方式已能满足供电要求。

排水泵站变配电所基本上是 10kV 变 0.4kV 的配电系统，因此基本上采用单母线或单母线分段运行。

排水泵站作为承担城市雨水和污水排放功能设施，其供电负荷为二级，特别重要的按一级负荷考虑。

目前供电方式按电源供电数分为：单电源供电、双电源供电、单电源加发电机、双电源加发电机等。按供电电压等级可分为低压供电、高压供电。按电源进线方式分为架空线供电、电缆供电。按计量方式分为高压供电、高压侧计量(高供高量)，高压供电、低压侧计量(高供低量)，低压供电低压计量。

户外电源进线装置主要是指由供电电网提供给排水泵站电源的接纳装置，包含有供电电网的分界开关、进户电杆、电缆分支箱等设备。排水泵站主要进线分为架空进线和电缆进线。

架空进线的户外进线装置由分界开关、户外高压跌落式熔断器、避雷器、绝缘子、架空线、进户电缆组成。

电缆进线装置一般安装在室内，供电与用户分界点是以供电部门高压配电柜内出线开关进行划分；也有个别安装在户外，户外从供电部门的电缆分支箱内开关进行划分。泵站供电系统组成如图 7-43 所示。

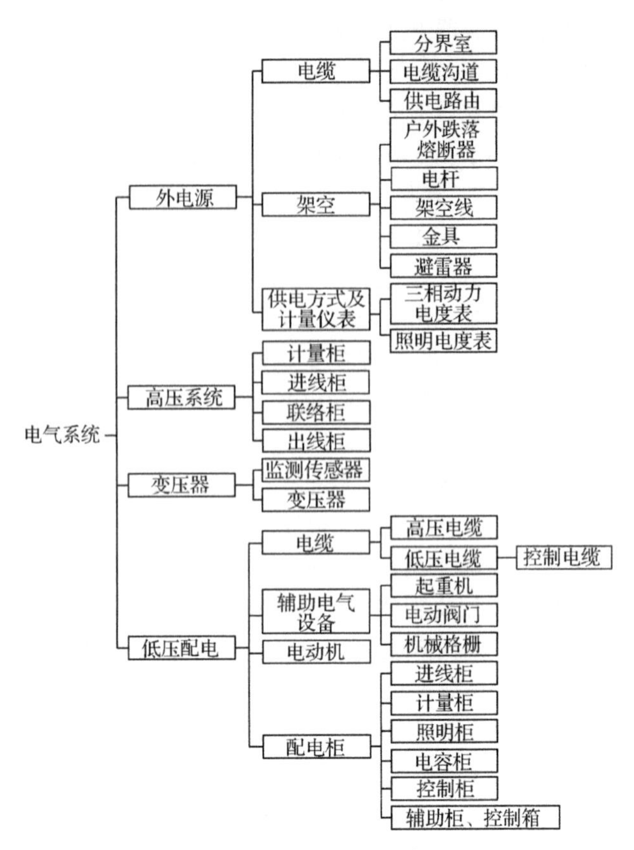

图 7-43　排水泵站系统图

排水泵站供配电系统一般分为高压系统和低压配电系统，根据泵站规模及设备容量情况以供电部门出具供电方案为依据进行设计。排水泵站高压系统由于设备容量不同采用的设备及保护方式不同：容量小于 630kV·A 的高压供电系统可以采用高压负荷开关加高压熔断器进行保护。容量大于 630kV·A 的高压供电系统采用高压断路器加直流屏进行保护。负荷开关加熔断器保护的高压系统如图 7-44 所示，真空断路器保护的高压系统如图 7-45 所示。

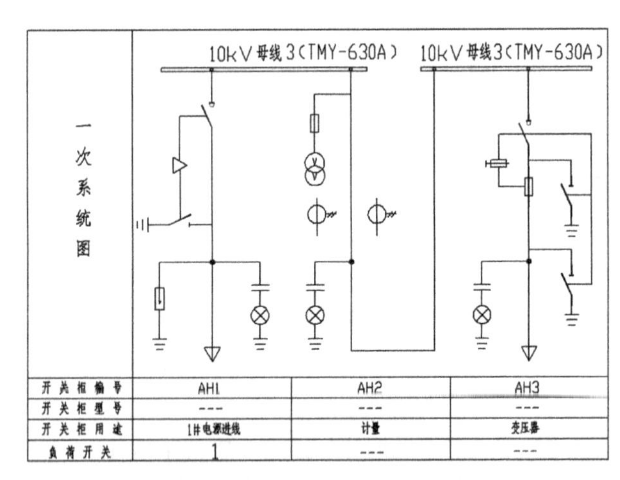

图 7-44　高压系统图：负荷开关+熔断器保护的高压系统

排水泵站低压配电系统是指按照供电方案将有关低压设备组装，实现对水泵、附属用电设备进行控制，提供电源。低压配电柜主要型号有 GCK、GCS、GGD 等。

低压配电系统的供电方式主要由高压配电系统决定，低压供电由供电部门给出的供电方案为准。

低压配电系统主要有以下几种供电方式：

1. 单路电源供电

低压设备只有一路进线电源，控制泵站设备运行，如图 7-46 所示。

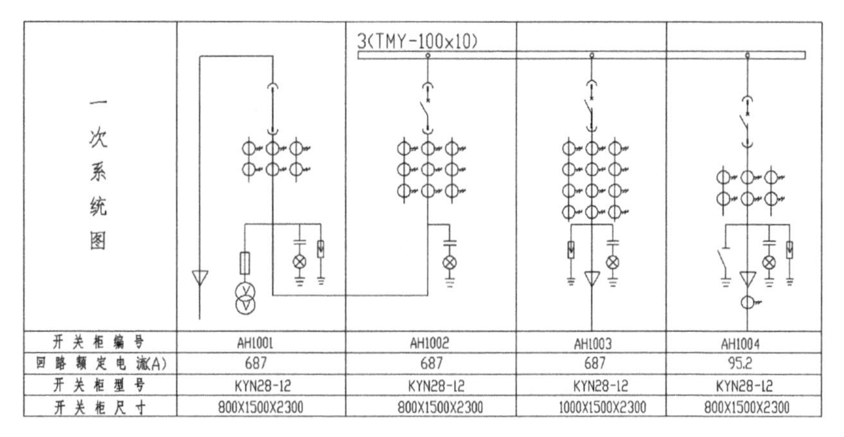

开关柜编号	AH1001	AH1002	AH1003	AH1004
回路额定电流(A)	687	687	687	95.2
开关柜型号	KYN28-12	KYN28-12	KYN28-12	KYN28-12
开关柜尺寸	800X1500X2300	800X1500X2300	1000X1500X2300	800X1500X2300

图 7-45　高压系统图：真空断路器保护的高压系统

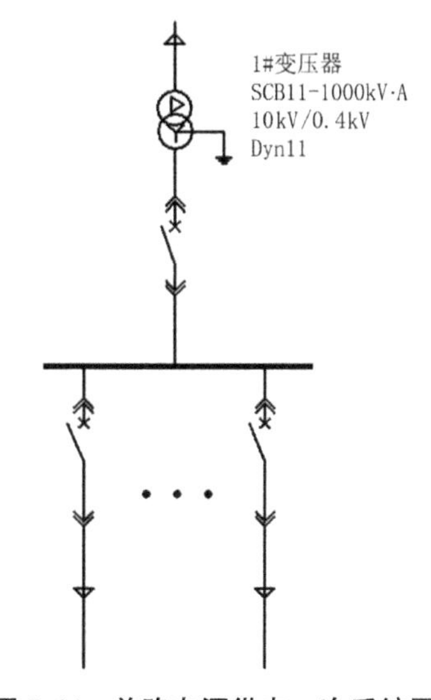

图 7-46　单路电源供电一次系统图

2. 单路电源加发电机供电

低压配电设备只有一路进线电源，但是为提高保障度，配备一台相同容量或略大于电源容量的发电机，如图 7-47 所示，正常状态下发电机不工作，当电源发生故障时，发电机运行。发电机与进线电源开关做好连锁工作，确保不发生因反送电现象引起的人员、设备事故。

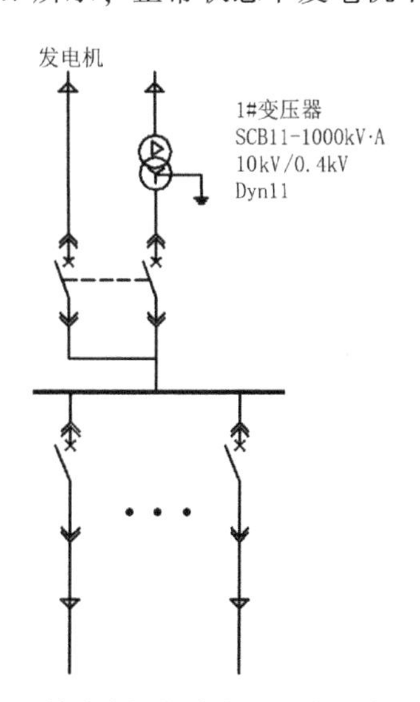

图 7-47　单路电源加发电机供电一次系统图

3. 双路电源一用一备供电

低压配电设备由两路电源供电，但正常时只能运行一路电源，另一路电源作为保障性电源，一路电源要能够运行全部设备，如图 7-48 所示。

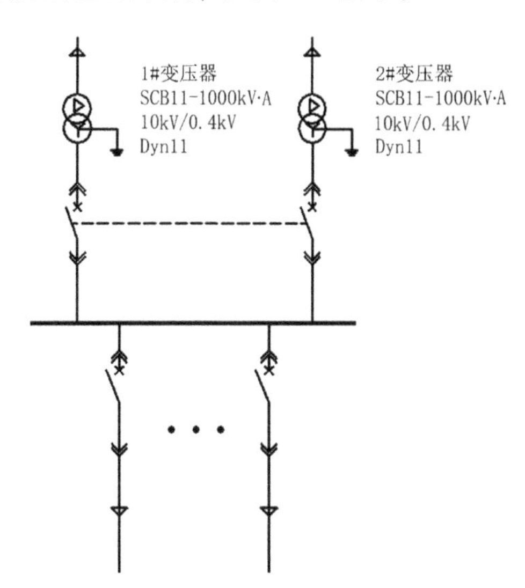

图 7-48　双路电源一用一备供电一次系统图

4. 双路电源母线联络供电

泵站低压配电系统由两路电源供电，中间通过相同容量的断路器进行联络，保障一路电源故障时，另一路电源及时带动全部设备，如图 7-49 所示。低压母线分段运行。配电柜内安装 3 台断路器进行控制，正常状态下只能闭合两台断路器。

5. 双路电源加发电机供电

泵站比较重要时，为提高泵站的供电可靠性，两路电源供电外，再增加一路发电机供电，配电柜内安装 3 个断路器，通过电气联锁进行控制，确保电源供电质量，不发生电源反送故障，如图 7-50 所示。

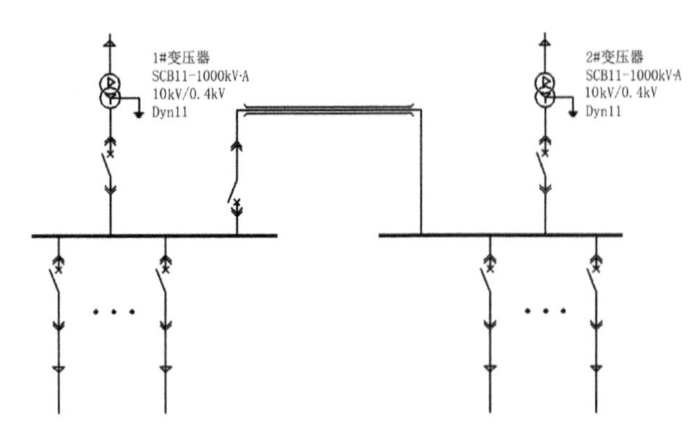

图 7-49 双路电源母线联络供电一次系统图

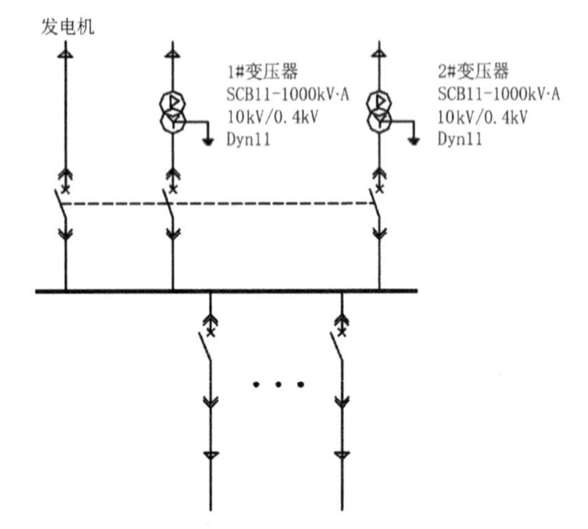

图 7-50 双路电源加发电机供电一次系统图

五、旋转电机的基本知识

(一)旋转电机

旋转电机(以下简称电机)是依靠电磁感应原理而运行的旋转电磁机械，用于实现机械能和电能的相互转换。发电机从机械系统吸收机械功率，向电系统输出电功率；电动机从电系统吸收电功率，向机械系统输出机械功率。

电机运行原理基于电磁感应定律和电磁力定律。电机进行能量转换时，应具备能做相对运动的两大部件：建立励磁磁场的部件，感生电动势并流过工作电流的被感应部件。这两个部件中，静止的称为定子，做旋转运动的称为转子。定子、转子之间有空气隙，以便转子旋转。

电磁转矩由气隙中励磁磁场与被感应部件中电流所建立的磁场相互作用产生。通过电磁转矩的作用，发电机从机械系统吸收机械功率，电动机向机械系统输出机械功率。建立上述两个磁场的方式不同，形成不同种类的电机。例如，两个磁场均由直流电流产生，则形成直流电机；两个磁场分别由不同频率的交流电流产生，则形成异步电机；一个磁场由直流电流产生，另一磁场由交流电流产生，则形成同步电机。

电机的磁场能量基本上储存于气隙中，它使电机把机械系统和电系统联系起来，并实现能量转换，因此，气隙磁场又称为耦合磁场。当电机绕组流过电流时，将产生一定的磁链，并在其耦合磁场内存储一定的电磁能量。磁链及磁场储能的数量随定子、转子电流以及转子位置不同而变化，由此产生电动势和电磁转矩，实现机电能量转换。这种能量转换理论上是可逆的，即同一台电机既可作为发电机也可作为电动机运行。但实际上，一台电机制成后，由于两种运行状态下参数和特性方面的原因，很难满足两种运行状态下的客观要求，因此，同一台电机不经改装和重新设计，不可任意改变其运行状态。

电机内部能量转换过程中，存在电能、机械能、磁场能和热能。热能是由电机内部能量损耗产生的。

对电动机而言，从电源输入的电能=耦合电磁场内储能增量+电机内部的能量损耗+输出的机械能。

对发电机而言，从机械系统输入的机械能=耦合电磁场内储能增量+电机内部的能量损耗+输出的电能。

(二)旋转电机的分类

按电机功能用途，可分为发电机、电动机、特殊用途电机。按电机电流类型分类，可分为直流电机和交流电机。交流电机可分为同步电机和异步电机。按电机相数分类，可分为单相电机及多相(常用三相)电机。按电机的容量或尺寸大小分类，可分为大型、中型、小型、微型电机。电机还可按其他方式(如频率、转速、运动形态、磁场建立与分布等)分类；按电机功用及主要用途分类见表 7-12。

表 7-12 按电机功用及主要用途分类

种类	名称		功用及主要用途
发电机	交流发电机		用于各种发电电源
	直流发电机		用于各种直流电源和作测速发电机
电动机	交流同步电动机		用于驱动功率较大或转速效低的机械设备
	交流异步电动机	笼型转子异步电动机	用于驱动一般机械设备
		绕线转子异步电动机	用于启动转矩高、启动电流小或小范围调速等要求的机械设备
	直流电动机		主要用于驱动需要调速的机械设备
	交直流两用电动机		主要用于电动工具

（续）

种类	名称	功用及主要用途
特殊用途电机	电动测功机	用于测定机械功率
	同步调相机	用于改善功率因数
	进相机	用于提高异步电动机的功率因数
	微特电机	用于传动机械负载或用于控制系统

对于各类电机，还可按电机的使用环境条件、用途、外壳防护型式、通风冷却方法和冷却介质、结构、转速、性能、绝缘、励磁方式和工作制等特征进行分类。

（三）旋转电机的基本原理

1. 三相异步电动机的结构

在各类电动机中，笼型转子三相异步电动机是结构简单、运行可靠、使用范围最广的一种电动机，三相异步电动机主要分成两个基本部分：定子（固定部分）和转子（旋转部分）。

（1）定子：由机座和装在机座内的圆筒形铁心以及其中的三相定子绕组组成。机座是用铸铁或铸钢制成的。铁心是由互相绝缘的硅钢片叠成的，铁心的内圆周表面有槽，用以放置对称三相绕组 AX、BY、CZ，有的联结成星形，有的联结成三角形。

（2）转子：转子是由转子铁心和力矩输出轴组成。转子铁心是圆柱状，也用硅钢片叠成，表面冲有槽。铁心装在转轴上，轴用以输出机械力矩。

2. 电动机旋转

三相异步电动机接上电源，就会转动。图 7-51 所示的是一个装有手柄的蹄形磁铁，磁极间放有一个可以自由转动的，由铜条组成的转子。铜条两端分别用铜环连接起来，形似鼠笼，作为鼠笼式转子。磁极和转子之间没有机械联系。当摇动磁极时，发现转子跟着磁极一起转动。摇得快，转子转得也快；摇得慢，转得也慢；反摇，转子马上反转。

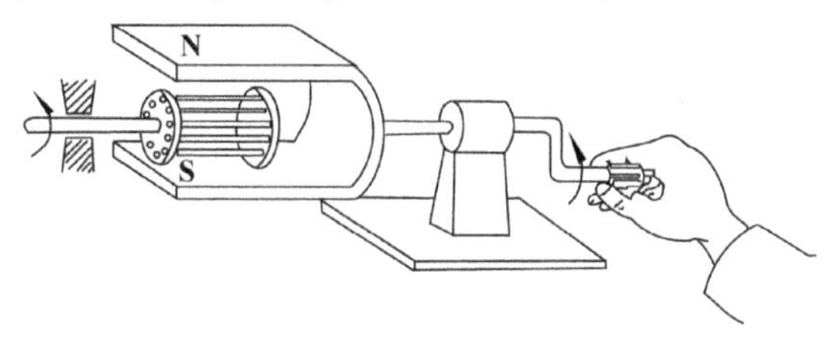

图 7-51　电动机转动示意图

从上述现象得出两点启示：

（1）有一个旋转的磁场。

（2）转子跟着磁场转动。异步电动机转子转动的原理与上述现象相似。

3. 电动机内旋转磁场的产生

三相异步电动机的定子铁心中放有三相对称绕组 AX、BY 和 CZ。设将三相绕组联结成星形，接在三相电源上，绕组中便通入三相对称电流其波形如图 7-52 所示。取绕组始端到末端的方向作为电流的参考方向。在电流的正半周时，其值为正，其实际方向与参考方向一致；在负半周时，其值为负，其实际方向与参考方向相反。定子铁心和定子绕组并不转动，定子绕组中的三相电流随着时间和相位的变化，三相磁势相加便形成了旋转的磁场。旋转的定子磁场在切割转子导条时，会在转子绕组中感应出一个转子磁场，引起转子旋转。由于感应励磁场的需要，转子的转速总是比定子磁场的转速稍慢，有一个转差，这就是感应异步电动机名称的由来。如果转子是一个永磁体或是一个由转子励磁绕组产生的恒定磁场，那么转子的转速就与定子磁场的转速同步，就形成同步电机。

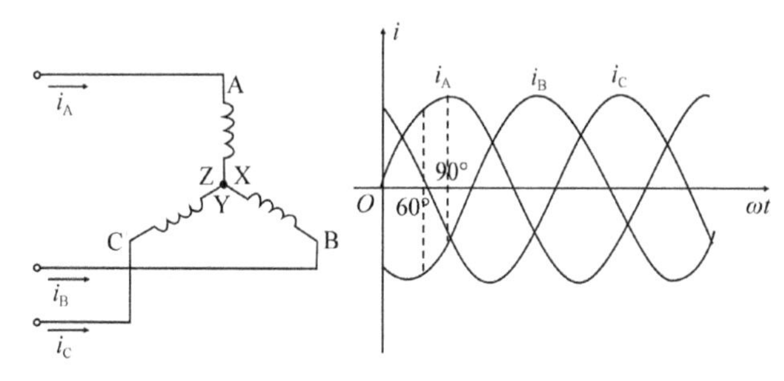

图 7-52　三相对称电流

（四）旋转电机设计时的模拟电路

电动机的设计与制造现今已是成熟行业，并有完善的理论体系，三相感应电动机的一相电路的等效电路图如图 7-53 所示。

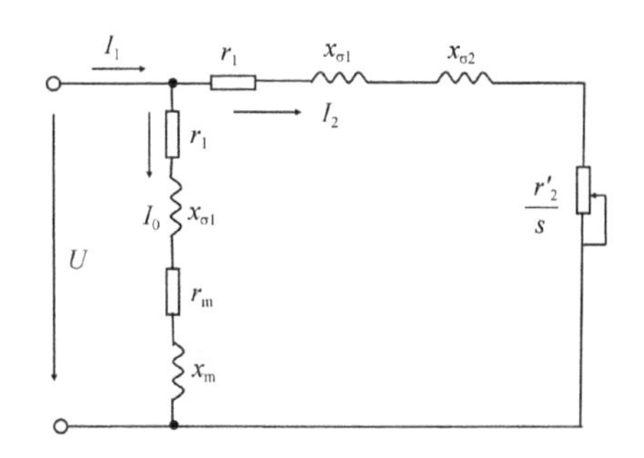

图 7-53　三相感应电动机的一相电路等效电路图

图 7-53 中的 I_0 为激磁电流，I_2 为转子电流，r'_2/s 与电流平方的乘积即为电机输出功率。在电动机各方面规格合理情况下，电动机转子的大小决定着电动机的输出功率。转矩与电机参数的关系见式（7-52）：

$$T = 9550\frac{P}{n} \propto D^2 l \qquad (7\text{-}52)$$

式中：T——转矩，N·m；

P——功率，kW；

n——转速，r/min；

D——定子内径，m；

l——定子铁心长度，m。

通过定子铁心长度可以了解电机功率大小与电机机座号的关系，转速在选型过程中也同样有决定性的作用。

(五)旋转电机性能参数指标

1. 异步电动机额定数据

异步电动机额定数据包括相数、额定频率(Hz)、额定功率(kW)、额定电压(V)、额定电流(A)、绝缘等级、额定转速(极数)(r/min)、防护性能、冷却方式等。

2. 异步电机主要技术指标

(1)效率(η)：电动机输出机械功率与输入电功率之比，通常用百分比表示。

(2)功率因数($\cos\varphi$)：电动机输入有效功率与视在功率之比。

(3)堵转电流(I_A)：电动机在额定电压、额定频率和转子堵住时从供电回路输入的稳态电流有效值。

(4)堵转转矩(T_k)：电动机在额定电压、额定频率和转子堵住时所产生转矩的最小测得值。

(5)最大转矩(T_{max})：电动机在额定电压、额定频率和运行温度下，转速不发生突降时所产生的最大转矩。

(6)噪声：电动机在空载稳态运行时A计权声功率级dB(A)最大值。

(7)振动：电动机在空载稳态运行时振动速度有效值(mm/s)。

(8)电动机主要性能分为启动性能、运行性能。

①启动性能包括启动转矩、启动电流。一般启动转矩越大越好，而启动时的电流越小越好，在实际中通常以启动转矩倍数(启动转矩与额定转矩之比T_{st}/T_n)和启动电流倍数(启动电流与额定电流之比I_{st}/I_n)进行考核。电机在静止状态时，一定电流值时所能提供的转矩与额定转矩的比值，表征电机的启动性能。

②运行性能包括效率、功率因数、绕组温升(绝缘等级)、最大转矩倍数(T_{max}/T_n)、振动、噪声等。效率、功率因数、最大转矩倍数越大越好，而绕组温升、振动和噪声则是越小越好。

启动转矩、启动电流、效率、功率因数和绕组温升合称电机的五大性能指标。

3. 电动机性能参数常用计算公式

(1)电动机定子磁极转速见式(7-53)：

$$n = \frac{60f}{p} \qquad (7\text{-}53)$$

式中：n——转速，r/min；

f——频率，Hz；

p——极对数。

(2)电动机额定功率见式(7-54)：

$$P = 1.732UI\eta\cos\varphi \qquad (7\text{-}54)$$

式中：P——功率，kW；

U——电压，kV；

I——电流，A；

η——效率；

$\cos\varphi$——功率因数。

(3)电动机额定力矩见式(7-55)：

$$T = \frac{9550P}{n} \qquad (7\text{-}55)$$

式中：T——力矩，N·m；

P——额定功率，kW；

n——额定转速，r/min。

(六)电机制造常用标准

目前国际上有两大标准体系：一个是IEC(国际电工委员会)标准；二个是NEMA(美国电气制造商协会)；我国电机制造行业所执行的GB(国家)标准基本上都是等同或等效采用IEC标准。所谓等同采用，就是译为中文后不作修改或作很少的修改直接采用；所谓等效采用就对原有的国际标准在不改变原主旨条件下，重新组织形成国家标准后颁布执行。

1. 国际电工委员会(IEC标准)

由国际电工委员会发布的关于旋转电机的系列标准(IEC 60034)。

2. 国际标准化组织(ISO)

《旋转电机噪声测定方法》(ISO 1680)

《刚性转子平衡品质 许用不平衡的确定》(GB/T 755—2019)(ISO 1940—1)

3. 国家标准

《旋转电机定　额和性能》(GB/T 755—2019)

《旋转电机　圆柱形轴伸》(GB/T 756—2010)

《旋转电机　圆锥形轴伸》(GB/T 757—2010)

《旋转电机结构及安装型式(IM代码)》(GB/T 997—2003)

《三相同步电动机试验方法》(GB/T 1029—2005)

《三相异步电动机试验方法》(GB/T 1032—2012)

《旋转电机 线端标志与旋转转方向》(GB/T 1971—2006)

《旋转电机冷却方法》(GB/T 1993—1993)

《外壳防护等级(IP 代码)》(GB/T 4208—2017)

《旋转电机尺寸和输出功率等级》(GB/T 4772—1999)

《旋转电机整体外壳结构的防护分级(IP 代码)分级》(GB/T 4942. 1—2006)

《隐极同步电机技术要求》(GB/T 7064—2008)

《同步电机励磁系统大、中型同步发电机励磁系统技术要求》(GB/T 7409. 3—2007)

《轴中心高为 56mm 及以上电机的机械振动　振动的测量、评定及限值》(GB 10068—2008)

《旋转电机噪声测定方法及限值》(GB/T 10069—2006)

《热带型旋转电机环境技术要求》(GB/T 12351—2008)

《大型三相异步电动机基本系列技术条件》(GB/T 13957—2008)

《中小型三相异步电动机能效限定值及能效等级》(GB 18613—2016)

《爆炸性气体环境用电气设备　第 1 部分：通用要求》(GB 3836. 1—2010)

《爆炸性气体环境用电气设备　第 2 部分：隔爆型“d”》(GB 3836. 2—2010)

《爆炸性气体环境用电气设备　第 3 部分：增安型“e”》(GB 3836. 3—2010)

《爆炸性气体环境用电气设备　第 4 部分：本质安全型“i”》(GB 3836. 4—2010)

《爆炸性气体环境用电气设备　第 5 部分：正压外壳型“e”》(GB 3836. 5—2010)

《爆炸性气体环境用电气设备　第 8 部分：“n”型电气设备》(GB 3836. 8—2010)

(七)旋转电机产品型号编制方法(GB/T 4831—2016)

1)产品型号

产品型号由产品代号、规格代号、特殊环境代号和补充代号 4 个部分组成，并按下列顺序排列：

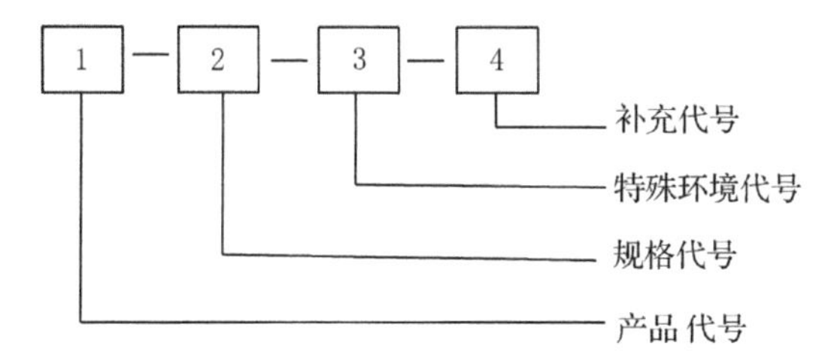

2)电机的产品代号

电机的产品代号由类型代号、特点代号、设计序号和励磁方式代号 4 个小节顺序组成。

(1)类型代号系指表征电机的各种类型而采用的汉语拼音字母，见表 7-13。

表 7-13　电机类型代号表

电机类型	代号
异步电动机(笼型及绕线型)	Y
异步发电机	YF
同步电动机	T
同步发电机(除汽轮发电机、水轮发电机外)	TF
直流电动机	Z
直流发电机	ZF
汽轮发电机	QF
水轮发电机	SF
测功机	C
交流换向器电动机	H
潜水电泵	Q
纺织用电机	F

(2)特点代号系指表征电机的性能、结构或用途而采用的汉语拼音字母，对于防爆电机类型的字母 A(增安型)、B(隔爆型)、W(无火花型)应标于电机特点代号首位，即紧接在电机类型代号后面的标注。

(3)设计序号系指电机产品设计的顺序，用阿拉伯数字标示。对于第一次设计的产品，不标注设计序号。从基本系列派生的产品，其设计序号按基本系列标注；专用系列产品则按本身设计的顺序标注。

(4)励磁方式代号分别用字母 S 表示 3 次谐波励磁、J 表示晶闸管励磁、X 表示相复励磁，并应标于设计序号之后，当不必设计序号时，则标于特点代号之后，并用短划分开。

3)常用异步电动机的产品代号(表 7-14)

表 7-14　常用异步电动机的产品代号

产品名称	产品代号	代号汉字意义
三相异步电动机	Y	异
绕线转子三相异步电动机	YR	异绕
三相异步电动机(高效率)	YX	异效
增安型三相异步电动机	YA	异安
隔爆型三相异步电动机	YB	异爆

4)电机的规格代号

电机的规格代号用中心高、铁心外径、机座号、机壳外径、轴伸直径、凸缘代号、机座长度、铁心长度、功率、电流等级、转速或极数等来表示。

主要系列产品的规格代号按表 7-15 的规定。其他系列产品如确有需要采用上列以外的其他参数来表示时，应在该产品的标准中说明。

机座长度采用国际字母符号来表示，S 表示短机座，M 表示中机座，L 表示长机座。铁心长度按由短至长顺序用数字 1、2、3……表示。凸缘代号采用国际通用字母符号 FF(凸缘上带通孔)或 FT(凸缘上带螺孔)连同凸缘固定孔中心基圆直径的数值来表示。系列产品的规格代号见表 7-15。

表 7-15　系列产品的规格代号

系列产品	规格代号
小型异步电动机	中心高(mm)—机座长度(字母代号)—铁心长度(数字代号)—极数
中大型异步电动机	中心高(mm)—铁心长度(数字代号)—极数
小型同步电动机	中心高(mm)—机座长度(字母代号)—铁心长度(数字代号)—极数
中大型同步电动机	中心高(mm)—铁心长度(数字代号)—极数
汽轮发电机	功率(MW)—极数
中小型水轮发电机	功率(kW)—极数/定子铁心外径(mm)
大型水轮发电机	功率(MW)—极数/定子铁心外径(mm)
测功机	功率(kW)—转速(仅对直流测功机)
分马力电动机(小功率电动机)	中心高或机壳外径(mm)—(或/)机座长度(字母代号)—铁心长度、电压、转速(均用数字代号)

5)环境条件的考虑

特殊环境派生系列，实质上属于结构派生系列，它是在基本系列结构设计的基础上做一些改动，使产品具有某种特殊的防护能力。这些系列的部分结构部件及防护措施与基本系列不同。特殊环境下电机代号见表 7-16。

表 7-16　电机的特殊环境代号

环境类型	代号
“高”原用	G
“船”(海)用	H
户“外”用	W
化工防“腐”用	F
“热”带用	T
“湿热”带用	TH
“干热”带用	TA

对于特殊环境条件下使用的电动机，订货时应在电机型号后加注特殊环境代号(表 7-17)。

(1)有气候防护场所：户内或具有较好遮蔽(其建筑结构能防止或减少室外气候日变化的影响，包括棚下条件)的场所。

(2)无气候防护场所：全露天或仅有简单遮蔽(几乎不能防止室外气候日变化的影响)的场所。

表 7-17　特殊环境电机代号

特殊环境条件	代号
湿热型，有气候防护场所	TH
干热型，有气候防护场所	TA
热带型，有气候防护场所	T
湿热型，无气候防护场所	THW
干热型，无气候防护场所	TAW
热带型，无气候防护场所	TW
户内，轻防腐型	无代号
户内，中等防腐型	F1
户内，强防腐型	F2
户外，轻防腐型	W
户外，中等防腐型	WF1
户外，强防腐型	WF2
高原用	G

6)电机的补充代号

电机的补充代号仅适用于有此要求的电机。补充代号用汉语拼音字母或阿拉伯数字表示。补充代号所代表的内容，在产品标准中有规定。

7)产品型号示例

例如，户外化工防腐蚀隔爆型异步电动机表示如下：

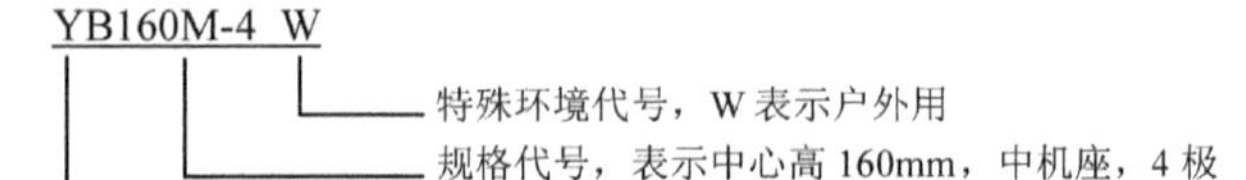

低压电机(1140V 及以下)主要产品代号有：Y、YA、YB2、YXn、YAXn、YBXn、YW、YBF、YBK2、YBS、YBJ、YBI、YBSP、YZ、YZR 等。

高压电机(3000V 及以上)主要产品代号有：Y、YKK、YKS、Y2、YA、YB、YB2、YAKK、YAKS、YBF、YR、YRKK、YRKS、TAW、YFKS、QFW 等。

(八)电动机电压等级的选择

我国工业用三相交流电的频率为 50Hz，而电压等级一般分为：127V、220V、380V、660V、1140V、6000V、10000V 等若干等级。根据 GB 755—2008 的推荐，一般来说，对于 380V 电压，由于电机电流的限制上限功率为 1000kW；而对于 6000V 和 10kV 电机，下限功率等级为 160kW。

(九)电机轴中心高

轴中心高是从电机成品底脚平面至轴中心线的距离，它包括制造厂供应的绝缘势块厚度，但不包括电机安装时调整用垫块的厚度。电机轴中心高一般为

36mm、40mm、45mm、50mm、56mm、63mm、71mm、89mm、90mm、100mm、112mm、132mm、160mm、180mm、200mm、225mm、250mm、280mm、315mm、355mm、400mm、450mm、500mm、560mm、630mm、710mm、800mm、900mm、1000mm。

轴中心高公差及平行度公差应符合表 7-18 的规定。中心高公差适用于在公共底板上安装的电机。平行度公差是指电机两个轴伸端面中心高之差。

表 7-18　轴中心高及平行度公差

单位：mm

中心高(H)	中心高公差	平行度公差		
		2.5H>L	2.5H≤L≤4H	L>4H
25~50(含 50)	−0.4	0.2	0.3	0.4
>50~250(含 250)	−0.5	0.25	0.4	0.5
>250~630(含 630)	−1.0	0.5	0.75	1.0
>630~1000(含 1000)	−1.0	—	—	—

注：L 是电机轴长度。

(十)电机绝缘等级

电机绝缘结构是指用不同的绝缘材料、不同的组合方式和不同的制造工艺制成的电机绝缘部分的结构形式。电动机的绝缘系统大致分为：绝缘电磁线、槽绝缘、相间绝缘、浸渍漆、绕组引接线、接线绝缘端子等。电机绝缘耐热等级及温度限值见表 7-19。以前电动机最常用的绝缘等级为 B 级，目前最常用的绝缘等级为 F 级，H 级绝缘也正在陆续被采用。

表 7-19　电机绝缘耐热等级及温度限值

耐热等级	极限温度/℃	耐热等级	极限温度/℃
A	105	F	155
E	120	H	180
B	130	C	210

(十一)电机工作制

《旋转电机定额和性能》(GB/T 755—2019)规定电机绝缘耐热等级及温度限值见表 7-20。

表 7-20　电机绝缘耐热等级及温度限值

电机工作制	代号
连续工作制	S1
短时工作制	S2
断续周期工作制	S3
包括启动的断续工作制	S4
包括电制动的断续工作制	S5
连续周期工作制	S6
包括电制动的连续周期工作制	S7
包括变速负载的连续周期工作制	S8
负载和转速非周期变化工作制	S9

(十二)防护型式

《外壳防护分级(IP 代码)》(GB/T 4208—2017)规定防护标志由字母 IP 和两个表示防护等级的表征数字组成。第一位表征数字表示(表 7-21)：防止人体触及或接近壳内带电部分及壳内转动部件，以及防止固体防异物进入电机。第二位表征数字表示(表 7-22)：防止由于电机进水而引起的有害影响。

表 7-21　第一位表征数字含义

表征数字	无防护电机
1	防止大于 φ50mm 固体进入壳内
2	防止大于 φ12mm 固体进入壳内
3	防止大于 φ2.5mm 固体进入壳内
4	防止大于 φ1mm 固体进入壳内
5	防尘电机

表 7-22　第二位表征数字含义

表征数字	无防护电机
1	垂直滴水无有害影响
2	电机从各方向倾斜 15°，垂直滴水无有害影响
3	与垂直线成 60°角范围内淋水应无有害影响
4	承受任何方向溅水应无有害影响
5	承受任何方向喷水应无有害影响
6	在海浪冲击或强烈喷水时电机的进水量不应达到有害程度

常用电机的防护等级包括：

IP23：防止大于 2.5mm 固体的进入和与垂线成 60°角范围内淋水对电机应无影响。

IP44：防止大于 1mm 固体的进入和任一方向的溅水对电机应无影响。防爆电机的外壳防护等级不低于 IP44。

IP54：能防止触及或接近电机带电或转动部件，不完全防止灰尘进入，但进入量不足以影响电机的正常运行和任一方向的溅水对电机应无影响。凡使用于户外的电动机外壳防护等级不低于 IP54。

IP55：能防止触及或接近电机带电或转动部件，不完全防止灰尘进入，但进入量不足以影响电机的正常运行，用喷水从任何方向喷向电机时，应无有害影响。粉尘防爆电机的防尘式外壳防护等级不低于

IP55，尘密式外壳防护等级不低于IP65。

（十三）电机安装结构型式

《旋转电机结构及安装型式（IM代码）》（GB/T 997—2008）规定，代号由代表“国际安装”（International Mounting）的缩写字母“IM”、代表“卧式安装”的“B”和代表“立式安装”的“V”连同1位或2位阿拉伯数字组成。如IMBB35或IMV14等。B或V后面的阿拉伯数字代表不同的结构和安装特点。

中小型电动机常用安装型式代号有四大类：B3、B35、B5、V1。B3安装方式：电机靠底脚安装，电机有一圆柱形轴伸；B35安装方式：电机带底脚，轴伸端带法兰；B5安装方式：电机靠轴伸端法兰安装；V1安装方式：电机靠轴伸端法兰安装，轴伸朝下。

（十四）电机冷却方法

《旋转电机冷却方法》（GB/T 1993—1993）规定电机冷却方式代号由特征字母IC、冷却介质代号和两位表征数字织成。第一位数字代表冷却回路布置；第二位数字代表冷却介质驱动方式。常用的冷却方式见表7-23。

表7-23 常用的冷却方式

冷却方式	代号
空气自由循环，冷却介质依靠转子的风扇流入电机或电机表面	IC01
全封闭自带风扇冷却	IC411
电机周围布冷却风管，内部、外部靠自带风扇冷却	IC511
电机上部带冷却风管，内部、外部靠自带风扇冷却	IC611
电机上部带冷却水管，内部靠自带风扇冷却	IC81W

电动机冷却方式的选择一般是依据电动机的功率和安装使用现场的条件，一般是2000kW以下电机采用空气冷却方式较好，结构简单，安装维护方便；功率大于2000kW电动机，由于自身损耗发热量大，如采用空气冷却，需要有较大的冷却风量，导致电机噪声过大，如采用内风路为自带风扇循环空气，外部冷却介质为循环水，那么对电机的冷却效果较好，但要求有循环水站和循环水路，维护较复杂。

（十五）湿热带、干热带环境用电动机

当一天内有12h以上气温等于或高于20℃，同时相对湿度等于或大于80%的天数全年累计在两个月以上时，该地区之气候划归为湿热气候（TH）。这类气候的特点是空气湿度大、雷暴雨频繁、有凝露、气温高且日变化小、有生物（霉菌）因素，对电机的绝缘和结构起不良的影响和侵蚀作用。

干热带气候（TA）是指年最高温度在40℃以上，而且温、湿度出现的条件不同于湿热带气候，其特点是气温日变化大，太阳辐射强烈，极端最高温度可高达55℃，空气相对湿度小，并含有较多的沙尘。

针对以上这两类气候所使用的电机，采取以下4种措施以满足电动机的适应性：

（1）在电气性能方面：增加原材料用量—增加定转子铁心长度，从而降低电动机额定运行时的温升，满足在高温环境下运行的要求，从而延长电动机在高温环境下的绝缘寿命。在对电动机额定运行温升限度按比正常电机降低5℃考核。

（2）在绝缘结构方面：定子绕组经过真空压力浸漆（VPI）工艺处理，绝缘材料和浸渍漆能经受12个循环周期的交变湿热试验合格；具有防霉菌合格、防潮湿性能合格、绝缘电阻和介电强度合格等。

（3）在电动机表面涂覆方面：电动机内外表面喷涂具有防腐蚀性能的底漆和面漆，定转子铁心表面进行磷化防腐处理。

（4）在电动机导电件和紧固件方面：电动机导电件进行镀银防腐蚀处理；紧固件进行镀镍处理或采用不锈钢材质。

对于以上4项措施，在执行国家标准和机械工业部标准的同时，对于太阳直晒的户外电动机，还采用增加防护性顶罩的措施来防止太阳直晒高温，从而确保电机稳定运行合格。

（十六）防腐电机

一般防腐电机分为户外W、户外防中等腐蚀WF1、户外防强腐蚀WF2，对这类电机主要从电机各零部件的表面涂覆和紧固件的电镀两方面解决。电机各零部件的底漆和面漆采用防腐底漆和防腐面漆；紧固件进行镀镍处理或采用不锈钢材质。

（十七）电动机振动限值

根据《轴中心高为56mm及以上电机的机械振动的测量、评定及限值》（GB 10068—2000）规定，振动测量量值是电机轴承处的振动动速度和电机轴承内部或附近的轴相对振动位移。

（1）振动烈度：电机轴承振动烈度的判据是振动速度的有效值，以mm/s表示，在规定的各测量点中所测得的最大值表示电机的振动烈度，详见ISO 10816-1：2016。不同轴中心高的振动烈度限值（有效值）见表7-24。

表 7-24　不同轴中心高 H 的振动烈度限值

振动等级	额定转速/(r/min)	电机在自由悬置状态下测量/(mm/s)				刚性安装/(mm/s)
		$56\text{mm}<H\leqslant132\text{mm}$	$132\text{mm}<H\leqslant225\text{mm}$	$225\text{ mm}<H\leqslant400\text{mm}$	$H>400\text{mm}$	$H>400\text{mm}$
N	600~3600	1.8	2.8	3.5	3.5	2.8
R	600~1800	0.71	1.12	1.8	2.8	1.8
	>1800~3600	1.12	1.8	2.8	2.8	1.8
S	600~1800	0.45	0.71	1.12		
	>1800~3600	0.71	1.12	1.8		

注：1. 如未规定级别，电机应符合 N 级要求。2. R 级电机多用于机床驱动中，S 级电机用于对振动要求严格的特殊机械驱动，S 级仅适用于轴中心高 $H\leqslant400\text{mm}$ 的电机。

(2)轴相对振动及限值：轴相对振动所采用的判据应是沿测量方向的振动位移峰峰值 SP-P。

建议仅对有滑动轴承、额定功率大于 1000kW 的二极和多极电机测量轴相对振动，至于安装轴测量传感器的必要规定由制造厂和用户事先协议确定。

(3)根据国家标准《大电机振动测定方法》(GB 4832—1984)规定，对于轴中心高 630mm 以上、转速为 150~3600r/min 的大型交流电机，转速为 600r/min 及以上的电机采用振动速度的最大均方根值(mm/s)表示；小于 600r/min 的电机采用位移幅值(mm，双幅值)表示。最大轴相对振动(SP-P)和最大径向跳动的限值见表 7-25。

表 7-25　最大轴相对振动(SP-P)和最大径向跳动的限值

振动等级	极数	最大轴相对位移/μm	最大径向跳动/μm
N	2	70	18
	4	90	23
R	2	50	12.5
	4	70	18

注：1. R 等级通常是对驱动关键性设备的高速电机规定的。
2. 所有限值适用于 50Hz 和 60Hz 两种频率的电机。
3. 最大轴相对位移限值包括径向跳动。

(十八)电机选型要点

电动机选型要点包括负载类型；机械的负载转矩特性；机械的工作制类型；机械的启动频度；负载的转矩惯量大小；是否需要调速；机械的启动和制动方式；机械是否需要反转；电机使用场所。

六、变频器的基本知识

变频器(Variable-frequency Drive，简称 VFD)是应用变频技术与微电子技术，通过改变电机工作电源频率方式来控制交流电动机的电力控制设备(图 7-54)。变频器主要由整流(交流变直流)、滤波、逆变(直流变交流)、制动单元、驱动单元、检测单元微处理单元等组成。变频器靠内部 IGBT 的开断来调整输出电源的电压和频率，根据电机的实际需要来提供其所需要的电源电压，进而达到节能、调速的目的，另外，变频器还有很多的保护功能，如过流、过压、过载保护等。随着工业自动化程度的不断提高，变频器也得到了非常广泛的应用。

图 7-54　变频器

变频器的应用范围很广，从小型家电到大型的矿场研磨机及压缩机。全球约 1/3 的能量是消耗在驱动定速离心泵、风扇及压缩机的电动机上，而变频器的市场渗透率仍不算高。能源效率的显著提升是使用变频器的主要原因之一。变频器技术和电力电子有密切关系，包括半导体切换元件、变频器拓扑、控制及模拟技术以及控制硬件及固件的进步等。

(一)变频器的工作原理

主电路是给异步电动机提供调压调频电源的电力变换部分，变频器的主电路大体上可分为两类：电压型是将电压源的直流变换为交流的变频器，直流回路的滤波是电容。电流型是将电流源的直流变换为交流的变频器，其直流回路滤波是电感。它由三部分构成，将工频电源变换为直流功率的整流器，吸收在变流器和逆变器产生的电压脉动的平波回路，以及将直流功率变换为交流功率的逆变器。

1. 整流器

被大量使用的是二极管的变流器，它把工频电源变换为直流电源。也可用两组晶体管变流器构成可逆变流器，由于其功率方向可逆，可以进行再生运转。

2. 平波回路

在整流器整流后的直流电压中，含有电源6倍频率的脉动电压，此外逆变器产生的脉动电流也使直流电压发生变动。为了抑制电压波动，采用电感和电容吸收脉动电压(电流)。装置容量小时，如果电源和主电路构成器件有余量，可以省去电感采用简单的平波回路。

3. 逆变器

同整流器相反，逆变器是将直流功率变换为所要求频率的交流功率，以所确定的时间使6个开关器件导通、关断就可以得到三相交流输出。

控制电路是给异步电动机供电(电压、频率可调)的主电路提供控制信号的回路，它由频率、电压的运算电路，主电路的电压、电流检测电路，电动机的速度检测电路，将运算电路的控制信号进行放大的驱动电路，以及逆变器和电动机的保护电路组成。

(1)运算电路：将外部的速度、转矩等指令同检测电路的电流、电压信号进行比较运算，决定逆变器的输出电压、频率。

(2)电压、电流检测电路：与主回路电位隔离检测电压、电流等。

(3)驱动电路：驱动主电路器件的电路。它与控制电路隔离使主电路器件导通、关断。

(4)速度检测电路：以装在异步电动机轴机上的速度检测器的信号为速度信号，送入运算回路，根据指令和运算可使电动机按指令速度运转。

(5)保护电路：检测主电路的电压、电流等，当发生过载或过电压等异常时，为了防止逆变器和异步电动机损坏，使逆变器停止工作或抑制电压、电流值。

(二)变频器的基本分类

1)按变换的环节分类

(1)交—直—交变频器：是先把工频交流通过整流器变成直流，然后再把直流变换成频率电压可调的交流，又称间接式变频器，是目前广泛应用的通用型变频器。

(2)交—交变频器：将工频交流直接变换成频率电压可调的交流，又称直接式变频器。

2)按直流电源性质分类

(1)电压型变频器：特点是中间直流环节的储能元件采用大电容，负载的无功功率将由它来缓冲，直流电压比较平稳，直流电源内阻较小，相当于电压源，故称电压型变频器，常选用于负载电压变化较大的场合。

(2)电流型变频器：特点是中间直流环节采用大电感作为储能环节，缓冲无功功率，即扼制电流的变化，使电压接近正弦波，由于该直流内阻较大，故称电流型变频器。电流型变频器的特点(优点)是能扼制负载电流频繁而急剧的变化。常选用于负载电流变化较大的场合。

3)按工作原理分类：可分为V/f控制变频器(输出电压和频率成正比的控制)、SF控制变频器(转差频率控制)和VC控制变频器(Vectory Control，即矢量控制)。

4)按照用途分类：可分为通用变频器、高性能专用变频器、高频变频器、单相变频器和三相变频器等。

5)按变频器调压方法分类

(1)脉冲振幅调制(Pulse Amplitude Modulation)：调压方法是通过改变电压源 U_d 或电流源 I_d 的幅值进行输出控制。

(2)脉冲宽度调制(Pulse Width Modulation)：调压方法是在变频器输出波形的一个周期产生个脉冲波个脉冲，其等值电压为正弦波，波形较平滑。

6)按国际区域分类

(1)国产变频器：普传、安邦信、浙江三科、欧瑞传动、森兰、英威腾、蓝海华腾、迈凯诺、伟创、美资易泰帝、台湾变频器(台达)和香港变频器。

(2)国外变频器：欧美变频器(ABB、西门子)、日本变频器(富士、三菱)、韩国变频器。

7)按电压等级分类

(1)高压变频器：3kV、6kV、10kV。

(2)中压变频器：660V、1140V。

(3)低压变频器：220V、380V。

8)按电压性质分类

(1)交流变频器：AC-DC-AC(交—直—交)、AC-AC(交—交)。

(2)直流变频器：DC-AC(直—交)。

(三)变频器的基本组成

变频器通常分为4部分：整流单元、高容量电容、逆变器和控制器。

(1)整流单元：将工作频率固定的交流电转换为直流电。

(2)高容量电容：存储转换后的电能。

(3)逆变器：由大功率开关晶体管阵列组成电子开关，将直流电转化成不同频率、宽度、幅度的方波。

(4)控制器：按设定的程序工作，控制输出方波的幅度与脉宽，使叠加为近似正弦波的交流电，驱动交流电动机。

(四)变频器的功能作用

1. 变频节能

变频器节能主要表现在风机、水泵的应用上。为了保证生产的可靠性，各种生产机械在设计配用动力驱动时，都留有一定的富余量。当电机不能在满负荷下运行时，除达到动力驱动要求外，多余的力矩增加了有功功率的消耗，造成电能的浪费。风机、泵类等设备传统的调速方法是通过调节入口或出口的挡板、阀门开度来调节给风量和给水量，其输入功率大，且大量的能源消耗在挡板、阀门的截流过程中。当使用变频调速时，如果流量要求减小，通过降低泵或风机的转速即可满足要求。

电动机使用变频器的作用就是为了调速，并降低启动电流。为了产生可变的电压和频率，该设备首先要把电源的交流电变换为直流电(DC)，这个过程称为整流。把直流电(DC)变换为交流电(AC)的装置，其科学术语为"inverter"(逆变器)。一般逆变器是把直流电源逆变为一定的固定频率和一定电压的逆变电源。对于逆变为频率可调、电压可调的逆变器称为变频器。变频器输出的波形是模拟正弦波，主要是用在三相异步电动机调速用，又称为变频调速器。对于主要用在仪器仪表的检测设备中的波形要求较高的可变频率逆变器，要对波形进行整理，可以输出标准的正弦波，称为变频电源。由于变频器设备中产生变化的电压或频率的主要装置为"inverter"，故该产品本身就被命名为变频器。

变频不是到处可以省电，有不少场合用变频并不一定能省电。作为电子电路，变频器本身也要耗电(约额定功率的3%~5%)。一台1.5P的空调自身耗电算下来也有20~30W，相当于一盏长明灯。变频器在工频下运行，具有节电功能是事实。但前提条件是：①大功率并且为风机/泵类负载；②装置本身具有节电功能(软件支持)；③长期连续运行。这是体现节电效果的三个条件。除此之外，如果不加前提条件地说变频器工频运行节能是不合常规的。

2. 功率因数补偿节能

无功功率不但增加线损和设备的发热，更主要的是功率因数的降低导致电网有功功率的降低，大量的无功电能消耗在线路当中，设备使用效率低下，浪费严重，使用变频调速装置后，由于变频器内部滤波电容的作用，从而减少了无功损耗，增加了电网的有功功率。

3. 软启动节能

电机硬启动对电网造成严重的冲击，而且还会对电网容量要求过高，启动时产生的大电流和振动时对挡板和阀门的损害极大，对设备、管路的使用寿命极为不利。而使用变频节能装置后，利用变频器的软启动功能将使启动电流从零开始，最大值也不超过额定电流，减轻了对电网的冲击和对供电容量的要求，延长了设备和阀门的使用寿命，节省了设备的维护费用。

从理论上讲，变频器可以用在所有带有电动机的机械设备中，电动机在启动时，电流会比额定高5~6倍的，不但会影响电机的使用寿命而且消耗较多的电量。系统在设计时在电机选型上会留有一定的余量，电机的速度是固定不变，但在实际使用过程中，有时要以较低或者较高的速度运行，因此进行变频改造是非常有必要的。变频器可实现电机软启动、补偿功率因素、通过改变设备输入电压频率达到节能调速的目的，而且能给设备提供过流、过压、过载等保护功能。

(五)变频器的控制方式

低压通用变频输出电压为380~650V，输出功率为0.75~400kW，工作频率为0~400Hz，它的主电路都采用交—直—交电路。其控制方式经历了以下5代：

1. 正弦脉宽调制(SPWM)控制方式

其特点是控制电路结构简单、成本较低，机械特性硬度也较好，能够满足一般传动的平滑调速要求，已在产业的各个领域得到广泛应用。但是，这种控制方式在低频时，由于输出电压较低，转矩受定子电阻压降的影响比较显著，使输出最大转矩减小。另外，其机械特性硬度终究没有直流电动机大，动态转矩能力和静态调速性能都还不尽人意，且系统性能不高、控制曲线会随负载的变化而变化，转矩响应慢、电机转矩利用率不高，低速时因定子电阻和逆变器死区效应的存在而性能下降，稳定性变差等。因此，人们又研究出矢量控制变频调速。

2. 电压空间矢量(SVPWM)控制方式

它是以三相波形整体生成效果为前提，以逼近电机气隙的理想圆形旋转磁场轨迹为目的，一次生成三相调制波形，以内切多边形逼近圆的方式进行控制的。经实践使用后又有所改进，即引入频率补偿，能消除速度控制的误差；通过反馈估算磁链幅值，消除低速时定子电阻的影响；将输出电压、电流闭环，以提高动态的精度和稳定度。但控制电路环节较多，且没有引入转矩的调节，所以系统性能没有得到根本改善。

3. 矢量控制(VC)方式

矢量控制变频调速的做法是将异步电动机在三相坐标系下的定子电流 I_a、I_b、I_c，通过三相—二相变换，等效成两相静止坐标系下的交流电流 I_{a1}、I_{b1}，再通过按转子磁场定向旋转变换，等效成同步旋转坐标系下的直流电流 I_{m1}、I_{t1}(I_{m1} 相当于直流电动机的励磁电流；I_{t1} 相当于与转矩成正比的电枢电流)，然后模仿直流电动机的控制方法，求得直流电动机的控制量，经过相应的坐标反变换，实现对异步电动机的控制。其实质是将交流电动机等效为直流电动机，分别对速度、磁场两个分量进行独立控制。通过控制转子磁链，然后分解定子电流而获得转矩和磁场两个分量，经坐标变换，实现正交或解耦控制。矢量控制方法的提出具有划时代的意义。然而在实际应用中，由于转子磁链难以准确观测，系统特性受电动机参数的影响较大，且在等效直流电动机控制过程中所用矢量旋转变换较复杂，使得实际的控制效果难以达到理想分析的结果。

4. 直接转矩控制(DTC)方式

1985 年，德国鲁尔大学的 M. Depenbrock 教授首次提出了直接转矩控制变频技术。该技术在很大程度上解决了上述矢量控制的不足，并以新颖的控制思想、简洁明了的系统结构、优良的动静态性能得到了迅速发展。目前，该技术已成功地应用在电力机车牵引的大功率交流传动上。直接转矩控制直接在定子坐标系下分析交流电动机的数学模型，控制电动机的磁链和转矩。它不需要将交流电动机等效为直流电动机，因而省去了矢量旋转变换中的许多复杂计算；它不需要模仿直流电动机的控制；也不需要为解耦而简化交流电动机的数学模型。

5. 矩阵式交—交控制方式

VVVF 变频、矢量控制变频、直接转矩控制变频都是交—直—交变频中的一种。其共同缺点是输入功率因数低，谐波电流大，直流电路需要大的储能电容，再生能量又不能反馈回电网，即不能进行四象限运行。为此，矩阵式交—交变频应运而生。由于矩阵式交—交变频省去了中间直流环节，从而省去了体积大、价格贵的电解电容。它能实现功率因数为 1，输入电流为正弦且能四象限运行，系统的功率密度大。该技术目前尚未成熟，但仍吸引着众多的学者深入研究。其实质不是间接的控制电流、磁链等量，而是把转矩直接作为被控制量来实现的。具体方法是：

(1)控制定子磁链引入定子磁链观测器，实现无速度传感器方式。

(2)自动识别(ID)依靠精确的电机数学模型，对电机参数自动识别。

(3)算出实际值对应定子阻抗、互感、磁饱和因素、惯量等，算出实际的转矩、定子磁链、转子速度进行实时控制。

(4)实现 Band—Band 控制，按磁链和转矩的 Band—Band 控制产生 PWM 信号，对逆变器开关状态进行控制。

矩阵式交—交变频具有快速的转矩响应($<2ms$)，很高的速度精度($\pm 2\%$，无 PG 反馈)，高转矩精度($<3\%$)；同时还具有较高的启动转矩及高转矩精度，尤其在低速时(包括速度为 0 时)，可输出 150%~200%转矩。

(六)变频器的使用保养

1. 物理环境

(1)工作温度：变频器内部是大功率的电子元件，极易受到工作温度的影响，产品一般要求为 0~55℃，但为了保证工作安全、可靠，使用时应考虑留有余地，最好控制在 40℃以下。在控制箱中，变频器一般应安装在箱体上部，并严格遵守产品说明书中的安装要求，绝对不允许把发热元件或易发热的元件紧靠变频器的底部安装。

(2)环境温度：温度太高且温度变化较大时，变频器内部易出现结露现象，其绝缘性能就会大大降低，甚至可能引发短路事故。必要时，必须在箱中增加干燥剂和加热器。

(3)腐蚀性气体：使用环境如果腐蚀性气体浓度大，不仅会腐蚀元器件的引线、印刷电路板等，而且还会加速塑料器件的老化，降低绝缘性能，在这种情况下，应把控制箱制成封闭式结构，并进行换气。

(4)振动和冲击：装有变频器的控制柜受到机械振动和冲击时，会引起电气接触不良。这时除了提高控制柜的机械强度、远离振动源和冲击源外，还应使用抗震橡皮垫固定控制柜外和内电磁开关之类产生振动的元器件。设备运行一段时间后，应对其进行检查和维护。

2. 电气环境

(1)防止电磁波干扰：变频器在工作中由于整流和变频，周围产生了很多的干扰电磁波，这些高频电磁波对附近的仪表、仪器有一定的干扰。因此，柜内仪表和电子系统，应该选用金属外壳，屏蔽变频器对仪表的干扰。所有的元器件均应可靠接地，除此之外，各电气元件、仪器及仪表之间的连线应选用屏蔽控制电缆，且屏蔽层应接地。如果处理不好电磁干扰，往往会使整个系统无法工作，导致控制单元失灵或损坏。

(2)防止输入端过电压：变频器电源输入端往往

有过电压保护，但是，如果输入端高电压作用时间长，会使变频器输入端损坏。因此，在实际运用中，要核实变频器的输入电压、单相还是三相和变频器使用额定电压。特别是电源电压极不稳定时要有稳压设备，否则会造成严重后果。

3. 工作环境

在变频器实际应用中，由于国内客户除少数有专用机房外，大多为了降低成本，将变频器直接安装于工业现场。工作现场一般有灰尘大、温度高、湿度大等问题，还有如铝行业中有金属粉尘、腐蚀性气体等。因此，必须根据现场情况做出相应的对策。

(1)变频器应该安装在控制柜内部。

(2)变频器最好安装在控制柜内的中部；变频器要垂直安装，正上方和正下方要避免安装可能阻挡排风、进风的大元件。

(3)变频器上、下部边缘距离控制柜顶部、底部、隔板或者其他大元件等的最小间距，应该大于300mm。

(4)如果特殊用户在使用中需要取掉键盘，则变频器面板的键盘孔，一定要用胶带严格密封或者采用假面板替换，防止粉尘大量进入变频器内部。

(5)在多粉尘场所，特别是多金属粉尘、絮状物的场所使用变频器时，总体要求控制柜整体密封，专门设计进风口、出风口进行通风；控制柜顶部应该有防护网和防护顶盖出风口；控制柜底部应该有底板、进风口和进线孔，并且安装防尘网。

(6)多数变频器厂家内部的印制板、金属结构件均未进行防潮湿霉变的特殊处理，如果变频器长期处于恶劣工作环境下，金属结构件容易产生锈蚀。导电铜排在高温运行情况下，会更加剧锈蚀的过程，对于微机控制板和驱动电源板上的细小铜质导线，锈蚀将造成损坏。因此，对于应用于潮湿和含有腐蚀性气体的场合，必须对所使用变频器的内部设计有基本要求，例如，印刷电路板必须采用三防漆喷涂处理，对于结构件必须采用镀镍铬等处理工艺。除此之外，还需要采取其他积极、有效、合理的防潮湿、防腐蚀气体的措施。

4. 环境条件要求

(1)环境温度：5~35℃

(2)相对湿度：≤85%

(3)环境空气质量要求：不含高浓度粉尘及易燃、易爆气体或粉尘，附件没有强电磁辐射源。

(4)注意事项：本设备不能放置含有易燃易爆或会产生挥发、腐蚀性气体的物品进行试验或存储。

5. 日常维护

操作人员必须熟悉变频器的基本工作原理、功能特点，具有电工操作常识。在对变频器日常维护之前，必须保证设备总电源全部切断；并且在变频器显示完全消失的3~30min(根据变频器的功率)后再进行维护。应注意检查电网电压，改善变频器、电机及线路的周边环境，定期清除变频器内部灰尘，通过加强设备管理最大限度地降低变频器的故障率。

1)维护和检查的注意事项

(1)在关掉输入电源后，至少等5min才可以开始检查(还要确定充电发光二极管已经熄灭)，否则会引起触电。

(2)维修、检查和部件更换必须由胜任人员进行。开始工作前，取下所有金属物品(手表、手镯等)，使用带绝缘保护的工具。

(3)不要擅自改装变频器，否则易引起触电和损坏产品。

(4)变频器维修之前，须确认输入电压是否有误，如误将380V电源接入220V级变频器之中会出现炸机(炸电容、压敏电阻、模块等)。

2)日常维护检查项目

(1)日常检查：检查变频器是否按要求工作。用电压表在变频器工作时，检查其输入和输出电压。

(2)定期检查：检查所有只能当变频器停机时才能检查的地方。

(3)部件更换：部件的寿命很大程度上与安装条件有关。

3)日常维护方法

(1)静态测试

①测试整流电路：找到变频器内部直流电源的P端和N端，将万用表调到电阻X10挡，红表棒接到P，黑表棒分别接到R、S、T，应该有大约几十欧的阻值，且基本平衡。相反将黑表棒接到P端，红表棒依次接到R、S、T，有一个接近于无穷大的阻值。将红表棒接到N端，重复以上步骤，都应得到相同结果。如果阻值三相不平衡，可以说明整流桥故障。红表棒接P端时，电阻无穷大，可以断定整流桥故障或启动电阻出现故障。

②测试逆变电路：将红表棒接到P端，黑表棒分别接到U、V、W，应该有几十欧的阻值，且各相阻值基本相同，反相应该为无穷大。将黑表棒接到N端，重复以上步骤应得到相同结果，否则可确定逆变模块故障。

(2)动态测试：在静态测试结果正常以后，才可进行动态测试，即上电试机。在上电前后必须注意检查变频器各接播口是否已正确连接，连接是否有松动，连接异常有时可能导致变频器出现故障，严重时会出现炸机等情况。

(3)检查冷却风扇：变频器的功率模块是发热最严重的器件，其连续工作所产生的热量必须要及时排出，一般风扇的寿命大约为2万~4万h。按变频器连续运行折算，3~5年就要更换一次风扇，避免因散热不良引发故障。

(4)检查滤波电容：中间电路滤波电容：又称电解电容，该电容的作用是滤除整流后的电压纹波，还在整流与逆变器之间起去耦作用，以消除相互干扰，还为电动机提供必要的无功功率，要承受极大的脉冲电流，所以使用寿命短，因其要在工作中储能，所以必须长期通电，它连续工作产生的热量加上变频器本身产生的热量都会加速其电解液的干涸，直接影响其容量的大小。正常情况下电容的使用寿命为5年。建议每年定期检查电容容量一次，一般其容量减少20%以上应更换。

(5)检查防腐剂：因一些公司的生产特性，各电气控制室的腐蚀气体浓度过大，致使很多电气设备因腐蚀损坏(包括变频器)。为了解决以上问题可安装一套空调系统，用正压新鲜风来改善环境条件。为减少腐蚀性气体对电路板上元器件的腐蚀，还可要求变频器生产厂家对线路板进行防腐加工，维修后也要喷涂防腐剂，有效地降低了变频器的故障率，提高了使用效率。在保养的同时要仔细检查变频器，定期送电，电机工作在2Hz的低频约10min，以确保变频器工作正常。

6. 接　地

变频器正确接地是提高控制系统灵敏度、抑制噪声能力的重要手段，变频器接地端子E(G)接地电阻越小越好，接地导线截面积应不小于$2mm^2$，长度应控制在20m以内。变频器的接地必须与动力设备接地点分开，不能共地。信号输入线的屏蔽层，应接至E(G)，其另一端绝不能接于地端，否则会引起信号变化波动，使系统振荡不止。变频器与控制柜之间应电气连通，如果实际安装有困难，可利用铜芯导线跨接。

7. 防　雷

在变频器中，一般都设有雷电吸收网络，主要防止瞬间的雷电侵入，使变频器损坏。但在实际工作中，特别是电源线架空引入的情况下，单靠变频器的吸收网络是不能满足要求的。在雷电活跃地区，这一问题尤为重要，如果电源是架空进线，在进线处装设变频专用避雷器(选件)，或有按规范要求在离变频器20m的远处预埋钢管做专用接地保护。如果电源是电缆引入，则应做好控制室的防雷系统，以防雷电窜入破坏设备。实践表明，这一方法基本上能够有效解决雷击问题。

七、软启动器的基础知识

软启动器是一种集软启动、软停车、轻载节能和多功能保护于一体的电机控制装备。实现在整个启动过程中无冲击而平滑的启动电机，而且可根据电动机负载的特性来调节启动过程中的各种参数，如限流值、启动时间等。

软启动器于20世纪70年代末和80年代初投入市场，填补了星—三角启动器和变频器在功能实用性和价格之间的鸿沟。采用软启动器，可以控制电动机电压，使其在启动过程中逐渐升高，很自然地控制启动电流，这就意味着电动机可以平稳启动，机械和电应力降至最小。因此，软启动器在市场上得到广泛应用，并且软启动器所附带的软停车功能有效地避免水泵停止时所产生的水锤效应。

(一)基本分类

根据电压可分为：高压软启动器、低压软启动器。

根据介质可分为：固态软启动器、液阻软启动器。

根据控制原理可分为：电子式软启动器、电磁式软启动器。

根据运行方式可分为：在线型软启动器、旁路型软启动器。

根据负载可分为：标准型软启动器、重载型软启动器。

(二)软启动器控制原理

软启动器的基本原理如图7-55所示，通过控制可控硅的导通角来控制输出电压。因此，软启动器从本质上是一种能够自动控制的降压启动器，由于能够任意调节输出电压，作电流闭环控制，因而比传统的降压启动方式(如串电阻启动、自耦变压器启动等)有更多优点。例如，满载启动风机水泵等变转矩负载，实现电机软停止，应用于水泵能完全消除水锤效应等。

(三)启动方式

运用串接于电源与被控电机之间的软启动器，控制其内部晶闸管的导通角，使电机输入电压从零以预设函数关系逐渐上升，直至启动结束，赋予电机全电压，即为软启动，在软启动过程中，电机启动转矩逐渐增加，转速也逐渐增加。软启动一般有以下几种启动方式：

(1)折叠斜坡升压软启动：这种启动方式最简

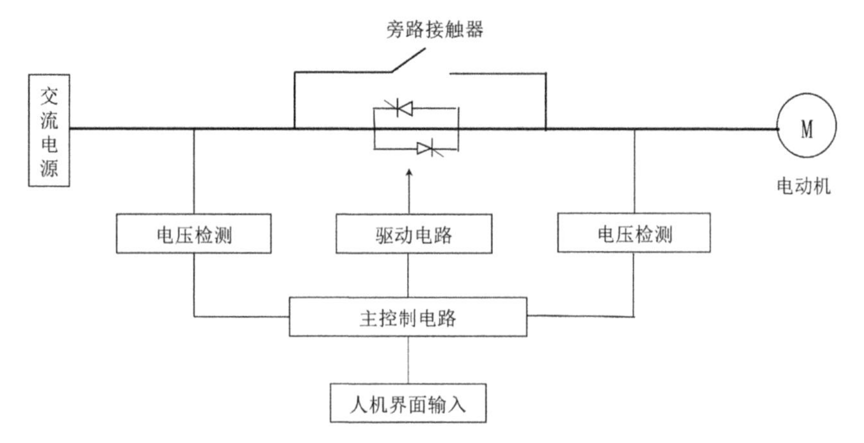

图 7-55　软启动器的基本原理

单，不具备电流闭环控制，仅调整晶闸管导通角，使之与时间成一定函数关系增加。其缺点是，由于不限流，在电机启动过程中，有时要产生较大的冲击电流使晶闸管损坏，对电网影响较大，实际很少应用。

(2)折叠斜坡恒流软启动：这种启动方式是在电动机启动的初始阶段启动电流逐渐增加，当电流达到预先所设定的值后保持恒定，直至启动完毕。启动过程中，电流上升变化的速率是可以根据电动机负载调整设定。电流上升速率大，则启动转矩大，启动时间短。该启动方式是应用最多的启动方式，尤其适用于风机、泵类负载的启动。

(3)折叠阶跃启动：开机，即以最短时间使启动电流迅速达到设定值，即为阶跃启动。通过调节启动电流设定值，可以达到快速启动效果。

(4)折叠脉冲冲击启动：在启动开始阶段，让晶闸管在极短时间内，以较大电流导通一段时间后回落，再按原设定值线性上升，连入恒流启动。该启动方法，在一般负载中较少应用，适用于重载并需克服较大静摩擦的启动场合。

(5)折叠电压双斜坡启动：在启动过程中，电机的输出力矩随电压增加，在启动时提供一个初始的启动电压 U_s，U_s 根据负载可调，将 U_s 调到大于负载静摩擦力矩，使负载能立即开始转动。这时输出电压从 U_s 开始按一定的斜率上升(斜率可调)，电机不断加速。当输出电压达到达速电压 U_r 时，电机也基本达到额定转速。软启动器在启动过程中自动检测达速电压，当电机达到额定转速时，使输出电压达到额定电压。

(6)折叠限流启动：就是电机的启动过程中限制其启动电流不超过某一设定值(I_m)的软启动方式。其输出电压从零开始迅速增长，直到输出电流达到预先设定的电流限值 I_m，然后保持输出电流 I。这种启动方式的优点是启动电流小，且可按需要调整。对电网影响小，其缺点是在启动时难以知道启动压降，不能充分利用压降空间。

(四)软启动折叠保护功能

(1)过载保护功能：软启动器引进了电流控制环，因而随时跟踪检测电机电流的变化状况。通过增加过载电流的设定和反时限控制模式，实现了过载保护功能，使电机过载时，关断晶闸管并发出报警信号。

(2)缺相保护功能：工作时，软启动器随时检测三相线电流的变化，一旦发生断流，即可作出缺相保护反应。

(3)过热保护功能：通过软启动器内部热继电器检测晶闸管散热器的温度，一旦散热器温度超过允许值后自动关断晶闸管，并发出报警信号。

(4)其他功能：通过电子电路的组合，还可在系统中实现其他种种联锁保护。

(五)软启动器与传统减压启动方式的区别

笼型电机传统的减压启动方式有 Y-q 启动、自耦减压启动、电抗器启动等。这些启动方式都属于有级减压启动，存在明显缺点，即启动过程中出现二次冲击电流。软启动与传统减压启动方式的区别是：

(1)无冲击电流：软启动器在启动电机时，通过逐渐增大晶闸管导通角，使电机启动电流从零线性上升至设定值。

(2)恒流启动：软启动器可以引入电流闭环控制，使电机在启动过程中保持恒流，确保电机平稳启动。

(3)根据负载情况及电网继电保护特性选择，可自由地无级调整至最佳的启动电流。适用于重载并需克服较大静摩擦的启动场合，如风机等。

(六)软启动器常见故障及解决方法

1)瞬　停

引起此故障的原因一般是由于外部控制接线有误而导致的。把软启动器内部功能代号“9”(控制方式)的参数设置成“1”(键盘控制),就可以避免此故障。

2)启动时间过长

出现此故障是软启动器的限流值设置得太低而使得软启动器的启动时间过长,在这种情况下,把软启动器内部的功能代码“4”(限制启动电流)的参数设置高些,可设置到1.5~2.0倍,必须要注意的是电机功率大小与软启动器的功率大小是否匹配,如果不匹配,在相差很大的情况下,野蛮地把参数设置到4~5倍,启动运行一段时间后会因电流过大而烧坏软启动器内部的硅模块或是可控硅。

3)输入缺相

(1)检查进线电源与电机接线是否有松脱。

(2)输出是否接上负载,负载与电机是否匹配。

(3)用万用表检测软启动器的模块或可控硅是否有击穿,及它们的触发门极电阻是否符合正常情况下的要求(一般在20~30Ω左右)。

(4)内部的接线插座是否松脱。

以上这些因素都可能导致此故障的发生,只要细心检测并作出正确的判断,就可予以排除。

4)频率出错

此故障是由于软启动器在处理内部电源信号时出现了问题,而引起了电源频率出错。出现这种情况需要请教公司的产品开发软件设计工程师来处理。主要注意电源电路设计改善。

5)参数出错

出现此故障就须重新开机输入一次出厂值就好了。具体操作:先断掉软启动器控制电(交流220V)用一手指按住软启动器控制面板上的“PRG”键不松,再送上软启动器的控制电,在约30s后松开“PRG”键,就重新输入出厂值。

6)启动过流

启动过流是由于负载太重启动电流超出了500%倍而导致的,解决办法包括:把软启动器内部功能码“0”(起始电压)设置高些,或是再把功能码“1”(上升时间)设置长些,可设为30~60s。还有功能代码“4”的限流值设置是否适当,一般可设成2~3倍。

第二节　机械基础知识

一、机械的概念

机械是机器和机构的总称。

(一)机　器

机器是指由若干构件组合,各部分之间具有确定的相对运动,能够转换或传递能量、物料和信息的机械。机器具有三个共同的特征:由许多构件组合而成;构件之间具有确定的相对运动;能够代替或减轻人的劳动,有效地完成机械功或实现机械能量转换。

(二)机　构

机构是指由若干构件通过活动连接以实现规定运动的组合,各部分之间具有一定的相对运动的机械,用以改变运动方式。机器、仪器等内部为实现传递、转换运动或某种特定的运动而由若干零件组成的机械装置。如机械手表中有原动机构、擒纵机构、调速机构等;车床、刨床等有走刀机构。机构只产生运动的转换,目的是传递或变换运动。机构具备上述介绍的机器的前面两个特征。

(三)构　件

构件是机器的运动单元。一般由若干个零件刚性连接而成,也可以是单的零件。若从运动的角度来讲,可以认为机器是由若干个构件组装而成的。

(四)零　件

零件是机器的构成单元,是组成机器的最小单元,也是机器的制造单元。机器是由若干个不同的零件组装而成的。各种机器经常用到的零件称为通用零件,如齿轮、螺栓等。通用零件中,制定了国家标准并由专门工厂生产的零部件就称为标准件,如滚动轴承、螺栓等。而在特定的机器中用到的零件称为专用零件,如曲轴、叶轮等。按照零件的结构特征可分为:轴套类零件、轮盘类零件、箱体类零件、支架类零件。

机器是由零件构成的。机器与零件是整体与局部的关系,多数机械零件是由金属材料制成的。机械零件材料选择一般原则:满足零件使用性能、工艺性和经济性3方面要求。

零件与构件的区别:零件是制造单元,构件是运动单元,零件组成构件,构件是组成机构的各个相对运动的实体。

机构与机器的区别：机器能完成有用的机械功或转换机械能，机构只是完成传递运动力或改变运动形式，同时机构是机器的主要组成部分。

二、机器的组成

一台完整的机器通常由以下4个部分组成：

(一)原动机部分(动力装置)

原动机部分的作用是将其他形式的能量转换为机械能，以驱动机器各部分的运动，是机器动力的来源。常用的原动机有电动机、内燃机、燃气轮机、液压马达、气动马达等。现代机器大多采用电动机，而内燃机主要用于运输机械、工程机械和农业机械。

(二)执行部分(工作机构)

执行部分处于整个机械传动路线终端，在机器中直接完成具体工作任务。

(三)传动部分(传动装置)

传动部分将原动机的运动和动力传递给执行部分(工作机构)。机器中的传动形式有机械传动、气压传动和电力传动等，其中机械传动应用最多。常见的传动装置有连杆机构、凸轮机构、带传动、链传动、齿轮传动等。传动部分的主要作用如下：

(1)改变运动的速度，即减速、增速或变速。

(2)转换运动的形式，即转动与往复直线运动(或摆动)可以相互转化。

(四)操纵、控制及辅助装置

操纵、控制装置用以控制机器的启动、停车、正反转和动力参数改变及各执行装置间的动作协调等。自动化机器的控制系统能使机器进行自动检测、自动数据处理和显示、自动控制调节、故障诊断、自动保护等。辅助装置则有照明、润滑、冷却装置。

三、机械的常用零部件

(一)轴

轴的作用是传递运动和转矩、支承回转零件。轴的分类如下：

(1)直轴：按承载不同，直轴可分为传动轴，主要承受转矩；心轴，只承受弯矩；转轴，按承受转矩又承受弯矩作用的轴。按轴的外形不同，直轴可分为光轴，即只有一个截面尺寸的轴；阶梯轴，即有两个上的不同截面尺寸的轴。

(2)曲轴：曲轴是内燃机、曲柄压力机等机器中用于往复直线运动和旋转运动相互转换的专用零件。

(3)软轴：软轴具有良好的挠性，它可以将回转运动灵活地传到任何空间位置。

(二)轴　承

轴承用于轴的支承。根据轴承的工作摩擦性质，可分为滑动摩擦轴承和滚动摩擦轴承；根据承受载荷的方向，可分为向心滑动轴承、推力滑动轴承和向心推力轴承三大类。

1. 滑动轴承

滑动轴承的特点是工作平稳、噪声较小、工作可靠、启动摩擦阻力较大。其主要应用于以下场合：工作转速特别高的轴承；承受冲击和振动负荷极大的轴承；要求特别精密的轴承、装配工艺要求轴承部分的场合；要求径向尺小的轴承。

滑动轴承一般由轴承座与轴瓦构成。向心滑动轴承根据结构形式不同，分为整体式和剖分式。安装、维护要点如下：

(1)滑动轴承安装要保证轴在轴承孔内转动灵活、准确、平稳。

(2)轴瓦与轴承孔要修刮贴实，轴瓦剖分面要高出0.05~0.1mm，以便压紧。整体式轴瓦压入时要防止编斜，并用紧固螺钉。

(3)注意油路畅通，油路与油槽接通。刮研时油两边点子要软，以形成油膜，两端点子均匀，以防止漏油。

(4)注意清洁，修刮调试过程中凡能出现油污的机件，修刮后都要清洗涂油。

(5)轴承使用过程中要经常检查润滑、发热、振动问题，偶有发热(一般在60℃以下为正常)，冒死、卡死以及异常振动、声响等要及时检查、分析，采取措施。

2. 滚动轴承

滚动轴承的特点是摩擦较小、间隙可调、轴向尺寸较小、润滑方便、维修简便。但承载能力差、噪声大、径向尺寸大、寿命较短。由于轴承为标准化、系列化零件，且成本低，故应用广泛。

滚动轴承由内圈、外圈、滚动体和保持架组成，安装和维护要点如下：

(1)将轴承和壳体孔清洗干净，然后在配合表面上涂润滑油。

(2)根据尺寸大小和过盈量大小采用压装法、加热法或冷装法，将轴承装入壳体孔内。

(3)轴承装入壳时，如果轴承上有油孔，应与壳体上油孔对准。

(4)装配时，特别要注意轴承和壳体孔同轴。为此在装配时，尽量采用导向心轴。

(5)轴承装入后还要定位，如钻骑缝螺纹底孔时，应该用钻模板，否则钻头会向硬度较低的轴承方向偏移。

(6)轴承孔校正。由于装入壳体后轴承内孔会收缩，所以通常应加大轴承内孔尺寸，轴承(铜件)内孔加大尺寸量，应使轴承装入后，内孔与轴颈之间还能保证适当的间隙。也有在制造轴承时，内孔留精铰量，待轴承装配后，再精铰孔，保证其配合间隙。精铰时，要十分注意铰刀的导向，否则会造成轴承内孔轴线的偏斜。

(三)联轴器

1. 联轴器的作用

联轴器用于轴与轴之间的连接，使他们一起回转并传递扭矩。联轴器大多已经标准化或系列化，在机械工程中广泛应用。

2. 联轴器的分类

联轴器主要分为刚性联轴器和弹性联轴器两类。刚性联轴器分为刚性固定式联轴器和刚性可移式联轴器。刚性固定式联轴器包括凸缘联轴器、套筒联轴器；刚性可移式联轴器包齿式联轴器和万向联轴器。弹性联轴器靠弹性元件的弹性变形来补偿两轴轴线的相对位移。

四、润滑油(脂)的型号、性能与应用

(一)润滑材料的分类

凡是能降低摩擦阻力的介质均可作为润滑材料，目前常见的润滑剂有四种，分别是：

(1)液体润滑剂：包括矿物油、合成油、水基液、动植物油。

(2)润滑油脂：包括皂基脂、无机脂、烃基脂。

(3)固体润滑剂：包括软金属、金属化合物、无机物、有机物。

(4)气体润滑剂：包括空气、氦气、氮气、氢气等。

(二)润滑油的种类

润滑油的种类有很多，这里只叙述水泵机组的用油，通常可分为润滑油和绝缘油两类。这些油中用量较大的为透平油和变压器油。

1. 润滑油

(1)透平油：水泵大容量机组常用的透平油有22号、30号、45号三种，主要供给油压装置、主机组、油压启闭机等。具体选择哪一种油，应根据设备制造厂的要求确定。若未注明，一般采用30号。

(2)机械油：常用的由10号、20号、30号三种，主要用于辅助设备轴承、起重机械和容量较小的主机组润滑。

(3)压缩机油：供空气压缩机润滑。

(4)润滑油脂(黄油)：供滚动轴承润滑。

2. 绝缘油

(1)变压器油：供油浸式变压器和互感器使用，常用的是10号和25号两种。

(2)开关油：供开关用，有10号、45号两种。

(三)润滑油的作用

1. 机械油的作用

(1)润滑：油在相互运动的零部件的空间(间隙)形成油膜，以润滑机件的内部摩擦(液体摩擦)来代替固体间的干摩擦，减少机件相对运动的摩擦阻力，减轻设备发热和磨损，延长设备的使用寿命，保证设备的功能和安全。

(2)散热：设备虽然经油润滑，但还有摩擦存在(如分子间的摩擦)，因摩擦所消耗的功能变为热量，使温度升高。油温过高会加速油的氧化，使油劣化变质，影响设备功能，所以必须通过油将热量带出去，使油和设备的温度不超过规定值，保证设备经济安全运行。

(3)传递能量：水泵叶片液压调节装置、液压启闭机和机组顶机组转子装置等都是由透平油传递能量的，在使用液压联轴器传动大型机组中，透平油还用来传递主水泵的轴功率，从而实现机组的足迹变速调节。

2. 绝缘油的作用

(1)绝缘：由于绝缘油的绝缘强度比空气大得多。用油作为绝缘介质可以大大提高电气设备运行的可靠性，缩小设备尺寸。同时，绝缘油还对棉纱纤维等绝缘材料起一定的保护作用，使之不受空气和水分的侵蚀而很快变质。

(2)散热：变压器线圈通过电流而产生热量，此热量若不能及时排出，温升过高将会损害线圈绝缘，甚至烧毁变压器。绝缘油可以吸收这些热量，在经冷却设备将热量传递给水或空气带走，保持温度在一定的允许值内。

(3)消弧：当油开关接通或切断电力负荷时，在触头之间产生电弧，电弧的温度很高，若不设法将弧道消除，就可能烧毁设备。此外，电弧的继续存在，还可能使电力系统发生震荡，引起过电压击穿设备。

五、机械维修的工具及方法

机械维修常用工具如下：

(1)维修工具：分为划线工具、锉削工具、锯割工具、铲刮工具、研磨工具、校直及折弯工具、拆装工具等。

(2)夹具：分为专用夹具、非专用夹具。

(3)量具：分为普通量具、精密量具、专用量具。

机械设备故障是指整机或零部件在规定的时间和使用条件下不能完成规定的功能，或各项技术经济指标而偏离了正常状况；或在某种情况下尚能维持一段时间工作，若不能得到妥善处理将导致事故。

(一)维修前的准备工作

(1)技术资料准备：如原理图、重要零部件图、组装图、技术参数等；组织拆装准备，如拆除工具、量具、摆放场地、装油器皿等。

(2)拆卸：首先要明确拆卸的目的。其次要确定拆卸方法。常用拆卸方法有机卸法、拉拔法、顶压法、温差法、破坏法。典型的连接件拆卸包括：端头螺钉的拆卸、打滑内六角螺钉拆卸、锈死螺纹的拆卸、组成螺纹连接件的拆卸、过盈连接件的拆卸。

(3)清洗：拆卸后零部件的清洗包括油污清洗、水垢清洗、积碳清洗、除锈和清除漆层。

(4)检验：检验主要内容包括零部件的几何精度、隐蔽缺陷、静动平衡等。检验常用方法包括感觉检验法、测量工具和仪器检验法。

(二)常用的修复工艺

1. 钳工修复

钳工修复方法包括：铰孔、研磨、刮研、钳工修补。铰孔是为了提高零件的尺寸精度和减少表面粗糙度，主要用来修复各种配合的孔。研磨是在零件上研掉一层极薄的表面层的精度加工方法，可得到较高的尺寸精度和形位精度。用刮刀从工件表面刮去较高点，再用标准检具涂色检验的反复加工过程称为刮研。

2. 压力加工修复

压力加工修复法是利用外力在加热或常温下，使零件的金属产生塑性变形，以金属位移恢复零件的几何形状和尺寸。适用于恢复磨损零件表面的形状和尺寸及零件的弯曲和扭曲校正。

3. 焊修修复

1)钢制零件的焊修

一般而言，钢制零件中含碳量越高，合金元素种类和数量越多，可焊接性就越差。一般低碳钢、中碳钢、低合金钢均有良好的可焊性，焊修这些钢制零件时主要考虑焊修时受热变形问题。

2)铸铁零件的焊修

铸铁在机械设备中应用非常广泛，常见的有灰口铸铁(HT)、球墨铸铁(QT)等。铸铁可焊性差，存在以下问题：

(1)铸铁含碳量高焊接时容易产生白口(端口呈亮白色)，既脆又硬，焊接后不仅加工困难，而且容易产生裂纹。铸铁中磷、硫含量较高，也给焊接带来一定困难。

(2)焊接时寒风易产生气孔或咬边。

(3)铸铁零件带有气孔、沙眼、缩松等缺陷时，也容易造成焊接缺陷。

(4)焊接时如果工艺措施和保护方法不当，也容易造成铸铁零件其他部位变形过大或电弧划伤而使工件报废。

六、机械的传动基础知识

机器的种类很多。它们的外形、结构和用途各不相同，有其个性，也有其共性。有些机器是可以将其他形式的能转变为机械能，如电动机、汽油机、蒸汽轮机；有些机器是需要原动机带动才能运转工作，如车床、打米机、水泵。传动的方式很多，有机械传动，也有液压传动、气压传动以及电气传动。

(一)皮带传动

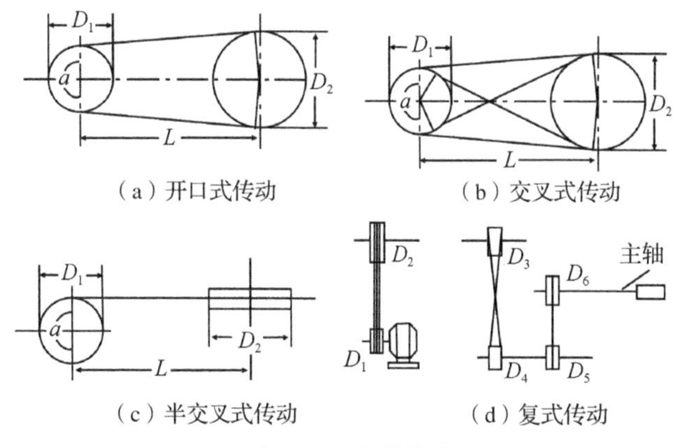

图 7-56　皮带传动

在皮带传动(图 7-56)中，两个轮的转速与两轮的直径成反比，这个比称为传动比，用符号 i 表示，见式(7-56)：

$$i=\frac{n_1}{n_2}=\frac{D_2}{D_1} \tag{7-56}$$

式中：n_1——主动轮转速，r/min；

n_2——被动轮转速，r/min；

D_1——主动轮直径，mm；

D_2——被动轮直径，mm。

如果是由几对皮带轮组成的传动，其传动比可以用式(7-57)计算：

$$i=\frac{n_1}{n_{末}}=\frac{D_2}{D_1}\times\frac{D_4}{D_3}\times\frac{D_6}{D_5}\cdots \quad (7\text{-}57)$$

若计入滑动率，用式(7-58)表示：

$$i=\frac{n_1}{n_2}=\frac{D_{p2}}{(1-e)D_{p1}} \quad (7\text{-}58)$$

式中：n_1——小带轮转速，r/min；

n_2——大带轮转速，r/min；

D_{p1}——小带轮的节圆直径，mm；

D_{p2}——大带轮的节圆直径，mm；

e——弹性滑动率，通常 $e=0.01\sim0.02$。

(二)齿轮传动

两轴距离较近，要求传递较大转矩，且传动比要求较严时，一般都用齿轮传动。齿轮传动是机械传动中最主要的一种传动。其形式很多，应用广泛。齿轮传动的主要特点包括：

(1)效率高：在常用的机械中，以齿轮传动效率最高，如一级齿轮传动的效率可达 99%，这对大功率传动十分重要。

(2)结构紧凑：在同样的使用条件下，齿轮传动所需的空间尺寸较小。

(3)工作可靠，寿命长：设计制造正确合理、使用维护良好的齿轮，寿命长达一二十年。这对车辆及再矿井内工作的机器尤为重要。

(4)传动比较稳定：齿轮传动之所以获得广泛应用，就是因其具有这一特点。

齿轮传动分为圆柱齿轮传动和圆锥齿轮传动两种。圆柱齿轮有直齿、斜齿和内齿 3 种，分别如图 7-57(a)、(b)、(c)所示。直齿圆柱齿轮的特点是加工方便，用途较广，但齿上负荷集中，传动不平稳。斜齿圆柱齿轮的特点是传动平稳，载荷分布均匀，但有轴向力产生，因此要用平面轴承。内齿圆柱齿轮传动的特点是两轴旋转方向相同并且占空间小，但加工较困难。圆柱齿轮用在两轴平行情况下的传动。在两轴线相交的情况下采用圆锥齿轮传动。圆锥齿轮有直齿和螺旋齿两种，分别如图 7-57(d)、(e)所示。直齿圆锥齿轮特点是加工方便，但在传动中噪声较大。螺旋齿圆锥齿轮的特点是传动圆滑，噪声小，但加工较复杂。齿轮传动的传动比 i 可用式(7-59)表示：

$$i=\frac{Z_2}{Z_1}=\frac{n_1}{n_2} \quad (7\text{-}59)$$

式中：Z_1——主动轮齿数；

Z_2——从动轮齿数；

n_1——主动轮转速，r/min；

n_2——从动轮转速，r/min。

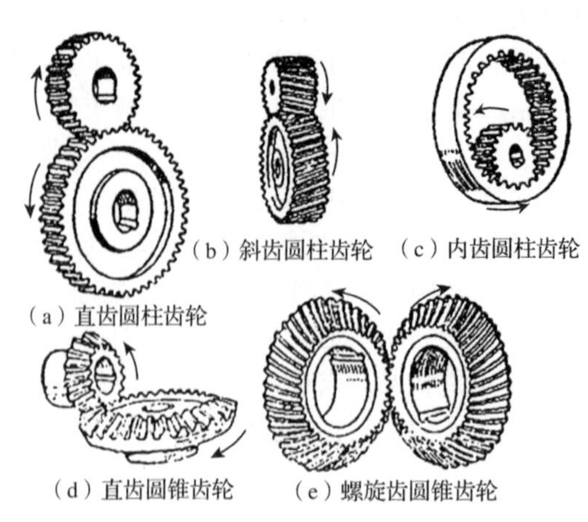

图 7-57 不同齿轮传动示意

(三)链传动

在两轴距较远而速比又要正确时，可采用链传动。链传动的被动轮圆周速度虽然波动不定，但其平均值不变，因此，可以在传动要求不高的情况下代替齿轮传动。

链有滚子链和齿状链两种。在传动速度较大时，一般多用齿状链，因为这种链在传动时声音较小，所以又称为无声链。链传动的传动比和齿轮传动相同。

齿状链传动是利用特定齿形的链板与链轮相啮合来实现传动的。齿形链是由彼此用铰链连接起来的齿形链板组成，链板两工作侧面间的夹角为 60°，相邻链节的链板左右错开排列，并用销轴、轴瓦或滚柱将链板连接起来。齿形链式与滚子链相比，齿形链具有工作平稳、噪声较小、允许链速较高、承受冲击载荷能力较好和轮齿受力较均匀等优点；但结构复杂、装拆困难、价格较高、重量较大并且对安装和维护的要求也较高。

(四)蜗杆蜗轮传动

在两轴轴线错成 90°而彼此既不平行又不相交的情况下，可以采用蜗杆蜗轮传动，如图 7-58 所示。蜗杆蜗轮传动的特点是：蜗杆一定是主动的，蜗轮一

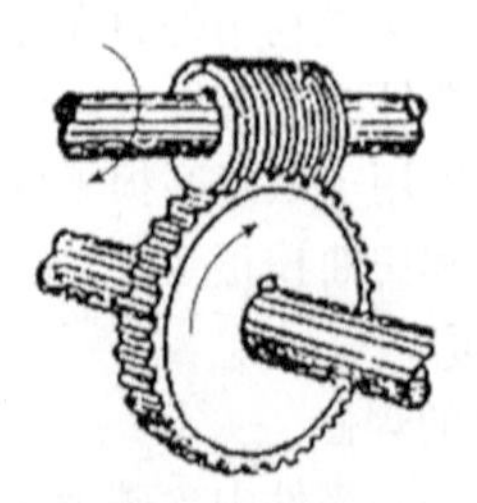

图 7-58 蜗杆传动

定是被动的，因此应用于防止倒转的装置上。但它的最大特点是减速，能得到较小的传动比，且所占的空间小，一般应用于减速器上。

(五)齿轮齿条传动

要把直线运动变为旋转运动，或把旋转运动变为直线运动，可采用齿轮齿条传动，如图7-59所示。

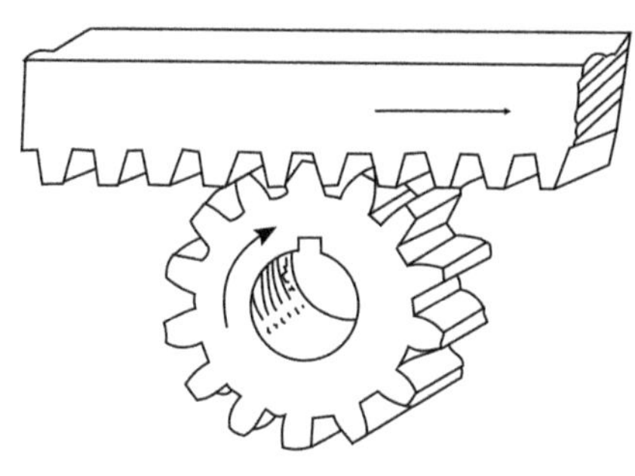

图7-59　齿轮齿条传动

(六)螺旋传动

要把旋转运动变为直线运动，也可以用螺旋传动。例如，车床上的长丝杆的旋转，可以带动大拖板纵向移动，转动车床小拖板上的丝杆，可使刀架横向移动等，如图7-60所示。

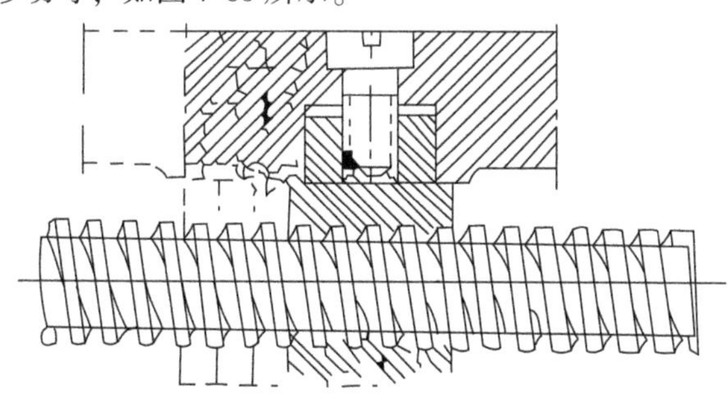

图7-60　螺旋传动

在普通的螺旋传动中，丝杆转一圈，螺母移动一个螺距，如果丝杆头数为K，单位为个；螺距为h，单位为cm；传动时，丝杆转一圈，则螺母移动的距离$S=Kh$。

七、电动机的拖动基础知识

(一)基本概念

1. 主磁通

在电机和变压器内，常把线圈套装在铁芯上。当线圈内通有电流时，就会在线圈周围的空间形成磁场，由于铁芯的导磁性能比空气好得多，所以绝大部分磁通将在铁芯内通过，这部分磁通称为主磁通。

2. 漏磁通

当变压器中流过负载电流时，就会在绕组周围产生磁通，在绕组中由负载电流产生的磁通称为漏磁通，漏磁通大小决定于负载电流。漏磁通不宜在铁磁材质中通过。漏磁通也是矢量，也用峰值表示。

3. 磁路的基本定律

磁路的基本定律与电路中的欧姆定律($E=IR$)在形式上十分相似。即安培环路定律：磁路的欧姆定律作用在磁路上的磁动势F等于磁路内的磁通量Φ乘以磁阻R_m。

4. 磁路的基尔霍夫定律

(1)磁路的基尔霍夫电流定律：穿出或进入任何一闭合面的总磁通恒等于零。

(2)磁路的基尔霍夫电压定律：沿任何闭合磁路的总磁动势恒等于各段磁路磁位差的代数和。

(二)常用铁磁材料及其特性

(1)软磁材料：磁滞回线较窄，剩磁和矫顽力都小的材料。软磁材料磁导率较高，可用来制造电机、变压器的铁心。

(2)硬磁材料：磁滞回线较宽，剩磁和矫顽力都大的铁磁材料称为硬磁材料。可用来制成永久磁铁。

(三)铁心损耗

1. 磁滞损耗

磁滞损耗是铁磁体等在反复磁化过程中因磁滞现象而消耗的能量。磁滞指铁磁材料的磁性状态变化时，磁化强度滞后于磁场强度，它的磁通密度B与磁场强度H之间呈现磁滞回线关系。经一次循环，每单位体积铁芯中的磁滞损耗正比于磁滞回线的面积。这部分能量转化为热能，使设备升温，效率降低，它是电气设备中铁损的组成部分，此现象对交流机这一类设备是不利的。软磁材料的磁滞回线狭窄，其磁滞损耗相对较小。软磁材料硅钢片因而广泛应用于电机、变压器、继电器等设备中。

2. 涡流损耗

导体在非均匀磁场中移动或处在随时间变化的磁场中时，导体内的感生的电流导致的能量损耗，称为涡流损耗。在导体内部形成的一圈圈闭合的电流线，称为涡流(又称傅科电流)。

3. 铁心损耗

铁心损耗是磁滞损耗和涡流损耗之和。

(1)尽管电枢在转动，但处于同一磁极下的线圈边中电流方向应始终不变，即进行所谓的“换向”。

(2)一台直流电机作为电动机运行时，在直流电机的两电刷端加上直流电压，电枢旋转，拖动生产机械旋转，输出机械能；作为发动机运行时，用原动机拖动直流电机的电枢，电刷端引出直流电动势，作为直流电源，输出电能。

（四）直流电机的主要结构

直流电机的主要结构是定子和转子。定子的主要作用是产生磁场转子，又称为“电枢”，作用是产生电磁转矩和感应电动势实现机电能量转换，电路和磁路之间必须在相对运动，所以旋转电机必须具备静止的和转动的两大部分，且静止和转动部分之间要有一定的间隙，此间隙称为气隙。

（五）直流电机的铭牌数据

直流电机的额定值包括：①额定功率 P_N，单位为 kW；②额定电压 U_N，单位为 V；③额定电流 I_N，单位为 A；④额定转速 n_N，单位为 r/min；⑤额定励磁电压 U_{fN}，单位为 V。

（六）直流电机电枢绕组的基本形式

直流电机电枢绕组的基本形式有两种，一种称为单叠绕组；另一种称为单波绕组。单叠绕组的特点：元件的两个端子连接在相邻的两个换向片上。上层元件边与下层元件边的距离称为元件的跨距，元件跨距称为第一节距 y_1（用所跨的槽数计算）。一般要求元件的跨距等于电机的极距。上层元件边与下层元件边所连接的两个换向片之间的距离称为换向器节距 y_c（用换向片数计算）。直流电机的电枢绕组除了单叠、单波两种基本形式以外，还有其他形式，如复叠绕组、复波绕组、混合绕组等。

各种绕组的差别主要在于它们的并联支路，支路数多，相应地组成每条支路的串联元件数就少。原则上，电流较大，电压较低的直流电机多采用叠绕组；电流较小，电压较高，就采用支路较少而每条支路串联元件较多的波绕组。所以大中容量直流电机多采用叠绕组，而中小型电机采用波绕组。

（七）直流电机的励磁方式

（1）他励直流电机：励磁绕组与电枢绕组无连接关系，而是由其他直流电源对励磁绕组供电。

（2）并励直流电机：励磁绕组与电枢绕组并联。

（3）串励直流电机：励磁绕组与电枢绕组串联。

（4）复励直流电机：两个励磁绕组，一个与电枢绕组并联；另一个与电枢绕组串联。

直流电机负载时的磁场及电枢反应当直流电机带上负载以后，在电机磁路中又形成一个磁动势，这个磁动势称为电枢磁动势。此时的电机气隙磁场是由励磁磁动势和电枢磁动势共同产生的。电枢磁动势对气隙磁场的影响称为电枢反应。

（八）感应电动势和电磁转矩的计算

1. 感应电动势的计算

先求出每个元件电动势的平均值，然后乘上每条支路中串联元件数。直流电机感应电动势的计算公式是直流电机重要的基本公式之一。感应电动势 E_a 的大小与每极磁通 Φ（有效磁通）和电枢转速的乘积成正比。如不计饱和影响，它与励磁电流 I_f 和电枢机械角速度乘积成正比。

2. 电磁转矩的计算

电磁转矩计算公式也是直流电机的另一个重要基本公式，见式（7-60），它表明：电磁转矩 T_e 的大小与每极磁通 Φ 和电枢电流 I_a 的乘积成正比。或：如不计饱和影响，它与励磁电流 I_f 和电枢电流 I_a 的乘积成正比。

$$T_e = 2p\frac{Z}{4\pi a}I_a\Phi = \frac{pZ}{2\pi a}\Phi I_a = C_T\Phi I_a \quad (7\text{-}60)$$

式中：T_e——电磁转矩，N·m；

p——磁极对数；

Z——电枢绕组的全部导体数；

a——电枢绕组的支路数；

I_a——电枢电流，A；

Φ——磁通，Wb；

C_T——转矩常数。

3. 几个重要关系式

直流电机感应电动势 E_a 的计算公式为：

$$E_a = C_e\Phi_n \quad (7\text{-}61)$$

直流电机电磁转矩 T_e 的计算公式为：

$$T_e = C_T\Phi I_a \quad (7\text{-}62)$$

电动势常数 C_e 的计算公式为：

$$C_e = \frac{pZ}{60a} \quad (7\text{-}63)$$

转矩常数 C_T 的计算公式为：

$$C_T = \frac{pZ}{2\pi a} \quad (7\text{-}64)$$

电动势常数 C_e 与转矩常数 C_T 的关系表示为：

$$C_T = 9.55C_e \quad (7\text{-}65)$$

电动机电枢回路稳态运行时的电动势平衡方程式为：

$$U = E_a + R_aI_a,\ E_a = C_e\Phi_n \quad (7\text{-}66)$$

式（7-61）~式（7-66）中：

E_a——感应电动势，V；

C_e——电动势常数；

Φ——磁通，Wb；

a——并联支路数；

U——平衡电动势，V；

R_a——电动机电阻，Ω；

I_a——电枢电流，A。

4. 直流电动机的工作特性

指端电压 $U=U_N$（额定电压），电枢回路中无外加电阻、励磁电流 $If=If_N$（额定励磁电流）时，电动机的转速 n、电磁转矩 T_e 和效率 η 三者与输出功率 P_2 之间的关系。

1）并励直流电动机的工作特性

（1）转速特性计算公式见式（7-67）：

$$n=\frac{U_s}{C_e\Phi}-\frac{(I_s-I_r)R_s}{C_e\Phi} \tag{7-67}$$

式中：n——电动机转速，r/min；

U_s——电动机外加直流电压，V；

C_e——电动机结构常数；

Φ——电动机每极磁通量，Wb

I_s——供给电动机的总电流，A；

I_r——电动机并励磁电流，A；

R_s——电动机电枢绕组直流电阻，Ω。

（2）转矩特性计算公式见式（7-68）：

$$T=C_T\Phi I_a \tag{7-68}$$

式中：C_T——转矩常数；

Φ——电动机每极磁通量，Wb；

I_a——电枢电流，A。

（3）电磁转矩也可以表示为效率特性，计算公式见式（7-69）：

$$\eta=\frac{P_2}{P_1}\times 100\% \tag{7-69}$$

式中：P_1——电动机的输入功率，kW；

P_2——电动机的输出功率，kW。

电机励磁损耗、机械损耗、铁耗等于电枢铜耗时，效率大。

2）串励直流电动机的工作特性

串励电机不允许在空载或负载很小的情况下运行。

5. 直流发电机的工作特性

（1）空载特性：当他励直流发电机被原动机拖动，$n=n_N$ 时，励磁绕组端加上励磁电压 U_f，调节励磁电流 I_{f0}，得出空载特性曲线 $U_0=f(I_0)$

（2）负载运行：无论他励、并励还是复励发电机，建立电压以后，在 $n=n_N$ 的条件下，加上负载后，发电机的端电压都将发生变化。

6. 直流发电机的换向

1）换向的电磁现象

（1）电抗电动势：在换向过程中，元件中电流方向将发生变化，由于电枢绕组是电感元件，所以必存自感和互感作用。换向元件中出现的由自感与互感作用所引起的感应电动势，称为电抗电动势。

（2）电枢反应电动势：由于电刷放置在磁极轴线下的换向器上，在几何中心线处，虽然主磁场的磁密等于零，可是电枢磁场的磁密不为零。换向元件切割电枢磁场，产生一种电动势，称为电枢反应电动势。

2）改善换向的方法

改善换向一般采用以下方法：装设换向磁极，即在位于几何中性线处装换向磁极。换向绕组与电枢绕组串联，在换向元件处产生换向磁动势抵消电枢反应磁动势。大型直流电机在主磁极极靴上安装补偿绕组，补偿绕组与电枢绕组串联，产生的磁动势抵消电枢反应磁动势。

第三节　我国有关城镇污水处理的法律法规

在我国，水污染物排放标准体系是国家环境保护法律体系的重要组成部分，也是执行环保法律、法规的重要技术依据，在环境保护执法和管理上发挥着不可替代的作用，已成为对水污染物排放进行控制的重要手段。

目前，国家及地方有关城镇污水处理的法律法规及相关重点条款摘要如下：

一、《中华人民共和国环境保护法》相关条款

《中华人民共和国环境保护法》于 2014 年 4 月 24 日通过修订，自 2015 年 1 月 1 日起施行。相关重点条款摘要如下：

第四十三条　排放污染物的企业事业单位和其他生产经营者，应当按照国家有关规定缴纳排污费。排污费应当全部专项用于环境污染防治，任何单位和个人不得截留、挤占或者挪作他用。依照法律规定征收环境保护税的，不再征收排污费。

第四十五条　国家依照法律规定实行排污许可管理制度。实行排污许可管理的企业事业单位和其他生产经营者应当按照排污许可证的要求排放污染物；未取得排污许可证的，不得排放污染物。

二、《中华人民共和国水污染防治法》相关条款

《中华人民共和国水污染防治法》是为了保护和改善环境，防治水污染，保护水生态，保障饮用水安全，维护公众健康，推进生态文明建设，促进经济社会可持续发展而制定的法律。于 2008 年 2 月 28 日修

订通过，自 2008 年 6 月 1 日起施行。现行版本为 2017 年 6 月 27 日修正，自 2018 年 1 月 1 日起施行。相关重点条款摘要如下：

第二十二条　向水体排放污染物的企业事业单位和其他生产经营者，应当按照法律、行政法规和国务院环境保护主管部门的规定设置排污口；在江河、湖泊设置排污口的，还应当遵守国务院水行政主管部门的规定。

第二十三条　实行排污许可管理的企业事业单位和其他生产经营者应当按照国家有关规定和监测规范，对所排放的水污染物自行监测，并保存原始监测记录。重点排污单位还应当安装水污染物排放自动监测设备，与环境保护主管部门的监控设备联网，并保证监测设备正常运行。具体办法由国务院环境保护主管部门规定。

第三十条　环境保护主管部门和其他依照本法规定行使监督管理权的部门，有权对管辖范围内的排污单位进行现场检查，被检查的单位应当如实反映情况，提供必要的资料。检查机关有义务为被检查的单位保守在检查中获取的商业秘密。

第三十三条　禁止向水体排放油类、酸液、碱液或者剧毒废液。禁止在水体清洗装贮过油类或者有毒污染物的车辆和容器。

第三十四条　禁止向水体排放、倾倒放射性固体废物或者含有高放射性和中放射性物质的废水。向水体排放含低放射性物质的废水，应当符合国家有关放射性污染防治的规定和标准。

第三十五条　向水体排放含热废水，应当采取措施，保证水体的水温符合水环境质量标准。

第三十六条　含病原体的污水应当经过消毒处理；符合国家有关标准后，方可排放。

第三十七条　禁止向水体排放、倾倒工业废渣、城镇垃圾和其他废弃物。禁止将含有汞、镉、砷、铬、铅、氰化物、黄磷等的可溶性剧毒废渣向水体排放、倾倒或者直接埋入地下。

三、《城镇排水与污水处理条例》相关条款

城镇排水与污水处理是市政公用事业和城镇化建设的重要组成部分。近年来，我国城镇排水与污水处理事业取得较大发展，但也存在一些突出问题：一是城镇排涝基础设施建设滞后，暴雨内涝灾害频发。一些地方对城镇基础设施建设缺乏整体规划，“重地上、轻地下”，重应急处置、轻平时预防，建设不配套，标准偏低，硬化地面与透水地面比例失衡，城镇排涝能力建设滞后于城镇规模的快速扩张。二是排放污水行为不规范，设施运行安全得不到保障，影响城镇公共安全。目前在城镇排水方面，国家层面还没有相应立法，一些排水户超标排放，将工业废渣、建筑施工泥浆、餐饮油脂、医疗污水等未采取预处理措施直接排入管网，影响管网、污水处理厂运行安全和城镇公共安全。三是污水处理厂运营管理不规范，污水污泥处理处置达标率低。一些污水处理厂偷排或者超标排放污水，擅自倾倒、堆放污泥或者不按照要求处理处置污泥，造成二次污染。四是政府部门监管不到位，责任追究不明确。政府部门对排水与污水处理监管不到位，对不履行法定职责的国家工作人员的责任追究以及排水户等主体的法律责任没有明确规定。为解决上述问题，有必要制定出台《城镇排水与污水处理条例》，将城镇排水与污水处理纳入法治轨道。

《城镇排水与污水处理条例》是为了加强对城镇排水与污水处理的管理，保障城镇排水与污水处理设施安全运行，防治城镇水污染和内涝灾害，保障公民生命、财产安全和公共安全，保护环境而制定。于 2013 年 10 月 2 日公布，自 2014 年 1 月 1 日起施行。相关重点条款摘要如下：

第十四条　城镇排水与污水处理规划范围内的城镇排水与污水处理设施建设项目以及需要与城镇排水与污水处理设施相连接的新建、改建、扩建建设工程，城乡规划主管部门在依法核发建设用地规划许可证时，应当征求城镇排水主管部门的意见。城镇排水主管部门应当就排水设计方案是否符合城镇排水与污水处理规划和相关标准提出意见。

建设单位应当按照排水设计方案建设连接管网等设施；未建设连接管网等设施的，不得投入使用。城镇排水主管部门或者其委托的专门机构应当加强指导和监督。

第十九条　除干旱地区外，新区建设应当实行雨水、污水分流；对实行雨水、污水合流的地区，应当按照城镇排水与污水处理规划要求，进行雨水、污水分流改造。雨水、污水分流改造可以结合旧城区改建和道路建设同时进行。

在雨水、污水分流地区，新区建设和旧城区改建不得将雨水管网、污水管网相互混接。

在有条件的地区，应当逐步推进初期雨水收集与处理，合理确定截流倍数，通过设置初期雨水贮存池、建设截流干管等方式，加强对初期雨水的排放调控和污染防治。

第二十条　城镇排水设施覆盖范围内的排水单位和个人，应当按照国家有关规定将污水排入城镇排水设施。

在雨水、污水分流地区，不得将污水排入雨水

管网。

第二十一条　从事工业、建筑、餐饮、医疗等活动的企业事业单位、个体工商户(以下称排水户)向城镇排水设施排放污水的，应当向城镇排水主管部门申请领取污水排入排水管网许可证。城镇排水主管部门应当按照国家有关标准，重点对影响城镇排水与污水处理设施安全运行的事项进行审查。

排水户应当按照污水排入排水管网许可证的要求排放污水。

第二十二条　排水户申请领取污水排入排水管网许可证应当具备下列条件：

(一)排放口的设置符合城镇排水与污水处理规划的要求；

(二)按照国家有关规定建设相应的预处理设施和水质、水量检测设施；

(三)排放的污水符合国家或者地方规定的有关排放标准；

(四)法律、法规规定的其他条件。

符合前款规定条件的，由城镇排水主管部门核发污水排入排水管网许可证；具体办法由国务院住房城乡建设主管部门制定。

第二十三条　城镇排水主管部门应当加强对排放口设置以及预处理设施和水质、水量检测设施建设的指导和监督；对不符合规划要求或者国家有关规定的，应当要求排水户采取措施，限期整改。

第二十四条　城镇排水主管部门委托的排水监测机构，应当对排水户排放污水的水质和水量进行监测，并建立排水监测档案。排水户应当接受监测，如实提供有关资料。

列入重点排污单位名录的排水户安装的水污染物排放自动监测设备，应当与环境保护主管部门的监控设备联网。环境保护主管部门应当将监测数据与城镇排水主管部门共享。

第二十九条　城镇污水处理设施维护运营单位应当保证出水水质符合国家和地方规定的排放标准，不得排放不达标污水。

城镇污水处理设施维护运营单位应当按照国家有关规定检测进出水水质，向城镇排水主管部门、环境保护主管部门报送污水处理水质和水量、主要污染物削减量等信息，并按照有关规定和维护运营合同，向城镇排水主管部门报送生产运营成本等信息。

城镇污水处理设施维护运营单位应当按照国家有关规定向价格主管部门提交相关成本信息。

城镇排水主管部门核定城镇污水处理运营成本，应当考虑主要污染物削减情况。

第三十条　城镇污水处理设施维护运营单位或者污泥处理处置单位应当安全处理处置污泥，保证处理处置后的污泥符合国家有关标准，对产生的污泥以及处理处置后的污泥去向、用途、用量等进行跟踪、记录，并向城镇排水主管部门、环境保护主管部门报告。任何单位和个人不得擅自倾倒、堆放、丢弃、遗撒污泥。

第三十八条　城镇排水与污水处理设施维护运营单位应当建立健全安全生产管理制度，加强对窨井盖等城镇排水与污水处理设施的日常巡查、维修和养护，保障设施安全运行。

从事管网维护、应急排水、井下及有限空间作业的，设施维护运营单位应当安排专门人员进行现场安全管理，设置醒目警示标志，采取有效措施避免人员坠落、车辆陷落，并及时复原窨井盖，确保操作规程的遵守和安全措施的落实。相关特种作业人员，应当按照国家有关规定取得相应的资格证书。

第四十一条　城镇排水主管部门应当会同有关部门，按照国家有关规定划定城镇排水与污水处理设施保护范围，并向社会公布。

在保护范围内，有关单位从事爆破、钻探、打桩、顶进、挖掘、取土等可能影响城镇排水与污水处理设施安全的活动的，应当与设施维护运营单位等共同制定设施保护方案，并采取相应的安全防护措施。

第四十二条　禁止从事下列危及城镇排水与污水处理设施安全的活动：

(一)损毁、盗窃城镇排水与污水处理设施；

(二)穿凿、堵塞城镇排水与污水处理设施；

(三)向城镇排水与污水处理设施排放、倾倒剧毒、易燃易爆、腐蚀性废液和废渣；

(四)向城镇排水与污水处理设施倾倒垃圾、渣土、施工泥浆等废弃物；

(五)建设占压城镇排水与污水处理设施的建筑物、构筑物或者其他设施；

(六)其他危及城镇排水与污水处理设施安全的活动。

第四十九条　违反本条例规定，城镇排水与污水处理设施覆盖范围内的排水单位和个人，未按照国家有关规定将污水排入城镇排水设施，或者在雨水、污水分流地区将污水排入雨水管网的，由城镇排水主管部门责令改正，给予警告；逾期不改正或者造成严重后果的，对单位处10万元以上20万元以下罚款，对个人处2万元以上10万元以下罚款；造成损失的，依法承担赔偿责任。

第五十条　违反本条例规定，排水户未取得污水排入排水管网许可证向城镇排水设施排放污水的，由城镇排水主管部门责令停止违法行为，限期采取治理措施，补办污水排入排水管网许可证，可以处50万元以下罚款；造成损失的，依法承担赔偿责任；构成犯罪的，依法追究刑事责任。

第五十六条　违反本条例规定，从事危及城镇排水与污水处理设施安全的活动的，由城镇排水主管部门责令停止违法行为，限期恢复原状或者采取其他补救措施，给予警告；逾期不采取补救措施或者造成严重后果的，对单位处10万元以上30万元以下罚款，对个人处2万元以上10万元以下罚款；造成损失的，依法承担赔偿责任；构成犯罪的，依法追究刑事责任。

四、《城镇污水排入排水管网许可管理办法》相关条款

《城镇污水排入排水管网许可管理办法》于2015年1月22日发布，自2015年3月1日起施行。相关重点条款摘要如下：

第六条　排水户向所在地城镇排水主管部门申请领取排水许可证。城镇排水主管部门应当自受理申请之日起20日内做出决定。集中管理的建筑或者单位内有多个排水户的，可以由产权单位或者其委托的物业服务企业统一申请领取排水许可证，并由领证单位对排水户的排水行为负责。各类施工作业需要排水的，由建设单位申请领取排水许可证。

第十三条　排水户不得有下列危及城镇排水设施安全的行为：

（一）向城镇排水设施排放、倾倒剧毒、易燃易爆物质、腐蚀性废液和废渣、有害气体和烹饪油烟等；

（二）堵塞城镇排水设施或者向城镇排水设施内排放、倾倒垃圾、渣土、施工泥浆、油脂、污泥等易堵塞物；

（三）擅自拆卸、移动和穿凿城镇排水设施；

（四）擅自向城镇排水设施加压排放污水。

第十四条　排水户因发生事故或者其他突发事件，排放的污水可能危及城镇排水与污水处理设施安全运行的，应当立即停止排放，采取措施消除危害，并按规定及时向城镇排水主管部门等有关部门报告。

五、《北京市排水和再生水管理办法》相关条款

《北京市排水和再生水管理办法》于2009年11月26日公布，自2010年1月1日起施行。相关重点条款摘要如下：

第九条　新建、改建、扩建建设工程中涉及公共排水设施利用和保护的，规划行政主管部门在审查项目规划设计时，应当通知水行政主管部门参加审查。

第十一条　公共排水设施完成竣工验收备案后，建设单位应当将设施移交给水行政主管部门确定的运营单位。运营单位应当予以接收，并承担设施的运行养护、安全管理责任。

移交双方应当共同对移交的设施进行检查，签订移交协议，并办理设施档案移交手续。移交协议应当包括设施检查结果等内容。

第十六条　专用排水管线按照规划接入公共排水管网的，专用排水管线建设单位或者个人在取得排水许可后，应当到公共排水管网运营单位办理接入手续。

专用排水管线接入公共排水管网应当符合国家标准规范，并在连接点处预留检查井。接入公共排水管网的餐饮服务排水户应当设置符合标准的隔油设施，并保持设施正常运行。

第十七条　在排水和再生水设施周边进行施工作业可能影响排水和再生水设施安全运营的，施工组织设计中应当包括设施保护方案，并在实施方案时通知运营单位；建设工程需要拆改、迁移、废除排水和再生水设施的，开工前应当到运营单位办理手续。

施工作业损坏设施的，施工单位应当立即报告运营单位和事故发生地水行政主管部门及有关部门，并采取应急保护措施。

第十八条　禁止下列损害排水和再生水设施的行为：

（一）擅自占压、拆卸、移动排水和再生水设施；

（二）穿凿、堵塞排水和再生水设施；

（三）向排水和再生水设施倾倒垃圾、粪便、渣土、施工废料、污水处理产生的污泥等废弃物；

（四）向排水管网排放超标污水、有毒有害及易燃易爆物质；

（五）在排水和再生水设施用地范围内取土、爆破、埋杆、堆物；

（六）擅自接入公共排水和再生水管网；

（七）住宅区再生水设施处理粪便水和重污染水；

（八）其他损害排水和再生水设施的行为。

第八章

城镇污水处理的运行检查

第一节　巡查维护

一、处理单元巡检及维护

(一)预处理

1. 机械格栅

为了保证机械除污机的正常运转，应制订详细的维护检修计划，对设备的各部位进行定期检查维修并认真做好检修记录，如轴承减速器、链条的润滑情况，传动皮带或链条的松紧程度，控制操作的定时装置或水位差的传感装置是否正常等，及时更换损坏的零部件。

一般情况下，传动链条应每两月用钙基脂润滑一次。齿轮电机的滚珠轴承每工作10000h或1年后，需进行清洗并重新填注润滑脂。齿轮箱每工作20000h或2年应换油一次，运行过程中还应经常检查齿轮箱油位。齿轮箱轴承每工作10000h后也必须清洗并填装润滑油，用量为轴承空间的2/3。

当机械除污机出现故障或停机检修时，应采用人工方式清污。

2. 进水泵房

每天巡视检查各台水泵，水箱，控制柜。主要内容包括：水泵，水箱前后阀门状态、连接管道的状态，水泵运行声响及振动、轴封冷却水情况、运行电流、电压及水泵运行压力，水箱密封情况，控制柜运行情况有无异常报警。

每年对泵进行一次大修保养，检查维修水泵的电机绝缘、自动控制箱、轴承、叶轮和密封。

每天注意检查地脚螺栓和连接螺栓的螺母，必要时紧固松动的螺栓。

根据水泵的运行状况，定期进行解体清洗，发现有损坏的零部件要及时更换。去除水垢及检查叶轮、密封环、轴承、机封等。

补充润滑油，若油质变色、有杂质，应及时更换。

电机外观整洁、铭牌清晰，各零部件紧固，联轴器有防护罩，接地线连接良好。

拆开电机接线盒内的导线连接片，用500V兆欧表摇测电机绕组相与相、相对地间的绝缘电阻值，均不低于0.5MΩ。

电机接线盒内三相导线及连接片连接紧密牢靠，无发热变色迹象，标志清晰。外连接线无移动或妨碍操作。

观察水泵运转应平稳，无明显振动和异声，压力表指示正常，控制柜各电器无不良噪声，三相电流不平衡度小于20%。

3. 除砂池

沉砂池每运行2年，彻底清池检修一次。

吸砂机运行时观察每台吸砂泵出水工况。吸砂桥车机械限位装置每月调整一次。

每日监测进出水的流速，确保在0.6~1.06m/s的允许值内。

桥车和砂泵电机每年检查两次；保证轴承润滑。

每年检查一次砂泵密封。

每次巡视应检查一次各螺栓固定是否正常；各电机的噪声水平及温度是否正常；齿轮箱的噪声水平及温度是否正常，是否有泄漏；轴承的噪声和温度是否正常；电机运行电流是否正常。

有时候因为不能及时的排砂而造成排砂管的阻塞，可以敲击排砂管的方式来解决，如果这种堵塞的情况经常出现，可以用增大排砂管的管径的方法来解决。

4. 洗砂机

操作人员应进行培训合格后才能上岗操作。

设备按正常巡检、维护修理、润滑管理等制度要求进行。

每天巡检机器运转情况，不存在不正常噪声，密封有无泄漏，并适当加注轴承润滑脂。

每两年设备进行解体大修、拆开清洗减速机，更换磨损的零件，更换密封圈及磨损的衬套，检查及校正螺旋体等。

停机3d以上时，应冲洗或排除设备内部物料，以免干涸结块。

在冬季气温偏低时，应注意防冻，出现结块和结冰时，应排除后才能开机。

经过一段时间的运行，应观察槽内的尼龙内衬，如有磨损应及时更换。

定期检查螺旋的磨损，在螺旋更换之前可以磨掉螺旋原始尺寸最大值的10%。

5. *初沉池*

检查出水三角堰板、初沉池浮渣槽内是否有浮渣或漂浮物堵塞，如有应及时清除，保持出水均匀及美观。

巡视初沉池池面有无大量浮泥，特别是夏季，如发现池面有大量浮泥且有大量气泡产生，说明污泥腐败严重，应及时排泥。

经常巡视初沉池进、出水水质，若出水水质变黑或恶化，应及时调整，防止影响后续工艺。

(二)生物反应池

1. *生物反应系统*

巡检曝气池进水闸、回流污泥闸、出水闸。进水闸包括初沉池出水渠道上方和管廊内进水管上的阀门。进水闸、回流污泥闸、出水闸须巡视启闭状态，加油保养情况。电动闸阀每月定期启闭动作，防止出现长期不动作，无法操作现象发生。

巡视各池组水量和回流污泥分配是否均匀，液位是否正常，观察各组出水口水量变化，发现配水不均时，及时调整进水闸、回流污泥闸。

巡视池面浮渣、浮萍、漂泥及杂物情况，并及时清捞，清捞过程中应注意操作安全，防止出现溺水事故。

观察活性污泥、回流污泥的浓度、颜色和气味。正常情况下污泥应为褐色、土腥味，呈卷集云状态，气味随水力停留时间的延长，逐渐减少。如有异常，参考化验数据、计算的工艺参数以及《异常情况处置》进行调整分析。

观察池面泡沫大小及颜色，每条廊道聚集气泡覆盖面积不超过该廊道面积的1/3，超过后应及时上报车间。

巡检气量、曝气管道、曝气管阀门，检测曝气池各段溶解氧，根据要求调节曝气管阀门，单次调节开启度不宜过大。检查曝气管阀门的启闭状体、保养情况、曝气管道是否有漏气开锅现象。及时记录、上报曝气系统损坏情况。

冷凝水排放管内是否存在大量积水，如有应及时排放冷却水，排放时间不超过30min。

通过显微镜观察生物相了解活性污泥菌胶团、原生动物及丝状菌状况。

2. *鼓风机*

需要进行设备停机维保时，必须联系沟通分厂运行人员确认可否停机进行操作。

将待维保的设备切断电源，并选择安全位置悬挂“有人操作、禁止合闸”标牌，并确保机器不可因误操作而启动。

在加油和检查油位等一些危险场合保养时，要做好安全防范措施，并有人进行监护。

由于鼓风机房内噪声大，工作时穿防滑鞋、佩戴耳罩。

在进行清洁设备时，严禁直接用水冲洗电机进行清洁。

在进行加注润滑油维保过程中，拆卸、安装隔音罩防止机械伤害。

在对半地下设备进行检查时，进行气体检测、保证充足的照明。

当设备停机后，打开隔音罩，停机24h后才能进行操作。进行维保操作时，须保证设备温度降到安全范围。

在清洁、紧固配电箱与箱内接线时，注意要切断电源总闸，防止发生触电事故。

在进行设备润滑时，注意油量的控制，按照标准进行加注，保证人员和设备运行安全。

春秋季对电机进行绝缘摇测，要按照兆欧表的使用要求，由专业的人员进行操作。

3. *回流污泥泵与剩余污泥泵*

进行设备停机维保时，必须联系沟通分厂运行人员确认可否停机进行操作。

将待维保的设备切断电源，并选择安全位置悬挂“有人操作、禁止合闸”标牌，并确保机器不可因误操作而启动。

在加油和检查油位等危险场合保养时，要做好安全防范措施，并有人进行监护

在没有护栏的池子进行维保检查时，必须系好安全带，穿戴好救生衣等。

吊装回流泵前，检查好吊装工具是否良好，有问题及时更换。需要吊装回流泵，使用移动吊装支架时，注意防止机械伤害，避免磕伤、砸伤。

在使用移动吊装支架时，当手拉葫芦到位，要及

时对轨道上的支架进行固定，以防在吊装回流泵过程中出现滑动。

在清洁、紧固配电箱与箱内接线时，注意要切断电源总闸，防止发生触电事故。

拆卸回流泵油堵时，拆卸过程中要防止内部压力大，操作人员不能直接面对油堵位置，可以采取用抹布覆盖油堵，缓慢进行拆卸。必要时，必须佩戴护目镜等防护用品，以防止油溅出来进行的伤害。

在进行设备润滑时，注意油量的控制，按照标准进行加注，保证人员和设备运行安全。

拆卸油堵或者加油时，若有油或者油水混合物已溅入眼睛，应立即用自来水冲洗眼睛15min、用手指将眼睑撑开，必要时找眼科医生诊治，并及时上报。

春秋季对电机进行绝缘摇测，要按照兆欧表的使用要求，由专业的人员进行操作。

4. 刮泥机

1)液压系统

从观察孔检查液压油油位、油质，如发现油位低于标尺60(大耙抬起)、40(半耙)、20(全耙落底)时，油质无异进行添加。如发现油变质及时更换液压油。正常情况下保证液压站液压油箱在上限内。

定期对液压站进行清洁、检查液压阀体与管路接头部位之间是否有渗漏，如发现有渗漏现象，及时予以紧固，或用扳手拆解阀体紧固螺栓、更换阀体间O形密封圈。在进行阀组时注意阀体的方向、与其他阀体的连接顺序。

目测检查液压缸、液压缸及与管路之间的连接是否有液压油渗漏现象，如发现及时紧固。当液压缸缸体与液压杆之间密封损坏时、出现渗漏液压油现象在上限内时，应尽快对液压缸予以更换。

检查油压表上的压力指示、监听液压泵是否有异常声响，如有异响应马上停机进行维修或更换。

以上各部位完成后，要清洁设备、清理现场，试车运行检查是否已解决渗漏问题，待设备恢复运行后通知值班人员。

2)液压油加注与更换

工作前通知运行人员。将桥车停放在水堰板位置，将急停按钮拍下，切断电源开关。将液压站外罩抬起，放置旁边。

将放油孔打开使废油流进放在下面的空油桶中。待废油放尽后，把放油孔油堵拧紧(如添加则省掉此步骤)。

加油前将新油通过滤网与漏斗加注加油器内。当加进的润滑油从观察孔观察在上限内停止加油。操作人员拧紧螺栓，将设备油污擦干净。

油箱中加满液压油并按动控制柜的“BOTTOM”(落板)按钮。打开所有油缸上部的放气螺栓，将油缸中的空气放净后再拧紧。在油缸提升过程中应随时补充液压油，直到油标所示油位在规定的范围内。

观察刮泥机大耙的上升状况，调节液压站上的节流阀，使四个油缸的上升速度同步。

随时观察油压表上的压力指示、观察液压泵是否有异常声响，如有异响应马上停机。

检查油管接头部位，如有漏油现象及时解决。

长期不使用时，应将刮泥板降到最低点，并将油缸杆部涂满黄油，重新使用时应将黄油擦净。

工作结束后恢复设备的工艺运转、并通知运行班。

3)刮泥机行走减速箱的润滑油加注与更换

工作前通知运行人员。将桥车停放在出渣槽位置，将急停按钮拍下，切断电源开关。

将放油孔打开使废油流进放在下面的空油桶中。待废油放尽后，把放油孔油堵拧紧(如添加则省掉此步骤)。

加油前将新油通过滤网与漏斗加注加油器内。当加进的润滑油从上限口中流出停止加油。操作人员拧紧螺栓，将设备油污擦干净。

工作结束后恢复设备的工艺运转、并通知运行班。

4)刮泥机轴承的润滑油加注

工作前通知运行人员。将桥车停放在出水堰板位置，将急停按钮拍下，切断电源开关。

操作人员对刮泥机的加注点逐一使用加油枪加注规定油脂，加注润滑油时要见到新油从溢油口溢出停止加注。

操作人员用小铲清理废旧油迹，再使用棉布块对设备、加注点及油迹清洁擦拭干净。

工作结束后恢复设备的工艺运转、并通知运行人员。

5)刮泥机线缆毂链条润滑油的加注

工作前通知运行人员。将桥车停放在出水堰板位置，将急停按钮拍下，切断电源开关。

操作人员用小铲清理废旧油迹，再使用棉布块将链条擦拭干净。

操作人员用木柄刷子将规定油脂均匀地涂抹在刮泥机缆毂链条上。

操作人员用小铲清理多余的润滑油，再使用棉布块对设备、地上油迹清洁擦拭干净。

工作结束后恢复设备的工艺运转，并通知运行班。

5. 吸泥机

1)日常维护

回转式吸泥机一般采用静压式吸泥，每个吸泥管的出泥量可用锥形阀控制，只要其液面高于中心泥罐的液面即可工作。但靠近边缘的吸管压力差小，锥形阀开启要大。当吸取较稠污泥时，有时需借助“气提”方式强制提升污泥。

利用虹吸式吸泥时，开始时应将虹吸管充满水，虹吸管出口的液面应低于沉淀池的液面，人为形成虹吸条件。在运行中如某个虹吸管的虹吸条件被破坏，应造虹吸后再使用。

虹吸管被破坏的原因主要是：沉淀池短时间内进水不足，使液面下降；局部污泥稠，堵塞管道；回流污泥泵出故障，使出流污泥槽液面上升，出泥压力不足；虹吸管或虹吸管阀门漏气。因此应经常巡视，及时发现，及时处理。

泵吸式吸泥机要注意不同厂家使用不同形式的泵。使用普通离心式污水泵安装在桥架上，工作之前需往泵灌水。使用潜水泵时要注意其自身振动是否影响污泥沉降。

转式吸泥机安装在环形轨道上，必须加强监视与维修管理，防止轨道变形。

2) 日常保养

要进行设备停机维保时，必须联系沟通分厂运行人员确认可否停机进行操作。

将待维保的设备切断电源，并选择安全位置悬挂“有人操作、禁止合闸”标牌，并确保机器不可因误操作而启动。

在加油和检查油位等一些危险场合保养时，要做好安全防范措施，并有人进行监护。

由于吸泥机在没有护栏的池组上，工作时需要穿救生衣和防滑鞋、系安全带。

在进行清洁设备时，严禁直接用水冲洗电机进行清洁。

在清洁、紧固配电箱与箱内接线时，注意要切断电源总闸，防止发生触电事故。

对电机减速箱油位进行检查，应拆卸电机减速箱的低位油堵进行，检查电机减速箱的油位时，以减速箱的油标为准，每年更换一次润滑油，缺油时随时注油，不可过多，以免溢出，并对加油孔进行检查。

桥车行走轮内轴承部分，每年加黄油一次；桥架中央定心轴承部位，每月加黄油。要求中心支撑轴承中压皮周围均溢出黄油为合格。用手动油枪分 4 个注油点加油。

在进行设备润滑时，注意油量的控制，按照标准进行加注，保证人员和设备运行安全。

在拆卸、吊装转刷电机时，人员要注意配合好，避免磕伤、砸伤。拆卸转刷电机减速箱的油堵时，拆卸过程中要防止内部压力大，操作人员不能直接面对油堵位置，可以采取用抹布覆盖油堵，缓慢进行拆卸。必要时，必须佩戴护目镜等防护用品，以防止油溅出来造成伤害。

冬季时，及时进行清扫积雪，避免对设备造成影响。必要时安排人员撒融雪剂，保证作业人员的安全，在驱动轮行走面分撒。

春秋季对电机进行绝缘摇测，要按照兆欧表的使用要求，由专业的人员进行操作。

(三) MBR 单元

MBR 单元由膜生物反应器、产水系统、曝气系统、清洗系统及在线仪表组成，MBR 的运行需要监控膜系统运行参数、水质、膜清洗情况，并对涉及的设备仪表等进行维护。

1. 膜系统运行参数

日常检查膜系统运行参数，包括原水进水流量、各操作单元的产水流量、产水管压力、吹扫气量、空气出口压力、跨膜压差、膜池液位、污泥浓度、剩余污泥排除量、污泥沉降性能等。

吹扫气量：检查吹扫气空气量是否为标准量，以及是否均匀。发现异常、有明显的布气不均匀时，采取必要的措施，如清洗吹扫气管，检查鼓风机以及调整气量等。

膜池液位：检查膜生物反应器的水位是否在正常范围内，不得低于膜组件。

污泥浓度：污泥浓度控制在合理范围，过高时，会造成膜丝表面积泥现象。

2. 膜系统运行水质

在线或定期监测原水与产水水质，包括 BOD、COD、浊度、TN、TP 等。

3. 膜清洗记录

记录维护性清洗及恢复性清洗的频率，为更好地管理膜系统，宜采用 PLC 控制，进行在线数据监控，定期提取在线数据进行分析，观察膜系统的流量压力变化曲线。

每次进行离线化学清洗时，记录清洗期间及清洗后的各项参数变化。

4. 系统维护

定期对膜系统设备(进水泵、产水泵、反洗泵、加药泵等)进行维护和保养。

定期检查流量、压力、pH、温度、ORP 等在线仪表，如有需要，进行更换。

定期检查膜系统管道，垫片，以防渗漏。如有需要，进行更换。

(四)深度处理单元

1. 曝气生物滤池

巡视滤池进出水情况，观察进出水水质颜色是否有明显黄褐色悬浊物，滤池池面是否有大片悬浮污泥、浮渣、漂浮垃圾，避免影响出水 SS 指标。

巡视滤池反冲洗状态是否正常，包括液位变化是否正常，排除液位计、阀门等故障；气洗气分布是否均匀，排除滤杆堵塞脱落等可能。

检查滤池上各项仪表显示正否正常，溶解氧参数大于 5mg/L 保障出水氨氮的达标排放，如遇故障及时联系维修维护。

巡视检查滤池排渣管是否按正常状态开启。

巡视管廊内管线是否存在滴漏现象。

2. 反硝化生物滤池

巡视滤池进出水情况，观察进出水水质颜色是否有明显黄褐色悬浊物，滤池池面是否有大片悬浮污泥、浮渣、漂浮垃圾，避免影响出水 SS 指标。

巡视滤池反冲洗状态是否正常，包括液位变化是否正常，排除液位计、阀门等故障；气洗气分布是否均匀，排除滤杆堵塞脱落等可能。

检查滤池上各项仪表显示正否正常，保障出水硝酸盐氮的达标排放，如遇故障及时联系维修维护。

巡视检查滤池排渣管是否按正常状态开启。

巡视管廊内管线是否存在滴漏现象。

3. 提升泵房

运行人员在岗时，应及时巡视和监测，保证设备、设施正常运行，发现故障应及时排除。各系列的进水提升泵房的设备及设施每 2h 巡视 1 次。进水提升泵房主要巡视和监测的内容包括：

(1)进水泵房的进水闸是否能够正常运行。

(2)叠梁闸后面的孔板格栅应及时清理，否则会产生异味及有害气体。

(3)观察进水提升泵、变频器、液位计等设备有无异响、无示数等不良现象，发现异常及时排除。

(4)声波液位计、自动水样采样器、硝酸盐氮分析仪、氨氮分析仪、溶解氧分析仪、浊度分析仪、pH 及温度分析仪等在线仪表是否正常。

(5)随水量变化及时调整提升水泵的运行台数和频率，保障后续工艺运行。

4. 甲醇加药间

巡视加药泵运行状态及流量是否正常。查看加药管线、药剂储罐有无破损及跑冒滴漏等现象。巡视储罐内药剂液位。

5. 反冲洗泵

如发现设备一直清洗不停，观察进出水压力表是否有压差，如有压差表示滤网已堵塞，及时关机。打开过滤器，人工清洗滤网。

如进出水压力表没有压差，观察进出水压力表指针是否抖动，如抖动，建议改用时间控制。如没有抖动，可能是压差开关损坏，更换压差开关即可。

如发现不锈钢钢丝网变形或损坏，应马上更换。

在人工清洗滤网时，特别注意精密滤网，不得变形或损坏，否则，再装上去的滤网，过滤后介质的纯度达不到设计要求。如发现滤网变形或损坏，应马上更换。

每天根据常规检查方法检查过滤器工作是否正常。

每周检查驱动轴套间的润滑油情况，如有必要再加润滑脂。

每周检查扫描器轴上是否有渗漏，如果必要，更换密封法兰内部 O 形圈。

传动轴必须用抗氧化、耐高温、耐重载的润滑脂来润滑(如二硫化钼润滑脂)。

6. 超滤膜

(1)膜车间：检查膜组件运行状况是否正常，检查加药系统是否运行正常，检查各仪表状态是否正常，检查自清洗过滤器是否正常。

(2)膜产水泵：检查泵组的运行状态是否平稳，是否有异常声响。检查电机的电气线路和紧急停止功能是否正常。检查泵的运行工况是否在允许的运行工况范围内。泵组轴承体振动监控，超标应立即停机检查处理。泵组轴承温度监控，超标应立即停机检查处理。轴封泄漏情况监控，超标应立即停机检查处理。

(五)消毒脱色单元

1. 臭氧接触单元

检查臭氧发生器出口压力、温度是否正常，并做好记录。检查臭氧发生器冷水温度是否正常，并做好记录。检查热交换器入口冷水压力表是否正常，并做好记录。检查控制箱内是否有异味、元件过热变色现象。

2. 臭氧制备单元

系统运行过程中定时检查设备运转稳定性。气源的露点是否在合适的范围。氧气源稳压阀前后温度、压力正常，氮气的流量是否正常。外循环水和内循环水冷却机组的进出水流量、温度和压力是否正常。臭氧发生器产气量、浓度、功率是否在设定范围内。尾气破坏器温度是否在合适范围。所有管路、阀门不允许有任何泄漏。检查仪表显示数值应正确，在规定范围内。出现紧急情况应立即按下急停按钮，设备停运后及时进行故障排查。在任何设备检修及维护之前，应先切断主电源开关，确保安全。

3. 紫外消毒工艺

控制箱指示灯是否正常。设备显示屏是否正常。空压机系统压力值是否正常。控制柜及镇流器柜风扇及滤网是否正常。自动水位控制系统，控制是否稳定可靠。紫外线灯管是否正常工作。紫外线灯管功率、紫外线照射感应器读数、紫外线传输百分比是否正常。检查仪表显示数值应正确，在规定范围内。

二、设备巡检

(一)格栅间

1. 回转式格栅除污机

查看链条松劲程度，不能过紧或过松。查看链条、耙齿间是否有异物、污物，必要时清理。查看齿轮箱的润滑油油位，必要时添加，保持正常油位。回转式格栅除污机运转是否正常、有无异响。

2. 螺旋输送机

检查减速箱是否缺油。螺旋、衬板以及联结螺栓是否正常。螺旋在运转过程中是否有异响。减速箱是否有漏油。电机有无异响。

3. 沉砂池

观察吸砂泵的出砂情况。观察吸砂机的行走情况是否正常，电机、减速箱声音、电缆卷筒的电缆排列、电缆急停开关及探头是否正常。检查集砂井砂泵是否正常，有无异响、抽空现象及高低水位探头失灵。检查设备有无漏油、漏电。检查螺旋输送机是否正常、有无异响。

(二)进水泵房

1. 进水提升泵

检查泵轴转动是否平；检查水泵轴承电机轴承的温升情况；检查电机定子绕组的温度；检查水泵填料处泄漏量；检查水泵电机振动有无异常现象；检查水泵电机是否有异常声响；检查水泵冷却水水压是否正常。

2. 速闭闸

检查各种仪表是否正常；指示、显示是否准确；查看转换开关位置是否准确。

(三)生物反应池

1. 搅拌器

检查池搅拌器是否运转；检查搅拌器运转振动是否过大。

2. 刮泥机

检查刮泥机运行是否正常，刮泥机行走轨道是否保持清洁。检查行走电机有无异响噪声、有无渗漏油。检查行走轮、导向轮是否磨损严重、脱胶、出现影响运行的裂纹。检查驱动链轮和链条的运行情况，有无异响、松动。检查液压系统油管接头部位，有无漏油现象。检查电缆圈筒有无缠绕、搭线。检查探铁有无脱落、变形。观察液压站油压表的压力指示是否正常，检查液压泵是否有异响，油位是否正常。检查刮泥机各连接部位螺栓是否紧固，有无松动、脱落。

3. 排泥电磁阀

在电脑上检查电磁排泥阀的运行状况，观察是否符合工艺要求。若出现不正常，如指示灯显示报警或与设备实际状态不符，则下管廊巡视，观察电磁排泥阀的开启状态，并手动将其恢复正常状态。

4. 回流污泥泵

检查电压、电流是否正常稳定；检查信号显示是否正常；检查接触器有无异响；检查流量是否正常。

5. 剩余污泥泵

检查电压、电流是否正常稳定；检查信号显示是否正常；检查接触器有无异响；检查流量是否正常；检查剩余管线有无漏泥现象。

6. 吸泥机

检查吸泥机行走是否正常，有无严重啃轨现象，行走电机声音是否正常。检查减速箱油位是否正常，连轴尼龙棒有无脱落、损坏。检查电机及减速箱有无渗漏油现象。检查转刷运转及操作机构是否正常。检查配电箱内各电气元件及线路是否正常，有无过热等现象。检查吸泥机行走轮及轨道有无明显损坏。检查吸泥机中心支撑、碳刷连接是否正常，有无明显损坏。检查吸泥机吸泥是否正常，吸泥管有无堵塞现象。检查吸泥机钢隔板是否齐全并摆放平整。检查出水堰是否干净、及时调整转刷，有无短流、断裂等现象。检查刮泥板、浮泥挡板、浮渣槽有无脱落下沉、开焊、堵塞等现象。

(四)污泥处理系统

1. 浓缩脱水机

查看液压情况：油压表指示的压力，油位是否正常。如油位低要查看各液压缸是否漏油，3 块油压表由左至右依次是系统压力 8 ~ 13MPa、调偏压力 1MPa、张紧压力 3MPa。查看水压情况：如发现滤网前后两表压力差大于 0.1MPa，则须清理滤网和喷嘴。查看调整挡板情况：有无倒落，极限挡板弹簧是否损坏。查看脱水机情况：主要是轴、轴承有无异响。查看驱动电机及减速箱情况：是否有异响，电机外壳温度应不超过 70℃。查看传动链条情况：链条与齿轮的配合间隙是否过大。查看出泥口情况：上下刮泥板磨损程度。查看网带情况：有无破损、打褶和搭扣处损坏。

2. 柱塞泵

检查各现场仪表指示是否正常；控制屏是否显示正常；散热器片完好清洁；限位开关正常工作；滤芯有无冷凝水；水箱的水质，更换洁净的水；检查液压接头和管道以及法兰接头有无渗漏；中央油脂润滑系统是否正常；检查油箱的液位（动力包）和其中的液压油，以及所有液压油滤清器，液压蓄能器。

3. 螺旋输送机

检查减速箱是否缺油；螺旋、衬板以及联结螺栓是否正常；螺旋在运转过程中是否有异响；减速箱是否有漏油；电机有无异响。

4. 干粉溶药装置

显示屏工作是否正常、显示是否准确；水压是否正常达到使用要求；储药箱里的药是否充足；干粉吸药器工作是否正常。

5. 螺杆泵

检查基础螺栓各部位连接有无松动；查电机、轴承有无异响噪声、振动是否过大；检查减速箱温度是否正常，有无渗漏油；检查螺杆泵机封处是否漏油；检查控制箱内各电器元件是否正常。

（五）供气系统

1. 除尘间

每月检查一次各种按钮、电气元件是否正常。

检查鼓风机负压是否超过规定值，如超过应及时更换除尘间滤网和滤袋。更换除尘间滤网和滤袋后对静电除尘间要进行冲洗。春秋季时多注意鼓风机的进口负压表值。

2. 鼓风机

按时记录工况各项参数值，发现读数有明显变化，及时找出原因解决。

鼓风机点检内容包括：机体各部位有无异响，风机运转是否平稳，现场仪表指示与控制室微机显示的工况参数有无不同，查出问题，及时采取措施解决。

机组严禁在喘振区域运行，发现风机啸叫，出口压力突然增高，急剧上升，超过额定压力，应迅速打开防喘振阀，然后查明原因，排除故障后方可投入运转。

检查风机润滑系统工作是否正常，注意主轴泵的进油管法兰结合处的严密性，防止空气吸入到泵体内，保证主油管路的油压在规定范围，油箱油位不应低于最低油位线。

定期巡检水泵运行状况，如有异常及时处理，注意冷却水池的水量补充，水位不低于最低液位，水泵出口压力不低于0.02MPa。随时调节油冷却器冷却水的进水量，以保持进入轴承前的油温在规定范围（25~40℃）的最佳状态。

定期检查清洗油过滤器，必要时更换滤芯，每月抽取润滑油化验一次，发现油品变质应更换新油。

注意电机轴承温度变化，适时添加润滑油。

注意观察鼓风机进口压力的变动，定期检查清扫过滤间及更换滤材。

（六）变配电系统

1. 总变电器

巡视人员应两人配合，互相监督。遵守时间、次数的规定。坚持安全方针，制定巡视方案坚持先查环境后查设备的原则，减少盲目性和突发事故的发生。穿戴好劳保用品。工作认真遵守规章，巡视时不打闹，注意力要集中。巡视前不得饮酒。过度疲劳不得巡视危险地点和设备。雷雨大风天气、照明不良时严禁在无遮蔽无保护下登高巡视、严禁上池。巡视有可能照明不良的地点，必须配备手持照明工具。巡视危险有毒地点必须采取有效的防护措施。巡视中应及时处理隐患，无法处理应及时上报。巡视完毕应认真作好记录，并做好交接工作。巡视中不得吸烟或做其他违章操作。巡视中应注意外施人员的工作进度、内容，发现违章应及时制止。巡视中不得进行其他工作，不得移开或越过遮拦。雷雨天巡视户外设备时，应穿绝缘靴，不得接近避雷针和避雷器。高压设备发生接地时，室内不得接近故障点4m以内，室外不得靠近故障点8m以内，进入上述范围内人员必须穿绝缘靴，接触设备外壳或构架时应戴绝缘手套。巡视高压室后必须随手将门锁好。特殊天气增加特巡。

2. 变（配）电室

值班人员应该按规定的巡视周期、巡视时间、巡视内容以及相关要求对变配电室进行全面巡视检查。变配电室巡视检查分为周期性和特殊性两种；周期性巡视检查即正常情况下，由值班人员定期进行的巡视和检查。总变（配电室）每两小时巡视一次，并做运行记录；分变（配电室）每天巡视一次，并做巡视记录。巡视内容包括10kV设备、6kV设备、0.4kV设备及变压器。特殊性巡视检查情况包括：气温骤变，如大风、雷雨、冰雹、炎夏时；出现过负荷信号时；出现超温或过载时。

值班人员每次巡视检查中发现的设备缺陷及其发

展情况应及时地记录到缺陷记录中，并报告班长。

值班人员进行巡视检查时应严格执行电力安全工作相关规定，保证人员和设备的安全。

3. 配电箱

检查配电箱有无过热现象，接线端是否牢固。检查电线有无过热、绝缘皮脱落现象。检查电气元件有无过热、粘连现象，动作是否灵敏。

三、设备常见故障及处理

（一）预处理

1. 格　栅（表 8-1）

表 8-1　格栅常见故障及解决方法

故障现象	故障原因	解决方法
链条和安全销断裂	栅渣量过大	清掏栅渣或硬物
	有硬物	清除异物恢复
	链条过紧或过松	调整链条的松紧度，检修更换
	主链条出轨	重新调整链条
	耙齿变形	更换耙齿
异常声响	链板变形	调整链板
	轴承损坏	检修更换轴承
	电动机齿轮箱	检修齿轮箱
电动机异响	异常振动	检查连接部件
	轴承损坏	更换轴承
	电缆原因	在电动机接线处检查电源
	机械摩擦	检查扇叶和连接件
	电流不均衡	检查供电线路和线圈阻值
	正常电压与三相均衡	检查接线处的连接和连接头是否紧固
电动机不正常升温	通风问题	监测电动机周围环境
		清洗通风盖和冷却风扇
		检查扇片是否正确安装到轴上
	供电电压	检查供电线路和线圈阻力
	电路连接问题	检查控制箱内线路
	过载	检查实际电流与铭牌上电流
	局部短路	检查线圈的阻值及其安装是否正确
电动机不能启动	机械锁死	切断电源后，手动盘车检查
	供电线路断路	检查熔断装置、电力保护、启动装置
	相间不均衡	检查线圈阻值
		检查熔断装置、电力保护、启动装置

2. 进水泵（表 8-2）

表 8-2　进水泵常见故障及解决方法

故障现象	故障原因	解决方法
流量减少或不出水（压力不足）	水泵或进水管进水不足	检查进水管情况
	进水侧水位太低	检查进水管情况
	进水管淹没水中不够	检查来水水位情况
	进水中空气或其他气体太多	停机，观察进水情况
	进水阀没完全打开	开启阀门
	进水管被堵	清理进水管
	轴套磨损	大修或更换轴套
	冷却水压降低或冷却水管被堵	增加水压或检查冷却水管
	转速不足	检查电动机等供电情况
	转向相反	停机调整电源接线
	介质黏度大于设计黏度	检查来水水质情况
	水中含砂量太大	检查来水水质情况
	泵壳里有杂物	打开检查孔，清除杂物
	叶轮粘有外部物质	打开检查孔，清除杂物
	叶轮损坏	拆卸大修或更换叶轮
	内口环或外口环磨损	拆卸大修或更换口环
电动机过载	转速过高	检查电压情况
	水中含砂量太大	检查来水水质情况
	由于电压降低使电流增大	停机检查电压情况
	电动机为缺相运行	停机检查供电情况
	叶轮粘有外部物质	打开检查孔，清除杂物
	水泵和电机轴不同心	停机调整
	轴变弯曲	检查弯曲原因并进行维修
	转动装置和静态零件相互干涉	检查安装情况
	填料盖太紧	检查填料盖，并进行调整
填料严重漏水和填料磨损严重	水中含砂量太大	检查来水水质情况
	水泵和电机轴不同心	停机调整
	轴变弯曲	检查弯曲原因并进行维修
	轴套磨损	大修或更换轴套
	选择的填料对运行条件不合适	更换填料
	填料盖太紧	检查填料盖并进行调整
	冷却水压降低或冷却水管被堵	增加水压或检查冷却水泵

（续）

故障现象	故障原因	解决方法
轴承过热	转速过高	检查电压情况
	转向相反	停机调整电源接线
	叶轮粘有外部物质	打开检查孔，清除杂物
	水泵的基础不合格	按要求重新做水泵基础
	水泵和电机轴不同心	停机调整
	转动装置不平衡	检查原因，并进行调整
	轴变弯曲	检查弯曲原因并进行维修
	叶轮损坏	更换水泵叶轮
	转动装置和静态零件相互干涉	检查安装情况
	轴承磨损	更换轴承
	润滑不足	加注润滑油
	润滑剂太多	打开端盖，清除多余的润滑剂
	冷却水不足	检查冷却水管线和阀门开启情况
	轴承安装不合适	重新拆卸检查并安装轴承
	轴承内进入灰尘	打开端盖，清除灰尘
	润滑油不对	重新更换润滑油
	润滑油变质	重新更换润滑油
噪声大	水泵或进水管进水不足	检查进水管情况
	进水管水头损失大	停机，降低水头损失
	进水侧水位太低	检查进水管情况
	转速过高	检查电压情况
	转向相反	停机调整电源接线
	要求的水头超过水泵的水头	重新检查泵的管线，调整水头
	泵壳里有外部物质	打开检查孔，清除杂物
	叶轮粘有外部物质	打开检查孔，清除杂物
	叶轮损坏	更换水泵叶轮
	转动装置和静态零件相互干涉	检查安装情况
	轴承磨损	更换轴承
	轴承安装不合适	重新拆卸检查并安装轴承
	轴承内进入灰尘	打开端盖，清除灰尘
泵振动大	转向相反	停机调整电源接线
	泵壳里有外部物质	打开检查孔，清除杂物
	叶轮粘有外部物质	打开检查孔，清除杂物
	水泵的基础不合格	按要求重新做水泵基础
	水泵和电机轴不同心	停机调整
	转动装置不平衡	检查原因，并进行调整
	轴变弯曲	检查弯曲原因并进行维修
	叶轮损坏	更换水泵叶轮
	轴承磨损	更换轴承
	轴承安装不合适	重新拆卸检查并安装轴承

3. 除砂机(表 8-3)

表 8-3 除砂机常见故障及解决方法

故障现象	故障原因	解决方法
电动机异响	异常振动	检查连接部件
	轴承损坏	更换轴承
	电缆原因	在电动机接线处检查电源
	机械摩擦	检查扇叶和连接件
	电流不均衡	检查供电线路和线圈阻值
	正常电压与三相均衡	检查接线处的连接和连接头是否紧固
电动机不正常升温	通风问题	监测电机周围环境
		清洗通风盖和冷却风扇
		检查扇片是否正确安装到轴上
	供电电压	检查供电线路和线圈阻力
	电路连接问题	检查控制箱内线路
	过载	检查实际电流与铭牌上电流
	局部短路	检查线圈的阻值及其安装是否正确
电动机不能启动	机械锁死	切断电源后，手动盘车检查
	供电线路断路	检查熔断装置、电力保护、启动装置
	相间不均衡	检查线圈阻值
		检查熔断装置、电力保护、启动装置
砂泵不出砂或者砂量小	砂泵管道堵塞	疏通砂泵管路
	砂泵叶轮磨损严重	更换新的砂泵叶轮
	砂泵反转	检查叶轮旋转方向，倒电源线
	砂泵叶轮脱落	重新安装新的叶轮
砂泵导轨倾斜导致停机	砂量大，底部积砂多	自动改为手动，原地反复吸砂
	接近开关无信号	检查接近开关是否完好
控制箱进线没电或缺相	电缆断芯	重新更换备用线芯或更换电缆
	电缆毂滑环烧损或脱落	更换新的滑环或者重新接线
桥车无法开启	电气元件损坏	检查并更换损坏的电气元件
	线头脱落	检查并紧固脱落的线头

4. 洗砂机(表 8-4)

表 8-4 洗砂机常见故障及解决方法

故障现象	故障原因	解决方法
异常声响	衬板磨损、变形	更换衬板
	绞刀磨损、变形	更换绞刀
	轴承损坏	检修更换轴承
渣量减少	衬板磨损	更换衬板
	绞刀缠绕杂物	清洁绞刀

（续）

故障现象	故障原因	解决方法
电动机异响	异常振动	检查连接部件
	轴承损坏	更换轴承
	电缆原因	在电动机接线处检查电源
	机械摩擦	检查扇叶和连接件
	电流不均衡	检查供电线路和线圈阻值
	正常电压与三相均衡	检查接线处的连接和连接头是否紧固
电动机不正常升温	通风问题	监测电机周围环境
		清洗通风盖和冷却风扇
		检查扇片是否正确安装到轴上
	供电电压	检查供电线路和线圈阻力
	电路连接问题	检查控制箱内线路
	过载	检查实际电流与铭牌上电流
	局部短路	检查线圈的阻值及其安装是否正确
电动机不能启动	机械锁死	切断电源后，手动盘车检查
	供电线路断路	检查熔断装置，电力保护，启动装置
	相间不均衡	检查线圈阻值
		检查熔断装置、电力保护、启动装置

(二)二级处理

1. 鼓风机(表 8-5)

表 8-5 鼓风机常见故障及解决方法

故障现象	故障原因	解决方法
控制箱供电正常，无法启动	控制面板损坏	更换控制面板
控制箱供电正常，启动条件不满足	远方信号未传输入 PLC	检修远方控制信号线路
控制箱供电正常，PLC 无信号输入	箱内 24V 回路无电源	检查 24V 供电线路或 PLC 供电线路
PRC 运行指示无显示	指示灯泡故障	更换指示灯泡
报警	6kV 电源未送电	检查 6kV 供电线路或 PLC 供电线路
	6kV 电源配电柜信号故障	检查 6kV 供电线配电柜
电流表无显示	现场控制盘内电流互感器故障	检查维修或更换
	接线错误	检查接线并改正
油温高报警	油温探头松动	检查并纠正、紧固
	油温装置故障	检查并更换
油位低报警	测定油位探头松动	检查并纠正、紧固
	油位装置故障	检查并更换

2. 搅拌器(表 8-6)

表 8-6 搅拌机常见故障及解决方法

故障现象	故障原因	解决方法
电控柜上出现报警信号	热敏开关有故障	检查故障原因并复位测试检查
无法远程启动	控制电路故障	检查控制电路工作情况
无法开启	主电路没有电压	打开主电源开关或检查电源线
	控制线路故障	检查或更换电气元件
	过载保护没有复位	过载保护复位
	叶轮卡死	吊出，检查叶轮，清洁杂物
搅拌效果差	叶轮旋向错误	重新接线进行调整
	转速不足	停机后检查原因
	密封环磨损	拆卸进行大修，更换密封件等
	搅拌液体黏度太高	停机并调整工艺
运行振动大	叶轮不平衡	吊出，检查叶轮，必要时做动平衡试验
	叶轮旋向错误	重新接线进行调整
	主轴弯曲	拆卸进行大修
	叶轮卡死	吊出检查叶轮，清洁杂物
	轴承损坏	拆卸进行大修，更换轴承等
绝缘电阻低	电缆接线室进水	检查并做烘干处理
	电缆线被损坏	更换电缆线
	机械密封失效	拆卸进行大修更换
电流过大	工作电压太低	停机检查线路
	叶轮卡死	吊出，检查叶轮，清理杂物
	搅拌液体黏度太高	停机并调整工艺

3. 回流泵(表 8-7)

表 8-7 回流泵常见故障及解决方法

故障现象	故障原因	解决方法
电控柜上出现报警信号	热敏开关有故障	检查故障原因并复位测试检查
无法开启	主电路没有电压	打开主电源开关或检查电源线
	控制线路故障	检查或者更换电气元件
	过载保护没有复位	过载保护复位
	叶轮堵塞	吊出，检查叶轮，清洁后手动盘车
流量下降	叶轮旋向错误	重新接线进行调整
	转速不足	停机后检查原因
	密封环磨损	拆卸进行大修，更换密封件等
	抽送液体黏度太高	停机并调整工艺
运行振动大	叶轮不平衡	吊出，检查叶轮，必要时做动平衡试验
	叶轮旋向错误	重新接线进行调整
	主轴弯曲	拆卸进行大修
	轴承损坏	拆卸进行大修，更换轴承等

（续）

故障现象	故障原因	解决方法
绝缘电阻低	电缆接线室进水	检查并做烘干处理
	电缆线被损	更换电缆线
	机械密封失效	拆卸进行大修更换
电流过大	工作电压太低	停机检查线路
	叶轮卡死	吊出，检查叶轮，清理杂物
	输送液体黏度太高	停机并调整工艺

4. 剩余泵（表 8-8）

表 8-8　剩余泵常见故障及解决方法

故障现象	故障原因	解决方法
电控柜上出现报警信号	热敏开关有故障	检查故障原因并复位测试检查
无法远程启动	控制电路故障	检查控制电路工作情况
无法开启	主电路没有电压	打开主电源开关或检查电源线
	控制线路故障	检查或更换电气元件
	过载保护没有复位	过载保护复位
	叶轮卡死	吊出，检查叶轮，清洁杂物
绝缘电阻低	电缆接线室进水	检查并做烘干处理
	电缆线被损	更换电缆线
	机械密封失效	拆卸进行大修更换
电流过大	工作电压太低	停机检查线路
	叶轮卡死	吊出，检查叶轮，清理杂物
	输送液体黏度太高	停机并调整工艺

5. 刮泥机（表 8-9）

表 8-9　刮泥机常见故障及解决方法

故障现象	故障原因	解决方法
行走电机故障停机	行走电机保护开关跳闸	更换故障电机
大耙抬、落位置不一致，故障停机	电磁阀故障	检查故障电磁阀并更换
液压站电机保护开关跳闸	液压站电机故障	检查液压站电机接线有无明显的烧蚀或短路点，重新接线
		测量电压和电机对地绝缘情况，如为零，更换电机
刮泥机到进水端停机	接近开关故障	检查接近开关，调整接近开关与挡铁的接触距离
		检查接近开关，更换故障接近开关
	PLC 故障	检查 PLC 程序

（续）

故障现象	故障原因	解决方法
刮泥机到出水端停机	刮泥机接近开关故障或失灵，致使不落半耙且耙上堰板	检查接近开关，调整接近开关与挡铁的接触距离
		检查接近开关，更换故障接近开关
	刮泥机导向轮损坏，致使不落半耙且耙上堰板	拆除故障导向轮、调整刮泥机的车身，重新安装导向轮，对损坏的挡铁重新固定
	PLC 故障	检查 PLC 程序
停机	电源缺相	检查接线头情况，如有脱落予以恢复；如有烧蚀现象，重新更换线卡、恢复接线
		检查滑环情况，如有脱落予以恢复；如有烧蚀现象予以更换
		用万用表进行检测电缆，如有线缆不通、断股现象，更换备用线
		用万用表进行检测端子箱，如有线缆不通、断股现象，更换电缆
线缆毂搭线停机	电缆毂传动齿轮轴承故障，致使电缆未及时收卷搭在接近开关的导杆上	更换故障轴承
	传动链条断裂	维修或更换链条

6. 吸泥机（表 8-10）

表 8-10　吸泥机常见故障及解决方法

故障现象	故障原因	解决方法
电动机异响	异常振动	检查连接部件
	轴承损坏	更换轴承
	电缆原因	在电动机接线处检查电源
	机械摩擦	检查扇叶和连接件
	电流不均衡	检查供电线路和线圈阻值
	正常电压与三相均衡	检查接线处的连接和连接头是否紧固
电动机不正常升温	通风问题	监测电机周围环境
		清洗通风盖和冷却风扇
		检查扇片是否正确安装到轴上
	供电电压	检查供电线路和线圈阻力
	电路连接问题	检查控制箱内线路
	过载	检查实际电流与铭牌上电流
	局部短路	检查线圈的阻值及其安装是否正确
电动机不能启动	机械锁死	切断电源后，手动盘车检查
	供电线路断路	检查熔断装置、电力保护、启动装置
	相间不均衡	检查线圈阻值
		检查熔断装置、电力保护、启动装置

（续）

故障现象	故障原因	解决方法
转刷不转	电机或减速箱故障	更换电机或减速箱
	转刷从连接部位磨损或脱落	更换转刷
	电气元件故障	检查并更换故障的电气元件
无法调整转刷	调整转刷手轮脱落	检修手轮并固定
	调整转刷手轮导杆断裂	检修手轮导杆
	卡勾无法固定转刷手轮	检修手轮固定卡勾
	转换开关故障	更换转换开关
虹吸工作不正常	电气元件故障	检查并更换故障的电气元件
	真空泵故障	检修真空泵
	管路漏气	检修管路密封情况
控制箱进线没电或缺相	电缆断芯	重新更换备用线芯或更换电缆
	集电环烧损或脱落	更换新的集电环或连接
桥车无法开启	电气元件故障	检查并更换故障的电气元件
	线头脱落	检查并紧固脱落的线头
	铲雪板弯曲变形	检修铲雪板
	接近开关故障	检修或更换接近开关
	驱动轮脱胶	更换驱动轮

（三）深度处理

1. 自清洗过滤器（表 8-11）

表 8-11　自清洗过滤器常见故障及解决方法

故障现象	解决方法
电动机过载跳闸	滤网卡死，人工拆卸过滤器清理堵塞物
上行清洗超时	检修上行开关限位
下行清洗超时	检修下行开关限位
排渣阀开关超时	检修阀门气源，查看阀门开关限位

2. 反冲洗水泵（表 8-12）

表 8-12　反冲洗水泵常见故障及解决方法

故障现象	故障原因	解决方法
不出水	进出口阀门未打开，进出管路堵塞，流道	检查，去除堵塞物
	叶轮堵塞	调整电动机方向，紧固电动机接线
	电动机运行方向不对，电动机缺相转速很慢	拧紧各密封面，排除漏气
不出水	吸入管漏气	灌满液体并打开排气阀，排尽空气
	卧式离心泵没灌满液体，泵腔内有空气	停机，检查、调整
	进口供水不足，吸程过高，底阀漏水	减少管路弯道，重新选泵

（续）

故障现象	故障原因	解决方法
流量不足	管道、卧式离心泵流道叶轮部分堵塞，水垢陈积	去除堵塞物，重新调整阀门开度
	阀门开度不足	稳压
	电压偏低	维修或更换叶轮
功率过大	超过额定流量使用	调节流量，关小出口阀门
	吸程过高	降低
	卧式离心泵轴承磨损	维修或更换轴承
杂音振动	管路支撑不稳	稳固管路
	液体混有气体	提高吸入压力排气
	产生气蚀	降低真空度
	轴承损坏	更换轴承
	电动机超载发热运行	调整
泵电机发热	流量过大，超载运行	关小出口阀
	碰擦	检查排除
	电动机轴承损坏	更换轴承
	电压不足	稳压
漏水	机械密封磨损	更换
	卧式离心泵体有砂孔或破裂	焊补或更换
	密封面不平整	修整
	安装螺栓松懈	紧固

第二节　仪器测试

污水处理厂通用测量仪器包括对温度、压力、液位、流量、DO、pH、ORP、电导率、悬浮固体等的测量。

一、水　温

水温对曝气池内污染物去除效果有很大的影响。一个污水处理厂的水温是随季节逐渐缓慢变化的，一天内几乎无变化。如果发现一天内变化很大，则要进行检查是否有工业冷却水进入。曝气池在水温 8℃以下运行时，处理效率有所下降，BOD_5 去除率常低于 80%。

好氧反应和厌氧反应都要求水温在一定范围内，超出范围（温度过高或过低）会影响系统的正常运行，降低处理效率，一般好氧工艺温度应在 10～30℃，厌氧工艺如厌氧消化工艺温度控制在 33～37℃，除磷脱氮工艺温度在 15℃以上为好，水温高有利脱氮。

二、DO

在鼓风系统中，可控制进气量的大小来调节溶解氧(DO)的高低。在生化池溶解氧长期偏低时，可能有两种原因，一是活性污泥负荷过高，若检测活性污泥的好氧速率，往往大于20mg O_2/(g MLSS·h)，这时须增加曝气池中活性污泥的浓度；二是供氧设施功率过小，应设法改善，可采用氧转移效率高的微孔曝气器；有时还可以增加机械搅拌打碎气泡，提高氧转移效率。

厌氧段溶解氧一般控制在0.2mg/L以下，缺氧段控制在0.5mg/L以下，好氧段控制在2~3mg/L。

DO是污水处理系统最关键的指标，好氧生物处理系统要求DO浓度在2mg/L以上，过高或过低都会导致出水水质变差，DO浓度过高容易引起污泥的过氧化，过低使微生物得不到充足的DO，有机物分解的不彻底，除磷脱氮系统好氧段DO浓度一定要大于2mg/L以上，有利于氧化、硝化反应的进行以及磷的吸收；缺氧段要求DO浓度在0.5mg/L以下，确保反硝化反应的进行，有利于脱氮；厌氧段要求DO浓度在0.2mg/L以下，确保磷的有效释放。

三、pH

微生物的生理活动与周围的酸碱度(氢离子浓度)密切相关，只有在适宜的酸碱度条件下，微生物才能进行正常的生理活动。若pH过大地偏离适宜值，会对微生物的生理活动产生不良影响，微生物酶系统的催化功能就会降低，甚至消失；此外，不适宜的pH还会影响微生物的呼吸作用，使微生物对营养物质的代谢功能出现障碍。

微生物进行的生理活动，对其周围环境有着最佳的pH要求，参与活性污泥反应的微生物的最佳pH范围是6.5~8.5。活性污泥反应器内的混合液保持适宜的pH是十分必要的。在一般情况下，生活污水或城镇污水都有可能保持着适宜的pH，但也应当常备不懈地保持调节pH的设备。

第三节 采样检测

一、取样及化验室

(一)取样点

应在总进水口处取进水水样，并应避开厂内排放污水的影响，宜为粗格栅前水下1m处。应在总出水口处取出水水样，宜为消毒后排放口水下1m处或排放管道中心处。

应依据不同污水、污泥处理工艺确定中间控制参数的取样点。应在污泥处理前、后处取泥样。在脱硫塔前、后取沼气样。

污水、污泥及厂界废气应符合现行国家标准《城镇污水处理厂污染物排放标准》(GB 18918—2002)中对取样与监测的有关规定。

噪声控制的测量方法及测点位置应符合现行国家标准《工业企业厂界环境噪声排放标准》(GB 12348—2008)的规定。

(二)检测项目及周期

日常检测项目和周期应符合现行国家标准《城镇污水处理厂污染物排放标准》(GB 18918—2002)的规定，并应满足工艺运行管理需要，可按表8-13、表8-14中的规定执行。

表8-13 污水检测项目及检测周期

检测周期	检测项目
每日	pH、BOD_5、COD_{Cr}、SS、氨氮、硝氮、亚硝氮、凯氏氮、总氮、总磷、粪大肠菌群数、SV、SVI、MLSS、DO、镜检
每周	氯化物、MLVSS、总固体、溶解性固体
每月	阴离子表面活性剂、硫化物、色度、动植物油、石油类、氟化物、挥发酚
每半年	总汞、烷基汞、总镉、总铬、六价铬、总砷、总铅、总镍、总铜、总锌、总锰

表8-14 污泥检测项目及检测周期

检测周期	检测项目	
每日	含水率	
每周	pH、有机份、脂肪酸、总碱度、沼气成分	
	上清液	总氮、总磷、悬浮物
	回流污泥	SV、SVI、MLSS、MLVSS
每月	粪大肠菌群数、蠕虫卵死亡率、矿物油、挥发酚	
每半年	总镉、总汞、总铅、总铬、总砷、总镍、总锌、总铜	

(三)化验室

城镇污水处理厂日常检测项目的检测方法应符合国家现行标准《城镇污水处理厂污染物排放标准》(GB 18918—2002)、《污水综合排放标准》(GB 8978—1996)、《城市污水水质检验方法标准》(CJ/T 51—2004)和《城市污水处理厂污泥检验方法》(CJ/T 221—2005)的规定。

化验室应建立、健全质量管理体系、环境管理体系和职业健康安全管理体系。

化验室必须建立危险化学品、剧毒物的申购、储存、领取、使用、销毁等管理制度。

每一个检测项目都应有完整的原始记录。当日的样品应在当日内完成检测(粪大肠菌群数和 BOD_5 除外)。对检测的原始数据和化验结果报告，应进行复审并保存。

化验检测的各种仪器、设备、标准药品及检测样品应按产品的特性及使用要求固定摆放整齐，并应有明显的标志。

化验检测所用的量具应按规定由国家法定计量部门进行校正，必须使用带“CMC”标志的计量器具。

化验样品的水样保存、容器类别均应符合现行国家标准《水质采样样品的保存和管理技术规定》(HJ 493—2009)的规定。

化验室宜配置紧急喷淋设施。化验室应配备防火、防盗等安全保护设施。工作完毕后，应对仪器开关、水、电、气源等进行关闭检查。

易燃易爆物、强酸强碱、剧毒物及贵重器具必须由专门部门负责保管，并应建立监督机制，领用时应有严格的手续。

化验室应设专人对检测的水样和泥样进行编号、登记和验收；化验室检测的精度范围和重现性应符合国家现行的有关标准和规定。

二、采样分析指标

(一)污泥浓度

污泥浓度(MLSS)是运行管理中一个重要的控制参数，可以近似表征曝气池的微生物量，当入流污水中的污染物质浓度增高时，为保证有足够的生物在停留时间内及时分解污染物，应相应提高曝气池污泥浓度，即增加曝气池内的生物量，有两种表示方式，一种是 MLSS，也称为混合液悬浮固体浓度，另一种是 MLVSS，也称为做挥发性悬浮固体浓度，是 MLSS 中的有机部分，两者关系 MLSS>MLVSS。通常情况下，MLVSS 较 MLSS 更接近活性污泥中微生物的浓度。但由于 MLVSS 在检测上会比 MLSS 麻烦，而且整个检测过程所需时间会比 MLSS 长数小时，因此在水厂运行稳定的时候可以考虑每天对 MLSS 进行监测，并定期对 MLVSS 进行检测来进行辅助。当水厂运行状态不理想时(如冬季发生污泥膨胀、进水水质异常、出水水质异常波动等情况)，应每天或至少隔天对 MLVSS 进行测定，及时调整工艺。

(二)污泥沉降比和污泥容积指数

污泥沉降比(SV_{30})是指曝气池的混合液在 100mL 的量筒中，静止 30min 后，沉降污泥与混合液的体积比。该值是衡量活性污泥沉降性能和浓缩性能的一个指标。通过 SV_{30} 的测定，可以反映曝气池的活性污泥量，可以及时发现污泥膨胀等异常现象，还可以依据该值控制和调节剩余污泥的排放量。二沉池的 SV_{30} 一般控制在 20%~30%。

污泥容积指数(SVI)是指曝气池混合液在 100mL 的量筒中，静止 30min 以后，1g 活性污泥悬浮固体所占的体积，以 mL 计，二沉池的 SVI 一般控制在 50~150mL/g。相较于 SV_{30}，SVI 能更好地反应污泥的沉降性能，其值过低，说明活性污泥中的无机成分较多，污泥细小密实；其值过高，说明污泥沉降性能不好，有污泥膨胀的风险。

三、生物相观察

1. 样品取样的位置与操作

生物相诊断的样品取样位置因处理方式、调查目的不同而有所区别。调查完全混合型活性污泥法处理状况时，在曝气池末端取样。代表性处理方式和各种调查目的取样位置见表 8-15。生物相观察用的样品注意不要与不同的样品混合，取样器具要洗涤干净。原生动物和微型后生动物因水温降低，活动停止，变得难以观察或者死亡，因此，样品绝对不能放入冷藏、冷冻箱内。如样品需要运送，在 250~500mL 的容器内装入 1/4~1/3 左右的样品，上部注入空气密封，常温下送走，与必须冷藏、冷冻运送的样品分开处理。

2. 显微镜观察方法

样品先搅拌均匀，用定量移液管从容器底部取 0.05mL 滴到载玻片上，压上盖玻片(18mm×18mm)，放到显微镜下，显微镜观察先从放大 100 倍(目镜 10 倍×物镜 10 倍)开始。取样时用容易取到活性污泥的大口径定量移液管。移液管不能公用，每次取样要更换。

表 8-15　代表性处理方式和各种调查目的取样位置

处理方式		调查目的	取样位置	样品状态
活性污泥法（悬浮法）	完全混合型	总体调查	流向沉淀池的溢流口附近	取出的混合液或生物膜装入约 500mL 塑料瓶容量的 1/4 左右，常温下运送
	多级推流型	处理状况	流向沉淀出的溢流口附近	
		性能调查	各池末端的溢流口附近	
载体投料法		与活性污泥法相同		
生物膜法	接触氧化法	处理状况	流向沉淀池的溢流口近旁的生物膜	
		短路	进水口旁及其底部、沉淀池溢流口近旁的生物膜	
		供氧状况	流向沉淀池的溢流口近旁的生物膜，回流水	
	生物转盘法	处理状况	最后一块盘片的生物膜	
		供氧状况	第 1 级生物膜和按等级数选择的盘片生物膜	

开始在 100 倍下观察总体状况。环视整个视野，大致掌握絮体状态、出现的原生动物和微型后生动物属于哪个组(群)。观察絮体的粒径、形状的均匀性、压密性，有无丝状细菌。絮体形状均匀，表示曝气池的搅拌、曝气状态均衡。絮体的大小形状分散时，污泥停留时间长，曝气池搅拌、曝气状态不均衡的可能性大。其次，观察絮体与絮体之间的水中有无悬浮物和游离细菌。絮体之间的水中悬浮物多，流到处理水中的悬浮物(SS)量也会增多，要掌握生物相中体形最大的生物种类，最大的生物表示曝气池污泥停留时间。100 倍观察不清楚的细微部位，必须放大 400 倍以上观察。特别是生物的口、鞭毛数量、生长方式，纤毛虫类的纤毛生长方式及丝状细菌的识别等要在 400 倍以上观察。

3. 生物量的计测方法

通过计测原生动物和微型后生动物的个体数，可以判断曝气池的状态属于哪个组(群)。正规的计测每类生物须用专门的方法，不过调查每个群的生物数量也能掌握大致的情况。生物量计测是计算放大 100 倍下一个视野内每个群的生物数量。要观察 50 个以上视野并注意相同的视野不要重复。所有视野观察以后，将每个群的生物数汇集，调查生物数多的种群。每个种类的生物个体数可用式(8-1)计算，单位为个/mL：

$$\text{各生物个体数} = \frac{\sum_{i=1}^{n} a_i \times \frac{1}{0.5}}{n} \times \frac{18 \times 18}{S} \qquad (8\text{-}1)$$

式中：a_i——1 个视野观察到的各生物数，个；

n——观察的视野数；

S——显微镜一个视野的面积，mm^2。

生物量的判定标准示见表 8-16。

表 8-16　判定标准(Sramek-Husek 表示法)

等级	生物个体数/(个/mL)	无法数清的生物
+	300 以下	极少
++	300~500	少
+++	500~2500	中等
++++	2500~10000	多
+++++	10000 以上	很多

四、活性污泥中的微生物

好氧活性污泥中的微生物主要由细菌组成，其数量可占污泥中微生物总量的 90%~95%左右；在处理某些工业废水的活性污泥中甚至可达 100%。此外污泥中还有原生动物和后生动物等微型动物，在处理某些工业废水的活性污泥中还可见到酵母、丝状真菌、放线菌以及微型藻类。

1. 菌胶团

菌胶团是活性污泥的结构和功能中心，是活性污泥的基本组分，一旦菌胶团受到破坏，活性污泥对有机物的去除率将明显下降或丧失。在活性污泥培养的早期，可以看到大量新形成的典型菌胶团，他们可以呈现指状、垂丝状、球状、蘑菇状等多种形式。进入正常运转阶段的活性污泥，具有很强吸附能力和氧化分解有机物能力的菌胶团会把污水中的杂质和游离微生物吸附在其上，形成活性污泥絮凝体。因此，除少数负荷较高、处理污水碳氮比较高的活性污泥外，只能在絮体边缘偶尔见到典型的新生菌胶团。细菌形成菌胶团后，可防止被微型动物所吞噬，并在一定程度上免受污水中有害物质的影响，而且具有很好的沉降性能，有利于混合液在二沉池迅速完成水泥分离。

通过观察菌胶团的颜色、透明度、数量、颗粒大小及结构松紧程度等可以判断和衡量活性污泥的性能。新生菌胶团无色透明、结构紧密，吸附氧化能力强、活性高；老化的菌胶团颜色深、结构松散，吸附氧化能力差、活性低。

2. 丝状细菌

丝状细菌同菌胶团一样，是活性污泥的重要组成部分。其长丝状形态有利于其在固相上附着生长，保持一定的细胞密度，防止单个细胞状态时被微型动物吞食；细丝状形态的比表面积大，有利于摄取低浓度底物，在底物浓度相对较低的条件下比胶团菌增殖速度快，在底物浓度较高时则比胶团菌增殖速度慢。丝状细菌增殖速率快、吸附能力强、耐供氧不足能力以及在基质浓度条件下的生活能力都很强，因此在污水生物处理生态系统中存活的种类多、数量大。

活性污泥中丝状微生物包括丝状细菌、丝状真菌、丝状藻类等细胞相连且形成丝状菌体，其中以丝状细菌最为常见，它们同菌胶团细菌一起，构成了活性污泥絮体的主要成分。丝状细菌具有很强的氧化分解有机物能力，但由于丝状细菌的比表面积较大，当污泥中丝状菌超过菌胶团细菌而占优势生长时，丝状菌从絮粒中向外伸展，阻碍絮粒间的凝聚使污泥 SV 值与 SVI 值升高，严重时会造成污泥膨胀现象。因此，丝状细菌数量是影响污泥沉降性能的最重要因素。

根据活性污泥中丝状菌与菌胶团细菌的比例，可将丝状菌分成如下 5 个等级：

(1)0 级：污泥中几乎无丝状菌。

(2)±级：污泥中存在少量无丝状菌。

(3)+ 级：污泥中存在中等数量丝状菌，总量少于菌胶团细菌。

(4)+ + 级：污泥中存在大量丝状菌，总量与菌胶团细菌大致相等。

(5)+ + + 级：污泥絮粒以丝状菌为骨架，数量明显超过菌胶团细菌而占优势。

3. 微型动物

在处理生活污水的活性污泥中存在着大量的原生动物和部分微型后生动物，其中出现最多的原生动物是以钟虫为代表的纤毛虫类。在处理工业废水的活性污泥中，微型动物的种类和数量往往少得多，有些工业废水处理系统甚至根本看不到微型动物。

在污泥培养初期或污泥发生变化时可以看到大量的鞭毛虫、变形虫。而在系统正常运行期间，活性污泥中微型动物以固着型纤毛虫为主，同时可见游动型纤毛虫类(楯纤虫、尖毛虫、棘尾虫等)、吸管虫类(足吸管虫、壳吸管虫、锤吸管虫等)等。固着型纤毛虫类主要是钟虫类原生动物，这是在活性污泥中数量最多的一类微型动物，常见的有沟钟虫、大口钟虫、小口钟虫、累枝虫、盖纤虫、独缩虫等。可查看有关微生物图谱对性污泥中能看到见到的原生动物进行种类辨别。除了上述仅有一个细胞构成的原生动物以外，尚有由多个细胞构成的后生动物，较常见的有轮虫(猪吻轮虫、玫瑰旋轮虫)、线虫和瓢体虫等。线虫在膜生长较厚的生物膜处理系统中会大量出现。

微型动物在活性污泥中所起的作用如下：

(1)促进絮凝和沉淀：污水处理系统主要依靠细菌起净化和絮凝作用，原生动物分泌的黏液能促使细菌发生絮凝作用，大部分原生动物如固着型纤毛虫本身具有良好的沉降性能，加上和细菌形成絮体，更提高了二沉池的泥水分离效果。

(2)减少剩余污泥：从细菌到原生动物的转换率约为 0.5%，因此，只要原生动物捕食细菌就会使生物量减少，减少的部分等于被氧化量。

(3)改善水质：原生动物除了吞噬游离细菌外，沉降过程中还会黏附和裹带细菌，从而提高细菌的去除率。原生动物本身也可以摄取可溶性有机物，还可以和细菌一起吞噬水中的病毒。这些作用的结构是可以降低二沉池出水的 BOD_5、COD_{Cr} 和 SS，提高出水的透明度。

活性污泥中出现的微型动物种类和数量，往往和污水处理系统的运行情况有着直接或间接的关系，进水水质的变化、充氧量的变化等都可以引起活性污泥组成的变化，微型动物体积比细菌要大很多，比较容易观察和发现其微型动物的变化，因而可以作为污水处理的指示生物。具体关系如下：

(1)如果发现单个钟虫活跃，其体内的食物泡都能清晰地观察到时，说明活性污泥溶解氧充足，污泥处理程度高。钟虫不活跃或显得很呆滞时，往往说明曝气池供氧不足。如果出现钟虫等原生动物大量死亡，则说明曝气池内有毒物质进入量多，造成了活性污泥的中毒。

(2)当发现在大量钟虫存在的情况下，楯纤虫增多而且越来越活跃，这并不是表示曝气池工作状态良好，而很可能是污泥将要变得越来越松散的前兆。如果进一步观察到钟虫数量递减，而楯纤虫数量递增，则更加说明潜伏着污泥膨胀的可能。

(3)当发现没有钟虫，却有数量较多的游动型纤毛虫类，如草履虫、肾形虫、豆形虫、漫游虫等，而细菌则以游离细菌为主，此时表示水中有机物还很多，处理程度较低。如果原来水质良好，突然出现固着型纤毛虫类数量减少而游动纤毛虫数量增加的现象，预示水质将要变差。相反，如果原来水质较差，出现游动纤毛虫类由无到有且数量逐渐增加的现象，则预示水质将向好的方向发展，最后再变为以固着型纤毛虫类为主，则表明水质将会变得很好。

(4)当发现等枝虫成堆出现且不活跃，而贝氏硫菌和丝硫细菌十分明显，同时污泥中有肉眼能见的小白点时，则表明曝气池溶解氧很低(传统活性污泥法一般只有0.5mg/L左右)。正常情况下，固着型纤毛虫类体内有维持水分平衡的伸缩泡定期收缩和舒张，但当污水中溶解氧降低到1mg/L时，伸缩泡就处于舒张状态，不活动，因此可以通过观察伸缩泡的状况来间接推测水中溶解氧的含量。

(5)活性污泥中发现积硫很多的丝硫细菌和游离细菌时，往往因为曝气时间不足，空气量不够，进水量过大，或者是因为水温太低导致污水处理效果较差。

(6)镜检时发现各类原生动物很少，球衣细菌或丝硫细菌很多时，往往表明活性污泥已经发生膨胀。

(7)二沉池表面浅水层经常出现许多水蚤，如果其体内血红素低，说明溶解氧含量较高；如果水蚤的颜色很红时，则说明出水中几乎没有溶解氧。

由于每个污水处理厂的进水水质和处理工艺存在差异，以上所述是以城市污水或掺有一定比例的生活污水的工业废水处理系统生物相的表观现象，有些工业废水处理系统的微型动物数量就很少，因此活性污泥的生物相也会有所不同。应该经常进行镜检，掌握活性污泥中出现的微型动物种类和数量与污水处理运行状况之间的关系，为利用生物相观察指导污水处理积累经验。

第四节　工况评估

一、工况指标

工艺运行过程中除了按设计给定的参数运行外，还要根据实际的进水条件(如进水水质、水量)和实际出水水质的需要进行工艺调整，使工艺运行处于最佳状态。几种常见工况指标见表8-17。

二、污泥甄别

(一)常见污泥异常状况

1. 污泥膨胀

污泥结构极度松散，体积增大、上浮，难于沉降分离影响出水水质的现象。通过测定污泥体积指数(SVI)可以了解活性污泥沉降絮凝的性能，一般规定污泥体积指数(SVI)在200mL/g以上，而且量筒内污泥层的浓度从5g/L起变为压密相的污泥称为膨胀污泥，一般当SVI>150mL/g时，应对后续污泥状态变化持续观察。污泥膨胀分为两种：一种是由丝状菌形成的，显微镜下可观察到断线条状的丝状微生物互相缠绕，影响较大；另一种是由非丝状菌形成的，影响较前者小。

2. 污泥上升

在30min沉降实验的测定时间内，沉降良好但数

表8-17　部分活性污泥法工况指标

工艺类型	污泥龄/d	污泥负荷/[kg BOD_5/(kg MLVSS)]	容积负荷/[kg BOD_5/(m^3·d)]	MLSS/(mg/L)	水力停留时间/d	回流比/%	BOD去除率/%
传统活性污泥法	5~15	0.2~0.4	0.3~0.8	150~3000	4~8	0.25~0.75	85~95
完全混合	5~15	0.2~0.6	0.6~2.4	250~4000	3~5	0.25~1.0	85~95
阶段进水	5~15	0.2~0.4	0.4~1.4	200~3500	3~5	0.25~0.75	85~95
改良曝气	0.2~0.5	1.5~5.0	0.2~2.4	200~1000 (1000~3000)	1.5~3 (0.5~1.0)	0.05~0.25	60~75
接触稳定	5~15	0.2~0.6	0.9~1.2	4000~10000	3~6	0.5~1.5	80~90
延时曝气	20~30	0.05~0.15	0.15~0.25	3000~6000	18~36	0.5~1.5	75~95
高负荷法	5~10	0.4~1.5	1.6~16	4000~10000	2~4	1.0~5.0	75~90
纯氧曝气	3~10	0.25~1.0	1.6~3.2	2000~5000	1~3	0.25~0.5	85~95
氧化沟	10~30	0.05~0.3	0.1~0.2	3000~6000	8~36	0.75~1.5	75~95
SBR法	10~20	0.05~0.3	0.1~0.24	1500~5000	12~50	—	85~95
深井曝气	—	0.5~5.0	—	—	0.5~5	—	85~95
合并硝化工艺	15~20	0.10~0.25	0.1~0.32	2000~3500	6~15	0.15~1.5	85~95
单独硝化工艺	10~15	0.05~0.16	0.05~0.16	2000~3500	3~6	0.5~2.00	85~95

小时内污泥又上升，如果用搅拌棒对上升污泥加以搅动则立即再次沉淀。这种现象是由于已进行硝化作用的污泥混合液进入沉淀池后发生了反硝化作用，并在反硝化过程中产生的氮气附着在污泥上而使其上浮引起的。

3. 污泥腐化

有时候，虽然没有发生硝化与反硝化过程，但沉淀下去的污泥再次上浮。这种现象是因为已经沉淀的污泥变成厌氧状态，并产生硫化氢、二氧化碳和甲烷、氢气等气体，结果这些气体将污泥推向表层而发生的。防止的方法是设计沉淀池时不要有“死区”，万一产生浮渣时，必须设置撇渣板，消灭“死区”，改进刮泥机。排泥后在死角区用压缩空气冲或清洗。

4. 污泥解体

对混合液进行沉淀时，虽然大部分污泥容易沉淀下去，但在上清液中仍然有一种能使水浑浊的物质。这时的指示性生物为变形虫属和简便虫属等肉足类，这种现象可以认为是由于毒物的混入、温度急剧变化、废水 pH 突变等的冲击造成的，使污泥絮体解絮。通过减少污泥回流量能使解絮现象得到某种程度的控制。

5. 污泥发黑

此时用肉眼观察可见活性污泥由黄褐色变为灰黑色。查看曝气池在线 DO 测定仪会发现 DO 浓度过低，有机物厌氧分解释放硫化氢(H_2S)，其与铁(Fe)作用生成硫化亚铁(FeS)，可以采用增加供氧或加大污泥回流量的措施加以改善。

6. 污泥变白

生物镜检会发现丝状菌或固着型纤毛虫大量繁殖，如果是进水 pH 过低，使曝气池 pH<6，导致丝状霉菌大量生成，只要提高进水 pH 就能改善；如果是污泥膨胀，请参照膨胀对策，加以解决。

7. 污泥过度曝气

由于曝气使细小的气泡黏附于活性污泥絮体上而出现的一种现象，上浮的污泥经过几分钟后与气泡分离而再次沉淀下来。在沉淀池中，过度曝气污泥有可能于再次沉淀之前越过出水堰而随出水流失。

8. 微细絮体

对活性污泥混合液进行沉淀时，分散在上清液中的一些肉眼可以看到的小颗粒称为微细絮体。当有微细絮体存在时，沉淀污泥的污泥体积指数(SVI)非常小。这一类微细絮体有两种，一种是由普通污泥颗粒变小形成的，具有很高的 BOD 值；另一种带白色的不定型微细颗粒，BOD 值很低。

9. 云雾状污泥

污泥在沉淀池中呈云雾状态而得名，这是污泥的一种存在状态，是由沉淀池内的水流、密度流和污泥搅拌机的搅拌而引起的。如果沉淀下去的污泥变成这种状态时，则应该降低沉淀池内的污泥面，减少进水流量。

(二)异常状况的原因及对策

1. 污泥腐化

原因：负荷量增高；曝气不足；工业废水的流入等。

对策：控制负荷量；增大曝气量；切断或控制工业废水的流入。

2. 污泥上浮

原因：硝化作用导致硝酸盐氮在二沉池中被还原成氮气，引起污泥上浮。

对策：减少污泥在二沉池中的停留时间(HRT)；减少曝气量。

3. 污泥解体

原因：污泥解体；曝气过度；负荷下降，活性污泥自身氧化过度。

对策：降低曝气量；增大负荷量。

4. 泥水界面不明显

原因：高浓度有机废水的流入，使微生物处于对数增长期；污泥形成的絮体性能较差。

对策：降低负荷；增大回流量以提高曝气池中的 MLSS，降低 F/M 值。

5. 污泥膨胀

污泥膨胀是指活性污泥质量变轻、膨大，沉降性能恶化，在二沉池中不能正常沉淀下来，SVI 值异常增高，可达 400 以上。

1)因丝状菌异常增殖而导致的丝状菌性膨胀

污泥丝状膨胀主要是由于丝状菌异常增殖而引起的，主要的丝状菌包括：球衣菌属、贝氏硫细菌以及正常活性污泥中的某些丝状菌如芽孢杆菌属、某些霉菌等。

(1)污泥膨胀理论

①低 F/M 比(即低基质浓度)引起的营养缺乏型膨胀。

②低溶解氧浓度引起的溶解氧缺乏型膨胀。

③高 H_2S 浓度引起的硫细菌型膨胀。

(2)污泥膨胀微生物学分析：活性污泥中存在着两大类群微生物，一类是菌胶团细菌；另一类是丝状菌。两者的生长速率与基质浓度的关系正好相反，即：在低基质浓度下，丝状菌的生长速率要高于菌胶团细菌；而在高基质浓度条件下，菌胶团细菌的生长速率则要高于丝状菌。在常规的活性污泥系统中，由于需要获得较高的出水水质，即至少在曝气池的出口处要求其中的有机物浓度要达到很低水平，即维持在很低的基质浓度，因此常常会引起丝状菌的生长占优，从而导致丝状菌性污泥膨胀问题。

(3)污泥膨胀的对策

①临时控制措施

a. 污泥助沉法：改善、提高活性污泥的絮凝性，投加絮凝剂，如硫酸铝等；改善、提高活性污泥的沉降性、密实性，投加黏土、消石灰等。

b. 灭菌法：杀灭丝状菌，如投加氯、臭氧、过氧化氢等药剂；投加硫酸铜，可控制由球衣菌引起的膨胀。

②工艺运行调节措施

a. 加强曝气：加强曝气，提高混合液的DO值；使污泥常处于好氧状态，防止污泥腐化，加强预曝气或再生性曝气。

b. 调节运行条件：调整进水pH；调整混合液中的营养物质；如有可能，可考虑调节水温——丝状菌膨胀多发生在20℃以上；调整污泥负荷。

③永久性控制措施：对现有设施进行改造，或新厂设计时就加以考虑，从工艺选型上确保污泥膨胀不会发生；在工艺中增加一个生物选择器，该法主要针对低基质浓度下引起的营养缺乏型污泥膨胀，其出发点就是造成曝气池中的生态环境有利于选择性地发展菌胶团细菌，应用生物竞争的机制抑制丝状菌的过度增殖，从而控制污泥膨胀。

a. 好氧选择器：在曝气池之前增加一个具有推流特点的预曝气池，其停留时间(HRT为5~30min，多采用20min)的选择非常重要。

b. 缺氧选择器：高基质浓度时菌胶团细菌在缺氧条件下(但有NO_3^--N)有比丝状菌高得多的基质利用率和硝酸盐还原率。

c. 厌氧选择器：其作用机制与缺氧选择器相似，即在厌氧条件下，丝状菌具有较低的多聚磷酸盐的释放速度而受到抑制。

2)因黏性物质大量积累而导致的非丝状菌性膨胀

(1)高黏性污泥膨胀

现象：废水净化效果良好，但污泥难于沉淀，污泥颗粒大量随出水流失。

原因：进水中溶解性有机物浓度高，F/M值太高；氮、磷缺乏，或溶解氧不足；细菌将大量有机物吸入体内，不能及时降解，分泌过量的凝胶状的多糖类物质；分泌物中含有很多羟基且具有很高的亲水性，导致污泥中含有很高的结合水，使泥水分离困难。

对策：降低负荷，调整工况，加强曝气等。

(2)低黏性污泥膨胀

现象：废水净化效果差，污泥难于沉淀。

原因：进水中含有毒性物质，使污泥中毒，使细菌不能分泌出足够的黏性物质，从而不能有效形成絮凝体，导致泥水分离困难。

对策：控制进水水质，加强上游工业废水的预处理。

三、泡沫问题

泡沫问题主要有两种，即化学泡沫和生物泡沫。

(一)化学泡沫

原因：洗涤剂或工业用表面活性物质等引起，呈乳白色。

问题：影响卫生环境；影响生物处理效果。

对策：水冲消泡；使用消泡剂。

(二)生物泡沫

原因：由诺卡氏菌属的一类丝状菌引起，呈褐色。诺卡氏菌在较高温且富含油脂类物质的污水环境中大量繁殖。

问题：可能致病；影响卫生环境；影响曝气。

对策：加氯；排泥，缩短SRT。

第九章

城镇污水处理的工况调整

第一节　运行基本操作

一、进水、出水操作

(一)曝气池操作

1. 进水检查要求

检查曝气池池底、泥斗内是否有异物，如整体系列进水，还应检查进水渠道、出水渠道、巴式计量槽，全部清理干净后方可进水。

检查各池组泄空阀门是否关闭，全部关闭后方可进水。

如停水是为了对曝气池内曝气头及曝气管进行维修、维护，应在整个过程中始终保持充氧状态，以防管路在维修中造成局部堵塞。供气量可适应控制在较低水平，以不影响施工和其他池组运行为准。因此，恢复过程首先要在维修供气状态下打开全部放气阀门，并确定放气阀门畅通无阻。

打开曝气池进水阀门开始进水，至曝气池总量2/3处后，打开曝气池回流污泥阀门向曝气池注入回流污泥。

回流渠道灌满后，打开回流渠搅拌器。

当污水与回流污泥注入曝气池到设计液位后，打开厌氧段，缺氧段搅拌器，打开调整曝气阀门使供气量到设计气水比所需气量。

将放气阀门全部关闭，2h后对该池进行一次溶解氧含量测定，使该池溶解氧达到参数规定值。

2. 停水检查要求

关闭曝气池进水闸，回流污泥闸。

单个池组因运行工艺需要停水备用，可降低曝气量，无须泄空。单个池组泄空，应先关闭该组曝气池进水闸，回流污泥闸，关闭厌氧段，缺氧段搅拌器，打开曝气池泄空阀门。需随水位降低逐渐降低曝气量，待水位降至曝气头上方时，调低至曝气头最小供气量。

如整个系列停水泄空，应先关闭曝气池进水闸，回流泵，关闭回流渠及厌氧段，缺氧段搅拌器，然后逐一打开曝气池泄空阀门，控制泄空阀门的开度，注意避免泄空管路跑冒污水。需随水位降低逐渐降低曝气量，待水位降至曝气头上方时，调低至曝气头最小供气量。关闭回流污泥闸和出水闸。

(二)二沉池进操作

1. 进水检查要求

打开需进水池组的进水阀门、出水阀门。如是整个系统进水，应先打开曝气池出水阀。

待水位淹没过吸泥机的刮泥板后，方可运行吸泥机，观察其运行状态是否正常。

二沉池灌满时，打开回流污泥闸。如整个系统进水，再相继打开回流污泥泵并观察其运行状态。是否开启剩余污泥泵，视曝气池污泥浓度而定。

2. 停水检查要求

关闭二沉池进水闸。如整个系列停水，应先关闭曝气池出水闸。关闭二沉池回流污泥闸。如整个系列停水，应先停污泥泵。关闭二沉池出水闸。

单个池组由于运行需要停水备用，无须泄空，保持吸泥机运行。

如吸泥机正常，池组需要泄空检修，应打开泄空阀门，待水位泄至吸泥机泥板上方时，停吸泥机。

整个系统停止进水，泄空时应逐个池组先后进行，避免泄空管道跑冒污水。

二、供氧、加药操作

(一)鼓风机操作

1. 正常开机的条件

(1)做模拟运行操作，检查就地操作盘按键的灵活性，看控制线路板中有无异常。模拟试运行时，温度元件、压力元件及各种安全监控设备应得到满意的运行结果。鼓风机只有在模拟操作一切正常后才能开机。

(2)没有报警或事故停机的信号(控制面板上黄颜色的按钮)。

(3)出口阀、放空阀处于开启状态。

(4)进、出口导叶开度处于最小状态。

(5)有机组运行时，应将运行机组出口导叶降为0。

2. 开停机操作规程

鼓风机准备工作如下：

(1)检查进风通道粗滤网有无异物，是否清洁。

(2)检查鼓风机滤袋有无脱落，是否清洁。拆下鼓风机侧边框架。

(3)检查鼓风机油位是否正常，油位不得低于285mm。

(4)将相应的6kV配电柜上电。

(5)合上相应的就地开关柜。

(6)将出口阀打开。

(7)观察控制柜有无报警显示。

(8)进入模拟测试状态(按就地控制按钮，提示灯开始来回闪烁)，模拟控制油泵、放空阀、进、出口导叶，检查其开启、关闭是否正常，是否到位，并检查相应液压导杆与就地盘显示状态是否一致。

鼓风机开机程序如下：

(1)将鼓风机置于手动控制状态下(按就地控制运行按钮)。

(2)按启动鼓风机按钮(电油泵自动运转至少1min，待油压正常后，风机启动，进口导叶自动打开，放空阀自动关阀)，待运行稳定后，根据需要调节出口导叶开度。

(3)有多台风机同时运行时，应保证其出口导叶开度接近，以防喘振。

(4)若PRC功能正常，可选择将风机转入PRC模式，此时进口导叶自动调节，PRC模式用于在风机不喘振的前提下，尽可能降低进口导叶开度，从而达到节电的效果。

(5)将所开鼓风机相对的动力柜上的表底数记在记录本上。

鼓风机停机程序如下：

(1)关闭出口导叶，将出口导叶开度关至0。

(2)按停止按钮，鼓风机停机，放空阀自动打开，进口导叶自动关闭。

(3)保证油泵工作至少5min以上，方可将就地控制柜断电。

(4)将相应6kV配电柜退出。

(5)关闭出口阀，将相对应的配电柜用电量表底数记在记录本上。

(6)停机后的工作详见此设备的保养说明书。

鼓风机紧急停车操作如下：

在就地控制盘上有一个紧急停车按钮，按下风机立即停止运行。紧急停车钮不属于正常停车操作，因为反复的紧急停车有可能损坏鼓风机，所以，只有当人身和机器本身受到伤害时，紧急停车按钮才可以被使用。

(二)加药操作

1. 短期停泵操作(1~5d)

(1)关闭加药泵电源。

(2)关闭加药泵进口阀门。

(3)打开加药管线的泄空阀，将管路中的剩余药剂经中水稀释后排入污水管线。

(4)清洗泵腔，防止有固体颗粒和介质沉淀。

(5)关闭出口阀门。

(6)如泵处于室外，遇霜冻天气，请做好防冻措施。

2. 长期停泵操作(1个月以上)

(1)关闭加药泵电源。

(2)关闭加药泵进口阀门。

(3)打开加药管线的泄空阀门，将管路中的剩余药剂排入污水管线

(4)清洗泵腔，防止有固体颗粒和介质沉淀。

(5)关闭出口阀门。

(6)对加药泵及相关电器设备和加药管线，进行维护。

(7)如泵处于室外，遇霜冻天气，请做好防冻措施。

3. 重新启动加药泵操作

(1)打开进、出口阀门。

(2)通过吸入侧管线向泵内注入液体(该液体最好具有一定的润滑性，并且与泵体材质无化学反应)，从而起到引流和润滑作用。

(3)接通加药泵电源。

(4)开启药泵。

三、除渣、排砂操作

(一)吸砂机操作

1. 启动前准备

(1)除砂机启动前要先确定工作状态，手动、自动方式，并将整机检查无误后再开车。

(2)合闸检查线路并查看指示灯确定是否正常。

(3)检查电机减速器是否缺油，电缆卷线装置是否完好。

(4)吸砂管应保持排液畅通。

2. 启　动

自动操作如下：

(1)将转换开关打到自动位置时，吸砂桥车自动运行。

(2)启动后观察，无异常声音，同时查看各项指示灯及电流是否正常。

(3)砂泵开启动作应灵活，排液管应顺畅，排液正常。

手动操作如下：

(1)用于检修设备时使用，可以在两个方向行走和吸砂操作。

(2)手动控制桥车应轻便灵活，不应有卡滞现象。设备的传动机构前后行走轮不应有异常的噪声。

(3)手动按钮松开，吸砂机的动作即停止。

3. 停　机

(1)将转换开关置于手动挡时，吸砂机自动停止运行。

(2)查看指示灯，确定是否停机。

(3)断开电源开关，并挂标牌，防止误启动。

4. 安全特别提示

(1)操作人员应熟悉了解设备的性能，操作要领及注意事项。

(2)开始工作前请先熟悉所有装置和操作元件及其功能。

(3)进行保养和维修工作前须停止机器运转，并确保机器不可因误操作而启动。

(4)检查所有电器元件必须符合规定值。

(5)急停制动开关必须复位。

(6)清掏砂泵时，应在控制箱上悬挂“禁止合闸”的安全标识，避免因误操作造成安全事故。

(7)吸砂管应保持排液畅通，如遇堵塞，应立即停止桥车运转，排除堵塞后再启动。

(8)在吸砂机的运行轨道上不要有障碍物。

(9)水量大时，吸砂机的砂泵极易堵塞，此时应及时清掏砂泵。

(10)在池上检修设备时，穿救生衣、佩戴安全带，必须有人现场监护。

(11)检修、维保设备后，清理现场并通知相关分厂值班人员检修、维保相关情况。

(二)砂水分离器操作规程

1. 启动前准备

(1)确定工作状态：自动。

(2)并检查电气线路是否正常，并观察各指示灯是否正常。

(3)检查减速器油位是否符合标准。

(4)砂水分离器吸液、排液管应畅通。

2. 启　动

(1)按“启动”按钮，启动砂水分离器。

(2)启动后检查砂水分离器是否有异响。

(3)启动后检查砂水分离器吸液、排液管是否畅通。

(4)启动后观察出砂情况是否正常。

(5)启动后观察进水是否通畅。

(6)检查螺旋是否运转正常。

3. 停　机

(1)按“停机”按钮。

(2)查看指示灯，确定是否停机。

(3)断开电源开关，并挂标牌，防止误启动。

4. 安全特别提示

(1)操作人员应了解设备性能，操作要领和注意事项。

(2)定期检查衬板磨损情况。

(3)及时清理螺旋上的杂物。

(4)洗砂车间的砂水分离器与吸砂桥联动控制，吸砂桥启动前先启动砂水分离器，吸砂桥停车后再停砂水分离器。

(5)如发现螺旋堵塞时，应立即将对应的吸砂机和砂水分离器断电，增大供气量，在控制箱上悬挂“禁止合闸”的安全标识，再进行检修。

(6)在检修、维保设备时，佩戴安全带，如需要登高时，必须有人现场监护。

四、回流、排泥操作

(一)回流操作

1. 启动前准备

(1)确定设备当前状态：手动。

(2)合总电源(380V)及操作控制电源(220V)，并检查信号灯显示是否正常。

(3)检查集泥池液位是否符合标高，液面应处于潜水泵吊环顶部以上，避免超负荷启动。

2. 启　动

(1)检查一切正常，符合启动条件。

(2)按“启动”按钮，启动回流泵。

(3)回流泵启动后检查电流是否符合额定值，各种仪表、信号显示是否正常；

(4)开泵后，要检查是否有出水。

3. 停　泵

(1)按“停止”按钮。

(2)查看指示灯，确定是否停泵。

(3)断开电源开关，并挂标牌，防止误启动。

4. 安全特别提示

(1)操作人员应熟悉了解设备的性能，操作要领及注意事项。

(2)倒泵时要先停后开，避免三台同时运行。

(3)油内进水报警后，应及时报告有关部门进行处理，并做好相应的记录。

(4)回流泵正常运行中自动停车后，应保持操作控制柜处于原状态，并立即执行有关部门检查，在未查明故障原因前禁止再次启动。

(5)停机检修、维保设备前断电、挂警示牌。

(6)在池上检修设备时，穿救生衣、佩戴安全带，必须有人现场监护。

(二)排泥操作

1. 启动前准备

(1)确定转换开关状态：在手动位。

(2)检查控制箱内断路器、接触器、接线端子及接线有无出现过热、变色现象。

(3)合上总电源(380V)操作控制电源(220V)，并查看指示灯确定是否正常。

(4)急停在正常位置。

2. 启　动

(1)检查一切正常，符合启动条件。

(2)按启动按钮，启动剩余泵。

(3)启动后观察声音是否正常，控制箱无异味，同时查看各项指示灯及电流低于44A，观察流量是否正常。

3. 停　泵

(1)按停机按钮。

(2)查看指示灯，确定是否停泵；

(3)断开电源开关，并挂标牌，防止误启动。

4. 安全特别提示

(1)操作人员应熟悉了解设备的性能，操作要领及注意事项。

(2)剩余泵正常运行中自动停车后，应保持操作控制柜处于原状态，并立即报告有关部门检查，在未查明故障原因前，禁止再次启动。

第二节　运行故障处理

当运行系统出现故障时，首先应对可能的起因进行判断，并在对处理出水水质影响最小和成本最低的前提下，选择解决措施对故障进行排除。这个过程需要操作人员充分了解活性污泥处理过程的理论知识及活性污泥系统与其他处理环节的衔接机制。同时还要熟知污水特性、设计工艺参数和实际运行参数、整个污水处理流程等。

一、故障类型

当污水处理系统出现故障时，应首先明确故障类型。

(1)机械故障：污水处理系统中的回流泵、鼓风机等相关机械故障，均可能会导致出水水质变差。

(2)水量问题：常见原因包括大暴雨以及污水处理厂某些构筑物进行停工检修时，投运的污水处理构筑物负荷过高等，最直观表现为二沉池污泥固体流失，可根据对二沉池状态的观察及时发现。

(3)水质问题：出水水质问题主要由处理过程中出现问题引起，是最难判断也时最难解决的，进水水质的改变、溶解氧浓度波动、其他参数和污水处理条件的改变，都会引起出水水质的问题，日常可通过在线仪表及过程控制检测来进行判断并排除，有些问题也可通过生物镜检来进行识别和排除。

处理运行故障需要有一定的技巧，有效利用所有可行的措施来解决问题。应注意活性污泥系统是生物处理过程，一些措施实施后并不能立刻显现效果，通常需要至少几天至几星期才能奏效，因此，应更关注对于故障的预防和早期的发现排除。

污水处理厂的运行问题通常出现在活性污泥处理过程中，本节仅对一些普遍的运行问题进行阐述。

二、常见故障处理

(一)二级处理水混浊

当二级出水SS浓度较高时，须立即测定混合液沉降性能，并加强关注，每天多次测量混合液沉降性能的改变，以跟踪修复效果。当混合液沉降性能变差时，沉降后的上清液就会混浊，此时要对混合液和回流污泥进行显微镜镜检。显微镜镜检的目的是观察活性污泥中原生动物是否存在，以及其数量和活性。

1. 原生动物活性低

当混合液或回流污泥中存在原生动物，但活性较低时，通常表明有毒性物质进入了处理系统，对活性污泥中的原生动物造成毒害。同时，原生动物类型和每种原生动物的数量对于混合液沉降性能都有重要的指示作用。

测定活性污泥呼吸速率，如果呼吸速率低，说明活性污泥可能存在毒性。这时，可减少剩余污泥排放量，而维持其他运行参数在正常状态，之后通过分析活性污泥中是否存在毒性物质来判断活性污泥是否存在毒性。只要发现活性污泥中存在毒性物质，就要彻底地分析其来源，并从根本上杜绝毒性物质进入处理系统。

2. 原生动物活性高

如果活性污泥中原生动物活性较高，但处理系统的出水 SS 依然比较高，很可能是由于污泥絮体解体造成的。这种情况可能与生物池内存在过量曝气或沉淀池进水处对污泥絮体剪切力过大有关。

此外，如果镜检发现混合液或回流污泥中鞭毛虫或变形虫过量繁殖，说明活性污泥尚未适应污水特性或处理系统的环境条件，此时的活性污泥沉降性较差，处理出水将会混浊。

3. 极少或无原生动物

如果混合液或回流污泥中原生动物极少，有以下两种可能性：

(1)处理系统的 F/M 过高，即处理系统超负荷。在这种情况下，可采取以下措施来解决处理系统超负荷的问题：

①计算处理系统的 F/M 值，并与系统运行效能良好时的 F/M 比较。如果当前 F/M 超出对照值，则减小剩余污泥排放量，以增加处理系统内的污泥固体量。

②通过增加回流污泥量降低沉淀池内污泥层高度，直到污泥层高度最小。增加回流污泥量，可通过将沉淀池内储存的 MLSS 转移到生物处理反应池的方式，来增加生物处理反应池的污泥固体量。

(2)处理系统的 F/M 可能较低，或处于正常负荷范围内。此时，混合液或回流污泥中原生动物很少或没有，主要是由于以下某种原因引起的：

①生物处理反应器中 DO 浓度较低：如果生物处理反应器 DO 浓度低于 0.5mg/L 的区域有多处，则需增加曝气量，直到池内 DO 浓度达到 1.5~3mg/L。

②处理系统内进入毒性污染物质：毒性污染物质对活性污泥冲击性很大。如果混合液中有金属存在，可考虑增加剩余污泥排放量，并持续 1 周，以清除处理系统内的金属。短期的调整措施：从其他污水处理厂引进大量性状良好的活性污泥种泥，并投加到现有的系统中，以增加处理系统中的有机污泥量；长期调整措施：调查污水处理厂周边的工业废水排放情况，确定毒性物质来源，并严格限制该毒性物质随意排入污水管网，进而进入污水处理厂的处理系统中，对活性污泥造成冲击。

(二)污泥灰化

当二沉池出水浑浊，液面漂浮有细小、灰状的污泥颗粒时，说明沉淀池内污泥出现了灰化现象。这些漂浮的灰状污泥可能是死亡的微生物细胞、正常污泥颗粒和油脂。引起污泥灰化的原因是沉淀池内出现了反硝化现象，F/M 降到 0.05 以下，或者混合液中油脂含量很高。

通过以下措施可以解决污泥灰化问题。首先，在混合液沉降性能实验中，搅拌活性污泥固体。然后，继续以下操作：

(1)如果漂浮的污泥固体释放气泡，然后下沉，说明沉淀澄清池内发生了反硝化过程。

(2)如果悬浮的污泥固体经搅拌后不沉降，则混合液可能出现了过度氧化现象，混合液中高级微生物含量很多，低级微生物极少，而且死亡的微生物细胞很多。这种过度氧化的混合液沉降很快，但絮凝性很差，有很多污泥颗粒不能絮凝聚集，并沉降下来。不能沉降的死亡微生物细胞就会聚集在液面，形成灰化污泥。如果灰化污泥进入出水中，引起出水 SS 浓度升高，要每天以不超过 10% 的幅度增加剩余污泥排放量，来增加处理系统 F/M，同时降低曝气量到合理范围。

(3)如果漂浮的污泥经搅拌后仍不能够沉降，也可能是污泥中存在大量的油脂。经过分析油脂含量，如果污泥中油脂含量超过 MLSS 重量的 15%，就可能是以下原因导致污泥中油脂含量过高：

①由于水力负荷过高或机械性能较差，导致初沉池的浮渣挡板不能有效截留浮渣，致使浮渣随水流进入后续的处理过程中。因此，运行过程中要密切关注浮渣挡板和浮渣收集系统的运行状况。

②由于工业废水或商业系统污水排入污水管网，大量油脂进入污水管网，并进入污水处理厂，造成污泥中油脂含量超高。这时，要调查油脂废水的来源，并采取措施彻底解决污水处理厂进水油脂含量过高的问题。

(三)针状絮体污泥

当二沉池出水较为清澈，但在出水中悬浮细小、稠密的针状絮体污泥颗粒时，说明污水处理系统的负荷范围接近于较低限值。当活性污泥沉降速率快，但絮体性能差时，常出现这种现象。

引起污泥絮体呈针状的原因如下：

(1)处理过程的 *F/M* 过低，导致污泥老化，絮凝能力差。

(2)生物处理反应池内过量曝气，造成絮体表面剪切力增加，絮体分散或变小。

解决针状污泥絮体的措施如下：

(1)在混合液沉降性能实验中，通过观察污泥沉降特性，可知污泥沉降速率过快，且絮体形成能力较差，可通过增加剩余污泥排放量逐步减少系统停留时间，来提高沉淀池出水水质。在增加排泥的过程中，要关注 SRT 和系统出水氨氮的变化，防止系统内 MLSS 浓度过低影响硝化效果的情况。

(2)如果混合液沉降性能试验中，污泥沉降性能良好，且上清液清澈，则需检查生物处理反应池内曝气系统和混合设备的运转状况是否正常，很有可能是由于生物池内过量曝气造成的。如果反应池内平均 DO 浓度高于 4mg/L，可考虑降低曝气量，直到 DO 浓度介于 1.5~3mg/L。

(3)如果处理过程中有投加明矾、氯化铁或聚合混凝剂的设施，为强化污泥沉降性能，投加上述药剂时，要准确计算投加量，并只能作为暂时缓解污泥沉降性能的手段，待污泥沉降性能恢复后，就要停止投加药剂。

(四)离散絮体

当处理系统的 MLSS 浓度过低时，常会看到沉淀池中出现细小、几乎透明的、质轻的、绒毛状的污泥颗粒上升至液面，并进入到出水堰中。当出现这种离散絮体时，二级处理水的水质往往非常好。离散絮体的大量出现通常是系统停留时间较低引起的，尤其是在沉淀池表面水力负荷较低时，更是如此。如果不引起出水水质恶化可不必担心沉淀池出现离散絮体的问题。

引起离散絮体出现的原因如下：

(1)生物池的 MLSS 过低。剩余污泥排放量过高，将会引起 MLSS 浓度降低和 *F/M* 升高。

(2)在清晨，通过序批式排放剩余污泥后，往往会造成处理系统内微生物量不足，难以应付白天的有机负荷。

解决离散絮体的措施如下：

(1)减少剩余污泥的排放，以增加 MLSS 浓度，降低系统处理负荷。

(2)如果采取序批式或间歇式排放剩余污泥，应避免在 BOD 负荷升高的过程中排放剩余污泥。而且，当处理系统的进水为高峰流量时，增加回流污泥流量。通过这样的调节，可尽量保证所有的微生物都能够应对白天增加的有机负荷。在夜晚时，可降低污泥回流流量。

(五)污泥结块或上浮

有时，沉降性能良好的污泥也会上浮到沉淀池液面。即使在处理过程中投加絮凝剂强化污泥沉降，也会出现污泥上浮现象。污泥上浮时，可观察到沉淀池液面漂浮的块状污泥和细小的气泡上升。引起这种现象的原因是沉淀池内发生了反硝化过程。这种现象出现的原因可能与混合液温度较高，整个系统硝化过程显著，在沉淀池底部厌氧区域内，沉降污泥内就会发生反硝化过程。反硝化释放氮气，氮气气泡与污泥相结合。当反硝化产生氮气量很多时，包裹了大量氮气气泡的污泥块就会上升并浮至液面。上浮污泥一般颜色较深，呈块状，最终会进入沉淀池的出水堰中。

沉淀池中发生反硝化过程时，还会存在以下 3 个现象：

①低 DO 浓度(低于 0.5mg/L)。如果从沉淀池排放污泥的速率过慢，也可能造成 DO 浓度降低，并接近这一数值。

②硝酸盐氮的浓度高(一般高于 5mg/L)。

③BOD_5 有剩余(一般超过 10mg/L)。

沉淀池内 SRT 过长也会导致污泥区内发生反硝化过程。

污泥层较厚和混合液 DO 浓度低也易引起沉淀池内反硝化过程的发生。

在混合液沉降性能试验中，污泥上升时间是表征温暖季节沉淀池运行状况的关键参数。当污泥上升时间低于 2h，就要注意实际工程中的沉淀池污泥上浮问题。

在沉淀池进水口取混合液样品，并测定其呼吸速率，如果该样品呼吸速率高，则说明沉淀池内发生反硝化过程的条件充分。

引起污泥结块的原因如下：

(1)处理过程的 *F/M* 低，因此，在有机底物大量去除后，硝化过程比较容易发生，故可能在处理系统中部分区域或全部区域都存在硝化过程。

(2)沉淀池内污泥停留时间过长，故池内 DO 几乎都被污泥中的微生物消耗殆尽。

(3)沉淀池内水温高于正常污水水温，导致微生物活性较高，进而引起在较高 *F/M* 的情况下，也可能发生硝化过程。微生物活性高，也会导致沉降的污泥中 DO 被快速消耗，故污泥区发生反硝化的可能性增大。

解决污泥结块的措施如下：

(1)增加污泥回流比以减少沉淀池内污泥的停留时间。通过定期检查沉淀池内污泥层深度，有利于判断污泥回流比是否适合，并及时作出调整。

(2)如果通过吸泥机收集污泥，在正常 SS 浓度范围内，检查所有吸泥管是否畅通，或发生堵塞。有些吸泥管可能运行不正常或发生堵塞，就会形成锥形污泥堆积或造成某些区域内污泥层越积越高。

(3)如果条件允许提高集泥器的转速，加快污泥从沉淀池的排除速度。

(4)关闭部分沉淀池，以缩短污泥在沉淀池内的停留时间。

(5)可缓慢降低剩余污泥排放量，来降低 F/M，以确保硝化进程较彻底，且溶解性 BOD 浓度较低。

(六)生物池内的泡沫问题

对于活性污泥处理过程而言，反应池内存在一些泡沫是正常现象。一般来讲，运行良好的活性污泥反应池中，液面 10%～25% 的面积是被厚度为 50～80mm 的浅棕色泡沫覆盖的。

在特定的运行条件下，反应池上的泡沫会出现过量，并会影响运行效果。有三种比较常见的泡沫：黏稠的白色泡沫、棕色泡沫(油状深棕色泡沫和厚浮渣状深棕色泡沫)和黑色泡沫。

如果黏稠的白色泡沫大量增多，反应池上的泡沫很容易被风吹到人行道和污水处理厂厂区内，严重污染环境。如果油状或厚浮渣状泡沫急剧增多，且随水流进入到二级沉淀池中，将会造成出水管堵塞，也会堵塞泡沫或浮渣清除系统。

1)黏稠的白色泡沫

黏稠、巨浪般的泡沫一旦出现，说明活性污泥尚未被驯化成熟，这种现象多出现在刚开始投入运行或负荷不足的污水处理厂中。这种现象表明 MLSS 浓度过低和 F/M 值过高。这些泡沫中可能含有在高 F/M 条件下，不易被细菌快速转化为食物的洗涤剂或蛋白质。

引发黏稠白色泡沫的原因如下：

(1)活性污泥未能回流到生物池。

(2)活性污泥处理的启动过程中，造成 MLSS 较低。

(3)在当前有机负荷条件下，MLSS 过低，如剩余污泥排放过量或来自工业废水的有机负荷过高，造成 MLSS 降低。

(4)在活性污泥处理过程的不利条件下，如毒性物质或微生物抑制类物质存在，pH 过高或过低(低于 6.5 或高于 9.0)，DO 不足，微生物的营养物质匮乏，或污水温度的季节性波动，都会引起活性污泥中微生物活性降低和增殖，进而引发白色黏稠泡沫问题。

(5)二次沉淀池中流失大量活性污泥量。

(6)多座生物池间污水或回流污泥量分布不均。

处理上述泡沫的措施如下：

(1)核实回流到生物处理反应池的回流污泥量。为保持沉淀澄清池底部的污泥层高度低于其有效深度的 1/4，要保持回流污泥量充足。

(2)停止剩余污泥排放，直到反应池内 MLSS 浓度和停留时间增长到目标值。

(3)控制鼓风曝气的空气流量或机械曝气机的淹没深度，以维持生物池内 DO 浓度为 1.5～3mg/L。在某些正常的环境条件下，也可能出现这种黏稠白色泡沫，如使用微孔曝气比大孔曝气更容易出现这种泡沫。

(4)改造管路或流量分配构筑物，保证多座生物池或间流量分配合理。

(5)如果没有流量计，可通过肉眼观察来判断回流污泥流量，并对照每座沉淀池中污泥层高度，每座沉淀池的回流污泥中悬浮固体 SS 浓度和每座生物池内的 MLSS 浓度。如果污水、生物池出水和回流污泥量分配适宜的话，以上各构筑物相应指标应比较接近。

(6)如果生物处理反应池上安装了喷水控制泡沫的设施，当泡沫即将被风吹至厂外或其他构筑物时，可采用高压喷水消除部分泡沫。

(7)如果生物池上未安装喷水控制泡沫的设施，可采用消泡剂进行喷洒消泡。

2)棕色泡沫问题

棕色泡沫大量出现的问题，主要出现在低负荷状态下运行的污水处理厂中。

当污水处理厂具备硝化能力，并在硝化处理的模式下运行时，通常会出现棕色泡沫富集的情况。

有丝状菌—诺卡氏菌属的污水处理厂，会产生稳定的油状深棕色泡沫，并且泡沫极易覆盖沉淀池液面。浮渣中的丝状菌将会从处理系统中排除掉，而不会回流到生物池。较深的棕色油状泡沫在污水处理厂中对曝气段出现属正常现象。

厚浮渣状深棕色泡沫出现，表明活性物老化。此类泡沫在沉淀池的进水挡板后积累，并可产生浮渣堆积问题。

引发棕色泡沫的原因如下：

(1)生物池在低 F/M 工况下运行，当管理机构要求污水处理厂具备硝化效能时，为保证硝化效能良好，会造成活性污泥处理过程在低 F/M 条件下运行的情况。

(2)由于剩余污泥排放量过少，造成生物池内MLSS浓度过高。出现MLSS浓度增高的情况，也可能是非人为的因素造成的，如季节性污水温度改变，造成微生物活性增强，进而引起污泥产量增加。

(3)对剩余污泥排放过程控制不当。

解决棕色泡沫的措施如下：

(1)对剩余污泥的排放进行有效控制。

(2)如果出现丝状菌，需分析其起因，并进行相应的控制。

(3)如果泡沫中含有丝状菌，从液面去除泡沫，确保泡沫不会回流到处理过程中。

3)深色或黑色泡沫

颜色很深或黑色泡沫出现，表明系统曝气不足，导致处理系统内出现厌氧区域，也有可能是工业污染物如染料和油墨进入处理系统。可采用以下措施解决此类泡沫问题：

(1)增加曝气量。

(2)分析工业废水的来源，判断深色或黑色泡沫是否为染料或油墨排入系统所致。

(3)降低MLSS浓度。

第十章
城镇污水处理的设备设施维护

第一节　常用机电设备

一、格　栅

(一)分类及特点

格栅是用机械的方法，将格栅截留的栅渣清捞出水面的设备，格栅的结构图和实物图如图 10-1、图 10-2 所示。按格栅条间距的大小分类：细格栅、中格栅和粗格栅 3 类，其栅条间距分别为 4~10mm，15~25mm 和大于 40mm。按清渣方式不同，可分为人工除渣格栅和机械除渣格栅两种，人工清渣主要是粗格栅。按栅耙的位置不同，可分为前清渣式格栅和后清渣式格栅，前清渣式格栅要顺水流清渣，后清渣式格栅要逆水流清渣。按形状不同，可分为平面格栅和曲面格栅，平面格栅在实际工程中使用较多。按构造特点不同，可分为抓扒格栅、循环式格栅、弧形格栅、回转式格栅、转鼓式格栅和阶梯式格栅。

目前使用较多的粗格栅形式有回转式、高链式和三索式。细格栅有回转式、弧形和阶梯式。上述 3 种粗格栅在国内污水处理厂中都有使用，以回转式粗格栅居多。在国内污水处理厂中，上述 3 种细格栅中回转式和阶梯式使用较多，尤其是阶梯式细格栅，栅条间距小，使用效果好。各种格栅的特点比较见表 10-1。

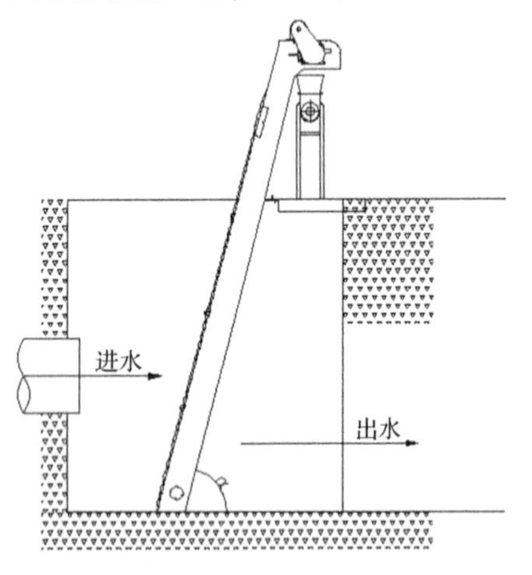

图 10-1　格栅结构图

图 10-2　格栅实物图

表 10-1　各种格栅特点比较

类型	优点	缺点	适用范围
链条式	构造简单，制造方便，容易操作，占地面积小	套筒滚子价格高，耐腐蚀性差，杂物在链条与链轮之间容易卡住	适宜长纤维，带状的污染物，适宜较浅的大、中、小型格栅
移动伸缩臂式	钢丝绳在水上，运行寿命长，不清渣时设备在水面上，维护检修方便	移动时耙齿与栅条间隙的对位比较困难，需三套电动机及减速器；构造复杂	适用于中等深度的宽大格栅
钢丝绳牵引式	无水下固定部件，维护检修方便	钢丝绳干、湿交替工作易腐蚀，应采用不锈钢丝绳	固定式适用中、小型格栅，移动式适用于宽大型格栅

(二)通用技术要求

在大中型污水站，应设置两道机械格栅：第一道为粗格栅：10～40mm，第二道为细格栅：3～10mm(大型污水处理厂推荐粗格栅+细格栅组合为15mm+4mm)。在小污水站，设置一道格栅即可，栅条间隙应为3～15mm(粗格栅用人工格栅可以选15mm，机械格栅推荐用5mm)。

过栅流速：污水在栅前渠道内的流速应控制在0.4～0.9m/s，经格栅的流速应为0.6～1.0m/s，过栅水损失与过栅流速相关，一般应控制在0.1～0.3m。栅渠底应比栅前相应降低0.1～0.3m。

格栅有效过水面积按流速0.6～10m/s计算，但总宽度不小于进水管渠宽度的1.2倍，格栅倾角应为45°～50°，如果为人工格栅则采用安装角度30°～60°。

格栅必须设置工作台，台面应高出栅前最高水位口5m，台上应设安全和冲洗设施。工作台两侧过道宽度不应小于7m，台正面宽度，当采用人工清渣时，不应小于1.2m，当采用机械清渣时，不应小于1.5m。

格栅间应设置机器通风设施，常用的有轴流排风扇。如果污水中含有有毒气体则格栅间应设置有毒有害气体的检测与报警系统。大中型格栅间应安装吊运设备，便于设备检修和栅渣的清除。

格栅的耙齿、链节长时间浸泡在水中，为了防止腐蚀生锈，一般选用高强度塑料或不锈钢制成，其链轴也采用不锈钢。

(三)格栅维护及保养

以回转式格栅为例，维护和保养可参考表10-2、表10-3。

表10-2　格栅润滑部位和周期

润滑部位	注油周期	换油周期
变速器箱	—	36月
链条	1个月	—
轴承座	—	1个月
电机轴承	—	3个月

表10-3　格栅保养内容及周期

保养内容	周期	保养技术要求
擦洗设备	1个月	漆见本色、无污垢、无尘埃
清洁控制箱	1个月	无尘埃、无污垢，接线牢固
检查电机减速器油位，运转时的噪声	1个月	拆下油堵目测，油位符合要求，无异响
检查链轮链条的松动情况	1个月	链轮链条松紧度适宜
检查耙齿损坏情况	1个月	耙齿完好，无缺损
检查设备的运行状态是否平稳，是否有异响	1个月	运行平稳，无异响
检查耙齿轴是否弯曲	1个月	不允许有弯曲现象
检查耙齿、卡簧是否损坏、丢失	1个月	卡簧丢失应及时补齐
检查连片、连板是否有断裂损坏	1个月	连片、连板断裂应及时更换
检查导轨磨损情况	1个月	导轨磨损严重应及时更换
检查和紧固端子、节点	1个月	端子、节点牢靠，无腐蚀，无拉弧现象
检查电器元件(开关、接触器等)	1个月	动作可靠、灵敏
检查、检测传感器	1个月	传感器清洁、无杂物，性能可靠、灵敏
紧固该机连接、振动部位螺栓	12个月	按照螺栓紧固力要求操作

二、进水泵

在污水处理厂中，进水泵是污水处理系统中必不可少的通用设备，污水处理厂常用的进水提升泵有离心泵、轴流泵、混流泵等。

(一)离心泵

1. 工作原理

水泵开动前，先将泵和进水管灌满水，水泵运转后，在叶轮高速旋转而产生的离心力作用下，叶轮流道里的水被甩向四周，压入蜗壳，叶轮入口形成真空，水池的水在外界大气压力下沿吸水管被吸入补充了这个空间。继而吸入的水又被叶轮甩出，经蜗壳而进入出水管。由此可见，若离心泵叶轮不断旋转，则可连续吸水、压水，水便可源源不断地从低处扬到高处或远方。综上所述，离心泵是由于在叶轮的高速旋转所产生的离心力作用下，将水提向高处，故称离心泵。立式离心泵的结构图如图10-3所示。

2. 特　点

(1)水沿离心泵的流经方向是沿叶轮的轴向吸入，垂直于轴向流出，即进出水流方向互成90°。

(2)由于离心泵靠叶轮进口形成真空吸水，因此在启动前必须向泵内和吸水管内灌注引水，或用真空泵抽气，以排出空气形成真空，而且泵壳和吸水管路必须严格密封，不得漏气，否则不形成真空，也就吸不上水来。

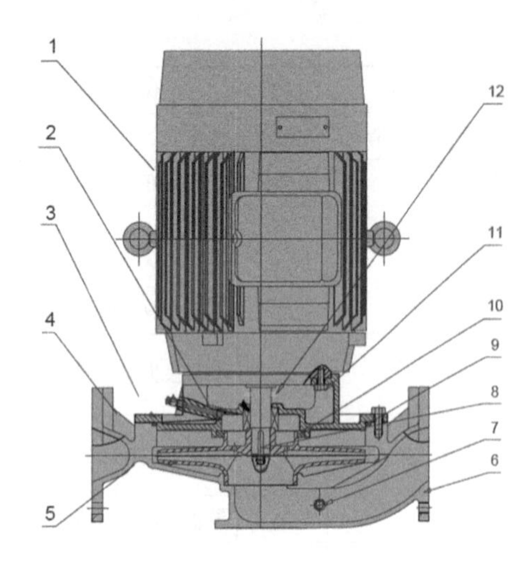

1-电机；2-机械密封；3-针式排气阀；4-中承座；5-叶轮；6-泵体；7-丝堵；8-按键；9-O 形圈；10-密封环；11-螺栓；12-挡水圈。

图 10-3 立式离心泵结构图

（3）由于叶轮进口不可能形成绝对真空，因此离心泵吸水高度不能超过 10m，加上水流经吸水管路带来的沿程损失，实际允许安装高度（水泵轴线距吸入水面的高度）远小于 10m。如安装过高，则不吸水；此外，由于山区比平原大气压力低，因此，同一台水泵在山区，特别是在高山区安装时，其安装高度应降低，否则不能吸水。

（二）轴流泵

1. 工作原理

轴流泵与离心泵的工作原理不同，它主要是利用叶轮的高速旋转所产生的推力提水。轴流泵叶片旋转时对水所产生的升力，可把水从下方推到上方。

轴流泵的叶片一般浸没在被吸水源的水池中。由于叶轮高速旋转，在叶片产生的升力作用下，连续不断地将水向上推压，使水沿出水管流出。叶轮不断地旋转，水也就被连续压送到高处。轴流泵的结构图如图 10-4 所示。

2. 特　点

（1）水在轴流泵的流经方向是沿叶轮的轴向吸入、轴向流出，因此称轴流泵。

（2）扬程低（1～13m）、流量大、效益高，适于平原、湖区、河网区排灌。

（3）启动前不需灌水，操作简单。

（三）混流泵

1. 工作原理

由于混流泵的叶轮形状介于离心泵叶轮和轴流泵叶轮之间，因此，混流泵的工作原理既有离心力又有

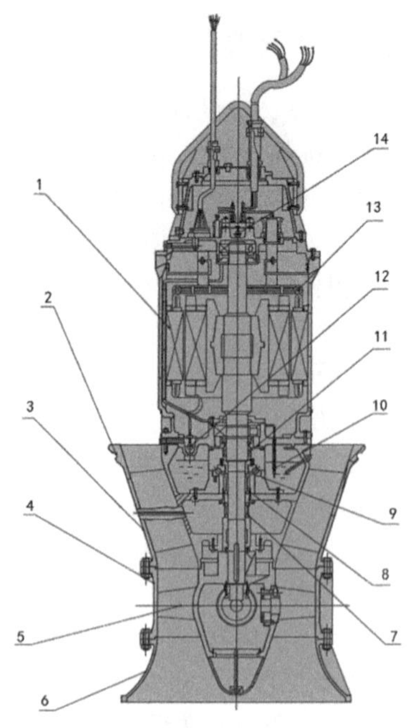

1-潜水电机；2-O 形密封圈；3-导叶体；4-叶轮外壳；5-叶轮部件；6-进水喇叭口；7-水中机械密封；8-油室中机械密封；9-轴承测温元件；10-油室渗漏传感器；11-电机端机械密封；12-电机内部浮子开关；13-定子线圈测温元件；14-接线盒内浮子开关。

图 10-4 轴流泵结构图

升力，靠两者的综合作用，水则与轴组成一定角度流出叶轮，通过蜗壳室和管路把水提向高处。混流泵的结构图如图 10-5 所示。

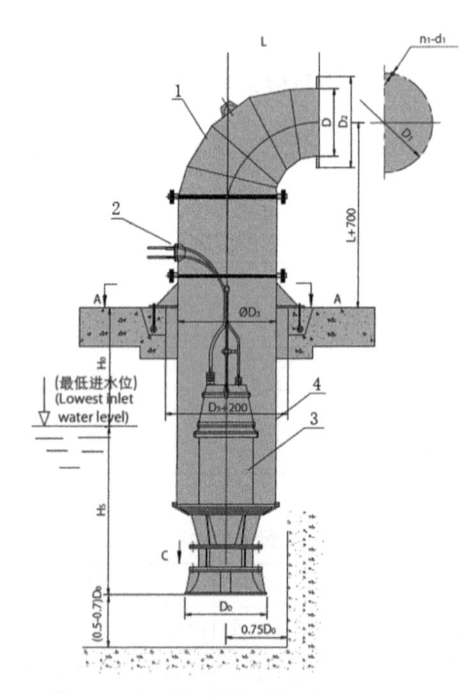

1-90°异径弯管；2-潜水电泵引线；3-电泵；4-井筒。

图 10-5 混流泵结构图

2. 特　点

(1)混流泵与离心泵相比，扬程较低，流量较大，与轴流泵相比，扬程较高，流量较低。适用于平原、湖区排灌。

(2)水沿混流泵的流经方向与叶轮轴成一定角度吸入和流出，故又称斜流泵。

(四)进水泵的维护及保养

以进水提升泵为例，维护和保养可参考表 10-4、表 10-5。

表 10-4　进水泵润滑部位和周期

润滑位置	换油周期
潜水泵油腔	1 个月
水泵冷却系统	1 个月
下端轴承	1 个月

表 10-5　进水泵滑部位和周期

周期	保养内容
每隔 4000h，但至少每年 1 次	测量绝缘电阻
	检查电气电缆
	目视检查提升键/绳
每隔 10000h，但至少每年 1 次	检查传感器
	检查机械密封泄漏
	换油或检查冷却液
	轴承润滑

三、除砂机

除砂机是从废水中分离密度相对较大的无机颗粒，将粒径大于 0. 2mm 的砂粒去除。它一般设在泵站、沉淀池之前，用于保护机件和管道免受磨损，还能使沉淀池中污泥具有良好流动性，能防止排放与输送管道被堵塞；且能使无机颗粒和有机颗粒分别分离，便于分离处理和处置。

常见的吸砂机有曝气沉砂除砂机和旋流式沉砂除砂机。

(一)曝气沉砂除砂机

曝气沉砂池中利用吸砂泵、平移桥车、螺旋输送机来完成吸砂，如图 10-6 所示。在曝气的作用下，水流在池内呈螺旋前进，水中的有机颗粒处于悬浮状态，砂粒间摩擦并受曝气剪切力的作用，这就能清除砂粒上附着的有机污染物，从而取得较为纯净的砂粒。砂粒在重力和旋流力的作用下沉到池底，与水分离，通过吸砂泵将砂粒排出池外。

图 10-6　曝气沉砂除砂机

(二)旋流式沉砂除砂机

旋流式沉砂除砂机是一种新型的砂水分离设备，该产品主要由驱动装置、搅拌机构、洗砂系统、吸砂系统、电控系统等部分组成。主要应用于给排水工程中去除水中的砂粒及附在砂粒上的有机物，可有效地分离直径大于 0. 2mm 的砂粒。

旋流式沉砂池除砂机在驱动装置的驱动下，池中搅拌叶轮旋转产生离心力，使水中的砂粒沿壁及池底斜坡积于池底的集砂斗中，同时将砂粒上黏附的有机物分离下来。沉积于砂斗内砂粒通过气提泵或砂泵提升至池外，做进一步砂水分离。由于叶轮桨板向上倾斜，旋转时使池中污水做螺旋运动，加上因污水切向进入，产生与叶轮旋向一致的旋流，池中的污水形成涡螺流态。在适当的叶桨倾角和线速度条件下，污水中的砂粒将受到冲刷并仍保持最佳的沉降效果，而原来附着在砂粒上的有机物以及重量小的物质将随污水一同流出旋流池。另外，由于叶轮旋转，减少了旋流池因进水量变化导致流态变化的敏感程度，保证了沉砂池稳定、出砂的有机成分含量低等特点。

(三)除砂机的维护及保养

除砂机的维护和保养见表 10-6、表 10-7。

表 10-6　除砂机的润滑部位和周期

润滑部位	注油周期	换油周期
变速器箱	—	36 月
轴承	1 个月	—

表 10-7　沉砂机的保养内容和周期

保养内容	周期	保养技术要求
擦洗设备	1 个月	无尘埃、无污垢，漆见本色
清扫电控箱	1 个月	无尘埃、无污垢，接线牢固

（续）

保养内容	周期	保养技术要求
检查行走、料耙驱动装置油位，运转时的噪声	1个月	拆卸油堵目测，油位符合要求，无异响
检查浮渣刮板臂的滚子和刮板胶皮	1个月	磨损严重时须更换
检查并紧固料耙提升装置的转矩臂螺钉	1个月	按螺栓紧固要求紧固
检查触轮是否工作正常，钢丝卡子的紧固及钢丝绳的破损情况	1个月	触轮动作灵敏，钢丝绳有跳丝、断股时须更换
清洗除砂机上空气压缩机的滤网	1个月	滤网清洁透气性能好
检查电缆卷筒驱动磁耦合器运转时的噪声	1个月	无异响
检查电缆装置运转状况	1个月	电缆松紧适宜，卷线排列有序
紧固连接部位螺栓	12个月	按螺栓扭矩要求紧固

四、洗砂机

除砂机从池底抽出的混合物，其含水量多达95%~97%以上，还混有相当数量的有机污泥。这样的混合物运输、处理都相当困难，必须将无机砂粒与水以及有机污泥分开，这就是污水处理的砂水分离及洗砂工序，常用的砂水分离设备为螺旋式洗砂机，如图10-7所示。螺旋式洗砂机由无轴螺旋、衬条、U形槽、水箱、导流板和驱动装置等组成。当砂水混合液从分离器的一端项部输入水箱，混合液中较大的如砂粒等将沉积于U形槽底部，在螺旋的推动下，砂粒沿斜置的U形槽底提升，离开液面后继续推移一段距离，在砂粒充分脱水后经排砂口卸置砂桶，而与砂分离后的水则从溢流口排出并送往厂内进水池。

图10-7　螺旋洗砂机实物图

洗砂机的维护和保养见表10-8、表10-9。

表10-8　洗砂机的润滑部位和周期

润滑部位	注油周期	换油周期
电机轴承	3个月	—
油室	—	24个月

表10-9　洗砂机的保养内容和周期

保养内容	周期	保养技术要求
擦洗设备	1个月	无尘埃、无污垢，漆见本色
清扫电控箱	1个月	无尘埃、无污垢，接线牢固
检查电机减速器油位	1个月	拆下油堵目测观察，油位符合要求
检查电机减速器运转时的噪声	1个月	无异响
检查衬板的磨损后剩余量（测量）	1个月	余量小于1.5mm时须更换
检查螺旋输送器排水口堵塞情况	1个月	保持排水通畅
检查无轴螺旋磨损情况	3个月	横截面磨损超20%须更换
紧固该机连接、振动部位螺栓	12个月	按紧固力要求紧固

五、自清洗过滤器

（一）过滤方式

自清洗过滤技术是一种20世纪70年代末期发展起来的新型过滤技术，其最主要的优点是可利用水压自我操作、自我清洗，且清洗时不停止过滤。

水由入口进入，首先经过粗滤网滤掉较大颗粒的杂质，然后到达细滤网。在过滤过程中，细滤网逐渐累积水中的脏物、杂质，形成过滤杂质层，由于杂质层堆积在细滤网的内侧，因此在细滤网的内、外两侧就形成一个压差。当过滤器的压差达到预设值时，将开始自动清洗过程，期间净水供应不断流，清洗阀打开，清洗室及吸污器内水压大幅度下降，通过滤筒与吸污管的压力差，吸污管与清洗室之间通过吸嘴产生一个吸力，形成一个吸污过程。同时，电机带动吸污管沿轴向做螺旋运动。吸污器轴向运动与旋转运动的结合将整个滤网内表面完全清洗干净。整个冲洗过程只需数十秒钟。排污阀在清洗结束时关闭，过滤器开始准备下一个冲洗周期。

（二）控制方式

自清洗过滤器控制方式有压差控制、定时控制、手动控制。

压差控制：控制系统实时将系统压差与所设定的压差相比较，当系统压差达到设定压差时，过滤器在过滤同时进行清洗排污，整个清洗过程将持续几十秒。当压差值小于设定值时，停止清洗，系统恢复至其初始状态，为下一个过滤工序作好准备。

定时控制：根据实际情况自行设置过滤时间和排污时间，过滤器将按照设定的过滤时间和排污时间循环工作。

手动控制：选择手动开关位置时，过滤器进行清洗、排污。

自清洗过滤器结构图如图 10-8 所示，全自动自清洗过滤器由电机、电控箱、控制管路(包括控制阀和压差变送器)、主管组件、不锈钢滤网、框架组件、传动轴、进出口连接法兰等主要零部件组成。电控箱和控制管路构成过滤机的控制部分，用于实现自动清洗排污过程。

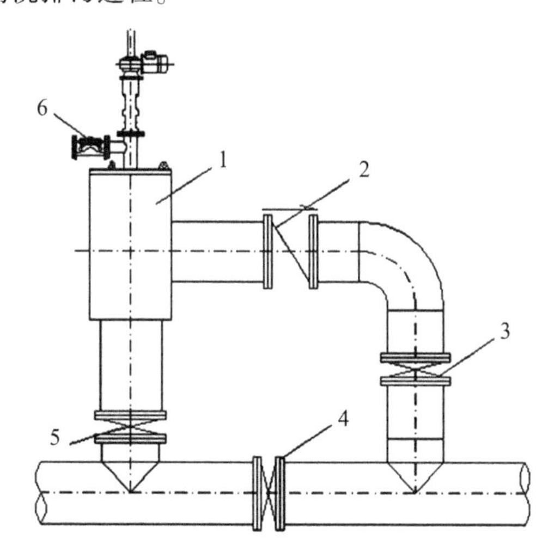

1-滤器本体；2-止回阀；3-出口蝶阀；4-旁通阀；5-进口蝶阀；6-排污阀。

图 10-8　自清洗过滤器结构图

(三) 自清洗过滤器的维护和保养

保养内容和周期见表 10-10。

表 10-10　自清洗过滤器的保养内容和周期

周期	保养内容
每周	启动一个自清洗周期；检查排污阀是否能正常打开关闭；吸吮扫描器是否旋转，当它碰到限位开关时，排污阀关闭
	检查传动轴和驱动轴套间的润滑油情况，如有必要再加润滑脂
	检查扫描器轴上是否有渗漏，如有必要更换密封法兰内部 O 形密封圈

(续)

周期	保养内容
长时间停用前的维护(超过 1 个月)	进行一次清洗循环过程(如果可能，再关闭出口阀时进行)
	在限位开关到底极限为前，切断控制盘电源
	过滤器释压
	润滑驱动轴与套管
重新启动前的维护	控制盘接通主电源
	检查过滤器的整个运行情况
	润滑驱动轴及套管
	如果有必要，更换密封法兰内部 O 形密封圈

六、反冲洗水泵

反冲洗水泵是反硝化生物滤池和超滤膜工艺中必不可少的重要设备，反冲洗水泵常用卧式中开泵和卧式离心泵。

(一) 卧式中开泵

卧式中开泵又称为卧式单级双吸式离心泵，其主要特征为输送介质的流量大、扬程高。叶轮安装在泵壳内，并紧固在泵轴上，泵轴由电机直接带动，泵壳上的液体排出口与排出管连接。

泵轴由两个单列向心球轴承支承，轴承装在泵体两端的轴承体内，用黄油润滑，双吸密封环用以减少水泵压水室的水漏回吸水室。轴封为软填料密封，为了冷却润滑密封腔和防止空气漏入泵内，在填料之间有水封环，水泵工作时少量高压水通过水封管流入填料腔起水封作用，卧式中开泵结构图如图 10-9 所示。

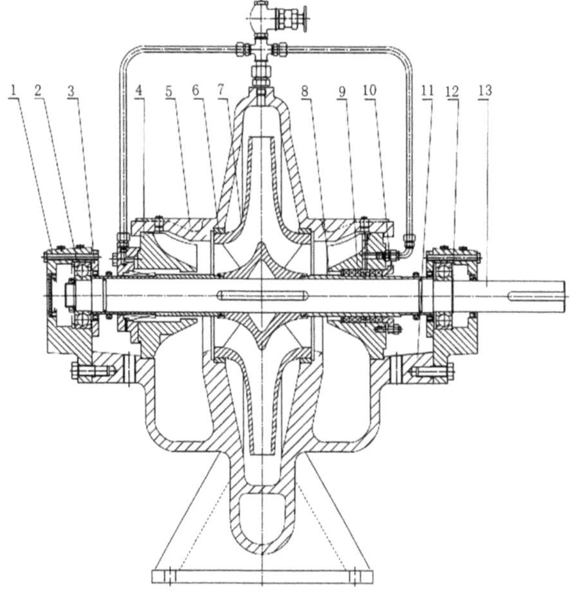

1-轴承体；2-轴承；3-轴承压盖；4-密封体；5-泵盖；6-壳体密封环；7-叶轮；8-密封轴套；9-填料或机械密封；10-密封压盖；11-泵体；12-弹性挡圈；13-轴。

图 10-9　卧式中开泵结构图

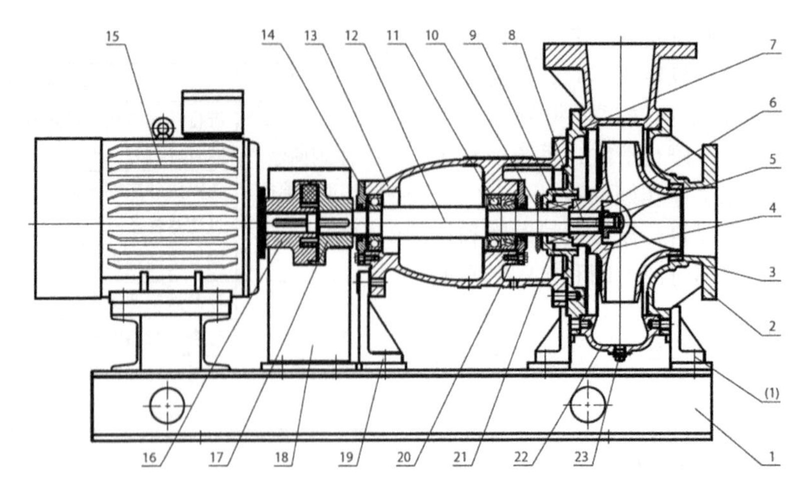

1-机座；2-前盖；3-密封环；4-叶轮；5-叶轮螺母；6-止动垫圈；7-O 形圈；8-键；9-机械密封；10-挡水圈；11-轴承；12-主轴；13-轴承体；14-轴承盖；15-电机；16-电机联轴器；17-泵联轴器；18-联轴器罩；19-轴承体支架；20-VD 密封圈；21-后盖；22-泵体；23-丝堵。

图 10-10 卧式离心泵结构图

(二)卧式离心泵

离心泵是根据离心力原理设计，卧式离心泵结构示意图如图 10-10 所示。高速旋转的叶轮叶片带动水转动，将水甩出，从而达到输送的目的。离心泵有多种，从输送介质上可以分为清水泵、杂质泵、耐腐蚀泵等。反冲洗水泵多选用清水泵，主要优点：结构简单、维修方便、固定安装无振动、密封较好、噪声低、维护方便、价格便宜；主要缺点：由于卧式离心泵的主轴位置是水平的，安装的时候水平放置，所以比立式离心泵要占用更多的地方，且因为吸出高度的限制，水泵安装位置很低，容易受潮、受淹，影响安全运行。

(三)维护和保养

反冲洗水泵的保养内容和周期见表 10-11。

表 10-11 反冲洗水泵的保养内容和周期

周期	保养内容
每天	检查机械密封或填料密封是否泄漏
每周	检查泵的运行情况(吸入压力、总扬程、轴承温度、噪声和振动)
每月	检查联轴器变形量
	如果需要，打开备用泵试运行 5min
每 20000h	更换深沟球轴承
每 4 年或总扬程下降时	根据使用的说明书检查和拆修泵，如果需要，检查和更换磨损元件，如轴承、泵体密封环(叶轮密封环)、轴套
	润滑电机轴承

七、鼓风机

风机是用来输送气体的一类通用机器，在水处理过程中被广泛用于曝气、通风等环节。

水处理常用风机有离心风机和罗茨鼓风机。

(一)离心风机

1. 特　点

常用的离心风机是多级离心风机，多级离心风机采用了多级风叶组合，最多可有 8 级风叶。该风机采用后弯叶片式叶轮，压力损失小，效率高，适用于大风量、高风压的工作条件。

多级涡轮鼓风机不仅叶轮强度高，而且长期运转性能也稳定。此风机每级升压 1000mm H_2O(9. 9kPa)左右，污水处理厂用的多为 3~8 级。风机的驱动一般与 2 级绕线式电动机直接连接，转速根据电源的频率为 3000r/min(50Hz)或 6000r/min(60Hz)。

多级涡轮鼓风机为获得高压比，采用 3~8 级高转速的叶轮，对转子的强度、部件的精度、风机整体的刚性等应充分考虑。鼓风机由叶轮和外壳及附属装置构成，叶片用钢板或轻质合金制造，叶片数为 12~24 片。外壳一般用铸铁制造。由蜗壳、吸入口、排出口组成。为便于检查和修理，多采用上下两部分分开的形式。

单级增速鼓风机通过叶轮的高速旋转，每级升压可达 10000mm H_2O(98kPa)左右，因高速旋转，所以运转声音大。风机的驱动，通常由 2 级或 4 级电动机通过增速机来驱动，转速为 8000~20000r/min。构造由叶轮、外壳、增速装置和附属装置构成。叶轮以轻质合金或特种钢加工制作，外壳由一般铸铁制造。

2. 结　构

多级离心风机主要由原动机、机壳、风叶、传动轴、联轴器、进出风管、机座以及轴承、润滑装置、密封组件、进风过滤器等辅助零部件组成。

(1)机壳：风机的机壳由铸铁制作，或用钢板焊接而成，机壳根据叶轮形式可做成水平剖分或蜗壳状。对于低压离心风机，机壳大都做成水平剖分式。对于单级离心风机大都做成蜗壳式。蜗壳的作用是将叶轮增压后的气体收集起来，然后流入流道。

(2)转子：转子是风机的主要部件，它由叶轮、主轴、轴承、排气室、密封部件、联轴器等部件组成。叶轮的主要作用是使气体通过叶轮后提高压力和气体流速。主轴的作用是传递转矩使叶轮旋转。联轴器是连接原动机和风机的轴，用于传递原动机的动力矩，也起安全连接作用。

(3)密封：离心风机的级间密封多采用迷宫式气封，轴端密封多是O形环。

(4)入口调节片装置：入口调节片装置用于调节来自风叶的空气流量，安装在径向方向，改变叶片的角度可使叶轮的速度发生变化。

(5)轴承：轴承是支撑转子、保持转子能平稳旋转的部件，同时还可以调节转子产生的径向和轴向力。对于低压低转速的风机，大都选用滑动轴承；对于中压以上高转速的风机大多选用滚动轴承。

(6)润滑系统：离心风机的润滑系统一般采用恒油位自留式润滑，其形式很多，包括注油杯、注油枪等，而大型高速风机则单独有由油泵、油箱、过滤器、冷却器等组成的润滑系统。

3. 工作原理

多级离心风机的工作原理是由原动机通过联轴器带动风叶旋转，靠离心力的作用，将外部空气从进风管吸入旋转叶轮的中心处，经多级风叶逐步增压加速，使气体流速增大，气体在流动中把动能转换为静压能，然后随着流体的增压，静压能又转换为速度能，从而把输送的气体沿机壳经出风管送入管道。

(二)罗茨鼓风机

容积式回转鼓风机有罗茨鼓风机和可变翼式鼓风机，污水处理厂主要使用罗茨鼓风机。罗茨鼓风机是使装在机壳内的两个转子相互反向旋转，把转子与机壳间贮留的气体由吸入口送至排出口，通过气体压送到出口侧时的体积变化而使压力升高。罗茨鼓风机的特性与离心式涡轮鼓风机相近，因压力条件变化使供风量的变化很小。风机不会发生喘振现象，但气体的压缩，因压力脉动而产生的噪声、振动和因压缩热而造成的温度上升现象显著。

1. 结　构

罗茨鼓风机主要由机壳、传动轴、主动齿轮、从动齿轮与一对叶转子组成。

(1)机壳：罗茨鼓风机的机壳有整体式和水平剖分式，结构简单。在水处理中一般所用风机功率较小，大多采用整体式机壳。

(2)密封：罗茨鼓风机一般采用滚动轴承，滚动轴承具有检修方便、可缩短风机的轴向尺寸等优点，而且润滑方便。

(3)齿轮：罗茨鼓风机机壳内两转子的转动是靠各自的齿轮啮合同步传递转矩的，所以其齿轮也称“同步齿轮”，同步齿轮既进行传动，又有叶轮定位作用。同步齿轮又分为主动轮和从动轮，主动轮一端与联轴器连接。

(4)转子：罗茨鼓风机的转子由叶轮和轴组，叶轮又可分为直线型和螺旋型，叶轮的叶数有两叶和三叶。

2. 工作原理

罗茨鼓风机的工作原理是通过主、从动轴上一对同步齿轮的作用，叶轮转子同步等速向相反方向旋转，将气体从吸入口吸入，气流经过旋转的转子压入腔体，随着腔体内转子旋转容积变小，气体受压排出出口，被送入管道。

(三)风机的维护和保养

风机的维护和保养见表10-12。

表10-12　风机的保养内容和周期

周期	保养内容
每天	检查并保持油位，如有必要时添加润滑油
	检查非正常噪声和震颤
每周	清洗所有空气过滤器；堵塞的空气过滤器将严重影响风机作业效率，并可能产生过热现象和润滑油消耗
	检查调节阀确保其正常工作
每月	检查整套系统是否泄漏
	检查润滑油状况，如有必要时更换(油位发暗发黑)
	检查传动带是否拉紧，如有必要时更换
每3个月	用适量润滑油润滑齿轮端和驱动端

八、搅拌器

潜水搅拌器作为一种在全浸没条件下连续工作，兼搅拌混合和推流功能为一体的浸没式设备，在污水处理领域有着广泛的应用，在活性污泥工艺中采用潜水搅拌器可防止污泥沉积在池底部，将污水与回流液和混合在一起，使悬浮固体均匀分布，从而使微生物与污水之间有充分的接触。在城市污水处理厂污水处理过程中，由于污水处理工艺的需要，污水与污泥的混合液必须以一定的流速在池体内循环流动，如果流速过低，会使混合液中的污泥絮凝沉淀，造成池底大量积泥，大大减少池体的有效容积，降低处理效果，影响出水水质。因此，需要借助潜水搅拌器的搅拌、推动，造成混合液保持一定流速，防止污泥沉积在池底部，并将污水与回流和再循环水流混合在一起使悬浮固体均匀分布，从而使微生物与污水之间有充分的接触，达到混合搅拌、推进的作用。潜水式搅拌器主要作用是对污水进行搅拌和推流，主要由电机、叶轮、导流筒、电控系统组成。

(一)搅拌器的作用

(1)推动水力循环。用搅拌器进行水力循环是高效节能的手段，尤其在污水生化处理中的厌氧池、缺氧池和氧化沟中应用广泛。由于在这类池中只需提供必要的循环流速，就可以保持池内的混合液呈悬浮状态，使微生物与其基质充分接触，因此池型多采用氧化沟池型，通过搅拌器输入的能量，形成连续循环水流。这种设计不仅能有效地保持混合液悬浮，而且由于池内循环水流的流量通常高于进水流量数十倍，甚至上百倍，使池内水流产生巨大的稀释匀化能力，因而使得工艺具有耐冲击负荷的特性。同样在氧化沟设计中，设备兼有充氧与水力循环的双重功能。在工程中往往会因水质和水量变化而需要调整充氧能力，难以兼顾池内的循环流速，造成沟内沉泥积泥的问题，而增设搅拌器便可以有效解决其积泥问题，而且进行这项技术改造并不复杂，投资很少。

(2)提高传氧效率。在污水生化处理系统中，曝气是维持好氧微生物正常代谢的基本段，水下曝气系统的传氧效率又与水深有着直接的关系。在曝气池中，采用搅拌器将曝气池设计成上述连续循环流池型，就会在循环流速的作用下，改变由曝气头释放气泡的路径，增大传氧水深，提高传氧效率。采用这种设计通常可使曝气系统的传氧效率提高15%左右，污水处理的能耗与运行费用随之节省。如氧化沟采用倒伞形曝气机，有人认为国外的曝气机推力大，可省去潜水搅拌器，这是不正确的。倒伞形曝气机在实际运行时，提升力很小，不同的浸没深度直接影响着平推能力和充氧效果，没有相应的搅拌和提升能力，完全依靠平推能力是不可能完全阻止污泥在氧化沟中的沉降。曝气机的主要功能是曝气充氧、混合；动力效率是考核设备的主要技术指标，将曝气机完全浸没在水中运行时，它的推力可能最大，但充氧效果也最差。

(3)促进混合搅拌。随着污水生化处理技术的发展，出现了分格、分段处理的工艺。当单格池容较小时，可将每格平面设计成正方形或圆形，并在每格中设置一台搅拌器。这类反应器的布置方式十分灵活，在圆形池中可以任意位置布置，只要产生的推力与水流方向一致即可。在矩形池中则要布置在池壁的夹角处，设计中应注意水流方向的选择。当单池容积较大时，就应当通过对技术方案进行分析比较，来选择确定是采用搅拌型还是推进型设备。一般而论，单池池容越大，池面越大，采用推进型设备越经济。

(二)潜水搅拌器的结构

潜水搅拌器的结构包括壳体、电机、减速传动装置、搅拌螺旋桨、密封装置、监控系统与动力和控制电缆。

(1)壳体：考虑到污水处理厂污水具有酸碱、有机物、热污染、腐蚀性溶液等工作环境因素，潜水搅拌器壳体的主要材质应为不锈钢；而所有的螺母、螺钉和垫圈则应为不锈钢或更好的材质。

(2)电机：电机应根据水深工作的需要，一般选用高绝缘等级(F级)的标准定子和标准转子组件，组装到设计紧凑的潜水搅拌器壳体内。电机功率等级和安装尺寸均应符合IEC国际标准，特别对接线端口设计应完全密封，能把电机和外界分割。

(3)减速传动装置：减速传动装置主要由一对斜齿轮、轴承和油箱组成。驱动齿轮安装在电机输出轴上，被动齿轮安装在搅拌器轴上，材料一般采用优质钢。

(4)搅拌螺旋桨：搅拌螺旋桨的设计根据潜射流理论，采用水力平衡的无堵塞的拽后设计，它能有效传递对应电动机输出的最大搅拌效率，在叶片设计时须考虑到防止异物缠绕桨叶的因素。为了获得远流程的流场要求，设有导管式罩。制造完毕后需进行静平衡校验。

(5)密封装置：搅拌器由于长期在水下工作，故其密封性是非常重要的。静压密封均采用O形橡胶圈，在搅拌器端轴的动密封采用内装单端面大弹簧非平衡的机械密封动、静环，材料为碳化钨或碳化硅。

(6)监控系统：在每相定子绕组线圈中装入热敏开关，当热敏开关断开时，电机停止运行并报警。在潜水电机定子室设置油室漏水传感器，当水渗入油室时，传感器将发出报警信息。在潜水电机定子室设置漏水传感器，定子室中渗入水分时，电机停止运行并报警。热敏开关、油室漏水传感器和定子室漏水传感器经导线引至电机接线盒。

(7)动力和控制电缆：潜水控制电缆和动力电缆的尺寸应符合IEC电线电缆标准(如IEC 60227、IEC 60245等)，并提供足够的长度以接入接线箱，且不能拼接。电缆外护套应是低吸水性的防泄漏氯丁橡胶，并且其机械柔性应能承受电缆进线处的压力。电缆至少能在水下20m处连续使用而不失其防水性能。采用远程的监控工作站则可以利用编程进行远程的实时数据调用、参数修改功能，以达到远程监控的目的。

(三)潜水搅拌器的搅拌速度

潜水搅拌器的转速范围一般为15～1450r/min，可按转速分为低速型和高速型。低速型转速在15～120r/min，叶轮直径大，一般为1200～2500mm；直径大于1800mm的最为常用，其功能则突出地表现在推动水力循环方面。其特点是流场分布较为均匀，流速低缓，但作用范围大，适用于对GT值没有要求、池体空间较大、以推动水力循环与保持流速为目的的处理构筑物中。设备的单位池容功率消耗指标主要取决于池体的水力学设计与设备的效率。低速型潜水搅拌机广泛应用于工业和城镇污水处理厂厌氧池搅拌、曝气池和氧化沟推流，产生低速切向流，为脱氮和除磷工艺创建水流条件。高速型转速在300～1450r/min，叶轮小，直径通常在900mm以下，其作用偏重混合搅拌。其特点是流速高、紊流强烈、流场的流速梯度大、作用范围小，适用于池体空间小、对GT值有一定要求、以混合为主的处理单元，如物化处理工艺中的混合池反应池，生化处理系统中的选择池、厌氧池等。

(四)推流式潜水搅拌器运行条件

推流式潜水搅拌器在下列条件下应能保证正常运行：

(1)搅拌介质温度为0～40℃。

(2)搅拌介质pH为6～9。

(3)搅拌介质的密度不超过1150kg/m^3。

(4)最大潜入水深不大于20m。

(5)水体推流搅拌的工作有效区域内的流速应大于0.3m/s。

(6)在水体推流搅拌的工作有效区内，低速推流式潜水搅拌机的轴向有效推进距离应符合相关要求。

(五)潜水搅拌器的维护及保养

搅拌器的保养内容和周期见表10-13。

表10-13　搅拌器的保养内容和周期

周期	保养内容
每半年	绝缘电阻测量
	电缆目测
每2年	传感器检测
	更换润滑油(机械密封的油腔)
免维护	轴承润滑
每1年	目视检查卸扣、提升链、提升钢丝绳
每5年	大型检查

九、转刷曝气机

转刷曝气机是一种机械曝气设备，是氧化沟工艺中普遍采用的一种卧轴式水平推流式表面曝气设备，主要由户外立式电动机、减速机、主轴、刷片、轴承座、电气控制等部分构成。其工作原理为电机减速箱通过联轴器和轴承座带动转刷转动。

转刷的长度由氧化沟的宽度确定，一般为3～12m，若长度超过9m，为避免因转刷太长而产生严重挠曲，可在氧化沟中心设置支墩，称为双联轴式。转刷曝气机通常旋转直径为1m，转速一般在70～75r/min，浸没水深为直径的1/3，转刷每米长度需要功率为5kW左右。

转刷曝气机一般安装在几组长方形的氧化沟槽上，在运转中要激起大的水沫，有时还有大量污浊的气泡，因此在设备之上设置了一个混凝土桥，用以挡住水沫和便于现场设备检修。转刷曝气机另一端用轴承固定于混凝土基座上，轴承座一般使用可调滚动轴承，用以抵消转刷空心轴因挠曲所造成的影响。大部分的尾端基座还可以轴向浮动，用以抵消转刷因气温变化在长度方向引起的热胀冷缩。为了调节转刷的浸水深，转刷曝气机两端的轴承座上安装了螺旋调节装置，使转刷可上下自由调节。

转刷的浸水深度可根据工艺要求进行适量的调节，可以通过调节转刷的高低、调节进水阀门开度和调节出水堰的方法、改变氧化沟内的水深来实现。但调节的范围一定要按照产品说明进行，如果调整后的浸水深度过大，可能会使驱动装置超负荷，使电机发热、保护系统启动，导致转刷曝气机停运并报警。

转刷曝气机的维护与保养如下：

(1)转刷曝气机两端的轴承每2～4周加注一次润滑油。

(2)变速箱每半年打开检查一次，重点检查齿轮的表面有无点蚀的痕迹和咬合现象，并将旧的润滑油放出、对齿轮清洗后再加入适应季节的新润滑油。

(3)转刷曝气机的刷片在工作一段时间后可能出

现松动、位移和缺损，应当及时紧固和更换。

(4)长期停用的转刷曝气机，特别是使用尼龙、塑料及玻璃纤维增强塑料等材料刷片的转刷曝气机，要用篷布遮盖起来，以免阳光照射使刷片老化。同时为避免长期闲置的转刷因自重而引起的挠曲固定化，至少每月将转刷转动一个角度放置。

十、刮泥机

刮泥机是将沉淀池中的污泥刮到一个集中部位的设备，多用于污水处理厂的初次沉淀池、二次沉淀池和重力式污泥浓缩池。刮泥机可分为链条刮板式刮泥机、桁车式刮泥机和回转式刮泥机。

(一)链条刮板式刮泥机

链条刮板式刮泥机是在两根节数相等连成封闭环状的主链上，每隔一定间距装有一块刮板。由驱动装置带动主动链轮转动，链条在导向链轮及导轨的支撑下缓慢转动，并带动刮板移动，刮板在池底将沉淀的污泥刮入池端的污泥斗，在水面回程的刮板则将浮渣导入渣槽。链条刮板式刮泥机的优点是移动的速度可调至很低，常用速度为0.6~0.9m/min。由于刮板的数量多，连续作业，每个刮板的实际负荷较小，故刮板的高度低，它不会使池底污泥泛起，又可利用回程的刮板刮浮渣。整个设备大部分在水中运转，沉淀池可盖密封，防止臭气散出。缺点是单机控制宽度只有4~7m，大型池需安置多台刮泥机；水中运转部件较多，维护困难；大修时需要更换所有主链条，成本较高。

(二)桁车式刮泥机

桁车式刮泥机安装在矩形平流式沉淀池上，运行方式为往复式运动。每一个运行周期包括一个工作行程和一个不工作返回行程。这种刮泥机优点是在工作行程中，浸没于水中的只有刮泥板及渣刮板，而在返回行程中全机都提出水面，这给维修保养带来了很大的方便；由于刮泥与刮渣都是单向推动，故污泥在池底停留时间少，刮泥机的工作效率高。缺点是运动较为复杂，因此故障率相对高一些。桁车式刮泥机的结构部分主要包括横跨沉淀池的大梁、轮架以及供操作及检修人员行走的走道、扶手等。

(三)回转式刮泥机

在辐流式沉淀池和圆形污泥浓缩池上多使用回转式刮泥机和浓缩机，它具有刮泥及防止污泥板结的作用，用以促进泥水分离。按照其桥架结构的不同可分为全跨式和半跨式；按驱动方式的不同可分为中心驱动和周边驱动；按刮泥板形式的不同可分为斜板式和曲线式。回转式刮泥机有些在半径上布置刮泥板，桥架的一端与中心立柱上的旋转支座相接，另一端安驱动机构和滚轮，桥架做回转运动，每转一圈刮一次泥，这种形式称为半跨式刮泥机。其特点是结构简单，成本低，适用于直径30m以下的中小型沉淀池。一些回转式刮泥机具有跨越直径的工作桥，旋转式桁架为对称的双臂式桁架，刮泥板也是对称布置的，该种形式称为全跨式刮泥机。对于一些直径30m以上的沉淀池，刮泥机运转一周需30~40min，采用全跨式每转一周可刮两次泥，可减少污泥在池底的停留时间。有些刮泥机在中心附近与主刮泥板的90°方向上再增加几个副刮泥板，在污泥较厚的部每回转一周刮4次泥。

(四)刮泥机的运行管理

刮泥：平流式初沉池采用桁车式刮泥机时，一般间歇刮泥，采用链式刮泥时，既可间歇也可连续刮泥。刮泥周期长短应根据污泥的量和质决定，当污泥量大或已腐败时，应缩短周期，但刮板行走速度不能太快，否则会搅起已沉淀污泥。辐流式沉淀池一般采用连续刮泥机，但回转式刮泥机周边线速度不可超过3m/min，否则沉淀污泥会被搅起。

排泥：排泥操作既要尽可能把污泥排净，又要使排出的污泥浓度较高。平流式沉淀池采用连续刮泥机时，其刮泥、排泥周期一致。排泥时间的确定最简单的方法是从排泥管取样测定含固量，直至含固量降至接近零，所需时间即为排泥时间。大型污水处理厂一般采用自动控制排泥，既不降低污泥浓度，又能将污泥及时彻底排出。

排浮渣：设置桁车式刮泥机的平流式沉淀池和设置回转式刮泥机的辐流式沉淀池都用刮板收集浮渣，并将其送至浮渣槽内。刮板与浮渣槽的配合不当常出现浮渣难以进入浮渣槽，应及时进行调整，敞开式沉淀池应注意风对浮渣的吹动。

(五)刮泥机的维护及保养

定期检查液压油油位、油质，如发现油变质及时予以更换液压油，正常情况下保证液压站液压油箱在上限内。

定期对液压站进行清洁、检查液压阀体与管路接头部位之间是否有渗漏，如发现有渗漏现象，及时予以紧固，或用扳手拆解阀体紧固螺栓、更换阀体间O形密封圈。

定期检查液压缸及其与管路之间的连接是否有液压有渗漏现象，如发现渗漏，及时予以紧固。当液压缸缸体与液压杆之间密封损坏时，出现渗漏液压油现象在上限内时，应尽快对液压缸予以更换。

定期检查油压表上的压力指示、监听液压泵是否有异常声响，如有异常应马上停机进行维修或更换。

定期在刮泥机轴承、线缆链条上加注润滑油，定期在行走减速箱上加注或更换润滑油。

十一、吸泥机

吸泥机是将沉淀于池底的污泥吸出的设备，一般用于二次沉淀池吸出活性污泥回流至曝气池。大部分吸泥机在吸泥过程中有刮泥板辅助，因此也成为吸刮泥机。常用的有回转式吸泥机和桁车式吸泥机，前者用于辐流式二沉池，后者用于平流式二沉池。吸泥方式可分为静压式、虹吸式、泵吸式和泵虹两吸式四种。常用吸泥机分为桁车式吸泥机和回转式吸泥机。

(一)桁车式吸泥机

这种吸泥机的结构与桁车式刮泥机相似，也包括桥架和使桥架往复行走的驱动系统，只是将可升降的刮泥板换成了固定于桥架上的污泥吸管。在沉淀池一侧或双侧装有一导泥槽，用以将吸取的污泥引到配泥井或回流污泥泵房及剩余污泥泵房。这种吸泥机往复行走，其来回两个行程的速度相同。桁车式吸泥机的运行速度应根据入流污水量、污泥量、池的深度等诸多因素综合考虑确定，一般为 0.3～1.5m/min，速度过快会产生扰动，影响污泥的沉淀。桁车式吸泥机都有两根或多根吸泥管，吸泥方式有两种：虹吸式和泵吸式。

(二)回转式吸泥机

回转式吸泥机按驱动方式分中心驱动和周边驱动两种。中心驱动式的驱动电动机、减速机等都安装在吸泥机的中心平台上。减速机带动固定在转动支架上的大齿圈，驱动机架旋转。周边驱动式比中心驱动式应用广泛，它完全采用桥式结构，在桥架的一端或两端安装驱动电动机及减速机，用以带动驱动钢轮或胶轮旋转，从而使整个架转动，吸泥管、导泥槽、中心泥罐等一起随桥架转动。

(三)吸泥机的维护及保养

定期清洁设备，清洁、紧固配电箱与箱内接线。

定期检查电机减速箱油位，缺油时随时注油，每年更换一次润滑油。

定期(每月 1 次)在桥架中央定心轴承部位加黄油。

定期(每年 1 次)在桥车行走轮内轴承部分加黄油。

定期(每半年 1 次)对电机进行绝缘摇测。

十二、膜生物反应器膜组器

(一)工作原理

在膜生物反应器中若干个膜组器安装到膜池内，以一定的间距布置。膜池内预先安装的底部导轨调整膜组器的高低位置保持一致，利用膜池内预先安装的侧导轨进行定位，通过膜组器顶部的法兰接口，与单个膜池的集水管道和吹扫气管道连接，如图 10-11 所示。

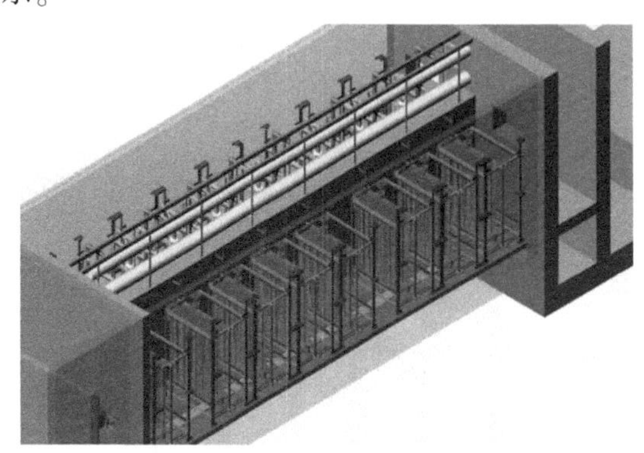

图 10-11　膜组器在膜池内布置示意图

开启膜池进水闸门将膜池内注入生物池混合液，开启回流泵实现膜池混合液至生物池的回流，以保持膜池内混合液浓度的基本稳定；开启鼓风机对膜组器的膜丝进行吹扫，通过真空泵排空管道和膜组器框架内的空气，开启产水泵。由于产水泵的入口负压作用，产品水克服膜丝内外壁及膜丝外表面附着物的阻力(可认为是跨膜压差)，产品水进入膜丝内部流道，每根膜丝内部的产品水通过膜组件上的集水管和膜框架上的产水通道，汇集到该膜池的产水管中，通过产水泵的离心作用，将产品水泵送到产水干管。

在污水处理过程中，原料为生物池混合液，渗透物为产品水，推动力为大气压、膜池液位与产水泵入口中心液位差及产水泵入口负压。膜分离原理示意图如图 10-12 所示。

(二)结　构

1. 膜组器

膜组器主要由若干膜组件、膜架、膜组件固定件组装而成，安装到膜池中，实现产品水的分离与收集。

膜架结构如图 10-13 所示，膜架为金属框架结构，用于支撑、安装膜组件，同时利用其立柱，用作产品水的收集管道和吹扫气的分配布置管道，同时根据安装条件设置定位款和吊装把手等附件。

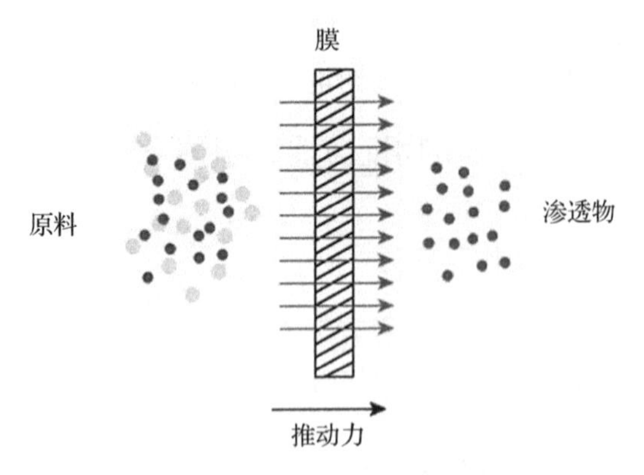

图 10-12 膜分离原理示意图

膜组件一端插入到膜架的接口中，通过膜组件上的双 O 形密封圈与平面垫，与膜架上的接口形成过盈配合，膜组架安装好膜组件后，就构成了膜组器，如图 10-14 所示。

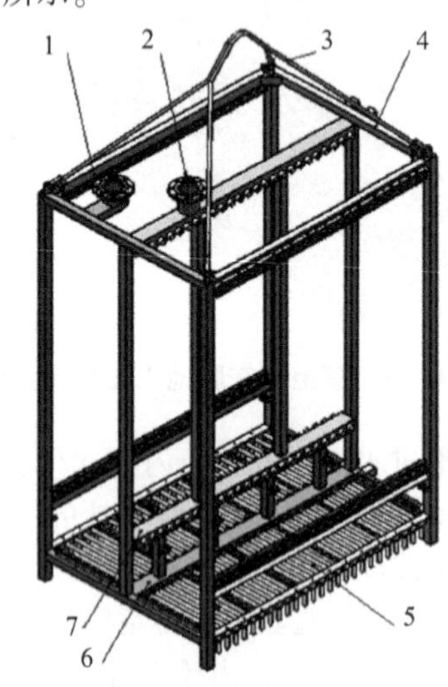

1-吹扫总进气管；2-产水总管；3-吊具；4-膜架；5-吹扫气管；6-吹扫气通道；7-产水通道。

图 10-13 膜架结构示意图

图 10-14 膜组器结构示意图

2. 膜组件

如图 10-15 所示，膜组件主要由成千上万根的膜丝与集水管通过黏合剂封装在一起，并在集水管端部设置双 O 形密封圈设计，实现膜池内混合液与膜组器内部产水的有效隔离。

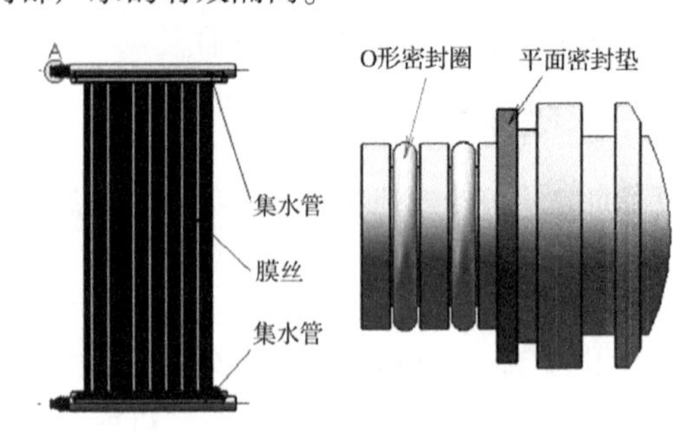

图 10-15 膜组件结构示意图

(三) 膜组器的维护保养

膜组器的维护主要是膜组器的定期清洗。

1. 维护性清洗

维护性清洗的目的是为了去除经过一段时间后积累在膜丝上的可溶性微生物产物(SMP)和胞外聚合物(EPS)。维护性清洗一般 1~7d 进行 1 次。每个膜池逐一进行清洗，每个膜池的清洗时间约 10~30min。

维护性清洗采用化学反洗方式。化学反洗是将特殊的化学溶液(如次氯酸钠、酸)由集水口反向通过膜组件进到原水一侧的在线清洗过程。在进行反洗时，进水和产水系统均关闭，过滤处于停止状态，反洗进水阀和反洗泵开启。通过反洗加药、静置和吹扫的方式完成清洗过程。

2. 恢复性清洗

当膜系统使用至规定的时间(通常为 6 个月)或当维护性清洗对于通量恢复无效果，跨膜压差持续升高，通常膜透水率(产水通量与跨膜压差的比值)低于 50L/(m^2·h·bar*)时，需要进行恢复性清洗。恢复性清洗通常先用 1000~3000ppm 的 NaClO 溶液进行清洗(投加碳源工况建议添加 0.1%~0.3%的 NaOH 溶液)，然后用 1%~2%的柠檬酸或者 0.3%~0.5%硫酸进行清洗。恢复性清洗是将药液注入膜池，使膜组件浸泡在药液中并用空气对其进行吹扫，完成对膜的清洗。在进行恢复性清洗时，过滤处于停止状态。

十三、超滤膜

(一) 工作原理

超滤(Ultra Filtration，简称 UF)膜筛分过程，以膜两侧的压力差为驱动力，以超滤膜为过滤介质，在

---

* 1bar=100kPa，下同。

一定的压力下，当原液流过膜表面时，超滤膜表面密布的许多细小的微孔只允许水及小分子物质通过，成为透过液，而原液中体积大于膜表面微孔径的物质则被截留在膜的进液侧，成为浓缩液，因此实现对原液的净化、分离和浓缩的目的。每米长的超滤膜丝管壁上约有60亿个0.01μm的微孔，其孔径只允许水分子、水中的有益矿物质和微量元素通过，而最小细菌的体积都在0.02μm以上，因此细菌以及比细菌体积大得多的胶体、铁锈、悬浮物、泥沙、大分子有机物等都能被超滤膜截留下来，从而实现了净化过程。

(二)结　构

1. 膜组器

某种膜组器结构示意图如图10-16所示，主要参数见表10-14。

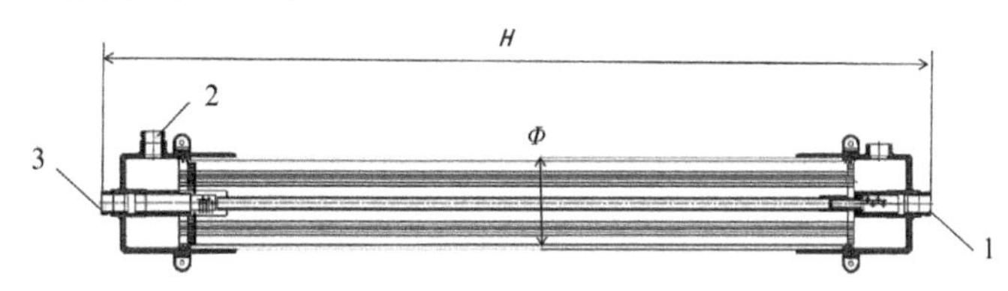

1-进水口；2-产水扣；3-浓水口。

图10-16　膜组器外形尺寸及内部结构图

表10-14　膜组件基本参数表

项目		OWUF-6型	OWUF-8型	OWUF-9型
尺寸	平均膜孔径/μm	0.02	0.02	0.02
	膜面积/m²	40	60	70
	膜丝内径、外径/mm	0.7、1.3	0.7、1.3	0.7、1.3
	膜丝有效长度/mm	1600	1600	1600
	规格尺寸(Φ×H)/mm	160×2209	225×2168	238×2128
材质	膜丝材质	PVDF	PVDF	PVDF
	灌封胶	环氧树脂	环氧树脂	环氧树脂
	膜管材质	UPVC	UPVC	UPVC
使用条件	最大进水压力/MPa	0.30	0.30	0.30
	使用温度范围/℃	5~40	5~40	5~40
	耐受pH范围	2~12	2~12	2~12
	运行方式	错流或死端过滤	错流或死端过滤	错流或死端过滤

膜组器在设计时充分考虑了应用环境，膜组器的各部件在设计工况下，可正常使用5~8年。

若膜组器在使用过程中发生严重污堵，需要将膜组件拆下清洗，需要注意膜组件端部的O形圈，在拆装过程中如挤压变形、割伤、破损，则应及时更换。

2. 膜系统

超滤膜系统主要包括原水增压系统、预过滤器、膜过滤系统、化学清洗系统、反洗系统、仪表控制系统等，结构图如图10-17所示。

(三)维护和保养

膜系统的维护和保养包括仪表管道的定期检查维护及膜组器的清洗。

1. 系统维护

(1)定期对膜系统设备(增压泵、反洗泵、加药泵、自清洗过滤器等)进行维护和保养。

(2)定期检查流量、压力、pH、温度、浊度等在线仪表。如有需要，及时更换。

(3)定期检查膜系统管道和垫片，以防渗漏。如有需要，及时更换。

2. 膜清洗

(1)气水清洗过程：为了及时清除累积在膜表面的截留物质，每隔一段时间(20~60min)需要停止过滤，保持组件内充满水，以一定流量的空气从底部均

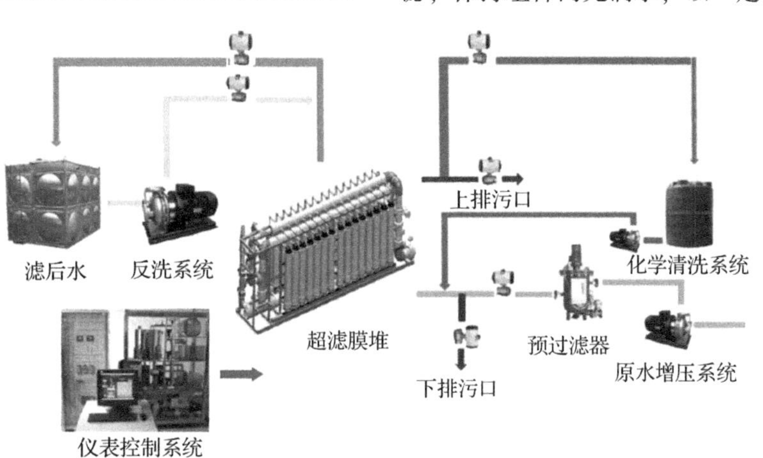

图10-17　超滤膜系统结构图

匀进入膜组件，震荡膜丝，使膜丝表面形成的滤饼能洗脱下来。吹扫空气通过浓水口排出。气洗后的污水需要从底部排出。必须保证充分的排水时间以清除滤出颗粒物。对于高浊度的原水，需要第二次漂洗，其程序同上。

(2)维护性清洗：一般几天后需要用低浓度次氯酸钠进行维护性清洗。其清洗程序与气水清洗相似，只是加入了注入次氯酸钠的步骤，清洗时间较长。如果水中存在结垢物质如钙、镁离子，除了次氯酸钠外一定时间后也需要维护性酸洗。

(3)恢复性清洗：有些污染物，用气水清洗难以除去，使跨膜压力逐步上升，一般几个月后需要用高浓度次氯酸钠与酸溶液进行恢复性清洗，使跨膜压力恢复正常。其清洗程序与维护性清洗相似，只是加长了清洗时间，加大了次氯酸钠与酸的浓度。在一些市政和工业污水处理场所会存在硅类的污染，可以采用高 pH 的 NaOH 溶液清洗，但此种情况下要特别注意膜丝的耐碱性能。

第二节 常用仪器仪表

污水处理厂常用测量仪表包含两大类，一类是测量检测仪表，主要用于测量流量、液位、压力；一类是水质检测仪表，主要用于检测温度、溶解氧、污泥浓度、浊度、pH、COD、电能等。

一、测量检测仪表

(一)主要类型

(1)流量检测：主要对污水处理厂的水、泥、药、气等各类流体的传输量进行计量，常用仪表包括：电磁流量计、超声波流量计、涡轮流量计、浮子流量计、巴氏计量槽、热质气体流量计等。

(2)液位检测：主要对污水处理厂的水、泥、药等介质物料的深度、高度进行计量，常用仪表包括：超声波液位计、静压式液位计、浮子液位计等。

(3)压力检测：常用于曝气、厌氧消化等过程。测量的主要检测仪表见表 10-15。

表 10-15 测量的主要检测仪表

工艺参数	仪表种类		测量应用
流量	电磁流量计		污水、处理水、污泥、药液
	超声波量计		污水、处理水
	涡轮流量计		药液
	热质气体流量计		气体、空气
	节流装置	孔板	
	计量槽	巴氏计量槽	污水、处理水
		P-B 计量槽	
	堰式流量计		处理水
液位	超声波液位计		各种液体、污泥
	压力式液位计	浸没式	污水、处理水
		压差式	污水、处理水、药液、油池
	浮子式液位计		污水、处理水、药液、油池
	磁翻板液位计		各种塔、罐、槽、球型容器和锅炉等设备的介质液位检测
	电极式液位计		小型水槽、主要作控制用
	电容式液位计		各种液体
物料面等	机械式物位计		各种料斗
	超声波式物位计		
	电容式物位计		
压力	膜片式压力表		气体、水压(污水、清水、污泥)
	弹簧管式压力计		锅炉蒸汽压、水压(污水、清水)
	环状天平式压力计		较低压力、气压
开度	电位式开度计		各类闸门、阀门等

(二)流量检测

在污水处理过程中，流量是最常见也最重要的过程参数之一。流量的检测为污水处理厂的生产操作、工艺调控提供数据支撑。

流量是指单位时间内通过某一截面的物料数量。在给水排水工程中常用的计量单位为体积流量，即单位时间内通过某一截面的物料体积，用每小时立方米(m^3/h)、每小时升(L/h)等单位表示。

几种主要类型流量计的性能比较见表 10-16。

表 10-16 几种主要类型流量计的性能比较

项目	电磁流量计	超声波流量计	热式气体质量流量计	叶轮流量计	压差流量计
测量原理	法拉第电磁感应定律	传播速度差法、多普勒效应等	热扩散原理	定压降环形面积可变原理	伯努利方程、连续性方程
被测介质	导电性液体	液体、气体	气体	液体、气体	液体、气体、蒸汽
测量精度	±(0.5~1.5)%	±(0.5~2.0)%	±(1~1.5)%	±(1~2)%	±2%

（续）

项目	电磁流量计	超声波流量计	热式气体质量流量计	叶轮流量计	压差流量计
安装直管段要求	要直管段	要直管段	要直管段	无	要直管段
压头损失	几乎没有	没有	没有	有	较大
口径系列/mm	2～240	6～7600	80～6000(插入式) 15～2000(管段式)	2～150	50～1000

1. 电磁流量计

电磁流量计是一种根据法拉第电磁感应定律制成测量管内导电介质体积流量的感应式仪表。可测各种腐蚀性的酸、碱、盐溶液，可测各种悬浮固体微粒的液体，在污水处理过程中应用广泛。

电磁流量计由传感器和转换器两部分组成，传感器被安装在被测介质的管道中，将被测介质的流量变换成瞬时的电信号；而转换器将瞬时的电信号转换为标准信号，供仪表指示，传输或调节控制用。

电磁流量计的原理如图 10-18 所示，在磁感应强度 B 均匀的磁场中，垂直于磁场方向放置一段不导磁的管道，在该管道上与磁场垂直方向设置一对同被测介质相接触的电极(图中最上方)，管道与电极之间绝缘。当导电流体流过管道时，相当于一根长度为管道内径 D 的导线在切割磁力线，因而产生了感应电势 E，并由两个电极引出，这个感应电动势经过转换器放大、信号处理，最终转换为标准电信号供仪表使用。

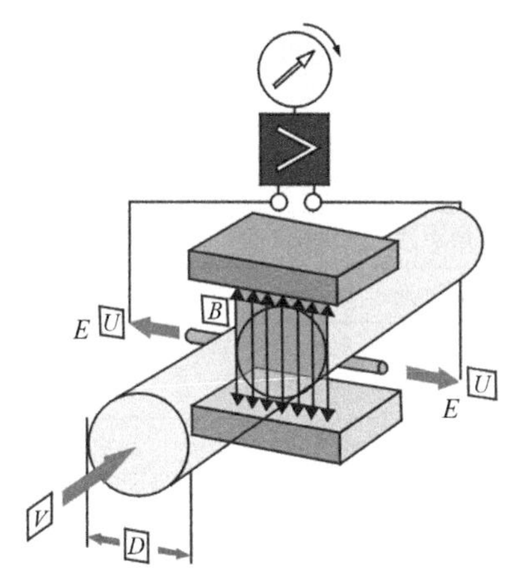

图 10-18　电磁流量计原理

从电磁流量计的测量原理和结构来看，它有如下特点：电磁流量变送器的测量管道内无运动部件，也没有任何阻碍流体流动节流部件，因此使用可靠，维护方便，寿命长，而且压力损失很小，也没有测量滞后现象，可以用它来测量瞬时脉冲流量；在测量管道内有防腐蚀衬里，故可测量各种腐蚀性介质的流量；测量范围大，满刻度量程连续可调，输出的直流毫安信号可与自动系统联用。

但是，电磁流量计不能用来测量导电率很低的液体介质，不能测量气体以及石油制品等的流量，电磁流量计易受外界电磁干扰影响。

2. 超声波流量计

超声波流量计是通过检测流体流动时对超声束或超声脉冲的作用，以测量体积流量的仪表。由超声波换能器、电子线路及流量显示和累计系统三部分组成。超声波换能器将电能转换为超声波能量，并将其发射到被测流体中，接收器接收到的超声波信号，经电子线路放大并转换为代表流量的电信号供给仪表进行显示和积算，从而实现流的检测和显示。

超声波流量计按测量原理分有多种(表 10-17)，主要的有播时间法和多普勒法。传播时间法又包括直接时差法、相差法和频差法。

表 10-17　超声波流量计测量原理一览表

类型	测量原理	检测量	测量方法简称
能动型	传播速度的变化	相位差	相位差法
		时间差	时间差法
		频率差	声循环法
	射束位移	接收波的感度差	射束位移法
	多普勒效应	飘逸频率	多普勒法
被动型	流动产生的声音	声音的大小	听音法

优点：可作非接触测量，实现妨碍测量，对流速无影响，也没有压力损失，只要能传播超声波的流体皆可测量；超声波流量计的使用与液体的种类和特性无关，可以对高黏度液体、强腐蚀液体、非导电性液体或者气体进行测量；而且，不管被测对象多大，例如，河流之类也可用此法进行测量，因此其应用范围非常广泛。特别是超声波法可以从厚的金属管道外测测量管内流动的液体流量，具有不用对原有管道进行任何加工就可实施流量测量的特性，这是其他测量方法所不具备的。

缺点：当被测液体中含有气泡或杂音时，将会影响测量精度，故要求换能器前后分别有流量计管径 10 倍和 5 倍的直管段。此外，结构复杂，成本高。

3. 热式气体质量流量计

热式气体质量流量计是利用热扩散原理测量气体

流量的仪表。传感器由两个基准级热电阻(RTD)组成。一个是速度传感器 RH;一个是测量气体温度变化的温度传感器 RMG。当这两个 RTD 置于被测气体中时,其中传感器 RH 被加热,另一个传感器 RMG 用于感应被测气体温度。随着气体流速的增加,气流带走更多热量,传感器 RH 的温度下降。两者之间的温度差与流量的大小呈线性关系。热式气体质量流量计按安装方式可以分为插入式和管段式。

(1)插入式:插入式传感器可在线安装、在线维护。安装过程是首先在管道外壁上焊接带有外螺纹的底座,在底座上安装 1 寸(约 3.3cm,下同)不锈钢球阀,而后用专用工具将管道打直径为 22mm 的孔,打孔完毕后卸下专用工具,最后将传感器安装在阀门上并将传感器插入到管内中心(传感器的插入位置出厂时已确定)。插入式传感器适用管道直径:DN80~6000mm,如图 10-19 所示。

图 10-19 插入式热式气体质量流量计

(2)管段式:管段式热式气体质量流量计出厂时已配备和现场管道内径相同的工艺管道,与现场管道的连接方式为法兰连接或螺纹连接,如图 10-20 所示。法兰标准符合国标 GB/T 9119—2000。管段式传感器适用管道直径:DN15~2000mm。

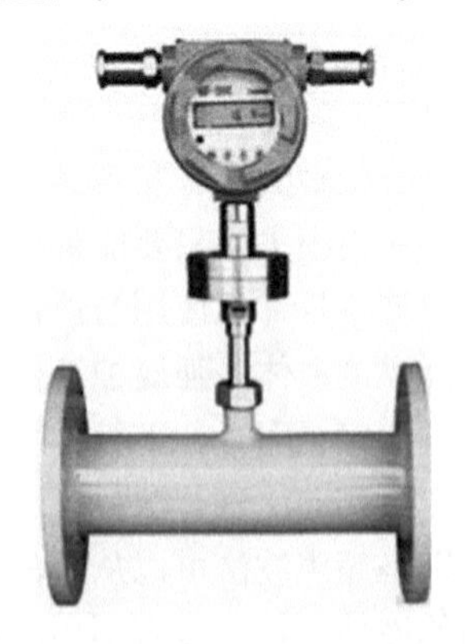

图 10-20 管段式热式气体质量流量计

4. 叶轮流量计

叶轮流量计的原理:置于流体中的叶轮按与流速成正比的角速度旋转,流速由叶轮旋转的角速度获得,流体通过流量计的体积,由叶轮旋转的次数求得。常用的仪表有风速仪、水表、涡轮流量计等,其特点是结构简单、重量轻、维修方便、适用性广、流通能力强。但叶轮流量计不适用于脉冲流和混相流测量,对被测介质的清洁度要求高,不适用于较高黏度介质的测量,需要定期进行校验等。

5. 压差流量计

压差流量计是以质量守恒(连续性方程)和能量守恒(伯努利方程)为理论依据,通过测量流体流动过程中产生的压差来测量流量。压差流量计主要有节流装置(如孔板)和差压变送器等两部分组成,流体通过节流装置时,在节流装置的上、下游之间产生压差,从而由压差变送器测出压差,流量越大,压差也越大,流量和压差之间存在一定关系,这就是压差流量计的工作原理。

压差流量变送器分为气动式和电动式两种。气动式压差变送器是把被测压力变换成气压信号进行传送;电动式压差变送器是把被测压差变成电信号进行传送,一般采用直流 4~20mA 标准信号。

二、水质检测仪表

水质的主要检测仪表见表 10-18。

表 10-18 水质的主要检测仪表

工艺参数	仪表种类	测量应用
DO	电极式 DO 仪	控制曝气池气量
	光学式 DO 仪	
pH	玻璃电极式 pH 计	污水、药液
温度	铜、铂电阻温度计	曝气池、污泥消化池、电机轴承、绕组等
	热电偶温度计	锅炉、污泥焚燃烧炉
SS/MLSS	光学式浓度计	污水的 SS 浓度、活性污泥、排泥及回流污泥浓度
	超声波式浓度计	
浊度	散射光式浊度计	污水、再生水
	透射光散射光比较式浊度计	
COD	COD 检测仪	污水、再生水
氨氮/硝酸盐氮	氨氮检测仪/硝酸盐氮检测仪	污水、再生水
ORP	ORP 检测仪	污水

第三节 自动控制系统

自动控制技术在工业领域中的应用即工业控制自动化应用技术。它是 20 世纪现代制造领域中最重要的技术之一,主要解决生产效率与一致性问题。工业自动化是一种应用控制理论、仪器仪表、计算机和其他信息技术,对工业生产过程实现检测、控制、优化、调度、管理和决策，以达到增加产量、提高质量、降低能耗、确保安全等目的，主要包括工业自动化硬件、软件和系统三大部分。简而言之，工业自动化是自动化技术、电子技术、仪器仪表等技术的综合集成。

自动控制技术应用系统是指能够对被控对象的工作状态进行自动控制的系统，它一般由控制装置和被控对象构成，如图10-21所示。其中，控制装置可由各种嵌入式微控制器、可编程控制器、工业控制计算机、分布式控制系统、变频器以及其他控制技术（如现场总线技术、无线通信技术等）构成；控制对象包括各种电动机、生产单元、生产过程等；过程通道完成控制装置与控制对象之间的信号（也包括相应的反馈信号）匹配。

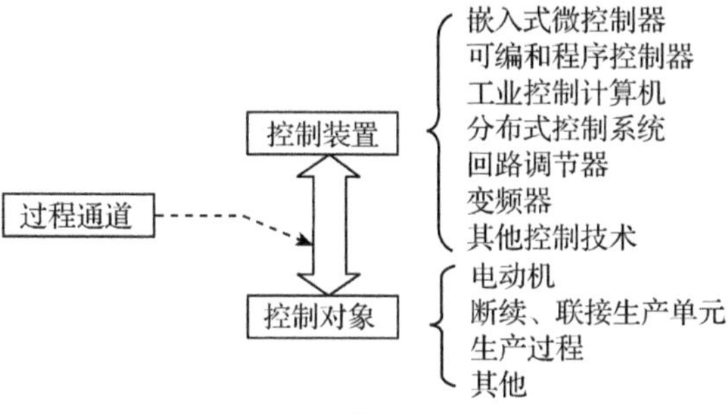

图10-21　自动控制系统图示

一、可编程序控制器

国际电工学会（IEC）曾先后于1982年、1985年、和1987年发布了可编程序控制器（PLC）标准草案的第一、二、三稿。在第三稿中，对PLC作了如下定义：可编程序控制器是一种数字运算操作电子系统，专为在工业环境下应用而设计。它采用了可编程序的存储器，用来在其内部存储执行逻辑运算、顺序控制、定时、计数和算术运算等操作的指令，并通过数字的、模拟的输入和输出，控制各种类型的机械或生产过程。可编程序控制器及其有关的外围设备，都应按易于与工业控制系统形成一个整体、易于扩充其功能的原则设计。

定义强调了PLC的特点：数字运算操作的电子系统，也是一种计算机；专为在工业环境下应用而设计；面向用户指令，编程方便；逻辑运算、顺序控制、定时计算和算术操作；数字量或模拟量输入输出控制；易与控制系统联成一体；易于扩充。

（一）特　点

为适应工业环境使用，与一般控制装置相比较，个人计算机有以下特点：

（1）可靠性高、抗干扰能力强。为保证PLC能在恶劣的工业环境下可靠工作，在设计和生产过程中采取了一系列提高可靠性的措施。

（2）可实现三电一体化。PLC将电控（逻辑控制）、电仪（过程控制）、计算机集于一体，可以灵活方便地合成各种不同规模和要求的控制系统，以适应各种工业控制的需要。

（3）易于操作、编程方便、维修方便。可编程序控制器的梯形图语言更易被电气技术人员所理解和掌握。具有的自诊断功能对维修人员维修技能的要求降低了。当系统发生故障时，通过软件或硬件的自诊断，维修人员可以很快找到故障所在的部位，为迅速排除故障和修复节省了时间。

（4）体积小、重量轻、功耗低。PLC是专为工业控制而设计的，其结构紧密、坚固、体积小巧，易于装入机械设备内部，是实现机电一体化的理想控制设备。

PLC、继电器控制系统、微机控制系统比较见表10-19。

表10-19　PLC、继电器控制系统、微机控制系统比较表

项目	PLC	继电器控制系统	微机控制系统
功能	用程序可实现各种复杂控制	用大量继电器布线逻辑实现顺序控制	用程序实现各种复杂控制，功能最强
改变控制内容	修改程序较简单容易	改变硬件接线逻辑工作量大	修改程序技术难度较大
可靠性	平均无故障，工作时间长	受机械触点寿命限制	一般比PLC差
工作方式	顺序扫描	顺序控制	中断处理，响应最快
接口	直接与生产设备连接	直接与生产设备连接	要设计专门接口
环境适用性	可适应一般工业生产现场环境	环境差，会降低可靠性和寿命	要求有较好的环境
抗干扰性	一般不用专门考虑干扰问题	能抗一般电磁干扰	要专门设计抗干扰措施
维护	现场检查、维修方便	定期更换继电器，维修费时	技术难度较大
系统开发	设计容易、安装简单、调试周期短	图样多、安装接线工作量大、调试周期长	系统设计复杂、调试技术难度大，需要有系统的计算机知识
通用性	较好、适用面广	一般是专用	要进行软、硬件改造才能做其他用途
硬件成本	比微机控制系统高	少于30个继电器的系统最低	一般比PLC低

(二)应　用

由于微处理器的芯片及有关的元件价格大大降低，PC的成本下降，且PLC的功能大大增强，因而PLC的应用日益广泛。随着PLC的性价比不断提高，目前，PLC在国内外已广泛应用于钢铁、采矿、水泥、石油、化工、电力、机械制造、汽车、装卸、造纸、纺织、环保等各行各业。其应用范围大致可归纳为以下几种：

(1)顺序控制：这是PLC最基本最广泛的应用领域，它取代传统的继电接触器控制电路，实现逻辑控制。顺序控制既可用于单台设备的控制，也可用于多机群控及自动化流水线，例如，紫外消毒控制、污水泵站控制及除臭系统控制等。

(2)运动控制：PLC可用于圆周运动或直线运动的控制。

(3)过程控制：过程控制是指对温度、压力和流量等模拟量的闭环控制。作为工业控制计算机，PLC能编制各种各样的控制算法程序，完成闭环控制，PID调节是一般闭环控制系统中用得较多的调节方法。PID在污水处理中常用于对曝气量、水流量及加药量的控制。

(4)数据处理：目前PLC具有数学运算(包括矩阵运算、函数运算、逻辑运算)、数据传输、数据转换、排序、查表、位操作等功能，可以完成数据采集、分析及处理。这些数据可以与存储器中的参考值比较，完成一定的控制操作，也可利用通信功能传送到别的装置上，或将它们打印制表。

(5)通信联网——通信及网络：PLC的通信包括主机与远程I/O之间的通信、多台PLC之间的通信、PLC和其他智能控制设备(如计算机、变频器、数控装置)之间的通信。随着计算机控制的发展，工厂自动化网络发展很快，PLC厂家十分重视PLC的通信功能，都推出各自的网络系统，形成了“集中管理，分散控制”的分布控制系统。污水处理的自动控制系统中常用此类控制系统。

(三)结　构

可编程序控制器的结构多种多样。但其组成的一般原理基本相同，都是以微处理器为核心的结构，其功能的实现不仅基于硬件的作用，更要靠软件的支持。实际上可编程序控制器就是一种新型的工业控制计算机。目前PLC生产厂家很多，产品结构各不相同，其基本组成部分大致如图10-22所示。

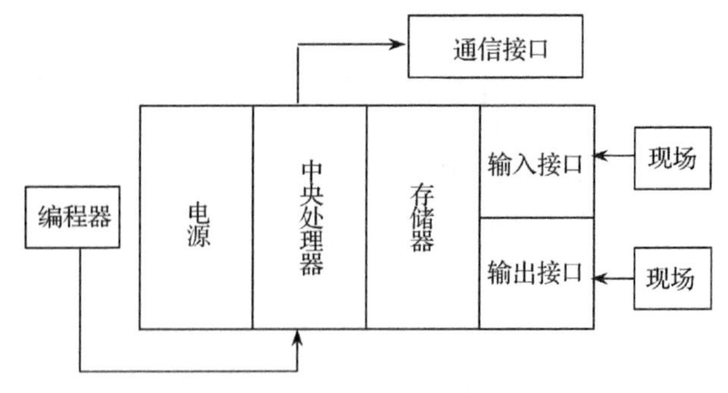

图10-22　PLC控制系统典型结构示意图

(1)中央处理器CPU：中央处理器CPU是可编程序控制器控制系统的核心部件。CPU一般由运算器、控制电路和寄存器组成。这些电路都集成在一个电路芯片上，并通过地址总线、数据总线和控制总线与存储器、输入输出及接口电路相连接。

(2)存储器：存储器用来存放系统程序和应用程序。系统程序是指控制PLC完成各种功能的程序。这些程序是由PLC生产厂家编写并固化到PLC的只读存储器中。用户程序是指用户根据工业现场的生产过程和工艺要求编写的控制程序。并由用户通过编程输入到PLC的随机存储器中，允许修改，由用户启动运行。

(3)输入和输出接口电路：输入是把工业现场传感器传入的外部开关量信号如按钮、行程开关和继电器触点的通/断或模拟量信号(4～20mA电流或0～10V电压)转变为CPU能处理的电信号，并送到主机进行处理。输出是把控制器运算处理的结果发送给外部元器件。输入和输出电路一般由光电隔离电路和接口电路组成。光电隔离电路增加了PLC的抗干扰能力。

(4)电源：PLC的电源大致可分为处理器电源、I/O模块电源和RMA后备电源三部分。通常，构成基本控制单元的处理器与少量的I/O模块，可由同一个处理器电源供电。扩展的I/O模块必须使用独立的I/O电源。

(四)工作原理

1. 工作方式

传统的继电接触器控制系统是一种“硬件逻辑系统”，如图10-23所示，PLC是一种工业控制计算机，它的工作原理是建立在计算机工作原理之上，即通过执行反映控制要求的用户程序来实现，图10-24是可编程序控制器对应于图10-23的程序(梯形图)。

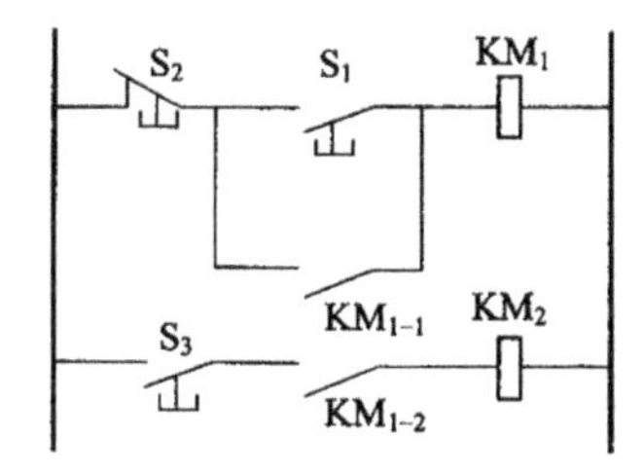

图 10-23　电气控制原理图

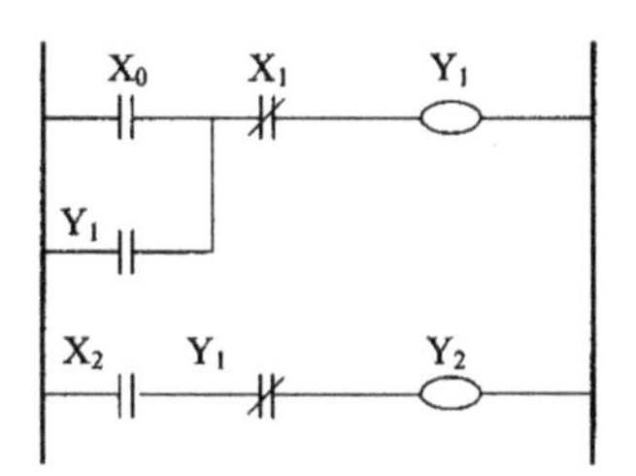

图 10-24　PLC 梯形图

2. 工作过程

PLC 采用循环扫描的工作方式，其扫描过程如图 10-25 所示。

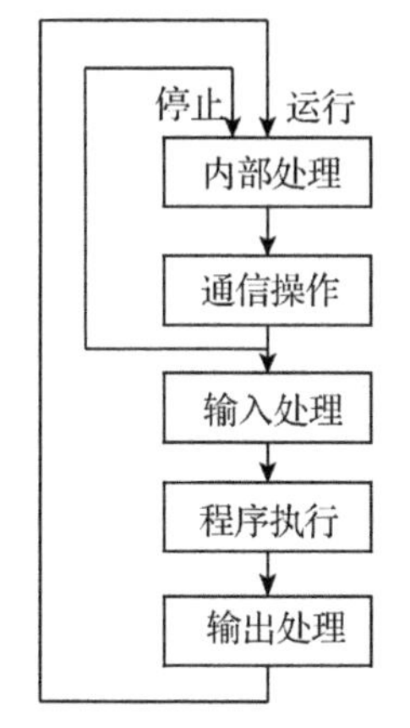

图 10-25　PLC 扫描过程

这个工作过程分为内部处理、通信操作、程序输入处理、程序执行、程序输出处理几个阶段。全过程扫描一次所需的时间称为扫描周期。内部处理阶段，PLC 检查 CPU 模块的硬件是否正常，复位监视定时器等。在通信操作服务阶段，PLC 与一些智能模块通信、响应编程器键入的命令、更新编程器的显示内容等，当 PLC 处于停止（STOP）状态时，只进行内部处理和通信操作服务等内容。在 PLC 处于运行（RUN）状态时，从内部处理、通信操作、程序输入、程序执行、程序输出，一直循环扫描工作。后三个阶段的工作过程如图 10-26 所示。

（1）内部处理：每次扫描用户程序之前都先执行故障自诊断程序，发现异常则停机，显示错误。自诊断正常，继续向下扫描。

（2）通信操作：PLC 检查是否有与编程器或计算机的通信请求，有则进行相应处理，如接收编程器送来的程序、命令及数据，并把要显示的状态、数据、出错信息等发送给编程器或计算机进行显示。

（3）输入处理：输入处理也称输入采样。在此阶段顺序读入所有输入端子的通断状态，并将读入的信息存入内存中所对应的映象寄存器。在此输入映象寄存器被刷新。接着进入程序执行阶段。在程序执行时，输入映象寄存器与外界隔离，即使输入信号发生变化，其映象寄存器的内容也不会发生变化，只有在下一个扫描周期的输入处理阶段才能被读入信息。

（4）程序执行：根据 PLC 梯形图程序扫描原则，按先左后右先上后下的步序，逐句扫描执行程序。但遇到程序跳转指令，则根据跳转条件是否满足来决定程序的跳转地址。从用户程序涉及输入输出状态时，PLC 从输入映象寄存器中读出上一阶段采入的对应输入端子状态，从输出映象寄存器读出对应映象寄存器的当前状态，根据用户程序进行逻辑运算，运算结果再存入有关器件寄存器中。对每个器件而言，器件映象寄存器中所寄存的内容，会随着程序执行过程而变化。

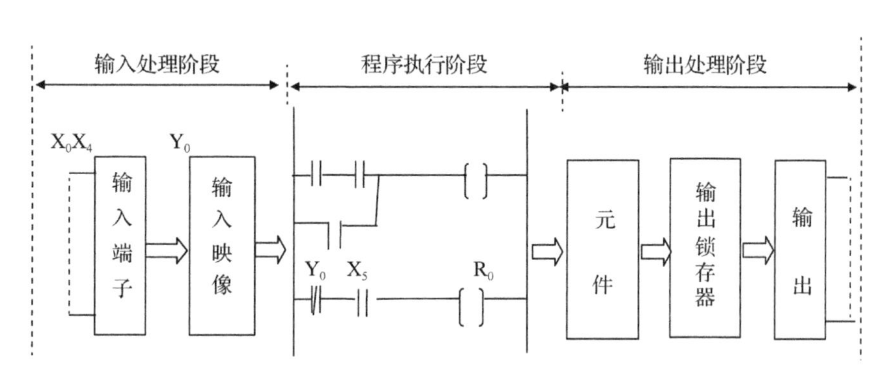

图 10-26　PLC 扫描工作过程

(5)输出处理：程序执行完毕后，将输出映象寄存器，即器件映象寄存器中的Y寄存器的状态，在输出处理阶段转存到输出锁存器，通过隔离电路，驱动功率放大电路，使输出端子向外界输出控制信号，驱动外部负载。

PLC的扫描既可按固定的顺序进行，也可按用户程序所指定的可变顺序进行。这不仅因为有的程序不需每扫描一次就执行一次，而且也因为在一些大系统中需要处理的I/O点数多，通过安排不同的组织模块，采用分时分批扫描的执行方法，可缩短循环扫描的周期和提高控制的实时响应性。

循环扫描的工作方式是PLC的一大特点，也可以说PLC是“串行”工作的，这和传统的继电器控制系统“并行”工作有质的区别。PLC的串行工作方式避免了继电器控制系统中触点竞争和时序失配的问题。

由于PLC是扫描工作过程，在程序执行阶段即使输入发生了变化，输入状态映象寄存器的内容也不会变化，要等到下一周期的输入处理阶段才能改变。暂存在输出映象寄存器中的输出信号，等到一个循环周期结束，CPU集中将这些输出信号全部输送给输出锁存器。由此可以看出，全部输入输出状态的改变，需要一个扫描周期。换而言之，输入输出的状态保持一个扫描周期。

扫描周期是PLC一个很重要的指标，小型PLC的扫描周期一般为十几毫秒到几十毫秒。PLC的扫描时间取决于扫描速度和用户程序长短。毫秒级的扫描时间对于一般工业设备通常是可以接受的。

(五)可编程序控制器网络通信

新型可编程序控制器发展的基本特征是多任务、高速化和网络通信能力。网络能力的增强使可编程序控制器产品向着开放式、网络化控制应用方向迅速发展，将可编程序控制器系统、第三方智能化装置和设备与计算机平台连接起来，组成一个分布控制系统，将所有过程控制、现场信息综合，形成可编程序控制器网络系统。特别是引入了现场总线技术、工业以太网技术、无线通信网络和Internet等技术，以及集成化工具软件后，可编程序控制器网络已成为具有3~4级子网的多级分布式网络，成为具有工艺流程显示、趋势图生成显示、各种报表制作的多功能控制系统，可以方便地与其他网络互联。

可编程序控制器在网络中既可以作为主处理器控制网络运行，也可以作为从机执行网络命令，还可以互相连接构成网络。可编程序控制器网络通信是指可编程序控制器本身具有的通信联网功能，能够互相连接、远程通信、构成网络。如两个及以上可编程序控制器之间、可编程序控制器与智能设备之间、可编程序控制器网络与其他工业局域网之间互联通信等。具有通信联网功能的可编程序控制器一般均具有RS232/RS485串行通信接口，并内置支持各自通信协议的通信接口、上位机通信接口或专业通信模块，还具有支持各种现场总线、工业以太网及通信协议的通信模块，这是可编程序控制器网络通信的硬件基础，通过RS232/RS485串行通信接口、现场总线模块和工业以太网模块进行联网是可编程序控制器网络通信的基本形式，可构成各种网络控制系统。可编程序控制器的通信及网络技术内容十分丰富，各生产厂商的可编程序控制器网络产品和结构也不相同，但是，共同特点是均可以构成具有信息层、控制层和设备层的多级分布式网络系统。

可编程序控制器与计算机之间的通信是通过可编辑程序控制器的RS232/RS485串行通信接口和计算机的RS232C串行通信接口进行的。可以说凡是有RS232C串行通信接口，并能输入输出字串的智能设备都可以与可编程程序控制器通信，由于通用计算机软件丰富、界面友好、操作方便，因此，可编程序控制器与计算机联网通信技术发展迅速，在网络中计算机主要完成数器处理修改参数、图像显示、打印报表、文字处理、编制可编程序控制器程序、工作状态监视等任务，实现计算机对可编程序控制器的直接控制。可编程序控制器直接面向现场、面向设备，进行实时控制。可编程序控制器与计算机的连接可以更有效越发挥各自的优势，互补应用上的不足，扩大可编程序控制器的处理能力。

二、人机界面

人机界面是在操作人员和机器设备之间做双向沟通的桥梁，用户可以自由的组合文字、按钮、图形、数字等处理或监控管理及应付随时可能变化信息的多功能显示屏幕。随着机械设备的飞速发展，以往的操作界面需由熟练的操作员才能操作，而且操作困难，无法提高工作效率。但是使用人机界面能够明确指示并告知操作员设备目前的状况，使操作变得简单生动，并且可以减少操作上的失误，即使是新手也可以轻松地操作整个机器设备。使用人机界面还可以使机器的配线标准化、简单化，同时也能减少PLC控制器所需的I/O点数，降低生产的成本。同时由于面板控制的小型化及高性能，相对地提高了整套设备的附加价值。

(一)功　能

(1)过程可视化：在人机界面上动态显示过程数

据（即 PLC 采集的现场数据）。

（2）操作员对过程控制：操作员通过图形界面来控制过程。例如，操作员可以用触摸屏画面上的输入域来修改控制系统的参数，或者用画面上的按钮来启动电动机。

（3）显示报警：过程的临界状态会自动触发报警，例如，当变量超出设定值时。

（4）记录（归档）功能：顺序记录过程值和报警信息，用户可以检索以前的生产数据。

（5）输出过程值和报警记录：例如，可以在某一轮结束时打印输出产生报表。

（6）过程和设备的参数管理：将过程和设备的参数存储在配方中，可以一次性将这些参数从人机界面下载到 PLC，以便改变产品的品种。

（二）分　类

（1）文本显示器：文本显示器（Text Display，简称 TD）是一种廉价的单色操作员界面，一般只能显示几行数字、字母、符号和文字（包括中文）。如西门子的 TD200 和 TD200C 与该公司的小型 PLC S7-200 配套使用，可以显示两行信息，每行 20 个数字或字符，或每行显示 10 个汉字。

（2）操作员面板：操作员面板（Opetator Panel，简称 OP）使用液晶显示器和薄膜按键，有的操作员面板的按键多达数十个。操作员面板的面积大，直观性较差。

（3）触摸屏：触摸屏（Touch Panel，简称 TP），是人机界面的发展方向，可以由用户在触摸的画面上设置具有明确意义和显示信息的触摸式按键。触摸屏的面积小，直观使用方便。

（三）触摸屏的应用

触摸屏作为一种新型的人机界面，从一出现就受到关注，它的简单易用，强大的功能及优异的稳定性使它非常适合用于工业环境，甚至可以用于日常生活之中，应用非常广泛，例如，自动化停车设备、自动洗车机、天车升降控制、生产线监控等，甚至可用于智能大厦管理、会议室声光控制、温度调整。

随着科技的飞速发展，越来越多的机器与现场操作都趋向于使用人机界面，PLC 控制器强大的功能及复杂的数据处理也呼唤一种功能及与之匹配且操作又简单的人机的出现，触摸屏的应运而生无疑是 21 世纪自动化领域里的一个巨大的革新。

作为 PLC 的图形操作终端，触摸屏必须与 PLC 联机使用，通过操作人员手指与触摸屏上的图形元件的接触发出 PLC 的操作指令或者显示 PLC 运行中的各种信息。触摸屏一般具有监视功能数据采样功能报警功能及用户根据需求涉及的其他功能。

三、工控机

工业个人计算机（Industry Personal Computer，简称 IPC），也简称为工业计算机或工控机，伴随着计算机产业的发展，得到了长足的发展。尽管 IPC 在架构上也是基于 X86 为主，在用户使用端和计算机产业相同，但与计算机产业的发展却完全是不同的道路。计算机的设计理念是追求更高的速度、更好的使用舒适度、更好的用户体验。

IPC 是完全不同的设计理念，更多的是在恶劣的环境下使用，对产品的易维护性、散热、防尘、产品周期、尺寸方面都有着严格的要求。因此，在设计和选择工控机平台时，考虑得更多的是结构的设计，然后才是对性能等的考虑。

随着集成电路芯片集成度提高、功能的加强、价格的下降、印制电路板（PCB）制板工艺的改进元器件封装和安装技术的发展，无论是在板体结构上还是在总线结构上以及操作系统和应用软件上都有了更大的选择余地。IPC 使用环境、抗震、防尘、电源波动、磁盘（光盘）驱动、稳定工作等方面，都得到很大的改善，更加适用于工业控制环境。

（一）结　构

工控机主要结构如下：

（1）主机：包括主板、显示板、光盘驱动器、无源多槽 ISA/PCI 底板、电源和机箱等。

（2）输入接口板卡：包括模拟量输入、开关量输入、频率量输入等。

（3）输出接口板卡：包括模拟量输出、开关量输出、脉冲量输出等。

（4）通信接口板卡：包括串行通信接口板卡（RS-232、RS-422、RS-485 等）与网络通信板卡（如 Ethernet 板卡），还需配现场总线通信板等。

（5）信号调理单元：这是工控机很重要的一部分之一，信号调理单元对工业现场各类输入信号进行预处理，包括对输入信号的隔离、放大、多路转换统一信号电平等处理，对信号进行隔离、驱动、电压转换成电流信号等。该单元由各类信号调理模块或板卡构成，安装在机箱中，该机箱具有单独的供电电源。信号调理单元的输出连接到主机相应的输入板卡上，主机输出接口板卡的输出连接到信号调理单元输出调理模块或板卡上。一般信号调理模块本身均带有与现场连接的接线端子，现场输入输出信号可直接连接到信号调理模块的端子上。

(6)远程采集模块：近年发展了各类数字式智能远程采集模块，该模块体积小、功能强，可直接安装在现场一次变送器处，将现场信号就地处理，然后通过现场总线(Fieldbus)与工控机通信连接。目前采用较好的现场总线类型有CAN总线、LON总线、PROFIBUS、MIT LINK总线以及RS－485串行通信总线等。

(7)工控软件包：支持数据采集、控制、监视、画面显示、趋势显示、报表、报警、通信等功能。工控机必须具有相应功能的控制软件才能工作。这些控制软件有的是以MSDOS操作系统为平台，有的是以Windows操作系统为平台，有的是以实时多任务操作系统为平台，选用时应依实际控制需求而定。

(二)软件系统

工控机工业控制软件系统主要包括系统软件、工控应用软件和应用软件开发环境等三大部分。其中系统软件是其他两者的基础核心，因而影响软件系统设计的开发质量。工控应用软件主要是根据用户工业控制和管理的需求而生成，因此具有专用性。从工控软件系统发展历史和现状来看，工控软件系统具以下五大主要特性：

(1)开放性：这是现代控制系统和工程设计系中一个至关重要的指标。开放性有助于各种系统的互连、兼容，它有利于设计、建立和应用为一体(集体)的工业思路形成与实现。为了使系统工具具有良好的开放性，必须选择开放式的体系结构、工业软件和软件环境，这已引起工控界人士的极大关注。

(2)实时性：工业生产过程的主要特性之一就是实时性，因此相应地要求工控软件系统应具有较强的实时性。

(3)网络集成化：这是工业过程控制和管理趋势。

(4)人机界面更加友好：这不仅是指像菜单驱动带来的操作方便，还应包括设计和应用两个方面的人机界面。

(5)多任务和多线程性：现代许多控制软件所面临的工业对象不再是单任务线，而是较复杂的多任务系统，因此，如何有效地控制和管理这样的系统，仍是目前工控软件主要的研究对象。为适应这种要求，工控软件，特别是底层的工控系统，软件必须具有此特性，如多任务实进操作系统的研究和应用等。

四、自动控制系统在污水处理厂的应用

污水处理自动化，是污水处理厂的污水污泥处理、介质或药剂等生产过程实现自动化的简称。污水处理厂的生产过程的特点：各种物料在管道、构筑物、设备、容器中不停地进行物理变化、化学或生物化学反应，各种工艺参数时刻在发生变化。为了保证污水处理的运行效率高，常利用自动化装置进行检测和调节。另外，污水处理厂生产过程涉及臭味、腐蚀、高温或寒冷、易燃易爆等，为改善作业条件，保证安全生产，也应实现自动化。

污水处理厂工艺过程中要用到大量的阀门、泵、风机及吸、刮泥机等机械设备，它们常常要根据一定的程序、时间和逻辑关系定时启、关。例如，在采用氧化沟工艺的污水处理厂，氧化沟中的转刷要根据时间、溶解氧浓度等条件定时启动或停止，在采用SBR工艺的污水处理厂，曝气、搅拌、沉淀、滗水和排泥应按照预定的时间程序周期运行；在采用活性污泥法的污水处理厂，初沉池的排泥和消化池的进、排泥也要根据一定的时间顺序进行。另外，污水处理的工艺过程同其他工艺过程类似，也要在一定的温度、压力、流量、液位、浓度等工艺条件下进行。但是，由于种种原因，这些数值总会发生一些变化，与工艺设定值发生偏差。为了保持参数设定值，就必须对工艺过程施加一个作用以消除这种偏差而使参数回到设定值上来。例如，消化池内的污泥温度、鼓风机的出口压力、曝气池内的溶解氧浓度都要根据工艺要求控制在一定的范围内等。

(一)污水处理自动控制系统功能

污水处理厂的自动控制系统主要是对污水处理过程进行自动控制和自动调节，使处理后的水质指标达到预期要求。自动控制系统具有如下功能：

(1)控制操作：在中心控制室能对被控设备进行在线实时控制，如启停某一设备，调节某些模拟输出量的大小，在线设置PLC的某些参数等。

(2)显示功能：用图形实时地显示各现场被控设备的运行工况以及各现场的状态参数。

(3)数据管理：利用实时数据库和历史数据库中的数据进行比较和分析，可得出一些有用的经验参数，有利于优化处理过程和参数控制。

(4)报警功能：当某一模拟量(如电流、压力、水位等)测量值超过给定范围或某一开关量(如电机启停、阀门开关)发生变位时，可根据不同的需要发出不同等级的报警。

(5)打印功能：可以实现报表和图形打印以及各种事件和报警实时打印。打印方式有定时打印、事件触发打印等。

(6)通信功能：中控室所有信息均可送公司并接收公司总调度室的指令。

(7)建立WEB服务器：所有实时数据和统计分

析数据均可通过企业内部网或互联网查询，各部门可共享生产运行信息。

(二)PLC控制应用

开关量的逻辑控制：这是PLC控制对于污水处理厂自动化控制的最基本、最广泛的影响，它取代传统的继电器电路，实现逻辑控制、顺序控制，既可用于污水处理厂单个设备的控制，也可同时用于多个污水处理厂自动化流水线。

(1)模拟量控制：在污水处理厂自动化当中，有许多连续变化的量，如温度、压力、流量、液位和速度等都是模拟量。为了使可编程控制器处理模拟量，必须实现模拟量(Analog)和数字量(Digital)之间的A/D转换及D/A转换。PLC厂家都生产配套的A/D和D/A转换模块，使可编程控制器用于模拟量控制。

(2)过程控制：过程控制是指对温度、压力、流量等模拟量的闭环控制。对于污水处理厂自动化控制，PLC能编制各种各样的控制算法程序，完成闭环控制。PID调节是一般闭环控制系统中用得较多的调节方法。大中型PLC都有PID模块，目前许多小型PLC也具有此功能模块。PID处理一般是运行专用的PID子程序。

(3)数据处理：现代PLC具有数学运算、数据传送、数据转换、排序、查表、位操作等功能，可以完成数据的采集、分析及处理。这些数据可以与存储在存储器中的参考值比较，完成一定的控制操作，也可以利用通信功能传送到别的智能装置，或将它们打印制表。

(4)通信及联网：PLC通信含PLC间的通信及PLC与其他智能设备间的通信。随着计算机控制的发展，污水处理厂自动化网络发展得很快，各PLC厂商都十分重视PLC的通信功能，纷纷推出各自的网络系统。

(三)污水处理现场总线控制系统

根据国际电工委员会IEC标准和现场总线基金会(Fieidbus Foundation，简称FF)的定义：现场总线是连接智能现场设备和自动化系统的数字式、双向传输、多分支结构的通信网络。也就是说，基于现场总线的系统是以单个分散的，数字化、智能化的测量和控制设备作为网络的节点，用总线相连，实现信息的相互交换，使得不同网络和不同现场设备之间可以信息共享。现场设备的各种运行参数状态信息以及故障信息等通过总线传送到远离现场的控制中心，而控制中心又可以将各种控制、维护、组态命令又送往相关的设备，从而建立起了具有自动控制功能的网络。

现场总线的节点是现场设备或现场仪器，但不是传统的单功能现场仪器，而是具有综合功能的智能仪表。例如，温度变送器不仅具有温度信号变换和补偿功能，而且具有PID控制和运算功能；调节阀的基本功能时信号驱动和执行，另外还有输出特性补偿、自校验和自诊断功能。现场设备具有互换性和互操作性，采用总线供电，具有本质安全性。

现代工业控制思想的核心是“分散控制，集中监控”使得“控制分散，危险分散”，现场总线控制系统是一种开放的、可互连的、彻底分散的分布式控制系统。它把控制下放到现场，使现场智能设备能完成诸如数据采集、数据处理、控制运算和数据输出等现场功能，只有一些高级控制功能才由上位机完成。而且现场节点之间可以相互通信实现互操作，现场节点也可以把自己的诊断数据传送给上位机，有益于设备管理。

现场总线控制系统的体系结构是包括3层系统和2层网络的标准化管理控制一体化结构，3层系统结构包括上层工厂管理系统、中层生产管理系统、下层生产系统(设备层)，2层网络包括现场总线网络和局域网。最底层是现场测量设备和执行机构。常见的污水处理自控系统就是以现场总线控制系统为基础的自控体系，它的结构一般也分为3个层次和2个网络，3个层次分别是现场设备层、车间监控层、生产调度管理层，2个网络分别是现场设备层与车间监控层通信的现场总线网络和车间监控层与生产调度管理层通信的以太网网络。由于污水处理工艺及规模的不同，其各个污水处理厂的控制体系结构也不尽相同。以下是工控设备在控制系统上述3个层次中的作用：

(1)现场设备层：现场设备泛指能与现场总线连接或与车间监控设备直接连接的所有生产现场设备。在污水处理中最常见的现场设备有远程I/O、变频器、软启动器、在线监测智能仪表、阀门执行器等，它们的主要作用是把在线仪表检测到的数据，通过现场总线或直接挂接至车间监控设备上与相关的工艺参数对比计算分析，并把所得结果通过总线发出控制指令，调整变频器工作频率或启停设备，以达到工艺控制要求。

(2)车间监控层：车间监控层的核心设备有可编程控制器、人机界面(触摸屏或监控计算机)，其主要功能是根据本车间工艺段的工艺要求，管理控制现场设备按工艺流程有序运行，并对现场设备的运行状态进行监视，对故障进行诊断并处理(如对现场设备出现故障能及时转换备用设备运行或做工艺调整)，以及对现场设备运行状态和污水处理过程工艺数据的采集。车间监控层一般配备触摸屏设备，用以监视设备运行状态以及工艺参数的设定，如果需要还可增设一台监控计算机以实现数据动态显示、过程操作、历史趋势图、设备维护提示、生产报表生成和打印等功能，所以车间监控层也是操作员工作站。

(3)生产调度管理层：生产调度管理层是将各车间监控层的生产运行数据和工艺运行状态通过以太网上传生产管理计算机，以实现生产运行数据存档和归类、报表生成和打印等功能，具备对各生产车间运行状态的监视与控制，并能根据工艺的运行状况对工艺参数进行实时地调整和流量的调配，从而实现对全厂设备运行工况和处理工艺流程的集中管理与调控。

(四)变频控制技术的应用

变频器控制技术是一门综合性的技术、它是建立在电子技术、自动控制技术、计算机技术的基础之上面逐渐发展起来的。由于变频器可以看作是一个频率可调的电源，对于交流电机来说，只需在电网电源和现有的电动机之间接入变频器和相应的设备，通过改变变频器的输出频率，实现电动机速度的控制。而无须对电动机和系统本身进行大的设备改造。变频调速技术是一种通过电机频率和电压进行调速的技术。其特点是调速平滑、范围宽、效率高、特性好、结构简单、保护功能齐全、运行平稳安全可靠，在生产过程中能获得最佳速度参数，是理想的调速方式。

在污水处理系统中变频器被大量地应用在对风机、水泵、转碟曝气机和加药系统上，以实现对水流量和供氧量的调整。同时，由于风机、水泵特有的二次方律负载特性，其消耗的电功率与转速三次方成正比，所以在水流量和供氧量较低时所耗的电能也低，具有显著的节能效果。

(1)格栅处理：采用格栅处理的预处理工艺，能够对大体积物质进行隔离，从而对水泵管线和设备进行保护，促进其在后续处理工作中能够顺利进行。通常情况下工作人员选择格栅除污机对污水进行清污工作，可以对格栅液位差值进行利用，对动作信号进行控制。同时，除污机还可以进行应用变频调速技术，从而完成格栅除污机的除污速度进行调节工作。

(2)泵房抽升：泵房抽升可以起到提高水头的作用，从而让污水在重力的作用下，续建在地面上的污水处理构筑物中。同时，污水提升泵也是一项耗能较高的污水处理设备，占污水处理厂耗能比例较高，所以需要对污水提升泵进行一定节能工作。工作人员可以在污水提升泵中安装变频调速装置，对实际污水进出流量进行调节和控制，从而在一定程度上减少水泵启停次数，以延长水泵寿命。

(3)曝气池工艺：曝气池是活性污泥与污水中的有机污染物质进行吸收和分解的场所，这也是活性污泥工艺的重中之重，并由鼓风曝气和机械曝气共同组成曝气池的主要曝气系统。进行曝气工作主要利用鼓风机和表曝机等设备，这两种设备作为污水处理工作的主要处理设备之一，其工作状态会直接关系到污水分离和处理工作的质量，同时会关系到污水处理厂运行过程中的成本使用情况。其中鼓风机具有一定的特殊性，污水处理工厂通常都会采用导叶片来进行设备节能工作，加强其实际使用效果。另外对于多级低速离心风机，可以通过安装变频调速设备进行节能工作，促进设备工作效率的提高。而表曝机设备想要控制其曝气量，也可加以对变频调速设备进行安装工作，从而通过变频控制技术，完善其作业的节能性和环保性。

(4)加药系统：在污水处理过程中为了去除总磷需要投加铁盐或铝盐，药剂投加量是根据全厂的进水量以及污水总磷含量的多少决定的，由于进厂污水流量总是不断变化，总磷的含量也是根据季节的不同而发生变化，为了确保出厂水质总磷的合格以及控制药耗，所以药剂投加量必须跟随进厂水量和总磷含量的变化而做实时改变。如果使用人工投加药剂其药剂的投加量很难根据水量做实时的调整，且工作强度又很大。如果使用变频器就能实现对药剂投加量的实时调整。如加药泵的运行频率由变频器给定，而变频器频率的设定值由 PLC 设置，PLC 则根据厂区进水流量和通过触摸屏设置的药剂投加浓度值计算出此时的药剂投加量，再根据加药泵流量与频率的对应关系计算出此时加药泵的工作频率，从而达到对药剂投加量的实时控制。

(五)软启动器的应用

由于软启动器特有的性能，在污水处理控制系统中，软启动器被经常用于大功率的鼓风机和水泵，鼓风机在污水处理中为好氧菌提供氧气，由于原水水质的变化及进厂水量的改变，常常要对工艺气流量进行调整，以满足处理工艺对气流量的需求。鼓风机控制系统根据中控系统要求的供气量对鼓风机组机台进行启停控制，当气流量小于整个工艺需求量的要求时，鼓风机控制系统通过挂接在现场总线上的鼓风机软启动器发出启动指令启动鼓风机，并把鼓风机运行的电气参数实时地传输到中控室，以便操作人员了解掌握鼓风机的运行状态。由于软启动器具有故障检测诊断能力，所以能缩短故障的排除时间。

第四节　处理设施

建立健全具体的设施台账，落实处理设施的日常维护工作，保证处理设施处于完好状态，将有利于充分发挥设施效益，保持厂容整洁，并促进生产运行的稳定。主要处理设施包括：

(1)各种污水、污泥处理设施构筑物(各种池、井、管廊等)。

(2)排水及附属设施、雨污水管道、污水总进水管道、退水管道、中水管道。

(3)厂属道路、照明及其他设施：道路照明、避雷装置及各种水暖、沼气、电信、蒸汽管道等。

一、日常维护

所有构筑物上的闸(阀)门及其他操作装置要经常保持润滑，转动灵活，防止锈蚀。电动闸(阀)门的限位装置要经常保持准确、可靠，各类闸门要避免启闭超限。

所有构筑物上的爬梯、栏杆应定期保养，防止锈蚀。

禁止向进水渠道排放易燃、易爆的有机溶剂和有害的工业废液、废渣、废油、废气以及其他有害的废弃物。

不准在管线上和管线范围内任意挖土、取土进行各种作业，不准堆放物料，装置任何设施，不准任意损坏设施，不准将雨水管和污水管混接，不准将上水管和中水管混接。

禁止围圈、占压消火栓和各种检查井，禁止占压、堵塞、破坏水处理设施，禁止在埋有管道的地面上植树、埋杆。

在工程设施施工中，未经批准不得挖掘道路和管线等设施，不得影响水处理工艺的正常运行，施工完毕后必须恢复原地容地貌、保证路面修复不沉陷。

保持厂内所有照明设施的正常使用，严禁随意在厂内照明设施上挂线、接灯或安装其他电器设施。

避雷装置不得随意挪动和拆、改。

不得擅自移动井位或井盖，巡查维修人员打开井盖进行检查、养护、维修等作业结束后，应及时将井盖恢复原状。井盖应保持完好，发现井盖丢失、损坏、移位等情况，责任单位应立即补装、维修或更换。禁止不同类别井盖混用。井内禁止放置任何物品。

(一)主要处理设施日常维护内容

(1)集水池维护：污水进入集水池后流速放慢，一些泥砂易在此处沉积，使有效容积减少，影响水泵正常工作。因此集水池要更具具体情况定期清理。清池工作最重要的是人身安全问题。池内沉积污泥会在厌氧条件下分解产出有毒有害气体。清池时，应先停止进水，用泵排空池内存水，然后强制通风。在通风最不利点监测有毒有害气体及氧含量浓度，待确保一切安全，方可进行清池作业，清理过程要继续保持强制通风。

(2)初沉池维护：初沉池每年应排空一次，进行彻底检查清理工作，确认水下部分的锈蚀程度是否需要重新防腐；池底是否有积砂，池内是否有死泥；刮板与池底是否密合；排泥斗和排泥管线是否有积砂；池壁或池底的混凝土抹面是否有脱落。同时每日巡视出水三角堰板是否有被浮渣堵塞情况，如有需要，应及时清理。三角堰板出流是否均匀，应及时调整堰板水平度。没有投运的初沉池应及时清空并注满清水。

(3)曝气池维护：定期观测曝气池的扩散器堵塞情况，如有堵塞情况，应及时清理。最常用的清理方式是将曝气池泄空停运，但不拆除扩散器，在池内进行冲洗；曝气池一般在地下较深，如地下水位较深应先降水方可进行泄空操作，避免飘池；日常巡视应多注意和及时修复损坏的护栏，以免出现安全问题。

(4)二沉池维护：经常检查与调整出水堰板的平整度，防止短流；应保持堰板与池壁之间密合，不漏水；及时排除浮渣，并经常用水冲洗浮渣斗，防止浮渣斗堵塞；夏季出水槽上易产生生物膜或水藻，运行人员须及时清理；如地下水位较深应先降水方可进行泄空操作，避免飘池；二沉池每年应排空一次，进行彻底检查清理工作，确认水下部分的锈蚀程度是否需要重新防腐，池底是否有积泥，池壁或池底的混凝土抹面是否有脱落，静压排泥管线是否堵塞等。

(二)处理设施泄空注意事项

污水处理构筑物在运行中常常会遇到检修维护，需要将构筑物内污水放空的情况。在放空时，污水流经厂区污水管后回到泵房前污水井，这样就会增加污水管负荷，很容易造成厂区内污水管流量不够，导致厂区内各污水井向地面返水。为使该状况得到有效的控制，杜绝厂区内污水污泥四溢情况的发生，处理设施泄空时应注意以下几点：

(1)在某处理设施需要泄空时，操作人员要现场了解厂区管路是否具有最大排污能力，是否有管道堵塞情况。只有在管路畅通时方可进行泄空。

(2)对任何处理设施的泄空操作，应逐步开启阀门，切忌一步到位，以免短时间内因泥砂大量涌入造成管线堵塞。

(3)对任何处理设施的泄空操作，要求操作人员在开始泄空时于现场观察一段时间，确认管道畅通方可离去。如遇管井冒水冒泥，应立即停止泄空。必须泄空时，要在清通管道后再行操作。

(4)曝气沉砂池单独一组池子泄空时，应控制泄空阀门开启度到1/3左右，不得全部打开。

(5)初沉池、泥区处理设施泄空时，在注意管路畅通、管井冒水的同时，还应对泄空污水井周边地区进行毒气检测，同时做好相应警示标志。

二、定期维护

(一)初沉池浮渣井清渣

初沉池浮渣井是用来存积由初沉池浮渣槽排出的浮渣，浮渣漂于井内水面上。

清理频次：每周一次。

标准要求：要求浮渣井内打捞的浮渣应放入浮渣井旁边垃圾箱内，浮渣井内外表面无积渣、积泥。池内排水通畅，不得因浮渣造成水管路堵塞。浮渣井和垃圾箱周边不得有打捞出的浮渣和垃圾，保持周边环境干净整洁。

安全注意事项：浮渣井清渣时，要至少两人进行操作；搬运钢格板时避免格板掉落井内；清渣过程中要站在上风口进行；浮渣清捞时，应佩戴四合一气体检测仪进行毒气监测；全过程不得下井操作。

(二)污水管线清渣

污水管线各检查井内易于积累浮渣等杂物，使管线堵塞，易造成污水淹泡，不利于水处理设施运转及运行调控。

清理频次：每两个月一次。

标准要求：从污水井内查看无大量积累浮渣等杂物；观察污水井内水流通畅。

安全注意事项：打开井盖应使用防爆井盖钩子，禁止使用锤子等重物进行敲击；打开井盖后人员站在上风口处，井口自然通风10min；人员清理井内浮渣过程中应采取有效措施防止人员滑入井内；清理过程禁止人员下井。

(三)雨水口清掏疏通

雨水口经历一年时间使用，所积泥沙和杂物较多，需要在汛期前进行整体清理疏通。

清理频次：汛期前清理完成一次清理。

标准要求：要求每个雨水口及雨水口连接管线内淤泥和杂物彻底清理干净，清除的淤泥和杂物自行处理，保持雨水口周边干净整洁。对雨水口及雨水箅子损坏的情况，进行维修。

安全注意事项：雨水口清理时，要至少两人进行操作，注意厂区内过往车辆；雨水口清理完毕后，盖好雨水箅子；管线清掏，打开下游雨水井使用防爆井盖钩子，打开后人员站在上风口全过程不得下井操作。

(四)处理构筑物出水堰清理

处理构筑物出水常常选择三角堰形式，长期运行经常挂结一些絮状物或垃圾造成堰口堵塞，使出水不均。同时挡渣板与出水堰之间的部分，由于不能排渣，造成浮渣及污泥堆积，影响出水和美观。

清理频次：每季度一次。

标准要求：出水堰内外干净，无悬挂物及附着物；三角堰口处无堵塞；挡渣板与出水堰之间部位，无积渣、积泥；挡渣板上无絮状物或悬挂物；清理出的絮状物要求运输到生产垃圾箱内，不得扔入浓缩池内。

安全注意事项：出水堰清理要求两人以上同时操作；清理出水堰时可不停池上设备(如挂泥机、吸泥机)，但应时时关注设备位置，避免造成危险。

(五)构筑物内地沟、地漏、泵坑清掏

构筑物内日常清洁过程和排放污水易造成沉淀，造成地沟、地漏、排水不畅。

清理频次：每季度一次。

标准要求：地沟及泵坑底部无沉积物；地沟及泵坑内的沉积物全部清出不得冲入下水道；室内污水管道应进行拉膛；地漏、泵坑清掏，要求将地漏泵移开，对整个泵坑进行清掏，坑内无沉积物。

安全注意事项：清理分区域进行，施工区域周边设施警示标志及围挡，避免人员掉落；清理过程中，打开的地沟盖板码放整齐。打开的地沟要设置安全警示标志；如人员须下到地沟内，按照下井作业要求进行。

(六)车间厂房设施清理

在日常生产运行中由于设施设备故障引起厂房产生大量垃圾，严重影响正常的生产生活。

清理频次：不固定，及时清理。

标准要求：依照现场情况清理干净。

安全注意事项：依据现场情况及制订的安全注意事项。

(七)管线维护

1)雨污水管线巡视与维护

定期检查井盖是否盖好，如有无破损或丢失应及时维修恢复。

定期检查井内是否有杂物，无法排出时，应及时

清理。

定期检查雨污水管线是否有污堵现象，应及时疏通。

2)电力电缆管线巡视与维护

定期检查电缆沟和盖板是否完好，电缆井盖是否有无破损或丢失。

定期检查电缆沟、架构、接地等装置是否有松动、脱落、锈蚀、变形等情况。

定期检查电缆沟(井)内是否有杂物、积水情况，根据实际情况进行抽水清淤，汛期应加强抽水清淤频次。

3)给水、中水等其他管线巡视与维护

定期检查井盖是否盖好，如有无破损或丢失，应及时维修恢复。

定期检查井内是否有积水和杂物。

冬季北方地区应做好井内防冻措施。

定期检查管线上计量仪表是否能正常工作，确保计量准确。

定期检查管线上阀门是否灵活可靠。

定期检查管线是否有渗漏、破损，如有应及时修复。

第十一章 技术管理

第一节 运行值班表单

一、基本填写要求

运行值班表单模板详见附录，基本填写要求如下：

(1)记录的填写人员：生产运行记录均由经过培训的运行人员填写，记录填写人员对记录内容的真实性、准确性、有效性负责。

(2)记录的用笔：除使用电子媒体和拷贝等手段外，为使记录能够长期保存，实现可追溯性，要求手写记录的填写必须为签字笔，颜色为黑色。

(3)记录的原始性：所有记录按填写时间或操作时间及时、如实记录。不允许重新抄写和复印，更不可以在过程完成后加以修改。记录具有证据的作用，填写时要求做到用字规范、字迹工整、清晰、正确。不可出现错别字、随意涂改及字迹模糊的情况。

(4)笔误的处置：在记录的填写中，出现笔误后，要求在笔误的文字或数据上，用原使用的笔画一斜线(/)，再在笔误处的上行间或下行间填上正确的文字或数值。不得在笔误处乱涂乱划或用涂改液掩盖。

(5)记录印刷错误的修正：当记录在印刷上出现错误时，要求在记录本的适当位置加以说明，或以勘误表的形式注明。

(6)空白栏目的填写：对于无运作活动的栏目，要求在空白栏目的适中位置画一横线(—)，以表示该栏目已受到关注，但无内容可填。

(7)记录的签署：运行记录中“值班记录”一栏要求当班人员本人签署姓名，记录填写人姓名签署在首位。

(8)记录的完整性：在运行出现非正常情况，填写记录时，要求必须附以说明，说明要求简洁、明白叙述清楚。在恢复正常记录时的说明要做到前后呼应，具有可追溯性。

(9)记录中计量单位要求：凡记录中涉及的计量单位必须是国家法定计量单位，要求以规范形式填写。

(10)记录中位数保留：记录中的每一项数据填写按要求必须位数统一。

(11)记录的保护：对每一本记录要求整洁，无破损。不允许随意损坏撕毁记录本或作为它用。

(12)记录栏操作内容规定如下：

①在填写记录表中的年、月、日、星期及天气记录时，应规范填写，例如：2018年12月15日，星期六、天气记录：睛。天气记录应根据实际的天气状况填写。对于不同的记录表，应按相应的内容，要求填写。

②对自动运行的设备，记录时使用“投”或“退”两个动词；对手动运行的设备，记录时使用“开”或“停”两个动词。

③要求对各项设备的操作，要说明其操作原因。原因内容记录在操作内容后的括弧中。若为设备故障原因，要尽量将故障部位及故障情况描述清楚。

④要记录清楚检修时间，若状态记录栏内无法反映检修时间时，必须在值班记录栏内写清检修时间，

⑤操作时间顶头写，时间后面写操作对象。操作对象后面用括号括起，写操作原因，无可填写的操作内容时，应在“值班记录”栏右下角注明“运行状态未改变”。

二、重要原始记录填写要求

(一)交接班记录表

(1)认真填写值班日期、天气、气温、交接时间和交接人员。

(2)巡视记录：填写所管辖的设备、设施运行状

况，对未运行的设备、设施应注明原因，例如，故障、检修、备用或停用。

(3)操作记录：注明值班期间内对设施、设备所进行的操作。

(二)污水泵运行记录

(1)认真填写值班日期、星期、天气、气温和值班人员。

(2)按时间记录污水泵各项参数，例如，压力、电流、温度、流量等。

(3)计算填写污水泵当日累计运行时间和抽升量。

(4)值班记录：记录值班期间对污水泵的运行调整，包括机组开停时间、未运行机组原因、水量变化等。

(三)格栅间运行记录

(1)认真填写值班日期、星期、天气、气温和值班人员。

(2)粗细除污机、栅渣输送机状态按实际情况填写：运行、备用、故障、检修，并计算填写各设备当日累计运行时间。

(3)计算格栅间当日累计栅渣量。

(4)值班记录：记录值班期间对设备的运行调整，包括设备开停时间、未运行设备的原因等。

(四)一级处理运行记录

(1)认真填写值班日期、星期、天气、气温和值班人员。

(2)曝气沉砂池运行记录中吸砂机及砂水分离器运行状态按实际情况填写：运行、备用、故障、检修。出砂情况填写：较多、一般、较少。

(3)曝气沉砂池运行记录计算填写：当日设备累计运行时间、除砂量、供气量。

(4)初沉池运行记录中搅拌器、刮泥机、螺杆泵组状态按实际情况填写：运行、备用、故障、检修。

(5)初沉池运行记录中初沉池出水状况按实际情况填写：良好、一般、较差

(6)初沉池运行记录中计算填写：当日设备累计运行时间、浮渣量、排泥量、处理水量。

(7)值班记录：记录值班期间对一级处理设备、设施进行的运行调整说明，包括设备设施开停时间、未运行设备和设施的原因。

(五)二级处理运行记录

(1)认真填写值班日期、星期、天气、气温和值班人员。

(2)曝气池运行记录中缺氧、厌氧段搅拌器、回流渠道搅拌器状态按实际情况填写：运行、备用、故障、检修，并计算填写设备当日累计运行时间。

(3)曝气池运行记录中曝气状态、混合液状态根据实际情况填写：良好、一般、较差。

(4)曝气池运行监测表中填写：曝气池各段DO(每日至少一次)、混合液和回流污泥的水温、SV%、MLSS、MLVSS，记录微生物镜检情况。

(5)加药泵状态、频率及加药状态按实际情况填写，并填写当日送药量，计算当日合计送药量及合计加药量。

(6)回流泵房运行记录中剩余泵状态根据实际情况填写：运行、备用、故障、检修，并计算填写剩余泵当日累计运行时间和剩余污泥排放量。

(7)回流泵房运行记录中回流泵状态根据实际情况填写：运行、备用、故障、检修。按时间记录各回流泵的电流，计算填写回流泵当日累计运行时间和回流量。

(8)二沉池运行记录中吸泥机状态根据实际情况填写：运行、备用、故障、检修，并计算填写吸泥机当日累计运行时间。

(9)二沉池运行记录中出水状态根据实际情况填写：良好、一般、较差。

(10)值班记录：记录值班期间对二级处理设备、设施进行的运行调整说明。包括设备设施开停时间、未运行设备和设施的原因。

(六)鼓风机运行记录

(1)认真填写值班日期、星期、天气、气温和值班人员。

(2)鼓风机运行记录中按时间记录鼓风机各项参数如：压力、电流、温度、流量等。

(3)鼓风机控制方式填写：远程、就地。

(4)鼓风机运行状态根据实际情况填写：正常、调试。

(5)计算填写鼓风机当日累计运行时间、电表字数、用电量。

(6)值班记录：记录值班期间对鼓风机运行调整说明，包括机组开停时间、调整原因等。

(七)滤池运行记录

(1)认真填写值班日期、星期、天气、气温和值班人员。

(2)每4小时巡视一次，按记录要求进行运行数据、设备状态进行记录。

(3)要进行一天水量、电量、反冲洗水量、碳源

投加量、栅渣量等数据的统计填写。

(4)值班记录：记录值班期间对滤池设备、设施进行的运行调整说明。

(八)超滤膜运行记录

(1)认真填写值班日期、星期、天气、气温和值班人员。

(2)按记录要求进行运行数据、设备状态进行记录。

(3)要进行一天水量、电量、反洗水量、溢流水量、药剂使用量、送药量等数据的统计填写。

(4)值班记录：记录值班期间对超滤膜设备、设施进行的运行调整说明。

(九)总变运行记录

(1)认真填写日期、星期、天气、气温及值班人员。

(2)按时间记录相应数据，并计算填写当日累计用电量。

(3)值班记录：填写当日操作的具体情况，如遇到突然提掉闸停电，恢复正常应有较详细的说明、记录。

第二节 运行统计报表

一、内 容

为满足生产管理要求，加强生产数据管理，应建立规范化的生产数据报送流程，确保生产数据真实准确，运行数据、化验数据及生产统计数据的管理，包括生产运行记录、生产运行日报、生产数据台账等各类原始记录的填报。

运行统计报表是指在生产、统计过程中形成的文字记录、台账、电子报表、在线监测等形式的运行、化验及其他生产统计及其衍生数据报表，包括但不限于：

(1)在日常生产过程产生的水、电、泥、药、质等方面的原始记录、台账及统计报表。

(2)所有化验数据及水质检测报告。

(3)对外公示以及信息化系统的数据。

(4)对外报送、成果展示、工作汇报等方面涉及的数据。

应结合外部监管及自身需求，制订完善的生产运行记录、生产运行日报、生产数据台账等各类原始记录和统计报表。

用于贸易结算、外部检查、对外报送的原始记录须采用人工记录的方式进行记录，过程及其他方面的生产数据可采用自控系统生成等其他的方式进行记录。

原始记录的填写要及时、完整、清晰、准确，原始记录单据应进行月度汇总、存档。

二、数据统计与分析

每日定时完成前一日处理水量、出水水质等主要生产数据审核报送工作，包括但不限于处理水量、出水水质、进水液位、峰值水量等生产数据。

每月、每年组织完成月度、年度生产数据审核报送工作，负责以分析报告、专题分析会等形式，分析运行特点及规律，优化运行调控，规避运行风险。具体报送内容如下：

(1)每日填写日报，汇总前一日生产数据，报送内容包括不限于水量、泥量、能耗、药耗、运行过程数据等内容。

(2)每月、每年按时审核报送运行统计报表，运行统计报表内容包括但不限于水量、水质、泥量、泥质、能耗、药耗等内容。

(3)每月按时审核报送生产运行分析月报，月报包括但不限于水量、水质、泥量、泥质、能耗、药耗、运行过程数据、专题分析等内容。

(4)每日汇总重点水质、泥质化验数据。每月对化验数据进行月度分析，包括但不限于包括检测量、取样情况、异常数据、专题分析等方面的内容。

第三节 运行总结报告

水厂运行过程，应定期进行运行总结，总结过程可以提高水厂的运行管理水平，使运行控制更加整体化，思路更加清晰；同时通过运行总结可以很好地锻炼运行人员的写作水平。

运行总结报告编写时，数据要保证真实可靠，要如实对现况运行情况进行分析，除了分析总结运行中取得的成绩，更重要的是要研究经验，发现其中的规律，指导日后的运行。同时运行总结作为一种记录，可以方便外部监督检查，为编写水厂年鉴提供依据。

水厂运行总结没有固定模式，大体可分为以下四部分。

一、生产任务完成情况

该部分主要描述实际完成情况与计划之间的偏差，并分析偏差所产生的原因，从而总结出运行经验。

二、现阶段运行调控方案实施结果

根据上一阶段运行调控思路和实际达到的水量、水质结果进行对照说明，对运行调控方案的可实施程度、与实际的匹配程度进行分析，见表11-1。

表11-1　运行情况原因预估与实际差值的原因分析

项目	上月预估值	实际值	偏差原因
污水处理量/(10^4m^3/d)			
进水BOD/COD/SS范围/(mg/L)			
进水TN/NH_3-N/TP范围/(mg/L)			
污泥浓度/(mg/L)			
排泥量/(t/d)			
污泥龄/(d)			
污泥负荷/[kg BOD_5/(kg MLVSS)]			
SV_{30}/%			
SVI/(mL/g)			

三、重点能耗及药剂使用情况

重点能耗及药剂使用情况见表11-2。

表11-2　重点能耗及药剂预估与实际差值的原因分析

项目	上月预估值	实际值	偏差原因
污水处理量/(10^4m^3/d)			
污水单元电单耗/(kW·h/m^3)			
絮凝剂投配率/‰			
化学除磷药剂投配率/(mg/L)			
碳源投配率/(mg/L)			

四、未来运行调控方案的制订

可根据往年来水情况(水量、水质)、当季现场易发生的运行问题(污泥膨胀、汛期来水量大等)、目前实际运行状态、下阶段生产任务，并对下阶段污水处理量、出水水质、达标情况进行预判，对重点运行参数、投药量范围等进行预估。确定是否有针对季节性变化需要提前进行的调控及具体内容。

第四节　生产成本核算及生产计划

一、核算原则

严格执行国家相关财政法规，按照规定的成本费用开支范围，正确归集和分配生产成本费用，在生产成本费用核算中遵循以下原则：

(1)严格按照权责发生制的原则，根据其受益期间确定各期的成本、费用。

(2)正确划分收益性支出和资本性支出的界限。

(3)正确划分生产成本所属期间。

(4)正确划分各项生产成本之间的界限。

二、核算范围

生产成本核算范围包括污水处理、再生水处理、污泥处理处置。

生产成本核算包括直接生产成本和制造费用。直接生产成本计量与生产运营直接相关的各项开支；制造费用归集为生产运营提供服务而发生的各项间接费用。

(一)计量单位

(1)污水处理：在污水处理成本核算中，以“m^3”为成本计量单位。

(2)再生水处理：在再生水处理成本核算中，以“m^3”为成本计量单位。

(3)污泥处置：在污泥处置成本核算中，以“t”为成本计算单位。

(二)核算周期

成本费用核算周期采用月历制，按月、年进行核算。年终决算以当年1月1日至12月31日为成本计算期。

三、核算内容

(一)直接生产成本核算内容

应按照生产成本核算对象分别设置生产成本明细账，并按照以下成本项目归集生产成本：

(1)材料费：是指生产运营中消耗的燃油、石灰、添加剂、药剂等材料支出；采用实际成本进行材料的核算，发出材料采用“个别计价法”核算。

(2)动力费：是指生产运营中消耗的电力、热力等动力支出。

(3)生产用水费：是指生产运营中消耗的自来水、再生水等支出。

(4)运输处置费：是指生产运营中发生的渣砂、污泥运输支出。

(5)水质检测费：是指生产运营中发生的水质检测支出。

(6)制造费用：是指月末由制造费用科目结转至

生产成本科目的支出。

(7)其他生产成本：是指生产运营中发生的其他直接生产支出。

(二)制造费用核算内容

应按照生产成本核算对象分别设置制造费用明细账，并按照以下成本项目归集制造费用：

(1)日常修理费：是指各成本单位生产运营所用的各种机器设备、设施、构筑物等固定资产所发生的日常中小修理费用。

(2)大修理费：是指各成本单位生产运营所用的各种机器设备、设施、构筑物等固定资产，按照设备设施大修周期进行大修工作发生的设备设施大修理支出。

(3)物料消耗费：是指各成本单位发生的物料消耗支出。

(4)低值易耗品：是指各成本单位发生的低值易耗品(一次摊销法)。

(5)办公费：是指各成本单位发生的办公支出。下设电话费、办公用品、印刷复印费、图书资料费等明细科目。

四、生产计划

(1)生产计划编制原则：每年应在第四季度进行年度生产计划编制工作。应依据经营需求制定下一年度生产计划。每月下旬应制定月度生产计划，月度计划应依据年度生产计划编制，同时参照历史同期情况，结合季节、汛期等因素。每月根据月度完成情况进行动态调整。

(2)生产计划编制内容：生产计划编制包括但不限于水量、水质、泥量、泥质、能耗、药耗、项目维修、备件辅料等内容。

(3)生产计划执行：应严格按照月度计划进行生产过程管理，可根据生产需要对月度计划进一步分解至周计划和日计划，实现生产运行过程的精细化管理。每月应对生产计划执行情况进行过程监管，对未按计划完成单位进行分析，提出解决措施。

(4)生产计划调整：月度生产计划下达后，原则上不进行调整，须严格执行。如因客观原因或特殊情况确需进行调整的，立即提交申请，主管人员应根据实际生产情况进行审核后进行调整。

(5)生产计划完成情况总结及分析：每月应汇总、分析计划完成情况，并形成生产运营分析月报。

附　录

________厂粗格栅运行记录

编号：

年　　月　　日　　星期：　　　　　　天气：　　　　　　气温：

项目 时间	进水闸状态		除污机状态		除污机电流		栅渣输送机		栅前液位/m	栅后液位/m	液位差/m	栅渣量/m^3
	1#	N#	1#	N#	1#	N#	1#	N#				
控制参数												
8：00												
10：00												
12：00												
14：00												
16：00												
18：00												
20：00												
22：00												
0：00												
2：00												
4：00												
6：00												
今日运行时间/h									总栅渣量/m^3			
值班记录	早班			中班					晚班			
	值班人			值班人					值班人			

________厂进水提升(湿式)泵运行记录

编号：

年　　月　　日　　　星期：　　　　　　天气：　　　　　　气温：

项目/时间	1#泵		N#泵		进水 pH	进水水温/℃	泵前池水位/m	提升水量/m³
	电流/A	潜污泵状态	电流/A	潜污泵状态				
运行参数								
8：00								
10：00								
12：00								
14：00								
16：00								
18：00								
20：00								
22：00								
0：00								
2：00								
4：00								
6：00								
今日运行时间/h							日提升水量/m³	
值班记录	早班			中班			晚班	
	值班人			值班人			值班人	

________厂曝气沉砂池运行记录表

编号：

年　　月　　日　　星期：　　天气：　　气温：

项目/时间	沉砂池						砂水分离器			
	1#			N#			1#		N#	
	沉砂池状态	吸砂机（泵）状态	供气量/（m^3/h）	沉砂池状态	吸砂机（泵）状态	供气量/（m^3/h）	砂水分离器状态	出砂情况	砂水分离器状态	出砂情况
控制参数										
8：00										
10：00										
12：00										
14：00										
16：00										
18：00										
20：00										
22：00										
0：00										
2：00										
4：00										
6：00										
今日运行时间/h								—		—
参数	供气量/（m^3/h）	1#		合计		除砂量/m^3	1#		合计	
		N#					N#			
值班记录	早班			中班			晚班			
	值班人			值班人			值班人			

________厂初沉池运行记录表

编号：

年　　月　　日　　　　星期：　　　　　　　天气：　　　　　　　气温：

项目 时间	初沉池								配水渠搅拌器		排泥泵(阀)状态			
	1#				N#				1#	N#	1#		N#	
	初沉池状态	刮泥机状态	堰出水状态	出水水质状况	初沉池状态	刮泥机状态	堰出水状态	出水水质状况	状态	状态	状态/开停时刻	排泥量/m^3	状态/开停时刻	排泥量/m^3
控制参数														
8：00														
10：00														
12：00														
14：00														
16：00														
18：00														
20：00														
22：00														
0：00														
2：00														
4：00														
6：00														
今日运行时间/h														
泥位/m											浮渣量/m^3		排泥量/m^3	
值班记录	早班				中班						晚班			
	值班人				值班人						值班人			

________活性污泥法运行记录

编号：

年　　月　　日　　　星期：　　　　　　天气：　　　　　　气温：

项目 时间	1#池组						N#池组						回流渠搅拌器状态		外回流泵				外回流量/m³
	曝气池	调节池搅拌器	好氧区DO/(mg/L)			水温/℃	曝气池	调节池搅拌器	好氧区DO/(mg/L)			水温/℃			1#		N#		
			1	2	3				1	2	3		1#	N#	状态	电流/A	状态	电流/A	
控制参数																			
8：00																			
10：00																			
12：00																			
14：00																			
16：00																			
18：00																			
20：00																			
22：00																			
0：00																			
2：00																			
4：00																			
6：00																			
今日运行时间/h																			

值班记录	早班		中班		晚班	
	值班人		值班人		值班人	

________厂生物反应池运行参数

编号：

年　　月　　日　　　星期：　　　　　　天气：　　　　　　气温：

项目 池组	SV/%		MLSS/(mg/L)		MLVSS/(mg/L)	
	混合液	回流污泥	混合液	回流污泥	混合液	回流污泥
控制参数						
1#						
N#						

微生物镜检	活性污泥生物相		活性污泥状态	
	1#	N#	1#	N#
备注				

________厂二沉池运行记录

编号：

年　　月　　日　　　　星期：　　　　　　　　天气：　　　　　　　　气温：

项目 时间	二沉池												剩余污泥泵				剩余污泥量/m^3
	1#						N#						1#		N#		
	二沉池状态	刮/吸泥机状态	刮/吸泥机电流/A	堰出水状态	出水状态	DO/(mg/L)	二沉池状态	刮/吸泥机状态	刮/吸泥机电流/A	堰出水状态	出水状态	DO/(mg/L)	状态	电流/A	状态	电流/A	
控制参数																	
8：00																	
10：00																	
12：00																	
14：00																	
16：00																	
18：00																	
20：00																	
22：00																	
0：00																	
2：00																	
4：00																	
6：00																	
今日运行时间/h					—						—			—		—	—
泥位/m													今日剩余污泥量/m^3				
值班记录	早班						中班						晚班				
	值班人						值班人						值班人				

＿＿＿＿厂曝气生物滤池工艺运行记录

编号：

年　　月　　日　　星期：　　　　天气：　　　　气温：

项目 时间	反冲洗设备间									曝气生物滤池(DN 池)														曝气生物滤池(CN 池)												出水池	
	鼓风机		反冲洗水泵		反冲洗气用量	反冲洗气用量	滤池进水流量	反冲洗排水泵		进水处理		气反冲洗		水反冲洗		液位/m		ORP/mV		瞬源投加设备		瞬时碳源投加量		进水处理		气反冲洗		水反冲洗		液位/m		DO/(mg/L)		鼓风栅		硝化液回流水泵	
	1#	N#	1#	N#				1#	N#	1#	N#	1#	N#	1#	N#	1#	N#	1#	N#	1#	N#	1#	N#	1#	N#	1#	N#	1#	N#	1#	N#	1#	N#	1#	N#	1#	N#
	运行状态	运行状态	运行状态	运行状态	m^3	m^3	m^3	运行状态	运行状态	运行状态	运行状态	运行状态	运行状态	运行状态	运行状态	运行状态	运行状态	运行状态	运行状态	运行状态	运行状态	运行状态	运行状态	运行状态	运行状态	运行状态	运行状态	运行状态	运行状态	运行状态	运行状态						
控制参数																																					
8:00																																					
10:00																																					
12:00																																					
14:00																																					
16:00																																					
18:00																																					
20:00																																					
22:00																																					
0:00																																					
2:00																																					
4:00																																					
6:00																																					
今日运行时间/h																																					

值班记录	早班		中班		晚班	
	值班人		值班人		值班人	

__________厂单级高速离心鼓风机机运行记录

编号：

年　　月　　日　　星期：　　天气：　　气温：

项目 / 时间	风机状态	电机电流/A	室温/℃	进口导叶开度/%	出口导叶开度/%	进口气压/kPa	进口流量/(m^3/min)	出口气压/kPa	出口流量/(m^3/min)	电机定子温度/℃	电机轴承温度/℃	风机轴承温度/℃	入口温度/℃	出口温度/℃	润滑油温/℃	润滑油压/MPa	电机轴承油压/MPa	防喘振阀开度/%	油过滤器压差/kPa	冷却水压/kPa
控制参数																				
8：00																				
10：00																				
12：00																				
14：00																				
16：00																				
18：00																				
20：00																				
22：00																				
0：00																				
2：00																				
4：00																				
6：00																				
今日运行时间/h																				
值班记录	早班							中班							晚班					
	值班人							值班人							值班人					

________厂MB生物池运行记录

编号：

年　　月　　日　　星期：　　天气：　　气温：

项目 / 时间	1#生物池							N#生物池							回流泵						内回流量/m^3	内回流泵						内回流量	PAC加药系统						醋酸钠加药系统						压缩空气系统				
	搅拌器状态		ORP/mv		好氧段DO/(mg/L)			搅拌器状态		ORP/mv		好氧段DO/(mg/L)			1#			N#				1#			N#				1#			N#			1#			N#			1#		2#		压力罐压力/MPa
	厌氧段	缺氧段	厌氧段	缺氧段	1	2	3	厌氧段	缺氧段	厌氧段	缺氧段	1	2	3	状态	电流/A	频率/Hz	状态	电流/A	频率/Hz		状态	电流/A	频率/Hz	状态	电流/A	频率/Hz		状态	频率/Hz	流量/(m^3/L)	状态	频率/Hz	流量/(m^3/L)	状态	频率/Hz	流量/(m^3/L)	状态	频率/Hz	流量/(m^3/L)	空压机状态	冷干机状态	空压机状态	冷干机状态	
控制参数																																													
8:00																																													
10:00																																													
12:00																																													
14:00																																													
16:00																																													
18:00																																													
20:00																																													
22:00																																													
0:00																																													
2:00																																													
4:00																																													
6:00																																													
今日运行时间/h																																													

值班记录	早班		中班		晚班	
	值班人		值班人		值班人	

________厂反硝化滤池运行记录

编号：

年　　月　　日　　星期：　　天气：　　气温：

项目／时间	反硝化滤池在线仪表		硝化滤池在线仪表		生物滤池空压机		曝气鼓风机							
	1#	N#	1#	N#	1#	N#	1#				N#			
					累计运行时间	累计运行时间	开停时间	电流/A	压差/MPa	润滑油温度/℃	开停时间	电流/A	压差/MPa	润滑油温度/℃
控制参数														
8：00														
10：00														
12：00														
14：00														
16：00														
18：00														
20：00														
22：00														
0：00														
2：00														
4：00														
6：00														
今日运行时间/h														
值班记录	早班					中班					晚班			
	值班人					值班人					值班人			

________厂砂滤池运行记录

编号：

年　　月　　日　　　星期：　　　　　　　天气：　　　　　　　气温：

项目 时间	砂滤池		反冲洗水泵		鼓风机	
	1#	N#	1#	N#	1#	N#
控制参数						
8：00						
10：00						
12：00						
14：00						
16：00						
18：00						
20：00						
22：00						
0：00						
2：00						
4：00						
6：00						
今日运行时间/h						
值班记录	早班		中班		晚班	反冲次数/次
						反冲洗时间/min
	值班人		值班人		值班人	

________厂膜过滤运行记录

编号：

年　　月　　日　　星期：　　天气：　　气温：

<table>
<tr><td rowspan="2">项目
时间</td><td colspan="3">1#膜池</td><td colspan="3">N#膜池</td><td colspan="2">反洗排水池</td></tr>
<tr><td>流量/(L/s)</td><td>TMP/ kPa</td><td>浊度/NTU</td><td>流量/(L/s)</td><td>TMP/ kPa</td><td>浊度/NTU</td><td colspan="2">液位/mm</td></tr>
<tr><td>控制参数</td><td></td><td></td><td></td><td></td><td></td><td></td><td colspan="2"></td></tr>
<tr><td>8：00</td><td></td><td></td><td></td><td></td><td></td><td></td><td colspan="2"></td></tr>
<tr><td>10：00</td><td></td><td></td><td></td><td></td><td></td><td></td><td colspan="2"></td></tr>
<tr><td>12：00</td><td></td><td></td><td></td><td></td><td></td><td></td><td colspan="2"></td></tr>
<tr><td>14：00</td><td></td><td></td><td></td><td></td><td></td><td></td><td colspan="2"></td></tr>
<tr><td>16：00</td><td></td><td></td><td></td><td></td><td></td><td></td><td colspan="2"></td></tr>
<tr><td>18：00</td><td></td><td></td><td></td><td></td><td></td><td></td><td colspan="2"></td></tr>
<tr><td>20：00</td><td></td><td></td><td></td><td></td><td></td><td></td><td colspan="2"></td></tr>
<tr><td>22：00</td><td></td><td></td><td></td><td></td><td></td><td></td><td colspan="2"></td></tr>
<tr><td>0：00</td><td></td><td></td><td></td><td></td><td></td><td></td><td colspan="2"></td></tr>
<tr><td>2：00</td><td></td><td></td><td></td><td></td><td></td><td></td><td colspan="2"></td></tr>
<tr><td>4：00</td><td></td><td></td><td></td><td></td><td></td><td></td><td colspan="2"></td></tr>
<tr><td>6：00</td><td></td><td></td><td></td><td></td><td></td><td></td><td colspan="2"></td></tr>
<tr><td>化清次数累计</td><td colspan="3"></td><td colspan="3"></td><td colspan="2">10：00 进水温度　　℃</td></tr>
<tr><td>反洗次数累计</td><td colspan="3"></td><td colspan="3"></td><td colspan="2">10：00 出水温度　　℃</td></tr>
<tr><td>今日运行时间/h</td><td colspan="3"></td><td colspan="3"></td><td colspan="2">22：00 进水温度　　℃</td></tr>
<tr><td>累计运行时间/h</td><td colspan="3"></td><td colspan="3"></td><td colspan="2">22：00 出水温度　　℃</td></tr>
<tr><td>昨日水量累计/m^3</td><td colspan="3"></td><td colspan="3"></td><td>当日透过液泵产水量/m^3</td><td></td></tr>
<tr><td rowspan="2">值班记录</td><td>早班</td><td colspan="2"></td><td>中班</td><td colspan="2"></td><td>晚班</td><td></td></tr>
<tr><td>值班人</td><td colspan="2"></td><td>值班人</td><td colspan="2"></td><td>值班人</td><td></td></tr>
</table>